国家科学技术学术著作出版基金资助出版

家禽呼吸系统疾病的综合防控

秦卓明　徐怀英　等　著

科 学 出 版 社
北　京

内 容 简 介

本书以循序渐进的章节形式介绍家禽呼吸系统疾病的综合防控，分为八章。第一章至第三章为家禽基础知识，主要包括家禽呼吸系统疾病概述、家禽呼吸系统的结构和免疫及家禽呼吸系统疾病的防控技术。第四章至第七章为家禽呼吸系统疾病的具体论述，主要探讨由病毒、细菌、真菌、环境、应激、药物和营养等因素所导致的家禽呼吸系统疾病，涵盖病原（因）学、致病机制、流行病学、临床症状、病理变化、诊断及综合防控技术等。第八章介绍了多病因的家禽呼吸系统综合征及其鉴别。

本书可供农业高校和科研院所相关专业的师生，从事畜牧兽医工作、动物保护工作的科技人员，以及家禽生产者参考使用。

图书在版编目（CIP）数据

家禽呼吸系统疾病的综合防控/秦卓明等著. —北京：科学出版社，2020.12
ISBN 978-7-03-064911-9

Ⅰ. ①家… Ⅱ. ①秦… Ⅲ. ①家禽-禽病-呼吸系统疾病-防治 Ⅳ. ①S858.3

中国版本图书馆 CIP 数据核字（2020）第 066158 号

责任编辑：吴卓晶 / 责任校对：赵丽杰
责任印制：吕春珉 / 封面设计：北京睿宸弘文文化传播有限公司

科学出版社出版
北京东黄城根北街 16 号
邮政编码：100717
http://www.sciencep.com
北京中科印刷有限公司印刷
科学出版社发行 各地新华书店经销
*
2020 年 12 月第 一 版 开本：787×1092 1/16
2020 年 12 月第一次印刷 印张：25 插页：3
字数：593 000

定价：269.00 元

（如有印装质量问题，我社负责调换〈中科〉）
销售部电话 010-62136230 编辑部电话 010-62143239（BN12）

本书编委会

主　任　秦卓明　徐怀英

副主任　张国中　王云峰

编　委　（按姓氏汉语拼音排序）

艾　武（山东省农业科学院家禽研究所）
陈为京（山东省农业科学院家禽研究所）
董玉兰（中国农业大学动物医学院）
何希君（中国农业科学院哈尔滨兽医研究所）
胡　峰（山东省农业科学院家禽研究所）
黄　兵（山东省农业科学院家禽研究所）
黄迪海（山东省健牧生物药业有限公司）
李玉峰（山东省农业科学院家禽研究所）
刘　霞（山东省健牧生物药业有限公司）
刘存霞（山东省农业科学院家禽研究所）
马保臣（中国牧工商集团总公司）
彭永刚（中国农业科学院哈尔滨兽医研究所）
亓丽红（山东省农业科学院家禽研究所）
秦卓明（山东省农业科学院家禽研究所）
田　野（中国农业大学动物医学院）
王可洲（山东省实验动物中心）
王友令（山东省农业科学院家禽研究所）
王云峰（中国农业科学院哈尔滨兽医研究所）
徐怀英（山东省农业科学院家禽研究所）
张　伟（山东省农业科学院畜牧兽医研究所）
张国中（中国农业大学动物医学院）
张洪学（齐鲁动物保健品有限公司）
张再辉（山东省健牧生物药业有限公司）
仉　伟（济南动物园服务中心）

审　校　赵继勋（中国农业大学动物医学院）

序

近年来，中国家禽始终保持着世界最大规模的养殖数量，这得益于禽病防控技术的持续提高和不断完善的生物安全措施。在这方面，山东省农业科学院秦卓明研究员及其团队多年来和国内同行潜心研究，联合攻关，取得了突出成绩。该书的出版就是最好的总结。

在多种家禽疾病中，以呼吸系统疾病最为普遍和严重。该书结合生产实际，全面论述了这些疾病的最新研究进展，特别对近年来发生在中国养禽场的禽流感和新城疫等疫病的发生、流行特点、综合诊断方法、具有创新特色的防控措施进行了详细介绍。

家禽呼吸系统疾病临床症状复杂，其分子病原学研究突飞猛进，诊断技术日臻完善，使现代分子流行病学和经典流行病学交相辉映，互为补充。作者在撰写过程中不仅考虑到禽病专业人员的科研需要，还重点满足了工作在禽病防控第一线的兽医防疫技术人员和养禽场管理者的实际需求，既有完整的理论阐述，又有疾病防控的具体措施，内容深入浅出，通俗易懂。

秦卓明研究员及其团队工作在生产一线，长期深入养禽企业和疾病发生现场，为企业提供防控指导，积累了丰富的禽病防控经验，不但获得了一批科技成果奖，还获得了多项发明专利和新兽药证书。

该书内容翔实、图文并茂，既有理论又紧密结合实际，将对保障中国养禽业呼吸系统疾病的控制和安全生产起到重大作用。

祝贺在养禽场疫病防控实践中写成的这本优秀图书的出版。

中国畜牧兽医学会禽病学分会原名誉理事长

2020年1月

前　言

作为一名长期在一线工作的禽病防控工作者，时常为家禽呼吸系统疾病所困扰。一是呼吸道病原（因）极其复杂，既有病毒，又有细菌，还有真菌和寄生虫等；二是家禽具有独特的气囊结构和免疫系统；三是家禽的饲养环境和管理等因素与各种病原之间互为因果，彼此协同，导致临床症状纷繁多样。正因为如此，家禽呼吸系统疾病时常成为家禽的“顽疾”，是影响和制约家禽健康生长的重要因素。

本书的撰写人员大多长期从事新城疫、传染性支气管炎、禽流感等家禽呼吸系统病原的研究，先后主持和参加了多项国家和省级科技攻关课题，在病原学、致病机制、病原分子遗传演化、诊断试剂和疫苗研发等综合防控技术方面，积累了丰富的临床科研和生产实践经验。本书不仅汇总了科研人员长期从事禽病研究的科研成果，还汲取了国内外家禽呼吸系统疾病方面的最新研究进展，旨在把基础理论和应用实践有机结合起来，突出学术性和实用性，贴近临床实际，使之成为生产一线人员防控家禽呼吸系统疾病的参考书和工具书。尽管如此，伴随着科研的日新月异，技术的突飞猛进，检测手段的日臻完美，参考文献的浩如烟海，加之作者的知识和水平及总结能力有限，本书难免挂一漏万，在此也恳请各位读者不吝赐教。

本书由24位一线禽病工作者和相关研究者参与撰写，由秦卓明和徐怀英二位研究员统筹、汇总和审核，中国农业大学赵继勋教授审校。在本书完稿之际，首先要感谢中国农业大学赵继勋教授、山东农业大学崔治中教授、中国科学院微生物研究所刘文军研究员和山东省农业科学院王世荣研究员，正是这些恩师严厉的要求和精益求精的榜样，使我们感觉永远在前进的路上。其次，要特别感谢中国畜牧兽医学会禽病学分会原名誉理事长、著名禽病学专家周蛟先生，他不仅对本书提出了建设性的意见，还欣然作序，体现了老一辈禽病科学家的厚爱和嘱托。再次，感谢参与撰写的每一位作者、同事们和养殖战线的朋友们，正是大家的博学、宽容、大度、鼓励及支持，才使我们时刻充满前进的动力。此外，感谢《家禽科学》编辑部连京华研究员、李惠敏和江玉娟等同志在文稿编辑过程中给予的帮助。

本书得到国家科学技术学术著作出版基金、国家重点研发计划项目（项目编号：2016YFD0500810）、国家自然科学基金项目（项目编号：31372332）和山东省自然科学基金项目（项目编号：ZR2017MC038）的资助。

最后，感谢科学出版社对本书出版的大力支持。

秦卓明　徐怀英

2020年1月

目　　录

第一章　家禽呼吸系统疾病概述

第一节　家禽呼吸系统疾病的发生发展

一、家禽的健康和疾病

（一）家禽健康

1. 定义

关于家禽健康，世界养禽业没有明确的概念，但存在基本的共识，即家禽对其生存环境具有良好的适应性，处于良好的平衡、愉悦及和谐状态，且具备良好的生长和生产性能。世界卫生组织（World Health Organization，WHO）对人类和动物的健康标准做了描述，“健康不仅是指一个人或动物机体没有出现疾病、病痛或虚脱现象，而且是一种身体上、心理上和社会上的完好状态”。遗憾的是，我们无法深入家禽的内心世界，无法了解家禽的内在需求，对家禽的肢体语言和行为语言的研究和认识尚处于朦胧阶段。

2. 健康的特征

家禽在健康的状态下，可以展现出自然状态下良好的生长、生产和生理机能以及神态，如精神饱满、被毛光泽、肌肉丰满、皮肤红润、活泼好动、食欲旺盛、争抢、好斗以及合群（家禽是群居动物）等，没有发病和死亡，特别是在现代化和集约化的生产条件下，发挥家禽潜在的、最佳的生产和生长性能，进而为养殖者创造最大的经济效益。

事实上，大多数家禽的生产性能指标是动物科技人员或养殖者在特定条件下得到的理想数据，即在健康的状态下，在确保最佳营养水平和优良饲养环境的条件下，特别是在无不良应激的条件下，家禽所能达到的最佳的生产性能。但在实际生产中，不同的家禽品系往往与此有较大的差异。通常情况下，家禽的生产性能指标会低于某一特定品系在特定生产条件和环境下的生产性能指标，其参数的高低直接反映了家禽的健康状态，即参数越接近，表明家禽越健康。反之，则表明生产性能低下或生产能力降低。

（二）家禽疾病

1. 定义

家禽疾病是指家禽在一定的条件下，受内、外病因影响，禽类内部组织或器官功能受损，而发生自身调节功能紊乱，并伴有一系列生理、代谢、体征和行为等生命活动减弱或降低的异常生命活动变化，同时涵盖了家禽自身损伤与抗损伤的斗争和转化。疾病是一个有规律的发展过程，在不同的发展阶段，存在不同的变化和一定的因果转化。把握疾病的流行规律有助于我们科学、有效地处置疾病，防患于未然。

2. 特征

疾病和健康是一组相对的概念。疾病最大的特征是家禽表现异常，一般会呈现一定的机能、代谢或状态的改变，这是家禽发生疾病时产生各种症状和体征的基础，如家禽的冷、热、肿和疼等。家禽发生疾病时，不仅其生命活动减弱，而且其生产性能（产蛋、产肉等）下降，特别是经济价值降低，这是家禽疾病的重要特征。

以鸡为例，发病鸡通常表现为食欲减退、厌食、嗜睡、站立不稳、离群寡居、张口呼吸、拉稀、血便等，严重者出现死亡，常常会造成一定的生产和经济损失。

（三）家禽呼吸系统疾病

家禽呼吸系统疾病是家禽临床众多病症中的一部分，和家禽的消化系统、神经系统、生殖系统、内分泌系统、运动系统等发生的病症一样，既有单独出现的（单一病因感染），也有合并出现的（多病因感染）；既有原发的（开始就有呼吸系统症状），也有继发的；既有急性发生的（如高致病性禽流感、新城疫等），也有慢性发生的（支原体感染）；既有临床危害轻微的，也有严重致死的……总之，各种情况千差万别。

家禽呼吸系统疾病是指所有与家禽呼吸系统有关的疾病，主要病变发生在家禽的鼻腔、咽喉、气管、支气管、肺、气囊及腹腔等，导致患病家禽轻者发生流鼻涕、甩鼻、流泪、啰音、呼吸受阻等；重者发生呼吸困难、咳、喘、支气管栓塞、肺水肿、缺氧、呼吸衰竭及全身性感染，甚至出现死亡。

二、病因分析

（一）外因

1. 微生物性因素

微生物性因素是中国家禽呼吸系统致病病因中最主要的一类病因，包括各种病原微生物（如细菌、病毒、真菌）和寄生虫等。该类病因常常引起各种传染性或感染性疾病，其靶器官或主要危害的组织大多数位于呼吸系统，其致病性主要取决于病原微生物侵入家禽机体的数量、侵袭力（invasiveness）和致病性（toxicity）等。侵袭力一般是指病原微生物穿过机体屏障在体内散布、蔓延的能力；致病性是指病原微生物在宿主体内产生内、外毒素及对宿主组织造成的病理损伤的能力，如大肠杆菌（*Escherichia coli*，*E.coli*）及其内、外毒素，霉菌及其毒素等对家禽的危害。上述病原微生物包括新城疫病毒（newcastle disease virus，NDV）、禽流感病毒（avian influenza virus，AIV）、传染性支气管炎病毒（infectious bronchitis virus，IBV）、支原体、衣原体、大肠杆菌、鸡白痢沙门氏菌和伤寒沙门氏菌等。

2. 化学性因素

化学性因素包括各种药品、强酸、强碱、消毒剂和杀虫剂（有机磷类）等。在家禽中，使用频率最高的是抗菌药、消毒剂（氯仿、有机氯）和杀虫剂等。部分药品、消毒剂及杀虫剂使用不当可引起家禽呼吸系统的接触性损伤，导致中毒，引发呼吸障碍。例如，毒性极强的有机磷类，即使剂量很小，也可引起鸡的严重损伤、中毒或死亡。煤气中的一氧化碳（CO）与家禽血液中的血红蛋白（Hb）有很强的亲和力，可选择性地结合红细胞，形成的碳氧血红蛋白（COHb）易引起机体缺氧，导致煤气中毒。

3. 物理性因素

温度、湿度、通风等物理性因素对家禽呼吸系统的发病有重要影响。外界温度过低，气候过于干燥，鸡舍内温度忽高忽低，通风不良，有害气体（氨气、硫化氢等）浓度过高等均可成为家禽呼吸系统疾病的诱因。

4. 营养性因素

家禽的正常生命活动往往需要充足、合理的营养物质来保障。当营养物质（如糖、脂肪、蛋白质、维生素、无机盐等）和矿物质（如微量元素）等缺乏，并对呼吸系统造成危害时，家禽可出现呼吸困难等问题。氧气也是家禽不可缺少的物质，如果机体缺氧可引起严重后果。

（二）内因

1. 家禽自身的状态

健康家禽拥有的完整皮肤、呼吸道黏膜和分泌的黏液等具有阻挡外界病原微生物的作用。若其呼吸系统中的组织或器官机能受损，则外界病原很容易侵入家禽体内。家禽机体内的单核巨噬细胞系统（如脾脏的固定和游走巨噬细胞、肝脏的枯否细胞、肺脏的尘细胞、中枢神经的小胶质细胞等）可吞噬病原微生物，并通过其所含的各种水解酶分解和杀死细菌和病毒等致病性病原。当家禽免疫系统机能低下时，其吞噬作用和杀菌能力减弱，容易发生感染性疾病。此外，呼吸道黏膜上皮的纤毛、黏膜细胞等均有黏附和排除各种异物及有害物质的作用。当这些排除机能受损时，可加速相关呼吸系统疾病的发生。

2. 种属、品种和日龄

家禽种属免疫是动物对病原感染所固有的天然抵抗力。例如，IBV 对鸡感染，但对鸭却较少感染；鸽对高致病性禽流感 H5N1 亚型抵抗力强。种属免疫的机理包括两方面：一是病原不能吸附和进入非宿主细胞；二是病原不能适应宿主的体内环境，无法进行正常的代谢和繁殖。例如，在家禽的高体温环境中炭疽杆菌难以生存。值得注意的是，在不同种属的禽类之间，种属免疫也具有相对性。最典型的例子是减蛋综合征，由 EDS-76 病毒感染引起，此病毒自然宿主为鸭和野鸭。1974 年以前，EDS-76 病毒不感染鸡，但在 1994～1996 年却感染鸡并造成了高产蛋鸡极其严重的产蛋量下降。一般而言，鸭、鹅等水禽及野鸟等对疾病的抵御能力比鸡强，地方品种鸡比白羽肉鸡对疾病的抵抗力强，生产性能低下的家禽比生产性能高的家禽对疾病的抵御能力强，越是高产或生长速度快的家禽越易感呼吸系统疾病。幼龄家禽比大日龄家禽易患呼吸系统疾病，产蛋鸡比育成鸡更易感染疾病。

3. 免疫特性和遗传

家禽健康的免疫系统可防御致病因素对机体的侵害，但如果其免疫系统出现异常，发生免疫机能障碍（如抗体生成不足、细胞免疫缺陷等）和免疫反应异常，则不足以抵御外来病原的入侵，从而降低家禽对呼吸系统疾病的抵抗阈值，导致疾病的发生。

有关家禽的遗传特性对家禽呼吸系统影响的研究目前进展甚微，但家禽遗传物质的改变可以直接引起遗传性疾病，如遗传性代谢病、遗传性畸形等。随着家禽基因组谜团的揭开，越来越多的抗病育种技术将服务于生产。

三、临床表现

（一）鼻液异常

在正常情况下，家禽的鼻腔黏膜中含有丰富的毛细血管，具有纤毛上皮和大量的分泌腺，其主要功能是吸附空气中的尘埃粒子及各种病原微生物等。一般情况下，家禽鼻腔黏膜分泌浆液和黏液较少。但是，当鸡群受到外界刺激，如遇到冷空气、危害性气体或病原微生物感染等，鼻腔就会发生炎症，鼻液的分泌量增多，且含有大量的炎性分泌物。

1. 致病机理

呼吸道黏膜上皮细胞间隙的杯状细胞有分泌黏液的功能；黏膜下的黏液腺可以分泌黏液，其分泌受迷走神经的支配。在家禽健康的情况下，呼吸道黏膜皆被带有纤毛的柱状上皮细胞所覆盖，每个柱状上皮细胞上拥有近 200 根纤毛。纤毛长 6～7μm，浸在黏膜表面的黏液中，可形成步调一致的纤毛运动。在正常情况下，直径大于 5μm 的外界颗粒 90%以上被黏附在呼吸道覆盖有纤毛的黏液中，只有直径小于 5μm 的颗粒能够侥幸逃脱纤毛的黏液黏附，而随着呼吸运动直接侵入家禽的下呼吸道。快速、整齐和一致的纤毛运动将黏附在纤毛顶端的各种颗粒和异物向喉部推进，大部分通过口腔以黏液形式排出，其余小部分通过鼻腔作为鼻液排出体外。

但是，一旦家禽的呼吸系统受到外界感染或刺激，其组织或器官（如鼻、咽、喉、气管和支气管等）就有可能受到损伤或破坏，导致纤毛大幅度减少，杯状细胞增加，黏液腺肥大，致使黏液分泌量激增、黏液变稠，再加上纤毛细胞的清除功能降低，导致其分泌物大量滞留，堵塞呼吸道。如果呼吸道有脓性分泌物或出血病变，则鼻液含有脓性分泌物或混有血液。

2. 鼻液分类

鼻液是来源于呼吸道不同部位的病理性产物，所含成分十分复杂，既有浆液、黏液，又有红细胞、白细胞、巨噬细胞、溶菌酶、细菌、真菌、病毒等各种异物。呼吸道的病理性产物如不及时排出，滞留在体内是有害的，不仅给病原微生物提供了载体和营养，导致炎症的发展和扩散，还会引起继发感染。此外，过多的病理性产物在其质度变稠和机体的清除功能降低时可以阻塞呼吸道，使呼吸道的通气和换气功能受到影响，而发生呼吸困难和缺氧，使病情加重。

依据渗出物的不同，可将鼻液分为浆液性鼻液、卡他性鼻液、化脓性鼻液、纤维素性鼻液和出血性鼻液。

1）浆液性鼻液

鼻黏膜因充血、水肿而增厚，表面被覆稀薄、清凉的渗出物，无色透明、稀薄如水，其中细胞很少，固有层有少量炎性细胞浸润。鼻黏膜的色泽因充血程度不同呈灰红色至红色。鼻黏膜上皮细胞变性，纤毛脱落，甚至出现细胞坏死。浆液性鼻液常见于发病初期。

2）卡他性鼻液

当炎症逐渐加重时，鼻黏膜上皮中的杯状细胞和黏液腺分泌黏液机能亢进，黏液量激增，且因渗出的白细胞和脱落的上皮细胞均激增，鼻液质度较稠，呈蛋清状，含有大量脱落的上皮细胞和白细胞，故呈灰白色。卡他性鼻液常见于急性上呼吸道感染和支气管炎。

3）化脓性鼻液

鼻黏膜表面开始出现黄白色、黏稠、混浊的脓性分泌物，并可能伴有小点出血和糜烂。镜检可见渗出物中有大量嗜中性粒细胞、黏膜上皮及其表面组织坏死液化。

4）纤维素性鼻液

随着病情的发展，当血管的通透性在致病性因素的作用下进一步增强时，就有大量的纤维蛋白原从血液渗出而变为纤维蛋白被覆在鼻黏膜的表面，形成一层假膜，即为纤维素性炎。除去假膜，可见鼻黏膜充血、水肿并伴有出血和糜烂。

5）出血性鼻液

出血性鼻液常见于鼻黏膜受伤，有的鼻液混有血液、血丝或血凝块。

（二）打喷嚏

1. 概念

打喷嚏是家禽的一种协调的保护性反射动作，急速的气流主要从鼻腔中喷出，具有排出异物的功能，可将存留在呼吸道的分泌物（包括病原微生物和各种黏附物）排出体外，进而消除异物等对家禽呼吸道的刺激，抵御感染，同时把病原微生物排出体外。

禽类可以打喷嚏，但不会咳嗽，这是由禽类呼吸系统的生理结构决定的。与哺乳动物相比，禽类的肺部空气容量较小，不能随呼吸收缩和扩张，再加上没有完整的膈肌，很难形成咳嗽的压力将肺内的高压气体喷出。咳嗽通常是哺乳动物的一种呼吸道常见症状。因哺乳动物的气管、支气管黏膜或胸膜受炎症、异物、物理或化学性刺激而引起，先是声门关闭，呼吸肌收缩，肺内压升高，然后声门张开，肺内空气喷射而出，常伴有响亮的声音。咳嗽具有清除异物的功能。

2. 机制和危害

打喷嚏是一个复杂的神经反射过程，其反射中枢主要是延髓呼吸中枢。感受器存在于鼻黏膜，传入神经是三叉神经。喷嚏的反射动作与咳嗽类似，都由深吸气开始，随即产生一个急速而有力的呼气动作。与咳嗽反射不同之处是悬雍垂下降和舌压向软腭，而不是声门的关闭。喷嚏反射的生理意义在于排出上呼吸道中的异物或过多的分泌物，清洁和保护呼吸道。

打喷嚏是家禽呼吸系统疾病的主要症状之一（很多人认为是咳嗽），往往是在病理状态下家禽自我保护的一种应激反应，可导致呼吸加快、心跳加快、肌肉紧张、分解代谢加快，其结果是家禽免疫力和保护力下降。

3. 原因

最易引起喷嚏反射的部位是鼻黏膜等。易引起喷嚏的刺激物有炎性渗出物、尘埃颗粒、寒冷、低湿度、刺激性气体［如氨气（NH_3）、硫化氢（H_2S）］及其他异物等。如果是患了传染病的家禽打喷嚏，其飞沫往往带有病毒或细菌，是疫病传播的主要方式。

（三）呼吸紊乱

呼吸紊乱是指家禽呼吸的频率、深度和节律等较正常发生了改变。一般表现为家禽气喘、张口呼吸、呼吸深度和频率增加、呼吸用力等，严重的呼吸紊乱通常是家禽病危的表现。

1. 致病机理

1）通气功能障碍

通气是肺泡与外界进行气体交换的过程，其目的是将外界含氧较多的空气吸入肺泡，同时把肺泡中的二氧化碳（CO_2）排出体外。家禽机体维持正常的通气主要依赖于胸廓、肺脏的生理性扩张和回缩及呼吸道的畅通。所有导致通气动力减弱或阻力增大的疾病，都会造成通气障碍，如传染性喉气管炎、支气管栓塞、黏膜性鸡痘、传染性支气管炎和新城疫等。

2）换气功能障碍

换气是指肺泡和肺泡毛细血管间的气体交换。正常时，流经肺泡毛细血管的静脉血，其氧分压较肺泡中的低，而二氧化碳分压却比肺泡中的高，故肺泡中的氧进入静脉血，而二氧化碳则从静脉血进入肺泡，从而完成气体交换。若某种原因导致二者的关系发生改变，则可引起气体交换障碍，进而导致肺呼吸困难。

正常情况下，肺泡气体交换的面积很大，气体容易通过，但是当出现肺炎、肺水肿、肺气肿等病症时，肺泡气体交换的面积减小，进而导致气体交换不良。后果是肺泡中的氧不能进入血液，导致机体缺氧。

此外，换气不仅需要肺泡有足够的通气量和充足的血流量，还需要二者具有适当的配比，即动物正常呼吸时，肺泡通气量和血流量的比例（VA/Q）约为0.85。此时，肺泡和血液的气体交换最充分。因此，所有影响二者比例的疾病包括新城疫、禽流感等，均可对身体造成危害。

3）病理变化和危害

一般来说，当呼吸功能紊乱时，很容易发生低氧血症、高碳酸血症及相关的二氧化碳滞留造成危害。机体为适应或改变这一状况就会采取一系列与此对应的应急措施。在发病的早期或缺氧较轻时，常以机体的代偿性抗损伤反应占优势，如增强肺通气与换气功能、提高血液运氧能力和速度以改善组织的供氧，改造器官的机能和代谢以适应新的反应。当损伤变大时，便出现一系列机能和代谢障碍。

（1）呼吸困难。呼吸困难常分为3种，即吸气性呼吸困难、呼气性呼吸困难和混合性呼吸困难。吸气性呼吸困难的原因在于吸气时上呼吸道狭窄，呼吸道内充满异物和黏液。呼气性呼吸困难则是因为肺内肺泡组织弹性降低，肺泡内排出气体困难。混合性呼吸困难则同时具有上述两种情况。当呼吸困难时，氧的压力降低，化学感受器受到刺激而反射性地刺激呼吸中枢，使呼吸加深、加快。

缺氧是呼吸系统疾病的重要病理过程，可以引起一系列的临床症状和病理变化，包括呼吸加快、加深和呼吸不畅等，甚至发生呼吸衰竭。呼吸衰竭是呼吸系统功能不全的重要表现，也是许多疾病的不良转归。这种情况常见于家禽发生严重的大脑缺氧、肺炎和中毒等情况。

（2）脑部疾病。神经系统变化的根本原因是低氧血症、高碳酸血症和酸碱平衡紊乱，常常是多种因素共同作用的结果，又称为脑性疾病。高浓度的二氧化碳对神经系统具有抑制作用。此外，胞外的H^+内移，会加重脑细胞的酸中毒，可促进脑细胞的死亡和分解，使脑的机能受损。

（3）循环系统障碍。严重缺氧、二氧化碳蓄积和酸中毒，可引起循环功能的障碍。最终结果是心力衰竭、心率变慢，导致全心功能丧失和死亡率增加。

2. 病因

1）呼吸系统受损

呼吸系统的任何一个环节受损，必然使呼吸中枢的调节机制发生障碍或功能被抑制，进而引起呼吸困难。常见的病因有脑创伤、脑出血、脑炎及中毒（如气体、杀虫剂等中毒）等。

2）病原感染

当家禽的呼吸道和肺部受到不同亚型的 AIV、NDV、IBV 等病毒感染时，很容易产生各种呼吸道病症和炎症，如发生气管炎、肺炎、肝周炎、腹膜炎和气囊炎等。

（四）啰音

家禽呼吸道啰音是由于支气管病变或管腔中存在某种程度的堵塞，当空气通过时所形成的呼吸杂音。啰音可以分为干啰音和湿啰音两种。

1. 干啰音

干啰音是当家禽支气管有炎性分泌物堵塞管腔，或者因为支气管痉挛收缩，支气管黏膜肿胀或受到压迫使管腔狭窄，导致空气通过时产生的异样声音。其音调较高，声音清晰，持续时间长。干啰音在家禽的呼吸过程中均可以听到，以呼气时最明显。

2. 湿啰音

湿啰音是当家禽气管或支气管内有较稀的液体，如渗出液、吸入的液体等，导致空气通过时，产生类似于空气经过水泡并立即破裂所产生的声音。湿啰音断续而短暂，发生部位较恒定，在家禽吸气时更明显。

四、病理危害

（一）鼻炎

家禽鼻炎即鼻腔炎性疾病，是因为受到病毒、细菌、支原体、真菌等病原感染或受到各种理化因子刺激所产生的鼻腔黏膜的炎症，其主要病理变化是鼻腔黏膜充血、肿胀、渗出、增生、萎缩或坏死等。

1. 鼻炎的发生

鼻炎发病初期，鼻液主要是浆液性，随着炎症的发展，可以变成黏液性、脓性，常混有血液；气味逐渐变臭，且因细菌感染而进一步加剧；鼻液变稠，呈糊状或凝结成团块；鼻黏膜充血、肿胀，家禽常有蹭鼻动作，并出现鼻塞音。

2. 鼻炎的病因

导致家禽鼻炎的原因很多，其中重要的原因是细菌、病毒、真菌、支原体等病原微生物感染，或受到危害气体、低温等的刺激，异物等也是引起鼻炎的常见外在原因。

（二）喉炎

呼吸道黏膜中以喉黏膜的感觉最灵敏，最容易发生喉炎（laryngitis）。

1. 急性喉炎

急性喉炎最易发生，病变多限于喉头、勺状软骨和勺状会厌软骨共同围成的喉口部。病因多为受凉，如寒冷潮湿的外界条件；其次是遇到尘埃颗粒、刺激性气体（如 NH_3、H_2S 等）；部分传染性病原微生物也可引起继发感染，如 H9N2 亚型禽流感等。眼观可见喉黏膜充血肿胀，呈程度不同的潮红色，黏膜上覆有浆液性、黏液性或黏液性脓性分泌物。

2. 慢性喉炎

慢性喉炎多为急性卡他性喉炎的后遗症，很少病例自开始就是慢性的，病因同急性喉炎。眼观可见喉黏膜因肉芽组织的增生而肥厚，其表面凹凸不平，呈乳头状或颗粒状，色泽灰白。黏膜上皮大量脱落，进而在黏膜上形成白斑。

3. 纤维素性喉炎

纤维素性喉炎通常不仅发生于喉头，还常波及气管和支气管。眼观可见：疾病之初在喉黏膜上有灰白色或灰黄色纤维素性渗出物，后来渗出物相互融合而形成一层纤维素性薄膜附着在黏膜表面。传染性喉气管炎病毒（infectious laryngotracheitis virus，ILTV）、禽痘病毒（fowl pox virus，FPV）等感染均可引起纤维素性喉炎。

（三）气管和支气管炎

1. 急性气管和支气管炎

急性气管和支气管炎（acute tracheobronchitis）分为卡他性、化脓性和坏死性等类型，一般以卡他性最多。其主要由细菌、病毒等感染所致，特别是一些呼吸道常在菌。当机体长期暴露于寒冷或刺激性气体中时，黏膜系统防御能力降低，细菌乘虚而入，引起炎症。病初黏膜肿胀、充血，腺体分泌增加，分泌液初期为浆液性，随后可能伴有黏膜细胞脱落、白细胞浸润和红细胞渗出，使分泌液逐渐变为黏稠性或带血。如发生 IBV 感染，可使气管黏膜变厚，大量黏液细胞浸润，气管渗出物增多。

2. 慢性气管和支气管炎

慢性气管和支气管炎（chronic tracheobronchitis）常常由急性气管和支气管炎转化而来，也可由慢性、长期的刺激造成，如持续性吸入尘埃等。慢性气管和支气管炎对机体的影响比较明显，易导致肺部感染，使病情恶化，死亡率增加。

支气管栓塞（bronchial embolism）是 2010 年以来在商品肉鸡中高发的一种家禽呼吸系统疾病，是家禽慢性气管和支气管炎的一种，在家禽的支气管中有干酪样物存在，形似栓子，堵塞支气管，导致家禽呼吸困难。栓塞内容物包括脱落的炎性细胞、环境中的尘埃粒子、死亡的上皮细胞和黏膜细胞、气管或支气管的炎性分泌物及原发或继发感染的病原微生物等。研究发现，高温低湿及低温高湿均可导致支气管栓塞发生。在临床上，家禽首先从呼吸道症状开始，如甩鼻、咳喘、湿啰音等，当发展到喘鸣或张嘴而无音呼吸时，栓塞已经形成。

（四）肺炎

肺炎（pneumonia）是指细支气管、肺泡和肺间质的炎症。引起肺炎的因素很多，包括生物性因素和非生物性因素。前者常见的有病毒、细菌、支原体、霉菌和寄生虫等，后者有理化因素（如刺激性气体）和一些机械性刺激物。在上述因素中以细菌因素最为重要，因为大多数肺炎是因细菌感染而引起的，特别是上呼吸道常住寄生菌类的感染。

1. 病因分类

肺炎的分类较为复杂，依据病因不同，可将肺炎分为细菌性肺炎、病毒性肺炎、支原体肺炎、霉菌性肺炎和寄生虫肺炎等。其中，以细菌性肺炎最为常见。细菌性肺炎以引起渗出病变为主要特征。病毒性肺炎主要表现为间质性肺炎，以增生为主要特征。

2. 渗出物分类

根据肺炎渗出物的性质不同，可将肺炎分为浆液性肺炎、卡他性肺炎、纤维素性肺炎、化脓性肺炎、出血性肺炎和腐败性肺炎等。禽霍乱可引起纤维素性肺炎。

（五）气囊炎

气囊炎（air-bag inflammation）是指家禽感染大肠杆菌、支原体、病毒等不同病原微生物，从而引起家禽气囊上带有大量卵黄样炎性分泌物，轻者表现为气囊混浊，伴有大量混浊的渗出物；重者表现为气囊壁增厚，附着大小不等的干酪样凝块的一种病症。

气囊炎通常是一种环境因素占主导，多种病原参与的复杂病症，不同日龄、不同品种的家禽在不同季节均会发生。尤其在饲养管理不善、环境突然改变或严重污染的地区发病率较高。

气囊炎的感染机制：家禽的气囊壁较薄，缺乏免疫保护细胞（如自然杀伤细胞）、巨噬细胞和黏液（保护性抗体 IgA）等，一旦病原微生物黏附于气囊表面，家禽的气囊就很容易受伤。特别是在空气中含有大量的有害气体（如 NH_3、H_2S）和尘埃颗粒等时，易使气囊损伤，支原体、大肠杆菌等伺机侵入，很容易造成气囊大面积炎症。

（秦卓明　田　野）

第二节　家禽呼吸系统疾病的传播特征

一、传染性呼吸系统疾病

在家禽呼吸系统疾病中，传染性疾病是主流，占 90%以上，常由传染性病原微生物感染引起，主要包括病毒、细菌、支原体、真菌等。上述病原感染易感家禽后，被感染的家禽常常出现某些共有的特征。

（一）基本特征

1. 由特定的微生物感染

家禽的呼吸系统疾病通常由其特定的致病性微生物（病原）感染引起，如新城疫（newcastle disease，ND）的病原是 NDV，传染性支气管炎（infectious bronchitis，IB）的病原是 IBV 等。当然，也存在两种或两种以上的病原混合或协同感染，继发感染的现象也十分普遍。

2. 具有传播性和流行性

一定条件下致病性病原传染同一禽舍内的其他易感家禽个体，并引起相同的临床症状，称为传播。把病原不断扩散并散播到其他易感禽场，并在一定的时间和范围造成一定数量的家禽易感，即为流行。疾病的传播和流行受病原数量、流动性、传播条件和传播媒介等因素的影响，一般可分为以下 4 种情况。

1）散发

散发（sporadic）有 3 层含义：一是零星发生；二是发病在地理上是分散的；三是病例之间没有联系。

2）流行和地方性流行

流行（epidemic）是指某一疫病在某一段时间内的发病率较高，超过散发水平。流行是一个相对概念。地方性流行（endemic）是指某疫病不是从外地传入，便能在某一地区持续稳定地出现。

3）大流行

大流行（pandemic）是指家禽发病数量较多，疫情散布范围广，甚至波及一个或几个国家（地区）。例如，2005 年前后高致病性禽流感 H5N1 的全球大流行，波及 4 个大洲，60 余个国家。

4）暴发流行

暴发流行（outbreak）是指在某一局部地区或某一动物群体中，短期内突然出现多起相同的病例。例如，2004 年中国辽宁省黑山县发生的禽流感疫情即为暴发流行，不到 20d 毗邻 4 个县的近百个村发生禽流感疫情，病死家禽 13 万羽。2014 年 12 月至 2015 年 6 月，美国发生 H5N2 禽流感疫情，在不到半年时间里，有 21 个州的 223 个鸡群、4800 万只鸡感染发病。

上述几种概念是相互关联的，存在着千丝万缕的联系。例如，一种新病可以一开始为散发，然后是暴发、流行、大流行，再后就转变为地方性流行，以后周而复始发生。

3. 具有免疫反应

家禽感染病原后能够产生针对病原的特异性免疫应答，即家禽产生的抵御同一病原的能力，该抵抗力可以是体液免疫，也可以是细胞免疫，或二者兼而有之。

不同病原感染后获得的保护性免疫水平差别很大。少数病原，如 FPV、ILTV 等感染康复后极少再次感染，称为持久免疫。多数病原只能获得短暂的保护性免疫力。

4. 具有一定的发病规律

同一种病在同种家禽中一般具有相同的发病规律，包括感染、疾病的发生、发展和痊愈等过程，且具有相似的临床症状和病理特征。

（二）疫病流行的必要条件

家禽传染性呼吸系统疾病的发生、发展和流行至少需要 3 个基本环节，即传染源、传播途径和易感家禽，三者缺一不可，只有同时存在，才能形成疫病的流行。

1. 传染源

1）患病家禽

患病家禽是最重要的传染源。一般来说，发病初期排出病原的数量通常较大，传染性较强。痊愈家禽在其恢复期内仍可有残留病原排出，成为容易被忽视的传染源。部分感染家禽在潜伏期即可能向外排毒，如排出 NDV、IBV 等。患病家禽的分泌物、呼出气体的飞沫、排泄物或尸体及其污染的环境，都是重要的传染源。

2）病原携带者

隐性感染的带菌/病毒家禽无任何临床表现，但可以持续低水平向体外排出病原。带菌/病毒家禽在外界环境变化、应激反应或其他疾病导致机体的抵抗力下降时，则可形成显性感染而发病。常见隐性感染的病原有支原体、衣原体、呼肠孤病毒、腺病毒和某些小 RNA 病毒等。

同种病原在不同动物体内形成不同的感染类型，成为病原传播的重要方式之一。例如，在水禽中呈现低致病性的 H5N1 亚型 AIV，在鸽中不发病，在鸡中则呈现高致病性；NDV 等在蝙蝠体内不具有明显的致病性，但在鸡体内则具有高度的致病性。野鸟、水鸟、水禽和候鸟等是多种家禽呼吸性病原的携带者，是不容忽视的传染源。

2. 传播途径

1）水平传播

水平传播是指发生于易感个体之间的病原微生物传播，又称横向传播，既可以与易感家禽直接接触传播，也可以通过间接接触（即借助于外界媒介）传播。

（1）直接接触传播。直接接触传播是指病原微生物通过传染源与易感动物直接接触而引起感染的传播方式。直接接触包括互啄、交配、打斗，甚至因拥挤而导致的直接接触等。

（2）间接接触传播。间接接触传播是指病原微生物在外界因素的参与下，通过传播媒介感染易感宿主的方式。传播媒介可以是有生命的媒介者（vector），也可以是无生命的媒介物（vehicle）。常见的传播方式如下。

① 呼吸道传播。含有病原微生物的微细飞沫、尘埃等带菌体以空气为媒介载体，形成气溶胶，借助于空气流动进入禽舍，通过呼吸道、眼结膜等途径侵入家禽体内而引起感染。

② 消化道传播。家禽通过消化道食入污染有病原微生物的饲料、饮水和垫料等。

③ 媒介生物的传播。节肢动物对禽痘病毒、鸭坦布苏病毒等虫媒病毒在自然界中的传播具有重要意义。人类和动物的大多数虫媒病毒感染均以节肢动物为传播媒介。

④ 野生鸟类的传播。野生鸟类种类繁多，生活习性复杂多样。随着野生鸟类生存环境的不断改善，鸟类数量不断增加，活动地域也在不断扩大，人类与鸟类接触的机会不断增加。野生鸟类携带的病原主要有各种致病性不同的 AIV（如 H4 亚型、H6 亚型、H9 亚型、低致病性的 H5 亚型等）、NDV、FPV 等。

⑤ 人员和器具的传播。可将其分为两类，一类是人类不易感但可以通过人类活动而进行的传播。例如，饲养员或兽医穿梭于不同禽群之间，人所穿的衣物、使用的工具等均可机械性地传播如 NDV、IBV 等病原；共用的注射器、运输车等也可传播病原。另一类是人类本身就是多种病原的感染者，如饲养员感染沙门氏菌后成为禽类的传染源。

2）垂直传播

垂直传播是指家禽体内的病原微生物在种蛋形成的过程中，把病原传递给种蛋，然后通过孵化，由种蛋形成的胚胎传递给子代雏禽。能够发生垂直传播的禽类病原微生物种类见表 1.1。

表 1.1　家禽发生垂直传播的病原微生物种类

病原微生物种类（病毒类）	病原微生物种类（细菌和支原体）
禽淋巴白血病病毒（A、B、C、D、E、J 和 K 亚型 ALV）、禽脑脊髓炎病（AEV）、禽呼肠孤病毒（REO）、网状内皮增生症病毒（REV）、禽腺病毒（1～11 型 FAdVs）、减蛋综合征病毒（EDS-76）、传染性贫血病毒（CIAV）等	支原体（鸡毒支原体、滑液囊支原体和火鸡支原体等其他亚型支原体）、沙门氏菌（鸡白痢、伤寒等）、禽波氏杆菌和少数致病性大肠杆菌及鼻气管鸟杆菌等

当然，如果在种蛋产出过程中，鸡群发病，则蛋壳很容易被相应的病原微生物污染，也可造成胚胎死亡和雏禽感染，但这种传播不属于严格意义上的垂直传播，如大肠杆菌、NDV 等。

尽管具有高度致病性的病原如 NDV、AIV、ILTV、IBV 等不进行垂直传播，但一旦发病，无论是哪种疾病，均可对鸡群产生危害，进而使鸡胚在孵育过程中胚胎发育不良或产生死胚，也可因种蛋表面消毒不彻底，导致雏鸡在孵化室发生交叉感染。因此，家禽患病期间的种蛋不建议作为种用。图 1.1 显示的是家禽疫病传播的方式和途径。

3. 易感家禽

家禽对某种病原的易感性不仅与种属等遗传因素、群体中不同个体的免疫状况、饲养管理水平、生理状态、日龄等有关，还与病原微生物的侵入途径、数量、致病性及其是否变异等诸多因素相关。一般情况下，日龄小、免疫状况差和饲养密度高的家禽往往具有更高的感染性。但也有例外，如 ILTV 具有日龄敏感性，1 月龄以下的雏鸡不易感。

除了上述经典的三要素外，环境因素和社会因素对家禽呼吸系统疾病的传播和流行也具有重要作用。家禽呼吸系统疾病与环境因素密切相关，包括气候、季节、温度、降水量等环境条件，对传染病流行的严重程度和流行范围具有直接影响。

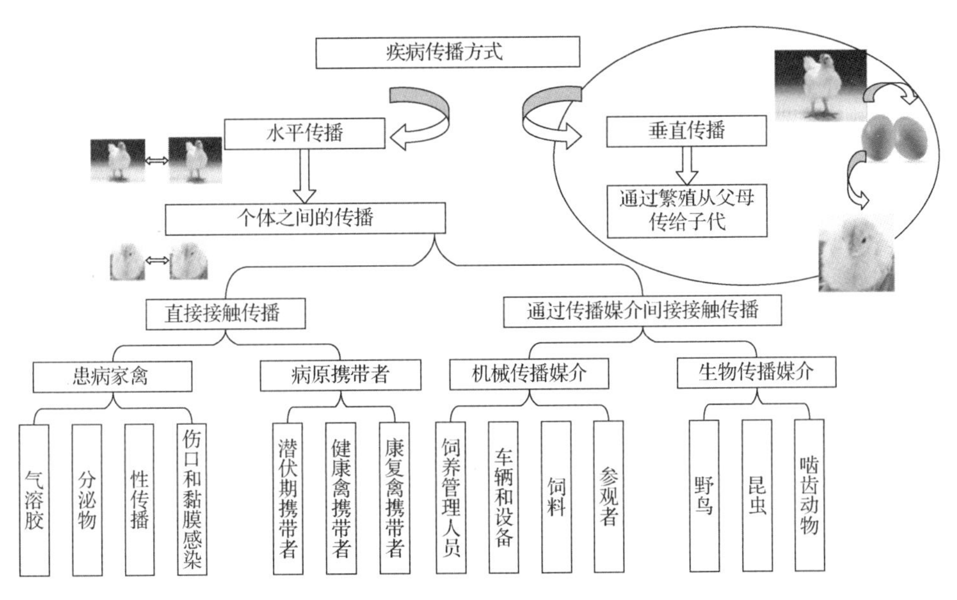

图 1.1　家禽疫病传播的方式和途径

社会因素对病原传播的影响是一种间接的综合效应。经济发展、畜禽运输地域的扩大、人员频繁流动、防疫制度的落实程度等，均可对传染源、传播途径和易感动物产生影响。

（三）疾病发生的不同阶段

1. 潜伏期

潜伏期是指病原微生物从侵入家禽机体至最初症状出现之间的时间间隔，其实质是病原微生物在家禽体内增殖、积聚、转移、定位、引起组织损伤和产生危害的过程，即由量变到质变，从正常到发病。潜伏期的长短与病原微生物的种类、病原感染的数量、病原致病性及机体的免疫状态有关，短的可以是数小时，长的可达 6 个月乃至 1 年，后者主要是疱疹病毒，如 ILTV 和马立克氏病毒（Marek's disease virus，MDV）等。

潜伏期的长短与疾病的严重程度密切相关。潜伏期短的病原，其致病性一般较强，多为烈性或急性疾病，如高致病性禽流感、新城疫和禽霍乱等，可在短时间内导致大量鸡发病或死亡。反之，其致病性一般较弱，如鸡毒支原体感染。

了解潜伏期的长短，可以推算感染日期、追溯传染来源；可以还原传播途径，判断传播范围；可以确定对易感动物的检疫和隔离期限。例如，《陆生动物诊断试验和疫苗手册（哺乳动物、禽鸟与蜜蜂）》根据潜伏期的长短（一般选择最长潜伏期），明确规定了不同病原的检疫和隔离期限，如 NDV 和 AIV 的检疫和隔离期均为 21d。

2. 前驱期和症状明显期

从发病至症状明显出现的时间称为前驱期，其临床表现通常是非特异性的，为许多疾病所共有，如食欲减退、体温升高、精神沉郁、呼吸频率和心率增加等，一般为数小时到数天。

前驱期之后病情进一步加重，新症状陆续出现，并逐渐出现该病的特征性症状，这一时期称为症状明显期。产生特征性症状的主要原因在于病原微生物有不同的组织嗜性，在特定组织和器官产生特定的病理损害。此时，患病家禽病情最严重，体内病毒繁殖量最大，致病性最强，并通过家禽呼吸、腹泻、皮肤或黏膜破溃等症状将病原微生物大量排出，故此期的患病家禽传染性最强。

3. 恢复期

家禽疾病症状逐渐减轻，逐渐恢复，这一时期称为恢复期。值得注意的是，处于恢复期的家禽仍能继续携带和排出病原微生物。

（四）临床类型

1. 按病程划分

最急性型（superacute）：病程极短，仅数小时至 1d。患病家禽往往没有表现明显临床症状就突然死亡，如高致病性禽流感（high pathogenic avian influenza，HPAI）、新城疫等。

急性型（acute）：病程较短，2 周以内，具有典型的症状，如急性禽霍乱、传染性喉炎等。

亚急性型（subacute）：病程较长，且临床表现不如急性型明显，如鸡痘等。

慢性型（chronic）：病程缓慢，常在 1 个月以上，临床症状不明显，如慢性禽霍乱。

同一种家禽呼吸系统疾病的病程长短不是固定不变的，在一次疾病的流行过程中，可能同时存在上述不同类型的病例。即使是同一病例，在一定条件下也可以存在不同类型间的相互转化，如在一次新城疫疫情发生过程中，可以同时存在急性型和亚急性型病例、部分急性型和亚急性型病例等，还可以少量存在一定比例的慢性型病例。

2. 按症状划分

典型（typical）：具有病原常见特征性的症状和经过，主要发病症状和体征均有明显表现。

非典型（atypical）：缺乏该病一种或几种主要症状和常见病情的经过。非典型病例给家禽呼吸系统疾病的诊断与防控带来了困难。以新城疫为例，其流行特点已从过去频发的大流行转变为周期性、点状散发流行，典型的临床症状和病理特征已不多见，仅表现为产蛋鸡的产蛋量下降和新生雏鸡的先天性呼吸系统感染等亚临床症状。

二、非传染性呼吸系统疾病

导致家禽发生非传染性呼吸系统疾病的原因比较多，包括温度和湿度、鸡舍通风、有害气体、粉尘粒子、饲料霉菌毒素、营养因素、呼吸道黏膜物理性损伤、空气质量和中毒等，上述原因均可以导致发生呼吸系统疾病（详见第七章）。该类疾病具有以下特点。

1. 有发病原因，但不具有传播性

非传染性家禽呼吸系统疾病患病禽群之间不发生传播，这是该类疾病最大的特点。该类疾病通常是个案或偶发性事件，可以是个体发病，也可以是群体发病。通常出现的情况是：在同一个鸡场，在同一栋禽舍内发病率可能较高，但不同栋禽舍之间差别可能较大，没有传播性。

近年来，家禽饲料遭受霉菌污染的情况较为严重，尤其是占饲料量比例较大的玉米，所受霉菌污染情况十分普遍。霉菌及其毒素除了可直接引起呼吸道症状外，还可使家禽免疫力明显降低，增加其他病原感染家禽的机会，并使病情加重。

2. 环境不适或极端天气是产生非传染性呼吸系统疾病的重要诱因

环境恶化、空气污染、大量的有害气体的存在，是导致非传染性家禽呼吸系统疾病的重要原因。有害气体（如 NH_3、H_2S、CO、NO、CO_2 等）超标，可使呼吸道组织或器官黏膜上皮纤毛退化甚至脱落，进而对呼吸系统造成危害。极端天气如持续的高温酷暑、严寒低温、暴风骤雨等也是产生呼吸系统疾病的重要原因。

鸡舍内空气中的尘埃和粉尘浓度过高也会促发呼吸系统疾病。家禽在吸入这些颗粒物质后，物理性阻碍呼吸道通气和纤毛运动，使支气管排除能力降低，同时其中携带多种引起呼吸系统疾病的病原微生物，从而加重鸡多病因呼吸系统疾病的发生和传播。

3. 饲养管理不善是呼吸系统疾病发生的核心因素

多数家禽呼吸系统疾病与饲养管理失误相关，如温度控制过低或过高、湿度过大或过小、温度变化幅度大、通风过强或过弱等均可导致呼吸系统疾病的发生。

温度过低可引起呼吸道黏膜的黏液分泌过多，降低巨噬细胞对病原微生物的清除能力，尤其是在冬、春两季冷空气侵袭或鸡舍通风量过大时，往往使鸡群呼吸道发病率增高或产蛋鸡的产蛋量下降。过于干燥的空气除使呼吸道黏膜失水、上皮细胞抵御病原微生物的能力下降外，还会使空气中的尘埃和粉尘的浓度增大、增加了鸡群患呼吸道疾病的机会。夏、秋两季高温与高湿常相伴发生，使鸡的呼吸频率急剧增加，致使禽类的呼吸器官容易充血和发生炎症，也常使鸡呼吸系统疾病的发病率增加。

（秦卓明　李玉峰）

第三节 家禽呼吸系统疾病的流行状况

一、中国家禽数量大，疫情复杂多变

中国是世界上第一蛋鸡养殖大国，商品肉鸡出栏总量位居世界第二，鸭、鹅的饲养数量均为世界第一，在家禽饲养总量上“举世无双”。庞大的家禽数量，纷繁多样的饲养模式，再加上日益开放的世界家禽贸易，决定了中国禽病防控的艰巨性和复杂性。

1. 家禽数量大，疾病种类多

据不完全统计，对中国养禽业构成威胁并造成危害的疾病目前已有80余种，包括传染病、寄生虫病、营养代谢病和中毒性病等。世界上90%以上的禽病种类在中国均有发生，其中，以传染性疾病数量最多，约占禽病总数的90%以上，造成的危害也最大。传染病中，能够引起呼吸道症状的占到60%以上，其中，以高死亡和呼吸道病症著称的世界家禽两大烈性传染病（新城疫和高致病性禽流感）在中国均有发生，这在世界上也是少数。

中国养禽业的高速发展离不开世界家禽业的支持，但落后的生产条件和不完全匹配的监督保障机制，使中国家禽疫病的防控受到诸多挑战。家禽品种资源的大量引进、大量活禽和活疫苗产品通过多种渠道进入中国市场，导致我们在吸纳国外先进产品和技术的同时，一些新的疾病也乘虚而入，成为中国禽病难以忘却的“伤痛”，如高致病性禽流感H5N1亚型（1997年）、VII型新城疫等。

2. 疾病发生率居高不下

大量的数据显示，中国每年因各种疫病引起的家禽死亡率为15%～20%，远远高于发达国家的平均水平（发达国家一般在5%以内），甚至高于泰国、巴西等发展中国家。这与中国的禽病研究水平和科技水平极不匹配。

3. 并发和继发普遍

流行病学调查显示，随着疫病种类的增多，两种以上的病原同时感染十分普遍，继发感染的病例时常发生。单一病原的感染率在30%以内，而70%的疫情与并发或继发感染有关。

4. 免疫压力下的毒株变异

中国是一个以强调疫苗免疫来防控疫病的国家，在长期的疫苗免疫压力下，家禽主要的流行病原（如引起禽流感、新城疫、传染性支气管炎等的病毒）常常会发生改变，出现新的亚型或变异毒株。

以NDV为例，在1980年以前，中国的NDV流行株、强毒株主要是基因Ⅸ型（F48E9），主要采用Ⅱ系苗、F株或La Sota（Ⅳ系苗）等疫苗（弱致病性）；但自1980年之后，传统的疫苗免疫已不能保证鸡群健康，NDV灭活油苗成为控制非典型NDV的重要措施。1997年之后，高抗体水平下NDV的免疫失败成为常态。1997～2009年，Ⅶ型NDV成为主要的发病流行株，占70%以上。血凝交叉抑制、病毒中和反应、单克隆抗体检测、动物交叉保护及核心基因均证实，NDV流行株已经在抗原性和基因分子水平上发生了偏离经典疫苗株的变化。

张伟等（2015）利用生物信息学方法和血凝交叉抑制试验比较研究了山东地区低致病性禽流感 H9N2 亚型病毒的分子遗传变异和抗原性变化。结果表明：不同年代的 H9N2 流行株相差较大，如 2010～2013 年的 H9N2 流行株之间氨基酸同源性为 96.1%～100%，但与疫苗株的氨基酸同源性已降至 91.8%～95.0%。孟芳等（2016）进一步研究表明：H9N2 病毒存在着明显的氨基酸变异积累。以 Ck/BJ/1/1994 *HA* 基因为参照，1994～2014 年 H9N2 流行株核苷酸和氨基酸的年均进化率分别为 5.73×10^{-3} 和 4.25×10^{-3}。

二、禽流感成为困扰中国家禽养殖的重要因素

1992 年，中国发生了 H9N2 亚型低致病性禽流感病毒感染。H9N2 亚型 AIV 是中国历史上首次报道的具有低致病性的流感病毒。2015 年，在禽流感病毒基因库中，源自中国的 H9 亚型 AIV 数据占据了禽流感病毒基因库 60%以上，该亚型 AIV 已成为中国养殖场带毒率较高的病毒之一。

1997 年，广东某鹅群暴发 H5N1 亚型高致病性禽流感（HPAI），但鉴于中国当时的经济实力，丧失了扑灭该病的最佳时期。到 2001 年，当该病席卷全国时，中国确立了以“疫苗免疫为主”的防控策略，尽管在较短的时间里基本控制了该病的暴发，但禽流感病毒的多变性决定了“疫苗免疫”的局限性。在 2003～2018 短短的 16 年中，高致病性禽流感 H5 亚型疫苗由“Re-1”更新到“Re-12”，几乎不到 2 年，禽流感病毒的优势流行株就会发生不同程度的改变，况且这种改变一直在进行。

2013 年，人感染 H7N9 禽流感病毒的出现再次敲响了禽流感防控的警钟，尽管国内规模化鸡场 H7N9 的病毒分离率较低，但据中国疾病控制中心 2016 年 12 月活禽市场（live poultry market，LPM）检测结果显示：广东省环境样品中 LPM 的 H7N9 阳性率为 9.4%；江苏省 LPM 的 H7N9 阳性率为 15.8%。值得关注的是，2016 年 1 月至 2018 年 6 月，中国南方（广东）和中南部（湖南和湖北等）等已有多起高致病性 H7N9 强毒感染的报道。

高致病性禽流感病毒（H5N1、H5N2、H5N8、H5N6、H7N9 等亚型）、低致病性禽流感病毒（H9N2、H10N8、H4N6 等亚型）在中国并存。多宿主带毒、多途径传播、鸟类迁徙、哺乳动物感染等对禽流感的防控提出挑战。正如前述，禽流感已成为制约中国养禽业健康发展的重要因素，其危害已成为中国养禽业的“毒瘤”。

三、呼吸系统疾病成为中国禽病的主流

1. 新城疫

新城疫在中国流行历史最长（迄今 80 余年）。自 1950 年以来，疫苗免疫对中国 NDV 的防控起到了决定性的作用，新城疫的发生率大大降低。但是，伴随养禽业规模的不断扩大，饲养密度的不断提高，鸡、鸭、鹅等多种禽类混养，特别是各式各样 NDV 弱毒活疫苗和灭活疫苗的大量使用，NDV 在强大的疫苗免疫压力下，出现了不同程度的免疫逃避、基因突变和免疫麻痹等现象。山东省农业科学院家禽研究所近 20 年（1996～2018 年）的病原分离系统跟踪显示：NDV 的分离率占家禽病毒的 20%以上。这表明，新城疫仍然是目前危害中国养鸡业的重要疫病。

2. 传染性支气管炎

中国 20 世纪 50 年代就有传染性支气管炎发生的报道。在 1990 年以前，中国的 IB 主

要以呼吸型和生殖型（Mass 型）为主。1990 年之后，肾型 IB 在中国鸡群尤其是在商品肉鸡中多发，20～30 日龄是该病毒发病的高峰期。1996 年英国发现了能引起鸡的肌肉损伤和蛋鸡产蛋量下降的 4/91（或称 793/B）变异株。王玉东等（1997）首次报道了可引起病鸡的呼吸道、肾脏和腺胃病变的 IBV 变异株（QX-IBV），传统的 Mass 型疫苗对其预防效果不佳。2014 年，在中国台湾地区出现了 TW-IBV 变异强毒株可导致 20%的病鸡死亡。

中国 IBV 流行株的血清型十分复杂，主要包括 Mass、T、Holte 和 Gray 等经典株和大量的 IBV 流行株。研究发现，在中国至少分离到 25 个血清型，并且肾型 IBV 有 16 个血清型。这无疑对 IBV 的经典疫苗预防提出了严峻的挑战。

3. 慢性呼吸道病

鸡毒支原体（*Mycoplasma gallisepticum*，MG）病，又称慢性呼吸道病，是中国家禽的重要呼吸道疾病。冀锡霖等（1986）对中国 20 个省、市的 MG 血清学采样调查表明，MG 血清抗体阳性率为 78.25%（313/400），表明 MG 在中国普遍存在。临床数据表明，MG 感染所导致的呼吸道病可使弱雏率增加 10%，蛋鸡的产蛋量下降 10%～20%，肉鸡体重减少 38%，饲料转化率降低 21%，胴体质量下降，并产生了大量的药费开支，造成了极其严重的经济损失。

4. 大肠杆菌病

禽大肠杆菌病居各种细菌性疾病之首，占 1/3 以上。大肠杆菌病的病症十分复杂，病症多种多样，最常见和危害最大的临床病变是急性败血症、肝周炎、气囊炎、卵巢炎及腹膜炎等。大肠杆菌流行菌株血清型较多，且中国不同地区致病性大肠杆菌的优势血清型存在差异，同一地区不同鸡场的优势血清型也不尽相同，甚至同一鸡群内也存在多个血清型。

宋立等（2005）在中国东北、华南、华中和华北地区采样，共分离大肠杆菌 241 株，病原分离率为 69.1%，共发现 67 种血清型，每种血清型 1～2 株，个别血清型有 10 株左右，呈地区性和多样性分布。李玉文等（2008）2001～2005 年从辽宁 14 市的病死禽和死胚中分离出大肠杆菌 226 株，定型 105 株，其中 O78 型占 29.52%（31/105），O109 型占 10.48%（11/105），证实 O78、O109 血清型是流行于辽宁地区的优势血清型。李莎莎（2010）对 2003～2009 年山东省不同地区的规模化养鸡场和养鸭场 214 株大肠杆菌进行 O 抗原血清分型，共发现 14 个血清型，其中 O78、O88、O2、O35 和 O18 为主要优势血清型，占总分离菌株的 82.7%，而 O3 血清型在中国禽类中首次报道。陈晓浪等（2010）采集江苏省不同地区 15 个鸡场的病料，共获得 45 株大肠杆菌，确定了 O78（53.33%）和 O109（28.89%）为优势 O 抗原血清型。毛福超等（2016）在河南地区采样，共分离到 98 株鸡源大肠杆菌，确定 86 株细菌分属 14 个血清型，其中优势血清型为 O14（20.93%）、O141（16.28%）、O78（13.95%）和 O88（9.30%）。索慧娜（2016）在河北地区采样，共分离鉴定了 109 株禽大肠杆菌，其中优势血清型为 O65（37.61%）、O101（11.93%）和 O2（6.42%）。

四、免疫抑制性疾病加重了呼吸道疾病的感染

免疫抑制性疾病可加重家禽呼吸系统疾病的感染症状。一旦发生免疫抑制性病原和呼吸系统病原混合感染，则呼吸系统疾病往往变得十分严重，甚至无法控制。主要的抑制性病毒包括网状内皮增生症病毒（avian reticuloendotheliosis virus，REV）、呼肠孤病毒（avian reovirus，REOV）、MDV、低致病性禽流感病毒（H9N2）、传染性囊病病毒（infectious bursal disease virus，IBDV）、鸡传染性贫血病毒（chicken infectious anemia virus，CIAV）及内源性和外源性禽白

血病病毒（avian leukosis virus，ALV）等。上述免疫抑制性病毒在中国鸡场普遍发生，调查发现，40%～80%的家禽血清样品REV抗体检测呈阳性。利用核酸分子斑点杂交反应在20%～23%的胸腺或法氏囊组织中检出REV前病毒DNA。在实际生产中，上述病原既有单一感染，又有二重、三重乃至四重等混合感染。

五、多因子混合感染比例高

在生产中，随着疫病种类的不断增多，两种或两种以上的病原同时感染、继发感染或病原的混合感染在许多养殖场变得十分普遍。主要包括：①病毒+病毒［如H9N2＋IBV、NDV+IBV、H9N2+NDV等］。②病毒+细菌（如IBV+大肠杆菌、H9N2+大肠杆菌、NDV+大肠杆菌、NDV+支原体等）。③病毒+寄生虫（如 NDV+球虫等）。④细菌+寄生虫（如大肠杆菌+球虫等）。⑤遗传因素+饲养管理（如呼吸系统疾病等）。⑥病原微生物+营养代谢障碍（如细菌感染+肉鸡腹水综合征等）。⑦病原微生物+饲养管理+营养代谢障碍（如矮小综合征等）。

常见的病原微生物有支原体、大肠杆菌等细菌，以及NDV、IBV、ILTV和禽偏肺病毒等病毒，甚至还有衣原体等。其中，任何两种或两种以上呼吸道病原同时或先后作用于呼吸道，它们之间都可产生致病协同，比单一病原体所致疾病严重得多。病毒、支原体和大肠杆菌三者之间相互作用，使呼吸系统综合征更严重。

六、耐药性降低了呼吸道病的防控效果

国内外研究表明，由于抗生素的不合理使用，主要病原性细菌产生了严重的耐药性。

王红宁（2002）研究表明，鸡大肠杆菌的耐药率为11.6%～97.7%。鸡大肠杆菌对庆大霉素、四环素、氯霉素、链霉素等的耐药率大于50%，较猪大肠杆菌耐药率高，可能与鸡饲料中常添加上述抗生素有关。刘金华等（2016）报道，鸡源金黄色葡萄球菌对青霉素等常用抗生素普遍耐药，金黄色葡萄球菌对常用的红霉素、青霉素、诺氟沙星、氯霉素的耐药率分别达83.4%、91.2%、56.6%、57.3%。

宋立等（2005）研究发现，在中国东北、华南、华中和华北地区细菌耐药性十分普遍，以多重耐药为主，耐10～19种药物的菌株占50%以上。细菌最易产生耐药性的药物是萘啶酸（88.1%），其他依次为四环素（85.7%）、复方新诺明（77.1%）、氨苄西林（76.2%）、阿莫西林（74.3%）、链霉素（66.2%）、氯霉素（52.9%）、庆大霉素（39.0%）、卡那霉素（36.2%）。

黄迪海等（2015）对2013～2014年山东、河北等地的大肠杆菌用17种药物进行敏感性试验。在分离出的28株大肠杆菌中，有27株对17种药物均存在不同程度的耐药性：对氨苄西林、氯霉素具有高度耐药性，分别为96.43%和89.29%；对阿米卡星、多黏菌素和加替沙星耐药率较低，分别为32.14%、35.71%和42.86%。

支原体产生耐药性更快。用以前保存的MG菌株与一些新分离的MG菌株相比，后者对链霉素的耐药性提高了近1000倍，对泰乐菌素（MG菌株特效药物）的耐药性提高了近100倍。

除上述因素外，还有不少严重影响家禽生产的呼吸系统疾病，如禽霍乱、鸡传染性鼻炎、鸭疫里默氏杆菌病等。建立相应的快速诊断方法、研制安全有效的疫苗、采取综合防治措施等，对控制或降低其对养禽业的威胁具有重要的意义。

（秦卓明）

第四节　家禽呼吸系统疾病的防控策略

一、禽病防控的重要性和基本原则

1. 重要性

人类饲养家禽的历史悠久，早在3000年前，亚洲就有养禽的历史。红原鸡是家禽中鸡的祖先，原产于印度，迄今已有4000多年的饲养历史。鸡的圈养至少在古埃及（公元前1400年）已经存在。在很长的历史时间内，养禽主要是庭院饲养。真正规模化饲养始于20世纪60年代，至今尚不足百年。1960年以后，世界家禽产业得到了前所未有的发展，主要发达国家的养鸡业开始由传统养鸡业向现代化养鸡业过渡。这一方面得益于科技的发展，特别是家禽营养学、遗传学、免疫学、机械设备、环境控制等领域的发展；另一方面得益于针对马立克氏病、新城疫等重大疾病疫苗的成功研制和应用，特别是禽病防控技术的综合提升。

数据显示，疫病是制约中国家禽产业生产和效益的主要因素。如果单从生产规模、生产能力和一些前沿科技创新等方面进行比较，中国与发达国家差距甚少，但从禽病防控水平、单产、饲料利用率、劳动产出率、科技贡献率、规模化和产业化程度等重要指标来看，中国养禽业整体发展水平仅相当于欧美等养殖发达国家20世纪80年代的水平，特别是禽病综合防控能力差距较大。以美国为例，美国禽病防控成本仅占其养殖总成本的1%，是世界上禽病负担较轻的国家之一。正因如此，美国一直是世界上最大的禽肉出口国。

疫病防控已成为制约中国家禽业发展的技术瓶颈，不仅造成了严重的经济损失，还带来食品安全等公共卫生问题，影响公众的消费心理，而生物安全又是中国疫病防控中最薄弱的环节，应把生物安全提升到国家战略高度，积极推动中国家禽业健康、稳步、有序、合理发展。

2. 基本原则

任何家禽疫病的防控都必须从控制和消灭传染源、阻断传播途径和保护易感家禽3个技术核心入手。消除或阻断其中任何一个环节，均不会发生疫情。此外，疫病的防控还要兼顾社会成本，如对经济发展和民生的影响、环境和贸易等诸多因素。

二、政府层面

1. 大力推进法治化和标准化

1）积极推进依法治牧

中国政府制定了“加强领导、依靠科学、依法防治、群防群控和果断处置”的基本方针，确立了“预防为主，防养结合”的指导思想，旨在建立疫病防控的长效机制。

中国已经于1991年和1998年分别颁布了《中华人民共和国进出境动植物检疫法》和《中华人民共和国动物防疫法》，制定了各种技术规范，从根本上依“法”治“疫”。制定了《国家中长期动物疫病防治规划（2012—2020年）》，有计划地控制、净化和消灭对畜牧业或公共卫生影响较大的疾病（如新城疫和高致病性禽流感等），已对危害中国家禽养殖业的重点疫病（如禽白血病、高致病性禽流感、禽沙门氏菌病、新城疫等）制定了详细的净化期限和预期目标。

2）做好标准化和示范场建设

认真做好养殖企业标准化和示范场建设。积极推行无特定病原场和生物安全隔离区评估认证，实行严格的市场准入制度。

3）建立鸡、鸭、猪等的生物学隔离安全区

目前，政府有关部门已起草规划生物安全区建设，合理科学制定载畜量，利用江河、山脉、道路等天然屏障，将鸡、鸭、猪等的饲养区分开，进而降低全社会的动物疫病风险。

4）发挥行政管理职能，引导行业升级

建立无疫企业认证制度，制定健康标准，强化定期监测和评估。建立市场准入和信息发布制度，制定市场准入条件，定期发布无疫企业信息。从根本上提升行业素质，提高养殖门槛。

2. 加强疫情预警预报

1）加强兽医公共卫生体系建设

动物疫病监测是实现国家疫病防控的核心。中国已初步建立起包括国家、省、市和县的一整套兽医防疫体系及兽医疫病诊断、检验和监督控制体系，兽医制度日趋完善。

2）疫情报告制度

完善的预警机制包括动物疫病监测预警信息库、基于地理信息系统的疾病监测预警、预警信息发布机制和应急处置信息库 4 个子系统，覆盖动物疫情信息收集、预警分析、疫病风险评估、信息发布和预警反应等。国家规定的动物传染病，必须依法上报。

3）做好动物用药品的监督和管控

各级药监部门必须加强对疫苗和兽药质量及原材料的监督和检测。疫苗和兽药生产企业必须符合药品生产质量管理规范（good manufacturing practice，GMP）标准，对原材料和产品要进行严格的质量控制。

3. 加强国际合作和交流

在全球经济一体化的今天，动物疫病的防控或消灭已经不再是某个国家或地区的局部问题，而是一个全球问题。任何一个国家或地区某种病毒病的控制和消灭，都离不开当事国和周边国家及地区乃至全世界的通力合作。以高致病性禽流感为例，2005 年，中国在青海湖发现了候鸟感染禽流感病毒病例，在此后的 10 年间，伴随着候鸟的不断迁徙，世界上至少有 60 个国家发生了不同程度的高致病性禽流感疫情。为了扑灭和根除该病，WHO 和世界动物卫生组织（Office International des Epizooties，OIE）每年花费大量的人力、物力和财力，举世界之力，来综合防控禽流感，包括建立全球动物疫病监测、预警及相关的防控体系，建立合理的动物疫情报告制度和国家动物疫情信息发布制度；在出现异常疫情时，及时通报相关国际组织与机构，做到全球信息共享，积极应对。

4. 加强宣传和教育

宣传和教育在生物安全中起着相当重要的作用。教育本身是一种有目的、有组织、有计划、系统地传授知识和技术规范等的社会活动。OIE 在推广动物疫病防控的经验时，十分重视教育工作。OIE 早在 2005 年制定高致病性禽流感防控对策时，就首推教育，即把有关高致病性禽流感的基本常识、生物学特性、危害、发病特点、传播特点和防控措施等通过官方媒体以指导、规范、科普等的形式发布出去，广泛宣传，鼓励大家采取科学的态度正确面对。

三、行业协会

1. 构建政府与企业衔接的平台

应借鉴发达国家经验，尽快建立有独立功能的行业协会。中国政府已明确提出，要大力发展行业协会，充分发挥其协调和纽带功能，构建政府与企业衔接的平台。但目前的行业协会大多数挂靠在行政事业单位，服务意识有待进一步提升。

2. 维护本国经贸利益，履行协会职责

中国家禽业已融入世界，当利用世界贸易组织（World Trade Organization，WTO）保障条款时，行业协会应履行协会职责，向 WTO 提供全面、详细、可靠的证据，明确家禽商品的进口数量或市场占有率的增长，保护本国经贸利益。从各国的实践看，行业协会作为申诉人的案件占绝大多数。近几年，中国禽肉出口屡次被动，与中国缺乏强有力的行业协会密切相关。

3. 发挥协调功能，规避恶性竞争

在开拓国内外家禽市场时，家禽行业协会可发挥协调功能，在家禽产品的生产、销售、价格、售后服务等方面联合行动，达成共识，规避同行之间的恶性竞争，构建互谅互让、放眼全局的养殖行业命运共同体，发挥“联盟”优势。

以中国白羽肉鸡产业联盟为例：该组织成立前，国内祖代白羽肉鸡引种各自为战，从 2010 年的 100 万套，猛增到 2013 年的 154 万套，4 年内增加 54%。其后果是 2011 年盈利，2012 年持平，2013 年严重亏损。为应对这种混乱局面，中国白羽肉鸡联盟于 2014 年成立，此后，规定把当年的引种量调至 118 万套，2015 年下调到 108 万套。结果，2016～2018 年，白羽肉鸡全行业获得了较好的经济效益。

四、养殖企业

1. 了解和执行国家政策

养殖企业应熟悉国家有关畜禽养殖和疫病防控的政策，了解畜牧业发展方向，以便在养殖补贴、环保、动物福利等方面享受更多的政策红利。养殖企业是实施禽病防控的重要载体，是贯彻国家和政府各项有关畜牧业发展的政策落实及执行的第一责任人。管理人员应充分了解国家在畜牧兽医方面的大政方针，做好疫病防控的排头兵。同时养殖企业应在环保、节能、食品安全、废弃物无害化处理等方面遵守国家的各项法律法规。

2. 做好养殖场的生物安全和环境管理

生物安全直接关系到养殖企业的核心利益，是养殖企业工作的重中之重，必须高度重视。生物安全在禽病防控中意义重大。采用全进全出制，就可以对鸡舍进行彻底的清洗和消毒，斩断疫病传播的链条，减少病原微生物在鸡舍残留所造成的疾病传播。

环境管理是家禽饲养管理的重要环节，是预防家禽呼吸道系统疾病的关键。要确保鸡舍环境温度、湿度、通风等稳定，避免温度、湿度和通风波动过大，使家禽始终处于一个温暖（最佳临界温度内）、舒适、清新的场所，以便发挥其最佳的生产性能。

3. 高度重视疫苗的免疫接种

1）制定科学的疫苗免疫程序

疫苗是防控家禽呼吸系统疾病的重要手段。对病毒性疾病，应以疫苗预防为主，药物治疗为辅（防止继发感染）。对细菌性疾病，疫苗和药物预防同等重要。应结合呼吸系统疾病中不同病毒和细菌的特点、危害时间和阶段，特别是要结合当地的流行病学调查及鸡群的抗体水平（包括母源抗体）、日龄等，制定合理的免疫程序。

2）注重疫苗免疫效力的综合提高

针对以体液免疫应答为主的家禽呼吸系统病毒病，应以油乳剂灭活苗为主，重点提高血清中病毒（如禽流感病毒 H9、H5、H7 亚型等）的抗体滴度；以细胞免疫应答为主的病毒病（如鸡痘、传染性喉炎等），应以活疫苗免疫为主，重点提高相应的细胞免疫水平；对于那些既需要体液免疫应答又需要细胞免疫应答的疫病，如新城疫、传染性支气管炎等，应采取“活苗+灭活苗”的免疫方式，选择相应的免疫程序，以期达到最佳的免疫效果。

细菌性家禽呼吸系统病的免疫应答与病毒类似。活菌疫苗可产生细胞免疫和体液免疫，细胞免疫相对较强；灭活菌苗（全菌或部分）、类毒素疫苗等主要产生体液免疫，细胞免疫较弱，但体液抗体水平高，维持期长（3～6 月）。应注意二者的合理搭配应用。

3）做好实验室抗体检测

新城疫、禽流感等疫苗抗体监控是家禽养殖场比较重要的核心管理内容，养殖场要根据本场的具体情况制定合理的免疫程序，还要根据情况的变化及时调整免疫程序。

4. 药物的精准预防和治疗

1）药物对控制呼吸系统疾病的独特作用

抗生素等药物在人类控制微生物方面功勋卓著，战果辉煌，挽救了成千上万的动物（包括家禽等）的生命，也包括人类自身。利用化学药物包括抗生素、合成抗菌药物和抗寄生虫药等，对上述疾病进行预防和精准治疗是控制细菌病和病毒病继发感染的重点和亮点。

2）药物敏感试验是精准治疗的重要手段

细菌的药物治疗建立在药物敏感试验基础之上，不同时期的细菌对药物的敏感性不是一成不变的，需要及时进行药物敏感试验，选择最敏感的药物。细菌抗药性（耐药性）的产生是细菌性疾病防控的难点。一般情况下，药物敏感试验的结果往往与临床使用效果成正比，精准用药有利于提高治疗的效果，减少用药的危害。

3）中药和微生态制剂

中药和微生态制剂在禽病预防和治疗的过程中各有其独特的作用，特别是在注重环保和药物残留的今天，二者发挥的作用越来越大，已引起广大养殖者的高度关注。

研究证实，微生态制剂有助于糖类和蛋白质等营养物质的分解，可提高动物机体的免疫功能，能合成多种维生素和营养物质，提高动物机体对各种病原微生物的防御功能，治疗肠炎、腹泻、便秘、肠应激症、除臭及缓解与呼吸道相关的病症等。微生态制剂通过竞争、营养、占位、代谢产物、抗生物质等抑制致病菌的繁殖，防控各种疫病的发生。目前微生态制剂已被应用于饲料、农业、医疗、保健和食品等各领域中。在饲料工业中广泛应用的有植物乳杆菌、枯草芽孢杆菌等，在食品中广泛应用的有乳酸菌、双歧杆菌、肠球菌和酵母菌等。微生态制剂有“患病治病，未病防病，无病保健”等其他药物不可替代的优点。

4）药物的合理使用和药物残留控制

随着耐药菌株的日益增多，抗生素对细菌性疾病的防治效果越来越差，药物的用量不断加大，导致药物残留，影响畜禽产品质量，威胁着人类健康。为此，WHO 呼吁各国采取紧急措施，减少和杜绝耐药菌株的出现和传播。中华人民共和国农业部①也发布了《饲料药物添加剂使用规范》等相关政策法规，公布了禁止使用的抗生素药物种类。细菌耐药性检测及其控制技术已受到全世界的广泛关注，养殖企业应重视。

5. 疾病发生时的应对措施

一旦发生疫病，应贯彻“早、快、严、小”的原则。对疫情要突出四“早”，做到早发现、早隔离、早诊断和早报告。“快”就是要突出时间观念，在最短的时间内根除或控制好病情，防止疫情传播，特别是对烈性传染病如新城疫、高致病性禽流感等，要及时报告主管部门，即时处理。“严”就是要严格，严格执行国家对不同种类疾病的政策，对高致病性禽流感进行坚决扑杀。实施的措施还要科学和严谨。“小”就是把疾病控制到最小的范围，把损失降至最低。

家禽需要群体性治疗，个体治疗的意义不大。及时准确地诊断和精准的药物敏感试验十分关键。疫苗紧急接种、特异性抗体治疗、中药治疗等也能起到应有的效果。

1）细菌、真菌等致病菌

细菌、支原体、衣原体和霉菌等引起的呼吸系统疾病，与病毒性疾病最大的区别在于，抗生素、化学药物等对其治疗有效，而病毒性疾病却无药可治。科学用药的关键是进行药物敏感试验，从而达到“精准”的治疗效果。

当然，药物也是把“双刃剑”，需要关注药物的毒副作用，使之对宿主的危害降至最低。

2）病毒性疾病

一般来说，家禽呼吸系统病毒性疾病的防治重点是疫苗预防为主，药物治疗为辅（防止继发感染）。目前针对家禽病毒性疾病（如新城疫、传染性支气管炎、禽流感不同亚型、传染性喉炎和鸡痘等），合理接种疫苗是预防上述疾病的关键。

此外，很多病毒性疾病是骤发的，具有启程快、发展迅速等特点，而很多药物往往仅在病毒繁殖初期有效。目前，世界上还没有针对家禽病毒性疾病的特效药。但病毒性疾病很容易引起继发感染，适当的药物治疗可控制继发，减轻症状和降低危害。

3）综合性措施

家禽在疾病状态往往会出现营养缺乏，应注意患病期间维生素、矿物质等的补充；干扰素（interferon，IFN）、转移因子（transfer factor，TF）、治疗性生物制品等具有辅助治疗功能，可在临床兽医的指导下应用。关键要找准病因，因病施治，根除或降低致病病因。同时，要改善环境温度、湿度和通风等，加强消毒，给病禽提供良好的康复环境。

（田　野　秦卓明）

---

① 2018 年 3 月，中华人民共和国农业部更名为中华人民共和国农业农村部。

第二章　家禽呼吸系统的结构和免疫

第一节　家禽解剖学结构和生理功能

家禽新陈代谢旺盛，呼吸系统发达，需要不断从外环境中吸入氧气，排出体内产生的二氧化碳，以维持正常的生命活动。呼吸系统是家禽与外界直接相通的器官，包括鼻、咽、喉、气管、鸣管、支气管、肺、气囊及某些骨骼中的空腔。除了家禽呼吸道黏膜、纤毛等一系列先天性屏障外，分布于家禽头部相关黏膜或结膜组织（如哈德氏腺等）、呼吸道等黏膜中的淋巴组织等构成了家禽机体抵御外界病原微生物入侵呼吸道的第一道免疫屏障。

一、鼻

1. 鼻腔

鼻腔较狭，鼻孔位于上喙基部。鸡鼻孔上缘为具有软骨性支架的闭孔盖，最外层是角质性的皮肤鞘，从背侧向腹侧伸延，周围有小羽毛，以防止尘埃和昆虫侵入；中间层是软骨性的前鼻甲垂直板；最内层是前鼻甲。鸽鼻的两孔之间在喙基部形成隆起的蜡膜，其形态是品种的重要特征之一；鸭鼻外孔略位于后方，呈狭长圆形，无鼻盖，左、右鼻外孔是互相通连的，鼻孔周围为被覆蜡膜的软骨板。鼻中隔大部分为软骨。家禽的鼻腔分为前庭部、呼吸部和嗅部。每侧鼻腔有 3 个鼻甲：前鼻甲正对鼻孔，为 C 形薄板；中鼻甲较大，除鸽外均向内卷曲，鸭和鹅较长；后鼻甲呈圆形或三角形小泡状，有嗅神经分布，内腔开口于眶下窦，鸽无后鼻甲。鼻后孔 1 个，开口于咽顶壁前部正中，两边的黏膜褶在吞咽时因肌肉的作用而关闭。

禽类鼻腔内具有面积较大的黏膜组织，并且牢固地附着于鼻腔周围的骨和软骨上，整个鼻腔被卷曲的鼻甲骨围成曲折的腔道，加大了鼻腔黏膜的表面积。鼻黏膜与小肠的微绒毛非常相似，许多纤毛存在于鼻黏膜呼吸区的表层上皮细胞上，进一步增加了黏膜的表面积。鼻腔黏膜固有层中存在丰富的血管系统和腺体，同时拥有大量的免疫细胞和淋巴组织，且在鼻黏膜分泌物中检测到大量免疫分子，如分泌性 IgA 等，因此鼻黏膜能够参与免疫应答，在局部免疫防御中发挥作用。此外，鼻黏膜富含血管，在水、热和能量的交换中发挥重要作用。

2. 眶下窦

眶下窦（suborbital sinus）又称上颌窦，位于上颌外侧和眼球下方，略呈三角形的小腔，鸡的较小，鸭和鹅的较大。眶下窦有背、腹两个开口，均位于窦的背侧。背侧口以较宽的口与后鼻甲相通，腹侧口以狭长的管道与鼻腔后部相通。窦口有黏膜瓣，以限制鼻腔与眶下窦之间的气味交流。窦口前部衬以复层扁平上皮，直至后部逐渐过渡为附有少量杯状细胞的单层柱状纤毛上皮。发生家禽呼吸系统疾病如传染性鼻炎、禽流感病毒感染时，眶下窦常常发生肿胀。

3. 鼻腺

鸡的鼻腺（glandula nasalis）不发达，长而细，前半部位于鼻腔侧壁，向外越过后鼻甲基部，后半部越过眼球背侧，与额骨边缘平行，深埋在该处的致密结缔组织内，结缔组织深入鼻腺内，但不分隔成小叶，腺体属于复管状腺，导管开口于鼻前庭。鸡的鼻腺分泌物不含蛋白质，而是含氯化钠的水溶液，其功能是防止鼻腔过于干燥。鸭、鹅等水禽的鼻腺较发达，特别是在海洋生活的禽类，呈半月状，位于眼眶顶壁及鼻腔侧壁，主导管有两条，内侧主导管开口于鼻中隔腹侧，外侧主导管开口于前鼻甲腹侧。水禽鼻腺有分泌盐的作用，又称盐腺。当体内盐分分泌过多时，可分泌含 5%的氯化钠溶液，对调节机体渗透压起重要作用。

二、喉

喉（larynx）位于咽和气管之间，分为前喉和后喉。前喉位于气管起始部，后喉即鸣管，位于气管末端的分叉处。前喉常称为喉，喉处于口咽底壁、气管起始部和食道的前方。喉向背侧显著突起，称喉突。鸡的喉突呈尖端向前的圆锥形，由两片呈唇形的肌肉瓣组成，平时开放，仰头时关闭。鸡在吞咽时常仰头下咽，故能防止食物误入气管，并控制空气流动。喉腔呈背腹压扁形，其后部是由环状软骨翼向腹侧弯曲和圆环状软骨向腹侧突出形成的。公鸡的喉入口长约 11mm，喘息时，其宽度可达 9mm；母鸡的喉入口长约 8.5mm，喘息时，其宽度可达 7mm。平静呼吸时，母鸡的喉入口前部正对鼻后孔的后宽部后方，而公鸡的整个喉入口正对鼻后孔的后宽部。喉的管壁主要由喉软骨和喉肌组成。喉软骨靠韧带相接，构成喉的基本支架，其上分布有喉肌。喉肌结构比较复杂，由许多小的肌肉组成，具有扩张喉口和关闭喉口的作用。中等体重的公鸡喉腔容积约 600mm^3，母鸡约 260mm^3。喉腔内壁层是假复层柱状纤毛上皮，固有膜浅层有黏液性腺泡，其周围分布有淋巴组织。鸭的喉软骨较鸡圆而长，已骨化的腹正中嵴从环状软骨体的背侧突入喉腔。喉腔内无声带。

喉有防止异物侵入的作用。平静吸气时，喉口略微扩大，而喘息时大为扩张，伴随着整个喉突向前运动。吞咽固体食物时，喉突迅速前后运动，将食团移到喉突和咽部之间的后部，在黏液的滑润作用和尖端向后的乳头的协助下，将食团送入食道。喉尚有调节发音的作用。

喉是家禽呼吸道的重要门户，喉颤是家禽散热的重要方式，喉头还是呼吸道局部免疫的重要场所。

三、气管、鸣管和支气管

1. 气管

禽类气管（trachea）长而粗，气管环数量很多（如鸡有 100～130 个），呈圆环形，相邻气管环互相套叠，可以伸缩，以适应颈的灵活性。幼禽气管为软骨，随年龄增长而骨化，尤其是鸭和鹅非常明显。成年鸭的气管全部骨化，因此，鸭很少因为气管堵塞而发病，故鸭呼吸系统病症相对较少。禽类的气管位于皮下，伴随食道而后行，到颈后半部，一同偏至右侧，入胸腔前又转到颈的腹侧。进入胸腔后在心基上方分为两个支气管，其支架为 C 形软骨环，分叉处形成鸣管。沿气管两侧附着狭长的气管肌，起于胸骨、锁骨，一直延续到喉，可使气管和喉做前后颤动，在发音时有辅助作用。鸡的气管长而细，长 15～17cm；北京鸭的气管长 24～27cm；鹅的气管更长。对家禽呼吸而言，增加长度就增加了气管流的阻力，但家禽又同时增大气管的管径。

气管壁主要由黏膜、软骨纤维膜和外膜层组成。气管黏膜与鼻腔黏膜相似，气管黏膜皱襞少，表层被覆假复层柱状纤毛上皮，附有大量纤毛。黏膜上皮有规律地下陷，形成许多由高柱状黏液细胞组成的、近乎等距离相间排列的单泡状黏液腺，老禽较多，幼禽较少。黏膜固有层内存在大量淋巴细胞，由疏松结缔组织构成。淋巴细胞偶尔也会出现在黏膜表面。因此，气管黏膜对预防呼吸系统传染病具有重要意义。此外，气管壁富含血管，气管的动脉来自食道升动脉、胸气管动脉和支气管动脉。鼻腔和气管在水和热的交换中发挥重要作用，即对呼出的热气、吸入的冷气有冷却、冷凝和回收作用，借此可调节体温，并最大限度地节约能量和保持水的平衡。

2. 鸣管

鸣管（syrinx）又称后喉，是禽类的发音器官。鸣管位于胸腔入口后方，心基背侧。其支架为后几个气管环、前几个支气管环和一块鸣骨（pessulus）。鸣骨呈楔形，位于气管叉的顶部，在鸣管腔分叉处，将气管环形成的鸣腔分为两个。在鸣管的内侧壁和外侧壁覆以两对弹性薄膜，称为内、外鸣膜。两鸣膜形成一对狭缝，当禽呼吸时，空气振动鸣膜而发声。鸭鸣管主要由支气管构成；公鸭鸣管在左侧形成一个膨大的骨质鸣管泡，无鸣膜，故发声嘶哑。

3. 支气管

禽类的气管进入胸腔后，分为左、右支气管（bronchus），肺外部支气管很短，位于心脏基部的脊侧，气管软骨不完整，呈 C 形，支气管内侧壁是结缔组织膜。

四、肺和肺部支气管

禽类的肺比较小，略呈扁平四边形的海绵样结构，不分叶，粉红色。肺位于胸腔背侧，深埋于肋间隙内，内侧缘厚，外侧缘和后缘薄，背侧面有椎肋骨嵌入，鸡肺形成 5 条肋沟，鸭肺形成 6 条肋沟。肺门位于腹侧面前部，肺上还有一些与气囊相通的开口。

禽类肺的弹性较差，即使打开胸腔，肺的体积也不萎缩，而是呈海绵状，被相对固定在肋骨间，约有 1/4 体积的肺被嵌入肋骨中。与一般的规律相反，禽类肺脏的总质量不低于哺乳动物，但它的体积仅为同样大小哺乳动物肺脏体积的 1/10。

1. 肺部细支气管

禽类气管系统进入肺后分为初级支气管（一级），继而形成次级支气管（二级），又分成副级支气管（三级），副级支气管又分出诸多细支气管。

1）初级支气管

初级支气管（primary bronchus）末端直接开口于腹气囊，表面被覆以假复层柱状纤毛上皮，上皮内有泡状黏液腺。纤毛向咽喉部节律性运动，能清除黏液、尘埃和其他异物。纤毛细胞之间有大量杯状细胞，能分泌黏液，黏附异物，溶解吸入的 CO_2 和二氧化硫（SO_2）等有害气体。随管径变小，黏液腺逐步减少，杯状细胞逐步增多。在初级支气管黏膜固有层内分布许多淋巴组织，有时可见淋巴小结，与局部免疫有关。

2）次级支气管

初级支气管发出 4 组粗细不一的次级支气管（secondary bronchus），即腹内侧、背内侧、腹外侧、背外侧 4 组次级支气管。次级支气管起始部位黏膜结构与初级支气管相似，黏膜上分布淋巴组织，其上皮为单层柱状上皮，其间含有少量泡状黏液腺和杯状细胞。除起始部位以外，支气管下段无黏液腺和杯状细胞，大部分黏膜表面没有黏液，上皮表面的纤毛黏液结构退化，但有大量巨噬细胞。

3）副级支气管

禽类副级支气管（parabronchus）相当于哺乳动物的肺泡管（alveolar duct）。从次级支气管发出大量大小相近（多数禽类的管径为 0.5mm，鸡的管径较大，为 1～1.5mm）的副级支气管，遍及全肺。

2. 肺房

各级支气管互相连通，并反复分支形成毛细气管网，在这些毛细气管的管壁上有许多膨大部即“肺房”（相当于哺乳动物的肺泡）。肺房是不规则的球形腔，直径为 100～200μm，每一肺房底形成若干个隐窝，又称漏斗（infundibula）。漏斗的延伸部分形成数条管径为 7～12μm 的肺毛细血管（pulmonary capillary），其功能相当于哺乳动物的肺泡，有丰富的毛细血管缠绕，是禽类实现气体交换的场所。以副级支气管为中心，与围绕管壁呈辐射状排列的肺房、漏斗和肺毛细血管共同构成一个肺小叶，肺小叶呈六面棱柱状排列。

3. 嗜锇性板层结构

禽肺的副级支气管、肺房与肺毛细管的上皮及其表面分布有多种嗜锇性板层结构（osmiophilic lamellar structure），该结构具有与哺乳动物肺的表面活性物质（surfactant）相同的功能，具有降低副级支气管、肺房及肺毛细血管的表面张力和稳定管径的作用，能防止管道塌陷，清除外来异物和调节气体交换。

4. 肺内的气体交换

气体通过各级支气管进入气囊，吸入的气流通过副级支气管管腔，然后穿过肺房进入呼吸毛细管。该细管内壁由单层扁平上皮构成，其周围的结缔组织中已经没有弹性纤维，而存在网状纤维支架和大量的毛细血管。家禽气血屏障由内皮、单层基膜和非常薄的鳞状上皮细胞层构成，上皮细胞非常薄，连细胞质都非常少，提高了气体交换效率。

肺的呼吸主要通过强大的呼气肌和吸气肌的收缩来完成。吸气时胸腔内容积加大，气囊容积也加大，肺受牵拉而稍微扩张，气囊内压力下降，气体进入肺，再由肺进入气囊。呼气时，气囊内的气体同样进入肺，进行二次气体交换。禽类呼吸的最大特点是第二次呼气时才能将上次吸入的空气呼出。吸气时，大部分吸入空气经初级支气管直接进入腹气囊，少部分吸入空气经次级支气管→副级支气管→肺房进入肺毛细血管进行气体交换。呼气时腹气囊中的空气经间接导管进入肺。第二次吸气时，空气再次充满腹气囊，而第一次吸入的空气经直接导管进入前部气囊。第二次呼气时，前部气囊的空气进入支气管而排出体外。如此反复循环。吸入空气中的 80%经初级支气管直接进入腹气囊，当腹气囊遭到破坏时，较多的空气可以经次级支气管→副级支气管→肺房→肺毛细管进行气体交换，能在安静状态下维持生命。正因为如此，家禽与哺乳动物的呼吸系统呈完全相反的换气方式。哺乳动物吸入的新鲜空气会和呼吸道里的残气相混合，而鸡肺是流通的系统，经过由初级、次级和副级支气管构成的管状系统，鸡特有的气囊会持续不断地给肺通入氧气并且只能单向给肺部通气。气囊的作用就像一个风箱，吸气和呼气时均有气体进入气囊并通过肺部交换区，所以，无论是吸气过程还是呼气过程都可以在肺部进行气体交换，提高了呼吸效率（图 2.1）。这种气体流动模式的结果是，颗粒主要沉积在肺的尾部区域，这已为大量实验所证实。

五、气囊

气囊（air sacus）是禽类特有的呼吸器官，是由肺部支气管的分支延伸出肺后逐渐形成的，无色透明，不进行气体交换。家禽的气囊一般有 9 个（鸡有 8 个气囊），是肺的衍生物，由初级支气管和次级支气管的黏膜向外生长而形成，分前后两群（图 2.2）。前群有 5 个：1 对颈气囊，位于胸腔前部背侧；1 个锁骨间气囊，位于胸腔前部腹侧；1 对胸前气囊，位于两肺腹侧；分出一些憩室到腋部和肱骨、胸骨和锁骨内。后群有 4 个：1 对胸后气囊，较小，位于胸前气囊紧后方；1 对腹气囊，最大，位于腹腔内脏两侧，分出髂腰、髋臼和肾周等憩室至综荐骨、髂骨和肾背面。

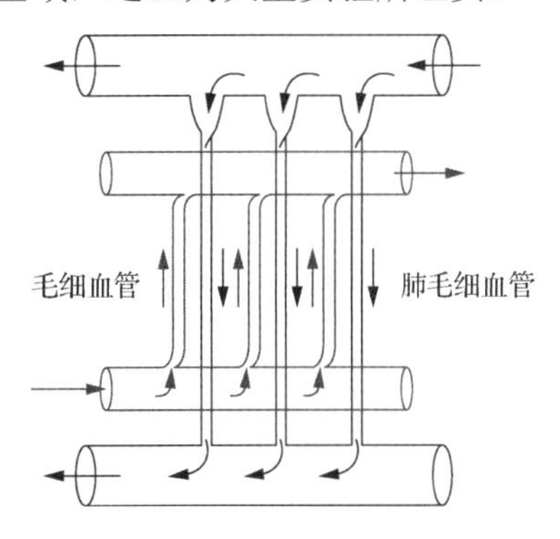

图 2.1　禽肺毛细血管和逆向肺气体交换

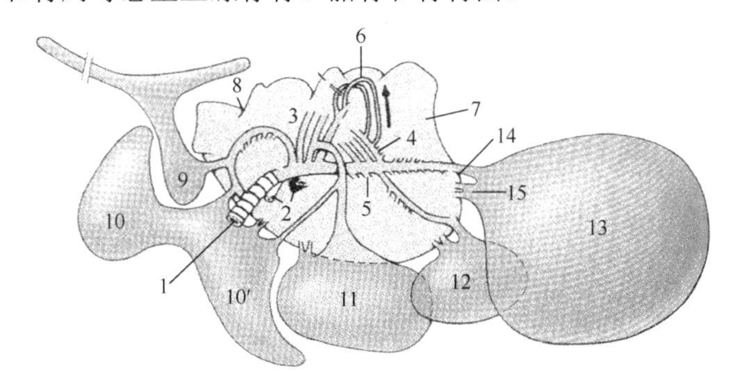

图 2.2　禽气囊及支气管分支模式图（陈耀星等，2013）

1. 初级支气管；2. 肺静脉；3. 腹侧次级支气管；4. 背侧次级支气管；5. 副级支气管；6. 副级支气管袢；7. 肺；8. 肋压迹；9. 颈气囊；10（10′）. 锁骨间气囊；11. 胸前气囊；12. 胸后气囊；13. 腹气囊；14. 直接连接；15. 间接连接

禽类气囊的壁较薄，由鳞状上皮细胞或立方上皮细胞组成，伴有少量纤毛细胞，肉眼所见应是薄的、闪光的和透明的。

气囊和支气管及肺相通。前部气囊与腹内侧次级支气管直接相通，胸后气囊与腹外侧次级支气管直接相通。除颈气囊以外，其他气囊均有 3～6 个返支气管（又称间接导管）与副级支气管相通，其功能是将气囊中的空气送回肺内。颈气囊只有一个直接导管，胸前气囊和胸后气囊各有一个直接导管和 4～6 个间接导管，锁骨间气囊有 2 个直接导管和 2 个间接导管。腹气囊不同，初级支气管的末端直接开口于腹气囊，间接导管超过 6 个。气囊的容积很大，占全部呼吸器官总容积的 85%～90%，较肺容积大 5～7 倍。

气囊的存在，使禽类不论在吸气时还是在呼气时，肺内均可进行气体交换。气囊不仅能加强肺的气体交换，减轻体重，平衡体位，而且能加强发音气流，发散体热，进而调节体温。

禽类气囊具有多种生理功能，主要是作为储气装置参与肺脏的呼吸作用，并发挥重要作用。在吸气时，新鲜的气体进入肺脏的毛细血管和后气囊，而通过气体交换后的空气，由肺部的毛细血管进入前气囊。在呼气时，前气囊里的空气经支气管、气管排出体外，而后气囊的新鲜空气进入肺脏内的毛细血管。因此，不论是吸气还是呼气，囊内空气在吸气和呼气时均通过肺，从而增加了肺通气量，达到最大限度地利用空气。

六、胸腔和膈

禽的胸腔被覆胸膜，肺胸膜与胸膜壁层之间由纤维相连。禽类没有哺乳动物那样的横膈膜，无膈肌，而有胸膜与胸气囊形成的水平膈，伸张于两肺腹侧，附着于椎肋骨和胸肋骨的交界处。胸气囊与腹膜形成斜膈，将心及大血管等与后方腹腔内脏隔开。

（董玉兰　马保臣）

第二节　家禽呼吸系统的免疫

家禽生活在纷繁多样的复杂环境中，那些无所不在的微生物（包括病毒、细菌、真菌、部分寄生虫等）汇聚在家禽周围，这些微生物既有有益的，也有有害的（甚至导致家禽发病乃至死亡）。在集约化的饲养环境中，家禽对传染性的病原微生物十分易感，为确保家禽能抵抗环境中各种病原微生物的侵袭，往往需要接种多种疫苗。疫苗免疫不仅极大地降低家禽发生疫病的概率，还抑制家禽排毒，保障家禽的健康和安全。

一、免疫系统及其网络学说

1. 免疫系统概念

家禽的免疫系统（immune system）是指家禽在生长、发育过程中逐渐形成的、复杂而完善的机体防御系统，由参与免疫应答的各种器官、组织、细胞和免疫分子等组成，是一个复杂的网络系统，在家禽抵抗外界病原微生物侵袭的过程中发挥着关键作用。

2. 先天性免疫和获得性免疫

病原微生物侵入家禽后，一方面导致家禽感染，另一方面家禽可对微生物产生免疫反应。抗感染免疫包括先天性免疫和获得性免疫，前者是由家禽机体的正常细胞或组织产生的，如皮肤、血脑屏障和具有吞噬功能的细胞等先天具有保护功能（先天性免疫）；后者则是出生后，通过主动免疫或被动免疫获得的，具有特异性（获得性免疫）。

在自然环境下，几乎 99% 的动物（包括家禽）仅凭先天性免疫系统就足以保障其自身的安全。但是，对病毒或细菌等病原微生物感染，先天性免疫系统并不足以产生足够的保护。因为这些病原微生物通常侵害到宿主细胞的内部，让先天性免疫系统“鞭长莫及”，幸好所有的脊椎动物都具有能抵御大多数病原微生物的获得性免疫系统，能对非经口途径进入体内的非自身大分子物质表现出特异性免疫，使免疫系统逐渐健全和完善。

3. 免疫系统的功能

家禽免疫至少应具有 3 种功能。一是能对家禽提供及时有效的保护，阻止病原微生物对家禽机体造成危害，并把威胁降至最低。二是对家禽在新陈代谢过程中产生的衰老、死亡或失去功能的细胞进行定点清除，排除体内产生的废物，维持细胞正常的生理功能，维持家禽自身的稳定。三是当正常细胞在物理、化学、病毒等诱导因素作用下诱变为肿瘤细胞时，免疫系统能立即识别，并在尚未发展之前将其抑制或清除，做好免疫监控。

4. 免疫网络

在正常情况下，家禽对各种免疫应答的反应及免疫应答的发生、强度和类型总是处于相对平衡的状态。这种“适可而止、恰到好处”的免疫调节是机体在细胞、分子等不同水平及免疫系统内、外诸多因素共同作用、相互协调下完成的，构成了复杂精密的免疫网络系统。

二、免疫器官、免疫细胞和免疫分子

（一）免疫器官

1. 中枢免疫器官

中枢免疫器官包括胸腺、法氏囊和骨髓（也是外周免疫器官），是多能干细胞繁殖、分化成胸腺依赖淋巴细胞（T 细胞）、法氏囊依赖细胞（B 细胞）及其发育成熟的场所，能向外界输送成熟的 T 细胞或 B 细胞，且不需要外界抗原的刺激。中枢免疫器官在胚胎早期发育，存留体内时间较短，性成熟后退化。

1）胸腺

禽类的胸腺（thymus）位于颈部两侧皮下，贴近颈静脉。鸡有 14 叶，鸭有 10 叶，彼此分开，形如链状，肉红色或微黄色。家禽性成熟后，胸腺退化。

胸腺是 T 细胞成熟的部位。T 细胞的成熟要经历 3 个阶段。首先，来自骨髓的淋巴干细胞受胸腺上皮网状细胞产生的胸腺素吸引，进入胸腺，此时的细胞又称 T 细胞前体。其次，T 细胞前体经过多重选择，在胸腺中增殖和分化，并迅速在其表面表达出 TCR、CD_3、CD_4（CD_{4-}）和 CD_8（CD_{8-}）等分子。这种选择十分严格，仅有 1%～5%的 T 细胞前体发育成成熟的 T 细胞（CD_{4+}或 CD_{8+}），而剩余的 95%以上的 T 细胞前体要么离开胸腺，要么经过凋亡机制死亡，这一过程需要 3d，周而复始。最后，成熟的 T 细胞进入血液循环，分别进入脾脏、盲肠扁桃体和其他的淋巴组织中，参与细胞免疫。

2）法氏囊

法氏囊（bursa of fabricius）是禽类特有的淋巴器官。法氏囊呈球形盲囊状，位于家禽泄殖腔的背侧，以短柄开口于肛道。法氏囊在禽孵出时已存在，性成熟前发育至最大体积（3～5 月龄，鹅稍迟），以后逐渐萎缩、退化直至完全消失。法氏囊是 B 细胞发育和分化的主要场所。随着细胞生物学技术的发展，在鸡法氏囊内发现了 4 种不同的淋巴细胞，即 30%～40%的 B 细胞、少于 10%的 T 细胞、能转化和不能转化 T 细胞的尢标记细胞。

3）骨髓

雏鸡骨髓分布在所有骨的骨髓腔中，随着日龄的增加，至成年家禽，气囊已经深入许多骨的内部，使一部分骨成为含气骨，而仅在禽的四肢长管状骨的骺端保留有骨髓。它是禽体内重要的造血组织，常被称为髓性造血组织，以区别于发生在外周器官的髓外造血组织。

骨髓既是一级淋巴器官，又是二级淋巴器官，是生成家禽各种血细胞的主要场所。骨髓在禽的一生中，尤其是法氏囊和胸腺退化后，是淋巴细胞自我更新的成年型干细胞的主要来源。骨髓中的多能干细胞可以作为淋巴细胞、粒细胞、红细胞和巨噬细胞的前体细胞。由骨髓提供的淋巴干细胞进入胸腺和法氏囊内被诱导并分化为成熟的 T 细胞、B 细胞。

2. 外周免疫器官

外周免疫器官是后天免疫细胞定居、增生和进行免疫应答的场所，源于胚胎的中胚层；在胚胎后期发育，在体内终生存在；它们对抗原的刺激有应答性，切除后对家禽的免疫能力影响较小。抗体大多数是由二级淋巴样组织产生的，这些组织不仅包括脾脏和淋巴结，还包括骨髓、扁桃体和散布在全身的淋巴组织。

1）脾脏

鸡脾脏呈球形，分为红髓和白髓，前者是生成和储存红细胞的地方，后者则由致密的淋巴组织构成，包括脾环血管淋巴组织（spleen annular lymphoid tissue，SALT，主要含 T 细胞）和脾椭圆体淋巴组织（spleen ellipsoid lymphoid tissue，SELT，为法氏囊依赖区，主要含 B 细胞、浆细胞、巨噬细胞及受抗原刺激后形成的生发中心等）。禽类的脾脏较小，储血作用不大，主要是参与体液免疫应答。

脾脏具有极其重要的作用，特别是能防止微生物通过血液传播，它像一个过滤系统，使微生物流经脾脏时被杀灭，同时产生 T 细胞、B 细胞免疫反应。具体作用如下。一是血细胞生成，成年家禽脾脏的主要造血活动是生成淋巴细胞。在胚胎期间，脾脏的主要功能是生成红细胞。二是过滤作用，脾脏除能清除衰老的红细胞外，还能清除血流中的大部分抗原。三是免疫应答的场所，脾脏是体内血液循环中抗原、抗体发生反应的主要场所。

2）淋巴结和淋巴组织

鸡缺少淋巴结，除水禽在颈、胸和腰有两对淋巴结外，大多数禽类无此结构。但家禽的淋巴系统发达，广泛分布于体内，如实质性器官（心脏、肝脏、肺、内分泌腺及周围神经组织等）、消化道壁等，有的为弥散性，有的呈小结状；有的为淋巴孤结，有的为淋巴集结，后者如盲肠扁桃体、食道扁桃体等，这些组织在家禽体内星罗棋布，弥补了禽类淋巴结不足的缺陷。下面重点介绍与呼吸道免疫有关的淋巴组织。

（1）家禽呼吸道的淋巴组织。

① 鼻黏膜相关淋巴组织。家禽鼻黏膜相关淋巴组织是第一个接触到气溶胶或微生物的组织，尽管含有各种微生物的黏附物可能被呼吸道内的纤毛系统机械性地去除，但侵入的病原微生物却需要免疫系统来清除。在鼻黏膜、鼻侧腺及其分泌管中均有淋巴细胞。在鼻腔中，淋巴细胞主要存在于呼吸道上皮细胞或其下层，而在鼻入口和嗅觉区域的前庭区域则相对较少。CD_{8+}细胞主要分布在上皮细胞和固有层中，而 CD_{4+}细胞主要存在于上皮细胞的淋巴样组织中，这种结构被称为鼻部相关淋巴组织，主要是由 B 细胞组成的淋巴结，通常形成生发中心，由许多 CD_{4+}细胞包围。大部分的 B 细胞是 IgG^+细胞，而 IgA^+和 IgM^+比较少见。

② 喉部淋巴组织。喉是家禽呼吸的门户，气溶胶或病原微生物一般由喉口进入气管或肺脏。喉腔内壁层是假复层柱状纤毛上皮，固有膜浅层有黏液性腺泡，其周围分布有淋巴组织。

③ 气管中的淋巴组织。禽类气管中一般没有成型的淋巴组织，且发育较晚。MG 感染表明，气管黏膜对感染反应强烈，先是广泛的淋巴细胞浸润，其病变特征主要是 B 细胞增殖。CD_{8+}细胞存在于气管黏膜中的集丛或淋巴滤泡样结构，而 CD_{4+}细胞则随机分布。

④ 支气管相关淋巴组织。禽类主要支气管中的淋巴结与 Peyer’s 和消化道相关淋巴组织（GALT）比较相似，该结构被称为支气管相关淋巴组织。鸡的支气管相关淋巴组织比其他禽类更常见。鸡和火鸡的大多数支气管相关淋巴组织中有生发中心存在。生发中心表面覆盖大量的 CD_{4+}T 细胞。CD_{8+}T 细胞则广泛分布在淋巴小结与生发中心之间，而 CD_{4+}T 细胞很少在生发中心出现。支气管相关淋巴组织的发育受日龄和环境刺激的影响较大。在雏鸡和火鸡幼雏的肺脏组织中均出现弥散的 T 细胞，而 B 细胞直到出壳后第二周才出现。

通常只有 6 周龄以上的禽类才有发育较为完善的支气管相关淋巴组织，它位于次级支气管的开口部。在鸡胚的孵化期、3～4 周雏鸡中，均没有观察到成形的支气管相关淋巴组织。

⑤ 肺脏的淋巴系统和吞噬系统。禽类的肺脏不仅具有高度有组织性的淋巴细胞，还有广泛分布的粒性白细胞和吞噬细胞。

a. 肺脏实质的免疫细胞。利用白细胞标记抗体（mAb HIS-C7）对肺脏进行免疫组织学染色，结果显示在肺脏的间质中存在广泛分布的粒性白细胞。这些细胞的大部分属于单核/巨噬细胞和树突状细胞，它们主要表达 MHCⅡ类分子，能与髓系细胞的单克隆抗体 CVI-ChNL-68.1、CVI-ChNL-74.2 和 KUL01 反应。因此，早在孵化后出壳的第 5 天，肺脏的实质就存在很多常驻吞噬细胞和抗原呈递细胞，这些细胞位于间质组织和副级支气管壁内。

需要注意的是，颗粒物直径小于 0.1μm 可吸入肺的深部组织，由肺房和漏斗的上皮细胞和间质巨噬细胞所吸收。此外，在支气管内，应用直径小于 1μm 包被有荧光珠的抗原，可被属于巨噬细胞和树突状细胞亚群的吞噬细胞主动吸收，同时，激发 MHCⅡ类分子表达上调 CD_{40} 和 CD_{80}。因此，肺脏实质的抗原呈递细胞和淋巴细胞与吸入的抗原接触，最初可能只引起局部反应，随后协助诱导全身的抗原特异性免疫应答。

b. 肺中的吞噬细胞。利用显微技术对禽肺脏中游离的呼吸道巨噬细胞进行定位，结果发现：在气囊的毛细血管表面不存在巨噬细胞，但其存在于气囊的头部和尾部的上皮层。值得关注的是，在肺房基部上皮组织下的结缔组织和肺房间隔中也存在着大量的巨噬细胞，这表明吞噬细胞位于气体交换区域的起始部位，进而在气体到达薄的、易受损伤的毛细支气管之前清除吸入的颗粒。在气囊的表面存在着白细胞，这些白细胞大多数是粒性白细胞，而淋巴细胞却很少见。同在肺脏实质中一样，在气囊的结缔组织中能够检测到单核巨噬细胞。

在炎症状态下，异嗜性白细胞和巨噬细胞快速迁移至呼吸器官的表面。肺泡巨噬细胞可以表达透明质酸受体 CD_{44}。研究表明：接种大肠杆菌时，其阶段表达量的变化影响着鸡呼吸道巨噬细胞对细菌的吞噬能力。

（2）哈德氏腺和眼结膜淋巴组织。

① 哈德氏腺（Harderian gland）。哈德氏腺又称副泪腺，较发达，位于家禽眼眶内眼球腹侧和后内侧，呈淡红色或褐红色带状，是鸡头部最具特征性的淋巴组织。以哈德氏腺为主的鼻旁和眼旁淋巴组织是家禽特有的免疫器官，负责眼和上呼吸道的局部免疫，是 B 细胞分化、增殖的场所，在局部免疫中起主要作用。

哈德氏腺是复管泡状腺，腺体表面的结缔组织被膜伸入实质，被分割成大小不同的腺小叶，切面呈圆形或多边形，腺泡汇集成三级和次级收集管，然后汇合成为单一的主导管，主导管纵行延伸于腺体，并开口于瞬膜与巩膜间的穹窿内角，其分泌物有湿润和清洗角膜的作用。不仅如此，其分泌物还可以通过泪管进入口腔，在那里被吞咽、吸入或者咳出，而两侧的鼻腺分泌物则排入鼻腔。通过这种途径，各种抗菌因子、哈德氏腺和鼻腺的分泌抗体广泛分布在家禽的头部和气管的黏膜表面。

更重要的是，家禽哈德氏腺还富含淋巴样细胞，其腺泡和收集管外均有毛细血管网，由柱状上皮细胞构成。在腺泡和排泄管周围富含淋巴细胞，形成弥散淋巴组织，偶见团索状排列而成的淋巴小结或淋巴索。哈德氏腺的淋巴样组织主要由内皮小静脉和类似支气管相关淋巴组织的次级淋巴器官生发中心组成，其中的浆细胞具有传统的免疫监视功能。

哈德氏腺中的 B 细胞具有法氏囊依赖性。这一观点已经通过若干个实验（包括法氏囊切除术）证实。对刚出壳的禽类进行法氏囊切除，对同型的免疫球蛋白产物几乎没有影响，而使用环磷酰胺则对 IgM 有轻微影响，使 IgG 的数量显著下降，并完全抑制了 IgA 的分泌。

利用不同的抗原（包括绵羊红细胞、布氏杆菌抗原、沙门氏菌 O 抗原、破伤风类毒素等）直接刺激哈德氏腺，进行特异性应答的研究。结果表明，无论是点眼或用抗原注射，在泪液和血清中均产生特异性 IgG 抗体。与此相反，在点眼滴鼻组，IgA 水平在血清中略有增加，在黏液中则显著升高；而泪液中的 IgA 水平在瞬膜接种后显著增加。上述数据证明哈德氏腺的淋巴样组织具有免疫活性，并且可以介导 T 细胞依赖性和非 T 细胞依赖性免疫应答。

② 眼结膜淋巴组织。眼结膜淋巴组织主要分布在眼睑近端的眼结膜穹窿部，以 25d 的雏鸡最大，其表面有许多平行的堤状皱褶和裂隙，覆盖淋巴组织表面的扁平上皮细胞呈多边形，面积较大，细胞间连接紧密。眼结膜淋巴组织的细胞组成与哈德氏腺十分相似，均有 B 细胞、γδT 细胞和细胞毒性 T 细胞。免疫实验证实了抗原特异性 IgA 分泌细胞的存在。

研究表明：眼结膜淋巴组织上皮细胞具有摄取和传递抗原的功能，主要通过淋巴上皮的胞饮作用和细胞质囊泡运输系统来完成，是抗原进入眼区淋巴组织的主要门户。眼结膜淋巴组织中巨噬细胞参与了抗原的摄取和传递。实验还证实：在对鸡进行点眼滴鼻时，眼结膜淋巴组织摄取病毒抗原，并致敏其自身的淋巴细胞，然后通过转移方式使部分致敏的淋巴细胞定位于哈德氏腺，进一步分裂增殖，发育成熟，分泌特异性抗体，起到保护黏膜的作用。

（3）消化道内的淋巴组织。

① 回肠淋巴集结。回肠淋巴集结存在于鸡的回肠后段，有局部免疫的作用。雏鸡的 Meckel 憩室和回肠淋巴集结分别位于回、盲肠交界处，主要对肠道抗原进行吸收处理，并产生大量浆细胞。

② 盲肠扁桃体。盲肠扁桃体位于回/盲肠连接部的盲肠基部黏膜固有层和黏膜下层中，很发达，肉眼可看到结节，有许多较大的生发中心，是抗体产生的一个重要来源，对肠道内细菌和其他组织起着局部免疫的作用。盲肠扁桃体是雏禽出壳后，经肠道抗原刺激而产生的，它构成肠道大部分集群式淋巴组织，被认为是法氏囊退化后接替其外周免疫功能的淋巴器官。

（4）其他的淋巴组织。

鸡淋巴组织分散存在于鸡体内许多组织中，如鼻旁器官、皮肤、心脏、肝脏、胰腺和肾脏以及内分泌腺和周围神经等处。它们通常是不具被膜的弥散性淋巴组织，或浸润于周围细胞之间，或可见于生发中心，具有局部免疫作用。

（二）免疫细胞

1. T 细胞和 B 细胞

T 细胞和 B 细胞均来源于骨髓的多能干细胞，分别在胸腺（T 细胞）和法氏囊（B 细胞）分化成熟，之后被转运到外周免疫器官的相应依赖区定居，再到全身发挥作用，二者的主要差别体现在膜表面结构。T 细胞寿命比 B 细胞长，可在淋巴系统再循环。T 细胞主要参与细胞免疫与免疫调节。B 细胞则主要参与体液免疫，产生特异性抗体。

T 细胞和 B 细胞存在较多差异。首先，B 细胞在骨髓中发育成熟，而 T 细胞在胸腺发育成熟。其次，B 细胞产生的抗体可以识别任何有机分子，但 T 细胞仅识别蛋白抗原。最后，B 细胞能以抗体形式分泌其受体，并且可以自己识别抗原，而 T 细胞则更像一位绅士，仅识别那些被其他细胞呈递给它的抗原分子。

2. 巨噬细胞

巨噬细胞是天然免疫中重要的细胞之一，源于骨髓，是一种能自我更新的潜能细胞，又称“干细胞”，可生成所有的血细胞（巨噬细胞、中性粒细胞和红细胞等）。当巨噬细胞第一次离开骨髓并进入血液时，被称为单核巨噬细胞，一旦进入全身多种组织器官，就分化成熟为巨噬细胞。它们一方面到处“闲逛”收集家禽体内的垃圾，另一方面随时“监视”外界侵入的病原。

巨噬细胞有极强的内吞作用，含丰富而完善的溶酶体、免疫球蛋白 Fc 片段受体和补体表面受体，并能分泌单核因子和某些非特异性酶，被认为是机体中除 T 细胞、B 细胞外第 3 类必需的免疫细胞。巨噬细胞能够通过包含 Toll 样受体在内的细胞表面受体识别靶细胞，还能通过识别细胞表面糖蛋白的细微变化来清除衰老的红细胞，并能破坏炎症表面的衰老粒细胞。同样，巨噬细胞可以成为 IBDV、NDV、AIV、ILTV、MDV 等病原微生物的靶细胞，为其复制和传播提供场所，同时完成对病原微生物的摄入、处理和呈递，是大多数免疫反应的前提。

3. 异嗜性白细胞

异嗜性白细胞主要存在于禽类骨髓、血液和结缔组织中，是家禽体内最重要的专职吞噬细胞，相当于哺乳动物的中性粒细胞，是急性炎症的主要细胞，大约占血液循环中白细胞数量的 50%。该细胞通过吞噬入侵的细菌等微生物发挥保护作用。成熟的异嗜性白细胞缺乏中性粒细胞中的过氧化物酶和碱性磷酸酶，而含有β-葡糖醛酸糖甘酶和碱性磷酸酶。它主要依赖于非氧依赖性的杀菌作用而非葡萄糖氧化反应。禽类对大多数病原微生物会表现干酪样反应而不是化脓，这归因于异嗜性白细胞缺乏溶菌酶和其他酶类。

异嗜性白细胞寿命较短，一般在 5d 内就走向程序性死亡。尽管异嗜性白细胞生存的时间有限，但其作用不可忽视。当它离开血液时就被激活了，在这种状态下，它们与超活化的巨噬细胞非常类似，具有惊人的吞噬能力，特别是对局部感染的细菌等病原微生物。发生急性炎症反应时，异嗜性白细胞与血管内皮细胞在受体水平上相互作用，迁移到达炎症部位。早期的炎症渗出物也同样存在淋巴细胞和嗜碱性粒细胞，但数量远比异嗜性白细胞少得多。

4. 树突状细胞

树突状细胞（dendritic cells，DC）是免疫应答中一种重要的辅助细胞，来源于骨髓和脾脏的红髓，成熟后主要分布在脾脏和淋巴结，在结蹄组织中也广泛存在，能主动吞噬环境中的细胞和颗粒，在固有免疫防御中发挥作用。此外，DC 是家禽机体功能较强的专职抗原呈递细胞，它能高效地摄取、加工处理和呈递抗原。未成熟 DC 具有较强的迁移能力，成熟 DC 能有效激活初始型 T 细胞，在启动、调控和维持免疫应答中发挥重要作用。

5. 嗜酸性粒细胞、嗜碱性粒细胞和血小板

成熟的嗜酸性粒细胞包含过氧化物酶、芳基硫酸酯酶和某些酸性磷酸酶，这些颗粒实质上是溶酶体。在感染过敏性疾病和寄生虫病时，局部组织及血流中的嗜酸性粒细胞增多。

嗜碱性粒细胞吞噬细胞的能力较弱，缺乏大量的杀菌酶和溶菌酶，在急性炎症反应早期和速发型过敏反应中发挥一定的作用。嗜酸性粒细胞和嗜碱性粒细胞在炎症反应中具有

很多相似的功能，均含有能合成和储存组胺、肝素及其他血管活性物质的分泌颗粒。

禽类的血小板为单核细胞，与哺乳动物的血小板相同，起凝血作用。血小板还是禽类主要的血循环吞噬细胞，其吞噬速度快，不依赖补体。

6. 自然杀伤细胞

自然杀伤细胞（natural killer cell，NK 细胞）存在于正常的家禽体内，不需要通过免疫来诱导，其活性最先在鸡和日本鹌鹑中发现。它是一种非 B、非 T 的淋巴细胞，缺乏 T 细胞受体（TCR）和 B 细胞受体，对病毒感染细胞和肿瘤细胞具有细胞毒性作用。在鸡体内，肠上皮细胞中有丰富的 NK 细胞。此外，脾脏、外周血液也有一定量的 NK 细胞。对 NK 细胞的研究表明，其细胞的前体源于骨髓，然后迁移到脾脏和肠道上皮，并发育成功能细胞。

NK 细胞具有 3 个重要特征。一是 NK 细胞是一种“天才侦探”细胞，能判断入侵者的“身份”。二是 NK 细胞综合了杀伤性和辅助性 T 细胞的功能，能破坏被感染的细胞。三是 NK 细胞表面有能与 IgG3 抗体 Fc 区相结合的受体，这样，IgG3 抗体就可以在 NK 细胞及其结合的靶细胞之间搭桥，并利用自己的 Fab 区与靶细胞结合，不仅缩短了 NK 细胞与其靶细胞的距离，而且其 Fc 区受体与 NK 细胞结合，增强了 NK 细胞的杀伤活性。NK 细胞还可以分泌细胞因子。

7. 红细胞

红细胞是家禽免疫系统的重要组成部分，广泛参与家禽机体特异性、非特异性免疫反应及机体的免疫调节。红细胞拥有许多与免疫有关的物质，如补体受体（CR-1/CR-3）、淋巴细胞功能抗原（LFA-3）、降解加速因子（decay-accelerating factor，DAF）、NK 细胞增强因子（NK enhancing factor，NKEF）、CD_{58} 和 CD_{59} 等。

红细胞还具有以下功能：促进巨噬细胞吞噬，清除免疫复合物；识别、储存和呈递抗原；促进淋巴细胞的增殖和分化；增强 NK 细胞的抗肿瘤活性等。

（三）禽类的免疫分子

1. 免疫球蛋白（抗体）

1）IgM 抗体

IgM 抗体是鸡体内最早形成的抗体类型（疫苗免疫后 72h 内即可产生），其分子质量在各类免疫球蛋白中最大，为 880 000～990 000Da，沉降系数为 17S，含糖量约 7%。IgM 主要分布于血管中，在血清中的含量仅次于 IgG（1～2mg/mL）。

IgM 的调理、杀菌和凝集作用均强于 IgG，原因是 IgM 型抗体以五聚体形式存在，就像是把 5 个 IgG 分子黏附在一起，从而能更有效地固定结合入侵的病毒或细菌及补体分子。其缺点是半衰期短，仅持续约 1d。此后，产生 IgM 的细胞停止分泌 IgM，开始产生 IgG 和 IgA，这种现象称为“类型转换”，即产生抗体的 B 细胞中不同类型 Ig 重链的可变区基因（*V* 基因）与恒定区基因（*C* 基因）拼接的结果。细胞因子如 IL-4、TGF-β和 IFN-γ刺激 B 细胞参与进行“类型转换”。

2）IgG 抗体

禽类 IgG 是单体免疫球蛋白，是血清中含量最高的抗体，浓度为 5～7mg/mL，尽管与人比相对偏少，但其含量远高于其他免疫球蛋白。其分子质量为 165 000～180 000Da，沉降系数为7S。与人IgG相比，禽类IgG对蛋白酶消化的敏感性增加，易于凝集，重链多出大约1个功能区。禽类IgG包含许多不同的亚型，其Fc区有轻微差别，功能不同。如IgG3亚型可更好地固定补体，IgG1亚型则擅长于结合入侵者以利于专职吞噬细胞吞噬。

IgG抗体具有中和病毒的功能，特别是中和血清中的病毒。IgG是疫苗再次免疫产生的重要抗体，广泛分布于血清、组织液和淋巴液中，并能通过生殖屏障经卵泡膜进入卵黄，为雏禽提供母源抗体保护。该抗体是体内寿命最长的抗体，半衰期约为3周，能提供长期保护。IgG在体内含量大、分布广且维持时间长，是抵御感染的中坚力量。

3）IgA抗体

禽类IgA存在于分泌物中，往往形成聚合体，又称为黏膜抗体，常以双体结构方式存在。存在于血清中的黏膜抗体主要是单体IgA，分子质量为160 000～170 000Da，含量为30～60mg/100mL，但该抗体并不表现重要的免疫功能。分泌型IgA由J链将两个单体连接，善于防御能穿透黏膜屏障的入侵者，原因在于每个IgA就像一把“钳”把两个IgG分子抓在一起。由于J链的连接和分泌片段的保护，IgA能抵抗蛋白酶的消化，在黏膜表面保持较长时间的免疫活性，成为黏膜（尤其是呼吸道和消化道）免疫的主要力量，是体内较丰富的抗体类型之一。双体IgA分子质量为370 000～390 000Da，它主要存在于唾液、泪液、鼻和支气管分泌物等外分泌液中，在外分泌液中的含量较血清中高6～8倍，是家禽机体黏膜防御感染的重要因素。

IgA抗体独特的尾部结构使其能够有效抵抗消化道中的酸合酶，进而能很好地保护黏膜表面。近年来，禽病免疫专家十分重视黏膜局部免疫的作用，力推气雾免疫。研究证实，使用气雾免疫不但能节省人力、物力，还可刺激局部黏膜产生大量IgA，以提高局部免疫效果。

2. 细胞因子

细胞因子通常由一组具有免疫活性的分泌性低分子糖蛋白组成。虽然禽类产生细胞因子的免疫活性细胞多种多样，但均必须在刺激物的作用下激活才能分泌细胞因子。特异性刺激物主要指抗原。非特异性刺激物包括植物血凝素（phytohaemagglutinin，PHA）、刀豆素（Con A）和细菌脂多糖（lipopolysaccharides，LPS）等。T细胞、B细胞、巨噬细胞和树突状细胞等均能分泌细胞因子，并与靶细胞表面的特异性受体结合，通过在细胞间传递信号，调节家禽细胞的生长和活化，在免疫过程中扮演着重要角色。

细胞因子的生物活性很强，10^{-10}～10^{-5}mol即可检测到明显活性。其作用形式多为非特异的，且不受主要组织相容性复合体（major histocompatibility complex，MHC）的限制。禽类各种细胞因子的体外诱生时间及半衰期略有差异，一般诱生6～8h后可在培养液中检测到，20～72h产量达到高峰。细胞因子的作用不同于免疫球蛋白，特点如下：分子质量小（4 000～60 000Da），种类多；分泌量小，分离提纯难度大；生物活性的发挥不依赖抗原的存在，而是直接作用于各自的靶细胞；在局部免疫中发挥较大作用。大多数细胞因子可以利用人工方法诱导产生。

禽类细胞因子包括淋巴细胞因子、单核因子及干扰素等。细胞因子各组分通过相互诱生、相互调节受体表达、相互制约及相互协同等方式紧密联系，共同构成一个特殊的细胞因子“网络系统”，对维持机体免疫系统的平衡及功能的正常发挥有着重要作用。

3. 主要组织相容性复合物

1）定义

同种异体移植常发生免疫排斥反应，这主要是由 MHC 决定的。MHC 是一种糖蛋白受体，由位于染色体上的一组基因编码，存在于所有的粒细胞或白细胞上。人和家禽等动物均具有 MHC，根据其对移植抗原的排斥反应强度，又可分为主要 MHC 和次要 MHC。鸡的 MHC 位于第 16 号染色体（*B* 基因），比哺乳动物 MHC 小很多，仅有 19 个基因，而人类 MHC 则含有 200 多个基因。鸡 MHC 的结构与人 MHC 有较大不同。

B 基因至少有 3 个基因座位点：编码Ⅰ类抗原的 B-F、编码Ⅱ类抗原的 B-L、编码Ⅲ类抗原和Ⅳ类抗原的 B-G（为鸡特有，编码鸡红细胞表面抗原）。

2）MHC 抗原的结构和功能

MHC 基因能编码高度多态性的Ⅰ类和Ⅱ类分子，具有高度分子多态性，主要以镶嵌蛋白的形式存在，也可脱落以可溶性方式存在，对抗原呈递十分关键。B-F 分子（Ⅰ类抗原）广泛存在于有核细胞的表面，其中包括红细胞。B-L 抗原的细胞表达受到诸多限制。巨噬细胞、树突状细胞、单核细胞、B 细胞及活化的 T 细胞表达这些分子。Ⅲ类抗原为补体（C_2、C_4）和 B 因子，主要分泌到血清等体液中去。此外，MHC 中还存在编码 P450（细胞色素-21 羧化酶）、肿瘤坏死因子和淋巴毒素的基因。

MHCⅠ类分子是一种糖蛋白，广泛分布于有核细胞的膜上，以淋巴细胞上的密度最大，也可分布于血清、尿液等体液中。MHCⅡ类分子通常只表达在树突状细胞、巨噬细胞和 B 细胞、某些活化的 T 细胞及胸腺和小肠的某些特定上皮细胞表面。不同的 MHCⅠ类和Ⅱ类分子的表达范围可影响个体的总体免疫力。免疫功能的根本在于识别“自己”和“异己”，这种功能的生物学意义在于确保个体发育和种系延续。动物机体 MHC 的存在使这种识别更为丰富和准确，MHC 对免疫应答的调节也可以理解为机体对疫病的易感性和反应性。

三、获得性免疫应答

获得性（适应性或特异性）免疫应答是后天获得的，针对的是病原微生物及其表面抗原，高度特异。获得性免疫系统是家禽机体清除外界病原微生物的主力军，具有免疫记忆功能。特别是当先天性免疫系统不能有效清除外来病原微生物时，获得性免疫系统的作用就显得格外重要。

获得性免疫系统由众多细胞和分子参与其活动，其中，T 细胞、B 细胞为其所特有。T 细胞在胸腺的影响下成熟，受抗原刺激时引起细胞免疫。B 细胞在骨髓的影响下成熟，产生可溶性分子——免疫球蛋白（抗体），即引起体液免疫。

（一）细胞免疫应答

T 细胞主导的细胞免疫是获得性免疫的重要组成部分。细胞免疫的作用包括：裂解被感染的宿主细胞；释放可作用于巨噬细胞及其他细胞的活化因子；直接杀伤或杀死感染细胞。

1. T 细胞分类

T 细胞是通过混合排列和组合设计等策略形成的，具有多样性，可分为很多亚类，如 Tc（细胞毒性 T）细胞和 Th（辅助性 T）细胞等。

1）细胞毒性 T 细胞

Tc 细胞又称为细胞毒性淋巴细胞（cytotoxic lymphocyte，CTL），是摧毁病毒感染细胞的强有力的武器，可通过两种途径被介导。一是裂解颗粒释放穿孔素和粒酶到靶细胞表面；二是 CTL 上的 FasL 与感染细胞上的 Fas 相互作用。这两种途径均可导致被感染细胞程序性死亡，使靶细胞启动自杀程序（细胞凋亡）。

2）辅助性 T 细胞

Th 细胞又被誉为“细胞因子工厂”，该细胞被激活后，主要作用是分泌产生细胞因子，进而调节免疫系统的功能。根据细胞因子的不同可分为两种主要类型：Th1 细胞或炎症 T 细胞，产生高水平的 IFN-γ和 TNF，主要作用于巨噬细胞，引起巨噬细胞活化；Th2 细胞的特征是分泌 IL-4、IL-5 和 IL-6，主要参与 B 细胞的分化和成熟。

2. T 细胞受体

T 细胞受体（T cell receptor，TCR）是 T 细胞的“眼睛”。TCR 有两种，αβ和γδ。事实上，T 细胞和 B 细胞一样，均有同样的蛋白（RAG1 和 RAG2），通过在染色体 DNA 上形成双链缺口而起始基因片段的剪切。基因片段是混合和配对的，所以竞争的结果是导致每一个 T 细胞都只包含一个αβ受体或一个γδ受体，而不会两者都有。一般来说，一个成熟 T 细胞上的所有 TCR 都应该是一样的。有超过 95%循环中的 T 细胞都具有αβ型 TCR。

3. 抗原呈递

MHC 在抗原呈递过程中具有呈递的功能，而 T 细胞则是利用其受体来分析确定所呈递的抗原。MHC 分子有两种类型，通常称为 MHC Ⅰ类和 MHC Ⅱ类。

1）MHC Ⅰ类分子

MHC Ⅰ类分子在家禽机体大部分有核细胞表面都有分布，其功能就像一块“告示牌”，能通知 Tc 细胞家禽体内的细胞有何变化发生。例如，当一只家禽体细胞被病毒感染后，病毒蛋白质的片段（肽段）就可以装载到 MHC Ⅰ类分子上，然后转移到被感染细胞的表面。一旦 MHC Ⅰ类分子展示这些蛋白质片段，Tc 细胞就会利用其受体结合该感染细胞并加以摧毁。

2）MHC Ⅱ类分子

MHC Ⅱ类分子也发挥“告示牌”作用，主要激活 Th 细胞。在机体中，只有某些特定的细胞才能制造 MHC Ⅱ类分子，该细胞被称为抗原呈递细胞（antigen-presenting cell，APC）。例如，巨噬细胞就是一种优秀的 APC，在细菌感染过程中，巨噬细胞就会吞噬感染细菌，并将消化了的细菌蛋白片段与 MHC Ⅱ类分子结合，并将此片段展示在巨噬细胞表面。通过细胞受体的识别，Th 细胞就可以扫描到巨噬细胞上 MHC Ⅱ类分子“告示牌”上细菌感染的信息。

综上所述，MHC Ⅰ类分子可以在细胞内出现异常情况时向 Tc 细胞发出警报，而 MHC Ⅱ类分子则在 APC 表面展示在细胞外出现的异常情况并向 Th 细胞提供信息。

4. 抗原呈递细胞

Tc 细胞、Th 细胞履行功能之前，均必须被激活。为实现这一目标，T 细胞必须识别由 MHC 分子呈递的同源抗原，同时还要接收第二共刺激信号。只有某些特定的细胞才能提供

MHCⅠ类和MHCⅡ类分子展示及共刺激的能力，这些细胞即APC。目前，3类激活的APC已被确定，即树突状细胞、巨噬细胞和B细胞。

当家禽首次遭遇细菌、病毒等病原微生物入侵时，能识别入侵者的所有B细胞均为原初B细胞。一开始，激活的树突状细胞是重要的APC，伴随着免疫反应战斗的激烈，激活的巨噬细胞离开前线至淋巴器官，并表达高水平的MHCⅡ类分子和共刺激B7分子，递呈抗原至作战T细胞，确保T细胞“精力充沛”和“打满气、加满油”，并激发其产生免疫应答。此后，如果再遇到同样的入侵者，记忆B细胞则成为最重要的APC，仅少量抗原即可激发免疫应答。

5. T细胞的激活

1）CD_4和CD_8

当T细胞在胸腺开始成熟时，其细胞表面均表达两种类型的共受体分子：CD_{4+}、CD_{8+}。有趣的是，一旦它们成熟，其中一种共受体分子的表达就会下降，因此一个细胞要么成为CD_{4+}细胞，要么成为CD_{8+}细胞。一般情况下，Tc细胞表达CD_8，而Th细胞表达CD_4，这类共受体的主要作用是钳住MHCⅠ类（CD_8）分子和MHCⅡ类（CD_4）分子。CD_4和CD_8这些共受体类似“钳子”的结构可显著增强T细胞和APC之间的辅助力，进而通过对应的MHC分子吸附Tc细胞和Th细胞，从而加强由TCR介导的信号转导。

2）Tc细胞激活

Tc细胞的激活方式不同于Th细胞，在大多数情况下，原始Tc细胞的激活不仅需要识别APC树突状细胞上MHC Ⅰ类分子呈递的同源抗原，还需要Th细胞的帮助。一旦Tc细胞被激活，它就会快速增殖，迅速建立自己的数量群，然后进入血液，搜寻机体内那些入侵者。一旦发现目标，就会与靶细胞相接触，在这场“肉搏战”中，Tc细胞以多种武器（包括分泌穿孔素蛋白、颗粒酶、形成膜攻击复合体等）促使靶细胞消亡。Tc细胞还可以通过一种位于CTL表面的蛋白——FasL配体，启动细胞自杀程序。

3）记忆性T细胞

大多数T细胞在被激活并完成自己的使命后，就通过细胞凋亡进入程序性死亡，另有一部分Tc细胞则分化为记忆抗原信息的记忆性T细胞（TM细胞），防止同样入侵者的再次侵袭。TM细胞可以在体内长期循环，作为“记忆细胞”。TM细胞不但保留有对抗原（包括载体和半抗原）的记忆，而且都是长寿的。当该抗原再次进入机体后，引起的细胞免疫与初次相比，潜伏期显著缩短；Tc细胞的数量明显增加，其杀伤靶细胞的效应更强。

6. 免疫效应

T细胞免疫应答的效应阶段主要表现为炎症反应和细胞毒作用。在炎症反应中，被激活的Th细胞（属CD_{4+}T细胞亚群）除了分泌大量IL-2外，还释放出多种细胞因子，如巨噬细胞移动因子、γ-干扰素（IFN-γ）、转移因子、单核细胞趋化因子、淋巴细胞移动抑制因子、骨髓单核细胞生长因子、β-转化生长因子（TGF-β）、白细胞介素-6（IL-6）、肿瘤坏死因子-α（TNF-α）等。这些因子以非特异的方式作用于各种靶细胞，表现多种生物学功能。

参与细胞毒作用的主要是Tc细胞（属CD_{3+}T细胞亚群）。其非活化的前体细胞接受特异性抗原刺激后，在细胞膜上表达IL-2受体。与Th细胞不同，Tc细胞识别靶细胞是受

MHC Ⅰ类抗原限制的。它一旦吸附于靶细胞上，就会造成后者细胞膜的不可逆损害，导致靶细胞死亡，并释放细胞内的寄生物，如细菌、病毒、真菌和寄生虫等，供吞噬细胞消灭。

细胞免疫应答是机体抵抗侵入细胞内的某些病毒（ILTV、IBV、MDV 等）、细菌（多杀性巴氏杆菌）和寄生虫的重要免疫手段，在家禽免疫监视和抗肿瘤免疫中具有重要作用。

（二）体液免疫应答

在许多微生物感染中，体液免疫起主要作用，抗体是体液免疫应答的重要成分，抗体以高特异性和高亲和力与抗原结合。

1. 抗体的主要作用机制

1）中和作用

由于抗体的作用，病原微生物失去感染能力，这种作用称为中和作用。该抗体即为中和抗体（neutralizing antibody），其特异性高，作用能力强。主要作用包括：一是与病毒、细菌等病原微生物表面抗原的受体结合，改变病原微生物的表面构型，阻断病原微生物吸附和侵入宿主细胞；二是与病原微生物结合形成抗原-抗体复合物，直接灭活病原微生物，使病原微生物失去感染性；三是对病原微生物的凝集作用，抗体可使病原微生物聚集，进而降低病原微生物的感染力；四是与有包膜的病毒结合后，激活补体，导致病原体的溶解。此外，VN 可通过多种方式使病原微生物失活。VN 在病毒、细菌等免疫中起决定作用。

2）调理作用

抗体以其 Fab 段与病原微生物表面的抗原表位结合，形成抗原-抗体复合物，或激活补体形成病原-抗体-补体复合物，并以其 Fc 段与吞噬细胞的 Fc 段结合，促进吞噬细胞的吞噬。

3）抗体依赖细胞介导的细胞毒作用

抗体依赖细胞介导的细胞毒作用（antibody-dependent cell-mediated cytotoxicity，ADCC）的机制是带有 Fc 片段受体的效应细胞通过结合靶细胞表面的抗原-抗体复合物而直接裂解靶细胞。引起禽 ADCC 的抗体主要是 IgG，与之相应的效应细胞为杀伤细胞（K 细胞）。K 细胞既不属于 T 细胞或 B 细胞，也不属于吞噬细胞。ADCC 破坏靶细胞的效率很高，所需抗体量极少，且反应有一定特异性，所以它主要在机体不能正常启动补体系统，或因靶细胞过大，被抗体封闭时发挥作用。它不但在机体防御机能上占有重要地位，而且充分体现了细胞免疫与体液免疫相辅相成、密不可分的关系。实践证明，ADCC 在禽或人体内，都是抗病毒、抗肿瘤和抗寄生虫等的一个重要手段。

4）局部黏膜免疫

IgA 由局部细胞分泌后，小部分进入血液，大部分停留在黏膜表面，成为分泌型 IgA，阻止病原黏附于黏膜。在家禽呼吸系统免疫中，疫苗的黏膜抗体发挥了极其重要的作用。出壳后禽类的特异性免疫经常通过喷雾、滴鼻及点眼接种来实现，并由此激活局部的和全身的特异性免疫系统。当呼吸道、消化道等黏膜器官是病毒的入侵门户时，黏膜抗体和细胞免疫显得更为重要。局部黏膜抗体在 FPV、NDV、ILTV 等病毒感染方面发挥着重要作用。

（1）黏膜淋巴组织。家禽的黏膜免疫系统是一个相对独立的系统。分布于呼吸道黏膜的淋巴组织，经抗原的刺激后能够诱导产生针对该抗原的特异性抗体，这些抗体与巨噬细胞、NK 细胞和干扰素等许多免疫成分共同参与免疫反应，主要在局部黏膜部位发挥重要作用。研究发现，鼻腔免疫不仅可以诱导呼吸道局部产生特异性抗体，还可以诱导肠道等其他黏膜部位产生特异性抗体。

（2）分泌型免疫系统。在禽类的整个呼吸系统中存在大量B细胞和抗体生成细胞。呼吸系统中的抗原特异性免疫保护是由法氏囊依赖性淋巴细胞介导的，这些细胞能够产生和分泌多聚IgA和IgM。研究表明，大量的B细胞和抗体分泌细胞存在于家禽头部相关淋巴组织中，并且贯穿于禽类的呼吸道。IgA 在禽类呼吸道和消化道黏膜表面的分泌物中都有相当高的浓度。

5）激活补体

抗原与病原微生物相结合可激活补体经典途径，通过形成膜攻击复合体而使病原微生物溶解死亡，即免疫溶解作用。补体结合抗体均由病毒内部抗原和某些病毒表面非中和抗原所诱发，不能中和病毒感染性，补体激活所产生的活化片段也可发挥调理作用，增强机体的吞噬功能。

2. 抗体的种类和结构

家禽主要有3种免疫球蛋白（抗体），即IgG、IgA和IgM，均由B细胞产生。B细胞合成抗体，而浆细胞（成熟的B细胞）既合成抗体又分泌抗体。

1）免疫球蛋白的结构

禽类的免疫球蛋白单体IgG呈Y形，由4条肽链组成；其中1对较长，分子质量较大，称为重链（H链）。另1对较短，分子质量较小，称为轻链（L链）。两条重链之间，以及两条轻链的C端（羧基端）与相对的重链之间都以二硫键相连。每个IgG抗体分子都具有两个特定的“手臂”（Fab区域），它们可以结合抗原。除了其能以“手臂”（Fab区域）结合抗原外，抗体分子的恒定区域（Fc）——“尾”能与受体（Fc受体）结合，这些受体分子存在于诸如巨噬细胞之类的细胞表面。抗体的Fc特异性结构决定了抗体的类型（如IgG、IgA等）。

2）抗体分子的多样性

对每一个入侵的病原微生物，家禽都会有相对应的抗体，这就意味着B细胞能够产生足够数量不同种类的抗体分子，以有效抵御外来病原微生物的入侵。对于抗体的多样性原则，主要有以下两个理论支持：一是克隆选择原则；二是抗体基因的组合设计原则。

（1）克隆选择。每个B细胞仅能制造出具有一种抗原结合区的抗体分子，这类抗体仅针对特定的抗原（同源抗原）。这些抗体分子分布于其所产生的 B 细胞表面，可识别存在于细胞外的同源抗原，也称为B细胞受体。事实上，每个B细胞表面都具有上千个B细胞受体分子，但在特定的B细胞上所有这些受体仅识别同源抗原。

当B细胞受体与特定的抗原结合之后，B细胞即被激活，体积增大并分裂成两个子代细胞。两个子代细胞继续分裂为4个细胞，如此继续，每个细胞生长和分裂的周期大约是12h，这一增殖期可持续大约一周，将产生20 000个完全一样的细胞所组成的“克隆”，其中，每个B细胞的表面都具有能识别相同同源抗体的受体。这些克隆中的大多数将最终成为“浆细胞”，可以产生大量的抗体并释放到血液和组织中。

（2）组合设计。每个B细胞只能生产一种抗体，这意味着家禽机体至少应拥有制备成千上万的不同B细胞的潜力。抗体分子几乎与B细胞受体完全相同，唯一的区别是在其重链末端缺乏锚定于细胞外的蛋白序列。由于缺乏这种序列，抗体分子被运出B细胞（被分泌），自由地分布到身体的各个部位，履行抗体分子特异性保护机体的职责。

B 细胞通过表面抗体与抗原结合，每个 B 细胞只产生一种类型的重链和轻链。在纷繁复杂的外界环境中，有数以万计的抗原形态，免疫系统如何才能保持有足够的 B 细胞进行特异性的反应呢？所有这些都是通过 B 细胞在形成和成熟过程中的诸多遗传机制来完成的。在哺乳动物中，抗体基因的重排导致抗体的复杂多样，对家禽而言，其抗体基因的数量较少，重排的基因必须经历一个“基因转换”的过程才能实现抗体的多样化。在基因转换中，重排的重链和轻链基因复合物形成染色体拟基因簇，高度同源的拟基因大片段存在于鸡染色体上轻链和重链基因附近。

3）B 细胞的激活

通常需要两种信号才能激活 B 细胞。其一是 B 细胞受体及其相关的信号分子的簇集。其二是由 Th 细胞提供的信号，免疫学家称之为“共信号”。此外，一些抗原不需要 T 细胞的帮助就可以激活 B 细胞，如蛋白质、糖类和脂类，极大地丰富了针对抗原的获得性免疫应答的多样性，使免疫系统反应更加完美。

4）浆细胞和记忆 B 细胞

B 细胞成熟后，面临“职业”选择，即要么变成浆细胞，要么变成记忆细胞。浆细胞是生产抗体的工厂。如果 B 细胞变成浆细胞，通常要到达脾脏或回到骨髓中去，产生分泌性的 B 细胞受体——抗体分子。浆细胞每秒钟大约可产生 2000 多个抗体分子，使免疫系统能够防御一般细菌、病毒等病原微生物的入侵。

美中不足的是，大部分 B 细胞只能存活几天。如果 B 细胞变成记忆细胞，则可以维持较长的生命。这对家禽无疑十分重要，记忆 B 细胞记住了病原的第一次入侵，就可以迅速、果断地抵御以后的攻击。此外，大多数记忆 B 细胞还经历了体细胞高突变，具有高亲和力的 B 细胞受体，可以对感染初期的少量抗原产生应答。最后，记忆 B 细胞比原初性 B 细胞具有低的激活要求，因为这些特性，记忆 B 细胞“随时准备”去抵御第二次病原微生物的攻击。

5）抗体产生规律

（1）初次应答。家禽初次接受适量的抗原刺激后，引起体内产生抗体的过程，称为初次应答。主要表现为抗体产生具有一定的潜伏期，其长短取决于抗原的性质、侵入的途径、所用的佐剂类型和抗体情况等。潜伏期之后为抗体的对数上升期，此时抗体含量直线上升，然后为持续期，最后为下降期。初次应答最早产生的抗体一般是 IgM，可在几天内达到高峰，此后开始下降，接着产生 IgG。IgG 的潜伏期比 IgM 长。如果抗原量少，以人血清蛋白为例，动物免疫剂量在 10^{-4}～10^{-3}g/mL，则可能只产生 IgM；如剂量在 10^{-2}～10^{-1}g/mL，则先产生 IgG。同一抗原产生 IgG 的量较产生 IgM 的量要大 50～100 倍。初次应答产生的抗体总量较低，维持时间也短，以 IgM 为主，且抗体的平均亲和力较低。在感染的初期，感染病毒的量通常是少的，因此，先产生 IgM，随着感染病毒量的增加而产生 IgG 抗体，IgM 抗体通常是早期感染的标记。

（2）再次应答。免疫效应的潜伏期显著缩短，约为初次应答的一半；抗体水平迅速升高至初次反应的几倍到几十倍，而且维持时间较长，可持续 6 个月以上；抗体类型以 IgG 为主，IgM 则较少，抗体的平均亲和力高；Tc 细胞的数量明显增加，杀伤靶细胞的效应更强。IgA 不产生免疫记忆。

（3）抗体类型转换。B 细胞产生的抗体可以发生抗体类型的转换，使家禽的免疫系统在抵御不同的病原微生物时发挥其最独特、最有效的作用。例如，如果B细胞发生转型，其周围有许多IFN-γ，IgM就会优先转型为IgG3型抗体，主要针对病毒和细菌感染；如果转型时存在TGF-β，B细胞则优先从IgM转向产生IgA，主要抵御感冒等呼吸道病毒。那么，如何确保抗体反应与入侵的病原相匹配呢？这里就离不开Th细胞的“指挥和调度”作用。

（4）母源抗体。从母鸡转移给刚孵出的雏鸡母源的抗体十分关键。在鸡中，IgG是免疫转移的首要形式。母鸡循环血中的IgG沉积在输卵管上皮浅表和腺体。IgG从输卵管转移进入卵泡正在成熟的卵囊，并且在卵黄囊聚集。发育中的雏鸡需要卵黄囊中的母源IgG。

四、先天性免疫应答

先天性免疫应答是家禽对疾病的天然抵抗能力。先天性免疫应答远比获得性免疫应答发生的速度快，它通过基因程序化受体提供了一个快速、便捷的抗感染手段，并产生局部应答。

（一）天然免疫屏障

1. 皮肤

家禽健康完整的皮肤是抵抗病原侵入机体的天然强大防线，其上皮角质有机械阻挡作用，一些腺体分泌物（多为低浓度有机酸）也有杀菌、抗病毒和霉菌的化学屏障作用。一旦啄癖、禽痘、尖锐物等使皮肤的完整性遭到破坏，这种屏障功能就会丧失。

2. 鼻腔、气管黏膜和纤毛

鼻孔内的鼻毛造成空气的涡流，可使大于10μm的微粒滞留在鼻黏膜内。呼吸道上皮内纤毛有规律地摆动，可将黏附物排出，从而降低了外来病原微生物感染的风险。

完整的气管黏膜是家禽呼吸道抵御外界病原微生物和颗粒物的第一道防线，意义重大。对呼吸道黏膜的任何损伤都会造成家禽呼吸道受损，从而导致家禽对外界病原微生物的抵抗力降低。气管黏膜及呼吸道纤毛的有规律运动等方式，在外界环境与机体（尤其是消化道、呼吸系统、生殖器官和泄殖腔等）之间构成了第一道非特异性防御屏障。

气管、初级支气管和次级支气管起始部的黏膜上皮为假复层柱状纤毛上皮，这种上皮内有泡状黏液腺，能够分泌大量黏液，是机体局部黏膜抗体IgA（SIgA）存在的重要场所，是禽呼吸道抵抗感染的第二道防线，可以黏附和移除各种细菌、病毒、真菌及其他微粒。

3. 肺部免疫细胞和细胞因子

随着家禽呼吸道支气管口径变小，泡状黏液腺和柱状纤毛上皮数量减少，次级支气管起始部以下各区段的支气管黏膜上皮纤毛逐渐退化，因此通过黏液和纤毛移除病原和颗粒的能力逐渐减弱，但是在肺部泡状黏液腺和支气管黏膜上皮中却含有大量的巨噬细胞，携带MHCⅠ和MHCⅡ蛋白的巨噬细胞，可吞噬、细胞杀伤、分泌细胞因子及调节淋巴细胞和其他巨噬细胞的功能活动，能够将抗原呈递给T细胞，并在移除病原微生物和颗粒方面发挥重要作用。

4. 血脑屏障

家禽专门有一套内部屏障体系对重要的中枢器官大脑进行保护，即血脑屏障。其由毛细血管壁及包在外面的胶质膜组成，专门对进入脑组织和脑脊液的血液进行“过滤”，防止病原微生物侵入。这种屏障作用是随个体发育过程逐步完善的，所以它不能有效地保护雏禽。鸡群感染 NDV 后，雏鸡易出现神经症状，成年鸡发病后期也可出现神经症状。

5. 血胎屏障

一个成熟的卵子从进入输卵管到形成完整的种蛋，直到排出体外，需要经过受精、包裹蛋白、形成内外壳膜与蛋壳等多个步骤，原则上是无菌的，这得益于血胎屏障的高效保护。当然，对禽蛋最大的威胁还是来自于潜伏在母禽卵巢、输卵管及公禽生殖器中的垂直传播性病原微生物。

（二）天然免疫系统的组成

天然免疫系统利用宿主数量有限的模式识别受体（pattern recognition receptor，PRR）识别病原相关分子模式（pathogen-associated molecular patterns，PAMP），后者仅存在于微生物而非宿主细胞的保守结构中。由于宿主不产生 PAMP，所以天然免疫系统能够区分自己和非己。

1. 模式识别受体

PRR 主要是指存在于天然免疫细胞表面的一类能够直接识别并结合病原微生物或宿主凋亡细胞表面某些共有的特定分子结构的受体，以细胞外蛋白或膜结合蛋白形式存在。天然免疫细胞表面 PRR 是胚系基因直接编码（未经重排）的产物，主要包括 Toll 样受体、清道夫受体、调理素受体和甘露糖结合凝集素等。

Toll 样受体（Toll-like receptor，TLR）是能与 PAMP 结合的 PRR，这一结合可以启动细胞因子合成和分泌，促进炎症反应，吸引白细胞到感染部位。清道夫受体参与细菌内化和吞噬凋亡。调理素受体存在于吞噬细胞，由此增强吞噬细胞对微生物的吞噬破坏。甘露糖结合凝集素（mannose-binding lectin，MBL）与某些微生物（如沙门氏菌、白色念珠菌等）表面的含有甘露糖残基的糖蛋白分子结合而活化。

2. 病原体相关分子模式

PAMP 是 PRR 识别结合的分子，主要是指病原微生物表面某些共有的高度保守的分子结构，也包括宿主凋亡细胞表面某些共有的特定分子结构，能区分感染性微生物和非感染性自身细胞。PRR 识别结合的 PAMP 数量有限，但这些 PAMP 在病原微生物中广泛分布，主要包括革兰氏阴性菌（G^-菌）的脂多糖、革兰氏阳性菌（G^+菌）的肽聚糖和脂磷壁酸、分枝杆菌和螺旋体的脂蛋白和脂肽、细菌和真菌的甘露糖、细菌非甲基化 DNA CpG 序列、病毒双股 RNA 及宿主凋亡细胞表面的磷脂酰丝氨酸等。上述 PAMP 中，除细菌非甲基化 DNA CpG 序列和病毒双股 RNA 以游离形式存在外，其余通常仅表达在某些特定病原微生物和宿主凋亡细胞表面，正常宿主细胞表面不具有。因此，天然免疫细胞可以通过表面 PRR 区分“自己”和“异己”。

3. 补体系统

补体是一种存在于正常禽类血浆中的热敏原成分，是在免疫系统的固有和适应性分支中发挥作用的酶和蛋白质系统的总称，是防御逃避细胞接触的病原微生物的可溶性成分。其由 20 余种不同的蛋白质组成，主要由肝脏合成，且在血液和组织中存在较高的浓度。这些蛋白质通过共同作用来消灭入侵者并把信号传递给参与进攻的其他免疫组成员，是禽类抵抗外界病原微生物入侵的一个重要且必需的成分。

（三）天然免疫系统的应答

1. 早期应答

感染发生的 0～4h，皮肤黏膜及其分泌物中的抗菌物质和正常菌群作为物理、化学和微生物屏障，可以阻挡外界病原微生物对机体的入侵。当少量病原微生物突破机体屏障进入皮肤或黏膜下组织时，可被局部的巨噬细胞迅速吞噬清除。异嗜性白细胞是家禽机体抗病毒、细菌和真菌感染的主要效应细胞。在感染部位组织细胞产生的促炎性细胞因子（IL-8、IL-1 和 TNF 等）和其他炎性介质作用下，异嗜性白细胞被活化，发挥强大吞噬功能。

2. 免疫应答

免疫应答发生于感染后 4～96h。此时，在 LPS 等细菌成分和感染部位组织细胞产生的 IFN-γ、GM-CSF 等细胞因子作用下，感染组织周围的巨噬细胞被募集到炎症反应部位并被活化，以增强局部抗感染应答能力。同时，活化的巨噬细胞又可分泌大量促炎性因子和其他低分子质量炎性介质（如白三烯、前列腺素和血小板活性因子等），进一步增强机体固有免疫应答能力和炎症反应。炎症的基本症状是疼、热、肿和功能丧失。此外，B1 细胞接受某些细菌共有多糖抗原，如脂多糖、荚膜多糖等刺激后，可在 48h 内产生以 IgM 为主的抗体。

3. 诱导特异性免疫应答

诱导特异性免疫应答通常发生于 96h 之后。此时，活化的巨噬细胞和 DC 作为专职抗原呈递细胞，可将摄入的病原微生物等外源性抗原和内源性抗原加工处理为具有免疫原性的小分子多肽，并以抗原肽-MHC 分子复合物的形式表达于细胞表面，同时，表面共刺激分子（如 B_7 和 ICAM 等）表达上调，以启动特异性免疫应答。

（四）天然免疫和获得性免疫的关联

天然免疫系统的受体较少，主要用于检测一些生活中常见的病原微生物，如病毒、细菌、真菌和寄生虫等，并区分它们是有益还是有害，判定危险并因此激活特异性（获得性）免疫系统。而获得性（适应性）免疫系统的受体（T 细胞受体和 B 细胞受体）多种多样，千差万别，以至于它们可以和自然界大多数的抗原分子作用。但是，获得性免疫系统却无法确定哪些抗原分子是对机体有害的，哪些是无害的。而所有上述，都是依赖于天然免疫系统所做出的判断。天然免疫不仅是机体抵御外来病原微生物入侵的机体免疫保护系统，还是获得性免疫的激活剂和控制者。已有证据表明，获得性免疫系统在非特异性免疫成分（如巨噬细胞、补体、细胞因子等）的配合下，可以将免疫功能提高 10～1000 倍。

表 2.1 显示了天然免疫应答与获得性免疫应答之间的区别和联系。

表 2.1　天然免疫应答和获得性免疫应答的特点

特性	天然免疫应答	获得性免疫应答
特异性	广泛，以 PAMP 为基础	针对抗原决定簇表位
诱导时间	几小时	几天到几个月
是否需要抗原加工	否	需要
是否参与克隆扩增	否	参与
应答细胞	巨噬细胞、DC、NK 细胞	T 细胞、B 细胞、CD_{4+}、CD_{8+}
效应细胞	DC、NK 细胞	CD_{4+} T 细胞或 CD_{8+} T 细胞
能否产生免疫记忆	否	能
是否具有持续性	否	是

注：天然免疫和获得性免疫在宿主对病毒感染中有相互协同的作用；CD 为分化簇。

1. 启动获得性免疫应答

巨噬细胞是重要的天然免疫细胞，不仅在吞噬外来病原和清除病原微生物方面作用巨大，还启动了抗原加工和呈递的过程。APC 将病原微生物降解为小分子肽段，并以抗原肽—MHC 复合物的形式表达于细胞表面，供 T 细胞识别，进而产生了 T 细胞活化的第一信号。同时，巨噬细胞通过 PRR（如 Toll 样受体）识别并结合病原微生物，协同刺激分子 B_7 等表达增加，结合 T 细胞表面的共刺激分子（CD_{28}）为 T 细胞活化提供第二信号。在这两种信号的作用下，特异性免疫应答启动。

2. 对获得性免疫应答的影响

通过 PRR 对不同病原微生物进行识别，可启动不同类型的获得性免疫应答。不同的固有免疫细胞通过表面 PRR 接受不同的 PAMP 后，可产生不同的细胞因子，而正是这些细胞因子决定了特异性免疫细胞的分化方向（如 T 细胞分化为 Th1 和 Th2）。

3. 天然免疫应答助力获得性免疫应答

天然免疫应答能在病毒入侵后的几小时内被激活，并快速产生防御作用，而获得性免疫应答则需要在感染几天甚至几周或更长时间才能诱导出来。对于急性感染，在获得性免疫被诱导出来以前，NK 细胞即被激活并分泌高水平的 IFN-α和 IFN-β，这些反应使机体在获得性免疫出现前，就能阻止感染。抗体本身并不能直接杀菌和清除病原微生物，而是通过调理、吞噬、ADCC、中和等机制，在天然免疫系统中的固有免疫细胞（如吞噬细胞和 NK 细胞）和固有免疫分子（如补体）等参与下，方可杀灭病原微生物。

天然免疫具有广泛的特异性，当然这种特异性有别于获得性免疫的特异性。天然免疫在感染后的短时间里起作用，填补了获得性免疫在对病原微生物发挥效应之前所出现的空缺。总之，天然免疫应答通过活化专职 APC 刺激获得性免疫细胞，为获得性免疫奠定了良好的基础。

（秦卓明　马保臣）

第三节　家禽易感呼吸系统疾病的原因

一、家禽独特的解剖学结构

1. 气管与外界气体的接触面积

禽类的呼吸系统表面积较大，其气体交换表面的总面积比哺乳动物要大得多，鸡每克体重大约有 $18cm^2$ 的直接气体交换面积，比人类大10倍。禽类长而粗的气管保证了其管腔空间较大，比身体大小相近的哺乳动物大约5倍，这一特点决定了空气与气管黏膜接触面积较大，况且禽类的呼吸频率比哺乳动物慢得多（通常为哺乳动物的1/3），而潮气量大约为哺乳动物的4倍，因此气体与气管黏膜接触时间较长。

家禽气管的优点：使空气温暖、湿润，过滤和净化进入家禽体内的空气，降低外界病原微生物直接侵入体内导致呼吸系统疾病发生的概率。

家禽气管的缺点：有害气体（NH_3、H_2S 等）、尘埃颗粒、气溶胶、温差变化等外界应激因素易造成家禽的呼吸道黏膜受损，外界的病原微生物伺机入侵，可加重对家禽呼吸道黏膜的损害，导致家禽对病原微生物的易感性增加。

因此，保持良好的空气质量，对维护鼻腔和气管的正常功能，预防和阻止病原微生物感染，维持家禽机体水、热和能量等平衡调节机制，具有重要意义。

2. 肺部气体交换面积

哺乳动物肺的实质是形成各级支气管树，末端呈盲端的肺泡。而家禽的肺不形成支气管树，各级支气管间互相连接，呈现彼此相同的网状结构。

禽类气管系统进入肺后分为初级支气管、次级支气管和副级支气管，副级支气管又分出诸多细支气管。呼吸性细支气管管壁很薄，表面被覆单层扁皮上皮，上皮的下层有很多丰富的毛细血管网，是肺进行气体交换的地方。鸡肺中有400～500支副级支气管，鸭约有1800支，每支长约2cm，最长为3～4cm，禽肺的副级支气管的结构和排列产生了较大的扩散面积，约 $200cm^2$。同时，由副级支气管动脉分支形成毛细血管，并与毛细支气管紧密接触，形成较大的气体交换面积，按肺每单位体积的交换面积计算，母鸡交换面积达 $17.9cm^2$，鸽高达 $40.3cm^2$。总之，气体交换表面的总面积要比哺乳动物大得多。

禽肺肺房为不规则的球形腔，直径为100～200μm。众多的肺房开口于副级支气管壁，每一个肺房底壁有几个漏斗开口，呼吸性毛细血管是由肺房漏斗产生的通道，它们之间相互吻合，构成四通八达的肺内结构——微细管网架。即便最小的毛细血管管径也有7～12μm，相当于家畜的肺泡。丰富的毛细血管与呼吸性毛细血管紧密结合，共同完成气体交换。这种方式进行气体交换效率较高。

但是，这种方式也存在安全隐患，一旦空气中的细菌、病毒、微生物气溶胶、尘埃粒子、有害气体等（大部分直径小于5μm）侵入，就可以直接到达呼吸道深处，直通肺部。鉴于肺、气囊与支气管直接相通，故病原一旦侵入肺内，支气管、副级支气管、肺泡、气囊等将无一幸免，甚至可以侵入长骨，进而导致家禽全身的感染。

3. 禽肺的细胞结构

家禽肺中的气血屏障由内皮、单层基膜和非常薄的鳞状上皮细胞层构成，上皮细胞非常薄，细胞质非常少，比哺乳动物薄 56%～67%。鸡较薄的气血屏障增加了呼吸效率，提高了气体交换效率。但这些结构特征容易使鸡的肺脏受到外界环境中的有毒物和病原微生物的损害。

4. 腹腔内没有隔膜

家禽腹腔中没有哺乳动物的隔膜，消化系统和呼吸系统的组织和器官均在一个腹腔中，肠道系统和呼吸系统的器官直接接触，且肺脏嵌在肋骨之间。优点：一是减小体重；二是胸腔不保持负压状态，即使造成气胸，也不会发生哺乳动物那样的肺萎缩。缺点：各脏器之间缺乏必要的隔离和防护。肠道的致病性大肠杆菌等细菌很容易突破肠壁，而侵入气囊和相关肺组织，进而导致呼吸系统感染，而消化道的肠道感染是家禽极其常见的疾病。一旦呼吸系统发生感染，病原微生物很容易造成家禽全身的感染。

5. 气囊结构

气囊是禽类特有的呼吸器官，是肺的衍生物，气囊的结构和特点决定了家禽对呼吸系统疾病的易感性。从进化的角度讲，这种结构把气囊的功效发挥得淋漓尽致。然而，由于气囊壁较薄，禽类的气囊容易受伤，很容易受到环境刺激物和病原微生物的侵染。

1）气囊的容积较大

气囊占全部呼吸器官总容积的 85%～90%，较肺容积大 5～7 倍。优点：气囊的存在使禽类不论在吸气时还是在呼气时，肺内均可进行气体交换，满足禽类自身的高效能生长和活动需求，可提供大量的氧气。缺点：这些结构扩大了与外界病原微生物接触的面积，使呼吸系统门户大开，增加了呼吸系统感染病原微生物的概率。

2）气囊壁较薄，防御能力差

家禽气囊壁较薄且表面缺乏免疫保护细胞、巨噬细胞和黏液（保护性抗体 IgA），混于空气中的病原微生物很容易黏附于气囊表面，使禽类的气囊受伤。

3）气囊与支气管及骨骼相通

禽类各级支气管相互交合，而气囊是支气管的延伸，并有短的分支与附近的次级支气管相通，众多的肺房开口于副级支气管壁，肺毛细管相互吻合，并与副级支气管相通。因此，肺内支气管四通八达；气囊与支气管直接相通，气囊又分布在胸、腹、颈部并深入部分皮下，还与某些长骨相通。鸡的一些骨髓腔为气囊的憩室所占领，如胸骨、肱骨、盆骨、肋骨等。但这种进化成了家禽机体抵御疾病的一个弱点，因为一旦呼吸系统的任何一部分发生感染，病原微生物就会很容易扩散到整个气囊，并进一步入侵到肺脏、胸腔和腹腔甚至一些长骨中，进而造成全身感染。

二、家禽的生理学特点

1. 家禽基础代谢功能旺盛

家禽呼吸功能旺盛，对氧的需求较高。鸡的标准体温为 41.5℃，远高于猪、牛、羊等哺乳动物；心跳较快，每分钟脉搏为 200～350 次，因此，其基础代谢远高于其他动物，是马、牛的 3 倍以上。安静时，马的耗氧指数为 47.7，牛的耗氧指数为 44.7，猪的耗氧指数为 53.0，而鸡的耗氧指数为 100.0。马、牛、猪和鸡的排二氧化碳指数分别为 33.9、45.0、47.3 和 100.0。

一般情况下，母鸡的总容气量为 298mL（气囊占 87%），公鸡为 502mL（气囊占 82%）。鸡的潮气量为 45mL，潮气量占气囊总容量的 8%～15%。潮气量与呼吸频率的乘积，就是家禽肺的通气量。常温条件下，家禽每分钟的呼吸次数，母鸡为 20～36 次，公鸡为 12～20 次；一般体格越小，呼吸频率越高。正因为如此，家禽的呼吸系统比较容易出现问题。

2. 喘气是家禽散热的重要方式

禽类没有汗腺，唯一可以散热的机制是通过温度引起的急促呼吸（喘气）从呼吸道蒸发水分。蒸发依次发生在口腔、气管和支气管等呼吸道黏膜，气囊的核心作用在于围绕在整个胸、腹部器官，并从其收集热量。当家禽患病时，上述器官很容易产生高热，这样就会引起呼吸道的症状。

3. 禽类不能咳嗽

禽类的肺较小，1/3 埋在肋骨间隙中，空气容量小，不能随呼吸收缩和扩张，再加上没有完整的膈肌，很难形成咳嗽的压力，将肺内的高压气体喷出，因此，禽类不会咳嗽。正因为如此，禽类呼吸道内的黏液不像哺乳动物那样很容易咳出，使气管、肺等的分泌物很容易堵塞气管，导致家禽呈现严重的呼吸道症状。因此，镇咳药对禽呼吸系统疾病疗效差。相反，镇咳药如可待因等不但无效，反而不利于呼吸道黏液排出。

三、家禽免疫系统的局限性

1. 大多数家禽没有淋巴结

淋巴结（lymph node）为网状结构组织，多呈圆形或豆状，含有大量的淋巴细胞，遍布淋巴循环系统的各个部位。淋巴结是哺乳动物和少数水禽所特有的淋巴器官，不同动物的淋巴结数量差异较大，人约 450 个淋巴结，牛约 300 个淋巴结，狗约 60 个淋巴结，水禽有 2 个淋巴结。淋巴结外面包着结缔组织构成的被膜，内部为网状组织构成的支架，内部充满淋巴细胞、巨噬细胞和树突状细胞等。淋巴组织内部实质可分为皮质和髓质，功能齐全，结构复杂，是免疫系统中免疫细胞、细胞因子等汇聚的场所。很显然，大自然为高等动物抵御外来疾病配备了更为精良的“武器”。鸡没有淋巴结，因此，在抵御疾病的发生方面比哺乳动物略显逊色。

2. 家禽呼吸道和肺等修复能力差

在正常情况下，混于空气中的较大颗粒可被呼吸道黏膜中黏液腺所分泌的黏液黏附，并可通过黏膜上的纤毛进行逆蠕动将其排出。而较小的颗粒，如细菌、病毒、霉菌孢子等，能直接通过吸气动作进入下呼吸道的深处，然后被位于下呼吸道黏膜上皮中的巨噬细胞及分布在呼吸道黏膜上皮的杀菌物质吞噬或杀灭。细菌易黏附在受到损伤的呼吸道黏膜上，在局部诱导产生炎症反应，并逐渐使受损伤的黏膜在 7d 内得到修复。以气管和支气管修复能力最强，而肺的修复能力却最弱。故在气管或支气管阶段就阻断病原微生物的感染对控制呼吸道疾病具有重要意义。假如呼吸道的炎症加剧，病原微生物会进一步进入肺和血液，并在体内进行循环，导致其他易感部位产生炎症反应或病理变化。

3. 家禽异嗜性粒细胞

禽类的呼吸道中没有持续存在的肺巨噬细胞，故异嗜性白细胞就成为细胞防御的第一道屏障，表现为炎性渗出物。与哺乳动物的中性粒细胞不同，异嗜性白细胞聚集于炎症发生部位，易浓缩成为干酪样的结痂，不易被溶解和吸收。这种方式隔离病原微生物十分有效，但形成的干酪样物会干扰某些器官的功能，特别是对家禽的呼吸功能造成危害。

（秦卓明　彭永刚）

第三章　家禽呼吸系统疾病的防控技术

第一节　家禽生物安全体系

一、定义、特点和功能

1. 定义

家禽生物安全体系是指系统化的管理实践，包括所有能够阻断和控制致病因子进入健康家禽的饲养管理措施和全部的实践活动。通俗地讲，它阻止所有畜禽疾病或人兽共患病的病原微生物（包括病毒、细菌、真菌、原虫和寄生虫等）侵入家禽机体，确保家禽群体生活在最佳的生态环境中，是立体、全方位预防家禽疾病的综合防控体系。

2. 特点

1）系统性

家禽生物安全体系将整个家禽生产和疫病防控等环节看作一个整体，强调管理的系统性；将疾病防控从时间和空间上贯穿家禽生产的全过程，强调了不同生产和消毒管理等环节之间的相互联系和影响。同时，基于风险评估结果，实时进行疫病防控环节的动态调整，强调了监测和反馈的动态作用，避免各种影响因素和风险因子的影响等。

2）综合性

家禽生物安全体系综合了兽医学、微生物学、免疫学、信息学、遥感学、环境学、建筑学、设备工艺学、生态学、营养学、消毒学和微生态学等多门学科，是中国“预防为主、防养结合、防重于治”等传统禽病防控理念在新时期的发展和升华，是确保中国家禽产品安全的强有力的保障。

3. 功能

1）安全保障

家禽生物安全体系是保障家禽健康的重要支撑，其核心是为家禽提供一个舒适并最大限度接近于自然的生活环境，最大限度地降低各种病原微生物侵入的风险，是家禽健康的“保护伞”。

2）技术保障

生物安全体系是中国畜牧业与国外接轨的重要基础，是动物性食品安全的基本保障。只有使用健康成长的家禽作为原料，才能生产出合格的家禽产品。

二、生物安全的理论和实践

1. 生物安全的关键点

1）传播链和传染压力

任何一种传染病均包含传染源、传播途径和易感动物三要素。对传染源，通常采取扑杀、隔离、消毒和治疗患病家禽等措施；阻断传播途径通常采取隔离、封锁、消毒、检疫、杀死媒介生物等措施；保护易感动物通常采取隔离、消毒、疫苗免疫等措施。只有足够数量的病原微生物与易感家禽相接触，疾病才能够在家禽群体中传播和流行。切断其中任何一个环节，传染病都不可能发生和流行。生物安全措施与传染病三要素的关系详见表 3.1。

表 3.1　生物安全措施与传染病三要素的关系

传染病的三要素		采取的措施	作用
传染源	患病、死亡动物及其分泌物、排泄物	发病及时隔离、消毒	控制和消灭传染源
	禽类自身携带的病原微生物	引种检测、隔离饲养、净化	
传播途径：空气、水、人、车、物等		隔离、消毒、空气和水的净化、防鼠、防鸟	切断传播途径
易感动物：家禽		引种健康、减少应激。营养均衡、管理良好、疫苗免疫	提高家禽健康和免疫力

2）洁净区和污染区

（1）洁净区：家禽生长和生产所在的区域通常被认为是洁净区或无污染的区域，该区域要通过隔离和消毒来阻断外界可能侵入的病原微生物，是被严格管理和控制的区域。

（2）污染区：是指除洁净区以外的区域。

划分洁净区和污染区的最重要的目的是合理控制人流和物流，避免病原微生物的入侵。

3）规模饲养和疫病风险

研究表明，家禽疫病的风险与家禽的饲养密度和规模呈正相关。家禽的饲养密度每增加 1 倍，疫病的风险就提升 4～10 倍，并且疫病风险的程度随一个地区家禽饲养密度的增加而呈指数增加。因此，在每个饲养场建立生物安全体系时，必须考虑家禽的饲养密度。

4）执行力

执行力是确保生物安全措施落实到位的关键因素，主要取决于饲养员的知识和理解水平（为何要执行生物安全制度？对疾病的基本认识，对疾病的严重性和危害性等的认识），饲养管理人员的沟通能力、交流能力、监督能力（定期检查）和奖惩制度（对制度执行的鼓励和处罚）等。

执行力的核心是人员管理。应通过宣传和教育，确保每一个从事家禽养殖的人都达成共识：生物安全是避免动物疫病风险，降低疾病发生概率的最有效方式。如果那些执行生物安全措施的人不明白这个道理，或持有排斥心理，那么再完美的生物安全体系也会难以实现。每个饲养人员应明确职责，尽量做到工作不交叉，将生物安全的风险降至最低。

2. 生物安全体系的内涵

生物安全体系包括种源控制、环境控制、人员管理、消毒管理、疫苗防控等，即涵盖生产过程的每一个环节，目标是控制和消灭传染源，切断传播途径，阻断疾病的发生和流行。

3. 投资与回报

家禽规模化生产已成功发展了近 50 年，在带来高额利润回报的同时，也带来了无与伦比的疫病传播风险。综合发达国家家禽养殖的先进经验，生物安全措施越高，疾病发生的风险就越低。因此，针对疫病防控措施（生物安全）的投资比以往任何时候都值得被重视。

生物安全措施的等级不同，其基础设施投资各异。对生物安全的要求越高，投资越大，即便如此，对基础设施的投资往往有一个平台期。综合比较，从长远而言，生物安全的回报远远大于其投资。因为家禽生长快、生产效率高，而疾病抵抗力低，一旦发病，愈后生产性能将显著降低。与禽群发病后的治疗、死亡、生长和发育不良等经济损失相比，生物安全体系具有投入少、回报高的优点。

4. 成功的典范

1）无特定病原鸡

无特定病原（specific pathogen free，SPF）鸡生长在屏障系统或隔离器中，无主要的家禽流行性病原或其感染抗体，具有良好的生长和繁殖性能，其所产的蛋即为SPF种蛋。在SPF鸡饲养管理过程中，人员必须更衣、淋浴，穿着灭菌的工作服，通过手套进行操作，送入隔离器或屏障系统里的空气、饲料、饮水和铺垫物均需经过严格的灭菌处理，保证家禽始终处在无菌状态。该鸡群不需要疫苗免疫，更不需要抗生素，其种蛋在人类和动物疫苗研制和生产、病毒学、生命科学等研究方面发挥着举足轻重的作用。

2）养殖发达国家的禽病防控经验

国外发达国家早在20世纪30年代就开始着手构建家禽生物安全体系，最初主要是依赖其天然的隔离屏障、完善的法律法规、畜牧业的发展经验和雄厚的经济基础。英国、美国、澳大利亚等通过构建家禽生物安全体系，先后净化了支原体、新城疫、鸡白痢、禽白血病等家禽主要疫病。

世界上畜禽生物安全做得比较好的国家，如澳大利亚、新西兰、巴西、泰国、美国和大部分欧洲国家，畜牧业均比较发达。巴西是经济发展状况与中国极其类似的国家，但由于其采用了较高水平的生物安全措施，其肉鸡成活率一直在95%以上，成为世界上重要的禽肉出口大国。大量的实践证明，通过可靠的生物安全措施，就可以把疫病的风险降至最低。

5. 经验和教训

中国在家禽生物安全体系建设方面起步较晚，导致中国畜牧业在动物疫病的防控方面经验不足，疫病防控能力低下。自2003年以来，高致病性禽流感（H5、H7等不同亚型）、口蹄疫等人畜共患病接踵而至，畜禽行业遭遇了历史上最严重的动物产品质量“信任危机”，“躺着也中枪”的悲剧（如速生鸡、激素和抗生素滥用等虚假信息）在家禽业和畜牧业轮番上演。

三、生物安全的实施内容

（一）建筑和设施

1. 厂址选择和建设

1）相关法规

厂址选择和建设要符合国家法律法规和当地畜牧业载畜（禽）量、畜禽建筑等有关法律法规及相关的行业标准等。家禽饲养的环境应符合行业标准（蛋鸡为NY/T 388—1999）的规定。所用饲料和饮水应符合相关标准。应按照《中华人民共和国动物防疫法》和行业标准对家禽进行免疫。

2）环境条件

应该从生物安全出发，在贯彻隔离原则的前提下，慎重选择养禽场位置：养禽场应远离居民区、饲养密集区、集贸市场、交通要道、大型湖泊和候鸟迁徙路线等。养禽场越远离闹市区，越容易建立生物安全体系。

3）建筑、设施和安全注意事项

大型养鸡场应设立洁净区和污染区，尽可能把洁净区（包括育雏、育成、产蛋、孵化等生产区域）与污染区（粪污通道、供应区等）隔离开。每个生物安全区都要功能明确，设有生物安全标志，做好不同区的生物安全隔离和警示（可采用栅栏、门锁、隔离带、安全警示牌等）。在每个隔离区设置相应的喷淋、隔离和消毒等设施。

人是家禽疾病的机械性传播媒介，要特别注意靴子、衣物、手等在传播病原微生物时所起的作用。在鸡场入口必须设置消毒池和生物安全警示牌，过往车辆和人员必须消毒。饲养和管理人员进出鸡舍时，最好洗澡和更衣等。禁止无关人员进入或参观。

4）现代化封闭鸡舍

发达国家大多数采用现代化的封闭鸡舍（包括蛋种鸡舍和商品化鸡舍），全部采用自动化的饮水和喂料系统、集蛋系统、排粪系统、通风系统和智能化环境监控系统等，对进出鸡舍的空气实施净化，为疫病的防控奠定了良好的基础。中国部分规模化养鸡场也采用该模式。

2. 设施、工艺和流程

1）设施现代化

禽舍和养禽设备设施及工艺现代化、集约化和智能化是养禽现代化的重要标志。鸡舍建筑、饲养和环境控制等生产设施设备应满足标准化生产需要，同时还应全面掌握环境因素对家禽生产性能的影响，设计出适应家禽不同生理阶段的多层笼饲养禽舍，使家禽的生产性能得到充分发挥，最大限度地提高劳动效率，增加饲养密度，饮水、饲料、清粪、集蛋、温湿度等实现智能化控制。此外，在设计和建设新鸡舍及安排生产时，应优先考虑疫病的预防，且一旦发病可以有相应的设施进行隔离或消毒。

采用现代化设施的养殖场，其劳动效率和生产效率极高。以美国为例，在全自动饲养条件下，平均每人就可以管理 15.6 万只蛋鸡，饲养员的主要工作就是监控和把零星死亡的鸡挑出来。

2）家禽福利

养禽的环境应充分满足家禽的生理和行为学要求，最大限度地降低各种应激反应，以保证家禽始终处于良好的、舒适的环境中，充分发挥家禽的生产潜能。

3）全进全出

一个家禽养殖场只能饲养同一日龄的鸡群，实行全进全出，以便采取彻底的消毒和隔离措施，斩断病原微生物传播的链条。

4）避免啮齿类和鸟类进入鸡舍

鸡舍周围应铺设至少 1m 宽的碎石或鹅卵石，最大限度避免啮齿类进入鸡舍。鸡舍周围应有防鸟网，防止鸟类进入鸡舍。

（二）管理措施

1. 生物安全等级

联合国粮食及农业组织（Food and Agriculture Organization of the United Nations，FAO）

根据生物安全等级，将养殖场分为4类。Ⅰ类（最高级）是具有较高等生物安全水平的工业化家禽生产系统，以原种鸡场、祖代鸡场和规模化鸡场等为主。Ⅱ类（次高级）是具有中等至高等生物安全水平的商业化畜禽生产系统，以父母代种鸡和地方品种鸡及商品蛋鸡为主。Ⅲ类（中级）是仅有中等生物安全水平的商业化畜禽生产系统，以商品肉鸡为主。Ⅳ类（最低级）是仅有最低等生物安全水平的庭院式家禽饲养场。应根据饲养家禽的具体情况制定相应的生物安全级别，级别越高，投入越高，反之越低。

值得关注的是，发达国家（如美国、荷兰等）的养殖业均以高级别生物安全水平（Ⅰ和Ⅱ类）的大型集约化饲养系统为主，甚至巴西和泰国等发展中国家的养禽业，其主体也是Ⅰ和Ⅱ类养殖场。根据这一分类原则，中国大多数的养殖场处在生物安全水平较低的Ⅲ和Ⅳ类，仅有少数养殖场能达到Ⅰ和Ⅱ类的生物安全标准，疫病防控的压力较大。调查发现，以引进祖代种鸡的鸡白痢检测情况为例，种鸡群引进时鸡白痢检出率为零，而在生物安全Ⅲ类的养鸡场饲养，16～20周龄检测阳性率可达1%，35～40周龄检测阳性率为20%～50%，66～72周龄检测阳性率则大于50%。由此可见，生物安全的管理级别对疫病的感染何等重要。

2. 种源质量控制

引进鸡群或种蛋时，应确保新引进的鸡群健康，无疫病，特别是无对生产性能影响较大的垂直传播性疾病，如禽白血病、支原体病、病毒性关节炎和禽脑脊髓炎等。新引进的雏鸡除了外观正常、健康外，还要确保其拥有如针对NDV、AIV等病毒的均匀母源抗体，并能对雏鸡实行有效保护。1日龄雏鸡的品质越佳，对整个鸡群的后期生长越有利。

3. 家禽福利

家禽饲养的密度、公母比例、去冠、断喙、剪爪、光照、饮水和卫生消毒等要符合家禽福利的要求。最合理的家禽饲养密度通常与鸡舍的结构、气候条件、屠宰时的体重（肉鸡）及每笼的饲养鸡数密切相关。一般而言，家禽的饲养密度越高表示鸡群受到的应激越大。

4. 物品和相关设施的管理

应定时、定期对相关设施分别进行清洗、消毒和灭菌，以减少流通环节中的交叉污染。

不同来源和不同日龄的鸡群混养会增加多种家禽疫病感染的风险，原则上应予以避免。如果无法避免上述问题，则应尽可能把来源相同、日龄相近和免疫背景相似的鸡群饲养在一起。对外来的引进鸡群应隔离饲养，隔离期至少应维持在半月以上。

5. 饲养管理核心技术标准化和规范化

生物安全贯穿于孵化、育雏、育成、生产等一系列过程，而每个过程又有若干个细节，从卫生管理到生产操作流程，均需要周密安排，环环相扣，需要汇集饲养人员、技术员和场长等的集体智慧。况且对不同的品种和鸡群，其管理要点各异，各有侧重。每个品种均有其生产指导手册和技术规范，而这些是鸡群创造高生产性能和效益的根本。

6. 垫料和废弃物及粪便处理

家禽的垫料、粪尿、污水、尸体及其他废弃物是疾病传播中最重要的传染源，是病原微生物的主要滋生地和存在场所，也是臭气、臭水的重要来源，是环境保护必须控制的焦点和难点。上述污染物的无害化处理和零排放，是保证人类和动物健康暨环境友好的重要手段。

7. 疫苗免疫和药物预防

建立合理的疫苗免疫和用药程序。分别建立每批鸡的档案资料，包括来源、日龄、免疫、抗体、用药等，应尽可能全面。根据当地疫病流行情况和免疫鸡群的抗体检测结果以及药敏试验，及时调整疫苗免疫程序和用药程序。同时，建立疫病预警预报机制，合理进行预防用药。

8. 死亡鸡检测

记录每天死亡鸡群情况和检测情况，包括对日常死亡鸡群的剖检、药敏试验（为临床用药提供指导）、病原微生物分离等，并对病死鸡进行无害化处理。

9. 报告制度

根据养鸡场规模大小和组织框架管理机制，建立从饲养员到舍长、技术员、技术场长、场长的逐级报告程序和负责程序。明确各级管理人员的职责和责任，分工明确，各司其职。

10. 访客制度

严格访客的管理，应确保来访者至少3d内不接触其他鸡群，并严格遵守进场的一系列规定，包括洗澡、消毒、隔离等，并应有专门的进入通道和身着特定的隔离服装等。

做好访客记录。一旦发生疫情，通过访问者日志就可以快速确定可能的传染源。访问者日志应清晰可读，易于拿到。同时，日志可随时提醒生物安全的重要性。

（三）消毒、隔离和灭菌

病原微生物种类繁多，分布广泛。在适宜的环境中，其生长和繁殖极为迅速。以细菌为例，大部分细菌每30min就可以繁殖一代，1d产生的细菌数量极其庞大，如果任其繁殖，则足以耗尽任何生物的能量和物质，榨干和摧毁任何一个个体的生命物质。但若采取一定的手段，改变病原菌的生存环境，就可使其代谢发生障碍，生长受到抑制，甚至死亡。大多数病原微生物都遵循这一规律。根据这一现象，采用消毒和灭菌技术就可以杀死或清除停留在传播媒介上的病原微生物，以切断传播途径，从而控制或消灭病原。

养殖发达国家如美国，其生物安全管理的最大特点是特别注重细节的管理，其对消毒、隔离、清洗等每一个环节都规定得十分详细。在其生物安全体系中，与隔离、消毒相关的条款有100余项，均有详细的技术规范和操作细则，值得我们学习和借鉴。

1. 基本概念

1）隔离

隔离（segregation）即断绝接触和来往，意思是把患病的动物与其他健康动物分别饲养，避免疾病的相互传播。隔离是生物安全最重要的要素，被认为是达到所需生物安全水平最有效的措施。隔离是指建立和维持一种屏障状态，防止和限制感染。隔离可有效阻断传播途径，防止大多数病原微生物污染和传染，是控制各类动物传染病的有力武器。

2）消毒

消毒（disinfection）是指利用温和的物理、化学和生物学方法抑制病原体的繁殖，杀死对动物有害的微生物。而平时所说的“家禽养殖场消毒”就是指把危害家禽的病原微生物控制在较低的水平。对“消毒”的认识有3点需要强调：一是消毒主要针对病原微生物，并不是所有的微生物。二是消毒只是最大限度地降低病原微生物的数量，把微生物造成的危害降低至最低程度。三是消毒和灭菌密切相关，灭菌是消毒的“极致”，是把所有的微生物均杀灭。

3）灭菌

灭菌（sterilization）是指利用物理或化学的方法杀灭全部微生物，包括致病和非致病微生物及芽孢等，使之达到无菌水平。经过灭菌处理的物品，称为无菌物品。经过灭菌处理后的区域，称为无菌区域。灭菌常用的方法有化学试剂灭菌、射线灭菌、干热灭菌和湿热灭菌等。

2. 消毒和灭菌的分类

1）物理消毒法

物理消毒法就是利用物理方法杀灭或清除病原微生物和其他有害生物。常用的方法有自然（温度、湿度、干燥等）净化、机械力清除、热力消毒、辐射消毒、超声波消毒和微波消毒等。下面以清洗为例，简述物理消毒法。

通常把微生物和污物从物体表面清除的方法称“清洗”（cleaning）。大多数病原微生物黏附于被污染物表面上的粪、尿或分泌物中。清洗可除去包裹微生物的有机质与脂类，减少物体表面微生物的含量。研究表明：清洗最高可消除95%以上的表面微生物。清洗的要素是压力、热度、干燥和重复。但清洗绝对不能代替消毒。原因是消毒剂可以完全杀死某些微生物。如果不及时消毒，那些残存的微生物会很快死灰复燃。通常将物理和化学方法联合起来进行消毒和灭菌，以期达到良好的效果。

2）化学消毒法

利用化学物质杀灭病原微生物的方法称为化学消毒法。能杀灭各种微生物的药物称为灭菌剂，如环氧乙烷、戊二醛、甲醛、过氧乙酸、含氯制剂等。只能杀死细菌繁殖体的称为杀菌剂，如季铵盐类、洗必泰、乙醇等。常见化学消毒剂的消毒效果见表3.2。

表3.2　不同化学消毒剂的消毒效果比较

性质	消毒剂名称						
	氯化物	碘酒	苯酚	季铵盐	乙酸	醛类	过氧化物
毒性	烟有毒	无毒	无毒	无毒	无毒	有毒	无毒
腐蚀性	有	无	无	无	无	有	很强
菌谱	细菌、病毒	细菌、真菌	细菌、真菌、病毒	细菌、真菌、病毒	真菌、病毒	细菌、真菌、病毒	细菌、真菌、病毒
有机物质	无效	无效	有效	局部有效	无	局部有效	有效
持久性	无	无	有	有	无	有	有

3）生物学消毒法

生物学消毒法就是利用一些生物之间的相互拮抗或其产生的物质来杀灭或清除病原微

生物。例如，传统的污水净化就是通过缺氧条件下利用厌氧微生物的生长来阻碍需氧微生物的存活。对粪便、垃圾的堆肥则是利用嗜热细菌繁殖时产生的热量杀灭病原微生物。在堆肥期间，由于嗜热菌的发育，堆肥内温度升高到30～35℃。此后嗜热菌继续发育，进而将堆肥温度升高到 60～80℃，而在此温度下，大多数病毒、细菌（除芽孢外）、寄生虫和虫卵等在 1～6 周内完全死亡。采用该法消毒比较经济，消毒后的粪便、垃圾等堆肥成为有机肥料。

3. 影响消毒和灭菌的因素

1）强度和时间

强度（温度、紫外线的照射强度、消毒剂浓度等）和时间（对微生物的作用时间）是两个主要因素。强度大，处理时间可缩短，反之则需延长。

2）微生物数量

微生物感染的数量越大，越难被消毒。以枯草杆菌芽孢为例，当芽孢为 10 万个时，利用甲醛等消毒剂完全杀灭需作用 3h；若为 1000 个，仅需 2h；若为 10 个仅需 30min。

3）温度

温度与消毒灭菌效果呈正相关。例如，利用 2%的戊二醛杀灭每毫升含 10^4 个的炭疽杆菌芽孢，20℃时需消毒 15min，40℃时需 2min，56℃时仅需 1min。

4）酸碱度

酸碱度本身对微生物的生长也有一定的抑制和杀伤作用。例如，季铵盐类阳离子消毒剂和洗必泰在碱性环境时杀菌作用增强，酚类阴离子消毒剂在酸性环境时杀菌作用增强。

5）拮抗物质

有些消毒剂的作用可被相应物品中和，如卵磷脂、肥皂、阴离子型去污剂能中和季铵盐类，硫代硫酸钠可中和氯或氯化物等。此外，病原菌常随同排泄物、分泌物一起存在，这些物质妨碍病原菌与消毒剂接触，因而会减弱消毒剂的杀菌效果。例如，季铵盐类、乙醇、次氯酸盐等受蛋白质等有机物的影响大，而过氧乙酸、环氧乙烷、戊二醛、甲醛、洗必泰、来苏儿等则受其影响小。

6）微生物种类

不同的微生物对不同消毒剂的敏感性有较大的差异。休眠期的芽孢对消毒剂的抵抗力比繁殖型细菌大，消毒所需要的浓度和时间都要增加。病毒和繁殖型霉菌对消毒剂的易感性与繁殖型细菌大致相似，但病毒对酚类耐受性较强，对碱却很敏感。

4. 常用的消毒剂

1）酚类消毒剂

酚类化合物是芳烃的含羟基衍生物，根据其挥发性分为挥发性酚和不挥发性酚。自然界中存在的酚类化合物大部分是植物生命活动的结果。酚类化合物具有特殊的芳香气味，均呈弱酸性，在环境中易被氧化。

苯酚是应用最早的酚类消毒剂。酚类消毒剂的种类很多，但真正应用于畜牧业的主要是来苏儿（煤酚皂溶液），其优点是价格便宜，性质稳定，使用浓度对人、动物无害。缺点是杀菌力有限，对芽孢和某些病毒杀灭作用较差；对皮肤有刺激性，有特殊臭味，会损坏橡胶制品。通常使用1%～5%的来苏儿，可采用浸泡、喷洒和擦拭等方式消毒污染物体的表面，如墙面、地面和衣服等，一般持续30～60min。对皮肤消毒可用1%～2%的水溶液。来苏儿主要用于畜禽养殖场、动物舍、孵化场等入口处的“人脚消毒池”和车辆“消毒池”消毒。

2）酸类和碱类消毒剂

（1）酸类。酸通过解离的H^+或整个分子使菌体蛋白质变性、凝固而呈现杀菌作用，酸溶液的杀菌力随温度升高而增强。酸类消毒剂包括无机酸（盐酸、硼酸等）和有机酸（乳酸、水杨酸、十一烯酸等）。常采用盐酸对水进行处理。畜牧生产中直接利用盐酸消毒的情况不多。最常用的是对水的灭菌处理。在水中加入稀盐酸，使其pH为2.5～2.8，处理4h后可杀死水中各种细菌。

（2）碱类。碱类的杀菌作用主要取决于其解离的氢氧根离子，解离度大，杀菌力强，但对组织的损伤性也大。碱能水解蛋白质和核酸，使细菌及酶受损害而死亡。它对病毒和细菌有很强的杀灭作用。常用的有氢氧化钠、氢氧化钾及生石灰等。

氢氧化钠又名火碱，对病毒作用强，能抑制芽孢的生长，杀菌效果极好；常用消毒浓度为1%～2%。固体氢氧化钠有很强的腐蚀性，配制氢氧化钠溶液时要注意防护。目前，氢氧化钠主要应用于鸡舍地面、墙面、车辆等的消毒，因其有腐蚀性，消毒后应用清水冲洗。

3）氧化物类消毒剂

凡是有强大氧化能力的消毒剂通称为氧化物类消毒剂，主要有过氧乙酸（CH_3COOOH）、高锰酸钾（$KMnO_4$）、臭氧（O_3）等。这些过氧化物生产简单、价格低廉，并具有广谱、高效、速效的特点，特别是这些消毒剂易分解、无残留，因此其在新型消毒剂开发中独占鳌头，获得了较高的评价和认可。

（1）过氧乙酸。过氧乙酸为无色透明或淡黄色液体，易溶于水，为强氧化剂；对一般细菌、细菌芽孢、真菌、病毒均有杀灭作用；市售的浓度为20%～30%，高温、多量水（稀释状态）及金属离子的存在可加速其分解；每次使用时应新鲜配制，稀释液只能存放3d，主要用于浸泡、喷雾和熏蒸消毒。

过氧乙酸常用消毒浓度为0.2%～0.5%，适用于工作服、用具、毛巾、种蛋、手等浸泡消毒。用5%的溶液按$2.5mL/m^3$喷雾消毒，适合于鸡舍、孵化室和蛋室消毒，通常需要密闭1～2h；也可用加热熏蒸法，先把过氧乙酸稀释成1%～3%的浓度，再按过氧乙酸用量$1～3g/m^3$加热熏蒸2～3h。过氧乙酸对呼吸系统、眼和皮肤均有很强的刺激性，应注意防护。

（2）高锰酸钾。高锰酸钾为紫红色晶体，可溶于水，遇乙醇即被还原，属强氧化剂，遇不饱和烃即放出新生态氧，有杀灭细菌作用，杀菌力极强，对真菌有效。其常用作消毒剂、水净化剂、氧化剂、漂白剂、毒气吸收剂和二氧化碳精制剂等，适用于清洁、消毒及消灭真菌。

常用浓度为（1∶5000）～（1∶2000）的溶液，适合于冲洗皮肤创伤、溃疡和鹅口疮等。需要注意的是，要掌握溶液的准确浓度，过高的浓度会造成局部腐蚀溃烂。在配制溶液时要考虑时间，高锰酸钾放出氧气的速度慢，浸泡时间一定要达到5min才能杀死细菌。它最常用于熏蒸。

（3）臭氧。臭氧为高效、广谱杀菌剂，可迅速杀灭细菌繁殖体、芽孢、真菌、病毒、原虫包囊，并可破坏肉毒梭菌毒素。臭氧作为气体消毒剂，其杀菌过程为强氧化作用，可与病原微生物细胞中的多种成分发生反应，从而产生不可逆转的氧化变化而死亡。

臭氧对各类微生物的杀灭效率较高，为99.99%。由于其分解产物为氧气，无毒无害，对环境无污染，许多国家开始利用臭氧代替氯水消毒，法国已有30%以上的自来水厂用臭氧消毒。利用臭氧机产生的臭氧水浸泡肉鸡、生肉、冻鱼、冻虾，可杀灭屠宰、运输过程中携带的病原菌，降解动物饲养过程中吸收的激素、抗生素等对人体有害的物质，还可去除腥味，使鸡、鱼、肉、蛋味道更加鲜美。

4）醛类消毒剂

醛类消毒剂应用广泛。其中，戊二醛的使用量最大，其次是甲醛溶液和多聚甲醛类产品。为克服甲醛较强的刺激气味，国外已研制出甲醛的有机溶液，如8%的甲醛-乙醇溶液、12.5%的福尔马林溶液，11%的福尔马林-异丙醇溶液、10%的甲醛-乙二醇溶液等，已广泛应用于各种医院和养殖场。甲醛、戊二醛等的杀菌作用在于对菌体蛋白质的烷化作用，这种作用不可逆，因而使酶发生改变而丧失活性。

（1）甲醛。甲醛是世界上应用较早、较广泛的一种醛类消毒剂，一般是无色水溶液或气体，有刺激性气味，能与水、乙醇、丙酮等有机溶剂按任意比例混溶。甲醛与酶蛋白作用时，主要以羧甲基替代羧基、羟基、氨基和羟基上的氢原子，使酶失去活性。甲醛对细菌、芽孢、真菌和病毒均有效。其在空气中能逐渐被氧化为甲酸，是强还原剂。其蒸气与空气形成爆炸性混合物，遇明火、高热能引起燃烧爆炸。

甲醛液体在较冷时久储易混浊，在低温时则形成三聚甲醛沉淀。蒸发时有一部分甲醛逸出，但多数变成三聚甲醛。

① 甲醛溶液。甲醛溶液广泛用于家禽饲养场、设施和运输工具等的消毒。0.5%～1.0%浓度的甲醛溶液可浸泡动物尸体、喷洒消毒实验动物设施和设备。甲醛溶液更常用于动物设施内部的熏蒸消毒灭菌。熏蒸前，首先要清扫洗净设施、密封房舍，然后熏蒸。可用甲醛发生器，直接加热产生甲醛蒸气。熏蒸6～24h后，即可通风清除甲醛气体。有部分甲醛重聚成多聚甲醛，一般通风2～3d方能排除。甲醛溶液对眼、鼻、呼吸道等都有极强的刺激性，使用时要注意防护。

② 福尔马林。福尔马林（40%左右甲醛溶液）有极强的杀菌作用，可用于喷洒墙壁、地面、用具等；临床应用时可配成2%～5%的溶液。但其作用缓慢，需较长时间方能起作用。

③ 福尔马林+高锰酸钾熏蒸。一般情况下，福尔马林和高锰酸钾常用于联合熏蒸。二者可产生大量的甲醛气体，该气体具有强大的杀菌力和穿透力。甲醛的杀菌能力与温度和湿度密切相关，温度高、湿度大，则杀菌能力强（温度不小于25℃，相对湿度不小于70%，效果最佳）。因此，在进行熏蒸消毒时，应在福尔马林中加入等量清水，以增加湿度。福尔马林+高锰酸钾是鸡舍、孵化室、孵化器、器具等必备消毒剂。一般情况下，福尔马林剂量为40mL/m^3，高锰酸钾剂量为20g/m^3。高锰酸钾在反应中起催化作用，促使甲醛气体尽快放出，在短时间内达到消毒所需浓度。熏蒸所需时间根据消毒对象而定。种蛋以20～30min为宜；物品熏蒸所需时间最少2～4h，在不影响工作安排的情况下，延长至8h更好；SPF鸡舍熏蒸应至少保持48h以上。熏蒸前应注意密封。

（2）戊二醛。戊二醛是一种高效消毒剂，可与水、醇以任何比例相溶，与酶蛋白作用的部位主要在氨基。研究证明：戊二醛是一种广谱、高效、快速的新型消毒剂，对细菌繁殖体、芽孢、真菌、病毒等均具有较好的杀灭作用，其气体的消毒效果也比甲醛要强。

戊二醛的水溶液呈酸性，不具有杀灭芽孢的作用，只有加入碱性物质，使水溶液呈碱性才能激活其杀灭芽孢。水溶液 pH 在 7.5～8.5 时，杀菌能力最强，能杀死包括结核杆菌、细菌芽孢、肝炎病毒在内的所有微生物。一些非离子型添加物既有保持酸性戊二醛稳定性的作用，又有提高其杀菌力的作用。例如，在 2%戊二醛中加入 0.25%聚氧乙烯脂肪醇醚制成的强化酸性戊二醛，无论酸性戊二醛还是碱性戊二醛，其杀菌作用均随温度的升高而加强。

戊二醛有广谱的杀灭微生物的能力，2%的碱性戊二醛溶液 2min 可杀灭繁殖体，10min 可杀灭病毒，20min 可杀灭结核分枝杆菌，3h 可杀灭细菌芽孢。

5）卤素类消毒剂

卤素类消毒剂使用非常广泛，仅《中华人民共和国兽药典》就收录了 15 个品种，其中，聚维酮碘溶液、三氯异氰尿酸钠、二氯异氰尿酸钠、溴氯海因粉、复合碘等使用量较大，主要用于环境、禽舍、水体、器具、皮肤、黏膜等的消毒。卤素及易挥发出卤素的化合物均有强大的杀菌能力，因为卤素易渗入细菌细胞内而对原浆蛋白产生卤化氧化作用。常用于消毒的卤素有碘和氯两类，碘多用于皮肤消毒，氯多用于水的消毒。市售漂白粉含氯量为 35%。有效氯很不稳定，易受光照、温热、潮湿等影响而降效。潮湿失去氯味的漂白粉不宜用于消毒。漂白粉的粉末可用于消毒动物的分泌物和排泄物，10%的乳液可以消毒污染的地面和墙壁。

6）表面活性剂

表面活性剂是指带有亲水基和亲油基的化合物，可降低水的表面张力，有利于乳化、去污、清洁，故又称为清洁剂或洗涤剂。表面活性剂能吸附于细菌表面，改变细胞壁的通透性，使菌体内的酶、辅酶、代谢中间产物逸出，呈现杀菌作用。

表面活性剂的分类方法较多。按极性基团的解离性质分类如下。①阳离子表面活性剂，具有良好的杀菌作用，洗涤作用差，如季铵盐类。细菌带负电荷，故阳离子表面活性剂杀菌作用较强。②阴离子表面活性剂，消毒作用极低，无实用消毒价值，但洗涤作用强，如肥皂、十二烷基苯磺酸钠。阴离子表面活性剂如烷苯磺酸盐与十二烷基硫酸钠解离后带负电荷，对 G^+菌也有杀菌作用。③阴、阳离子表面活性剂，溶于水时解离为阴、阳两种离子，既有杀菌作用，又有去污作用，几乎无毒副作用，是良好的消毒洗涤剂，如奥可西因（Octicine）、环中菌毒清。④非离子表面活性剂，如脂肪酸甘油酯、脂肪酸山梨坦（司盘）、聚山梨酯（吐温）。非离子表面活性剂对细菌无毒性，有些反而有利于细菌的生长。常用于消毒的表面活性剂有新洁尔灭、杜灭芬等。季铵盐消毒剂的应用规模仅次于卤素类消毒剂，如苯扎溴铵、癸甲溴铵、月苄三甲氯胺、氯己定等。一种或多种季铵盐与戊二醛等制成复方制剂，可大大提高消毒效果。

新洁尔灭为表面活性很强的杀菌剂，能在数分钟内杀灭许多芽孢型的致病菌，如痢疾杆菌、伤寒杆菌、霉菌等。新洁尔灭对人的皮肤、金属、橡胶、塑料制品无腐蚀作用。0.1%～1%的新洁尔灭溶液常用于手及手术器械的消毒，1∶5000 的溶液用于揩拭消毒，尤其适合进出生产区人员的皮肤和手等消毒。该药稳定，可长期保存不变质，但不能与其他合成洗涤剂合用。

7）其他消毒剂

兽用消毒剂品种的更新较为缓慢，自 2013 年到 2017 年上半年，农业部共批准了复合亚氯酸钠粉、戊二醛苯扎溴铵溶液、过硫酸氢钾复合盐泡腾片、枸橼酸碘溶液、葡萄糖酸氯己定碘溶液、聚维酮碘口服液、重组溶葡萄球菌酶阴道泡腾片 7 个消毒剂新兽药。

戊二醛苯扎溴铵溶液是一种新型联合消毒剂，具有广谱、高效和快速等优点，可杀灭细胞的繁殖体和芽孢、真菌、病毒等。其中，戊二醛为醛类消毒剂，可杀灭细菌的繁殖体和芽孢、真菌和病毒。苯扎溴铵为阳离子表面活性剂，对细菌有较好的杀灭作用，对 G^+菌的杀灭作用比 G^-菌强，对病毒的作用较弱；其季铵阳离子能主动吸引带负电荷的细菌和病毒并覆盖其表面，阻碍细菌代谢，导致膜的通透性改变，协同戊二醛更易进入细菌、病毒内部，破坏蛋白质和酶活性，达到快速、高效的消毒作用。二者的强强联合使二者的强杀菌力和强渗透性得以充分发挥，是目前世界上公认针对养殖场消毒效果较好的消毒剂。

5. 鸡舍清洗和消毒的程序和要求

消毒鸡舍前应首先进行清洗，对设备、墙、笼具、器物、垫料等附着物应进行全面彻底的清洗。为提高清洗效果，鸡舍需要用含去污剂或消毒剂的热水进行高压喷雾，以去除鸡舍中的有机质。在清洗的时候，应先清洗鸡舍的高处，再清洗较低处。不漏掉任何一个环节，包括进风口、风罩、风扇、水道、粪道等。应确保消毒剂的剂量、浓度、作用时间等。消毒鸡舍所需的消毒剂至少应确保不高于 $0.4L/m^3$。有条件时，进行熏蒸消毒。在转群前 2 周，对空置的鸡舍进行消毒和消毒后检验，消毒后的表面分离细菌菌落数应不高于 1 个菌落/m^3。

6. 鸡舍的空置期

空置期是指两个鸡群之间的间隔时间。鸡舍的间隔时间越长，遗留病原微生物的存活就越困难，在阻断传染性病原传播方面非常有效，可大幅度降低病原体对环境的污染。

一般对商品肉鸡，建议空置期不短于 14d，包括清洗和消毒，以减少微生物的污染。蛋鸡舍、种鸡舍的空置期应更长，建议应不短于 45d。空置期越长，对阻断病原微生物的传播越有利。全进全出的饲养模式对阻断病原微生物的传播十分有效。

（四）监督管理和检查机制

生物安全体系的监测内容取决于是否建立了合理有效的管理、监督、检查和反馈机制。所有监测结果和数据，应当及时向技术管理人员报告，建立反馈联动机制，随时发现并解决生产和管理中的任何纰漏，避免各种错误的发生。监测内容包括常规监测项目和消毒效果评价，具体包括一般的鸡群质量控制、雏鸡质量、饲料和饮水的质量、鸡群生长控制、鼠类控制、疫苗免疫抗体、死淘和废弃物（如绒毛、死胚、粪便）及野鸟和鼠类的控制等多个方面。核心质量监控还包括垂直传播性疾病、种鸡群抗体水平、卵黄抗体检测（母源抗体）、孵化场环境、环境消毒评价和微生物控制等（图 3.1）。

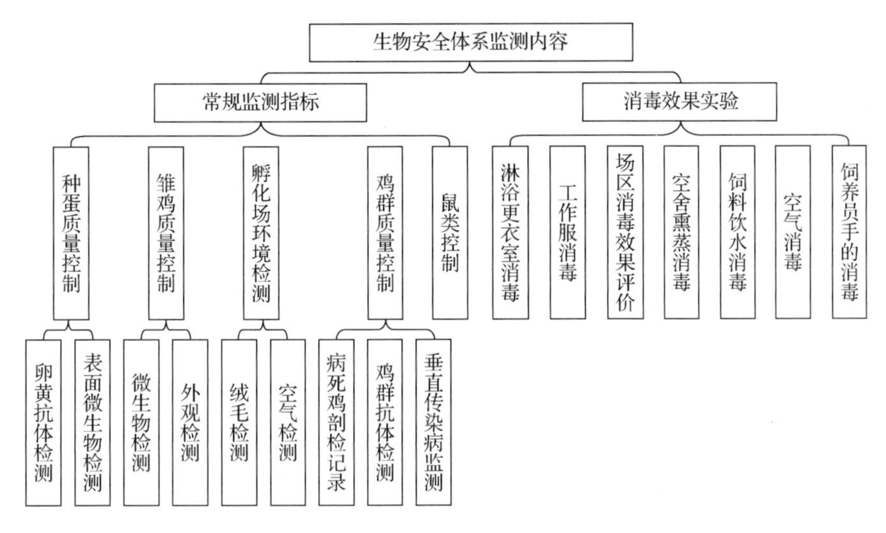

图 3.1　生物安全体系监测的基本内容

（五）综合管理和企业文化

1. 综合防疫管理

对任何一个养殖企业来说，其生产管理和疫苗防疫密不可分。特别是在中国这样复杂的疫情和养殖环境下，一定要树立全员防疫的理念。只要生产不停止，就一刻也不能放松在疫病防控方面的戒备状态。所有人员的生产活动都必须服务于疫病防控这个大局，自觉遵守家禽饲养场生物安全的各项规定。在疫苗免疫、预防用药、卫生和消毒、饲养和管理等方面，要统一部署、精心安排，做到有条不紊、科学合理。

在日常管理过程中，要妥善处理生物安全体系、免疫接种和预防投药这 3 种措施之间的关系：生物安全体系主要从切断疾病的传播途径方面起作用，是控制疾病的基础和根本；免疫接种主要针对易感动物，通过疫苗免疫来提高家禽对疫病的抵抗力；预防投药主要针对病原微生物，投药可以减少和消灭病原微生物的数量。三者各具特色，又相辅相成。

2. 企业文化和教育

家禽生产已经高速发展近 50 年，在中国也有近 30 年的历史，家禽业的蓬勃发展，造就了数千万亿元的利润，解决了近千万人的就业，近年来家禽对人类的贡献超过了历史上任何一个时期。家禽业辉煌的同时也给传染病的扩散带来了便利条件。百万规模的鸡场、鸭场等比比皆是，疾病发生的风险陡增，养殖场最大的挑战在于要说服每一个与家禽生产相关的人，必须高度重视和遵守生物安全，提升执行力，并使之更加高效。

（秦卓明　王可洲）

第二节　家禽药物控制技术

一、兽药的基本常识

（一）兽药概念

1. 定义

家禽兽药泛指能够影响家禽机体的生理、生化和病理过程，用以预防、诊断和治疗疾病等的物质，通常包括抗生素、化学药物、消毒药、维生素、微量元素、微生态制剂和中药等。

2. 功效

兽药可直接或间接杀灭或抑制病原微生物，缓解患病家禽的各种病症，达到预防和治疗家禽疾病的目的；同时，还可有效调节家禽的生理机能，促进新陈代谢，改善消化吸收，提高饲料报酬，增强抗病能力。以抗生素为例，它不仅有效地控制了家禽的许多疾病，如慢性呼吸道病、禽霍乱和大肠杆菌病等，还控制了许多人畜共患病在动物和人之间的传播。消毒则是集约化和规模化养禽业赖以存在和发展的关键技术。资料显示，合理使用药物可使美国每年的肉鸡产量提高32%，蛋产量提高15%。可以说，没有兽药，就不可能有集约化、规模化的养禽业。

（二）药物分类

1. 按药物来源分类

（1）天然药物：天然药物是指那些未经加工或仅经简单加工而不改变物理性状的药物，包括植物药（一般为中药）、动物药和矿物药。

（2）人工合成药物：人工合成药物是指由工业化批量生产的药物，包括合成药和生物药品。合成药是指采用化学合成方法制得的药品。生物药品是指以生物技术手段（微生物发酵、生物化学或生物工程等）制得的药品，包括抗生素、磺胺类药物、生化药品和生物制品等。

2. 按使用方式分类

（1）兽用处方药：兽用处方药是指凭借兽医的处方可购买和使用的兽药。《兽用处方药品种目录》由农业部制定并公布，主要是各种抗菌药物。

（2）兽用非处方药：兽用非处方药是指由国务院兽医管理部门公布的，不需要兽医处方即可购买的药物，如各种维生素、矿物质、免疫增强剂等《兽用处方药品种目录》以外的兽药。

（三）家禽用药的关键点

1. 预防为主，治疗为辅

禽类一般个体较小，对疫病的抵抗力差，用药剂量和方式有限，比较难以控制，治疗的效果往往不佳，通常存在治愈率低、死亡率高等现象。因此，家禽疫病重在预防，应牢固树立预防为主、治疗为辅的理念。

2. 家禽独特的解剖学和生理学特点

1）禽类消化道

与哺乳动物不同，禽类的食道被分为颈部食道和胸部食道。嗉囊是家禽饲料的储存器官，具有软化饲料的作用。禽类药物的吸收主要发生在十二指肠和空肠上部。小肠的蠕动较快，药物在小肠的吸收时间一般为5～6h。家禽的整个消化道是酸性的，以pH为例：嗉囊4.5～6.4；腺胃3.2～4.8；肌胃3.0～4.7；十二指肠5.7～6.0；空肠5.8～5.9；回肠6.3～6.4，盲肠5.0～7.0。因此，应注意药物的耐酸性。

2）禽类无汗腺

禽类无汗腺。因此，对禽类的热应激，应以采取通风、物理降温、维持食欲、补充维生素C和维生素B等措施为主，多种药物禁用。例如，氯丙嗪等镇静和降低体温的药物，虽能减少部分家禽死亡，但也可导致家禽血压下降、血糖降低、排卵延迟，甚至会造成产蛋停止等。

3）禽类缺乏味觉

禽类味觉功能极差（味蕾只有猪的1/1000～1/100），嗅觉也较差，常会无鉴别地挑食饲料中的颗粒（如钠盐颗粒等），结果易造成家禽脱水、血浓缩和脑炎等食盐中毒症状。因此，在饲料中添加矿物盐如氯化钠、碳酸氢钠和丙酸钠等时，要严格控制粒度大小、剂量和均匀度。

4）呼吸系统

禽的肺脏占体重的比例较小，喷雾给药则全身利用率较低。即使在最佳的情况下，仅有20%的药物可到达肺脏，却很难达到气囊。为了提高药物在肺脏和气囊中的水平，雾化的药物颗粒应控制在1～3μm，难度较大。如何进行气囊给药是家禽药物研发的焦点。家禽气囊的容积较大，占全部呼吸器官总容积的85%～90%，较肺容积大5～7倍。

5）肾脏结构

禽类的肾小球结构比哺乳动物简单，一般仅2～3个动脉袢，有效滤过面积小。当磺胺药剂量偏大或用药时间较长时，禽特别是纯种禽或雏禽会发生强烈的毒性反应。雏禽可出现脾脏肿大、出血和梗死；产蛋鸡则食欲下降、产蛋减少、蛋壳变薄。故在用磺胺药治疗家禽的肠炎、球虫病、霍乱、传染性鼻炎时，应配合利用碳酸氢钠，该药能促进磺胺药的排泄。

3. 药理特性

1）药物的结构

药物的结构决定着药物的物理性状（包括溶解度、晶型、挥发性、吸附力等）和化学性质（酸碱性、解离度、稳定性、立体异构和光学异构等），进而影响药物在体内的代谢。大多数药物是弱的有机酸或碱，在胃肠液或体液中多以离子或非离子的形式存在。非解离型药物的脂溶性较高，常以被动扩散方式通过生物膜而被吸收和转运，而解离型药物带电荷，水溶性较高，通常以其他方式转运和吸收。不易吸收的药物，可通过化学修饰和结构改造等方式，改变其脂溶性或解离度以增加吸收。例如，红霉素被制成丙酸酯或硫氰酸酯后，吸收增加。

2）剂量和疗程

抗菌药物一般有防治疾病和促进生长的双重作用，剂量不同，其效果各异。低剂量具有预防作用，高剂量具有治疗作用。以金霉素为例，治疗疾病时，每吨饲料添加 100～200g；预防疾病则每吨饲料添加 50～100g；促进生长则每吨饲料添加 10～50g。

大多数药物需要使用一定时间才具有较好的治疗效果（称为一个疗程），如抗生素一般要求 2～4d，磺胺药一般要求 3～5d。给药次数取决于病情的发展，给药间隔依据药物在体内的消除速度而定。必要时，往往还需第二个疗程。

3）联合用药

为增强治疗效果，减少或消除药物的不良反应，常常使用两种或两种以上的药物，称为联合用药。联合用药时，如果药物合用所产生的效应大于各药单用效应之和，即称为协同作用或增强作用（表 3.3）。例如，磺胺药与抗菌增效剂合用时，抗菌效果增强几十倍。如果药物合用的效应等于各药单用效应之和，则称为相加作用。如果药物合用后效果是减弱的，则称为拮抗作用。例如，四环素或红霉素与青霉素合用，会破坏青霉素的杀菌效果。

表 3.3　抗生素在病原体不同发育阶段的作用

类别	功效	药物	不同类别药物叠加效应
Ⅰ	繁殖期杀菌药（速效杀菌剂）	青霉素类、头孢菌素类、万古霉素	Ⅰ+Ⅱ，增强；Ⅰ+Ⅲ，拮抗；Ⅰ+Ⅳ，不影响
Ⅱ	静止期杀菌药（缓效杀菌剂）	氨基糖苷类、多黏菌素类、喹诺酮类、利福霉素类	Ⅱ+Ⅲ，相加；Ⅱ+Ⅳ，拮抗
Ⅲ	速效抑菌剂	四环素类、氯霉素类、林可霉素、大环内酯类	Ⅲ+Ⅳ，相加
Ⅳ	慢效抑菌剂	磺胺类	—

此外，同一类型药物不建议同时使用，如氨基糖苷类抗生素彼此间不宜合用，与多黏菌素不宜联用，原因是联用可造成对肾脏的严重毒性。

4）配伍禁忌

理化性质不同的药物相互配伍时，可能发生分解、沉淀、变色、吸附、潮解、熔化或产气体、燃烧、爆炸等变化，使药效减弱或消失，甚至毒性增加。这种体外的相互作用，称为配伍禁忌。例如，氨基苷类抗生素与羧苄青霉素混用，使羧苄青霉素的化学结构破坏；用碳酸氢钠注射液稀释盐酸四环素，四环素结晶析出。

4. 疾病和应激影响

处于疾病状态的家禽一般对药物比较敏感。肝脏是药物代谢的主要器官，肝病使主要由肝脏代谢的药物消除变慢，药物与血浆蛋白的结合减少，内服的首过效应降低。肾脏是药物排泄的主要器官，肾功能低下，不仅使主要经肾排泄的药物消除减慢、与血浆蛋白结合减少，还改变药物在体内的分布及在肝脏的代谢。心脏功能衰竭、循环功能低下、休克和脱水等，会使药物的胃肠吸收减少，表观分布容积降低，生物转化变慢，这些都会降低药物的作用。故家禽患病期间更应注意合理的饲养管理，使其能配合药物治疗，以减轻或避免不良反应。

此外，常受应激刺激的鸡群对药物反应强烈。家禽饲养在黑暗和通风不良的鸡舍中，对药物的毒副作用表现得十分强烈。环境温度和光照的变化，噪声、雾霾和污染空气的刺激，饲料更换，转群和运输等，均可导致应激反应而影响药物的疗效。

5. 抗菌谱

每种药物都有其抗菌谱。例如，青霉素类主要抗 G^+菌，氨基糖苷类主要抗 G^-菌，四环素类和磺胺类抗菌范围较广，对 G^+菌和 G^-菌都有作用。

用药原则：凡用一种药物能解决问题的，就不要用多种。凡窄谱抗菌药物就能起作用的，就不用广谱抗菌药物。反之，不仅收不到应有的效果，还会引发耐药性。

（四）抗菌机制和耐药性

1. 抗菌机制

抗菌药是一类对细菌具有抑制和杀灭作用的药物，包括抗生素和人工合成药物（磺胺类和喹诺酮类等药物）。抗生素通常由某些微生物产生，是能够选择性杀灭或抑制其他微生物和其他细胞增殖的一类物质。抗菌药物的主要作用机制见表 3.4。

表 3.4　抗菌药物的主要作用机制

主要作用机制	代表类抗生素或人工合成抗菌药
阻碍细菌细胞壁的合成	β-内酰胺类（青霉素类和头孢菌素类）、多肽类（多黏菌素、万古霉素）、磷霉素、杆菌肽等
阻碍细菌蛋白质的合成（细菌核蛋白体由 50S 亚基和 30S 亚基组成，哺乳动物由 60S 亚基和 40S 亚基组成）	氨基苷类（链霉素、庆大霉素、新霉素、阿米卡星等）、大环内酯类（红霉素、阿奇霉素、乙酰螺旋霉素和克拉霉素等）、四环素类（多西环素、金霉素、土霉素、四环素等）、氯霉素类（氯霉素）、林可霉素（林可霉素、克林霉素等）
抑制细菌 DNA 的合成	新生霉素和喹诺酮类（第三代恩诺沙星、环丙沙星等；第四代莫西沙星、加替沙星、加雷沙星等）
影响细菌 RNA 的合成	利福平
影响细胞膜的通透性	多黏菌素 B 及 E、两性霉素 B、制霉菌素、咪唑类
影响细菌叶酸的合成	磺胺类、甲氧苄胺嘧啶（又名磺胺增效剂）

2. 耐药性

耐药性可分为天然耐药性和获得耐药性两种。前者属细菌的遗传特征，是不可改变的。例如，绿脓杆菌对大多数抗生素不敏感，极少数金黄色葡萄球菌也具有天然耐药性。获得耐药性是指病原菌在多次接触化疗药后，产生了结构、生理及生化功能的改变，而形成具有耐药性的变异菌株，它们对药物的敏感性下降直至消失。

某种病原菌对一种药物产生耐药性后，往往对同一类的药物也具有耐药性，这种现象称为交叉耐药性。交叉耐药性有完全交叉耐药性及部分交叉耐药性之分。完全交叉耐药性是双向的，如多杀性巴氏杆菌对磺胺嘧啶产生耐药性后，对其他磺胺类药均产生耐药性；部分交叉耐药性是单向的，如氨基糖苷类之间，对链霉素有耐药性的细菌，对庆大霉素、卡那霉素、新霉素仍然敏感，而对庆大霉素、卡那霉素、新霉素有耐药性的细菌，对链霉素也有耐药性。

3. 代表性药物

1）抗生素

（1）β-内酰胺类。

① 青霉素类。该类药是目前应用最广泛、有效且已知毒性最低的抗生素，不良反应主要是过敏反应。青霉素属有机酸，难溶于水，其钾盐或钠盐为白色结晶性粉末，有吸水性，遇酸、碱或氧化剂等会迅速失效，在水中极易溶解。青霉素属窄谱抗生素，抗菌作用很强，低浓度抑菌，高浓度杀菌，对各种 G^+菌效果明显，常作为首选药。青霉素对处于繁殖期正大量合成细胞壁的细菌作用强，而对已合成细胞壁的细菌作用弱。人和动物的细胞无细胞壁结构，故青霉素对人体和动物的毒性低。它对没有细胞壁的分枝杆菌、原虫、真菌和病毒无效。

② 半合成青霉素。氨苄西林（氨苄青霉素）为半合成广谱青霉素，对多种 G^+菌和 G^-菌有效；白色或类白色结晶性粉末，微溶于水，其钠盐易溶于水；对大多数 G^+菌的效力不及青霉素。但对 G^-菌，如大肠杆菌、变形杆菌、沙门氏菌、嗜血杆菌和巴氏杆菌等均有较强的作用。

阿莫西林（羟氨苄青霉素）的抗菌谱基本与氨苄西林相同，对肠球菌属和沙门氏菌的作用较氨苄西林高 2 倍。该药口服后吸收快而完全（相同剂量比氨苄西林高 1.5～3.0 倍），吸收后在组织中分布浓度略高于氨苄西林，细菌对该药和氨苄西林有交叉耐药性。

③ 头孢菌素类。头孢菌素又名先锋霉素，是一类广谱半合成抗生素，具有杀菌力强、抗菌谱广（尤其是第三、四代产品）、毒性小、过敏反应较少，对酸和β-内酰胺酶比青霉素类稳定等优点。在兽医中应用较广的头孢菌素有头孢氨苄、头孢拉定（第一代）、头孢呋辛（第二代）、头孢噻呋、头孢噻肟及头孢曲松（第三代）。当前允许兽医应用的只有头孢噻呋，要么用于各种细菌［如大肠杆菌、沙门氏菌、巴氏杆菌、抗铜绿假单胞菌（绿脓杆菌）等］所引起的动物全身严重感染，要么用于其他抗生素无效的严重感染。一般情况下不推荐使用头孢菌素。

④ 青霉素类+酶抑制剂（舒巴坦、克拉维酸、他唑巴坦）。二者联合用药可大大提高治疗效果。常见的联合使用模式有氨苄西林+舒巴坦、阿莫西林+克拉维酸、美洛西林+舒巴坦等。

（2）氨基糖苷类。氨基糖苷类抗生素是治疗严重的需氧革兰氏阴性杆菌感染的主要药物，都是杀菌剂，仅对需氧细菌（如肠杆菌、大肠杆菌、肺炎杆菌、变形菌、绿脓杆菌及霍乱弧菌等）有效。不良反应主要是损害第八对脑神经、具有肾脏毒性及对神经肌肉的阻断作用。

常用制剂为硫酸盐，易溶于水，性质稳定，在碱性环境中抗菌作用增强，可与多种抗菌药联合使用；内服吸收很少，大多数从粪便排出，可作为肠道感染用药。注射给药后吸收迅速，大部分以原形从尿中排出，适用于泌尿道感染；抗菌谱较广，对需氧 G^-菌作用强，对 G^+菌的作用较弱，但对金黄色葡萄球菌（包括耐药菌株）作用较强，对支原体也有较好疗效，对厌氧菌无效。

链霉素：抗结核杆菌的作用在氨基糖苷类中最强。

卡那霉素：药理作用与链霉素相似，但抗菌活性稍强。

新霉素：抗菌谱与链霉素相似，但抗菌活性稍强，在氨基糖苷类抗生素中毒性最强，一般禁用于注射给药。肠道感染的首选药之一，喷雾可用于呼吸道炎症及肺炎治疗。

庆大霉素：在氨基糖苷类抗生素中抗菌谱较广，抗菌活性较强。

大观（壮观）霉素：与卡那霉素相似，常与林可霉素合用治疗消化道和呼吸系统感染。

（3）四环素类。四环素类药物的结构包括共轭双键连接的4个稠环，分为天然四环素（如四环素、土霉素、金霉素）和半合成四环素（如强力霉素、二甲胺四环素等）。广谱抗生素一般为抑菌剂，是治疗衣原体病、非典型肺炎（支原体引起、霍乱和细菌性脑膜炎等疾病的首选药物。

常用的四环素类药物有四环素、土霉素、金霉素、多西环素等，对G^+菌、G^-菌、支原体、球虫等均可产生抑制作用，按其抗菌活性大小顺序依次为多西环素>金霉素>四环素>土霉素。由于被广泛应用，其耐药现象十分普遍。该药与金属离子钙、镁、铁、锌、锰等形成不溶性络合物而妨碍吸收，口服有胃肠道反应，长期服用可引起二重感染。

土霉素：常用土霉素碱或其盐酸盐，土霉素碱不溶于水，只能混料应用。土霉素为广谱抗生素，起抑菌作用，常用于一般细菌性疾病的预防和治疗。

四环素：抗菌作用与土霉素相似，但对G^-菌的作用较好。

金霉素：抗菌作用与土霉素相似，主要用于饲料添加剂，常用剂量为50～100mg/kg拌料。

多西环素：内服吸收迅速，生物利用度高，在四环素类药中毒性最小。体内外抗菌活性较土霉素、四环素强，主要用于治疗支原体、大肠杆菌、沙门氏菌和巴氏杆菌等引发的疾病。

（4）大环内酯类。大环内酯类药物是一组有大环内酯结构的抗生素，属生长期抑菌剂，高剂量为杀菌剂。大多数不耐酸，在碱性环境中抗菌活性强。

泰乐菌素：为畜禽专用抗生素，对支原体、G^+菌有抑制作用，但较红霉素弱；对大多数G^-菌作用较差，对支原体有较强的抑制作用。此外，该药品对鸡还有促生长作用。

替米考星：由泰乐菌素的水解产物而合成的畜禽专用抗生素，组织穿透能力强。该药品抗菌谱广，对G^+菌、G^-菌、支原体、螺旋体等有抑制作用，对放线杆菌、巴氏杆菌及支原体具有比泰乐菌素更强的抗菌活性，主要用于防治鸡慢性呼吸道病。

泰万菌素：动物专用第三代大环内酯类药物，是唯一能真正到达支气管腔、杀灭支原体的药物，其抗菌效价是泰乐菌素的5～10倍，是替米考星的2～5倍。

阿奇霉素：对流感杆菌、黏膜炎莫拉菌等引起的呼吸系统感染有特效。

（5）氯霉素类。

氯霉素：抗菌谱较广，包括需氧和厌氧的G^+菌、G^-菌、立克次氏体、衣原体、支原体、螺旋体及阿米巴原虫等。缺点是可对人产生骨髓毒性，为动物禁用药。

氟苯尼考：氯霉素第二代替代产品，具有吸收快、体内分布广、半衰期长等特点，抗菌活性优于氯霉素和甲砜霉素。缺点是不引起骨髓抑制，有胚胎毒性，种鸡禁用。

（6）多肽类。多肽类药物的抗菌机理同青霉素类，主要作用于细菌的细胞壁。

多黏菌素类：是从多黏杆菌培养液中提取的一组多肽类抗生素，有5种成分（A、B、C、D、E）。多黏菌素对生长繁殖期和静止期的细菌均有效。细菌对其不易产生耐药性。但其毒性较大，主要表现在肾脏及神经系统两方面，偶见白细胞减少和肝脏毒性。其对某些G^-菌（如大肠杆菌、克雷伯菌、沙门氏菌、志贺氏菌和铜绿假单胞菌）有效。

杆菌肽：是由枯草杆菌产生的，对大多数G^+菌（如金黄色葡萄球菌、链球菌等）有强大的抗菌作用。其为慢效杀菌剂，作用机制为抑制敏感菌细胞壁的生物合成和破坏其细胞膜。

（7）双萜烯类抗生素。泰妙菌素（Tiamulin，又名支原净）是由高等真菌担子菌侧耳属（*Pleurotus mutilus*）发酵得到截短侧耳素后，再经化学合成得到的氢化延胡索酸盐；是一种双萜烯类畜禽专用抗生素，抗菌谱与大环内酯类相似，内服生物利用度高（90%以上），体内分布广，主要用于防治家禽呼吸系统疾病和促进动物生长；1951 年由澳大利亚 Kavangh 研发，20 世纪 60 年代起广泛应用，是世界十大兽用抗生素之一。不良反应：影响莫能菌素、盐霉素、马杜拉霉素等聚醚类抗生素的代谢。

2）人工合成药物

（1）磺胺及其增效剂。磺胺类药物属广谱慢作用型抑菌药，其化学结构为对氨基苯磺胺，因其与微生物生长的必需物质对氨基苯甲酸相似而可取代对氨基苯甲酸，从而影响细菌核蛋白合成，干扰其生长繁殖。因此磺胺类药物是细菌的竞争性抑制剂。对氨基苯甲酸是叶酸合成的前体，动物则因可从饲料中获得叶酸而不存在上述的竞争关系，代谢不受磺胺类干扰。同样，某些在代谢过程中不需自身合成叶酸的细菌，对磺胺药也不敏感。

对磺胺类药物较敏感的病原菌有链球菌、肺炎球菌、沙门氏菌、大肠杆菌、嗜血杆菌等，某些磺胺类药物还对球虫、卡氏白细胞虫等有较好疗效。与磺胺增效剂的联合应用（4∶1），使其抗菌效果显著增强。其水溶性差，钠盐易溶于水，水溶液呈碱性。

细菌对磺胺类药物易产生耐药性，尤以葡萄球菌最易产生，大肠杆菌、链球菌等次之。常用磺胺类药物有磺胺嘧啶、磺胺二甲基嘧啶、新诺明、磺胺-5-甲氧嘧啶、磺胺-6-甲氧嘧啶、磺胺氯吡嗪钠等，可用于一般细菌感染（如禽巴氏杆菌病、传染性鼻炎）、球虫病、白冠病等。首次用量加倍，维持量减半，每天两次；同时在饲料中添加碳酸氢钠和多维素。

不良反应：引起肾肿及尿酸盐沉积、消化系统障碍、造血机能破坏、溶血性贫血、凝血时间延长和毛细血管渗血、雏鸡免疫系统抑制。

抗菌增效剂多属氨苄嘧啶类化合物，与磺胺类药合用，可使协同效果高至数倍至数十倍不等，甚至可起到杀菌作用，对耐药菌株也能增效。它也能增加四环素、青霉素、红霉素和庆大霉素的疗效。

（2）喹诺酮类。喹诺酮类具有抗菌谱广、抗菌力强、组织浓度高、无交叉耐药性和不良反应较少等特点。

第一代喹诺酮类，如萘啶酸、吡哌酸等，抗菌谱窄，仅用于泌尿道和肠道感染；第二代，如诺氟沙星、环丙沙星、氧氟沙星等，其疗效可达到第一、二代头孢菌素的效果。第三代，如司帕沙星、左氧氟沙星、格帕沙星等，综合临床疗效达到第三代头孢菌素的效果。第四代，如克林沙星、加替沙星等，在第三代的基础上增加了抗厌氧菌活性。

3）抗病毒药物

（1）对病毒没有特效药。病毒是细胞内的专属寄生物，缺乏细胞壁和细胞膜，且无法进行代谢。病毒利用宿主的许多代谢途径繁殖，几乎没有药物能够选择性地阻断病毒复制而不伤及宿主细胞。抗微生物药物通常对病毒无效。但是，最新的研究发现，仍有极少量的药物能够区分宿主细胞和病毒，故能够发生作用且毒性很小。很遗憾，只有少数的药物对病毒有作用。例如，金刚烷胺及其类似物对预防甲型流感有效果。

（2）抗病毒化学药物。抗病毒药物研究进展缓慢，尽管已有近 60 年的研究，但目前仅有大约 50 种抗病毒药物，而且多数是针对人类免疫缺陷病毒（human immunodeficiency virus，HIV）和疱疹病毒的。

① 核苷类抗病毒药物。伴随着病毒分子结构的进一步明晰，利用体外合成核苷的类似

物、反义RNA、CD_4或CD_4抗体等，研发出一些抗病毒的药物，如阿昔洛韦（acyclovir）、奈韦拉平（nevirapine）、福米韦生（fomivirsen）、利巴韦林等。上述药物主要用于人类HIV等病的防控，且效果不佳，还易产生耐药性。鉴于上述药物研发成本较高，故不适合家禽用药。

② 化学合成药物。20世纪上半叶，伴随着对病毒病原学的深入研究，同时受到治疗细菌感染的抗生素开发的鼓舞，许多制药公司开展了大规模的抗病毒药物筛选计划。

金刚烷胺，在20世纪60年代晚期经批准用于A型流感病毒感染的治疗。这种抗病毒药物的寻找方式称为“盲筛”，这种方法并没有特意针对某种病毒，而是将多种随机的化学合成的或是天然的化合物混合在一起，然后在细胞中检测它们对多种不同病毒复制的抑制水平。要想得到一个特定的抗病毒化合物，需进行临床试验，必须要合成并筛选成千上万种分子。通过这种方法筛选的化合物，其抗病毒机制经常不太清楚。例如，金刚烷胺的作用机制直到20世纪90年代早期才弄清楚，比它的发现差不多晚了30年。随着现代分子病毒学和重组DNA技术的发展，这种随机的“盲筛”方法已基本被舍弃。金刚烷胺在组织培养中对流感病毒甲型、丙型有作用，在流感流行早期可降低发病率，早期治疗可缩短病程，在动物方面禁用。

达菲（磷酸奥司他韦）是另一种抗流感病毒药物，主要用于治疗人的甲型和乙型流感。患者应在首次出现症状48h内使用，越早效果越佳。达菲药物的作用位点是流感病毒神经氨酸酶，是一种抑制剂。神经氨酸酶是病毒表面的一种糖蛋白酶，其活性对新形成的病毒颗粒从被感染细胞中释放和感染性病毒在人体内的进一步播散至关重要。该药物能够抑制甲型和乙型流感病毒的神经氨酸酶活性。在体外对流感病毒神经氨酸酶活性的半数抑制浓度低至纳克水平。国家卫生和计划生育委员会发布的《人感染H7N9禽流感诊疗方案（2013年）》指出，在治疗方面可选用奥司他韦（oseltamivir）或扎那米韦（zanamivir），临床应用表明其对禽流感病毒H5N1和H1N1感染等有效，推测对人感染H7N9禽流感病毒有效。达菲药物在动物方面禁用。

二、家禽用药

1. 用药时机

药物治疗的时机十分关键，主要基于以下几点。一是疾病的严重性评估（显示临床症状的家禽比例、对禽生产性能的影响、饲料转化率、淘汰率和死亡率）。二是治疗价值的评估（药物治疗的成本、治愈率、禽的日龄和价值等）。三是遵守食品安全法律法规，注意停药时间。一旦确定用药治疗，时间越早越好。

2. 抗生素的选择

美国禽病协会规定了用药原则，它根据抗菌药物对人类的重要性将抗生素分为3类。

Ⅰ类：为重要的人类医药，作为家禽治疗的储备药物。

Ⅱ类：用于人类医学，有替代药，在家禽中的使用程度中等，如红霉素、青霉素、庆大霉素、磺胺类药、头孢噻呋和四环素类。

Ⅲ类：不作为或很少作为人类医药，如杆菌肽、链霉素、泰乐菌素、林可霉素、大观霉素和新霉素等。

一般情况下，兽医应首先考虑Ⅲ类药物（避免对人类用药的影响）。其次，基于药敏试验和临床效果，才使用Ⅱ类药物。在Ⅱ类、Ⅲ类药物均不能有效控制家禽疾病时，方考虑Ⅰ类药物。

3. 禁止药物和休药期

1）国家禁用兽药

农业部于2002年4月颁布了193号公告，对食品动物禁用的兽药及其他化合物《禁用清单》进行了明确规定。该清单包含激素、杀虫剂、促生长剂和氯霉素等禁用药物。2015年9月农业部又发布了在食品动物中停止使用洛美沙星、培氟沙星、氧氟沙星和诺氟沙星4种兽药的决定。

2）休药期

所有药物都要遵守休药期或弃蛋期规定，未规定休药期的品种，应遵守肉鸡不少于28d，蛋鸡不少于12d的规定。蛋禽产蛋期间在正常情况下，禁止使用任何药物和添加药物饲料添加剂，包括中药和化疗药物。蛋禽在产蛋阶段发生疾病用药治疗时，从用药开始到用药结束后的一段时间内（即弃蛋期）产的蛋不得作为食用蛋出售，不得供人食用。

4. 用药方法

1）群体给药法

（1）混饲。混饲即将药物均匀地混入饲料，让家禽在采食的同时摄入药物。该法简便易行，但务必混合均匀。该方法适合于预防用药，治疗用药时，往往因为家禽病情而食欲不佳，导致治疗效果不理想。

（2）饮水。饮水（混饮）即将药物溶解于水中，让家禽自由饮用，应特别注意药物的溶解性和稳定性。易溶于水的药物，混饮的效果一般较好。难溶于水的药物，经加热、搅拌或添加助溶剂等方法使其溶解后混饮，也能收到良好的效果。在水中不易破坏的药物，可让家禽全天候自由饮用。在水中易破坏的药物，应在一定时间内让家禽饮完药液，以保证药效。方法是，用药前使家禽停止饮水一段时间（如1～2h），确保其30min内饮完药液。

药物混饮的浓度通常用“mL/L”表示。应按家禽群体的大小计算出所需的药量，将药物加入适量的饮水中，充分搅拌，使药物完全溶解。正常家禽的生理饮水量，一般是其饲料摄入量的1倍左右。因此，药物混饮的浓度应是其混饲浓度的一半。注意，家禽饮水量与其品种、饲养方式、饲料、季节及气候等因素密切相关。例如，冬季的饮水量一般偏少，所配药液的量不宜多，但药物的浓度宜高，以保证家禽摄入足够的药量，夏季则相反。

（3）气雾给药。气雾给药是通过呼吸道吸入而作用于呼吸道黏膜和气囊的一种给药方法，是一种体内给药和体外给药相结合的方式。选用的药物应对家禽的呼吸道无刺激性，且气雾的粒度大小要适宜，既能直接入肺，又不起炎症反应。

家禽肺泡的表面积较大，有丰富的毛细血管，空气中的药物经肺泡吸收快，在全身起效迅速。肺泡呈周期性呼吸变化，因此药物是以一种间断性方式进入体内的。那些在肺泡不能吸收的药物，停留在呼吸道起局部治疗作用。所以，由气雾法所给的药物兼有全身和局部的作用效果。空气中的药物对家禽的皮肤黏膜和羽毛表面的微生物有一定的作用，同时，对禽舍空气中的微生物也具有一定的作用，且对病原菌有杀灭功能。

注意事项：药物的粒径应控制在0.5～5μm，使药物既能到达肺的深部，又能均匀分布到上呼吸道黏膜。

（4）喷洒、药浴和熏蒸。要根据用药目的选择给药方法，如体外寄生虫用喷洒法（群体）或药浴法（个体），病原微生物用熏蒸法。使用熏蒸法要掌握熏蒸时间，用后要及时通风，避免对禽体（或种蛋）造成过度伤害。熏蒸和药浴适用于种蛋孵化前的消毒。

2）个体给药法

个体给药法包括注射法、口服法、嗉囊给药法等，疗效确切，适合于价值较高的珍禽等，但工作量大，人工成本高，且容易造成个体之间的传播。

3）种蛋给药法

种蛋给药法主要用于种蛋浸泡给药、熏蒸消毒等，适合于种蛋表面消毒和经卵传播疾病控制。另外，该法还适合于注射给药和胚胎免疫等。

（刘　霞）

第三节　中药控制技术

近年来，人们普遍应用疫苗、抗生素、化学药品等对家禽进行疫病防控，取得了较大的成功。但是，病原微生物容易产生耐药性及环境污染、药物残留和免疫失败等，致使疗效不佳，引发了人们对中国传统医学的期盼和回归。中药这个在中国应用了数千年的“民族瑰宝”再次进入人们的视野。中药大多数源于大自然，具有无残留、毒副作用小、不易产生耐药性、资源丰富等特点，应用时着眼于多途径、多靶点和全方位，强调整体调节功能。

中医“脏腑学说”权威解释了动物机体的生理活动和病理变化。以五脏（心、肝、肺、脾和肾）为核心，五脏、六腑、经络、开窍和气血津液等相互联系，构成了动物机体的正常生理活动，但若功能异常，常常导致病理的变化，如肝周炎、心包炎、气管栓塞和气囊炎等。中兽医认为，肺为魄之处，气之主。其功能是主气，司呼吸；主宣降，通调水道；主一身之表，外合皮毛。中兽医提及的肺，除包括现代解剖学中的内脏器官外，还包括呼吸系统及相关系统的生理功能和病理概念。

从中医角度讲，家禽呼吸道疾病的病因为六淫，即风、寒、暑、湿、燥和火，其症型分为肺气虚、肺阴虚、痰饮阻肺、风寒束肺、风热犯肺、肺热咳喘和燥热伤肺等。治疗方法包括宣肺、降肺、清肺、泄肺、润肺、补肺、温肺等，主要应用清热解表、止咳化痰、平喘等中药，通过调节家禽的整体机能，达到治疗的目的。

一、中药的抗病机制

中药对家禽呼吸道疾病的作用机制是多方面的，包括直接杀灭或抑制病原、调理和改善家禽机体的生理功能及增强免疫功能等。

（一）对病原体的直接作用

1. 抗病毒机制

1）直接抗病毒

中药作用机制就是阻断病毒增殖过程中的某些环节，包括直接杀灭病毒、抑制病毒复制、遏制病毒增加和延缓病毒所引起的细胞病变。例如，板蓝根提取液能直接灭活甲型流感病毒鼠肺适应株；大青叶可阻止 H1N1 型流感病毒吸附到靶细胞；甘草可以降低流感病毒聚合酶的活性，抑制病毒复制；黄芩苷和木犀草苷可以对活化 NF-κB 信号通路的正负反馈进行调节，减轻流感病毒对宿主细胞的炎性损伤作用，发挥抗病毒作用。具有直接抗病毒作用的中药主要是清热解毒类，这里选取 15 种代表性中药，阐述其代表性的抗病毒活性成分和作用机制，见表 3.5。

表 3.5　中药的抗病毒活性成分和作用机制

中药	活性成分/部位	作用机制
大青叶	4（3H）喹唑酮	体外阻止 H1N1 亚型流感病毒吸附到靶细胞，抑制病毒增殖
大黄	蒽醌类化合物	体外抑制流感病毒鼠肺适应株在犬肾（MDCK）细胞中的增殖
牛蒡子	牛蒡子苷元	抑制 H1N1 亚型流感病毒引起的小鼠肺炎实变，降低病毒感染小鼠的死亡率

续表

中药	活性成分/部位	作用机制
甘草	甘草甜素、甘草酸单铵盐	甘草甜素对抗高迁移率族蛋白框 1 与流感病毒核蛋白结核，降低流感病毒聚合酶的活性，抑制流感病毒复制；甘草酸单铵盐抑制禽流感病毒对组织细胞的吸附
阿魏	倍半萜烯 香豆素	抑制 H1N1 亚型流感病毒感染 MDCK 细胞
连翘	连翘苷	抑制 H1N1 亚型流感病毒核蛋白基因转染人宫颈癌（HeLa）细胞后的表达
板蓝根	酸性多糖、表告依春	抑制流感病毒神经氨酸酶的活性；板蓝根提取液体外直接灭活甲型流感病毒鼠肺适应株；板蓝根微粉体外抑制 M41 型 IBV 在原代鸡胚肾细胞的复制
金银花	绿原酸、木犀草素	绿原酸体外抑制新城疫病毒对非洲绿猴肾（Vero）细胞的感染；木犀草素体外抑制甲型流感病毒对 MDCK 细胞的感染，抑制病毒神经氨酸酶的活性
虎杖	白藜芦醇	体外抑制鸭瘟病毒感染鸭胚成纤维细胞
青蒿	青蒿鞣质	体外杀灭单纯疱疹病毒 2 型（HSV-2），阻断病毒吸附 Vero 细胞并抑制其复制
鱼腥草	注射液	抑制 H1N1 亚型流感病毒核蛋白基因的表达，抑制新城疫病毒在鸡胚尿囊液中增殖
黄连	水提物	抑制甲型流感病毒的活性及对 MDCK 细胞的感染性，可能与抑制病毒 RNA 聚合酶活性有关
黄芩	黄芩苷、 黄芩素	黄芩苷抑制 NDV、IBV 在鸡胚内的增殖，可能抑制病毒的生物合成、成熟、释放；黄芩素抑制 H1N1、H2N3 亚型流感病毒神经氨酸酶的活性，降低 AIV 致病性
贯众	正丁醇萃取物、水提醇沉提取液	抑制 H9N2、H5N1 亚型禽流感病毒在鸡胚内的增殖，有效成分可能是东北贯众素（ABAA）和绵马酸（ABP）；体外杀灭 IBV，最小有效浓度达 1∶4096
绿茶	茶黄素衍生物	通过与血凝素 HA2 亚基结合而抑制禽流感病毒的感染，并在一定程度上抑制病毒的神经氨酸酶活性

2）间接抗病毒

中药通过增强机体免疫力，激发调动机体的免疫系统来发挥抗病毒的作用。其作用机制是促进非特异性和特异性免疫。非特异性免疫包括促进免疫器官发育，促进巨噬细胞的吞噬活性。特异性免疫是指促进细胞免疫和体液免疫。黄芪、淫羊藿、生地、松针等中药能促进家禽免疫器官胸腺、脾脏和法氏囊的发育，提高免疫力。蒺藜和罗布麻水提取物能够显著促进巨噬细胞的吞噬功能。人参、茯苓、灵芝、菟丝子、当归、冬虫夏草等中药，均具有促进机体的体液免疫功能，能增加 IgA、IgG 和 IgM 活性，增强机体的抗病毒能力。黄芪、枸杞、蒲公英、苦参、肉苁蓉等中药，均能激活 T 细胞产生 IL-2，活化 NK 细胞，促进 T 细胞增殖和提高 CD_3、CD_4、CD_8 细胞的表达量，发挥促进细胞免疫的功能。

3）诱生干扰素

研究表明，许多中药有诱生干扰素的作用，如香菇、石斛、栝楼皮、丝瓜、降香、青蒿、丹参、刺五加、龙胆草等。党参、白术、山药、猪苓、茯苓等有诱生α-干扰素的作用，黄芪有诱生β-干扰素的作用，黄芩、黄连、生地、金银花、蒲公英等有诱生γ-干扰素的作用。使用中药干扰素诱生剂可以避免大量诱生剂（如某些病毒、细菌等）对机体造成的毒副作用，在防治病毒性疾病方面具有较大潜力。

4）抗病毒的整体作用

中药对多种病毒（如 NDV、IBV、ILTV、AIV 等）有效。一般以清热败毒、扶正祛邪为治疗原则，常用含抗病毒活性因子的中药（如大青叶、板蓝根、金银花、连翘、射干、牛蒡子、黄连、穿心莲、黄芩、黄柏、虎杖、野菊花、青黛、防风、蒲公英、鱼腥草等）清热解毒，配以具有增强机体免疫功能的中药（如淫羊藿、党参、黄芪、白术、山药、甘草、茯苓、当归、刺五加等）扶正补气血。还有少数中药如黄芪既能抗病毒，又能提高机体免疫力，通过增强单核巨噬细胞的吞噬活性，对体细胞、NK 细胞释放免疫活性物质，诱生干扰素、白细胞介素等来表现出多种生理活性。

2. 抗菌作用

与抗生素类似，中药也有自己的抗菌谱，而且多表现为广谱抗菌活性。例如，黄连对20种以上的病原菌（含细菌、真菌、衣原体）具有抗菌活性。

中药抗菌成分主要包括黄酮、生物碱、有机酸、挥发油、糖、皂苷、蒽醌、萜类等，中药的抗菌机制主要分两种：一种是直接抗菌途径，即直接杀灭或抑制细菌；另一种是间接抗菌途径，即通过增强机体免疫功能而发挥抗菌作用。

（1）直接杀灭或抑菌作用。细菌侵害机体，并在靶器官中增殖，其过程大致分为黏附与定殖、侵入、繁殖、扩散等过程。中药就是通过阻断上述过程中的某些环节而发挥其抗菌作用的。例如，白头翁与仙鹤草的提取物可以明显抑制铜绿假单胞菌的泳动能力，而大青叶的提取物对泳动没有影响；黄连的提取物也可以明显抑制铜绿假单胞菌的泳动能力。桂枝的有效成分肉桂醛和肉桂酸能有效抑制意大利青霉菌的孢子萌发，阻碍菌体生长，破坏细胞膜，致使其通透性增加，内含物外渗，且能有效破坏三羧酸循环过程，菌体能量代谢途径受阻，从而抑制其正常的生长发育。迷迭香酸是一种天然酚酸类化合物，它通过与细菌 Taq DNA 聚合酶相互作用，抑制其活性，从而抑制 DNA 的复制。Daisy 等（2008）从地胆草中提取的一种萜类化合物可以抑制自溶酶活性，直接破坏细菌细胞。大蒜素可显著降低铜绿假单胞菌黏附及产生细胞外多糖复合物的能力，通过抑制群体感应系统调控致病因子的表达，干扰细菌生物膜的分化成熟。

（2）间接抗菌作用。间接抗菌指的是通过调节机体免疫力、消除细菌耐药性等，发挥抗菌的作用。例如，黄芪、板蓝根、金银花、玄参、柴胡、甘草、野菊花、黄精等中药均具有提高机体免疫力的作用，有助于机体巨噬细胞等识别和清除病原菌。板蓝根、鱼腥草、蒲公英、黄连、金银花等均已被证实可降低细菌的致病性，从而减轻细菌感染造成的组织器官损伤。中药还可以通过诱导病原菌基因突变、消除耐药质粒、抑制β-内酰胺酶活性、抑制耐药菌外排泵等作用，降低或消除病原菌的耐药性，扩大抗生素的选择范围，提高细菌感染性疾病的治愈率。

（3）抗毒素作用。一些中药具有抗细菌毒素的功能。金银花、连翘提取物除具有体外抑菌作用外，还有抗大肠杆菌热敏肠毒素作用。解毒活血冲剂及参麦注射液对大肠杆菌类毒素也有一定的作用。试验证实，清热解毒的中药既能使炎症部位毛细血管通透性得以改善，抑制炎症渗出和限制炎症的发展，又有解毒、镇痛和修复受损组织的作用，同时还能促进脑垂体、肾上腺皮质功能，增强机体抗应激能力。

（二）免疫调节作用

中药对机体免疫系统的作用是广泛而复杂的，往往受用药剂量和机体免疫状态的影响呈双向调节作用，既可以增强机体功能，又具有免疫抑制作用，恰恰体现了中医所讲的“阴阳平衡”理论。中药的免疫调节仅对病态的动物机体效果显著，而对正常的机体则效果比较有限。

研究证实，中药所含的苷类、生物碱、多糖、有机酸、挥发性成分等免疫活性物质能活化机体的免疫系统，提高免疫机能，包括促进免疫器官发育，影响体液免疫，增强免疫细胞活性、细胞免疫和免疫调节，从而提高机体抵抗疾病的能力。但也有部分中药对免疫系统具有抑制功能。中药的调节作用如下。

1. 促进免疫器官发育

胸腺为动物一级免疫器官，主要介导细胞免疫应答，对T细胞的成熟至关重要；脾脏为二级免疫器官，主要参与体液免疫，是抗体生成的器官。

动物实验证明：有良好扶正固本作用的中药如冬虫夏草、虫草菌、黄芪、肉苁蓉、山蚁粉、白何首乌、绞股蓝、猪苓、紫菜、人参等，其所含的多糖对动物的免疫器官脾脏或胸腺有明显的增重效果。人参、黄芪、党参、绞股蓝、枸杞、淫羊藿、蜂花粉等中药对家禽免疫器官具有明显的增重作用，能显著提高胸腺指数、脾脏指数及法氏囊指数。当然，部分中药如决明子、穿龙薯蓣、女贞子、雷公藤、附子等具有免疫抑制效应，对脾脏或胸腺有减重作用。大部分中药对正常的免疫器官无影响，但能使部分免疫器官退行性变化逆转到正常水平。

2. 调节免疫细胞

动物机体细胞免疫功能的高低取决于血液中白细胞和T细胞的数量。牛蒡子、蒲公英、西洋参、冬虫夏草、附子、陈皮等能提高T细胞的转化率；而陈皮、丹参、北沙参等具有抑制作用。山豆根、薏苡仁、人参、黄芪、穿心莲等能够促进B细胞产生免疫球蛋白，而丹皮、秦皮、木瓜、红花、桃仁等具有抑制作用。黄连、蒲公英、大青叶、三七、莪术、白茅根、党参、地黄、北沙参、柴胡、大黄、桔梗等近百种中药能提高巨噬细胞的吞噬力，但苍耳子、木瓜、红花等具有抑制作用。当归、阿胶、鸡血藤等能提高NK细胞活性，而牡丹皮具有抑制作用。多种益气补血、滋阴助阳的方剂对红细胞免疫黏附功能有明显的促进作用。

中药可诱导机体造血基质细胞和脾细胞等产生类造血生长因子物质，促进造血干细胞的分化增殖，而且促使基质细胞黏附性增加，有助于基质细胞和造血细胞的相互作用。人参皂苷具有生长因子和类生长因子的活性，其机制可能是通过增强红细胞生成素（erythropoietin，EPO）、粒细胞-巨噬细胞集落刺激因子（granulocyte macrophage colony-stimulating factor，GM-CSF）和干细胞因子（stem cell factor，SCF）等造血生长因子的活性，间接促进粒系、红系等造血祖细胞的体外扩增或与造血因子发生协同作用，诱导细胞的分化。

3. 调节体液免疫

中药对体液免疫功能的影响主要通过激活补体系统和促使抗体形成细胞数增加。补体作为辅助抗体效应的功能分子，一方面参与免疫防御，另一方面又是免疫病理损伤的介导物质。各种疾病均能引起血清补体活性变化，利用中药调节体内补体活性，有助于某些疾病的治疗。

研究表明，宁夏枸杞子能提高小鼠IgA、IgG及IgM含量，免疫细胞和抗体效价。黄芪等中药不但能促进雏鸡免疫器官发育、增加免疫器官的质量，而且能促进雏鸡NDV抗体的生成。淫羊藿苷可明显抑制ConA诱导的T细胞的活化，且能明显抑制ConA刺激的T细胞分泌IL-2、IL-4、IL-10，说明淫羊藿苷抑制Th2细胞介导的体液免疫应答。

4. 调节细胞因子和巨噬细胞活性

在细胞因子方面，黄芪、当归、川芎、半夏、苏叶等具有诱生干扰素的作用；人参、甘草、刺五加、当归、薏苡仁等能提高 IL-2 的生成；而红花及首乌则降低 IL-2 的生成。

单核-巨噬细胞系统是机体防御系统的重要组分，具有强大的吞噬功能，参与细胞免疫和体液免疫。研究发现，中药中的党参、黄芪、人参、灵芝、冬虫夏草、银耳、当归、白术、猪苓和大蒜均能促进该系统功能增强或细胞数增多。巨噬细胞的活化需要 IFN-γ预处理（启动）和随后的 TLR 刺激（触发），活化后的巨噬细胞产生 NO、IL-1、TNF 等近百种生物活性因子。NO 由巨噬细胞中的诱导型一氧化氮合酶催化左旋精氨酸（L-Arg）而成，在巨噬细胞杀伤肿瘤细胞过程中起着决定性的作用。TLR4 是一种内毒素脂多糖受体，是机体天然免疫系统的重要组成部分。枸杞多糖可以促进巨噬细胞的活化，其机制与多糖激活 TLR4，通过 NF-κB 引起诱导型一氧化氮合酶基因表达，促进 NO 产生有关。另外，黄芪多糖、红花多糖、刺五加皮根中提取的多糖，可通过 TLR4 活化巨噬细胞。西洋参、黄芪、枸杞、当归制成的复方制剂，能显著提高环磷酰胺造成的免疫抑制小鼠脾脏中的 NK 细胞、IL-2 和 IFN-γ的数量，说明其具有提高非特异性免疫的作用。

（三）中药对动物呼吸系统器官的作用

家禽发生呼吸道疾病后，呼吸系统受损，常见组织损伤、呼吸困难、咳喘、痰多、呼噜、尖叫、喷嚏、流鼻液等症状。中药对家禽呼吸系统的作用除抑制或杀灭病原外，主要包括化痰、止咳、平喘、降低组织损伤等作用（表 3.6）。

表 3.6　中药对呼吸系统的作用

中药	活性成分/部位	作用机制
金银花	金银花醇提物	金银花 50%醇提物明显减轻甲型流感病毒 FM1 鼠适应株造成的小鼠肺损伤
半夏	总有机酸	总有机酸成分对浓氨水致小鼠咳嗽有显著的抑制作用
桔梗	皂苷、水提物	刺激胃黏膜，反射地增加支气管黏膜分泌，使痰液稀释、排出而发挥祛痰作用；桔梗水提物 0.2g/kg 剂量，可显著减少小鼠咳嗽次数，延长小鼠咳嗽潜伏期
苦杏仁	苦杏仁苷	苦杏仁苷代谢为氢氰酸后，进入肺部发挥止咳、平喘功效
甘草	甘草及其提取物、甘草酸、甘草次酸、总黄酮、异甘草素等	甘草、甘草酸、甘草总黄酮通过延长氨水、二氧化硫的引咳潜伏期发挥止咳作用，通过促进呼吸道酚红、毛果芸香碱的分泌而发挥祛痰作用；异甘草素呈剂量依赖性抑制豚鼠离体气管基础张力及 $CaCl_2$、组织胺、乙酰胆碱和 KCl 诱发的器官收缩，降低细胞内的钙离子浓度，松弛豚鼠器官平滑肌，而发挥平喘作用；甘草酸和甘草次酸具有保护肺细胞的作用
川贝母	暗紫贝母、梭砂贝母	暗紫贝母、梭砂贝母显著延长咳嗽潜伏期，暗紫贝母显著促进酚红排泄光密度值的增加，发挥镇咳和祛痰作用
桑白皮	总黄酮、水煎液	总黄酮显著抑制氨水、二氧化硫所致小鼠咳嗽潜伏期，减少引咳次数，显著增加大鼠气管分泌液，发挥镇咳和祛痰作用；水煎液也能发挥上述作用
枇杷叶	水提物、三萜酸	蜜炙枇杷叶水提物能显著延长小鼠和豚鼠咳嗽潜伏期、减少小鼠咳嗽次数、增加小鼠呼吸道分泌量、延长豚鼠喘息潜伏期、减少豚鼠咳嗽次数；枇杷叶三萜酸除有上述功效外，还可对抗组胺引起的支气管收缩，增加离体豚鼠支气管肺泡灌流量
鱼腥草	注射液	改善 H1N1 亚型流感病毒引起的小鼠肺炎症状；对抗油酸诱导小鼠肺损伤的作用，显著降低肺组织中的丙二醛水平
柴胡	总多糖和总皂苷、皂苷元 A	柴胡总多糖减轻大鼠急性肺损伤程度，可能与其抗氧化作用有关；总皂苷和皂苷元 A 具有镇咳作用

（四）中药对家禽器官或系统的作用

中药具有“全方位、多角度、多靶点”的作用机制。表 3.6 所列的中药除了对家禽呼吸系统、免疫系统等具有显著的作用外，对家禽的其他系统如消化、循环、神经和血液等系统也具有相应作用。

中药成分复杂，其作用机制依然是一个盲区。为了更全面地研究中药的作用机制，系统生物学、网络生物学、计算机模拟技术等新的研究方法得到应用，期待从全新的视角阐述中药有效成分与其作用靶点、药效及与疾病的关系，揭开中医理论神秘的面纱。

二、中药与抗菌药的联合应用

1. 抗菌药

1）组成和特点

抗菌药（西药）通常由单一成分或是几种明确的化学成分组成；浓度高且纯，机制研究透彻，作用路径和药代动力学清晰，靶细胞和靶组织明确，疗效快。西药的发展与现代生命和医学科学的发展相呼应，且一脉相承。

2）应用特点

西药具有显效快、作用强、使用方便等特点；应用研究比较全面，可以很方便地做成粉剂、颗粒、注射剂等多种剂型，使疗效较快发生，并能采用一定技术掩盖药物本身的气味。

3）局限性

西药往往需要加大剂量或连续用药才能奏效，容易产生耐药性，且药残问题突出，不仅影响动物产品的质量，还严重危害人类的健康。为了确保人类的健康，氯霉素、金霉素、土霉素、红霉素、喹乙醇、金刚烷胺等陆续被禁止应用于禽类。

2. 中药

1）组成和特点

中药制剂大多数由多味中药组成，成分复杂，常选用某一味或某几味中药的主要成分作为检测依据，众多成分的代谢机理不清晰。中药源自天然，副作用相对较小；不易产生耐药性，反复使用依然有疗效，不易产生过敏现象。中药具有整体免疫调节功能。

2）应用特点

利用中药进行禽病防控，可有效降低抗菌药物在家禽体内的残留，促进愈后鸡生产性能的发挥，满足日益严格的食品安全要求。但其工艺研究相对比较落后，能够纯化的品种较少，发挥作用相对较慢。

3）局限性

中药成分复杂，有效成分含量低，常混有多种成分，导致用药剂量大、注射用药受限等问题。某些中药有异味，使用不方便。

3. 中药与抗菌药结合的理论依据

中药是中华民族千年智慧的结晶，大量的案例和数千年的应用历史，证实了中药的有效性和全面性。西医则广泛采纳了世界上最先进、最科学的提纯和分析检测技术，注重药品的安全、质量、效价、纯度和批次之间的一致性。二者研究方法的结合，将有助于发掘中药的有效成分，探索新的抗病途径，发现新的抗病机理，探究代谢过程及代谢产物的活性，缓解细菌、病毒的耐药性问题。二者的联合应用可以有效弥补双方的不足，发挥各自的优势，取长补短，内外并重，整体与局部并重，起到相得益彰的效果。

近年来，中药与抗菌药结合用于防治畜禽的细菌病、病毒病、支原体病、寄生虫病等的报道越来越多。尤其是对一些单独使用抗菌药效果不明显或无效的疾病，经结合使用中西兽药后疗效显著。例如，大黄、牛蒡子、甘草、金银花、苦参等混入饲料中配合红霉素饮水，能有效防治传染性喉气管炎；由穿心莲、大黄、板蓝根、苦参、吴茱萸等中药与恩诺沙星复合配伍生产的复方禽菌灵，广泛应用于治疗禽的大肠杆菌病。一些中西兽药的结合，发挥了 1+1 大于 2 的作用，其理论依据在于：

1）协同作用

具有抗菌效果的中药与抗生素的抗菌谱相似或互补，联合使用时，其疗效往往大于两药作用相加之和。例如，甲氧苄胺嘧啶结合蒲公英、鱼腥草、黄连素后，其抑菌作用显著增强；万古霉素联合大蒜素或川芎嗪对耐甲氧西林金黄色葡萄球菌的最低抑菌浓度（minimum inhibitory concentration，MIC）分别为（0.78 ± 0.26）μg/mL 和（0.46 ± 0.31）μg/mL，均显著低于万古霉素单独使用时的 MIC（$P<0.01$）。此外，有些中药与抗菌药结合应用时，还能影响抗菌药的体内代谢过程。例如，茵陈浸膏可增加灰黄霉素的溶解度和吸收率；枳实与庆大霉素结合用于胆道感染时，由于枳实能松弛胆管括约肌，可使胆内压下降，从而大大提高胆管内庆大霉素的浓度，提高疗效；白花前胡水提物使大鼠体内阿奇霉素在人体中被吸收利用的程度显著增加，心和肾组织中药物浓度也有明显增加；青霉素与山楂合用，因山楂可使尿液酸化（pH 为 4.5～5.5），青霉素在此酸性环境下能发挥更大的药效，增强对尿道内的大肠杆菌、变形杆菌、炭疽杆菌、伤寒杆菌等的抗菌作用。

2）互补作用

中药体外抗菌性能低，但与抗感染类西药联合应用时，一方面能缓解疾病临床症状、拮抗内外毒素、促进机体各项功能的恢复，如黄连素与四环素或土霉素联合应用于细菌性腹泻；另一方面能从多个环节提高机体抗感染能力，协助机体和抗感染西药消除病原体。扶正固本类中药与抗菌西药结合使用时，中药能增强机体免疫功能，西药能抑制病原体，起到既治标又治本的双重作用，如当归、川芎与链霉素合用能增强抗菌作用，促进机体恢复。中药本身兼具抗病毒、提高畜禽的非特异性免疫力、激发和调动机体自身抵抗力、诱生干扰素和控制病情恶化等功能，而西药则可防止继发感染，减少因继发感染造成的死亡。

3）降低毒副作用

有些中药可以缓解或降低抗感染类西药的毒副作用。例如，链霉素长期使用对脑神经有毒害作用，而具有解毒功能的甘草与链霉素合用时，可大大降低链霉素的毒副作用。骨碎补、黄连、黄精等中药与链霉素合用，也具有相同功效。山楂、甘草与呋喃妥因结合用于泌尿系统感染时，既提高了治疗效果，又减少了毒副作用。

三、临床应用

1. 禽流感

1）中药防治高致病性禽流感

热毒宁中药在治疗人类感染 H7N9 亚型禽流感中发挥了较好的作用。在热毒宁注射液的基础上对金银花、板蓝根、栀子、青蒿重新组方制备的复方中药制剂，具有抗病毒、抗菌、抗炎症细胞因子、提高机体免疫功能等多重作用，可有效延迟 H5N1 亚型禽流感病毒感染所导致的鸡群死亡时间，对非典型性禽流感可有效缓解症状，促进鸡群的恢复。另有研究证实，利用莪术油复方口服液预防 H5N1 亚型禽流感，高、中剂量组均达到了一定的保护作用，防控效果与对照药物达菲相当。

2）中药防治 H9 亚型禽流感

黄劲等（2005）以野菊花、穿心莲、柴胡等 10 味中药提取制备的中药制剂，可以有效预防 H9N2 亚型禽流感、新城疫、传染性支气管炎、支原体对 SPF 鸡的攻击，降低发病率和死亡率。石歧杂黄鸡人工感染 H9N2 亚型禽流感病毒，12h 后用金丝桃素治疗，高、中剂量组的保护率达 100%，机理在于金丝桃素能够在体内杀灭 H9N2 亚型禽流感病毒。

在养殖场中，应用黄芪多糖、清瘟败毒散、清热解毒散、双黄连颗粒及抗病毒中药与抗生素联用，治疗蛋鸡 H9N2 禽流感与肠毒综合征、肉鸡及鸭 H9N2 禽流感，均获得了良好效果。高军花（2016）使用禽感康（金银花、黄芩、板蓝根等）等药物治疗蛋鸡 H9N2 禽流感与非典型新城疫混合感染。李伟（2015）用柴胡、清瘟败毒散等药物治疗蛋鸡低致病性禽流感与大肠杆菌混合感染，均取得了良好的疗效。

2. 新城疫

研究证实，用蔷薇科植物提取物预防人工感染新城疫强毒株的 SPF 鸡，按每天口服 50mg/羽，连用 5d，可完全阻止病毒造成的胃肠道出血症状和死亡。用黄芩、白芍、诃子制备中药溶液，治疗人工感染 F48E8 标准毒株的 30 日龄鸡，结果表明中药可以延缓发病时间，减轻病理损伤，降低死亡率 24.24%（$P<0.05$）；利用珍珠草、华荠苧制备中药口服液，预防和治疗人工感染 F48E9 强毒株的肉鸡，预防组和治疗组鸡的存活率达 92%和 84%，与对照药物达菲接近。

刘群等（2013）用白花蛇舌草、金银花、黄芪、甘草等组成中药复方制剂，治疗蛋鸡新城疫，总有效率超过 86%，优于黄芪多糖对照组。

3. 传染性支气管炎

何怡宁等（2016）用 M41 毒株人工感染雏鸡，用桔百颗粒（黄芩、桔梗、百部等 9 味中药）预防和治疗，结果预防保护率 50%，治愈率 66.67%；荆芥组方对人工感染肾型 IBV 强毒株的肉仔鸡，有效率达 93.3%。用黄连、木香、苍术等制备“传支散”，预防肉鸡人工感染和治疗 IBV 发病产蛋鸡，保护率和治愈率分别为 95%和 88%。

在养殖过程中，肉鸡 IBV 感染可用禽速康口服液（金银花、连翘、板蓝根等 17 味中药），板蓝根、金银花、黄柏等 6 味中药，鱼腥草、石膏、金银花、玄参、黄芩等 15 味中药治疗，治愈率为 82%～93%；蛋鸡可选择板蓝根、大青叶、黄芩等 10 味中药，治愈率达 97.33%；土鸡可选用金银花、连翘、蒲公英等 11 味中药，5d 控制病情。赵武等（2007）开发出以黄芪、金银花、山豆根、肿节风、石韦等为主要成分的中药复方制剂，对广西、广东、四川的 23 个鸡场 8 万余只自然发病鸡进行防治，其有效率超过 97.7%。

4. 传染性喉气管炎

牛建荣等（2015）用板蓝根、黄连、黄芩制备“菌毒清”口服液，治疗人工感染 ILTV

的三黄鸡，治愈率达 81.48%，与《中华人民共和国兽药典》载录的“瘟毒清”相当；用中药“喉宁散”（栀子、连翘、菊花等）及复方中药（板蓝根、连翘、桔梗等 11 味）防治肉鸡、蛋鸡 ILTV 人工感染，预防保护率达 88%和 96.7%，且有效防止产蛋量下降。利用中药双联法（内服鲜石斛、栀子、丹皮等 10 味中药，喉头喷硼砂、青黛、冰片等 5 味中药），治疗病鸡 300 万只，治愈率达 95.5%；利用金银花、板蓝根、蒲公英等 8 味中药治疗 600 例，治愈率为 95%。

5. 禽痘

李文君等（2015）利用金银花、连翘、炒皂角等中药制备“消疮饮”，治疗鸡痘，一般 3～5d 即可治愈。利用鱼腥草、紫草、蒲公英等 6 味中药制备“鱼紫散”，治疗鸡痘有效率达 87.5%。

6. 大肠杆菌病与沙门氏菌病

（1）单方中药。以 1 日龄蛋雏鸡为实验动物，人工诱发鸡大肠杆菌病和鸡白痢，评价黄芩提取物（黄芩黄酮）的防治效果。结果表明，使用黄芩黄酮后雏鸡的发病症状、鸡脏器的病理变化均有所减轻。发病率、死亡率比感染对照组降低 10%～40%，有效率和治愈率比感染对照组高出 10%～40%。为研究乌柏叶对鸡白痢的防治效果，以鸡白痢沙门氏菌 C79-13 为种毒人工诱发 1 日龄艾维因雏鸡发病，结果显示乌柏叶水提液可显著降低发病率和死亡率（$P<0.01$）。

（2）复方中药。利用黄连、黄柏、黄芩等 7 味中药组成的方剂，混饲治疗 817 例肉鸡大肠杆菌病，0.5%给药浓度，治愈率在 98%以上。利用三黄汤（黄连、黄芪、大黄等 8 味）制成散剂治疗鸡大肠杆菌病，按 1%的比例混料，每天 1 次，连用 3d，治愈率达 95%。黄连、黄柏在治疗大肠杆菌病、沙门氏菌病方面，被广泛采用，并与黄芪、大黄、秦皮、白头翁、马齿苋等进行组方，治愈率超过 89%，还可提高产蛋率和蛋重。利用白头翁、马齿苋、黄柏等 10 味中药制成方剂，治疗鸡沙门氏菌病，治愈率为 90.1%。复方中药“香芪汤”（香附 40g、穿心莲 30g、黄芪 30g）治疗人工感染鸡大肠杆菌病，能降低死亡率 53.3%（$P<0.01$）。中药白头翁与微生态制剂联合防治雏鸡白痢，效果更佳，其预防成活率为 97%，治愈率为 85.39%，高于白头翁组的 89%和 80.46%，并且可以提高产蛋数量。

7. 传染性鼻炎

牛建荣等（2015）用板蓝根、黄连、黄芩等制成“菌毒清”口服液，连用 7d，治疗人工感染鸡鼻炎（副鸡禽杆菌）的三黄鸡，治愈率达 89.29%。而中药与抗生素、氢溴酸东莨菪碱等西药联用，效果更佳，3～5d 即可治愈。

8. 禽霍乱

下列中药方剂对治疗禽霍乱有效。①穿心莲、板蓝根各 6 份，蒲公英、旱莲草各 5 份，苍术 3 份，粉碎成细粉，过筛，混匀，加适量淀粉，压制成片，每片含生药为 0.45g，鸡每次 3～4 片，每天 3 次，连用 3d。②雄黄、白矾、甘草各 30g，双花、连翘各 15g，茵陈 50g，粉碎成末，拌入饲料投喂，每次 0.5g，每天 2 次，连用 5～7d。③茵陈、半枝莲、大青叶各 100g，白花蛇舌草 200g，藿香、当归、车前子、赤芍、甘草各 50g，生地 150g，水煎取汁，为 100 羽鸡 3d 用量，分 3～6 次饮服或拌入饲料，病重不食者灌少量药汁，适用于治疗急性禽霍乱。

9. 家禽支原体病

（1）单方中药。史秋梅等（2013）用 MG 标准菌株 S6 人工诱发鸡支原体感染，然后用金荞麦根口服液治疗 5d，治愈率达 93.0%；用对羟基肉桂酸口服液治疗感染败血支原体的肉鸡 3000 只，用药 5d，死亡率为 8.9%，低于泰乐菌素组的 10.7%和不给药组的 20%，气囊损伤减少率 88.22%，显著低于泰乐菌素组（$P<0.05$）。

（2）复方中药。孟东霞等（2013）用超微粉复方参麻散（黄芪、当归、明党参、麻黄、陈皮、杏仁、茯苓、穿心莲、金银花、鱼腥草、甘草）和复方名草散（决明子、石决明、黄芩、黄芪、鱼腥草、甘草等）制成 3g/mL 的实验药液。结果表明，0.1%的复方参麻散就能达到西药对照组的治疗效果，治愈率达 94%，可减轻鸡毒支原体对气囊的损伤，且不易复发。利用甜杏仁 30g、桔梗 60g、甘草 30g、半夏 30g、枇杷叶 50g（500 只鸡的剂量）的口服溶液组方，在养殖一线治疗 28 390 只病鸡，总有效率达 98.5%。

（黄迪海）

第四节　疫苗、转移因子和干扰素控制技术

一、疫苗

疫苗通常是指利用天然的或人工改造的微生物（病毒、细菌、支原体）、寄生虫及其组分（蛋白质或核酸或毒素）、模拟抗原等为材料，采用生物学、分子生物学或生物化学、生物工程等相关技术制成的，用于预防家禽疾病的一类生物制品。疫苗最大的特点就是具有较强的种属特异性，能激起免疫系统对病原的免疫记忆，对特定抗原可产生良好的免疫应答。疫苗免疫是防控病毒和细菌性等疫病的“利器”。

通常情况下，按照病原微生物的存活方式，疫苗可分为活疫苗和死（灭活）疫苗两种。伴随着免疫学研究和基因工程研究的新进展，特别是分子病原学和基因组功能学领域的新突破，新型疫苗（如亚单位疫苗、多肽疫苗、基因工程疫苗和颗粒样疫苗等）应运而生。

（一）疫苗的种类和特点

1. 活疫苗

1）概念

活疫苗是指通过筛选的自然弱毒株或采用传统的物理、化学、生物学致弱方法获得的弱毒株，经人工培养繁殖后制备的疫苗。

2）特点

活疫苗在家禽体内的靶器官内可大量繁殖，产生类似自然发生的隐性感染或亚临床感染。活疫苗以较小的剂量就能刺激机体产生强烈的全身性体液和细胞免疫应答及局部黏膜免疫，从而产生较强的抵抗力。活疫苗可通过多种途径免疫接种，且免疫后抗体产生的速度快（7d以内），抗体达到高峰所用的时间短（约15d），价格低廉。

其缺点在于：活疫苗具有致病性，可散毒，能中和母源抗体，且有的疫苗致病性较强，对禽群构成潜在威胁，甚至造成免疫地区长期带毒，不利于疾病的净化等。

3）种类

（1）中等致病性。该类疫苗致病性较强，临床使用时可能会导致鸡群出现一定程度的临床症状和病理危害，严重时还可能导致发病，但免疫效果确切。从免疫保护的角度讲，疫苗的保护性往往与免疫反应的强度呈正相关。该类疫苗包括ILT疫苗、Ⅰ系、H52疫苗等。该类疫苗对雏鸡风险性较高，适用于经过弱毒疫苗免疫的加强免疫或日龄较大且有一定免疫基础的鸡群免疫。

（2）弱致病性。该类疫苗致病性较低，甚至无毒，对鸡不致病，并能在家禽体内繁殖，免疫原性好。目前应用的活疫苗大多数是弱致病性疫苗，如NDV Ⅱ系、Ⅳ系（La Sota）、克隆30、N79、克隆Ⅰ系、V4株、Ulster 2C和VH株等，FP痘苗，IBV H120、H94和MA5等。

（3）联合活疫苗。联合活疫苗是指利用两种或两种以上不同种类的弱毒活疫苗，联合对鸡群进行免疫接种，达到同时预防两种或两种以上病原目的的疫苗。上述疫苗毒株既可联合制苗，也可单独制苗，关键是免疫时不产生相互的干扰，各自发挥作用。比较常见的是，NDV弱毒疫苗和IBV弱毒疫苗之间的联合，如La Sota-H120、La Sota-H52等。

2. 灭活疫苗

1）概念

灭活疫苗是选用免疫原性强的病原微生物或其致弱株，经人工大量培养，利用化学或物理方法灭活，使其在体内失去致病性和繁殖力，而不改变其免疫原性，辅以佐剂而制备的疫苗。

2）特点

灭活疫苗在体内不能复制增殖，安全性高，抗体滴度高（比活疫苗至少高 2 个滴度），维持期长（3 个月以上）；通常在接种 2 周后才能获得保护，一般在 4 周龄以后才能达到抗体高峰。灭活疫苗应激大，需要注射，副作用强。以油乳剂灭活疫苗为例，注射常产生不良反应，包括注射部位红、肿、热、痛等，甚至发生增生、局部坏死、溃烂等。

灭活疫苗不同菌株之间一般不产生相互干扰，可以制备成多联多价疫苗。将同一种细菌或病毒的不同血清型混合制成的疫苗称为多价苗，如多杀性巴氏杆菌多价疫苗、禽流感多价灭活疫苗等。联苗是以几种不同微生物联合而制成的疫苗。多价苗和联苗的优点在于仅用一针就可以同时预防几种病原或一种病原的多个血清型，适宜于多种病原、不同血清型的疫苗研制，如 H5 亚型高致病性禽流感病毒，IBV 不同亚型的流行株（Mass、Conn、Ark 等不同血清型）等。

3. 活疫苗和灭活疫苗的联合应用

活疫苗和灭活疫苗在激发家禽机体免疫反应方面各有千秋。活疫苗可产生细胞免疫和体液免疫，抗体滴度不高，维持时间较短，通常在 1 个月左右，可产生较强的细胞免疫应答；而灭活疫苗仅产生体液免疫应答，一般不产生细胞免疫，抗体滴度较高，通常提高 2 个滴度以上，保护性的抗体滴度一般维持在 3 个月以上，保护期较长。如果联合应用，则各自发挥了优势，二者相得益彰，可获得最佳免疫效果。二者的优、缺点比较详见表 3.7。

表 3.7　活疫苗和灭活疫苗的优、缺点比较

比较的内容	活疫苗	灭活疫苗
微生物活性	活的病毒或细菌	死的病毒或细菌
在体内繁殖情况	可在动物机体内的靶器官内大量繁殖	不能繁殖
生物安全性	排毒和散毒，存在变异的可能性	不排毒，安全性高
对免疫的反应	可激发细胞免疫、体液免疫和黏膜免疫	仅产生体液免疫，细胞免疫弱，不产生黏膜免疫
体液免疫	7d 内产生，抗体产生较快，维持期 1～2 个月	抗体产生慢，维持期 3 个月以上，维持期长
细胞免疫	强	弱
免疫途径	饮水、气雾、点眼或滴鼻、注射等多样化	主要是注射，单一
免疫干扰程度	不同活疫苗产生干扰	不干扰
免疫效果较好	不均一，有漏免可能	漏免率低，但工作量较大
成本	低	高
疫苗保存	冷冻或冷藏（0～8℃）保存、运输	2～8℃或常温下保存、运输，严防冻结

此外，活疫苗免疫产生的抗体与灭活疫苗产生的抗体也有差异。活疫苗产生的体液抗体是针对各种抗原（包括内部和外部）的。这是因为，在病原的增殖过程中不同的抗原部分是分别制造的，也就是说，在疫苗的组成成分中，既有整个病原，也有诸多不完整的病

原成分。但对灭活疫苗来讲，由于病毒不能复制，机体所产生的抗体基本上是针对病毒的外部抗原的。以 NDV 为例，其所产生的抗体主要是针对血凝素 HA 的。因此，在一定程度上讲，灭活疫苗所产生的抗体对家禽的保护能力是有限的。

4. 病毒疫苗和细菌疫苗的比较

1）免疫原性

细菌属于原核生物界，病毒则属于病毒界，二者无论是在结构和体积，还是在免疫原性方面，差别均较大。单就体积而言，细菌大小的计量单位一般是微米（μm），而病毒则是纳米（nm）。即使最大的病毒（10^{-7}m）如痘病毒与最小的细菌（10^{-5}m），二者也相差 100 倍。当然，支原体（10^{-6}m）和衣原体（10^{-6}m）除外，但也与病毒相差 10 倍以上。二者在基因组上的差别更大。

对病毒而言，其全部成分可能只构成几十个抗原（抗原是指能够引起动物免疫系统反应的物质），相对比较简单，因此，病毒性疫苗的特异性一般较好，通常具有较好的保护效果。此外，抗生素对病毒性疾病无效。病毒性疾病只能通过动物自身的免疫力来抵御，故针对病毒性疫苗的市场需求更加强烈，科学家们常常投入更大的精力进行病毒病的疫苗研制。

相反，细菌则外有细胞壁（脂多糖）、细胞膜、菌毛和荚膜等，内有蛋白质、酶、质粒和核酸等；这些成分可构成数千个抗原。正因为如此，在细菌的诸多抗原中，要找出真正能做成疫苗的抗原，其难度显然比病毒要大得多。此外，细菌性疾病还可以通过抗生素来治疗。因此，对细菌性疫苗的研究缺乏现实需求的强大动力。

2）细菌疫苗的局限性

（1）培养困难，细菌浓度不高。大部分细菌对营养的要求较高，在体外培养很难获得较高的抗原浓度，大多数细菌苗需要浓缩。一些细菌只有在特殊的培养条件下才能生产，生产成本高。例如，副鸡禽杆菌（传染性鼻炎的病原）需要血清和厌氧条件才能培养，支原体培养的条件也很苛刻。

（2）抗原性复杂，需要制备成多价疫苗。大多数细菌血清型多，这主要是由细菌自身的复杂性决定的。以禽大肠杆菌为例，已至少有 70 个血清型，而临床常见的至少也有 10 个，必须制备成多价疫苗。传染性鼻炎则有 A、B、C 3 个血清型，也需要多血清型的疫苗来预防。

（3）大多数细菌疫苗存在毒副作用。在许多细菌繁殖过程中，类似物树胶脂毒素（resiniferatoxin，RTX）是关键的致病因子，在进行细菌疫苗制备时，其常常分泌到培养基中，导致抗原液存在毒性，进而对接种的动物产生副作用。例如，大肠杆菌菌苗接种后可能会导致鸡群生长不良、消瘦等，这是由大肠杆菌内毒素造成的。故建议采用固体培养法来规避内毒素的产生，也可采用离心法去除内毒素。

5. 新型疫苗

1）基因工程亚单位疫苗

基因工程亚单位疫苗初步分为两类。一类是通过基因突变或缺失的方法获得减毒活疫苗，或者将外源基因复制到已经批准在临床使用的细菌或病毒的载体中去制备新的减毒活疫苗。另一类是将外源基因复制到大肠杆菌或酵母菌中去表达基因产物，然后通过分离和纯化而获得特异的蛋白质，即制备能表达特异性抗原的基因工程菌，大量生产亚单位疫苗。

方法：在体外利用基因工程技术获取一种或几种病原微生物的免疫原基因，并将其“组装”到大肠杆菌、痘苗病毒、疱疹病毒、昆虫杆状病毒或酵母菌等载体的基因组中，通过这些重组菌或重组病毒的大量繁殖实现免疫原基因的高效表达。

2）基因改良疫苗

分子遗传学的突飞猛进使多种病原微生物致病因子基因图的绘制成为可能，越来越多的病原微生物被破解，利用基因敲除、突变、反向遗传操作等技术构建拥有弱致病性的病原微生物成为可能。其核心技术是通过基因缺失、敲除或插入特定靶基因的方法，使病原微生物的致病性基因减毒或变成低毒或无毒的，从而得到安全、无毒、稳定的活疫苗株，如在中国研制的以 NDV La Sota 为载体的 H5N1 弱毒活疫苗等。

3）DNA 疫苗

DNA 疫苗又称核酸疫苗，这种核酸分子是一种细菌的质粒，在复制了特异性的基因后，能在真核细胞中表达蛋白质抗原，刺激机体产生特异的体液免疫和细胞免疫反应，从而起到免疫保护作用。例如，Robinson 等（1993）最先将 DNA 疫苗用于鸡，以编码禽流感病毒 H7N7 株血凝素基因的质粒（DNA）由不同途径（静脉、腹腔、皮下注射）免疫 3 周龄鸡，可对致死剂量的 H7N7 株病毒鼻内攻击产生 50%的保护。

4）合成肽疫苗

合成肽疫苗是一种利用人工合成的抗原肽链（即免疫多肽），配以适当载体、佐剂制成的合成疫苗。其优点是可将一种病原微生物不同血清型的肽连接在同一个载体上，一次免疫就可预防多种病原，是未来对付抗原性易发生漂变或血清型众多病原的一种理想疫苗。目前，比较成功的疫苗是口蹄疫多肽疫苗，其已推向市场，并取得了较好效果。

5）病毒颗粒疫苗

病毒颗粒疫苗（virus-like particles，VLPs）是不含有病毒基因组的空壳或包膜状蛋白颗粒，与天然的病毒相似，但不能在体内复制。该疫苗高度模拟原生态病毒，能够诱导机体产生细胞免疫和体液免疫，安全性高，是一种具有发展前景的疫苗。McGinnes 等（2010）利用 NDV 强毒 AV 株的 *HN*、*F*、*NP* 和 *M* 基因构建了 VLPs，取得了阶段性成果。

（二）疫苗免疫接种技术

1. 高度重视免疫接种

1）疫苗免疫是解决中国现阶段禽病问题的关键

疫苗是人类智慧的结晶，是控制家禽疫病的有效手段。人们利用疫苗成功消灭了“牛瘟”“天花”“马传染性贫血”等，控制了新城疫、传染性囊病、马立克氏病等动物重大传染性疫病。在禽病防治工作中，“免疫接种不是万能的，但不接种是万万不能的”。无论多完美的免疫接种都不能对瞬息万变的病原微生物提供百分之百的保护。

2）生物安全是确保疫苗免疫成功的保障措施

中国幅员辽阔，散养户和各类型养禽场众多，饲养环境十分复杂，所以一旦有烈性传染病（如高致病性禽流感或新城疫等）的侵袭，无论是散在或隔离的禽群都将受到严重威胁。疫苗不是“万能药”，“一针定天下”是极其错误的，任何疫苗都有局限性。再好的疫苗也需要饲养管理、健康的机体、消毒的环境和实验室检测等综合因素相配合，才能发挥完美的作用。

3）疫苗免疫必须注重实效性

一是要确保有80%以上的有效群体免疫。从理论上讲，只有免疫覆盖率超过80%，疫病发生的概率才会大大降低。一般情况下，当家禽病原负载量降低到能保持在家禽群中散播所需的最低阈值以下时，传染病的传播才会停止；否则，就会散播。这种针对群体的免疫被称为群体免疫。实际的免疫覆盖率阈值因家禽群体而异，但一般来说，需要80%～95%的家禽拥有良好的免疫力。此外，还应重点提高免疫家禽的抗体均匀度。

二是选择合适的疫苗，应关注疫苗株和流行株的对应关系，及时进行疫苗免疫效果评价。

三是要建立完善的实验室监测机制，建立疫苗免疫效果的实验室评价机制。

四是要结合中国动物的无疫区建设，适时推行疫苗免疫退出计划。在临床病例不再出现时，应逐步停止免疫接种。当疫情再次出现时坚决扑杀，稳步推进中国疫病净化策略。

2. 制定科学的免疫程序

免疫程序是家禽养殖的核心。然而，没有一个免疫程序是固定不变的。即使在同一个禽（鸡或鸭）场，其疫苗免疫也要随禽群和环境变化而及时调整（表3.8和表3.9）。

表3.8　中国种（蛋）鸡场主要疫病的疫苗免疫程序

日龄	疾病种类	疫苗及其种类	免疫接种途径	注意事项
1	马立克氏病	HVT或CVI988或Rispens疫苗或814二价苗	皮下注射	孵化室进行
	新城疫	弱毒活疫苗（克隆30、La Sota、N79、V4等）	点眼、滴鼻和气雾	根据母源抗体确定首次免疫日龄
7～10	新城疫	NDV灭活疫苗	肌肉注射	可采用ND-IB灭活联苗
	传染性支气管炎	IBV弱毒疫苗H120或2286或D41等，或NDV和IBV二者的联苗	点眼、滴鼻	可采用IBV与NDV的弱毒联合疫苗
10～14	传染性囊病	弱毒活疫苗B87、2512等	饮水	2周后加强免疫1次
20～35	新城疫	弱毒活疫苗（克隆30、La Sota）和NDV灭活疫苗	饮水和注射	活疫苗饮水，灭活疫苗注射
	传染性支气管炎	IBV弱毒疫苗H120或2286或D41等	饮水	—
	禽流感	禽流感H9+H5+H7灭活疫苗	注射	首次免疫后3周进行二次免疫，注意禽流感的不同亚型，也可以每种亚型单独免疫
	鸡痘	弱毒疫苗	刺种	接种后检查痘斑
	传染性鼻炎	灭活疫苗	肌肉注射	4周后加强免疫
	支原体病	灭活疫苗	肌肉注射	4周后加强免疫
	传染性喉气管炎	弱毒疫苗	点眼或饮水	仅限疫区，4周后加强免疫
50～60	禽脑脊髓炎	弱毒疫苗或与鸡痘联苗刺种	饮水或刺种	—
	传染性支气管炎	IBV中等致病性活疫苗H52	饮水	—

续表

日龄	疾病种类	疫苗及其种类	免疫接种途径	注意事项
70～90	新城疫	弱毒活疫苗（La Sota）和 NDV 灭活疫苗	饮水和注射	加强免疫
	传染性喉气管炎	弱毒疫苗	点眼或饮水	加强免疫
	禽流感	禽流感 H9+H5+H7 灭活疫苗	注射	加强免疫
	禽偏肺病毒	活疫苗	饮水	可 3 周再免疫一次（疫区免疫）
	支原体	灭活疫苗	注射	加强免疫
110～130	新城疫	弱毒活疫苗（La Sota）和 NDV 灭活疫苗	饮水和注射	ND Ⅶ灭活苗
	禽流感	禽流感 H9+H5+H7 灭活疫苗	注射	加强免疫，注意不同亚型
	支原体	灭活疫苗	注射	加强免疫（蛋鸡可不免）
	传染性囊病	灭活疫苗	注射	加强免疫（蛋鸡可不免）
	产蛋下降综合征	灭活疫苗	注射	一次免疫即可
	传染性支气管炎	灭活疫苗	注射	加强免疫（蛋鸡可不免）
	禽偏肺病毒	灭活疫苗	注射	加强免疫（疫区免疫）
	禽脑脊髓炎	灭活疫苗	注射	加强免疫（蛋鸡可不免）
	传染性鼻炎	灭活活苗	肌肉注射	加强免疫
每2～3月	新城疫	Ⅶ型灭活疫苗	注射	依据抗体检测免疫
	禽流感	禽流感 H9+H5+H7 灭活疫苗	注射	依据抗体检测免疫
每月	新城疫	弱毒活疫苗（La Sota 或克隆 30）	饮水或喷雾	黏膜免疫

注：①鸡痘应免疫接种 2 次，以是否出现痘斑为成功标准。②接种途径应根据鸡群的日龄选择最佳的免疫途径。③凡能测出抗体的疾病，应根据实验室检测，判定是否进行再次免疫或判定免疫是否成功。④应根据当地的疫情确定疫苗免疫的种类和方法。⑤可以选用联苗（包括活疫苗和灭活疫苗），提高免疫效率。

表 3.9　中国种（蛋）鸭场主要疫病的疫苗免疫程序

日龄	疾病种类	疫苗及其种类	免疫接种途径	注意事项
1～4	鸭病毒性肝炎	鸭肝炎弱毒疫苗	颈部皮下注射	—
6～7	鸭疫里默氏杆菌和大肠杆菌	鸭传染性浆膜炎和大肠杆菌二联灭活疫苗	肌肉注射	疫区免疫，2 周后加强免疫
14	禽流感	禽流感 H9+H5 灭活疫苗	颈部皮下注射	首次免疫后 3 周进行二次免疫，注意不同亚型，也可以每种亚型单独免疫
21	鸭瘟	鸭瘟弱毒疫苗	皮下或肌肉注射	—
24	鸭疫里默氏杆菌和大肠杆菌	鸭传染性浆膜炎和大肠杆菌二联灭活疫苗	肌肉注射	疫区免疫
30～50	禽流感	禽流感 H9+H5 灭活疫苗	肌肉注射	加强免疫
	鸭坦布苏病毒	鸭坦布苏弱毒活病毒	饮水	
70～90	禽巴氏杆菌病	禽霍乱灭活疫苗	注射	疫区使用
110～130	新城疫	NDV 灭活疫苗	饮水和注射	ND Ⅶ灭活疫苗
	禽流感	禽流感 H9+H5+H7 灭活疫苗	注射	加强免疫，注意不同亚型
	鸭肝炎	鸭肝炎多价灭活疫苗	注射	—
	鸭大肠杆菌	鸭大肠杆菌多价灭活疫苗	肌肉注射	疫区使用
	禽巴氏杆菌病	禽霍乱灭活疫苗	注射	疫区使用

续表

日龄	疾病种类	疫苗及其种类	免疫接种途径	注意事项
110～130	鸭坦布苏病毒	鸭坦布苏灭活疫苗	肌肉注射	依据抗体检测免疫
	鸭瘟	鸭瘟弱毒疫苗	饮水	加强免疫
每3～4月	禽流感	禽流感H9+H5+H7灭活疫苗	注射	依据抗体检测免疫
	鸭坦布苏病毒	鸭坦布苏灭活疫苗	肌肉注射	依据抗体检测免疫

注：①接种途径应根据鸡群的日龄选择最佳的免疫途径。②凡能测出抗体的疾病应根据实验室检测。③应根据当地的疫情确定疫苗免疫的种类和方法。④可以选用联苗（包括活疫苗和灭活疫苗），提高免疫效率。

制定免疫程序时，应着重考虑下列因素：

1）背景

应考虑本地或本场的禽病发生历史、现状及周围的疫情。对本地尚未发生的疾病（如ILTV），必须在证明确实受到严重威胁时才能接种。疫苗接种也是一种重要感染来源。

2）种源

引进外来家禽种源（种鸡、种雏、种蛋等）时，必须进行必要的检疫和隔离，防止外来疾病的传播。同时了解种源地的疫情，不得从疫区引种。

3）鸡群背景、品种和用途

结合所养家禽的用途（种用、肉用或蛋用）、日龄和饲养期等进行相应的免疫。例如，种鸡在开产前需要接种新城疫、禽流感等疫苗，以确保雏鸡的母源抗体，而商品鸡则没必要。

4）母源抗体

维持高水平的母源抗体是保护雏禽免受NDV、IBDV、IBV和H9N2等病原微生物侵害的有效措施。在生产中，常常由于个体差异或混养不同来源的雏禽而造成母源抗体水平不均一，这就给选择疫苗的首免日期、疫苗毒株和接种途径带来影响，尤其是对接种的活疫苗影响更大。此外，可通过滴鼻、滴眼等方式免疫，以形成坚强的局部黏膜保护，使雏禽免受伤害。

5）疫苗种类

弱毒苗和灭活疫苗的联合使用是提高免疫效果的重要手段。疫苗毒株应选择与流行株相对应的毒株。同时，考虑病原的多血清型，对流行毒株多血清型地区应选择多价疫苗。联合应用几种疫苗时，要考虑不同疫苗株间的相互干扰。

6）器械消毒和记录

应注意接种器械的消毒，注射器、针头和滴管等在使用前应进行彻底清洗和消毒。接种结束后，应把接触过活毒疫苗的器具及剩余的疫苗浸入消毒液中，以防散毒。做好免疫接种的详细记录，记录内容至少应包括禽群的品种、日龄、数量、接种日期、所用疫苗的名称、厂家、生产批号、有效期、使用方法、操作人员等。

3. 运输和储存

不同种类疫苗对温度的要求有差异，应按照说明要求存放。如冻干苗、活疫苗需要-20～10℃（进口冻干苗通常在2～8℃）下储存；油乳剂苗则最好放在2～8℃储存，避免冻结；细胞结合型马立克氏病疫苗应在液氮中保存。所有疫苗必须由专人保管，登记造册，并经常检查冰箱或冷柜的电源、温度及液氮量。冷链运输。

4. 免疫方法

免疫接种的方法多种多样。疫苗接种必须考虑鸡的日龄、数量、疫苗种类、免疫靶器官、免疫效果和成本等。常用的免疫有群体免疫和个体免疫两种主要途径。

1）群体免疫

（1）气雾免疫。气雾免疫非常适合密封良好的孵化场和饲养场，特别是对家禽呼吸道有亲嗜性的活疫苗（NDV、IBV 等弱毒活疫苗）效果最佳，是提高雏鸡黏膜免疫保护的最佳途径，不仅免疫效率高、效果好，还可节省人力和物力。缺点是操作不当，易激发呼吸道感染，引起呼吸系统疾病的暴发。

① 雾滴大小。对 1 月龄内的鸡，一般宜用粗雾滴（直径 100～200μm）喷雾。对 1 日龄雏鸡，可在喷雾柜内进行，雾滴直径在 100～800μm，关键要注意均一性。而对 1 月龄以上的鸡，可用小雾滴（直径小于 50μm）喷雾。为了获得最佳的免疫效果，应充分了解每台喷雾设备的重要参数（包括雾滴大小、喷射距离、耗水量等），可先做对比试验，筛选最合适的雾滴大小。

② 环境温度。气雾免疫时，较合适的温度是 15～25℃。如果环境温度高于 25℃，雾滴会迅速蒸发而不能进入鸡的呼吸道。在炎热的季节，气雾免疫应在天气凉爽时进行。

③ 喷雾方法。喷雾时，房舍应密闭，关闭门、窗和通风口，减少空气流动，避免直射阳光。如选用直径小于 50μm 的气雾免疫，喷雾枪口应在鸡头上方约 30cm 处喷射，使鸡体周围形成一个良好的雾化区，并确保雾滴有一定的悬浮时间。如用直径为 100～200μm 粗雾滴对雏鸡进行喷雾免疫，喷雾枪口可在鸡头上方 0.8～1m 处喷射。晚上喷雾时，关闭灯光，调低通风，气雾免疫时通风全停，关闭保温或冷却系统并在免疫后 15～20min 启动。

④ 预防用药。最好在气雾免疫前 2d，在饲料或饮水中添加呼吸道抗菌药物。

⑤ 注意水质。水质要求新鲜、干净，无消毒剂，无氯离子和金属离子，pH 在 6.0～7.0。可用蒸馏水或去离子水稀释疫苗以保证疫苗质量，并防止喷头堵塞，盛水的容器最好用塑料容器。水温在 8～20℃效果最好。疫苗稀释时应加入 0.1%的脱脂乳粉，以提高对疫苗的保护。

（2）饮水免疫。饮水免疫是鸡群免疫活疫苗最常用的方法。该类疫苗一般嗜呼吸道和消化道等，如 NDV、IBV 等弱毒活疫苗。该方法方便、快捷，能显著减轻劳动强度和降低禽群应激，建立适合消化道及上呼吸道的局部免疫。为了检验饮水免疫是否确实，可以用特殊的染料配制疫苗，饮到疫苗的家禽舌头变成蓝色。饮水免疫的缺点是易受水质、温度等因素影响，免疫效果不确实。

2）个体免疫

个体免疫包括滴鼻点眼、肌肉或皮下接种等，需要逐个抓鸡免疫，虽不如群体免疫那样简便，但剂量准确、免疫效果较好，疫苗受外界的干扰因素少，是家禽最常用的免疫方法。灭活疫苗、类毒素和亚单位疫苗等均需要进行非经口途径接种，才能产生理想的免疫效果。一般来说，对同一种疫苗，个体免疫比群体免疫产生的抗体水平高，免疫期也长。以 NDV 弱毒疫苗为例，滴鼻点眼产生的疫苗免疫抗体比饮水高 4 倍。缺点是效率低，对鸡的应激大。

（1）点眼和滴鼻。点眼和滴鼻是提高雏鸡免疫效果的最佳方法，尤其适合雏鸡的免疫预防，可以避免疫苗被母源抗体中和，且可确保每一只鸡都得到相同剂量的疫苗免疫，适合 NDV、ILTV 和 IBV 等病毒的活疫苗接种。其操作关键点是接种后应稍停片刻，待疫苗液确已吸入眼或鼻腔后再放开禽只。缺点是：劳动强度高、时间长，对操作人员的责任心要求较强。

（2）注射与刺种。注射和刺种包括肌肉注射、皮下注射、翼下刺种等，能使疫苗抗原迅速通过循环系统到达免疫器官，使家禽快速产生免疫反应。缺点是：费工费时，对禽群应激较大。具体包括：①肌肉注射。一般选在胸骨两侧胸肌发达的部位注射（应斜向前入针，避免刺入心脏或腹腔），也可在腿肌注射。②皮下注射。1 日龄雏鸡疫苗注射常采取此途径，如马立克氏病疫苗、新城疫疫苗等。③翼下刺种。该途径主要适用于鸡痘、新城疫Ⅰ系等。

（3）鸡胚胎接种。对 18～19d 的鸡胚经气室或卵黄部位等接种疫苗，可使雏鸡获得早期的免疫保护。该技术已在养殖发达国家和地区广泛推广使用，包括 NDV、MDV、IBDV 和 IBV 等病毒的疫苗。

3）疫苗稀释与剂量

一般的疫苗可用灭菌生理盐水或蒸馏水稀释，特殊疫苗（如马立克氏病液氮苗）必须使用指定的稀释液。除了饮水和气雾免疫时可在稀释液中加入 0.1%～0.3%的脱脂乳以保护疫苗效价外，一般不要随便加入抗菌（抗病毒）药物，更不能将不同疫苗混合接种。疫苗的使用剂量应严格按产品说明书进行。群体免疫时，为弥补操作过程中的损耗，可增加 10%～20%的剂量。

4）免疫剂量与效果的相关性

大量的动物免疫接种试验表明，疫苗的免疫剂量是通过严谨、科学的试验筛选的，即免疫接种一个剂量的疫苗，按照生物制品规程中的效力试验标准，至少可抵御 10 个 LD_{50}（半数致死量）的攻击。如果疫苗免疫的剂量过高，很容易产生免疫耐受，起到相反的作用。

事实上，疫苗抗体的保护力取决于分泌抗体的 B 细胞亲和力，该抗体与病毒结合称为中和能力，亲和力越强，中和能力就越强。抗体与病毒的结合是竞争性结合，根据克隆选择理论，抗原在一定范围内浓度越低，活化 B 细胞产生抗体的亲和力越强，这也是低剂量、长时间免疫制备高亲和力单克隆抗体的理论依据。

5. 细节和关键点

疫苗接种前后，饮水或饲料可添加抗应激类药品或免疫增强剂，如复合维生素、维生素 C、转移因子、脂多糖和蜂胶等，以提高免疫效果。产蛋鸡免疫接种可安排在产前或休产期，如在产蛋期需接种疫苗，应考虑夜间接种，以最大限度减少应激；疫苗接种前应避免断喙、转群、长途运输、过度拥挤、过冷或过热等应激因素；最好不要多种活疫苗同时使用，以免相互产生干扰作用；免疫接种当天，应禁止对禽舍消毒，禁止投服一些抗菌类及抗病毒药物。庆大霉素、金霉素、氯霉素、痢特灵等具有免疫抑制作用，应在免疫前后禁用。

二、转移因子

转移因子（transfer factor，TF）是白细胞中具有免疫活性的 T 细胞所释放的一类可透析的小分子物质，携带致敏淋巴细胞的特异性免疫信息，在受者体内能够诱导 T 细胞转变为致敏淋巴细胞，特异性地将供者的细胞免疫被动地转移到受者体内，使受者获得特异性细胞的免疫功能。它是一种高效、绿色、保健、无残留而又安全的免疫增强剂。

（一）生物学特征

1. 组成

TF 含多种氨基酸，分子质量小于 10 000 Da，其化学本质是由多肽和寡核苷酸等组成的小分子物质，能自由通过半透膜。粗制 TF 一般含有 K、Na、Ca、Mg、Zn 等元素，多核苷酸含核糖和碱性腺嘌呤、鸟嘌呤、胞嘧啶等，等电点为 4.48，其多肽部分富含天冬氨酸。粗制 TF 中总氨基酸包括游离氨基酸和组成多肽的氨基酸，游离氨基酸占总氨基酸的 2/3，组成多肽的氨基酸占总氨基酸的 1/3，TF 中多肽与小分子 RNA 的比例为 2∶1。

黄迪海等（2014）通过福林酚法测定鸡脾 TF 口服溶液中多肽含量为 1570.8μg/mL，SDS-PAGE 法测得多肽的分子质量为 9213Da，脱 E 受体法测定鸡脾 TF 活力为 10.92%，LC-MS 法测得多肽分子质量为 800～7476Da，共 581 种多肽，其中包括 T 细胞凋亡抑制相关蛋白（TIAL1）等多种生物活性蛋白，详见表 3.10。

表 3.10　鸡脾 TF 通过非酶切方式获得的具有代表性的多肽

序号	多肽名称	序号	多肽名称
1	T 细胞凋亡抑制相关蛋白（TIAL1）	9	抑癌蛋白（TIP47）
2	胸腺肽β4（TMSB4X）	10	杀菌/通透性增加蛋白（BPIL3）
3	免疫球蛋白样受体（CHIR-AB3）	11	肺出血肾炎抗原结合蛋白（COL4A3BP）
4	鸡免疫球蛋白α链（Ig alpha chain - Ck）	12	调节胰腺发育及糖、脂代谢转录因子（FOXA2）
5	白细胞介素-16（IL-16）	13	乙酰胆碱酯酶（ACHE）
6	白细胞介素- 6 受体亚基β前体	14	热休克蛋白 90-α（HSP90AA1）
7	免疫抑制剂雷帕霉素结合蛋白（FRAP1）	15	主动脉平滑肌肌动蛋白（ACTA2 Actin）
8	干扰素调节因子结合蛋白（IRF2BP2）	16	血红蛋白亚基α-A（HBAA）

鸡脾脏提取液的小分子活性组分中，甘氨酸、丝氨酸和谷氨酸含量较高。研究表明，各组分均含有甘氨酸、丝氨酸，且免疫活性的强弱与这两种氨基酸的浓度呈正相关。

2. 生物学特性

首先，TF 属小分子多肽和核苷酸复合物，无热原，无抗原性，无毒副作用，无种属差异，是一种非抗原、非补体、具有激素样性质的小分子复合物，在免疫应答和炎症反应中具有多种生物学活性。TF 不是抗原的原因在于分子质量偏小，一般为 2000～10 000Da（一般只有分子质量大于 100 000Da 的蛋白才具有抗原性），故不产生抗体，也不被抗体所消灭。但 TF 具有抗原特异性，如给动物免疫不同的抗原，动物脾脏可产生针对免疫原的特异性 TF。例如，给鸡群免疫 NDV 疫苗，利用免疫鸡脾脏制备的 TF 对治疗新城疫具有特异的效果。

其次，TF 反应速度快。注射 TF 后，4～12h 可使受者发生迟发型过敏反应，而用抗原免疫，即使抗原量很大，也是在 72h 后才能产生反应。任何物质的动物免疫反应都必须经过一定的时间间隔。而 TF 因为分子质量较小，直接可被体内吸收。因此，TF 不能产生抗体。

3. 药效动力学

TF 作用时间短，一般 8～24h，最快 4h 即可激活宿主淋巴细胞。1 个 TF 单位相当于 10^8 个白细胞；TF 转移细胞免疫剂量小，0.01 个 TF 单位即可发生反应。人的 TF 持续时间长，一般在 1 年以上。当然，对寿命较短的家禽来讲，TF 在家禽体内维持的时间尚无定论。

TF 分子质量较小，能抵抗消化酶（如胰蛋白酶、糜蛋白酶、胃蛋白酶等）及核酸酶（DNA 酶和 RNA 酶）的降解，在胃肠道内不被破坏，且能以原型吸收。这个特性证明 TF 既适合注射又适合饮水。姜训等（1994）报道口服 TF 主要经上消化道吸收，在血液、肝脏及尿中 TF 高峰时间分别为 2h、8h 和 24h。TF 口服和注射同效，极大地便利了 TF 在集约化养禽中的推广应用。

4. 与弱毒活疫苗的比较

TF 和弱毒活疫苗都是具有生物活性的物质。二者的区别在于，前者是广谱性的，后者是特异性的，二者具有本质的区别。TF 与经典弱毒活疫苗的比较详见表 3.11。

表 3.11　TF 与经典弱毒活疫苗的比较

特征	TF	弱毒活疫苗
分子质量	小，大多数在 1 万 Da 以内	大，10 万 Da 以上
组成成分	复杂多样	单一
抗原性	无	良好的抗原性
特异性	种间差别小，广谱	特异性强，有针对性
反应时间	作用快，4～8h	相对较慢，大于 72h
免疫记忆	无	有，可增强二次免疫反应的强度和时间
可否抗病毒或与抗生素联用	可以联合使用，效果好	不能与抗病毒药、消毒剂联用
副反应	无，可重复使用	可能有副反应
对宿主免疫的影响	传递信息，协助提高免疫力	产生细胞、体液和黏膜抗体及干扰素

（二）TF 的免疫调节机制

TF 成分复杂，其对宿主的免疫调节机制呈现多样化，其作用路径如图 3.2 所示。

1. 非特异性免疫

1）巨噬细胞吞噬活性提高

TF 能显著增强巨噬细胞的抗原呈递作用，并且与其浓度呈正相关。对结核特异性的 TF 研究发现，在有抗原刺激的情况下，TF 可通过传递抗原信息、激活细胞受体、诱导活性因子合成等机理活化各种免疫细胞；而在缺乏抗原刺激的条件下，TF 则通过促进细胞 mRNA 的合成及与细胞膜受体结合导致淋巴细胞活化，增强吞噬细胞的活性。

2）增强中性粒细胞趋化功能

TF 对中性粒细胞具有很强的趋化活性，但对巨噬细胞的趋化活性较弱；能增加单核细胞浓度，增强 K 细胞的杀伤活性。研究表明，TF 可以促进多形中性粒细胞游走活性，提高淋巴细胞的转化率。

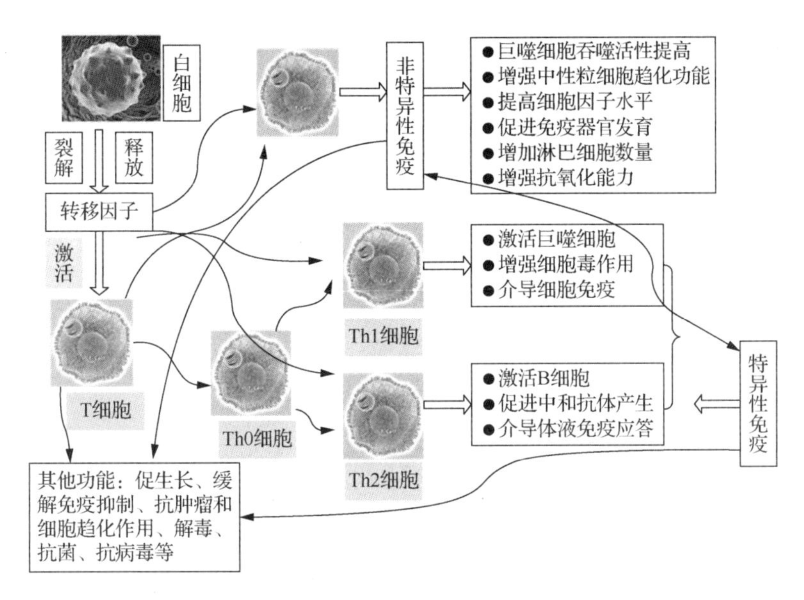

图 3.2　TF 对宿主的免疫调节机制

3）提高细胞因子水平

TF 可诱导靶细胞分泌白细胞介素、干扰素、淋巴因子、趋化因子、肿瘤坏死因子等，促进信息传导功能，从而进一步提高免疫效果。

4）显著促进宿主免疫器官发育和增加淋巴细胞数量，并提高抗氧化能力

李晶等（2015）连续灌服中高剂量鸡脾 TF 1 周后，鸡的肠绒毛高度显著升高，肠隐窝深度显著降低，*V/C* 值（回肠绒毛高度和隐窝深度的比值）显著升高，改善肠黏膜结构；并显著增加小肠黏膜屏障的杯状细胞数量，显著上调 *Muc*2 基因的相对表达量；停药 1 周后免疫器官发育显著优于对照组，肠黏膜形态结构显著好于对照组，杯状细胞的数量显著高于对照组，但对 *Muc*2 基因的上调作用相对减弱。进一步的研究发现：连续灌服中、高剂量 TF 一周后，还可显著提高各肠段上皮内淋巴细胞数量、IL-10 含量，显著降低 TNF-α 含量，增强各肠段抗氧化酶（SOD、GSH-PX、CAT）活性及总抗氧化能力，并且能显著降低各肠段丙二醛的含量；有助于自由基的清除；进一步促进机体的免疫反应。停药 1 周后，仍有显著影响。连续灌服 1 周中高剂量 TF，显著上调 *TLR*2、*TLR*4 基因的相对表达量；停喂 1 周，尽管上调作用有所降低，但仍高于对照组。该结果证实了鸡 TF 具有提高家禽非特异性免疫的功能。

2. 增强细胞免疫功能

TF 进入机体后可使造血系统迅速产生大量的白细胞，并活化淋巴细胞，从而促进 Th 细胞的产生，进一步促进 T 细胞分化，增强机体的免疫功能。TF 具有传递特异细胞免疫信息的活性，而抗原信息的刺激与动物机体免疫功能的发挥有着直接的联系。TF 可激活淋巴细胞 E 受体，增加 E 玫瑰花环的形成数目。免疫信息通过 TF 转移给受体淋巴细胞，使细胞获得该信息而产生识别特异性抗原的受体，然后与特异性抗原结合而触发受体细胞活化，从而增强淋巴细胞的活性而导致其高度分化增殖。秦卓明等（2017）对 7 日龄健康雏鸡分别按每只 0.25mL、0.5mL、1mL 的剂量饲喂鸡脾 TF 溶液。在第 7 和 14 天按照α-ANAE 法测定各组外周血液中的 T 细胞百分率，结果显示各试验组的 T 细胞百分率均高于空白对照

组，1mL/只剂量组与空白对照组相比差异极显著（$P\leqslant0.01$）；停药 7d 后，各试验组的 T 细胞百分比仍高于对照组，且 1mL/只剂量组差异显著（$P\leqslant0.05$）。以上结果说明鸡脾 TF 可以提高鸡外周血液中的 T 细胞含量，并且可以维持一定时间，从而增强机体的细胞免疫功能。

3. 增强体液免疫

疫苗和 TF 联合使用，可显著提高抗体滴度，如 TF 配合 NDV 活疫苗使用，可以提高疫苗血凝抑制抗体滴度 1～2 log2。赵雪梅等（1998）报道，TF 配合 IBDV 疫苗免疫后 7d，琼脂免疫扩散试验（AGP）检出率明显升高，而传统方法则需要 14d 才能检出。李富桂等（1999）制备 10 倍浓缩的鸡脾 TF，配合鸡减蛋综合征疫苗免疫，结果试验组比对照组的抗体效价高 1.7～2.7 log2。

4. 促生长和生产作用

动物机体的正常生长发育一般由 T4、T3 和生长素协同调控而完成。生长素主要促进组织生长，T4、T3 主要促进器官、组织的分化，而生长素的促生长作用需要有适量的 T4、T3 存在。研究证实：TF 在动物生长发育过程中发挥的作用机制与血液中 T4、生长素水平的升高有一定联系。实验证明，按推荐剂量与疗程应用 TF，肉仔鸡平均日重量增加 3.10g。此外，母鸡产蛋率提高 4%～8%；雏鸡成活率提高 3%～5%。

5. 缓解免疫抑制

导致家禽发生免疫抑制的原因很多，但主要是病毒性疫病，如 REV、CIAV、IBDV、ALV、REO、AdVs、LPAIV 等病毒可直接或间接损害免疫器官（如胸腺、法氏囊、骨髓等），而 TF 可活化淋巴细胞，促进 T 辅助细胞产生和释放更多的淋巴因子，促进 T 细胞生长和分裂，从而激发更多的细胞免疫和体液免疫功能，显著降低鸡群的免疫抑制。

6. 解毒、抗菌、抗病毒及抗应激功能

研究发现，TF 可增强肝细胞的吞噬、吸收、聚集与排泄功能，促进肝细胞的修复与自愈，因此，整体提高了肝脏细胞的解毒功能。TF 的抑菌谱也相当广泛，推测与其自身含有抗菌肽等物质有关。但一般情况下，TF 的抑菌圈很小，甚至不显现，只有在高浓度时，才出现抑菌圈。TF 在体内的抗病毒作用主要是通过提高宿主自身的免疫来实现的。

应用 TF 可缓解应激。例如，在蛋鸡产蛋率从 50%至高峰期间，每周利用饮水给予 TF 2 次，可有效缓解蛋鸡产蛋高峰时所带来的应激，对维护蛋鸡产蛋高峰和持续期十分有益。

（三）临床应用

1. 鸡新城疫

1）非典型新城疫发病鸡治疗

利用 TF 在国内几十个养鸡场进行大规模治疗非典型鸡新城疫田间试验，治疗 195 680 例，平均治愈率 92.5%；而采用常规疫苗紧急免疫法，保护率仅为 56.4%。

2）商品肉鸡早期新城疫的治疗

商品肉鸡易发生早期新城疫（小于20d），通常在10～12d多发。其发病特点：雏鸡瘫痪、肠炎、死亡率偏高（日死亡率在3‰～5‰）。治疗方案：先停水2～4h，按200～1000羽/瓶加入TF，2h内饮完，连用2～3d。使用TF后死亡率迅速下降，采食明显恢复，具有立竿见影的效果。

3）商品肉鸡中期新城疫的治疗

商品肉鸡在21～35日龄发生的新城疫一般称为“中期新城疫”。发病特点：鸡有呼吸道症状，鸡群连续3～7d不增料，生长缓慢，死亡率不超过0.5%。治疗方案同上，效果较好。

4）出栏前商品肉鸡的新城疫防控

商品肉鸡35～42日龄，最易发生新城疫，又称为“后期新城疫”，多为继发或混发，即易与H9、大肠杆菌、支原体等形成混合感染。治疗方案：按800～1000羽/瓶加入TF，连用2～3d。同时，白天辅以治疗H9的中药或大肠杆菌药物，即可取得明显的效果。

2. 鸡传染性喉气管炎

TF对预防ILTV有一定作用，保护率为45%。用TF治疗1868个ILT病例，治愈率达86.2%。

3. 鸡传染性支气管炎

在实验室对30d的SPF鸡进行IBV攻毒，待临床症状出现后，分别利用TF高剂量（1.0mL/羽）、中剂量（0.5mL/羽）、低剂量（0.25mL/羽）、生理盐水对照组（0.5mL/羽）和正常组（健康对照）各50只鸡/组进行治疗。结果发现：高剂量组、中剂量组、低剂量组和生理盐水组的总有效率（从增重、死亡和临床表现等判断）分别为88%、84%、72%和34%，而健康组均正常。利用TF对32 560个IBV临床发病的典型病例进行治疗，治愈率达88.6%。

4. 低致病性禽流感

当家禽感染H9N2 AIV时，机体的免疫力在一定程度上受到了抑制，呼吸道上皮细胞纤毛运动和吞噬细胞功能下降，机体的抗病能力降低，极易受细菌性病原的攻击而引起继发性感染。

确诊H9N2感染后，使用TF治疗，按600～800羽/瓶饮水，每天一次，症状较轻者连用2d，症状重者连用3～4d。为防止继发大肠杆菌病，应配合抗生素预防治疗。

5. 大肠杆菌和支原体混合感染

实验室用TF配合欣复康治疗大肠杆菌人工感染SPF发病鸡120例，治愈率达95.6%，对照组单用欣复康，治愈率达89.4%。用TF治疗新大肠杆菌自然发病1398例，治愈率达92.7%。

TF对大肠杆菌和病毒的混合感染具有非常明显的治疗效果。在临床上，嗜呼吸道病毒如H9N2、IBV等常常和大肠杆菌及支原体等混合感染，出现严重的呼吸道病症，不仅发病率高，病程长，死亡率高，而且治疗起来十分困难，甚至连用7～8d药物都无济于事。

针对该现状，通过TF、抗病毒药物和抗菌药物（主要针对大肠杆菌）三者的联合使用，一般会收到明显的治疗效果，治愈率达85%以上。

6. TF对家禽的促生长作用

TF在促进家禽机体生长发育方面具有重要作用。2015～2016年，山东农业科学院家禽研究所和健牧生物药业有限公司的研究团队在山东省的高青、潍坊、宁阳、昌邑4个地区共73 610只商品肉鸡中分别进行了TF促生长试验。针对商品肉鸡母源抗体降低规律及疫病防控的关键点，确定了TF使用量和程序（3次免疫，提前2d），在6、7日龄添加量为1000羽/瓶，13、14日龄添加量为800羽/瓶，20、21日龄添加量为800羽/瓶。出栏时综合比较发现，TF试验组与对照组相比具有明显的促生长和抗病作用，试验组（利用TF组）平均成活率为95.37%，最高为99.4%，对照组（非利用TF组）平均成活率为91.8%，二者比较成活率平均提高3.57%；试验组平均饲料转化率为1.58，而对照组为1.70，降低0.12；试验组出栏时平均毛体重为2.67kg/羽，对照组为2.57kg/羽，平均每只鸡增重200g以上，经济效益显著。

三、干扰素

干扰素是一种广谱抗病毒剂，它本身并不直接杀伤或抑制病毒，而主要是通过细胞表面受体作用使细胞产生抗病毒蛋白，从而抑制病毒的复制，在抗病毒防御中起关键作用。

（一）特点和组成

1. 概念

干扰素是一组具有多种功能的活性蛋白质（主要是糖蛋白），是一种由单核细胞和淋巴细胞产生的、具有预防和抗病毒作用的细胞因子。干扰素具有抑制细胞分裂、调节免疫、抗病毒、抗肿瘤等多种作用。干扰素的本质是蛋白质，可分为α、β、γ、ω等类型。干扰素能诱导细胞对病毒感染产生抗性，它通过干扰病毒基因转录或病毒蛋白组分的翻译，阻止或限制病毒感染，是目前最主要的抗病毒感染和抗肿瘤的生物制品。

2. 历史

干扰素发现于20世纪50年代。说起干扰素的发现，还要追溯到80多年前。1935年，美国科学家利用黄热病毒在猴子身上做试验。黄热病是一种由病毒引起的恶性病。他们先用一种致命性弱的病毒感染猴子，猴子安然无恙，可是再用致病性很强的黄热病毒感染同一只猴子，猴子竟然没有反应。这一现象使美国科学家得到启发：前一种病毒可能产生了某种物质，使细胞受新病毒的进攻时能自我防御。1937年，有人重复类似的实验，证实给经裂谷热病毒感染的猴子注射黄热病毒，猴子也没事。反复的实验证据让科学家们想到，生物界的病毒可能存在着奇妙的互相干扰现象。1957年，美国细菌学家Isaacs和Lindenmann决心搞清“以毒攻毒”的物质基础。他们经过大量的实验发现，在病毒的刺激下，细胞中会产生一种蛋白质，能抑制后来病毒的侵染。Isaacs认为这种特殊的蛋白质能起到干扰作用，就将其命名为“干扰素”。干扰素的发现，让科学家倍感兴奋，更赋予了科学家无穷的想象和启示。人类的许多疾病都是由病毒引起的，即便是再先进的抗生素也无济于事，但干扰素却是对付病毒的良药。

研究发现，大多数细胞在被病毒感染后能产生干扰素，而且所产生的干扰素均能抑制多种病毒复制。基因序列分析表明，干扰素早在5亿～10亿年前就存在于生命细胞的基因序列中，是生物体内一种古老的保护因子。它通过对细胞一系列基因组的诱导和抑制作用，调节细胞功能，防御外来物质特别是异种核酸的侵入，维持细胞的正常生理状态，对维护细胞功能和生物进化具有普遍意义。干扰素是诱生蛋白，正常细胞不自发产生干扰素，仅具有合成干扰素的潜能。

3. 生物学特性

干扰素的分子质量一般为20 000～100 000Da，一般在56℃下30min不会被灭活，-20℃下可长期保存。在pH稳定性方面，Ⅰ型干扰素具有耐酸性，在pH 2.0～10.0时很稳定。Ⅱ型干扰素不耐酸，也不耐热，即在pH 2.0时不稳定，在56℃下30min会被破坏。干扰素一般由130～170个氨基酸组成，含17种以上的氨基酸，其中的天冬氨酸、谷氨酸和亮氨酸含量较高。利用半数细胞病变抑制法（$CPEI_{50}$）可测到诱导生成的干扰素的活性。

4. 禽干扰素分类

禽类干扰素具有相对的种属特异性，依据抗原特异性和分子结构可分为3型，即IFN-α、IFN-β和IFN-γ；又可分为Ⅰ型和Ⅱ型两类干扰素。

1）Ⅰ型干扰素

Ⅰ型干扰素由IFN-α与IFN-β等组成。IFN-α由单核巨噬细胞产生，也可由B细胞和成纤维细胞合成；IFN-β由成纤维细胞产生。IFN-α/β二者结合相同受体，分布广泛，包括单核巨噬细胞、多形核白细胞、B细胞、T细胞、血小板、上皮细胞、内皮细胞与肿瘤细胞等。

2）Ⅱ型干扰素

Ⅱ型干扰素只有IFN-γ干扰素，主要由活化的T细胞（包括Th0、Th1细胞和大多数的CD_{8+}T细胞）和NK细胞等免疫系统中的细胞产生，即所谓的淋巴因子（lymphokine）的一种，故IFN-γ又称为免疫干扰素。IFN-γ以细胞外基质相连的形式存在，通过旁邻方式控制细胞生长，可以分布在除成熟红细胞以外的大多数细胞表面。

3）干扰素的比较

不同类型干扰素的理化性质有所差异。例如，IFN-α和IFN-β在pH 2.0的环境中较稳定，而IFN-γ则相反。IFN-γ的分子质量为17 000～36 000Da，比IFN-α或IFN-β大。三者的糖基化位点相同。

同一类型的干扰素，根据氨基酸序列的差异，又分为若干亚型。已知IFN-α至少有23个的亚型，分别以IFN-α1、IFN-α2等表示。IFN-β和IFN-γ各有1个亚型。3种干扰素的理化及生物学性质有明显差异，即使IFN-α的各亚型之间，其生物学作用也不尽相同。

5. 干扰素检测

禽干扰素的测定方法与哺乳动物相似（检查干扰素在体外抑制病毒复制的能力）。一般使用NDV F系作为诱生剂，攻击病毒为水泡性口炎病毒，诱生细胞可以是脾细胞或血细胞，测定细胞则用相应的禽胚制备。

6. 干扰素诱导剂

最有效的干扰素诱导剂是一种能人工合成的双股 RNA，是由聚肌苷酸和聚胞啶酸构成的 PolyI:C 增效剂或聚肌胞。其具有广谱抗病毒、诱生干扰素和免疫促进功能。

（二）干扰素的抗病机制

在病毒的复制过程中，其生命周期的许多步骤受到诸多因子（包括干扰素等）影响，而干扰素如何发挥其抑制病毒的作用，取决于病毒的种类和细胞类型。干扰素与其受体结合后，可以启动 300 多个基因的转录，由此产生的蛋白能够抑制病毒的吸附、脱壳、病毒 mRNA 或病毒蛋白的合成、病毒基因组的复制以及子代病毒的组装和释放。病毒生命周期的多个步骤均可以被抑制，并且产生很强的叠加作用。

1. 抗病毒作用

Ⅰ型干扰素是免疫系统中的主要防御与调节因子。在家禽机体感染病毒的早期，Ⅰ型干扰素即可控制病毒的生长和增殖。具体包括：一是直接激活免疫细胞。二是间接抑制病毒的复制过程。三是活化 NK 细胞和巨噬细胞，从而促进树突状细胞的活化，并同时诱发周围的 CD_{41} 亚型 T 细胞、Th 细胞在效应细胞上产生高水平的Ⅰ型干扰素，达到保护 CD_{81} 细胞、防止诱导抗体细胞死亡的目的。此外，IFN-β和 IFN-γ有互助抗病毒的作用。

2. 抗菌作用

IFN-γ具有抗菌作用，该干扰素能通过下调转铁蛋白受体减少细菌供铁量或通过诱导产生内源性 NO 直接抑制细胞内细菌，还能增加单核巨噬细胞的吞噬小体——溶酶体溶解细菌作用，并通过以上途径共同达到消灭细菌的目的。

3. 抗寄生虫作用

IFN-γ还可抗寄生虫，它可激活巨噬细胞（Mφ），活化的 Mφ可表达高水平的诱导型氧化氮合酶（iNOS）催化 L-精氨酸产生 NO，NO 对接种病原体有抑制和杀伤作用。

4. 参与免疫调节

IFN-γ（免疫调节干扰素）作用体现在：①可影响 IgG 的 Fc 受体表达，从而有利于巨噬细胞对抗原的吞噬，增强 K、NK 细胞对靶细胞的杀伤作用，以及 T 细胞、B 细胞的激活作用，增强机体的免疫应答。②可使巨噬细胞表面 MHCⅡ类分子的表达增加，增强其抗原呈递能力。③可通过增强巨噬细胞表面表达 Fc 受体，促进巨噬细胞吞噬免疫复合物、抗体包被的病原体和肿瘤细胞。④可通过刺激中性粒细胞，增强其吞噬能力，活化 NK 细胞，增强其细胞毒作用等。

5. 抗肿瘤作用

IFN-γ是一个防御肿瘤发展的必需细胞因子，由特异性抗原刺激 T 细胞产生，不耐酸，是机体主要的巨噬细胞刺激因子，对机体免疫反应具有多方面的调节作用。具体包括能激活效应细胞，提高 NK 细胞、巨噬细胞和肿瘤浸润淋巴细胞的活性，促进单核细胞循环，增强免疫细胞表面抗原和抗体的表达，刺激 IL-2、肿瘤坏死因子、干扰素等细胞因子的产生，抑制肿瘤细胞分裂，诱导基因合成抗病毒蛋白等。

（三）干扰素的副作用

干扰素诱导产生的蛋白具有功能多样性，在参与信号转导、抗原呈递、转录调节、细胞凋亡、趋化作用和应激反应等方面发挥不同的作用。干扰素诱导产生的一些蛋白也可以被其他刺激因素诱导产生，如双链 RNA、细菌脂多糖、TNF-α和 IL-1 等。

干扰素发现不久，就受到病毒界的广泛热捧。但是，人们很快发现了干扰素也存在弊端：干扰素可诱导多种有害基因产物的表达，并对表达干扰素特异性受体的细胞具有潜在的致死效应（体内大部分细胞具有干扰素受体），且可对感染个体产生明显的伤害或负面的生理反应，如发热、畏寒、呕吐和烦躁不安等。这也是应用干扰素后“流感样”症状增多的主要原因。尽管如此，干扰素在治疗人的乙型肝炎和丙型肝炎等病毒病持续感染方面，功效独特。

（四）临床应用

1. 干扰素在临床上的应用

禽干扰素具有高效、广谱的抗病毒作用，可抑制 NDV、IBV、MDV、IBDV 和 ILTV 等多种禽病毒的繁殖，还有抗寄生虫（如柔嫩艾美尔球虫）活性和免疫调节功能。

2. 典型案例

河北某鸡场发生肾型 IBV 感染。病鸡严重脱水，排泄大量白色石灰样稀粪，部分严重病鸡脚趾干瘪，死亡率增加。治疗方案：选用干扰素，每瓶加水（水温不超过 20℃）稀释后给 500 羽鸡饮用，每天 1 次，1～2h 内饮完，连用 4d。并从第 2 天开始在水中加入黄芪多糖和电解多维（与干扰素分开饮用），连用 3d。结果：用药第 2 天，鸡群精神好转，体温下降，呼吸道症状减轻，拉稀减少，采食量有所增加。第 3 天食欲上升，死亡率减少，5～7d 后恢复正常。

（秦卓明　张　伟）

第四章　家禽病毒性呼吸系统疾病

第一节　呼吸系统病毒概述

一、常见的呼吸道病毒

家禽呼吸系统疾病是中国发生频率较高、影响规模较大、临床症状最复杂和经济损失最严重的疾病。调查显示：在中国目前的家禽疾病中，传染性疾病占 90%，其中病毒病占 60%以上，而呼吸道病毒病又占病毒病的一半以上。病毒在自然界广泛存在，对家禽的“宏基因组”研究表明，各种病毒与家禽“形影相随”，而真正对禽群构成严重危害的仅占少数。大多数的家禽病毒平时寄生在宿主体内或外界的环境中，与宿主“和平相处”，很少引起疾病，但一旦宿主受到严重的应激，如受冷、过热、断水和饥饿以及其他致病因子并发感染等，那些平时“温和”的病原就会露出“狰狞”的面目而导致宿主发生临床可见的病变，如 FAdVs、CIAV、IBV 等引起的病变。

对大多数的家禽病毒病而言，一般采取“中庸”策略，既对鸡群造成一定程度的危害，又可使大多数患病禽耐过并逐渐恢复，病毒自身也得以繁衍。如 ILTV 主要危害成年鸡，可导致少量鸡咯血而死（一般不超过 5%），而鸡群很快就会产生自身的抵抗力，大多数患病鸡可以在 3 周内恢复。IBV、IBDV（infectious bursal disease virus）等莫不如此。

但是，对烈性病原微生物（如高致病性禽流感病毒、新城疫病毒等），即使是最健康的宿主，这些病原也会冲破它们的防御系统，特别是对低免疫力或未经免疫的家禽宿主，更会造成对家禽的毁灭性打击。尽管如此，这些烈性病原一般不会对鸡群“斩尽杀绝”，否则，其自身会失去在自然界的位置。值得庆幸的是，上述烈性病原微生物少之又少。

19 世纪后期，法国科学家 Pasteur 开创了疫苗免疫防控疫病的先河。进入 20 世纪，世界各地的禽病防控专家经过长期、艰苦的努力，研制出了一个又一个成功的疫苗，特别是马立克、新城疫等病毒疫苗的推广应用，使家禽成为最早规模化饲养的动物。尽管如此，仍有部分病毒因变异太快（如 AIV 等）、培养困难（如 REV 等）、血清型太多（如腺病毒有 10 多个血清型等）等而缺乏高效的疫苗，家禽的健康仍然面临着严峻的挑战。

截至到目前，引起呼吸道感染的病毒至少包括 5 个科，100 多个种、属。

（一）正黏病毒科

正黏病毒科（Orthomyxoviridae）下设 6 个属，由 A 型流感病毒属（influenza viruses A，甲型流感病毒）、B 型流感病毒属（influenza viruses B，乙型流感病毒）、C 型流感病毒属（influenza viruses C，丙型流感病毒）、D 型流感病毒属（influenza viruses D）、托高土病毒属和传染性鲑贫血病毒属等组成。其中，前 4 个均为流感病毒属。托高土病毒属和传染性鲑贫血病毒属与流感病毒属之间没有抗原上的直接联系，但其基因的起源和序列具有一定的相关性。

1. A 型流感病毒

A 型流感病毒是正黏病毒中对人和动物危害最严重的病毒。依据血凝素蛋白（HA）和神经氨酸酶（neuraminidase，NA）的不同，将病毒分为不同的亚型。目前，HA 有 18 个血清型，NA 有 11 个抗原亚型。除了 H17N10 和 H18N11 源自蝙蝠，其余亚型均源自禽类。

AIV 感染的宿主较多，致病性不一。已从 25 个科 100 多种野鸟中分离到 AIV，中国已在 17 种鸟类中分离到病毒。人、猪等哺乳动物主要感染 H1、H2 和 H3 亚型流感病毒，马主要感染 H3 亚型流感病毒，而禽类则对 H1～H16 血清亚型的流感病毒均有感染，大部分为低致病性，而高致病性禽流感多见于 H5 和 H7 亚型流感病毒。

水禽、水鸟、迁徙水鸟和其他野鸟均是 AIV 的自然储存宿主，全世界的水禽甚至连南极洲的企鹅都有 AIV 感染的血清学证据，足见 AIV 流行之普遍。特别是雁形目（鸭和鹅）和鸻形目的鸟类，它们是所有 AIV 的生物和基因的储存库。从野鸭中分离到的禽流感病毒主要是 H3、H4、H6、N2、N6 和 N8 等亚型。以 AIV 分离率最高的绿头鸭（*Anas platyrhynchos*）为例，60%的青年鸭在夏季末迁徙之前就感染了 AIV。需要注意的是，水禽、水鸟和野鸟等均不是 HPAIV 的储存宿主。上述禽类可以携带 AIV，但绝大多数属于隐性感染，不具有致病性。

2. B 型流感病毒

B 型流感病毒主要感染人，对禽类不感染。

3. C 型流感病毒

C 型流感病毒主要感染人和猪，且主要感染儿童；也有猪感染的报道；禽类不感染。

4. D 型流感病毒

2016 年 9 月，国际病毒分类委员会批准命名了一种新病毒——D 型流感病毒，该病毒由南达科他州立大学的 Feng Li 教授发现，是流感病毒的一个新属，与 A、B 和 C 型流感病毒存在一定的差异。牛是 D 型流感病毒的主要“储存库”。

（二）副黏病毒科

副黏病毒科（Paramyxoviridae）隶属于单分子负链 RNA 目。副黏病毒科由副黏病毒亚科（Paramyxovirinae）和肺病毒亚科（Pneumovirinae）组成。副黏病毒亚科包括呼吸道病毒属（*Respirovirus*）、麻疹病毒属（*Morbillivirus*）、腮腺炎病毒属（*Rubulavirus*）和禽腮腺炎病毒属（*Avulavirus*）等 8 个属。NDV 是禽腮腺炎病毒属的代表株，而 aMPV（avian metapneumo virus，禽偏肺病毒）则是肺病毒亚科的代表株。这两种病毒对中国的养禽业危害较大。

禽腮腺炎病毒属目前包括 11 个血清型，即 APMV-1～APMV-11。其中，NDV 是家禽业最重要的病原体，尽管 APMV-2、APMV-3、APMV-5、APMV-6 和 APMV-7 等病原对禽类有不同程度的致病性，但其所导致的危害远比 NDV 轻。尚未见家禽感染 APMV-8～APMV-11 的发病报道。不同血清型的代表毒株和已确定的自然宿主见表 4.1。

表 4.1　禽腮腺炎病毒属代表株、宿主、分布、危害和分子特征比较（自 Miller，2013）

代表株	自然宿主	引起家禽的相关病症	分布	F 蛋白裂解位点
APMV-1/NDV	大于 250 种禽类	从严重发病致死到亚临床感染	世界各地	GRRQKRF GGRQGRL
APMV-2/Chicken/CA/Yucaipa/1956	火鸡、鸡、雀形目	产蛋量下降和呼吸道病	世界各地	DKPASRF
APMV-3/Turkey/WI/1968	火鸡	轻度呼吸道疾病和出现严重的产蛋量下降	世界各地	PRPSGRL
APMV-3/Paraket/Netherland/449/1975	鹦鹉、雀形目	神经、肠道和呼吸道疫病	世界各地	ARPRGRL
APMV-4/Duck/Hongkong/D3/1975	鸭、鹅、鸡	未知	世界各地	VDIQPRF
APMV-5/Budgerigar/Japan/Kuntachi/1974	澳洲长尾小鹦鹉	发病率高，肠道疫病	日本、英国、澳大利亚	GKRKKRF
APMV-6/Duck/Hongkong/199/1977	鸭、鹅、火鸡	轻度呼吸道病和火鸡死淘增加	世界各地	PAPEPRL
APMV-7/Dove/TN/4/75	鸽、斑鸠、火鸡	火鸡轻度呼吸道疾病	美国、英国、日本	TLPSSRF
APMV-8/Goose/DE/1053	鸭、鹅、火鸡	家禽无感染	美国、日本	TYPQTRL
APMV-9/Duck/NY/22/1978	鸭	商品鸭亚临床感染	世界各地	RIREGRI
APMV-10/Penguin/Falkland Islands/324/2007	跳岩企鹅	家禽无感染	马尔维纳斯群岛	DKPSQRI
APMV-11/Common Snipe/France/100212 /2010	扇尾沙锥	家禽无感染	法国	未知

1. 禽副黏病毒-1 型（APMV-1）

APMV-1 主要引起鸡、火鸡、鸽等发病，是家禽中较重要的疫病之一（见本章第三节）。

2. 禽副黏病毒-2 型（APMV-2）

APMV-2 主要引起鸡和火鸡的轻度呼吸道疾病，对火鸡感染率较高。血清学调查显示，该病毒在全世界的家禽和野生鸟类中广泛存在。研究证实，APMV-2 单独感染时，鸡的症状十分轻微，但如果和其他呼吸道病原混合感染就可引起严重呼吸道症状，可引起窦炎，死亡率上升和产蛋率下降。

3. 禽副黏病毒-3 型（APMV-3）

家禽感染 APMV-3 的报道仅见于加拿大、美国、英国、法国和德国的火鸡。虽然鸡对 APMV-3 易感，但未见有自然感染的报道。火鸡感染普遍，主要引起轻微呼吸道症状，产蛋量严重下降，并发感染时疫情加重。笼养鸟（鹦鹉、雀类等）中 APMV-3 阳性率较高。

4. 禽副黏病毒 4～11 型（APMV-4～APMV-11 型）

最初的其他型 APMV 分离株大多数分离于 20 世纪 70 年代，即 APMV-4、APMV-6 和 APMV-8 等，且是从野鸭和野鹅的血清学调查（流感病毒普查）过程中发现的。其中，APMV-4 最早源自中国香港的鸭群；APMV-5 源自日本的澳洲长尾小鹦鹉（1974）；APMV-6 源自中国香港的家鸭（1977）；APMV-7 源自美国的雏鸽（1977）；APMV-8 源自美国的加拿大鹅

(1976)，后来在新西兰、西班牙等发现血清学阳性；APMV-9 源自美国纽约的家鸭（1978），2004 年从意大利的野生针尾鸭（*Anas acuta*）也分离到 APMV-9 毒株；APMV-10 源自马尔维纳斯群岛中的企鹅（2007）；APMV-11 则源自法国的扁尾沙锥（一种野鸟，2010）。均未发现上述病毒对家禽的危害。

5. 禽偏肺病毒（aMPV）

禽偏肺病毒对鸡、鸭易感，主要引起火鸡呼吸道疾病。2010 年以后，该病陆续在中国发生，临床主要表现为鸡肿头综合征，常伴发细菌感染（见本章第七节）。

（三）冠状病毒科

在 2008 年国际病毒分类委员会报告中提出，冠状病毒科隶属于套式病毒目(Nidovirales)，该目包括 3 个科，即冠状病毒科、动脉炎病毒科和杆状套病毒科。其中，冠状病毒科（Coronaviridae）分为冠状病毒亚科（Coronavirinae）和环曲病毒亚科(Torovirinae)。冠状病毒亚科进一步分为α-冠状病毒属（*Alphacoronavirus*）、β-冠状病毒属(*Betacoronavirus*)、γ-冠状病毒属(*Gammacoronavirus*)和δ-冠状病毒属(*Deltacoronavirus*)。2011 年上述分类得到国际病毒分类委员会第九次报告的认可。

冠状病毒科的病毒可感染包括人在内的多种动物，不同的动物病毒分别具有胃肠道、呼吸道和神经等组织嗜性，并引起相应的症候群。从最早发现和报道的冠状病毒科第一株病毒算起，迄今已有 70 多年历史。虽然冠状病毒可引起多种动物的疾病，并造成极为严重的损失，但是对人的危害不高。因此，不为人类重视，不具有公共卫生意义，直到 2003 年 SARS（severe acute respiratory syndrome，严重急性呼吸综合征）的出现才改变了这一切。溯源研究证实，蝙蝠是可能的储存宿主。

IBV 和火鸡、野鸡等其他禽类冠状病毒被统一归类为γ-冠状病毒属的禽冠状病毒(avian coronavirus)，该属还包括白鲸冠状病毒(beluga whale coronavirus, SW1)。自 2003 年以来，从世界各地蝙蝠、野生动物和野鸟中陆续获得了一些形态和特性上相似的冠状病毒，如利用在灰雁（*Anser anser*）、野生鸽（*Columbia livia*）和绿头鸭（*Anas platyrhynchos*）等动物中发现的冠状病毒的部分基因序列，复制酶和核衣壳蛋白基因序列的系统发育分析表明，这些毒株序列与γ-冠状病毒相近，但未分离到相应的病毒。

IBV 主要对鸡形目禽类（如家鸡、雉鸡等）引起病变（见本章第四节）。2003 年以后，陆续在鸭、孔雀、鸽等分离出类似 IBV 的病毒，但基本不致病。持续的研究发现，灰雁、绿头鸭、鸽、鹅、鹦鹉等禽类中均分离或检测到传染性支气管炎毒株样病毒，且这些病毒与 IBV 均属于γ-冠状病毒，可能是不同禽类的特异性冠状病毒。

（四）疱疹病毒科

疱疹病毒是一群中等大小、有包膜的 DNA 病毒，目前已发现 70 余种。根据 2005 年国际病毒分类委员会第八次报告，鸡 ILTV 属于疱疹病毒科（Herpesviridae）α-疱疹病毒亚科（Alphaherpesvirinae）传染性喉气管炎病毒属（*Iltovirus*）禽疱疹病毒 Ⅰ 型（*Gallid alphaherpesvirus* Ⅰ）。α-疱疹病毒亚科对禽类有致病性的病毒还有马立克氏病毒（MDV）、火鸡疱疹病毒（herpesvirus of turkeys，HVT）和鸭病毒性肠炎病毒（duck enteritis virus，DPV）。

1. 马立克氏病

MDV 主要感染鸡，在鸡中引起肿瘤和免疫抑制，也可感染火鸡、野鸡和鹌鹑等。其特征性病症是：在家禽的多种神经干或器官被多形性淋巴细胞浸润，形成肿瘤或导致家禽产生神经性疾病（如劈叉反应）。MDV 对鸡高度易感，其发病率和死亡率均在 90%以上，很少单独引起呼吸道症状，除非在呼吸道系统有肿瘤发生。故此，不再详述。

2. 传染性喉气管炎

ILTV 属于α-疱疹病毒亚科传染性喉气管炎病毒属禽疱疹病毒 I 型，主要感染鸡、野鸡和孔雀等，可引起鸡的呼吸困难、气喘、咳出血样渗出物等急性上呼吸道感染，受侵害的气管黏膜肿胀、水肿，导致糜烂和出血，同时产蛋量下降，死亡率增加（见本章第五节）。

3. 鸭病毒性肠炎

鸭病毒性肠炎（duck virus enteritis，DVE）由鸭疱疹病毒 I 型引起，又称鸭瘟。鸭疱疹病毒属于α-疱疹病毒亚科马立克病毒属，主要危害鸭，是一种泛嗜性全身感染的病原。病鸭表现为急性败血症症状，特征性病变是血管损伤，消化道出血、炎症和坏死，淋巴器官受损和全身实质性器官退行性变化。该病对成年鸭危害严重。

种鸭发病突然，持续高死亡率，蛋鸭可见明显产蛋量下降。随着病情蔓延，鸭群出现畏光、闭眼、眼睑粘连、食欲下降、渴欲增加、头颈低垂、运动失调、羽毛松乱、严重下痢等症状，病鸭身体虚弱、精神沉郁，甚至不能站立，驱赶时头颈和身体震颤。部分鸭头颈发生肿大，俗称“大头瘟”。后期常出现呼吸道症状，表现呼吸急促，病鸭从鼻孔流出稀薄性分泌物，呼吸困难，叫声沙哑，喉头黏膜有黄色假膜，剥离后留下溃疡，最后呼吸衰竭而死。在体温升高期间，病鸭常常发生腹泻，排出绿色或灰白色粪便。泄殖腔黏膜充血、水肿，严重者黏膜外翻。考虑到鸭的呼吸道症状不是特征性病变，故在本书中不再叙述。

（五）痘病毒科

痘病毒科（Poxviridae）是一个体积大、基因复杂的病毒科，结构无明显的对称性。该科成员广泛分布于自然界，天花病毒也属于痘病毒科，这是第一个被人类宣告在地球上彻底根除的感染性病毒病。

FPV 属于痘病毒科禽痘病毒属，由一群结构复杂的双链 DNA 病毒组成，是动物病毒中体积最大的病毒。FPV 是以禽类为宿主的痘病毒的总称，不仅包括鸡痘病毒、鸽痘病毒（pigeon pox virus）、火鸡痘病毒（turkey pox virus），还包括源自金丝雀、灯心草雀、鹌鹑和麻雀等鸟类的痘病毒。

鸡痘是禽痘病毒属的典型代表种，对家禽危害较大。在分属 23 个目的约 9000 种鸟类中，大约有 250 种鸟类可自然感染痘病毒。禽痘病毒属的病毒成员主要感染禽类，但传播较慢，可在体表无毛部位引起散在的、结节状的增生性皮肤病变（即皮肤型）或上消化道和呼吸道病变（白喉型），导致产蛋量下降或死亡。个别病毒感染也可观察到肺部感染，如金丝雀痘病毒。

FPV 之间差异较大，但具有一定的交叉保护。FPV 至少有 3 个主要的进化分支，分别为鸡痘样病毒、金丝雀样病毒和鹦鹉痘病毒。病毒主要通过节肢动物（如蚊等）发生机械性传播，也可以通过气溶胶或直接接触发生传播。其中，痘病毒对鸡的危害最大（见本章第六节）。

二、病毒学诊断技术

（一）样本的采集和处理

1. 无菌采样

采取样本时应注意无菌操作。要尽可能避免细菌污染，还要避免污染物扩散。所有采集样品的器械、棉拭子及物品等均应事先高压灭菌。

2. 靶器官和采样时机选择

在采样过程中，要根据感染病毒的种类选择不同的靶器官，通常包括鼻咽分泌液、气管黏液、脾脏、肝脏和肾脏等，主要是选取含有大量病毒的靶器官。采取病料的组织主要取决于疾病的性质。一般来说，全身性感染应该采取血液和内脏，局部感染则要采取患病部位。根据不同病毒在呼吸道各器官的分布、繁殖和排出的部位，采集相应的靶器官。

采样时机十分关键。最好在发病之初采样，也有人建议在发病高峰时采样，总的原则是尽可能在病原繁殖的最高峰采样，确保分离到目的病毒。

标本必须新鲜，死亡禽应不超过 6h。采样后要尽快送检。注意冷藏运输。否则，要放入-80℃超低温冰柜。血清样品应在患病前期和后期分别采样留存，二者间隔应在 10d 以上。此外，应做好详细记录，详细填写检验目的和标本种类及临床诊断，以供检验参考。

3. 样本处理

目的：一是将组织中含有的病毒释放出来。二是去除样本中潜在的细菌、真菌等污染源。

步骤：将采集的组织样本置于灭菌的研磨器中剪碎并研磨，按 10%～20%（质量浓度）的比例加入无菌等渗磷酸盐缓冲液（PBS，pH 7.2～7.6）或 Hanks 平衡缓冲液，利用灭菌的玻璃研磨器充分研磨后，取悬浊液冻融 2～3 次，于 4℃，5000～10 000r/min 离心 10～20min，取上清液进行无菌处理（大部分病毒释放其中）。

无菌处理：一是在上清液中加入高浓度的抗生素，如青霉素、链霉素、庆大霉素和真菌抑制剂等，4℃过夜或至少 2h；抗生素浓度视环境条件而定。一般情况下，制成的组织样品悬液中应含青霉素（2000U/mL 或高达 10 000U/mL）和链霉素（2000U/mL 或高达 10 000U/mL）。二是采用过滤器除菌（过滤膜孔径在 450nm 或 220nm 左右，应根据病毒的大小选择过滤膜孔径）。该方法快速，但病毒损失大，不适合病毒量较小的病毒分离。

处理好的样品，在 4℃环境下静置 8～10h 或置于 37℃孵育 60min，5000r/min 离心 10min，吸取上清液备用。4℃保存不能超过 4d。-20℃冷冻保存，不宜超过 3 个月。

（二）病毒的分离

利用鸡胚、细胞和敏感动物等进行病毒的分离和鉴定是最常采用的手段。目前的分子病原学诊断技术日新月异，对病原的快速和鉴别诊断可以在 4h 内完成。这与经典手段相比，已经是一个质的飞跃，对疫病防控具有重要意义。尽管如此，病原的分离和鉴定依然是确定病毒生物学特性、免疫学特性和抗原性及其基因遗传变异的“金标准”。

1. 鸡胚

SPF 鸡胚适合于正黏病毒、副黏病毒、痘病毒、冠状病毒、疱疹病毒等禽类病毒的分离和培养，是进行病毒的分离和鉴定最常采用的技术。用鸡胚分离病毒的优点是来源充足，价格低廉，操作简单，对接种的病毒不产生抗体，与哺乳动物具有天然的种间间隔，人禽共患的病原较少等。

鸡胚是正在发育的活的机体，组织分化程度低，细胞代谢旺盛，适于许多人类和动物病毒的生长和增殖，是常用的病毒分离培养方法之一，可用于病毒的分离、鉴定、抗原和疫苗制备等。

1）病毒接种方式

鸡胚接种的主要途径有尿囊腔、羊膜腔、绒毛尿囊膜和卵黄囊等（表 4.2）。最常用的接种途径是尿囊腔接种，如 NDV、AIV、IBV 等病毒的分离和培养；其次是绒毛尿囊膜接种，需要人工制造气室，可导致鸡胚绒毛尿囊膜病变的病毒大多数采用此途径接种。再次是卵黄囊接种，通常选用 5～7 日龄鸡胚，接种后往往需要 5～10d 才能收获，病毒繁殖时间较长。所有接种的鸡胚均应在接种后放置 37℃温箱中孵育，每天照蛋至少 2 次，观察鸡胚生长变化。死亡鸡胚应及时取出并放置于 4℃冰箱中过夜，或存放至少 8h。

表 4.2　常见家禽呼吸道病毒病的鸡胚病原分离

病毒	接种途径	观察、增殖指示	检测方法
禽流感病毒	尿囊腔、绒毛尿囊膜	鸡胚死亡，病变	HA 和 HI、RT-PCR
新城疫病毒	尿囊腔、绒毛尿囊膜	鸡胚死亡	HA 和 HI、RT-PCR
传染性支气管炎病毒	尿囊腔、绒毛尿囊膜	死亡、病变或侏儒胚	VN、RT-PCR
传染性喉气管炎病毒	绒毛尿囊膜	痘斑	AGP、VN、IFA、PCR
鸡痘病毒	绒毛尿囊膜	痘斑	AGP、VN、PCR

注：①血凝抑制试验（HI）。②血凝试验（HA）。③病毒中和试验（VN）。④琼脂免疫扩散试验（AGP）。⑤免疫荧光试验（IFA）。⑥聚合酶链式反应（PCR）。⑦反转录聚合酶链式反应（RT-PCR）。

2）鸡胚感染

引起鸡胚死亡或发生特征性病变是病毒繁殖的特征之一。除 H5、H7 亚型禽流感病毒外，大多数病毒在 24h 内不致死鸡胚。通常情况下，24h 内死亡的鸡胚被认为是非病毒因素造成的死亡。有的病毒可以在鸡胚繁殖，但并不引起鸡胚死亡；有的鸡胚则产生一定的特征性病变。例如，FPV、ILTV、传染性囊病病毒（IBDV）等引起的痘斑；IBV 引起的侏儒胚；禽脑脊髓炎病毒导致的鸡胚生长发育不良和肌肉萎缩及鸡胚肝脏的“槟榔肝”等。一般情况下，大多数病毒在鸡胚增殖后，胚体会出现不同程度的病变，包括鸡胚发育迟缓、胚体水肿、胚体肝脏有坏死点，这些可见的肉眼病变是判断病毒是否存在的重要指征。

确诊病毒是否在鸡胚繁殖大都需用第二试验系统来测定病毒存在与否。首先，对有血凝活性的病毒，如 AIV、NDV 等主要是通过鸡胚尿囊液的血凝活性来判定病毒的增殖。其次，可以利用分子病原学技术检测特定病毒的基因，设计针对病毒基因特异性的寡核苷酸引物进行聚合酶链式反应（polymerase chain reaction，PCR）扩增；或者利用环介导核酸等温扩增技术可视化检测病毒的特异性基因等；或者采用核酸探针技术检测特定的基因等；上述方法特异性强，已广泛用于病毒的鉴定。

非 SPF 鸡胚因可能携带垂直传播性病原，如沙门氏菌、支原体、禽白血病病毒等病原和母源抗体，可对病原分离产生干扰。因此，在利用鸡胚分离病毒时，原则上应使用 SPF 鸡胚。

2. 细胞

细胞培养是进行病毒分离、培养和鉴定等极为重要的技术手段，具有均一性好、可控性强、操作方便和成本低等优点。传代细胞等可以在液氮中冻存，也可以随时复苏待用，十分方便。

细胞培养就是给离体的细胞（原代细胞和传代细胞等）提供适当的环境条件和营养物质，使其在体外连续生长、增殖，并可以传代下去。在人类病毒学研究中，主要应用细胞培养。

但在家禽病毒学中，主要采用以鸡胚为来源的细胞培养，如鸡胚成纤维细胞、鸡胚肾细胞、鸡胚肝细胞等。鉴于细胞培养比鸡胚培养烦琐，技术含量高，且营养和卫生要求条件高，再加上大多数病毒在细胞上的繁殖滴度不如鸡胚，因此，在日常实验室工作中，利用鸡胚明显多于细胞。

3. 敏感动物

动物接种试验是最原始的病毒培养法。常用的实验动物有家禽、小鼠、豚鼠和家兔等。接种途径有皮内、皮下、腹腔、肌肉、静脉和脑内等。为确保成功，必须按实验要求，选择一定日龄、具有高度敏感性的健康动物。接种后应仔细观察动物的食欲、精神状态和局部变化。若死亡，应立即解剖，检查器官有无病变或进一步做分离培养。对初次分离的病毒，最好接种 SPF 鸡或敏感的禽类（一般是本动物）进行动物回归试验，同时进行病原的分离和鉴定。

（三）病毒的鉴定

1. 病原学鉴定

1）形态学观察

利用电子显微镜对样品中的病毒粒子进行形态学观察，根据不同病毒的形态学特征即可初步确诊。电子显微镜可直接观察病毒的大小，方法是：将标本悬液置于载网膜上，进行负染色观察，对照电子显微镜视野标尺，可以直接计算出病毒粒子的大小。免疫电镜技术大大提高了样品的病毒检出率。

2）理化特征

病毒的理化特性是鉴定病毒的重要指标，特别是近年来分子生物学的发展，使病毒理化性质的测定达到相当精确的水平。病毒的核酸（DNA 或 RNA）测定也是鉴定病毒的指标之一。

3）致病性特征

病毒感染宿主、敏感动物或接种鸡胚后可引起种的致病性的变化，这种变化通常具有各自的特异性。根据其致病性不同，可将不同的病原区别开来，包括动物回归实验、半数感染量、半数致死量、细胞病变和包涵体等。

4）抗原性

病毒的抗原特性较多。大部分的病毒具有良好的免疫原性，因此可以利用血清学技术和分子核酸技术等进行病原的鉴定。检测方法有中和试验、保护试验、补体结合试验、琼脂扩散试验、血凝与血凝抑制试验、荧光抗体、酶标抗体、放射免疫测定和对流免疫电泳等。

2. 血清学诊断

血清学诊断是病毒鉴定的重要技术手段。当家禽体内出现某种抗体时，一般与该家禽感染或接种过相应的病毒或疫苗有关。血清抗体检测需要注意 3 点：①病原感染早期可能检测不出抗体，感染鸡群通常需要一定的免疫反应期。②感染病鸡血清中的抗体不能区分是现有感染还是既往感染。③判定感染通常需要两份血清（急性期和恢复期），多数家禽感染后抗体滴度会升高 4 倍以上，二者的间隔最好在 10d 以上。

常用的血清学方法包括血凝试验（hemagglutination test，HA）和血凝抑制试验（hemagglutination inhibition test，HI）、病毒中和试验（virus neutralization test，VN）、酶联免疫吸附试验（enzyme linked immunosorbent assay，ELISA）、琼脂扩散试验（agar gel diffusion precipitation，AGP）和免疫电镜实验等。

1）血凝抑制试验

家禽病毒如鸡 NDV、AIV、减蛋综合征病毒和经过酶处理的 IBV 等，具有凝集鸡和其他某些动物红细胞的特性，且这种凝集性可被相应的抗体所抑制。据此建立了 HA 和 HI，它是生产中应用频率最高的试验。该方法操作简单、快速和敏感。

（1）HI 交叉。HA 主要用于检测血凝性病毒的存在。在呼吸系统病毒中，正黏病毒科和副黏病毒科均具有血凝特性，二者的鉴别诊断依赖于与标准单因子阳性血清的 HI 交叉值高低，与哪种交叉值最高，且与标准阳性血清相差最小，一般为 2～4 个滴度（排除实验室自身的误差），则分离的病毒就是与制备标准阳性血清一致的标准病毒。否则，就是一株新病毒（含变异株）。

（2）HI。HI 检测的抗体滴度高低可以间接地反映出禽群体中某种病毒的感染情况，可以确定病毒的感染。在未免疫时，只要 HI 的滴度超过 4log2，就可以确定相应病原的感染。在免疫鸡群，如果在没有其他措施的情况下，抗体在 10～14d 攀升 2 个以上的 HI 滴度，也可以判定为检测病毒（对应）的感染。在实验室常规检测时，如发现新城疫、禽流感等病毒的 HI 抗体滴度超过 13log2（常规弱毒活疫苗、灭活疫苗等疫苗的免疫抗体一般不超过 12log2），应怀疑是否有野毒感染。同时，应立即进行流行病学调查和病原分离鉴定等综合判定（H9N2 可能例外）。

HA 和 HI 是鉴定病毒（如 NDV、AIV、EDS-76）、测定血清抗体滴度、诊断及监测某些病毒性疾病（如新城疫、禽流感等）感染的重要手段。目前普遍采用 96 孔 V 型板（微量法）。

（3）HA 和 HI 操作规范。中国目前通常采用《SPF 鸡　微生物学监测　第 2 部分：SPF 鸡红细胞凝集抑制试验》（GB/T 17999.2—2008）所描述的 HA 和 HI 检测方法进行检测。

结果判定：以完全抑制 4 个 HA 抗原的血清最高稀释倍数作为 HI 滴度。只有阴性对照孔血清滴度不大于 2log2，阳性对照孔误差不超过 1 个滴度，试验结果才成立。HI 小于或等于 3log2，判定 HI 试验结果阴性。只有 HI 不小于 4log2，判定 HI 试验结果阳性。

2）病毒中和试验

多数家禽感染病原后，往往会产生特异性的中和抗体反应，即多数患病禽在恢复期，可产生针对病原的特异性抗体。如果抗体的中和指数提升 4 倍以上，则证实有病毒感染。

中和抗体通过结合相应的病毒来阻止后者对易感细胞的吸附或易感动物的感染。最常用的方法是，将固定量的病毒与不同稀释度待检血清等量混合感作后，接种于易感细胞、SPF 禽胚及易感动物，然后根据被接种细胞的病变或禽胚、动物的死亡情况计算出被检血清的中和指数及中和抗体效价，是衡量病毒中和能力、抗原变异和疫苗保护等的“金标准”。

3）琼脂扩散试验

可溶性抗原（如病毒可溶性抗原、细胞或组织浸出液等）与相应抗体在电解质参与下结合，形成白色沉淀的现象称为沉淀反应。现代沉淀反应大多以半固体的琼脂凝胶作介质，让可溶性抗原及抗体在其中扩散，并于合适比例处形成白色沉淀线（或带），所以又称为琼脂扩散。琼脂扩散主要有单向和双向两种反应形式。单向扩散是将抗体或抗原与等量琼脂凝胶混合后，铺在玻璃板上固定，使载样孔中加入的待检抗原（或抗体）向四周扩散，该方法适合定性诊断或初步定量分析。双向扩散则是使抗原和抗体在同一块凝胶中彼此扩散，该方法常用于抗原或抗体的定性分析，如禽流感、禽霍乱和鸡传染性囊病等的诊断。

4）免疫荧光试验

禽病诊断中最常用的是免疫荧光试验（FA）和间接免疫荧光试验（IFA）。前者将荧光素标记在抗体上，直接检测样本中的相应抗原。后者则先把荧光素标记在抗某种动物（如鸡）球蛋白的抗体（即抗抗体）上，然后用此标记抗抗体检测该球蛋白（抗体）参与抗原抗体反应，最终达到一次标记可检多种未知抗原或抗体的目的。NDV、MDV、IBDV、IBV、ILTV、CIAV、MG 和 MS 等感染的多种家禽传染病都可用 IFA 法检测，且检出率高（如 NDV 可达 100%）。

5）酶联免疫吸附试验

ELISA 是目前最常用且商业化水平最高的诊断方法，不但实现了操作标准化、试剂商品化和仪器自动化，而且引入了单克隆抗体、生物素-亲和素系统（BAS）等，所以灵敏度、特异性很高，并能定性、定量检测抗原或抗体。

主要方法包括：①间接法。一般是固定抗原查未知抗体，如雏鸡传染性法氏囊病母源抗体监测和血清中 IBV、CIAV 等抗体的检测。②双抗体夹心法。用两个针对同一个已知抗原的抗体（含酶标抗体）检查未知抗原，如检测 NDV。③斑点法（Dot-ELISA）。它用纤维素膜代替聚苯乙烯微量反应板，使试验更敏感、特异，且节省材料，结果也易保存，生产中已使用该方法成功地对 ILTV、MG、MS 等病原进行诊断。④ABC-ELISA。该方法是将生物素-亲和素系（BAS）与 ELISA 结合，其目的在于利用生物素易与蛋白质（抗体、酶）结合，而亲和素对生物素又有极高亲和力的特点，提高 ELISA 检测的敏感性。例如，在检测 REV 抗体时，ABC-ELISA 比间接 ELISA 敏感 4 倍以上。

3. 分子病原学鉴定

分子病原学是利用分子核酸技术，通过特异性引物设计进行病原诊断和鉴别诊断，如基因序列测定、PCR、反转录-聚合酶链式反应（RT-PCR）、实时荧光定量反转录聚合酶链式反应（rRT-PCR）、环介导核酸等温扩增技术（loop-mediated isothermal amplication，LAMP）等。无论是患病鸡的黏液、器官，还是冷冻保存的组织、皮肤或血液，只要能分离出一丁点的病原 DNA 或 RNA，就可以利用 PCR 加以放大，这也是病原确诊的“微量证据”。该方法对死、活病毒均可检测，且可以大大提高检测的效率，是目前最广泛应用、效率最高的辅助性技术手段。

1）基因序列测定技术

针对不同家禽病原基因的核酸序列测定技术已经十分完善。特别是高通量病毒测序技术的推广应用，大大促进了病毒核酸测序技术的发展。利用不同病原的部分序列可以判定病原的种类，并可以预测病原的遗传和变异趋势。

2）聚合酶链式反应

PCR 是一种用于放大扩增特定的 DNA 片段的分子生物学技术，其最大特点是能将微量的 DNA 大幅扩增，由 Mullis（1990）于 1983 年最早发明，到 2013 年，PCR 技术已发展到第三代。

PCR 基本原理：DNA 在体外高温时（95℃）变性变成单链，低温（60℃左右）时引物与单链按碱基互补配对的原则结合，再调温度至 DNA 聚合酶最适反应温度（72℃左右），DNA 聚合酶沿着磷酸到五碳糖（5′-3′）的方向合成互补链。传统的病原分离鉴定一般在 1 周左右，而 PCR 的分子快速诊断则可在 4h 内获得结果。目前，针对 RNA 病毒的 RT-PCR 和 rRT-PCR 已成为禽病诊断的重要技术手段，甚至成为国家诊断标准。

3）环介导核酸等温扩增技术

LAMP 是一项新颖的恒温核酸扩增方法，其特点是针对靶基因的 6 个区域设计 4 种特异性引物，分别使用一对外部引物和一对内部引物，可以识别目的序列上 6 个不同的区域，利用一种链置换 DNA 聚合酶，在等温条件下（63℃）保温 30～60min 进行扩增，即可完成核酸扩增反应。该方法对目的序列具有高度的选择性，减少了非靶标序列的影响，因此扩增的目的片段特异性非常高。与常规的 PCR 相比，LAMP 不需要模板的热变性、温度循环、电泳及紫外观察等，具有简单、快速、便捷、特异性强等特点，且在敏感度、特异性和检测范围等指标方面优于传统的 RT-PCR。

此外，核酸探针技术、RNA 指纹图谱、基因芯片、限制性片段长度多态性等禽病诊断技术已经十分完善。

（秦卓明）

第二节　禽　流　感

禽流感（avian influenza，AI）是由正黏病毒科A型流感病毒（AIV）引起的，主要侵害鸡、火鸡、鸭、鹅等多种禽类的一种禽类感染或疾病综合征。最初，禽流感通常被认为是一种高度致死的全身性疾病，也称高致病性禽流感（HPAI）。后来发现，禽流感病毒毒株众多，临床危害多种多样：既有轻微的一过性特征（上呼吸道症状），又有严重的临床症状（高发病、高死亡等），疾病的严重程度取决于被感染的禽鸟种类和AIV毒株的致病性，如HPAI是一种烈性传染病，发病率和死亡率可达100%。

在有记载的禽病历史上，每一次HPAI的暴发都是一场灾难。在科学高度发达的今天，许多烈性传染病均已被攻克，然而，HPAIV却是一个例外，并且它是唯一能够在沉寂一段时间后可以突然在全世界大暴发，并导致高发病率和高死亡率的传染病。自2005年候鸟感染HPAIV以来，伴随着候鸟的迁徙，在短短的10多年间，该病已经从东亚传播到欧亚大陆、北美洲、南美洲、非洲几乎每一个角落，禽流感的防控已成为需要举“世界之力”来综合防控的人禽共患疫病。OIE将HPAI列入需要通报的A类疾病，其被《禁止生物武器公约》列为动物类传染病。中国将其列为一类动物传染病。

一、流行历史暨分布

（一）引言

1. 同义名

禽流感又名禽流行性感冒。在1981年以前，拥有多种同义名，如Fowl plague、Fowl peste、Geflugelpest、Typhus exudatious gallinarium等。其中，Fowl plague（鸡瘟）最常用。在1981年召开的首届禽流感国际研讨会上，官方正式确定采用“高致病性禽流感”。

2. 历史

禽流感最早发生于欧洲。1878年，Perroncito首次在意大利报道，称为“鸡瘟”。1901年，Centannic和Sarunozzi认为该病由“可滤过”病原引起，1955年证实为AIV。

1959年以前，人们普遍认为高致病性禽流感仅与H7亚型AIV有关。原因是：从1901～1955年暴发的多次禽流感疫情分离到的病毒均为H7亚型AIV（包括H7N1和H7N7亚型）。而1959年在苏格兰鸡群和1961年在南非的普通燕鸥中流行的HPAIV分别由H5N1和H5N3亚型AIV引起。于是，人们得出一个结论，即所有H5和H7亚型的AIV都是高致病性的。

但后来的事实发现，上述观点纯属错误。1966年和1968年，加拿大和美国分别分离到低致病性的H5亚型AIV。无独有偶，1971年，美国再次从俄勒冈州发生轻度呼吸道感染并伴有腹泻症状的火鸡中分离到H7N3亚型AIV。此后，许多具有低致病性的不同亚型AIV陆续被鉴定。“凡是H5和H7亚型AIV就是高致病性”的错误观点为历史所唾弃。

事实上，低致病性AIV早就存在。1949年，人们在德国鸡中分离出低致病性Dinter株，直到1960年才将它鉴定为H10N7亚型（A/Chicken/Germany/49）。1953～1963年，从捷克和英国等出现呼吸道症状的家鸭中分离到低致病性 AIV，如 A/Duck/Czchoslovakia/56（H4N6）、A/Duck/Englang/56（H11N6）等。1972 年，对迁徙鸭进行新城疫普查时分离到 AIV。澳大利亚在海鸥类飞鸟中分离到 AIV。系统的监测显示：健康野鸟（主要包括雁形目和鸻形目的鸟）是 AIV 的储藏库，这些病毒均属于低致病性病毒。2002 年，在第 15 届世界禽流感国际会议上，正式采用“低致病性（LP）”命名低致病性禽流感，即所有不符合 HPAI 的禽流感。

（二）公共卫生意义

1. 种间传播和危害

流感病毒通常表现为宿主适应性，即在同物种的个体之间较易传播，较少发生跨物种的种间传播。尽管世界上已经报道了数千起人感染禽流感事件，且猪、老虎和海豹等哺乳动物也有感染发病的报道，但这与每年由人流感病毒（H1N1、H3N2 等）引起的成万上亿的人流感庞大数据相比就显得微不足道。

AIV 与人流感病毒之间存在着天然的种间隔离，二者所结合的受体不同。一般情况下，AIV 优先与呼吸道黏膜中的唾液酸（sialic acid，SA）受体上的 N-神经氨酸酶-α-2,3-半乳糖（SAα2-3Gal）结合（属于α-2,3 连接），而人流感病毒则优先与呼吸道黏膜中的唾液酸受体上的 N-神经氨酸酶-α-2,6-半乳糖（SAα2-6Gal）结合（属于α-2,6 连接）。家禽（包括鸡、鸭等）呼吸道黏膜的细胞受体主要是α-2,3 连接，而人呼吸道黏膜的受体则主要是α-2,6 连接。尽管在人呼吸道深层细胞也有α-2,3 受体（非纤毛立方细支气管和Ⅱ型肺泡细胞），但是，这些位于深层的受体很难暴露，导致禽流感病毒结合十分困难，故人类感染 AIV 的比例较低。但是，值得警惕的是，2013 年新出现的 H7N9 亚型 AIV 以更高的概率引起人感染发病。2005～2013 年，中国检验出 44 例 H5 亚型 AIV 人感染病例；而 2013 年 2 月至 2018 年 8 月，中国检验出 1536 例 H7N9 人类感染病例，其中死亡 613 例（中国疾病预防控制中心官网，2018 年）。其中，人源 H7N9 病毒株有 6 个基因片段源自家禽的低致病性禽流感 H9N2。人流感和禽流感基因组之间千丝万缕的联系，足以敲响人类防控禽流感的警钟。

2. 法律法规

鉴于 HPAI 的公共卫生意义，OIE 明确规定：任何高致病性禽流感病毒均被定义为法定需要通报的病毒。法定低致病性需通报禽流感是指 H5 或 H7 亚型的禽流感病毒，对鸡群不致病，但其蛋白裂解位点与已发现的任何一个 HPAIV 的裂解位点氨基酸相似。非 H5 和 H7 禽流感病毒引起的禽流感，即 H1～H4、H6、H8～H16 等不同亚型 AIV 感染，则不需向 OIE 报告。

高致病性禽流感在中国为一类动物传染病，一旦发病，则需要立即上报农业农村部，并采取相关措施。

（三）流行和分布

1. 1877～1958 年高致病性禽流感

1878 年，意大利北部暴发了一次严重的 H7 亚型 HPAIV 感染，并通过鸡在欧洲扩散，波及奥地利、法国、荷兰、捷克和波兰等，并于 1901 年在德国境内蔓延。20 世纪早期，瑞士、苏联、荷兰、匈牙利、英国、埃及、日本、巴西和阿根廷等都报道过 HPAI。20 世纪 30 年代以前，该病在欧洲的许多地方流行。英国最早于 1922 年诊断出 HPAI，1929 年再次暴发。美国在 1924～1929 年暴发 HPAI，初期发生在纽约，后来扩展到新泽西、费城和宾夕法尼亚等。

2. 1959～2017 年高致病性禽流感

自 1959 年迄今，国际上共暴发了 30 多起 HPAI。其中，1959～1995 年 20 余起，其他均发生在 1996 年以后，主要包括英国（1963、1979）、澳大利亚（1976，1985）、美国（1983～1984、2015～2017）、荷兰（2003）、德国（2012）、东南亚国家（2004～2014）和中国（2004～2018）等，均给家禽业造成了巨大的经济损失。

1）1959～1995 年高致病性禽流感

1959 年，苏格兰发生了世界上第一例由 H5 亚型禽流感 A/Chicken/Scotland/59（H5N1）引起的 HPAI。两年之后，H5N3 亚型 HPAIV 在南非引起数千只燕鸥死亡。1983 年，爱尔兰火鸡场暴发 H5N8 亚型禽流感，后来发现两个火鸡场之间的种鸭和商品鸭场均发生感染，扑杀了 27 万只鸭（占爱尔兰商品鸭的 97%），损失巨大。

1983 年 4 月，美国宾夕法尼亚州发生了 H5N2 LPAI，6 个月后该病毒突变为强毒，共导致 1700 万只家禽死亡或被扑杀，直接经济损失 6200 万美元，间接经济损失 2.5 亿美元。1994 年 5 月，墨西哥暴发 H5N2 LPAI，有 11 个州发生感染。1995 年 1 月，该病毒也突变为强毒。1995 年，巴基斯坦暴发了 H7N3 亚型 HPAI，造成 320 万只家禽被杀。

2）1996～2017 年高致病性禽流感

自 2000 年以来，世界上发生了两次特别严重的禽流感。一次是 2003 年始于荷兰的 H7N7 亚型 HPAI，此后比利时、德国等欧洲国家相继感染发病。另一次是始于亚洲的 H5N1 亚型 HPAI，该亚型自 1996 年在中国广东首次发现，到 2018 年，已陆续蔓延到亚洲、欧洲、非洲等大洲，是目前历史上规模最大、流行范围最广和危害最严重的一次。据不完全统计，2003 年以来，世界上每年因 HPAI 造成的损失在 710 亿～1670 亿美元，经济损失巨大。

（1）H5 亚型。

1996 年，中国从广东患病鹅群中分离到 H5N1 亚型 AIV（A/Goose/Guangdong/1/96，Gs/GD/96），这是在中国分离并鉴定的第一株 H5 亚型强毒。2001 年 5 月，中国香港发生了 H5N1 亚型 HPAIV 的鸡群感染，当地政府立即进行了扑杀。但 2001 年后，在中国香港的鸡、鸭、鹅、鹌鹑、鸽等家禽中又多次分离到 H5N1，其 *HA* 基因仍来源于 Gs/GD/96，但其内部基因已呈多样化，且所有分离的 H5N1 亚型 AIV 对鸡都是高致病性的。与此类似，中国内地在 1999～2002 年从南方的健康水禽（主要是鸭）的泄殖腔和呼吸道中分离到多株 H5N1 亚型 AIV，均为强毒。

2003 年是 H5N1 亚型 HPAI 分子流行病学中极其重要的一年，"Z 基因型" 成为东南亚主要流行株，该毒株比中国香港在 1997 年分离的 AIV 致病性强，对家禽致死率高达 100%。

2005 年 4 月，中国青海湖 6000 余只野生候鸟包括斑头雁、鸥、麻鸭、鸬鹚等因感染 H5N1 亚型 AIV（A/Barhdgs/Qinghai/lA/05）而死亡，这也是世界上第一次野鸟因感染 HPAIV 而大规模死亡的报道。从遗传进化上分析，青海株 AIV 属于分支 2.2。后续的流行病学调查显示，候鸟将这一类型（分支 2.2）的 H5 亚型 AIV 传遍世界，并随着时间的变化在不同地区，其 *HA* 基因产生了一定程度的区域性变异。例如，埃及 2012 年主要流行 2.1 亚型的 H5N1；而东南亚 2012 年主要流行 2.3.2 和 2.3.4 分支。中国主要流行 2.3.4、2.3.2 和 7 分支，且这些毒株仍处于不断的演变中。例如，2012～2013 年，中国南方禽群（鸭群、鹅和鸡）主要流行 2.3.4.6 等，而中国北方鸡群主要流行 7.2 分支；而 2014～2015 年，全国禽群（鸭群、鹅和鸡）主要流行 2.3.2.4、2.3.4.6 等，仅有部分的 7.2 分支。以上足见 H5 亚型 AIV 遗传演化的复杂性和多样性。

2016～2018 年，荷兰、德国、匈牙利、波兰、以色列、韩国、日本和中国等多个国家分别发生了 H5N8 和 H5N6 等 HPAI，世界禽流感防控的形势陡然变得十分严峻。

（2）H7 亚型高致病性禽流感。

1997 年，澳大利亚暴发了 H7N4 亚型 HPAI，这是该国有史以来第 5 次暴发。前 4 次总共死亡和扑杀不超过 2 万只家禽，但这次死亡和扑杀家禽总数达 31 万。1999 年 3 月，意大利分离到 H7N1 亚型 LPAIV，由于缺乏必要的补偿措施，到 1999 年底病毒迅速扩散至另外 199 个养殖场。同时在一个肉火鸡群分离到 H7N1 亚型 HPAIV，并扩散至 413 个养殖场。到 2000 年 4 月，意大利才宣布消灭 HPAIV，最终死亡和扑杀家禽总数达 1300 万只。

2002 年，智利暴发了 H7N3 亚型 HPAI，这是南美第一次报道 HPAI，共扑杀和处理 62 万只肉种鸡和 12 万只鸡胚。

2003 年 2 月，荷兰暴发 H7N7 亚型 HPAI，涉及 1255 个商品群和 17 421 个散养群，扑杀和致死 3000 万只家禽，并导致 80 人感染和 1 人死亡。后扩散至比利时和德国，比利时扑杀和致死 230 万只家禽，德国扑杀和致死 42 万只家禽。

2004 年 2 月，加拿大首先报道了 H7N3 亚型 LPAIV。随后，第 2 个感染鸡场就同时分离到 HPAIV 和 LPAIV，最终导致 120 万只家禽感染，还另外扑杀了 1600 万只家禽。

2013 年，中国发生了人感染 H7N9 事件。根据广东省卫生和计划生育委员会 2016 年 12 月活禽交易市场（LPM）检测结果，广东省 LPM 的 H7N9 阳性率为 9.4%；江苏省 LPM 的样本 H7N9 阳性率为 15.8%，H7N9 的危害性逐步加强。2017 年 3 月 19 日，湖南永州市某鸡场发生 H7N9 强毒感染，发病 29 760 只，死亡 18 497 只，17 万只鸡被扑杀。

3）HPAIV 流行面临的挑战

自 2004 年以来，由 H5 和 H7 亚型病毒引起的 HPAI 在全球流行（表 4.3）。此次流行范围大，发病和危害超过历史上任何一次，已引起世界各国的高度重视。

表 4.3　2004～2017 年世界各国发生的高致病性禽流感

年份	亚型	流行区域
2004	H5N1、H5N2	H5N1：亚洲（9）。H5N2：亚洲（1）
2005	H5N1、H5N2、H7N7	H5N1：亚洲（11）、欧洲（4）。H5N2：非洲（1）。H7N7：韩国
2006	H5N1、H5N2	H5N1：亚洲（19）、欧洲（26）、美洲（1）。H5N2：非洲（4）
2007	H5N1、H7N3	H5N1：亚洲（16）、欧洲（5）、非洲（5）。H7N3：加拿大
2008	H5N1、H7N3、H7N7	H5N1：亚洲（13）、欧洲（8）、非洲（3）。H7N3：加拿大。H7N7：英国
2009	H5N1、H7N7	H5N1：亚洲（11）、欧洲（2）、非洲（2）。H7N7：西班牙
2010	H5N1、H7N7	H5N1：亚洲（12）、欧洲（3）、非洲（1）。H7N7：西班牙
2011	H5N1、H5N2	H5N1：亚洲（12）、非洲（2）。H5N2：南非
2012	H5N1、H5N2、H7N3、H7N7	H5N1：亚洲（10）、非洲（1）。H5N2：南非。H7N3：墨西哥。H7N7：澳大利亚
2013	H5N1、H5N2、H7N2、H7N3、H7N7	H5N1：亚洲（8）、非洲（1）。H5N2：非洲（1）、亚洲（1）。H7N2、H7N7：澳大利亚。H7N3：墨西哥。H7N7：意大利

续表

年份	亚型	流行区域
2014	H5N1、H5N2、H5N3、H5N6、H5N8、H7N2、H7N3	H5N1：亚洲（9）、欧洲（3）、北美洲（2）。H5N2：亚洲（1）、北美（2）。H5N3：亚洲（1）。H5N6：亚洲（3）。H5N8：亚洲（3）、欧洲（5）、北美洲（1）。H7N2：澳大利亚。H7N3：墨西哥
2015	H5N1、H5N2、H5N3、H5N6、H5N8、H5N9、H7N3、H7N7	H5N1：亚洲（9）、欧洲（4）、非洲（7）。H5N2：美洲（2）、亚洲（1）、欧洲（1）。H5N3：亚洲（1）。H5N8：美洲（2）、亚洲（3）、欧洲（7）。H5N6：亚洲（3）。H5N9：法国。H7N3：墨西哥。H7N7：德国
2016	H5N1、H5N2、H5N3、H5N5、H5N6、H5N8、H5N9、H7N1、H7N3、H7N7、H7N8	H5N1：亚洲（9）、非洲（6）、欧洲（1）。H5N2：亚洲（2）、美洲（1）、欧洲（1）。H5N3：亚洲（1）。H5N5：欧洲（3）。H5N6：亚洲（5）。H5N8：欧洲（16）、亚洲（5）、非洲（2）、美洲（1）。H5N9：法国。H7N1：阿尔及利亚。H7N3：墨西哥。H7N7：意大利。H7N8：美国
2017	H5N1、H5N2、H5N5、H5N6、H5N8、H5N9、H7N1、H7N3、H7N9	H5N1：亚洲（10）、非洲（4）、欧洲（2）。H5N2：亚洲（2）、欧洲（2）。H5N5：欧洲（9）。H5N6：亚洲（7）、欧洲（3）。H5N8：亚洲（7）、欧洲（29）、非洲（6）。H5N9：法国。H7N1：阿尔及利亚。H7N3：墨西哥。H7N9：中国、美国

注：括号内表示该洲发生的国家数量（源自 OIE 官方网站：2014.1～2017.12）。

3. 低致病性禽流感

不同亚型的 LPAIV 普遍存在（如 H9N3、H9N2、H7N9、H4 亚群、H6 亚群和 H10 亚群等），临床症状可表现为轻微的一过性呼吸道症状，鸡群发生呼吸道症状（如打喷嚏、气管啰音和流泪），还可导致家禽消化道和泌尿生殖道的局部器官或系统病变。

对家禽而言，危害比较严重的是 H9 亚型 AIV。该病毒源自美国，1966 年从 Wisconsin 的一个火鸡养殖场中分离到 H9N2 亚型 AIV（A/Turkey/Wisconsin/l/1966），自 20 世纪 90 年代以后传播越来越广泛，并在亚洲、欧洲、中东和非洲的许多国家呈地方流行，如 1995～1997 年、1998 年和 2004 年发生于德国（鸭、鸡和火鸡）、1994～1996 年发生于意大利（鸡）、1997 年发生于爱尔兰（野鸡），1995 年发生于南非（鸵鸟）、1995～1996 年发生于美国（火鸡）和 1996 年发生于韩国（鸡）等，目前世界流行。

在中国，H9N2 亚型 LPAI 从 1992 年开始在广东等地局部流行，到 1998 年已在全国大流行，现已成为一种地方流行性疾病。H9N2 亚型 AIV 在 HPAIV 的进化中发挥了关键作用，如中国华东地区近年来检测到的新型 AIV（如 H5N8、H5N6、H5N2 等）及 2013 年危害人类的 H7N9 毒株均由 H9N2 病毒作为其内部基因的供体。Xu 等（2015）研究发现，长期流行在中国鸡群的 H9N2 病毒已经具备了这样一种特质：其 6 个内部基因可以构成一个相对稳定的共同体，全盘转移到其他 AIV 中；甚至以 H9N2 病毒为骨架，经基因重组产生新型流感病毒如 H5N2 等。

二、病原学

（一）病毒分类和命名

1. 分类地位

流感病毒属于正黏病毒科流感病毒属，其核酸均由单股负链分节段的 RNA 组成，属于单负 RNA 病毒目。依据流感病毒核蛋白（NP）抗原性的差异，初步将流感病毒分为 A（甲）、B（乙）、C（丙）和 D（丁）4 个型。

2. 特征

所有禽流感病毒（AIV）均属于 A 型流感病毒。B 和 C 型流感病毒主要感染人，偶尔感染猪，但很少从禽类分离到。D 型流感病毒主要感染牛。

除了抗原性不同外，A、B、C 和 D 4 种流感病毒在生物学特性方面有如下差异：①A 型流感病毒可以感染许多种属的动物，如人、马、猪、禽类、海豹等，特别是家禽、水禽，是人和畜禽呼吸道疾病的重要病原。②A 型流感病毒的表面糖蛋白比 B 型和 C 型流感病毒的表面糖蛋白具有更高的变异性。③A 型和 B 型流感病毒都具有 8 个核酸片段，而 C 型病毒的基因组只有 7 个片段。

3. 命名

WHO 对流感病毒的命名法如下：①按照病毒核蛋白抗原性差异分为 A、B、C 和 D 4 个型。②如是人流感病毒，无须标出宿主名称，若是其他动物的流感病毒，则要求标出宿主名称。③分离地名称。④实验室分离序号。⑤分离年代。⑥对 A 型流感病毒，需标注 HA 和 NA 的亚型（H*x*N*y*）。例如，A/Turky/Wisconsin/1/66（H9N2）指 H9N2 亚型 A 型流感病毒火鸡分离株，1966 年分离自美国的威斯康星，实验室分离序号是 1。

（二）病毒粒子的形态和结构

1. 形态学

AIV 在形态上具有多样性。丝状病毒粒子在鸡胚中传代适应后，则演变为球形。在实验室中多次传代后的病毒粒子一般呈球形，直径为 80～120nm，而从新鲜的临床样品中分离的病毒则多为丝状，长度可达数百纳米。

2. 化学组成

AIV 粒子大约 1%为 RNA，5%～8%为碳水化合物，约 20%为脂类，剩余 70%为蛋白质。其中，脂类存在于病毒粒子的囊膜中，源于宿主细胞膜，而碳水化合物则以糖蛋白和糖脂的形式存在，在组成上因毒株和宿主的不同而有差异。AIV 的分子质量约为 2.5×10^8Da，在蔗糖水溶液的浮密度为 1.19g/cm^3，非丝状病毒的沉降系数 S_{20W} 为 700～800S。

（三）基因组及其蛋白功能

1. 基因组的组成

AIV 的基因组由 8 个单股负链 RNA（viral RNA，vRNA）片段组成。到目前为止，已经发现的 AIV 编码 17 种蛋白，包括 10 种必需蛋白（PB2、PB1、PA、HA、NP、NA、ML、M2、NS1、NEP/NS2）和 7 种非必需蛋白（PB1-F2、N40、PA-X、PA-N155、PA-N182、M42、NS3）。基因片段是根据各片段的电泳迁移率降序排列命名的，为 vRNA 1～vRNA 8，或根据 RNA 片段编码的主要蛋白来命名，分别为 PB2、PB1、PA、HA、NP、NA、M 和 NS。

2. 基因组片段的共同特点

一是所有片段中，5′端的前 13 个核苷酸都相同，序列为 GGAACAAAGAUGAppp5′。

二是所有片段中，3′端的 11 个核苷酸高度保守，序列为 3′HO-UCGUUUCGUCC-，靠近 3′端的第 4 个碱基，有些毒株为 C。在这些共同序列中，有部分序列可反向互补，这一点对病毒 RNA 的复制很重要。三是在每一片段靠近 5′端 15～21 核苷酸处有一保守区，其序列为 PolyU。这一保守区在合成病毒 mRNA 时用于产生 PolyA 的信号。

3. 基因组蛋白构成

早在 20 世纪 40 年代以前，人们就已发现流感病毒基因组的分节段现象。通过聚丙烯酰胺凝胶电泳（含 6mg/L 尿素）和双向寡核苷酸指纹图谱技术，证明 A 型及 B 型流感病毒的基因组可分为 8 个片段，分别以片段 1,2,···,8 来命名，C 型流感病毒的基因组则分为 7 个片段。

4. 蛋白组成

1）RNA 聚合酶复合体蛋白

RNA 依赖性的 RNA 聚合酶是一个由 3 种蛋白组成的复合体，即 PB2、PB1 和 PA，分别由病毒基因组的 vRNA 1、vRNA2、vRNA3 片段编码，是病毒颗粒中分子质量最大而含量最少的结构蛋白。其中，片段 1 编码 PB2，含 759 个氨基酸（aa）；片段 2 编码 PB1，含 757 个氨基酸；片段 3 编码 PA，含 716 个氨基酸。PB1 和 PB2 为碱性蛋白，PA 为酸性蛋白，它们在氨基酸序列上均含有一段特异的亲核序列，可以使这 3 种蛋白在细胞质内合成后顺利进入细胞核。

RNA 聚合酶复合体负责病毒基因组的转录和复制。PB1 蛋白是聚合酶复合体的核心，它可以使 mRNA 合成起始后逐渐延长，通过氨基端与 PA 蛋白结合，而其羧基端则与 PB2 蛋白结合。PB2 可以在病毒 mRNA 转录的起始阶段，识别并结合在 5′端 I 型帽子结构。此外，它还有限制性内切酶活性，参与宿主 mRNA 帽子结构的切割。结构生物学研究清晰地揭示了 PB2 与 PB1 及 PB1 与 PA 之间的结合区域。3 种聚合酶蛋白在核糖体中合成以后，PB2 蛋白可以单独由细胞质进入细胞核，而 PB1 和 PA 蛋白则需要在细胞质中形成二聚体才能进入细胞核，3 种聚合酶蛋白最终在细胞核中组装成完整的复合体。

2）血凝素

片段 4 编码血凝素（HA），含 566 个氨基酸，该片段变异率较高，是 AIV 发生抗原变异的主要原因。HA 是构成流感病毒囊膜纤突的主要成分，是 AIV 中最重要的糖蛋白，其生物学功能如下。①识别靶细胞表面受体并与之结合。②与宿主细胞发生融合。③诱导产生中和性保护抗体。HA 具有凝集红细胞的能力，而红细胞的凝集试验是检测 AIV 的主要手段。

HA 蛋白在细胞内质网中合成，完成后由内质网到高尔基体，转运到细胞膜后镶嵌在细胞膜的脂质分子层中，在病毒出芽释放时被带到病毒表面。成熟的 HA 蛋白含有信号肽、细胞质域、跨膜域和胞外域 4 个结构域。

HA 基因及其产物的特异性是 A 型流感病毒分型的重要依据。至今，HA 已有 18 个亚型，但在家禽中仅发现 16 个亚型（H1～H16），H17 源自危地马拉的小黄肩蝙蝠，H18 源自秘鲁扁吻美洲果蝠，后两种尚未被列入国际病毒分类委员会的分类报告中。氨基酸序列比较发现，在已知的 H1～H16 亚型中，H1 和 H3 差别最大，同源性仅有 25%。其他亚型同源性较高，如 H2 和 H5 亚型之间的氨基酸同源性近 80%。相同亚型的不同毒株之间，

HA 氨基酸同源性约为 90%。

AIV 感染宿主后，会诱导宿主机体产生强烈的免疫反应，产生中和抗体，中和外来的 AIV。因此，HA 蛋白是 AIV 疫苗研制的主要靶目标。

3）核蛋白

片段 5 编码病毒核衣壳蛋白（NP），编码 498 个氨基酸。该蛋白是流感病毒 vRNP 复合体的重要组成部分，是构成核衣壳的主要成分，是病毒中第二丰富的蛋白。它可以与 PB2 和 PB1 蛋白结合，头部结构域的 3 个氨基酸（204R、207W、208R）是其与聚合酶蛋白结合的关键位点。

NP 蛋白在中性 pH 条件下带正电荷，对 RNA 具有很强的结合力。NP 蛋白在结构上分为头部、主体和尾部 3 个结构域，其尾部结构域形成环状结构，易插入与之相邻的另一个 NP 蛋白分子，从而使 NP 蛋白之间首尾相连，形成寡聚体。NP 蛋白在细胞内可以发生磷酸化修饰，在寡聚化区域的磷酸化突变体可以影响病毒 RNA 基因组的转录和复制，抑制病毒的生长。

NP 蛋白具有型特异性，是流感病毒分型的依据。

4）神经氨酸酶

片段 6 编码神经氨酸酶（NA），编码 453 个氨基酸。NA 是 AIV 粒子表面第二种糖蛋白，是一种典型的Ⅱ型糖蛋白，具有重要的功能。与 HA 蛋白一样，NA 蛋白也具有抗原性。但与 HA 抗体不同的是，NA 蛋白的抗体不能中和病毒感染，但可在一定程度上抑制病毒的复制。

根据 NA 蛋白抗原性的不同，将 AIV 分为 11 种不同的 NA 亚型，其中 N1～N9 亚型大多数源于野生水禽，而 N10 和 N11 亚型则由蝙蝠中分离到。

NA 蛋白的功能是：①在病毒感染后期出芽释放过程中，切割宿主细胞表面及新生病毒粒子表面的唾液酸，从而促进新生病毒粒子的释放和扩散，阻止它们在细胞表面的聚积。②切割覆盖在呼吸道上皮细胞表面的黏蛋白和糖蛋白分子上的唾液酸，促进病毒穿透黏蛋白和糖蛋白构成的屏障，继而感染下层的呼吸道上皮细胞。③在病毒复制的早期，促进病毒侵入细胞和病毒复制。

5）基质蛋白

片段 7 编码基质蛋白（M），总长为 1027 个核苷酸（A/PR/8/34），至少可转录出 2 种 mRNA，翻译出 M1 和 M2 两种蛋白，在病毒复制过程中发挥重要作用。

M1 的主要功能：①参与 vRNP 复合体输出细胞核的过程，M1 同时与 vRNP 复合体及 NEP/NS2 蛋白结合，而 NEP/NS2 蛋白又与 CrmL 结合，借助于细胞的核输出机制将 vRNP 复合体输出细胞核。②在病毒包装和形态发生过程中发挥核心作用。

M2 蛋白具有多功能性，在病毒复制周期的多个环节发挥重要作用。在感染早期，病毒在唾液酸受体介导的内吞作用下进入内吞体，在内吞体的酸性条件下，病毒囊膜与内吞体膜融合，M2 蛋白的质子通道活性被激活，将质子导入病毒粒子内部，导致病毒粒子内部酸化，促使 vRNP 复合体与病毒其他组分的解离和病毒脱壳，vRNP 复合体释放到细胞质中，继而进入细胞核，启动基因组的转录和复制。

6）非结构蛋白

片段 8 仅有 890 个核苷酸，含有 2 个开放读码框，能编码两种蛋白质（NS1 和 NS2）。

NS1 蛋白定位于细胞核内，在感染后期存在于细胞质中。NS1 蛋白在感染细胞内大量表达，具有与 RNA 结合的活性，可以结合双链 RNA、mRNA 的 3′端 poly（A）尾巴及病毒的负链 RNA 等。

NS1 蛋白最主要的作用是对抗宿主天然免疫反应，抑制干扰素产生，所以 NS1 蛋白被称为干扰素拮抗剂。缺失 NS1 蛋白的 AIV 可以在缺乏干扰素的系统（如 Vero 细胞）中良好复制，且可以致死 STAT1 小鼠；但是，在干扰素功能正常的系统（如 MDCK 细胞和鸡胚）中，该病毒的生长则受到抑制，失去了对小鼠的致病性。研究发现，缺失 NS1 蛋白的 AIV 感染后，诱导产生干扰素的转录因子（如 IRF3、NF-κB 和 AP-1 等）都被激活，干扰素和干扰素调控基因的表达与正常病毒感染后相比显著增强。此外，在 NS1 蛋白单独表达时就可以抑制 NS1 蛋白缺失病毒或异源病毒诱导的干扰素启动子激活。

最初认为，在成熟的病毒粒子中不含有 NS2，所以其被称为非结构蛋白。但后来发现，NS2 蛋白在病毒粒子中少量存在，而且在病毒复制后期，通过与 M 蛋白的协同作用将 vRNP 复合体由细胞核输出到细胞质中，故又被称为核输出蛋白（NEP）。NEP/NS2 蛋白具有调控病毒复制过程中聚合酶活性的功能，对 H5N1 亚型 AIV 在哺乳动物宿主体内的适应过程中发挥重要作用。

7）PB1-F2 蛋白

PB1-F2 具有免疫原性，可以被免疫系统识别，并诱导体液免疫和细胞免疫应答。PB1-F2 的发现就是基于其 62～70 位的短肽可以引起强烈的 CD_{8+}T 细胞反应。

8）PA-X 蛋白

PA-X 是由流感病毒基因组的 vRNA3 片段编码的第二种蛋白，全长 252 个氨基酸。PA-X 蛋白具有内切核酸酶活性，可以在病毒感染后降解宿主 mRNA，从而抑制细胞基因表达，尤其是与炎症反应、细胞凋亡和 T 细胞信号通路相关的基因。

（四）病毒增殖

1. 侵入和脱壳

AIV 的 RNA 节段的转录和复制均发生在宿主细胞核中，故病毒基因组 RNA 在开始转录和复制前，RNP 必须首先进入细胞核。①AIV 依靠其表面的 HA 吸附到宿主细胞的唾液酸受体。②病毒粒子通过受体介导的内吞作用进入细胞，与酸性溶酶体发生融合，使 AIV 周围的 pH 降至 5.0。③在内吞体中，病毒在低 pH 条件下，HA 的构型发生较大变化，使 HA2 的氨基端游离出来并插入吞噬泡膜的脂质双层，促使病毒囊膜与吞噬泡膜融合并破裂。④病毒的核衣壳释放到细胞质中。

2. mRNA 的转录

AIV 感染细胞的融合过程发生后，聚合酶（vRNP）复合体释放到细胞质中。AIV 的 vRNP 复合体的直径约为 15nm，长度为 50～100nm。由于体积较大，其不能以被动扩散的方式进入细胞核。因此，当 vRNP 复合体从脱壳后的病毒粒子释放到细胞质后就需要依赖于细胞核的主动输入才能进入细胞核。

vRNP 复合体进入细胞核的过程非常迅速，在病毒感染后的 10～20min 内即可完成。在那里由病毒的转录酶复合体合成 mRNA。转录是从长为 10～13 个核苷酸的 RNA 片段开始的。这些小片段 RNA 由 PB2 的病毒核酸内切酶降解宿主内的异源核酸产生。

病毒 mRNA 的合成过程需要引物的存在才能起始转录反应，mRNA 是病毒 vRNA 的不完全复制，具有 5′帽子结构和 3′-poly（A）尾巴。与 vRNA 转录产生 mRNA 不同，它的复制分为两步：①vRNA 首先转录产生全长并与其完全互补的正链 cRNA。②以 cRNA 为模板，合成更多的 vRNA。所有这些病毒 RNA 的合成过程（vRNA 至 mRNA，vRNA 至 cRNA，cRNA 至 vRNA）都由病毒自身的 RNP 复合体催化，但 RNP 复合体中的每种蛋白具有不同的功能，在病毒 RNA 合成过程中共同发挥作用。

3. 装配和转运

①病毒的 M1 蛋白只有在聚合酶完成完整的复制后（感染后期）才会被表达，避免 vRNP 复合体过早地输出细胞核。②即使 vRNP 复合体输出细胞核后也会受到调控，阻止它重新进入细胞核。AIV 基因组包含 8 个 vRNA 片段，一整套 8 个 vRNP 复合体必须进行正确组装才能产生有感染性的病毒粒子。③在细胞核中产生的 6 个单顺反子 mRNA 被转运到细胞质翻译出相应的蛋白：HA、NA、NP、PB1、PB2 和 PA。④NS 和 M 蛋白的 mRNA 通过剪切分别产生编码蛋白质 NS1、NS2、M1 和 M2 的 mRNA。⑤HA 和 NA 蛋白在细胞质的粗面内质网被糖基化，在高尔基体内进行剪切后被运到表面，植入细胞膜中。⑥这 8 个病毒基因片段和病毒内部蛋白（NP、PB1、PB2、PA 和 M2）一起整合到含有 HA、NA 和 M2 蛋白的细胞膜中。

4. 出芽与释放

利用 VLP（病毒样颗粒）系统进行的研究发现，HA 蛋白在单独表达时即开始出芽过程，并释放到细胞外。同样，NA 蛋白单独表达时，VLP 也可释放出来。但是，VLP 出芽与病毒出芽之间存在显著的差异。当在 293T 细胞中表达所有病毒蛋白时，仅能产生球形的 VLP，而在病毒感染时则出芽产生丝状的病毒粒子。通过分析纯化后的 AIV 脂类成分，发现 AIV 偏好于从脂筏部位出芽。HA 蛋白与脂筏的结合可以使脂筏接合在一起，形成病毒的出芽区域。病毒的 HA 和 NA 蛋白与脂筏区域结合，而 M2 蛋白则不在脂筏区域。HA 与脂筏的结合对病毒的复制非常重要。

在流感病毒的复制过程中，RNP 侵入和释放到细胞质中后，首先必须被转运到细胞核内才能进行病毒基因的转录和基因组复制。而当病毒在核内重新复制生成 RNP 后，新生出的 RNP 又必须从细胞核转运到细胞质中，这样才能完成病毒粒子的组装、出芽和释放（图 4.1）。

M1 蛋白合成后到达细胞膜，与 HA、NA 或 M2 的细胞质之间的相互作用可能是病毒出芽的信号。在病毒释放过程中，NA 起着极其重要的作用，NA 可去掉病毒囊膜上的神经氨酸，避免子代病毒在细胞膜上聚集。病毒成熟的最后一步是依靠宿主的蛋白酶将 HA 裂解为 HA1 和 HA2，使病毒粒子具有感染性。这一过程在细胞外完成。

（五）理化特性

AIV 对外界环境的抵抗力不强，物理因素如高温、紫外线、极端 pH、非等渗条件、干燥等均能使其灭活；对各种消毒剂敏感，容易被杀死。

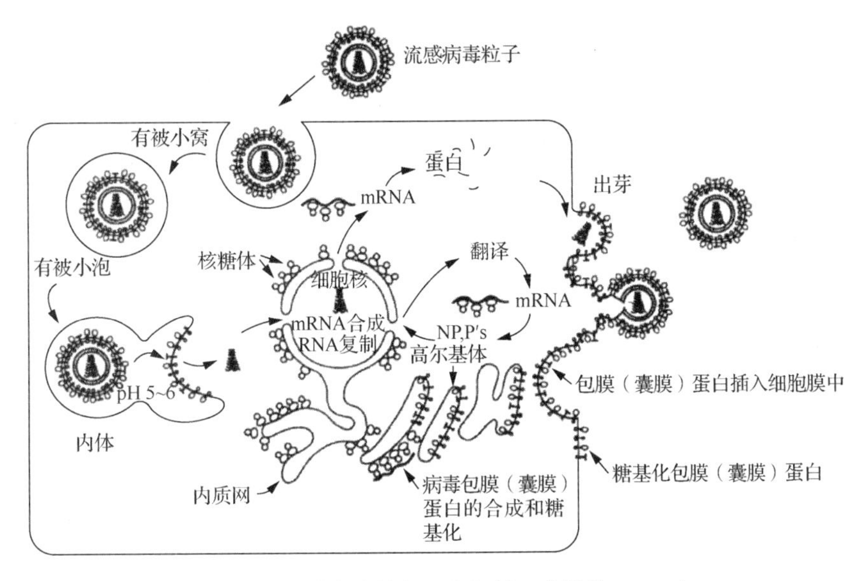

图 4.1　禽流感病毒的侵入和复制（龚祖勋，2006）

1. 有机溶剂和消毒剂及化学制剂

AIV 与其他有囊膜病毒一样，对乙醚、氯仿、丙酮等有机溶剂敏感。用 20%乙醚在 4℃处理 2h，可使病毒裂解，而血凝滴度不受影响。在 AIV 失去感染性的情况下，病毒的血凝素和神经氨酸酶活性仍然可以维持一段时间。各种浓度的福尔马林、β-丙内酯、二乙烯亚胺等可以用来灭活病毒，且可保持血凝素和神经氨酸酶活性。常用消毒剂包括去污剂和灭活剂（如酚类消毒剂、季铵盐表面活性剂和卤素化合物等），很容易将 AIV 灭活。其他如去氧胆酸钠、羟胺、十二烷基硫酸钠、稀酸、氨离子、重金属离子等都能迅速破坏 AIV 的传染性。

2. 物理因素

AIV 对热比较敏感，56℃加热 30min、60℃加热 10min、65～70℃加热数分钟即丧失活性。AIV 对低温抵抗力较强，在有甘油或蛋白质保护的溶液中比较稳定，但长时间保存仍需要放在-70℃或冻干状态下。该病毒对冻融作用相对较稳定，但冻融的次数过多，也会使病毒失去感染性或灭活。阳光直射下，40～48h 即可灭活 AIV。如果用紫外线直接照射，可迅速破坏其感染性。紫外线直射可依次破坏 AIV 的感染力、血凝素活性和神经氨酸酶活性。

3. 有机物质

一般消毒剂能很快杀死 AIV，但存在于有机物（如粪便、鼻液、泪水、唾液、尸体）中的病毒能存活很长时间。富含有机物质的 AIV 可在自然环境，尤其是凉爽和潮湿的条件下存活较长时间，如粪便和鼻腔分泌物中的病毒，其传染性在 4℃可保持 30～35d，在 20℃可保持 7d。病毒在污染的水源中，在低温条件下可长期存活。例如，在美国宾夕法尼亚州 AIV 暴发期间，在鸡淘汰 105d 后，仍可从湿粪便中分离到具有传染性的病毒。粪便中病毒的传染性在 4℃可保持 30～35d，20℃可存活 7d。粪便堆积发酵 10～20d，可将其中污染的 HPAIV 全部灭活。AIV 在羽毛中存活 18d，在干骨头或组织中存活数周，在冷冻的禽肉和骨髓中可存活 10 个月。在鸡胚中增殖的 AIV，因受到尿囊液中蛋白质的保护，常可在 4℃保存数周，在−70℃或冻干状态下可长期保持其感染性。

巴氏消毒法（55.6～63.3℃，210～320s）和常规的烹饪加热均能有效地杀灭 AIV。美国对禽肉的标准烹饪时间是内部达到 73.9℃，巴氏消毒法足以杀死所有的 AIV。

（六）血凝活性

流感病毒等正黏病毒科能凝集多种动物的红细胞，这是因为病毒颗粒可吸附于红细胞表面的唾液酸糖蛋白受体。但 AIV 的神经氨酸酶（NA）对红细胞受体同时具有破坏作用，病毒颗粒又可以从红细胞上脱落，因此，经过一段时间 AIV 会发生解凝集现象。

一般情况下，A 型和 B 型流感病毒在常温下能凝集多种动物（如人、猴、豚鼠、大鼠、小鼠、马、驴、骡等哺乳动物及鸽、麻雀）和大部分家禽（如鸡、鸭等）的红细胞，而对牛、绵羊、山羊、猪、兔、猫、仓鼠等的红细胞在 4℃条件下凝集效果较好，并能被特异的抗血清所抑制。C 型流感病毒能轻度凝集鸡、大鼠、小鼠和蛙的红细胞，且只能在 4℃条件下发生凝集。此外，AIV 凝集的红细胞种类与鸡 NDV 凝集的种类差别较大（表 4.4），由此可鉴别两种病毒。

表 4.4　禽流感与鸡新城疫病毒血凝活性的比较

红细胞来源	人	马	驴	骡	绵羊	山羊	猪	豚鼠	小鼠	鸡	鸽	麻雀
新城疫病毒	+	−	−	−	−	−	−	+	+	+	+	+
禽流感病毒	±	+	+	+	+	+	−	+	+	+	+	+

注：+表示凝集，±表示不确定，−表示不凝集。

（七）实验室培养系统

1. 鸡胚

AIV 毒株具有比较明显的宿主特异性，但各型 AIV 均可在 SPF 鸡胚中较好地增殖。最常用的接种方法是通过尿囊腔接种 9～11d SPF 鸡胚。收获时间根据病毒种类的不同而异，通常 A 型流感病毒 48h 内即可收获。AIV 种类较多，不同病毒毒株之间差异较大，其弱毒株和强毒株在鸡胚的增殖时间不一，强毒株在鸡胚增殖的时间短，而弱毒株在鸡胚的增殖时间长。例如，H9N2 亚型 AIV 在鸡胚增殖的时间是 72～96h，而 H5N1 亚型 AIV 在鸡胚增殖的时间是 18～48h。AIV 可以在鸡胚增殖到较高滴度，许多灭活疫苗的生产就是通过鸡胚制备的。

AIV 在低于 25℃的条件下通常不生长，但如果改变培养条件，使 AIV 在温度逐渐下降时慢慢适应，AIV 便可在低温下生长，并相应减弱其致病性，从而培育出 AIV 冷适应型毒株。

2. 细胞

AIV 可在多种细胞增殖，如在鸡胚成纤维细胞、犬肾细胞、牛肾细胞、鸡胚肾细胞、羊胚肾细胞、猴胚肾细胞和人胚肾细胞内增殖，但病毒在细胞增殖的效价一般不高。

3. 实验动物

鸡是评价 AIV 致病性和疫苗免疫最常用的实验动物。其他的敏感动物包括火鸡、家鸭、鼠和雪貂等。鼠和雪貂是评价禽流感病毒从禽传到哺乳动物种间传播风险的模型。

（八）毒株分类

1. 种属特异性抗原

流感病毒属（型）的传统分类是根据流感病毒的核蛋白（NP）和基质蛋白（M）抗原反应情况来确定的。最典型的分型试验是免疫沉淀试验（如琼脂凝胶免疫扩散试验），它们之间的型特异性差异可通过琼脂扩散试验、补体结合试验等测出。

根据 HA 和 NA 蛋白抗原性的差异，可以将 AIV 分为不同亚型。目前已经发现 18 种不同的 HA 亚型（即 H1～H18）和 11 种不同的 NA 亚型（即 N1～N11）AIV，除了 H17N10 和 H18N11 亚型病毒仅见于蝙蝠外，其余 16 种 HA 亚型和 9 种 NA 亚型均来源于禽类。理论上讲，AIV 可以有 16×9=144 种不同的 HA 和 NA 亚型组合。自然界中流行的 AIV 组合非常复杂，已经发现至少 103 种不同的组合毒株，如 H9N2、H10N8、H7N9、H5N2、H5N3、H5N6、H5N8 等。

2. 致病性试验

基于对鸡的致病性试验，将 AIV 分为两种致病型，即 HPAIV 和 LPAIV。1994 年，增加了禽流感病毒分子特征和体外试验标准。早期，OIE 指定的 HPAI 被列为 A 类传染病，LPAI 则没有规定。2005 年以后，为适应国际贸易，OIE 把 H5 和 H7 亚型的 AIV 均列入了《国际动物卫生法典》，制定了法定报告制度。

1）法定报告高致病性禽流感

将法定报告 HPAIV 接种 6 周龄的 SPF 鸡，其静脉接种指数（intravenous pathogenicity index，IVPI）大于 1.2，或者 4～8 周龄的鸡静脉接种的致死率在接种后不低于 75%。如果血凝素为 H5 或 H7 亚型病毒的 IVPI 小于 1.2，或者静脉接种的致死率在接种后小于 75%，需要进行序列分析，确定其 HA 相关多肽的蛋白质裂解位点是否有多个碱性氨基酸。如果其氨基酸基序和 HPAIV 序列相似，含有 4 个或 4 个以上的碱性氨基酸位点，则认为分离到的病毒为 HPAIV。

研究发现，AIV 的致病性与血凝素裂解位点的碱性氨基酸基序有关。例如，所有低致病性 H7 亚型的毒株在 HA0 裂解位点的氨基酸基序都是“PEIPKGR*GLF”或“PENPKGR*GLF”，而所有高致病的基序则为 PEIPKKKKR*GLF、PETPKRKRKR*GLF、PEIPKKREKR*GLF 和 PETPKRRRR*GLF。对从禽类分离的低致病性的 H5 或 H7 亚型病毒的氨基酸基序进行分析发现，低致病性 AIV，如 Pennsylvania 毒株的基因序列发生简单的突变或插入，即可以变成 HPAIV。

2）法定报告低致病性禽流感

法定报告 LPAIV 是指血凝素为 H5 或 H7 亚型的 AIV，对鸡不致病，但其 HA0 裂解位点可能与已发现的任何一个 HPAIV 的裂解位点相似。

3）低致病性禽流感

如果 AIV 野毒株的 HA 既不是 H5 亚型又不是 H7 亚型的病毒，且对鸡不致病，则把该病毒定义为 LPAIV，一般不需上报。

LPAIV 通常引起局部感染，主要是呼吸道症状或消化道症状，一般不会在被感染的鸡群中引发高死亡率。但该病通常可引起细菌继发感染，偶尔可导致较高的死亡率。

3. 感染宿主

依据感染宿主的不同也可将流感病毒分类，如禽流感、猪流感、马流感等，但是流感病毒感染宿主范围的界限并不十分严格，已经发现流感病毒可在不同种属的动物之间传播。例如，H1N1 亚型和人流感病毒 H3N2 亚型毒株可以从猪体内分离到，H1N1 亚型猪流感病毒也可感染人；禽流感病毒还可感染海豹、鲸鱼和水貂。在流感病毒的感染过程中，HA 起识别和吸附宿主细胞受体的作用，因此，认为 HA 是宿主特异性的主要决定因素。

流行病学调查发现，大多数的 AIV 亚型都可以在鸟类中分离到，但在人类和哺乳动物中仅有 3 种 HA 亚型（H1、H2 和 H3）和 2 种 NA 亚型（N1 和 N2）曾引起过广泛流行。人流感病毒亚型主要是 H1、H2 和 H3，猪流感亚型为 H1 和 H3，马流感亚型为 H3 和 H7。

4. 高致病性禽流感系谱分类

系谱分类是 H5N1 亚型 AIV 的一种全新的分类方法，是对传统分型方法的重要补充。

鉴于 H5N1 亚型 AIV 的快速变异，为了统一分类和命名标准，2008 年，WHO、FAO 和 OIE 联合制定了一种针对 H5N1 病毒基于其血凝素（*HA*）基因的新的分类方法。该方法规定：*HA* 基因的核苷酸差异在 1.5%以内的毒株划分为一个分支，不同分支间 *HA* 基因核苷酸差异大于 1.5%。按照此标准，H5 亚型 HPAIV 可分为 0～9 共 10 个分支。2012 年进行了扩充，一些分支病毒又可分为不同的亚分支，包括次亚分支及第 4 级细小分支（图 4.2）。其中，分支 0 主要为早期分离的，与 1996 年在广东发现的 Gs/GD/96 亲缘关系较近的毒株，代表株为 A/Goose/Guangdong/1/96、A/HK/156/97。

分支 1 主要为 2002～2005 年流行在东南亚国家如泰国、老挝、柬埔寨等及中国香港和广东地区（代表株为 HK/213/03、VN/1203/04）的 H5 亚型 AIV 毒株。

分支 2 是最主要的流行株，进一步分为不同的分支。分支 2.1 为 2003～2007 年流行于印度尼西亚的 AIV 毒株；分支 2.2 为 2005～2007 年流行于中国、蒙古等国家和欧洲、中东、非洲等地区的 AIV 毒株，代表株为 A/Bar-headed Goose/Qinghai/65/2005；分支 2.3 主要是 2003～2006 年流行于中国、越南、泰国等地的 AIV 毒株；分支 2.4 主要是 2002～2005 年流行于中国云南、广西等地的 AIV 毒株；分支 2.5 则为 2003～2006 年流行于中国、韩国、日本等地的 AIV 毒株。

分支 3 为 2000～2001 年流行于中国香港的 AIV 毒株。

分支 4 为 2002～2006 年流行于中国香港和贵州的 AIV 毒株。

分支 5 为 2000～2004 年流行于中国、越南等地的 AIV 毒株。

分支 6 为 2002～2004 年流行于中国的 AIV 毒株。

分支 7 为 2002～2014 年流行于中国等地的 AIV 毒株。

分支 8 为 2001～2004 年流行于中国香港的 AIV 毒株。

分支 9 为 2003～2005 年流行于中国广西等地的 AIV 毒株。

图 4.2　源于 A/Gongdong/Guangdong/1/96 株的 H5 亚型 *HA* 基因不同 AIV 毒株的系统发育

（WHO/OIE/FAO Evolution of H5N1 group，2011）

不同地域的流行株在不同时间有差异。例如，日本和韩国（2004）主要流行株归类为分支 2.5 分支（以 Ck/Korea/ES/03 为代表）；到 2006 年，与青海株类似的分支 2.2 病毒株代替了分支 2.5 成为主要流行株；2008 年，分支 2.3.2.1（以 Ck/Korea/Gimje/08 为代表）成为优势流行株；而在 2009～2010 年，日本北部的候鸟监测中发现一种 H5N2 亚型新的分支 2.3.4 变异株。

越南等东南亚国家在 2005 年以前，均以本地的分支 1 为主要流行亚型；到 2005 年以后，中国的分支 2.3.4（以 Anhui/1/05 为代表）和分支 2.3.2（以 Gs/Guangxi/3017/05 为代表）传播至东南亚国家，导致这一地区分支 1、分支 2.3.4 和分支 2.3.2 同时流行，并且分支 2.3.4 在本地区不断进化出新的分支；到 2008 年以后，分支 2.3.2.1、分支 7.1、分支 7.2 和该地区原有的分支 2.3.4 又同时流行，并且在各个亚分支中又发生了变异。

中国的 H5N1 亚型在 2005 年以前比较单一，但到 2005～2006 年之后，分支 2、分支 2.1、分支 2.2、分支 4 和分支 7 等陆续成为中国主要流行株；而到 2008～2010 年，分支 2.3.4、分支 2.3.2、分支 7.2 成为中国主要流行株；2012～2016 年，重组病毒（H5N2，H5N8，H5N6 等）不断出现，*HA* 基因流行的亚型又进一步细分，如分支 2.3.4 细分为分支 2.3.4.1～分支 2.3.4.6，分支 2.3.2 细分为分支 2.3.2.1～分支 2.3.2.4 等。

2015～2016 年，世界多地发生了 HPAI，如北欧 7 国（荷兰、德国等）发生了 H5N8 和 H5N6 等 HPAI；美国发生了 H5N2、H5N8、H5N1 等 HPAI，以色列、韩国、日本等国分别发生了 H5N8 和 H5N6 等 HPAI，其大多数分属于分支 2.3.4.6。

（九）遗传和抗原变异

AIV 属于 RNA 病毒，缺乏校正机制，点突变频率高；且流感病毒基因组由 8 个片段组成，在病毒增殖过程中很容易发生基因重配。鉴于流感病毒基因的遗传变异特征，AIV 在抗原性、致病性、耐药性、受体结合特性及跨宿主传播能力等方面很容易发生改变。

1. 基因组层面的变异

1）点突变

流感病毒的聚合酶缺乏 5′-3′核酸外切酶活性，不具有校正功能，故其 RNA 依赖性聚合酶容易在复制过程中产生突变。AIV 复制的氨基酸突变率一般约为 4.1×10^{-3}（位点/年），而且禽流感病毒基因密码子中第三个碱基的突变率要显著高于第一个和第二个碱基。目前已发现许多与 AIV 致病性相关的氨基酸点突变。例如，当 H5N1 AIV 的 PB2 蛋白发生 T271A、E627K 或 D701N 突变后，病毒的致病性会显著增强。

新一代测序技术的发展可以清晰地揭示禽流感病毒基因点突变的复杂性，发现病毒在复制过程中产生诸多的准种。例如，H1N1 流感病毒感染猪后在复制过程中可以在病毒基因组中出现多种突变。利用奥塞米韦治疗 2009 年甲型 H1N1 病毒感染的患者时，病毒在患者体内产生了抗药性突变。Jonges 等（2014）利用新一代测序技术发现，H7N7 亚型 AIV 在家禽体内复制时不产生致病性增强的 E627K 突变，但在病毒感染的人临床样品中，E627K 突变则随着病毒复制逐渐增加。

2）基因重组

当两种流感病毒感染同一个宿主细胞时，就可能发生病毒间基因片段的交换而产生新病毒。理论上讲，两种病毒间发生基因重组后可以产生 256（2^8）种基因重组病毒。基因重组在流感病毒的流行过程中非常频繁，大量的研究揭示了不同亚型 AIV 在野鸟、水禽和家禽间不断进行基因重组，形成新的基因型，是流感病毒进化的重要驱动力。

2. 抗原性变异

AIV 的抗原性主要由其表面蛋白 HA 和 NA 决定，且不断发生改变。根据其抗原性变异的程度，可以分为抗原漂移（antigenic drift）和抗原转变（antigenic shift）。其中，抗原漂移是指由点突变造成的小幅度变异，积累到一定程度可能使抗原决定簇发生改变。抗原转变是指两种不同亚型的病毒共同感染一宿主细胞，两者的基因片段发生遗传重组。前者可引起禽流感病毒 HA 或 NA 的次要抗原变化，而后者（抗原转变）则可引起 HA 或 NA 的主要抗原变化。

1）抗原漂移

HA 蛋白和 NA 蛋白是流感病毒的主要表面抗原，感染宿主后可以诱导产生中和抗体。对 AIV 来讲，变异率最高的是 HA，其次是 NA。抗原漂移是由编码 HA 和/或 NA 蛋白的基因发生点突变引起的，其后果是在免疫群体中出现变异株，进而突破疫苗免疫抗体的保护，也是临床出现免疫失败的重要原因。正因为如此，为提高保护率，必须定时更新疫苗，使特异性抗体与 AIV 流行株更吻合和匹配。例如，中国 2005 年北方蛋鸡普遍流行的鸡源 H5N1 亚型 AIV 2.3.4 分支毒株，至 2012 年，AIV 毒株逐渐演化为 2.3.4.6 分支毒株，进而导致了中国华东地区蛋鸡和鸭群禽流感的流行，自推广使用了疫苗 Re-8（利用 2.3.4.6 分支毒株研制）后，很快便控制了疫情，而 Re-5 灭活苗（利用 2.3.4 分支毒株研制）则不能抵抗新流行病毒的攻击。

此外，人类防控流感的经验值得借鉴。WHO 早在 1952 年就建立了全球人流感网络。在对流感流行毒株的序列、抗原性及人群免疫力进行分析的基础上向全世界推荐季节性流感疫苗的组成毒株。一般情况下，WHO 均能正确推荐与流行毒株抗原性匹配的疫苗株，但由于流感病毒的抗原漂移难以预测，也出现了两次 WHO 推荐疫苗株与下一个季节性流行毒株抗原性不匹配的情况。除了 HA 蛋白外，针对 NA 蛋白的抗体对免疫保护效果也具有一定的作用。与 HA 蛋白一样，NA 蛋白同样可以由于抗原位点的氨基酸突变而发生抗原漂移。

2）抗原转变

抗原转变发生时，两种不同流感病毒基因组的片段在同一宿主细胞内发生重组，是基因重配的结果。该变化可引起 HA 或 NA 蛋白的主要抗原变化。如果说抗原漂移是量变，抗原转变则是质变。例如，2009 年在北美发生了可感染人的新型 H1N1 流感，该病毒是由经典人流感病毒、猪流感病毒和禽流感病毒三源重组形成的，其抗原性与传统人间流行的季节性 H1N1 流感病毒完全不同，导致疫苗接种无效。事实上，这种情况在过去也时常发生，当人流感病毒与禽流感病毒之间发生基因重组后，从禽流感病毒获得了不同亚型的 *HA* 或 *NA* 基因，从而使新产生的基因重组病毒的抗原性发生根本改变，不能被传统的人流感病毒抗体所中和。抗原转变一般伴随着新的人流感大流行而变化。典型的案例是人类的三次大流感，如 1918 年的 H1N1 大流感、1957 年的中国香港大流感和 1968 年的中国香港大流感，均与 AIV 有联系（提供了部分基因片段）。

（十）致病机理

1. 感染机制

当禽流感病毒（AIV）感染禽类时，鼻腔是AIV在家禽鸡形目禽体内复制的起始位点，进一步侵害气管、支气管等。当AIV被吸入或摄入时，感染即开始。呼吸道内皮细胞中含有类似胰酶的酶，可以裂解AIV表面的血凝素蛋白（HA），所以AIV可以在呼吸道复制并释放出具有感染性的病毒粒子。如果家禽机体曾经感染过类似的病毒，体内的抗体就会中和病毒，并将其清除；否则，就会在鼻腔呼吸道黏膜中大量复制，成熟的病毒粒子突破呼吸道黏膜，长驱直入，侵害并危害其他细胞，甚至包括消化道细胞。细胞破坏后有体液渗出，导致病毒性肺炎、呼吸窘迫综合征。呼吸道受到损害后，造成抵抗力降低，继发细菌感染，并导致病毒进入血流，造成全身性感染，甚至导致中枢神经症状。

HPAIV由呼吸道、消化道的上皮启动复制之后，AIV粒子侵入黏膜下层进入内皮细胞中复制，并通过血管或淋巴系统扩散到家禽的内脏器官、脑、皮肤，感染各种细胞并在其中复制，即病毒可能在血管内皮复制之前就已经造成了全身感染，病毒出现在血浆、血细胞和白细胞碎片中，巨噬细胞在病毒全身性扩散中起重要作用。血凝素分子上存在能被类似胰酶的蛋白酶裂解的位点，而这种酶在全身各种细胞中普遍存在，从而有助于AIV在全身各种细胞中复制。临床症状的出现和死亡的发生是多器官衰竭的结果。研究发现，以下4种途径导致病变的发生：①AIV直接在细胞、组织和器官中复制。②通过诸如细胞因子、坏死因子等介导的间接效应。③栓塞导致的组织器官缺血。④凝血或弥漫性血管内凝血导致心血管功能衰竭。

LPAIV通常局限在呼吸道和消化道中复制，其本身的伤害较轻，但容易造成家禽的抵抗力降低，发生细菌继发感染。

2. 分子致病机理

1）*HA*基因编码的血凝素蛋白

HA是决定流感病毒致病性的重要蛋白，其裂解性是流感病毒组织嗜性的重要决定因素。AIV囊膜与细胞膜上的吞噬小体进行膜融合时，需要将HA裂解为HA1和HA2，这是病毒感染细胞的先决条件。在内吞体的酸性条件下（pH 5.0～6.0），HA蛋白发生不可逆的构象变化，暴露出位于HA2氨基端的融合肽，插入内吞体膜中。这样，借助于HA2亚基的桥梁作用即可将病毒囊膜和内吞体膜联系在一起。

HPAIV和LPAIV的HA蛋白裂解位点处的氨基酸基序不同。HPAIV在裂解位点有4个以上的连续碱性氨基酸（-RRRR-），可以被多种蛋白酶所裂解，故病毒可以在宿主不同组织的多个细胞内增殖，进而可导致全身的感染，引起多器官的功能衰竭并导致死亡。而LPAIV的HA裂解位点一般只有单个的碱性氨基酸（Arg），只能被呼吸道内少数细胞的蛋白酶所裂解，故只能在宿主的呼吸道内繁殖，仅导致温和性感染。

低致病性毒株易突变为高致病性毒株，也是AIV的一个重要特征。Banks等（2001）研究发现，1999年意大利发生的H7N1亚型禽流感毒株，最初为低致病性，其蛋白裂解位点氨基酸基序为PEIPKGR/GIF，后期的毒株基序演变为PEIPKGSRVR/GLF，在裂解位点有4个氨基酸插入，使病毒株由弱变强。2003年荷兰发生的H7N3亚型低致病性禽流感在2003～2004年变为强毒株。中国2013年发生的H7N9亚型禽流感在2017年陆续变成了高致病性禽流感。上述案例进一步证明，当 H5 或 H7 亚型低致病性禽流感发生时，存在演变为强致病性禽流感的风险。

2）*NA* 基因

NA 的酶活性能消化细胞表面的唾液酸，避免了病毒粒子聚集，有利于病毒的释放和扩散，影响病毒对动物体的致病性；还对 HA 的切割能力有影响，进而影响病毒的致病性。

3）*PB*2 基因

研究证实：A/Hongkong/483/97（H5N1）PB2 蛋白的 627 位氨基酸是决定在小鼠体内复制的关键性因素。这一位置的氨基酸决定着病毒在小鼠细胞的复制效率，但该氨基酸不能决定病毒对小鼠不同器官的嗜性。2013 年，中国发生了人感染 H7N9 病毒。结果发现，人源 H7N9 病毒和经典禽源 H7N9 病毒的差异是由于经典 H7N9 的 *PB*2 基因发生了突变。

此外，M1 蛋白和 NS1 蛋白等在 AIV 对宿主的致病性过程中也具有重要作用。

（十一）种间传播机制

1. 宿主屏障

流感病毒的宿主屏障主要是由病毒的受体结合特性和宿主靶细胞表面的唾液酸受体类型决定的。能否有效感染哺乳动物并在其体内传播，取决于病毒的感染和复制能力。

AIV 感染宿主的关键点是病毒的 HA 能够与宿主细胞表面的糖链受体结合，而该糖链受体主要是唾液酸受体。人流感病毒和禽流感病毒识别的宿主受体不同。人流感病毒（H1、H2 和 H3 亚型）可与表达在人上呼吸道上皮细胞表面的唾液酸α-2,6-半乳糖苷受体（SAα2-6Gal）结合，而 AIV 则与禽的肠上皮细胞和人下呼吸道的唾液酸α-2,3-半乳糖苷受体（SAα2-3Gal）结合。研究发现，在绝大多数人的呼吸道上皮细胞中，SAα2-6Gal 受体表达量明显多于 SAα2-3Gal 受体，正因为如此，AIV 难以感染人类呼吸道。相反，在鸭和鹅等水禽的气管上皮细胞表面，主要是 SAα2-3Gal 受体，但在鸡、火鸡和鹌鹑等陆生禽类的气管上皮细胞表面则既有 SAα2-3Gal 受体，也有 SAα2-6Gal 受体。这意味着，在陆生禽类体内，禽流感病毒和人流感病毒都可以复制，而禽流感病毒很难感染人类。

然而，不可否认的是，在浩瀚的人类群体中，仍然存在极少数人（0.01%）的呼吸道上皮细胞中，SAα2-3Gal 受体表达量比较多，从而成为 AIV 的易感人群。此外，具有与 SAα2-3Gal 受体结合的 HPAIV 具有较强的致病性，可与人下呼吸道细胞的 SAα2-3Gal 受体结合而感染人，并导致严重的呼吸窘迫综合征甚至死亡。

2. 病毒受体

AIV 的 HA 蛋白与宿主细胞表面的受体结合部位主要由 190 位螺旋（188～194 位氨基酸）、130 位环（134～138 位氨基酸）和 220 位环（221～228 位氨基酸）3 个结构域组成。AIV 表面的 HA 识别宿主细胞表面的唾液酸受体，这是由 HA 受体结合位点上的氨基酸序列决定的。通过序列比对、受体特异性分析和结构学研究发现，HA 上的 226 位氨基酸决定了这一受体特异性。HA 上的 Q226L（Gln226→Leu226）是 AIV 感染哺乳动物的重要突变位点，决定流感病毒对唾液酸受体的特异性。若 226 位是谷氨酰胺，则 HA 优先识别 SAα2-3Gal 受体；若该位是亮氨酸，则 HA 优先识别 SAα2-6Gal 受体。一般人流感病毒的 HA 优先识别 SAα2-6Gal 受体，而 AIV 的 HA 则优先识别 SAα2-3Gal 受体。

但研究发现，流感病毒的基因突变、重组、糖基化位点数量和位置的变化及糖链受体的改变等，可导致流感病毒识别受体的特异性及与受体结合的强度等方面发生改变，致使AIV出现跨宿主种间传播，当然这种概率较低。

三、流行病学

（一）感染宿主

1. 自然宿主

AIV在自然条件下能感染多种野禽和家禽，包括雁形目（鸭、鹅和天鹅）、鸡形目（山鹑和野鸡）、雀形目、鸻形目等，对鸡、火鸡等的感染和危害最严重。大多数野鸟感染AIV后，并不显示症状。一般情况下，自迁徙水禽特别是鸭分离出的AIV比其他禽类要多。

AIV在水禽等自然宿主中的进化几乎是静止的。感染AIV的水禽能够长时间分泌病毒，但不一定表现临床症状或产生抗体反应。研究表明，某些鸟类感染AIV后，可以在其体内持续数月。但是，AIV一旦从水禽传播到家禽或陆生禽类，其进化和变异速度会大大加快，而这些变异不仅能够导致家禽的发病和死亡，反过来，也可以反向传给水禽，从而形成AIV的双向传播，增加了病毒基因重组和变异的频率。但有个别种类的禽鸟，如鸽，对大多数AIV有天然的耐受性，表现为病毒不能在鸽体内增殖，或仅能在鸽体内短暂低水平增殖，而不能引起鸽发病，不产生特异性抗体。

2. 实验感染

AIV可以实验性感染猪、雪貂、大鼠、家兔、豚鼠、小鼠、猫、水貂、非人灵长类和人。在自然情况下，AIV偶尔也会传播给其他哺乳动物。例如，H5亚型和H7亚型AIV偶尔传给人，引起人发病死亡。猫、虎等哺乳动物也可感染AIV发病，其中饲喂发病禽是重要原因。

（二）传染源

1. 患病或感染禽类是重要的传染源

AIV一般在发病或感染家禽或鸟类的呼吸道、肠道、肾脏和生殖道等中复制和繁殖，病毒可从感染禽的鼻腔、口腔、结膜、泄殖腔等排出，故患病家禽、痊愈家禽和感染鸟类等是禽流感最主要的传染源。此外，所有与病禽接触的物品、设备及其代谢物等均可能携带病原。

通过鼻腔内接种3～4周龄的鸡，可以发现AIV滴度最高的地方是口咽部，其呼吸道分泌液含有$10^{4.2\sim7.7}EID_{50}/mL$，而在泄殖腔中，粪便中含有$10^{2.5\sim4.5}EID_{50}/g$。对LPAIV，病毒滴度相对降低，口咽部呼吸道棉拭子含有$10^{1.1\sim5.5}EID_{50}/mL$，而泄殖腔棉拭子含有$10^{1.0\sim4.3}EID_{50}/g$。实验发现，AIV在鸡体内复制和排毒时间可持续36d，火鸡为22d。

2. 水禽、水鸟和野鸟

鸭、鹅、番鸭、迁徙水鸟等水禽和野鸟大多数携带流感病毒，这些禽群外表正常，呈隐性感染，AIV可在其体内繁殖，并向外排毒。在鸭群中，H5N1感染鸭在外观健康的情况下，其粪便病毒携带量为$10^{2.4\sim3.4}EID_{50}/g$，发病鸭的病毒携带量为$10^{4.0\sim6.0}EID_{50}/g$。

在野生水鸟中，AIV 全年都可在易感禽中传代和复制，通过迁徙等途径传播给当地的水鸟，从而造成更为广泛的污染，甚至感染当地的麻雀等留鸟。

3. 活禽交易市场

活禽交易市场是人们进行家禽交易的场所，家禽（鸡、火鸡）、野鸟、水禽（鸭、鹅等）、观赏鸟等多种禽类并存，缺乏严格的消毒和管理，是 AIV 的集散地。在活禽市场，饲养和宰杀活禽时所产生的粪便及废弃物（包括活禽的肠道、肝脏、血液等内容物）能够污染所处环境和周围的环境，是重要的疫源地。

（三）传播途径

1. 水平传播

常见的传播模式有两种：一种是以气溶胶为媒介的空气传播（呼吸道为主）；一种是以摄入为主的粪-口传播（消化道为主）。H9 亚型 LPAIV 以气溶胶为媒介的空气传播为主，而 H5 亚型 HPAIV 则以粪-口消化道途径传播为主。

AIV 的空气传播和粪-口传播的具体形式有很多种。麻雀、喜鹊飞入养禽场，可将携带的病毒通过空气和粪两种方式传给禽场。家鸭与候鸟经过湖面或稻田等，均可以传播病毒。运送污染粪或者活禽的车辆在行驶中产生的气溶胶也可使公路附近的养禽场发生感染。

2. 垂直传播

AIV 不发生垂直传播，但感染发病鸡的鸡蛋表面、内部蛋清和蛋黄可携带 AIV。试验表明，蛋鸡感染 HPAIV 后，在死亡之前，其产蛋量迅速下降，出现较多的软壳蛋和薄壳蛋，并且约有 53%的鸡蛋表面及内部的蛋清和蛋黄含有 HPAIV。

（四）生态分布

1. 水禽在禽流感传播中的作用

在全球鸟类中，蕴藏着巨大的 AIV 基因库和抗原库，各种单一或混合感染的 AIV 可长久地存在于世界各地的水禽或候鸟中。

AIV 最常见于自由飞翔的野水鸟，尤其是雁形目（鸭和鹅）和鸻形目（滨鸟、鸥、燕鸥和海雀），它们是 AIV 的生物基因储存库，是 AIV 的主要宿主，在 AIV 的保存和传播中发挥极为重要的作用。例如，中国水禽中普遍存在 H5 亚型禽流感第 2.3.4 分支和第 2.3.2.1 分支毒株，以及 H1、H3、H4、H6 等许多亚型的 AIV。

研究发现，AIV 在水体中能够存活一段时间，在寒冷地区（如阿拉斯加、西伯利亚）的水体中能够存活很长时间（22℃湖水中可存活 4d，0℃湖水中可存活 30d）。不仅如此，AIV 还可以随着水体的流动而扩散到其他地区，当其他家禽和野鸟（主要是水禽）接触到这些污染 AIV 的水体后，即可发生感染。因此，家鸭、滨鸟等水禽通过水体而传播 AIV 的能力远远超过鸡、麻雀等旱禽传播 AIV 的能力。

2. 迁徙鸟对 AIV 的传播

野鸟大致可以分为两类。一类是留鸟，包括麻雀、喜鹊和鸽等。另一类是迁徙的候鸟，如野鸭、天鹅、白鹭和丹顶鹤等。通常留鸟（多数为旱禽）在 AIV 传播中主要扮演被动感染的角色。相对留鸟而言，迁徙的候鸟（很多为水禽）在AIV生态学中扮演更为重要的角色，是AIV的增殖者，也是AIV强有力的长距离传播者。迁徙候鸟每年随着季节变化，沿着相对固定的路线，定期在繁殖地和越冬地之间迁徙，由此带来了AIV的扩散、基因组重配和基因变异。

2005年，青海湖的候鸟发生HPAIV感染并死亡，揭开了HPAIV在全球传播的序幕。自此，HPAIV的发生便与鸟类的迁徙“形影相随”。2015年，欧亚大陆、北美大陆等地区大面积禽流感的发生，大多数与候鸟的迁徙密切相关。2005～2006年，候鸟的迁徙将第2.2分支H5亚型HPAIV从南亚、西亚、中亚远距离传播到欧洲和非洲。2009～2010年，候鸟的迁徙将第2.3.2.1分支H5亚型HPAIV从东亚传播到南亚。2015年至2016年上半年，候鸟的迁徙将第2.3.4.6分支H5N8亚型HPAIV从东亚传播到全世界。

全球候鸟迁徙的时间、方向、路线和地域虽然不尽相同，但表现出一定的规律性。通常，春季由越冬地飞向繁殖地，秋季则由繁殖地飞回越冬地，年复一年，周而复始。有些地区可能是某些候鸟的繁殖地，同时又是另外一些候鸟的越冬地。各种候鸟分为多个居群；每种候鸟各个居群的迁徙路线和停歇地点通常相对固定。这些迁徙路线彼此独立或者相互交织。一些大的停歇地，如中国的洞庭湖、青海湖、鄱阳湖、洪泽湖、长江三角洲、黄河三角洲、珠江三角洲，是各类候鸟大规模汇集的地方。在这些地方，各种候鸟在聚集时同享一片天地，并与当地的留鸟和家禽，尤其是鸭、鹅等家养的水禽，发生着AIV的相互传播和基因互换。

3. 重要宿主的病毒生态分布

鸭：在流感病毒的生态学中扮演着重要角色。原因如下：①鸭支持绝大多数AIV的增殖。②鸭分为家鸭和野鸭，两者数量都极为庞大。鸭感染AIV后，大都表现为隐性感染，但自2003年初在东南亚广泛流行的H5亚型AIV（2.3.4分支和2.3.2分支）对鸭可造成大规模的发病和死亡。③家鸭多在开放的环境中饲养，而野鸭是迁徙的候鸟，两者都是AIV强有力的传播者。调查发现，鸭感染H5亚型2.3.4毒株的概率是同地区鸡感染率的10倍；而中国，鸡群H9N2亚型和H7N9亚型AIV感染率是鸭群感染率的4倍以上。

鸡：鸡是世界上饲养数量最多的家禽，而鸡对大多数AIV敏感，是绝大多数AIV的繁殖宿主；感染HPAIV后常表现为大规模发病和死亡，也是家禽中最大的受害者。

鹅：鹅在AIV生态学中也扮演着重要角色。首先，鹅既支持水禽AIV的增殖，也支持旱禽AIV的增殖，并且感染HPAIV后常表现为大批发病和死亡；其次，鹅大多数在农村散养，陆上活动和水中活动时间都比较多，与鸭和鸡的接触机会都比较多。

鹌鹑：鹌鹑不仅对H5N1、H9N2等多个亚型AIV易感，而且能感染H1N1、H3N2和H1N2亚型等人流感。这与鹌鹑的呼吸道含有两种受体（SAα2-3Gal和SAα2-6Gal）有关。

火鸡：火鸡对H5N1、H9N2等多个亚型AIV易感，有时也能够感染H1N1、H3N2和H1N2亚型猪流感病毒和H1N1等亚型人流感病毒。

鸵鸟：鸵鸟对AIV高度易感。南非、沙特阿拉伯、加拿大、美国等地历史上发生过多起鸵鸟H5N2、H7N1、H7N7等HPAIV疫情，对鸵鸟养殖业造成严重危害和冲击。从美国NCBI流感病毒数据库看，人们在鸵鸟中还监测到H1N2、H5N2、H6N8、H9N2、H10N1等亚型AIV。

四、临床症状

1. 潜伏期

禽流感病毒引起疾病的潜伏期为数小时到数天不等：静脉接种仅需 4～6h，肌肉接种需要 12h，鼻腔接种需要 24h，口服接种则需要 24～48h，自然感染则需要 3～14d，最长时间可达 21d。

2. 低致病性禽流感

大部分野鸟感染 LPAIV 一般不出现临床症状，而家禽（鸡、火鸡）等可能出现感染症状，病症常见于呼吸道和肠道及生殖系统的病变，可产生鼻窦炎、气管和支气管炎、肺炎、气囊炎和肠道等的病变等。内脏器官病变相对较轻，但可以出现腹膜炎及生殖道和肾脏的病变，可导致产蛋鸡产蛋量下降。研究表明：LPAIV 感染绿头鸭、鸭等，不出现症状，但可以使其 T 细胞功能受到抑制，免疫功能下降，感染产蛋鸭可出现 1 周左右的产蛋量下降现象。

以 H9N2 为例，临床主要表现如下：轻微的一过性呼吸道症状，鸡群出现咳嗽、打喷嚏、气管啰音和流泪等症状。商品肉鸡通常在 25～30d 出现呼吸道症状，随后一直延续至出栏。个别鸡可见流泪、头部和眼睑肿胀，易发生大肠杆菌、支原体等继发感染气囊炎、肝周炎等，该病造成的死亡率可达到 30%，是危害肉鸡的重要病毒病。产蛋鸡和种鸡产蛋率下降 10%～30%，甚至绝产。病程 15～30d，产蛋率降至谷底，然后缓慢回升，回升期间蛋明显变小，畸形蛋增多。发病程度轻的产蛋鸡群大体上可以恢复，但很难达到原有的程度，可恢复到 70%～85%。整个疫情持续 30～40d。除非继发感染严重，死亡率一般不高。

3. 高致病性禽流感

HPAI 通常表现为全身感染，具有发病急、发病率和死亡率高等特点，呈严重的败血症，肝脏、胰腺等内脏器官受损严重，病变涉及消化道、呼吸道、生殖系统和神经系统等。多种 H5 亚型（H5N1、H5N2、H5N6、H5N8 和 H7N9）禽流感具有类似的病变。

1）家禽感染

鸡、火鸡或鸡形目的相关成员感染后在不免疫情况下表现最为严重，具有暴发性，发病率和死亡率均较高。最急性发病鸡群（包括火鸡等）往往不出现任何症状即大批死亡，3～5d 死亡率为 70%～100%。

鸡：发病鸡精神差，发蔫；饮食废绝，体温升高，产蛋鸡产蛋停止；有轻微呼吸道症状，如打喷嚏、呼吸困难；头、脸、颈部浮肿，眼内有豆渣样分泌物，无羽毛覆盖的部位（冠、肉髯、脚等）发绀、肿、出血、坏死，腿部鳞片出血等。有的腹泻，粪便灰绿色或伴有血液，有的出现头颈和腿部麻痹、抽搐等神经症状。

鸭：各种日龄鸭均可感染，但一般以 10～70d 的番鸭、蛋鸭和肉鸭发病最严重，发病率可达 100%，死亡率不小于 90%，继发细菌感染后，可全部死亡。随着日龄的增加，发病率和死亡率均有所下降。主要表现为各种神经症状，角弓反张，间歇性转圈，应激时转圈频率和幅度增大，转圈后倒地不断滚动，腹部朝天，两腿划动；有的尾部上翘、左右摇摆，嘴不停抖动或点头。同时，病鸭会表现呼吸道症状，咳嗽，食欲减少，精神沉郁，拉白色或黄绿色稀便等。种鸭和蛋鸭主要表现为产蛋量迅速下降。麻鸭、樱桃谷等成年鸭主要表现为产蛋率下降，但死亡率不高。

鹅：各种日龄和品种的鹅均可发生禽流感，临床症状与病毒的强弱及鹅的品种和日龄有关。病鹅多表现神经症状，类似鸭的临床表现。雏鹅死亡率可高达100%，成年鹅死亡率会有所降低，种鹅及蛋鹅的产蛋率下降明显，蛋的品质明显下降。1996年，中国广东省鹅感染H5N1亚型禽流感病毒而发病，这是东南亚地区记录最早的鹅禽流感。

2）野鸟感染

2005年中国青海湖野鸟暴发H5N1亚型高致病性禽流感，病鸟主要表现为流泪、流涕，鼻窦积聚分泌物，呼吸急促、打喷嚏、鼻窦肿胀，眼结膜水肿、出血和下痢，死亡率在30%左右。有的鸟类具有抵抗力，但也显现一定的症状，如病禽不再飞翔，而是停留在地面，有的表现神经症状，如转圈、共济失调及角弓反张等，死亡率相对较低。

3）免疫禽群

免疫禽群的症状比较复杂。在大多数情况下，症状不典型或呈亚临床状态。商品鸡、育成鸡、雏鸭、雏禽等幼龄动物以典型症状居多，而经过免疫的成年的鸡、鸭则以非典型症状较多。免疫禽群的死亡率一般为5%～60%，抗体水平较好的禽群，死亡数量表现为"锯齿形"，死亡率约在10%。多数产蛋禽群产蛋率下降约20%。禽群总体情况尚好，发病禽精神差，饮食明显减少、体温升高，部分病禽发生头部和面部水肿，皮肤发绀（冠和肉垂），下痢，个别鸡出现神经症状。产蛋率下降严重，可由90%下降至20%，甚至废绝，蛋壳质量下降，软皮蛋、薄皮蛋和小蛋明显增多。生产性能恢复缓慢，最多可恢复至50%～60%，持续时间一般为30～60d。

五、病理变化

（一）剖检病变

1. 低致病性禽流感

鸡的主要病变发生在呼吸道，尤其是鼻窦。典型症状为卡他性、纤维蛋白性、浆液性、纤维素性等炎症。气管黏膜充血水肿，偶尔出血。气管渗出物从浆液性变为干酪样，偶尔发生通气闭塞，容易发生气囊炎。在胸腔和气囊会出现卡他性到纤维蛋白性炎症和卵黄性腹膜炎。输卵管内有炎性分泌物，滤泡出血，输卵管水肿，有卡他性和纤维素性分泌物。很容易继发细菌感染，导致心包炎、肝周炎等，使病情加重。其他如火鸡、鸭、鹅等症状与鸡相似，但相对较轻。

2. 高致病性禽流感

典型病变：呈严重的急性败血症。具体表现为全身性组织和器官出血、坏死和水肿严重，涉及肝脏、脾脏、胰腺和肾脏等多个内脏器官，甚至包括皮肤等。

感染鸡头部肿大，尤其是鸡冠和肉髯（彩图4.3）；腿部鳞片伴有渗出性出血（彩图4.4）；眼角膜混浊，眼结膜出血、溃疡；翅膀、嗉囊部皮肤表面有红黑色斑块状出血等；皮下水肿（尤其是头颈、胸部皮下）或呈胶冻样浸润；胸腺出血和水肿；脾脏肿大，有灰白色斑点样坏死；胰脏有褐色斑点样出血、变性和坏死（彩图4.5）；从口腔至泄殖腔整个消化道黏膜出血、溃疡或有灰白色斑点、条纹样膜状物（坏死性伪膜），肠系膜出血等，并常可见明显的纤维素性腹膜炎、气囊炎等。有的病鸡心肌有灰白色坏死性条纹。肝脏的病变比较典型：质脆、色浅、肿大和多色彩（彩图 4.6 和彩图 4.7）。输卵管出现大量黏液，卵泡充血（彩图 4.8 和彩图 4.9）。

鸵鸟、鸭等症状与鸡相似，症状较轻，如鸵鸟感染 HPAIV 后，会出现头颈部的肿大，严重的有出血性肠炎、胰腺肿大变硬、气囊炎、肾脏和脾肿大等。

（二）病理组织学

1. 低致病性禽流感

LPAI 病变主要是气管炎、支气管炎、气囊炎和肺炎。异嗜性或淋巴细胞性气管炎和支气管炎普遍。死亡禽的法氏囊、胸腺、脾脏、鼻腔和气管等出现淋巴细胞缺失、坏死和凋亡。

2. 高致病性禽流感

HPAI 特征性变化为水肿、出血、充血和坏死性病变。肝脏、脾脏和肾脏有实质性变化和坏死。

脑部：出现坏死灶、血管套、神经胶质细胞增生等。

心脏：血管内皮细胞肿大，心肌纤维间红细胞、淋巴细胞和巨噬细胞增多；心肌纤维断裂、溶解，心外膜下可见大量淋巴细胞、巨噬细胞及浆液-纤维素性渗出物。

肺脏：肺脏血管扩张，含有大量红细胞；血管内皮细胞肿胀；血管外可见淋巴细胞、巨噬细胞及嗜酸性粒细胞浸润；支气管上皮中性粒细胞浸润；副支气管、肺房壁和毛细血管上皮细胞肿胀，淋巴细胞浸润，巨噬细胞及浆液-纤维素性渗出物，嗜酸性颗粒浸润。

肝脏：肝细胞肿胀，细胞质内可见大小不等、数量不一的空泡；细胞核浓缩、深染，呈月牙形或大小不等的圆形；肝细胞及吞噬细胞内可见圆形嗜酸性颗粒。多数肝血窦扩张，红细胞增多，血管内皮细胞及窦壁细胞肿胀，部分血管周围及窦状隙内可见淋巴细胞浸润。

胰腺：血管扩张明显，充满红细胞，间质内有少量红细胞及淋巴细胞、巨噬细胞和嗜酸性粒细胞浸润。外分泌部腺泡细胞肿胀，细胞内有大小不一的空泡；部分腺泡细胞核浓缩、破裂、溶解、消失；胰岛内部分细胞核浓缩、破裂、溶解和消失，细胞数量减少。

六、诊断

鉴于 AIV 亚型众多，临床症状复杂，确诊依赖于实验室诊断。但如临床遇到鸡冠髯发绀、出血，肿头流泪，死亡骤增，脚胫鳞片及多处皮肤出血等病症，疑为 HPAI 时，应立即报告当地兽医主管部门。HPAI 病原的确诊需要由国家认可的具有三级生物安全设施的实验室来进行。

（一）病原学诊断

1. 样品采集

HPAI 可采集病死禽的气管、肺、肝、脾、输卵管等组织样品；LPAI 感染则重点以呼吸道等器官为主。肝脏、脾脏、十二指肠、气管等是常见的采样组织。活禽可利用棉拭子涂擦病禽的喉头、气管，也可采集泄殖腔。上述组织可利用采样缓冲液、灭菌肉汤或灭菌 PBS 制成 1∶3 悬液，并低速离心取上清液，进行抗生素或过滤膜无菌处理。

2. 病毒分离

鸡胚是实验室分离病毒最常用的材料。一般将处理好的病料无菌处理后以尿囊腔途径接种 9～11 日龄的 SPF 鸡胚。如果样品中有病毒存在，通常在 16～96h 致死鸡胚，强毒株致死鸡胚的时间在 48h 以内，最早可在 16h 致死鸡胚；而弱毒株则在 72h 以后，甚至不死亡。

具有诊断意义的是，分离病毒的尿囊液往往初次传代就可以产生红细胞凝集（HA）阳性。如果 HA 阴性，则需将收获的鸡胚尿囊液盲传 2 代，若仍无血凝性，则认为该病料病毒分离阴性。特别要注意的是，HPAIV 常在接种后 16～24h 内就可以致死鸡胚，因此，24h 内死亡的鸡胚也应做 HA 检测，不能误认为是细菌污染所致。

3. 病毒鉴定

比较常用的鉴定方法是 HA 和 HI 试验。其他如病毒粒子电子显微镜观察、琼脂扩散试验、RT-PCR 测序或进行核酸检测、致病性试验等均是 AIV 病原鉴定的方法。

1）HA 和 HI 试验

对红细胞 HA 阳性的尿囊液可进行病毒鉴定。

首先，应排除 NDV、EDS-76 等具有血凝活性病毒的干扰。可用抗 NDV 和 EDS-76 等的单因子阳性血清做 HI 交叉抑制，排除其他病毒。

其次，确定 HA、NA 表面抗原的抗原亚型。可采用已知的抗 16 种不同血凝素和抗 9 种神经氨酸酶的单因子抗血清，进行 HI 和 NI 交叉抑制试验来确定相对应的流感亚型。依据 HI 或 NI 交叉的程度来确定分离病毒的抗原亚型。

最后，在区分 AIV 不同亚型时，应注意利用单因子阳性血清进行 HI 交叉抑制试验。一般来说，与哪个单因子阳性血清 HI 交叉度较高，就属于哪个分支。因为不同亚型 AIV 分支之间，HI 基本无交叉，如 H5 亚型、H9 亚型和 H7 亚型等不同亚型 AIV 之间，其单因子血清 HI 之间无交叉。研究证实，即便是属于同一亚型不同分支之间，HI 交叉度也较低，如 H5N1 亚型 AIV 不同分支中，分属于 2.3.2 或 2.3.4 或 7 分支之间的 AIV 流行毒株均无交叉反应。

2）分子病原学技术

分子诊断技术具有敏感度高、便捷、快速和特异性强等优点。传统的病原分离鉴定一般在 1 周左右，而 AIV 的分子快速诊断方法一般可在 4h 内获得结果。分子病原学技术以核酸为检测对象，可以有效避免病毒鉴定过程中出现的散毒现象，已逐渐成为目前病毒诊断的常规方法。

（1）序列测定。测定 AIV 的 HA 序列十分重要，特别是对 H5 亚群 AIV，是进行系谱分型的重要依据，也是区分不同亚系毒株的重要依据，具有血清学技术所不能比拟的优点。

（2）核酸诊断技术。基于核酸的诊断方法主要有 RT-PCR、环介导等温扩增技术、核酸探针技术、RNA 指纹图谱和基因芯片等。

为进一步缩短 AIV 亚型鉴定和测序时间，在实际应用中，对 RT-PCR 进行了技术改进。例如，Spackman 等（2003）采用实时一步法 RT-PCR 引物/荧光水解探针系统来检测 AIV 及鉴别 H5 和 H7 亚群病毒，可在 3h 内检测出结果。在美国，针对 M 蛋白基因的 rRT-PCR 已用于咽样本和泄殖腔筛选，如果检测结果呈阳性，再用 rRT-PCR 进行检测，提高效率。

LAMP 是一项新颖的快速诊断方法，其特点是针对靶基因的 6 个区域设计 4 个引物，利用一种链置换 DNA 聚合酶，在等温条件下（63℃）保温 30～60min，即可完成核酸扩增反应。其核心是增加了电化学发光检测技术，可在 2h 内检测出临床样品中的 H5 和 H7 等亚型 AIV。

（二）血清学诊断

1. 血凝抑制试验

一般采用 HI 方法进行 AIV 抗体监测。在进行 HI 时，首先应去除血清中非特异性的凝集因素，同时需要对抗原进行标准化，特异性的血凝素抗原十分关键。

未使用疫苗免疫的禽群血清可以作为诊断依据。使用疫苗免疫的禽群血清标本应包括急性期和恢复期双份血清检测。急性期血样应尽早采集，一般不晚于发病后 7d。恢复期血样则在发病后 2～4 周采集。单份血清一般不能用于诊断。如果后者抗体比前者高 4 倍以上，在排除其他原因的情况下，可判为感染。

大量的研究数据表明：禽流感病毒不同血清型之间，HI 缺乏交叉。即便同属于 H5N1 一个血清型，其不同分支之间甚至不同亚分支分离病毒之间的 HI 相互交互值也较低。例如，中国农业科学院哈尔滨兽医研究所（以下简称“哈兽研”）研制的 Re-1、Re-4、Re-5、Re-6、Re-7、Re-8 和 Re-10 抗原之间，Re-1 和 Re-5、Re-6、Re-7、Re-8 没有交叉，Re-4 和 Re-5、Re-6、Re-8 抗原性交叉较低，但同一分支之间有一定的交叉反应，如 Re-4 和 Re-7、Re-5 和 Re-8、Re-6 和 Re-10 一般会有 2～3 个滴度的差异。上述问题是生产检测中必须关注的核心问题。

2. 琼脂免疫扩散试验

AGP 一般用来检测 AIV 的共同抗原核蛋白或基质蛋白，测定的是群特异性抗原。因为所有 A 型流感病毒核蛋白及基质蛋白都具有相似的抗原性，所以针对 AIV 的 AGP 都是检测这两类抗原的抗体。AGP 检测抗核蛋白的抗体，既可以定量，也可以定性。该方法操作简单、重复性好、特异性强。缺点是不能区分禽流感的不同血清亚型。

3. 酶联免疫吸附试验

ELISA 具有较高的敏感性，既可以检测抗体，也可以检测抗原，尤其适合于大批样品的血清学调查，可以标准化而且结果易于分析。

4. 其他

其他血清学检测技术包括补体结合试验、中和试验、神经氨酸酶活性抑制试验和单辐射溶血试验等。中和试验和免疫动物攻毒试验是评价疫苗免疫效果的重要实验室手段。

七、防控技术

关于禽流感的防控，世界各国都很重视。鉴于 HPAI 的危害和公共卫生意义，扑杀和消灭是主流措施。在中国，对禽流感的防控主要采取免疫、监测、检疫和监管相结合的综合防治措施，对所有易感家禽实行全面强制免疫，对发病家禽扑杀和淘汰。

（一）高致病性禽流感的防控

1. 世界HPAI防控措施和经验

1959年迄今，全世界共发生30多次HPAIV，其中有28次仅仅发生在一个国家即被扑灭，危害仅限于局部。而另外两次禽流感让世界为之震惊，一次是1996～2018年的H5亚型HPAIV，涉及亚洲、欧洲和非洲等至少63个国家，感染的家禽数最高达2.5亿只；另一次是2003～2014年的H7亚型，涉及荷兰、比利时和德国等10多个欧洲国家。针对HPAIV的防控已成为世界性难题，需要集中世界资源，对禽流感实行全方位、多角度的防控，把危害降至最低。

国际社会针对禽流感的发生通常有两种做法。其一（国际惯例），果断进行隔离封锁，全面扑杀，迅速切断传播途径。短时间内严密监视疫点周围可疑地区动态，尽快根除禽流感的危害。其二，在疫情范围过大，已无法采用单纯扑杀处理的情况下，利用免疫接种禽流感疫苗的方法进行防控，最大限度地降低危害。墨西哥、意大利和中国等均使用此法。但大量的研究和实践证实：疫苗接种并不能完全阻挡禽流感病毒侵袭产生的隐性感染和排毒，如果做不到所有易感禽类全部有效免疫，只要有易感禽类存在，则禽流感的“点”暴发几乎不可避免。

2. 中国HPAI防控关键点

1）早期诊断

要勤观察，早发现，如发现鸡群或鸭群具有HPAI的临诊症状（突然死亡、肿头肿脸、死亡率剧增、腿肌鳞片出血等），就要在第一时间上报给兽医主管部门和当地政府，同时迅速请主管兽医和专家会诊，采集病料，在确保安全的情况下，以最快速度送往国家权威单位确诊。诊断越早，损失越少。中华人民共和国国家卫生健康委员会[①]发布的《人间传染的病原微生物名录》规定，HPAIV操作应在生物安全三级实验室（BSL-3）进行。

2）疫区划分和处理

一旦确诊，HPAI应严格按照国家法规执行。应由当地政府颁布封锁令，防止疫情散播。隔离区域的范围划定一要兼顾法规，二要视发病的地区而定。疫区的界限最好以河流、道路等为天然屏障，在疫区边界的各个路口设立检疫站。检疫站的工作人员负责对过往的车辆进行消毒，严禁疫区内与禽相关的物品、设施等运出，严禁禽肉、蛋和设备等贸易和运输。应做到24h不间断监控和消毒。疫区内应扑杀所有被HPAIV感染的禽类（鸡、鸭、鸟等），一般是死后掩埋或焚烧处理等无害化处理，应防止产生二次污染和次生污染（水源）等。在疫区周围建立免疫隔离带。疫区的解除按照相关规定执行（距离“哨兵鸡”最后1只发病后21d无发病）。

（二）疫苗免疫

1. 免疫机理

1）体液免疫

禽流感病毒疫苗免疫和野毒感染均能诱导产生全身性的体液免疫和黏膜免疫。一般

① 2013年国家机构改革，中华人民共和国卫生部与国家人口和计划生育委员会的计划生育管理和服务职能合并组建国家卫生和计划生育委员会。2018年组建为中华人民共和国国家卫生健康委员会。

情况下，在感染后的第 5 天产生 IgM 抗体，随后产生 IgG 抗体，该抗体可特异性地中和对应亚型的禽流感病毒，有效地阻止同源的流感病毒对家禽的感染，是抵抗禽流感病毒的主力军。

在禽流感疫苗免疫保护中，体液免疫和细胞免疫均具有十分重要的作用。抗体应答的强度与禽的种类相关，正常情况下，鸡>野鸡>火鸡>鹌鹑>鸭。

针对禽流感病毒表面蛋白（HA 和 NA）的抗体具有中和能力和保护性，保护性抗体主要是抗 HA 蛋白抗体。无论是针对 HA 或 NA，还是同时针对两者的抗体，均可以阻止同源的 HA 或 NA 亚型 HPAIV 的感染发病。

2）细胞免疫

细胞免疫在禽流感的防控中具有一定的作用。研究证实，H9N2 灭活疫苗可在短期内抵抗 H5N1 亚型 HPAIV 的攻击，其机理就是 H9N2 灭活疫苗介导了细胞免疫应答。

3）局部免疫

禽流感病毒血清型较多，危害性大，复杂多变，很难研发出弱毒疫苗，而灭活疫苗产生细胞免疫和黏膜免疫的能力较差。因此，缺乏黏膜性保护一直是禽流感疫苗免疫的“软肋”。

2. 疫苗种类

1）低温活疫苗

A 型流感病毒在 25℃以下一般不生长，但如果改变培养条件，病毒便可在低温下生长，从而培育出冷适应性病毒株。美国和俄罗斯的科学家通过低温传代的方法得到了遗传性状稳定的减毒冷适应的 A 型、B 型流感病毒株。

2）传统灭活疫苗

灭活疫苗是目前世界禽流感防控主要使用的疫苗，多采用鸡胚培养，也有部分采用细胞培养。其均具有制备工艺简单、免疫效果及安全性好、免疫持续时间长且不会出现致病性返强和变异的优点，可保护同种亚型 AIV 的攻击。2003 年，哈兽研研制的 H5N2 亚型 AI 灭活疫苗（N28 株）和 H9 亚型 AI 灭活疫苗（SD696 株）获得批准文号，这是中国最早研制并获批的 AI 灭活疫苗。

3）AIV 重组病毒疫苗

（1）反向遗传操作技术重组系列疫苗。

① Re 系列灭活疫苗。

基本原理：利用反向遗传操作技术，共表达 H5N1 病毒 *HA* 和 *NA* 基因 RNA 质粒与 6 个来自高产病毒 A/Puerto Rico/8/1934（H1N1）（简称 PR8）株的内部基因质粒及 4 个编码聚合酶和核蛋白 PR8 的蛋白表达质粒，共同转染 Vero 细胞，使病毒 RNA 和蛋白质在 Vero 细胞中表达，从而组装成 H5N1/PR8 疫苗种子株。在构建病毒和 HA 表达质粒的过程中，对 HA 基因片段进行突变处理，以删除 HA 裂解位点的多个碱性氨基酸，从而组装成低致病性的禽流感病毒株。

安全性：2003 年，哈兽研构建了世界第一株 A/Goose/Guangdong/1/96（H5N1）的灭活 H5N1 HPAIV 重组疫苗种毒，命名为“Re-1”株。该种毒呈现出良好的生物安全特性，对鸡和鸡胚不具致病性，能在鸡胚中高效复制，并且尿囊液中的病毒滴度较母本病毒提高 4～6 倍。将该疫苗免疫鸡、鸭和鹅，结果表明，这一新型重组 AIV 疫苗能够对同源 H5N1 流行毒株及早期分离的异源 H5N1 流行毒株提供较高的保护能力。

推广应用：哈兽研相继研制出 Re-4 株 H5 亚型重组 AIV（CK/SX/2/2006 为 HA 和 NA 基因供体，2006）、Re-5 株（DK/AH/1/06 为 HA 和 NA 基因供体，2008）、Re-6 株（DK/GD/sl322/2010 为 HA 和 NA 基因供体，2012）、Re-7 株（CK/LN/s4092/2011 为 HA 和 NA 基因供体，2014）、Re-8 株（DK/GZ/4/2013 为 HA 和 NA 基因供体，2014）和 Re-10 株（2.3.2.1.e 分支，2017）。2017 年 7 月，研制出重组禽流感病毒（H5+H7）二价灭活疫苗（H5N1 Re-8 株+H7N9 H7-Re1 株）。2018 年 12 月，研制出重组禽流感病毒（H5+H7）三价灭活疫苗（H5 Re-11 株+ Re-12 株+H7 Re-2 株）。上述疫苗的应用对中国禽流感的防控发挥了主要作用。

但是，伴随着 AIV 不断变异的压力，几乎平均不到 2 年就需要更新一种疫苗（更换与禽流感流行株相吻合的毒株）。更何况，在中国 HPAIV H5 和 H7 两种亚型同时存在，这在世界禽病防控历史上绝无仅有，从而使禽流感防控的潜在压力变大（图 4.10）。

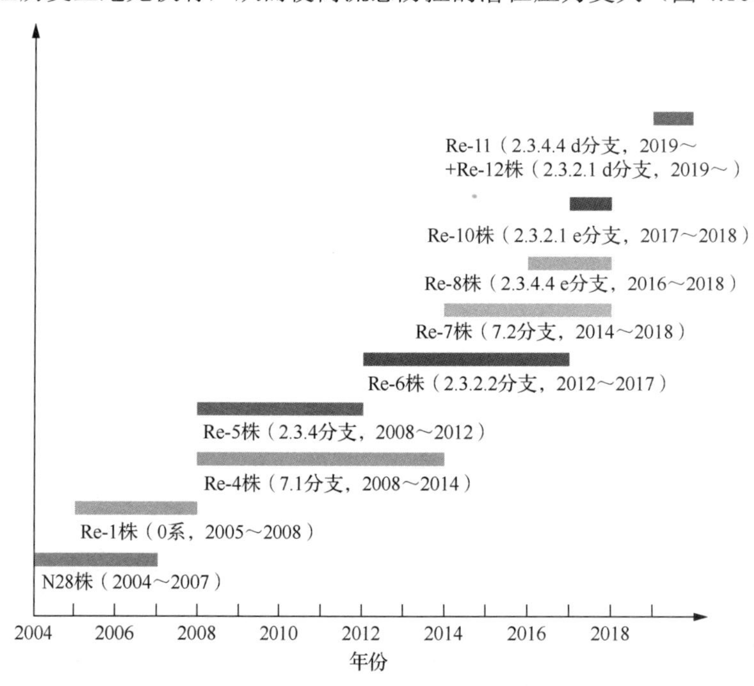

图 4.10　不同时期 HPAIV H5 亚型疫苗免疫所选用的疫苗和时间相关性

② 重组新城疫病毒活载体疫苗。

原理：哈兽研用国内外广泛应用的新城疫 La Sota 弱毒疫苗株为载体，利用反向遗传操作技术，构建了一系列表达 H5N1 亚型 HPAIV 分离株保护性抗原 *HA* 基因的重组 La Sota 疫苗衍生株，通过系统的评估分析，成功研制出禽流感-新城疫重组二联活疫苗。

安全性：生产工艺简单，适合规模化生产，具有使用方便和能够诱导黏膜免疫等诸多优势。在实验室条件下，一次免疫即可对免疫鸡提供对 H5 亚型 HPAIV 和 NDV 强毒攻击的完全免疫保护。试验表明，该疫苗可以形成同时针对 NDV 和 HPAIV 的有效免疫保护，而且保护效果分别与 NDV 弱毒活疫苗和 H5 亚型 AI 灭活疫苗相当，且可有效减少免疫次数；同时，该疫苗也具有 La Sota 弱毒疫苗安全有效、使用方便和成本低廉的优点。该疫苗是全球第一个实现产业化的重组 RNA 病毒活载体疫苗，实现了一种弱毒疫苗同时有效预防新城疫和禽流感两种家禽烈性疫病。

缺点：家禽机体中的NDV抗体会对重组NDV活疫苗的免疫产生干扰。在中国普遍使用NDV疫苗免疫的大背景下，克服NDV抗体的干扰值得高度重视。

（2）重组鸭瘟病毒（duck enteritis virus，DEV）活载体疫苗。

原理：哈兽研在世界上首次使用重叠DNA黏粒转移载体途径建立了鸭瘟疫苗毒株的反向遗传操作系统，并应用该系统成功构建了表达H5N1亚型AIV（DK/AH/1/06）*HA*基因的重组鸭瘟禽流感活载体疫苗，其可同时预防鸭瘟和H5N1亚型禽流感。

优点：在免疫后3～5d就能够对DEV的攻击提供完全的免疫保护，并且最早在免疫后第1周就能够对致死剂量的H5亚型AIV的攻击提供完全的免疫保护。

（3）重组FPV活载体疫苗。

原理：以FPV为载体，表达AIGS/GD/1/96（H5N1）病毒HA和NA蛋白的活疫苗。

优点：该疫苗能够对H5N1 HPAIV的攻击提供保护，能产生针对同源H5N1病毒的保护性抗体并持续至第40周，并可以最早在免疫后第1周对同源AIV的致死性攻击提供保护。

缺点：①免疫后喉头和泄殖腔拭子仍能检测到病毒。②免疫效果会因母体中FPV抗体的干扰而减弱。常规的FPV疫苗会干扰重组FPV疫苗免疫保护效果。③要对每只鸡采用皮肤刺种。

（4）重组火鸡疱疹病毒活载体疫苗。

原理：利用细菌人工染色体技术，将H7亚型AIV *HA*基因插入HVT基因组的长特异性片段45（UL45）-UL46区域，从而构建出重组HVT载体的H7 AI疫苗，将疫苗免疫1日龄雏鸡，可以对同源H7N1亚型AIV的攻击产生完全的免疫保护；并且无排毒，无发病，无死亡。

优点：可以对18日龄的鸡胚进行体外免疫，或者对1日龄的雏鸡进行规模免疫。

（5）重组传染性喉气管炎病毒活载体疫苗。

原理：利用同源重组方法，将H7亚型*HA*基因插入ILTV的UL0区，成功研制出重组ILTV载体H7 AI疫苗株，能够对致病性ILTV和致死剂量的H7亚型AIV的攻击提供免疫保护。除此之外，将H5亚型AIV的*HA*基因插入UL50基因座所构建出的重组ILTV免疫鸡群，对同源和异源的H5亚型HPAIV的攻击均能提供保护。如果同时免疫表达N1亚型的*NA*基因，那么疫苗的免疫效果就会加强。

优点：重组疫苗可以通过鸡胚或者鸡细胞培养物进行大量生产，具有活疫苗优点。

4）DNA疫苗

原理：将编码AIV目的抗原的蛋白基因序列的真核质粒经各种基因转移途径导入机体细胞，通过宿主细胞的转录系统合成抗原蛋白，诱导宿主产生针对该抗原蛋白的免疫应答。2018年，中国研制的禽流感DNA疫苗获得国家一类新兽药证书，填补了世界空白。

优点：DNA疫苗能真实地再现外源基因编码蛋白的抗原性，全方位激发免疫应答反应，同时诱导细胞免疫和体液免疫。该疫苗构建简单，生产成本低，运输储存方便；呈递的免疫原单一，不需要佐剂，便于接种；对免疫接种与自然感染动物可以进行鉴别；可以反复加强免疫。

5）亚单位疫苗

亚单位疫苗是提取 AIV 具有免疫原性的蛋白，辅以佐剂制作而成的。研究表明，该疫苗具有很好的安全性，并能够刺激机体产生足够的免疫力。

6）广谱流感疫苗

目前使用的疫苗只对特定的流感毒株具有保护效力，一旦出现流感病毒新亚型或新毒株，现有疫苗就会失去保护效力。当疫苗毒株与流行毒株不匹配时，会导致流感的发病率和死亡率升高。因此，有人提出了广谱流感疫苗的概念，它成为近年流感疫苗研究的热点。

（1）多价流感疫苗。为了应对多种流感病毒亚型共存的现象，一般的做法是把几种流行毒株同时加到疫苗中。例如，人类临床上使用的流感疫苗主要是三价/四价疫苗。三价疫苗由 1 个 H1N1、1 个 H3N2 和 1 个 B 型流感病毒株组成；四价疫苗由 1 个 H1N1、1 个 H3N2 和 2 个 B 型流感病毒株组成。禽流感疫苗也有类似的做法，如 H9 亚型毒株与 H5 亚型毒株制成的二价灭活疫苗，也有的将某一亚型的 2～3 种流行毒株加在一起制成多价疫苗。

（2）基于保守基因的广谱流感疫苗。传统疫苗大多数通过 *HA* 和 *NA* 基因来实现，而其他的基因相对保守，因此，流感病毒的保守基因成为广谱疫苗研发的重点。例如，有人采用血凝素蛋白的茎部 HA2、离子通道蛋白的胞外部分 M2e、核蛋白 NP 等基因研制广谱疫苗，在实验动物上获得了一定程度的成功。

（3）基于抗原稳定性的广谱流感疫苗。HA 蛋白是流感病毒的主要免疫原，HA 蛋白的稳定性与免疫力之间存在相关性。将 HA 蛋白与 T7 噬菌体丝状蛋白折叠区、GCN4pll 三聚体重复序列或者铁蛋白融合，可以提高 HA 蛋白的稳定性，进而使其交叉免疫反应性拓宽。

3. 免疫程序

免疫程序的制定和疫苗选择应根据中国 AIV 流行情况和鸡群背景（包括疫苗接种、免疫间隔、鸡群日龄、抗体水平等）综合制定。

1）疫苗筛选

首先，应确定 AIV 危害的种类和目前本地区危害的主要毒株。流行病学调查显示，中国禽流感防控形势严峻。HPAIV 包括 H5N1、H5N2、H5N6、H5N8 和 H7N9 等不同亚型 AIV。LPAIV（如 H9N2 等）在中国广泛存在。H5 亚型 AIV 又进一步分为不同的亚系，如 2.3.2、2.3.4、7.0 等；且 2.3.2 进一步演化为 2.3.2.1、2.3.2.2 等；2.3.4 系又进一步演化为 2.3.4.1、2.3.4.2～2.3.4.6 等；7.0 系又进一步演化为 7.1、7.2 等。

其次，在确定流行毒株的基础上，应进行疫苗保护性的筛选。研究表明，不同的亚系之间缺乏交叉保护性。不同的亚系疫苗需要进行针对性的免疫。

2）强化接种

灭活疫苗只能产生体液抗体，细胞免疫和局部免疫较弱，且需要重复多次免疫，抗体才能达到较高的水平。因此，对中国流行的每种亚型的禽流感，每种灭活疫苗均必须免疫 3 次以上。

3）免疫时机和间隔

雏鸡免疫系统不健全，70d 免疫系统才能发育健全，处于产蛋高峰期的抵抗力较差。因此，应注意早期免疫时间和开产前的加强免疫。根据免疫学原理，第一次和第二次免疫的间隔最好在 2 周以上。其余的免疫应结合抗体水平进行接种。

一般情况下，应确保在开产前，AIV 主要流行株不同亚型的疫苗，如目前流行的 7.2、2.3.4.6、2.3.2.4、H7N9 和 H9N2 等不同亚型禽流感疫苗每种应至少免疫接种 3 次。

对蛋鸡或种鸡来说：7～10 日龄首次免疫，剂量为 0.3～0.5mL；28～30 日龄第二次免疫，剂量为 0.5mL；开产前 120～140 日龄第三次免疫；35～40 周龄，应加强免疫。对商品肉仔鸡：可根据易发日龄来确定免疫日龄，一般为 7～10 日龄，皮下或肌肉注射 0.2～0.4mL。

鸭、鹅和鸟的疫苗免疫与鸡类似，但疫苗接种的效果不如鸡，应加大免疫剂量。

4. 建立检测制度

禽群免疫禽流感疫苗后 2～3 周，利用特异性抗原（与疫苗免疫相匹配的毒株）可进行免疫抗体检测，即采血测定 HI 抗体效价。如果达不到要求，1 周后重新测定一次，如果仍达不到要求，则意味着免疫失败，需要重新免疫。监测的鸡数应根据鸡群大小而定：1000 只以下鸡群，监测的鸡数为 10～20 只；1000～5000 只鸡群，监测的鸡数为 30～50 只；5000～10 000 只鸡群，监测的鸡数为 50～100 只。

AIV 油苗免疫接种后 7～14d 产生抗体，HI 抗体最早在 7d 可检出，AGP 抗体最早在 14d 可检出，抗体高峰一般在 3 周以后出现。免疫较好的鸡群抗体滴度均匀，HI 效价应总体保持在 6log2 以上。开产前蛋鸡的抗体应控制在 8log2～10log2，种母鸡（包含公鸡）的抗体应控制在 9log2～11log2。

（三）发病对策

1. 高致病性禽流感

一旦确诊 HPAI，应严格按照国家法规执行。应由当地政府颁布封锁令，采取严格的扑杀、封锁、隔离和消毒等措施，严禁病鸡及其产品销售和流通，防止疫情散播。

1）扑杀、封锁和无害化处理

对发病疫点家禽全部扑杀，对其尸体、排泄物等全部进行无害化处理。

2）消毒

发病家禽的排泄物、设备（含运输设备）、饲料、饮水、垫料、产品等及饲养人员的衣物等均应严格消毒。研究发现，1g 鸡粪中，可含有足以使 100 万只鸡感染的病毒颗粒。因此，消毒人员应树立高度的责任心，进行最严格、最彻底和最完全的消毒。

3）建立免疫隔离带

HPAIV 以接触传播为主，水平横向传播的速度较慢，栋舍间的传播一般需要 3～7d。对疫区外（大于 3km）的鸡群，建议紧急接种，形成免疫隔离带。接种原则是由远及近，先接种健康鸡群，后接种假定健康鸡群。

2. 低致病性禽流感

1）隔离和消毒

加强对发病鸡群的隔离和消毒，阻断该病的传播。如为种鸡，应禁用其种蛋。

2）对症治疗

当家禽患有 LPAI 时，无特效药治疗。一旦家禽感染 LPAI，其呼吸道上皮细胞纤毛运动和吞噬细胞功能下降，抗病能力降低，极易发生继发性感染。药物治疗越早越好。对高热病例，可使用阿司匹林、安乃近等药物解热镇痛；预防大肠杆菌感染、慢性呼吸道病等细菌病的发生可使用土霉素、恩诺沙星等抗菌药。在对症治疗的同时，还应该使用抗病毒制剂和免疫调节剂，提高和恢复机体的免疫调节机能。中药如强力咳喘灵、大青叶、清瘟散或板蓝根等具有清热解毒、止咳平喘的功能，这些药既有抗病毒作用，也可增强机体的抗病力，临床应用效果较好。

3）改善营养，提高机体抵抗力

增加饲料或饮水中复合多维素，特别是维生素 E、维生素 A 的用量，可促进产蛋性能的早期恢复和蛋壳质量的改进。

（何希君　王云峰）

第三节　新　城　疫

新城疫（newcastle disease，ND）是由新城疫病毒（NDV）引起的主要侵害鸡、火鸡、鸽、野生禽及观赏鸟类等 250 多种禽类的一种急性、高度接触性的烈性传染病。该病不仅会干扰家禽的正常生长和生产，还会给家禽自身带来毁灭性灾难（其发病率和死亡率可高达 100%），进而影响国际贸易，是目前严重危害中国养禽业的主要禽病之一。

新城疫是禽副黏病毒 11 种血清型中最严重的疫病，OIE 将其列为法定报告的疫病（在 2005 年之前列为 A 类疫病）。2006～2009 年，世界上有 56 个国家（OIE 成员国共有 167 个）报告该病，在全世界 71 种危害动物最重要的疾病中，新城疫名列第二。中国将新城疫列为国家一类动物疫病，是《国家中长期动物疫病防治规划（2012—2020 年）》确定的优先防治病种。

一、流行历史暨分布

（一）引言

1. 同义名

新城疫的同义名包括伪霍乱（pseudo-fowl pest）、非典型性肺炎禽瘟疫（atypische geflugel pest）、禽瘟疫（avian pest）、禽瘟疫（avian distemper）、朝鲜瘟疫（Korean fowl plaque）、禽脑肺炎（avian pneumoencephalitis）和亚洲鸡瘟等。

2. 历史

本病最早由 Kraneveld 发现于印度尼西亚的 Java（1926 年），次年（1927 年）发生于英国的 Newcasttie-om-Tyme，由 Doyle 首次证实该病原是一种可以滤过的病毒，排除了禽流感（欧洲曾经发生）的可能性。为避免该病与禽流感、禽霍乱等烈性疫病相混淆，1935 年，Doyle 根据地名将该病定名为新城疫（newcastle disease），延续至今。

只有新城疫病毒强毒株（vNDV）才有可能导致鸡群的发病，因此，严格来讲，新城疫是指由符合国际认可标准的新城疫强毒株所引起的感染和发病。20 世纪 80 年代，伴随着对病毒研究的进一步深入，结合 NDV 属于副黏病毒科，有学者建议将 NDV 命名为禽副黏病毒 Ⅰ 型（avian parainfluenza virus 1，APMV-1）。也可依据其感染宿主种类不同对 NDV 进行命名。例如，20 世纪 80 年代早期，鸽新城疫命名为鸽副黏病毒 Ⅰ 型（piegon parainfluenza virus 1，PPMV-1）。1997 年，中国南方鹅陆续发生了新城疫感染并大批发病，称为鹅副黏病毒（goose parainfluenza virus 1，GPMV-1）。但经过系统的分析研究，证实这些病毒株与经典的新城疫传统毒株具有较高的抗原和基因同源性，病毒之间差别不大，仅仅是宿主不同而已。

3. 定义

NDV 毒株众多，致病性千差万别。即使对易感鸡群，其所导致的临床症状也各式各样，且受诸多因素如毒株、宿主、日龄、环境、其他病原微生物等影响。vNDV 感染敏感鸡后，鸡几乎不出现任何症状而死亡；中等致病性的病毒则因外界因素不同而在临床上差别较大。

作为共识，世界大多数国家普遍认可 OIE 对新城疫的规定（92/66/EEC）。OIE 对新城疫的定义是：新城疫是由禽副黏病毒Ⅰ型病毒引起的禽类感染，其毒株致病性应符合以下标准：

（1）1 日龄脑内接种致病指数（intracerebral pathogenicity index，ICPI）大于或等于 0.7。

（2）新城疫病毒融合蛋白 F2 的 C 端有多个碱性氨基酸残基，F1 蛋白的 N 端即 117 位为苯丙氨酸（直接或推导得出的结果）；多个碱性氨基酸是指在 113～116 位至少有 3 个精氨酸或赖氨酸。对检测没有上述结构的病毒，需要进一步测定分离毒的 ICPI 值。

在该定义中，氨基酸残基是从 F0 蛋白后的 N 端开始计数的，113～116 位对应于裂解位点的-4～-1 位。

（二）世界流行历史

在新城疫首次确诊以来的 90 多年里，世界范围内曾发生过 4 次 NDV 大规模的流行。

1. 第一次新城疫全球大流行（20 世纪 20～60 年代）

世界上对首次新城疫的发生尚有争论。Levine 引证 Ochi 和 Hashimoto 的报告认为：朝鲜早在 1924 年就可能已有此病。尽管此前在中欧已有类似的报告（Halasz，1912），但普遍公认的是：新城疫 1926 年首次暴发于印度尼西亚的 Java（Kraneveld，1926）和英国的 Newcasttie-om-Tyme（Doyle，1927）。这也是目前公认的第一次新城疫大流行的开始。

1930 年前后，新城疫陆续发生在美国（1930 年）、澳大利亚（1930～1932 年）、日本（1930 年）、印度（1931 年）、中国（1935 年）等国家。第二次世界大战为新城疫的传播推波助澜，1940～1945 年，新城疫传遍了整个欧洲中部和南部（主要为基因Ⅳ型），并在随后的几年里传播到东亚（中国 1946 年，韩国 1949 年，日本 1951 年）。在 1960 年以前，美国仅发生基因Ⅱ型，与欧洲、亚洲、大洋洲等的基因型不同，在基因Ⅱ型 NDV 毒株中，既包括强毒株（vNDV）Texas GB/48、中等致病性株 Beaudette C/45，又包括弱毒株 La Sota/46、B1/48（Seal et al.，2000）。

澳大利亚是一个相对隔离的大陆。第一次新城疫流行发生在墨尔本（1930 年）和维多利亚（1932 年），其 NDV 相对独立，进化缓慢。直到现在，澳大利亚的 NDV 基因型主要是Ⅰ和Ⅲ型，相对原始和保守，这说明 NDV 具有地域特点。分子流行病学监测显示，在澳大利亚 NDV 毒株中，vNDV 所占比例仅为 1/5000～1/1000。

第一次新城疫大流行的特点：①危害的对象主要是鸡，水禽、鸟类等几乎不发病。②发病的各国大多数采取了扑杀政策，新城疫的传播速度相对缓慢。因此，NDV 的变异不明显，其抗原性和基因型相对稳定。③传统的活疫苗和灭活疫苗均具有较好的预防效果。后续的分子诊断和流行病学研究表明，新城疫第一次流行的 NDV 基因型主要是Ⅰ、Ⅱ、Ⅲ和Ⅳ型，后两种为 NDV 强毒，Ⅰ型均为弱毒，Ⅱ型既有弱毒，又有强毒。

2. 第二次新城疫流行（20 世纪 60～80 年代）

第二次新城疫大流行归咎于鹦鹉，该病起源于中东，最早发生于 20 世纪 60 年代后期，到 1973 年遍及世界各地，其危害的对象主要是观赏鸟、笼养鸟和禽类，并伴随笼养鸟的出口贸易扩散到全球。韩国也在 1982 年分离到该类型病毒。这次传播速度之快主要与养禽产业的国际化和商业化有关，NDV流行株主要是基因Ⅴ型。

20世纪70年代，美国在加利福尼亚州分离到基因Ⅴ型NDV（Seal et al.，1995；1996；1998），该毒株是1990～1992年、1995～2000年美国和加拿大鸬鹚发生大批死亡的直接病因。进一步的研究发现，佛罗里达州2002年的NDV可能来源于经此越冬的鸬鹚。对1992年分离自美国北部鸬鹚和火鸡的NDV分离株*F*基因的核苷酸序列推导的氨基酸比较显示，其同源性接近100%，表明是同一种病毒。基因Ⅴ型NDV一度造成北美洲新城疫的大流行。1975年、1998年和2002～2003年，美国斗鸡曾暴发过3次vNDV感染。损失最重的一次是2002～2003年发生在加利福尼亚南部的疫情，2671个斗鸡场的149 000多只鸡被销毁，经济损失严重。当然，新城疫的危害促进了世界各国对新城疫防控的研究。大多数国家对进口笼养鸟采取了更加严格的隔离检疫措施。

第二次新城疫大流行的特点：①病原来源于观赏鸟和珍禽，对鸡、火鸡等危害严重，但对鸟和珍禽等不致病。②分子流行病学调查表明，NDV为基因Ⅴ型。③传播速度快，在较短时间内从中东传到欧洲、东亚和北美洲等。④经济损失严重，第二次新城疫大流行对世界养禽业造成了严重的经济损失，仅美国2002～2003年曾耗费1.6亿美元扑灭加利福尼亚州新城疫疫情。

3. 第三次新城疫大流行（1975～1990年）

在第三次新城疫大流行中，鸽是主要的被危害对象。该疫病表现与鸡的嗜神经型新城疫相似，呼吸道症状较轻，但可导致严重的死亡，对鸡群也有危害。该病最早于1975～1985年发生于保加利亚，进而传播到意大利、英国等欧洲国家，如英国1984年因饲喂被感染鸽污染的饲料而导致20个未免疫鸡群暴发新城疫。随后，该病迅速传遍世界各地，如中国、韩国、日本等。20世纪80年代，该病在赛鸽中大流行，且对家禽具有潜在的致病性。由于每年都有大量的赛鸽比赛，一些国家制定了相关条例，包括禁止比赛、限制比赛或强化赛鸽的免疫接种等。尽管人们在控制鸽新城疫方面做出了很大努力，但在许多国家的赛鸽中至今仍有该病。

第三次新城疫大流行的特点：①鸽是主要危害对象。②NDV流行株主要是基因Ⅵ型。

4. 第四次新城疫大流行（1990年至今）

第四次新城疫大流行可能源于亚洲，因为最先发现基因Ⅶa的病毒来源于20世纪80年代东南亚（中国台湾1984年，日本1985年，印度尼西亚1988年），1992年在意大利出现；保加利亚和意大利在1984年首次分离到Ⅶb亚型的NDV。1997年，中国从家禽中分离出Ⅶd亚型NDV强毒株。徐怀英等（2017）调查表明，Ⅶd亚型NDV强毒株在1997～2015年，一度成为中国NDV的代表毒株，分离比例在70%以上。

第四次新城疫大流行的特点：①对水禽的危害增大。传统来讲，NDV对鹅、鸭等水禽感染率低，特别是对鸭几乎不致病，而此次对鹅有较高的致病性，对鸭也有不同程度的感染和致病。此次新城疫流行的规模、速度、感染的品种、危害的严重程度均超过了以前的任何一次。②分子流行病学表明，基因Ⅶ型的毒株在流行中占绝对优势，成为流行的主导株；该类型的NDV，其传播速度和变异速度可能超过以往所有基因型的毒株。基因Ⅶ型的毒株已初步演变为a、b、c、d、e、f等若干个亚型。③危害的国家和地区日趋广泛。目前，发展中国家特别是亚洲地区，是疫病的重灾区，欧洲、美洲等养禽发达地区均有该病发生的报道。

5. 多基因型共存是新城疫大流行的特征

上述对新城疫大流行的时间划分和主要流行株的差异不是绝对的，存在一定的交叉性。

事实上，在每次新城疫大流行中，特别是第四次，都存在 NDV 流行株的共存现象或通过点突变等形成新的基因型毒株。对世界各地 NDV 的检测表明：经典的具有一定遗传特征的 NDV 毒株在首次出现以后，并不因其他毒株的存在而消失，多年后仍能再次出现。如基因Ⅸ型 NDV，1948 年在中国北方地区出现，1990～2001 年多次在中国大部分养禽地区的野鸟中出现。美国 2000 年新发现的 NDV 基因Ⅹ型强毒株，最早源于经典的基因Ⅱ型强毒株（20 世纪 40 年代）。2008 年发生在非洲马达加斯加的 NDV 基因Ⅺ型强毒株，源自欧洲经典 NDV 基因Ⅳ型强毒株（Hert33，1933）。有些毒株仅在部分地域出现，如 NDV 基因Ⅷ型主要流行于南非和日本。

（三）中国新城疫的历史和现状

1. 1980 年前的新城疫

中国最早发生的新城疫可能在 1928 年 12 月。《浙江农业》记载了金华、浦江、松阳等十余县的发病情况。此后，有文字记载的还有东北三省、江苏、四川、广东、青海等 10 多个省发生新城疫。1946 年，中国首次通过病原分离证明当时流行的所谓“鸡瘟”就是新城疫（代表毒株 F48E9）。

1949 年以来，中国针对新城疫主要采取了强化疫苗免疫的措施，有效地控制了新城疫的发生和流行。但由于中国地域广阔，饲养条件千差万别，特别是 20 世纪 70 年代后期，中国养禽业飞速发展，养禽密度急剧增大，使新城疫的防控成为中国养殖业面临的重要难题。据初步统计，除海南省外，全国大多数省份和地区均有不同程度的新城疫发生。

2. 1980～2004 年的新城疫

自 20 世纪 80 年代开始，利用经典疫苗免疫的鸡群开始出现免疫失败。1996 年，中国南方鹅群陆续发生了新城疫，这是 NDV 第一次在水禽和鸡群同时大规模发病，而中国经典的 NDV 强毒株 F48E9 对鹅、鸭接种不致病。2001 年以来，部分高免鸡群（抗体一般在 8log2～11log2）在产蛋高峰也开始出现不同程度的产蛋率急剧下降，并诱发不同程度的呼吸道症状，死亡率不足 5%，但后代雏鸡新城疫发病率较高。抗原性分析表明，中国 NDV Ⅶ型流行株在抗原性方面已经发生了有别于经典疫苗株的抗原性变异，对传统的疫苗免疫提出了挑战。

3. 2004 年以后的新城疫

2004 年中国发生了高致病性禽流感和新城疫。这是世界上首次两种危害最大的禽病同时出现在一个国家，无疑给中国的养禽业带来了灾难。中国政府加大疫苗强制免疫和监管力度，同时制定了《国家中长期动物疾病防治规划》，逐步分阶段实施，取得了一定的成果。

自 2005 年以来，中国新城疫发病率总体呈下降趋势，发病次数和数量大大降低（表 4.5）。

表 4.5　2005～2017 年中国发生的新城疫

年份	发病次数	发病数量/只	死亡数量/只	处理数量/只
2005	1 377	1 694 921	704 563	408 568
2006	1 051	1 195 629	481 541	183 984
2007	894	645 967	317 655	184 153
2008	755	597 151	267 224	131 166
2009	493	301 470	138 828	35 912
2010	593	156 539	90 130	19 096
2011	437	41 427	25 725	6 004
2012	249	98 670	33 154	109 212
2013	142	21 362	12 937	3 892
2014	95	14 056	6 359	267
2015	84	13 989	1 860	4 655
2016	76	9 670	3 403	159
2017	14	1 296	707	4

注：数据来自农业部《兽医公报》2005.2～2018.1。

二、病原学

（一）分类地位

2002 年，国际病毒分类委员会首次将 NDV 归于单分子负链 RNA 目副黏病毒科副黏病毒亚科禽腮腺炎病毒属，2005 年再次确认。NDV 原来属于腮腺炎病毒属，但是基因组序列分析发现，NDV 与腮腺炎病毒具有明显的差别，故单独设立禽腮腺炎病毒属。

1. 种属特点

NDV 是禽腮腺炎病毒属的代表株。该属病毒的显著特征是所有成员均具有血凝素和神经氨酸酶活性，属内不同成员之间基因组序列具有较高的同源性。

2. 与腮腺炎病毒的区分

伴随着科学家对 NDV 病原研究的进一步深入，特别是在完成了 NDV 经典毒株 La Sota 和副黏病毒科其他 10 个不同病毒属代表株的全基因组测序后，人们将副黏病毒科不同病毒属的代表株进行全基因序列同源性比较。结果发现，NDV 尽管在进化关系上与腮腺炎病毒最接近，但有明显不同。

（1）NDV 从 P→V 编辑 *P* 基因的 mRNA，而腮腺炎病毒从 V→P 编辑 *P* 基因的 mRNA，NDV *P* 基因的 mRNA 的编辑位点序列为 AAAAA↓GGG，而腮腺炎病毒为 TTAAGA↓GGGG。

（2）NDV 基因组长度为 6 的倍数，而腮腺炎病毒不同。

（3）NDV 各基因的 mRNA 起始位点的 N 亚基位为 4 个（6，2，3，4），而腮腺炎病毒为 3 个（6，1，2）；NDV *P* 基因的 mRNA 编辑位点的相位为 1，而腮腺炎病毒为 3。

（4）NDV 没有 *SH* 基因，缺少 C 蛋白开放阅读框（open reading frame，ORF），且与腮腺炎病毒在免疫学上没有联系。

（5）NDV 的 NP 蛋白不需要 P 蛋白就可形成核衣壳，而腮腺炎则必须 P 蛋白的参与。

3. 与禽流感病毒的比较

NDV 与 AIV 均为 RNA 病毒，这两个病毒有许多相同之处：①都是负链 RNA。②都具有转录酶。③核衣壳均呈螺旋形。④成熟的病毒粒子从细胞膜表面出芽释放。⑤囊膜含有类脂。⑥都具有神经氨酸酶和血凝素活性，可凝集某些动物的红细胞。⑦均对呼吸道具有致病性，特别是对黏膜多糖和糖蛋白具有特殊的亲和力，尤其是对细胞表面含有唾液酸的受体具有较强的亲和力。⑧病毒囊膜与细胞膜的融合需要病毒糖蛋白的水解。

（二）形态和化学组成

1. 形态学

NDV 在电镜下呈多边性，正常有囊膜的病毒粒子一般呈球形，大多数病毒粒子直径为 100～250nm，特殊情况下甚至可以见到丝状病毒粒子，其中心有一个与蛋白质相连接的单股 RNA 所形成的螺旋形对称的核衣壳，直径为 17～18nm，构成病毒粒子的核心。核衣壳的外面有双层脂质膜，病毒囊膜表面覆盖纤突，纤突长 8～12nm，宽 2～4nm，间距为 8～10nm，由两种表面糖蛋白（血凝素-神经氨酸酶蛋白和融合蛋白）组成。

2. 化学组成

NDV 通常含有一条单链 RNA 分子，分子质量约为 5×10^6 Da，约占病毒粒子质量的 0.5%。NDV 病毒粒子含有 20%～25%（质量分数）的脂质（主要来源于宿主细胞）和约 6%（质量分数）的碳水化合物。蔗糖浮密度为 1.18～1.20g/mL。

（三）基因组结构

NDV 的 RNA 通常不具有传染性，其本身不能作为 mRNA，必须以自己为模板转录一股互补链作为 mRNA。它包括 6 个结构基因，基因的排列顺序为 3′-*NP-P-M-F-HN-L*-5′；编码 7 种结构蛋白，基因编码区长度分别为核衣壳蛋白（nucleocapsid protein，NP）1467bp、磷酸化蛋白（phosphate protein，P）1185bp、基质蛋白（matrix protein，M）1092bp、融合蛋白（fusion protein，F）1659bp、血凝素-神经氨酸酶蛋白（haemagglutinin neuraminidase protein，HN）1713bp（或 1731bp，$HN_0$1848bp）和 RNA 依赖性 RNA 聚合酶（large protein，L）6700bp。

NDV 含有一个位于 3′端的启动子，基因组沉降系数为 50S；病毒感染细胞后，基因组产生三组 RNA，沉降系数分别为 18S、22S 和 35S。其中，35S mRNA 是单一种类的特异 mRNA，编码 L 蛋白，18S RNA 含有编码 NP、P、M、F、HN 蛋白的 5 种 mRNA。Northern 杂交证明，18S 和 35S mRNA 包含了 NDV 所有的编码区域，而 22S 包含了 18S mRNA 的编码区域，表明它可能是 18S 的共价连接产物。

除 L 蛋白 mRNA 起始信号为 3′-UGGCCAUCCU-5′外，其他 5 种 mRNA 之间均有一个保守的起始信号 3′-UGGCCAUCCU-5′，且每一个基因末端含有转录的 polyA 终止信号序列，即 3′-UGGCCAUCCU-5′序列。各基因组间有一个 3′-GAA 保守序列。mRNA 的起始信号和 poly（A）之间的距离不等，通常为 1～47nt。此外，在 *HN* 基因和 *L* 基因的起始端还分别有一个 41nt 和 50nt 的小开放阅读框。

（四）病毒的复制和增殖

NDV 感染细胞的前提是与细胞表面的受体相结合，这种结合不仅体现在病毒特定结构蛋白和细胞受体空间构象的改变上，还表现在病毒与组织细胞特异性结合的特殊关系上。事实上，病毒与受体之间的结合启动了一系列动力学事件，其后果不仅是病毒进入细胞，还有细胞产生的特异和非特异反应，特别是病毒的复制和增殖。

1. 吸附和融合

1）吸附

NDV 感染细胞的第一步是通过与细胞膜上的特异性受体相互作用，吸附于细胞表面。NDV 的受体结合部位位于 HN 蛋白的球状区，细胞受体是位于细胞膜糖蛋白膜或糖脂链的唾液酸，通常认为有两个唾液酸位点。吸附分为两个阶段：①病毒与细胞接触，进行静电结合。该过程与温度关系不大，0～37℃都可以进行。这种结合是非特异性的、可逆的。②病毒表面的位点和宿主表面的相应受体结合，这一步是真正的吸附，是病毒感染的开始，是特异的，不可逆。

2）融膜和脱壳

在NDV感染细胞的过程中，病毒首先由其HN蛋白与敏感细胞表面的唾液酸受体结合，而这种结合可引起融合蛋白 F 的构象发生改变，从而使 F 蛋白的融合肽被释放出来。在此融合肽的作用下，病毒包膜与宿主细胞的细胞质膜发生融合。

融合蛋白前体 F_0 切割生成 F_1 和 F_2 亚基，是决定 NDV 感染成功与否的关键。F_0 暴露于宿主细胞表面时，被宿主细胞的蛋白酶水解，产生由双硫键连接在一起的 F_1 和 F_2。F_1 亚单位中 N 端的 20 个氨基酸具有高度的疏水性，该区域被认为能插入靶细胞膜来起始融合，被称为融合肽。在缺乏水解 F_0 的蛋白酶的细胞中，可以产生未水解的 F_0 病毒。这些病毒颗粒能够与靶细胞结合，但其基因组不能进入靶细胞，因而不具有感染性。因此，对 F_0 的水解是病毒与宿主细胞的融合所必需的。同时，F 蛋白的活性需要 HN 蛋白的协同作用。

2. 转录和复制

NDV 的转录和复制的全部过程发生在细胞质中。复制时，病毒首先吸附细胞受体，通过病毒囊膜与细胞外膜融合实现病毒入侵。NDV 为负链 RNA，必须依靠 RNA 聚合酶（转录酶）来合成互补的正链 RNA，该正链 RNA 扮演着信使 RNA（mRNA）的作用。基因组复制首先从基因组-ssRNA 3′端开始，通过与新城疫病毒 P-L 聚合酶的作用，转录成 6～10 个独立的、亚基因组形式的正义 mRNA。转录的 mRNA 5′端有帽子结构，3′端有 poly（A）尾，poly（A）尾的长度约为 200 个碱基。在 NDV 初级转录过程中，P-L 聚合酶能利用不同基因之间的接头区，即“终止-起始”序列，既可完成上一个基因的转录终止，也可重新起始下一个基因的转录，即从 *NP*、*P* 基因直到使最后一个 *L* 基因得到转录。因此，在一般情况下，NDV 基因组-ssRNA 除了基因间隔序列和两端的先导序列没有转录外，大多数的基因均被转录生成 mRNA。NDV 通过初级转录，翻译形成各种病毒蛋白包括 NP 蛋白后，开始合成反义基因组 RNA。尽管此时 P-L 聚合酶以相同的病毒基因组-ssRNA 为模板，但因 P-L 聚合酶在进入先导序列与 *NP* 基因接头区之前，新生的 NP 与刚合成的反义基因组 RNA 5′端(+)先导序列结合，于是 P-L 不再识别基因接头区的终止信号，结果不合成 mRNA，而是复制生成全长互补 RNA，即反义基因组 RNA（+ssRNA），再由反义基因组 RNA 复制形成子代病毒基因组-ssRNA。RNA 的复制是通过反基因组即基因组的完全互补进行的。

3. 病毒粒子的装配与释放

在感染细胞的过程中，病毒的装配发生在细胞质内。首先是核衣壳蛋白与病毒基因组相结合。表面蛋白在向细胞表面运输过程中，经过内质网和高尔基体时被糖基化，到达细胞膜表面时，形成病毒囊膜，进而从细胞膜表面出芽，形成完整的病毒粒子。一旦 NDV 颗粒装配完毕，其就逐渐聚集在宿主细胞内，至足够量后彻底破坏细胞而大量释放（图 4.11）。

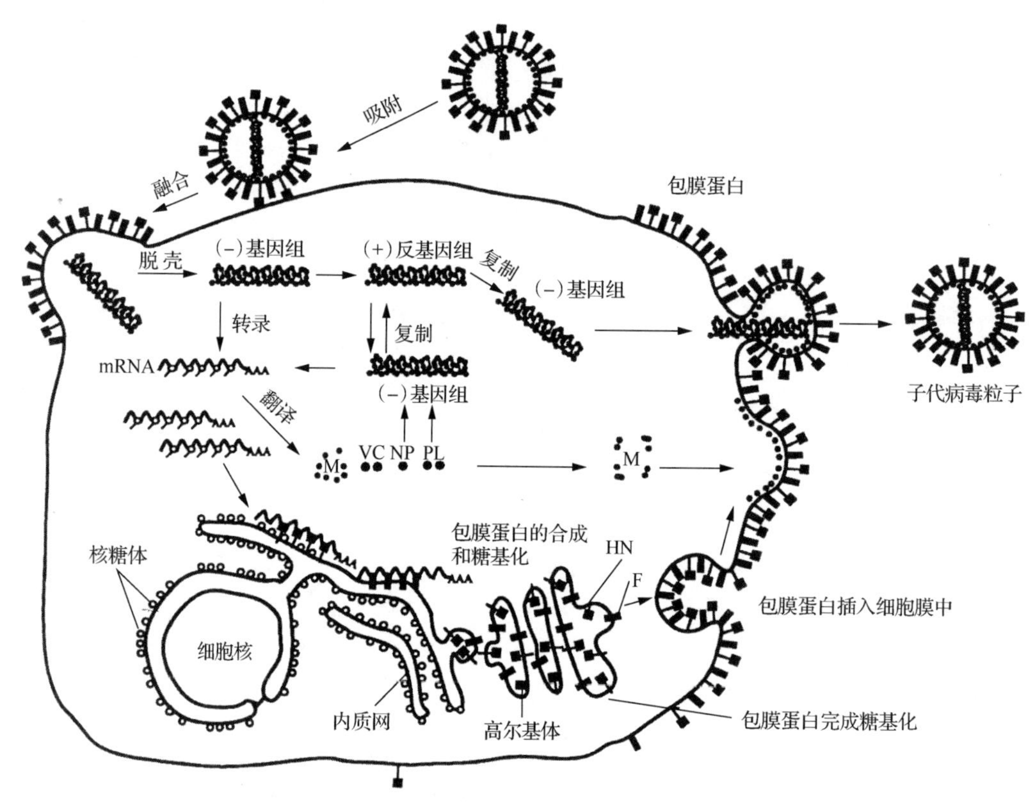

图 4.11　新城疫病毒的复制循环（龚祖埙，2006）

在病毒芽生的同时，细胞膜表面具有病毒糖蛋白纤突，如有类似胰蛋白酶的蛋白酶存在时，在细胞膜表面的 F_0 蛋白被激活，致使细胞与细胞直接接触融合，这一过程为病毒基因组从一个细胞进入另一个细胞提供了机会，可最大限度地逃避宿主体液中循环抗体的监视作用。这种细胞内融合往往涉及几个或多个细胞，进而形成多核体，这种现象既可在培养细胞单层中看到，也可在感染病毒的宿主组织中形成。

（五）生物学特性

1. 血凝活性

NDV 毒株可凝集人和小鼠、豚鼠、鸽、麻雀等的红细胞，但对牛、山羊、绵羊、猪和马的红细胞凝集能力随毒株而异；对牛、羊的红细胞凝集不稳定，有些 NDV 弱毒株可以凝集马的红细胞，但大多数不凝集。这一点与 AIV 有较大的差别，AIV 对更广泛的动物有凝集红细胞的作用，而 NDV 较为局限。

NDV 在 0.1%的福尔马林作用下，血凝性明显减弱，但 La Sota 弱毒株比较稳定，而有些 NDV 强毒株一经灭活，其血凝活性就消失。这是因为：病毒和红细胞的结合不是永久性的，经过一段时间，病毒和红细胞脱离又会悬于液体中，称为解脱现象。NDV 表面有一种神经氨酸酶，而红细胞表面受体含有神经氨酸，当它被破坏时，病毒与红细胞脱离。NDV 毒株不同，其红细胞解脱的时间不一，一般弱毒株解脱快，强毒株解脱慢。

2. 神经氨酸酶活性

神经氨酸酶活性是 HN 分子酶活性的一部分，存在于副黏病毒属的所有成员中。该酶的作用是将病毒逐渐从红细胞上解脱下来，从而使凝集的红细胞缓慢释放。

3. 细胞融合与溶血

病毒囊膜与宿主细胞膜融合时可导致两个或多个细胞融合，而红细胞膜常因与病毒之间囊膜融合而导致红细胞溶解，产生溶血。冻融、溶解、透析、超声波振动和渗透压骤变，均能增强病毒的溶血活性；悬浮红细胞溶液的盐类浓度、pH 和反应温度对其也有很重要的影响。

4. 抗肿瘤和抗衰老

研究表明，NDV 具有诱导干扰素、细胞因子等生成和抗肿瘤等功效。Phuangsab 等（2001）的研究发现，NDV 在抗肿瘤免疫、引起细胞凋亡方面有重要作用。因此，NDV 在抗肿瘤发生、衰老机理等的研究方面备受重视，且这一功能主要与 *HN* 基因有关。此外，NDV 还具有诱导 IFN、TNF、IL-2 等多种细胞因子生成的作用，将 NDV 或其包膜表面糖蛋白 HN 转入或修饰肿瘤细胞，经动物实验及临床应用均证明可以增强肿瘤特异性 CD_{8+} T 细胞，CD_{4+} T 辅助细胞的活性，抑制肿瘤发生。NDV 对人类肿瘤的疗效揭开了人类抗击病毒性肿瘤的新篇章。

（六）对理化因子的抵抗力

1. 物理因素

NDV 对热、光等物理因素的抵抗力较弱，100℃ 1min、60℃ 30min、55℃ 45min 可破坏病毒的全部活性；56℃ 5min～6h 可破坏 NDV 的感染性、红细胞凝集活性和免疫原性；37℃可存活 7～9d，20℃可存活数月，15℃可存活 230d。病毒在低温下可长时间存活。8℃可存活数年后才使该病毒失去全部活性。在无蛋白质的溶液中，4℃或室温放置 2～4h，其感染力可降至 10%或无感染力。紫外线对病毒有破坏作用，阳光直射 30min，病毒就会死亡。

2. 化学药品

NDV 具有囊膜，对乙醚和脂类溶剂敏感。NDV 对化学消毒药物抵抗力不强，常用的消毒药物，如氢氧化钠、苯酚、福尔马林、二氯异氰尿酸钠、漂白粉等在推荐的使用浓度下 5～15min 可将病毒灭活；福尔马林、β-丙内酯和酚可破坏病毒的感染性而不损害其免疫原性。NDV 在 pH 低于 2.0 的酸性溶液或 pH 高于 10.0 的碱性溶液中易被破坏，在中性溶液中则较稳定。

3. 有机物

NDV 在自然界中的稳定性取决于病毒所处的介质，鸡舍污染物、羽毛、蛋壳等蛋白质对 NDV 不仅具有保护作用，还常常使消毒剂无效。

4. NDV 的灭活

鉴于 NDV 强毒，有可能存在于感染鸡的肌肉或其产品中，因此对其灭活十分重要。《陆生动物卫生法典》（2007）明确规定：在确保家禽健康的前提下，允许禽类产品在国际间进行贸易，甚至允许新城疫流行地区进行家禽产品贸易，但强调必须对 NDV 实施灭活。

（七）毒株分类

1. 抗原性分类

利用 VN、HI、单克隆抗体等血清学技术和鸡红细胞洗脱率、蚀斑形成的能力和大小等可以对 NDV 不同毒株进行抗原性分类。VN 和 HI 交叉抑制是评价 NDV 抗原性差异最常用的方法，其中，HI 以其便捷、快速、敏感的特点成为首选。VN 和 HI 之间具有较好的平行性。

1）抗原相关系数

NDV 只有一种血清型，不同毒株间能够产生一定的交叉保护。但 VN、HI 交叉抑制等大量的临床研究数据表明，NDV 不同毒株之间已经发生了一定程度的抗原性变异。抗原相关系数 R 值是不同毒株间区分型和亚型的依据。抗原相关性的计算按免疫学方法进行：相关系数 $R=\sqrt{r_1 \times r_2}\times 100\%$，$r_1$=异源血清效价 1/同源血清效价 1，$r_2$=异源血清效价 2/同源血清效价 2。以 R 值的大小判定血清型和亚型，$R>80\%$为同一血清型；R 在 25%～80%时为同一血清型的不同亚型；$R<25\%$时为不同的血清型。

2）单抗抗原谱

单克隆抗体（monoclonal antibodies，MABs）技术可作为 NDV 标准株和分离株等不同毒株抗原性差异的重要鉴别手段。单克隆抗体可以检测出抗原之间的微小差异。例如，已报道有两个研究小组使用单克隆抗体来鉴别疫苗株 B1 和 La Sota 之间的区别。Alexander 等（1987）利用单克隆抗体对来自 15 个国家的 106 株 NDV 流行株进行分类，根据与不同单克隆抗体的反应谱，将 NDV 分为 6 个不同的群。同一单克隆抗体群具有相同的生物学和流行病学特征。

2. 致病性分类

依据 NDV 毒株致病性的不同，通常把 NDV 分为 3 种类型，即速发型（强毒株，velogenic）、中发型（中等毒株，mesogenic）和缓发型（弱毒株，lentongenic）。分类的依据是 3 个体内致病性指数，即 1 日龄鸡脑内接种致病指数（ICPI）、42 日龄鸡静脉接种致病指数（IVPI）和致死鸡胚平均死亡时间（MDT）。

1）技术方法和要求

所使用的鸡、鸡胚应符合 SPF 鸡的微生物检测标准。3 种致病性指数如 ICPI、IVPI 和 MDT 的具体操作方法和计分标准可参考新城疫相关标准。

2）结果判定

（1）一般而言，ICPI≥1.60 为速发型，0.60～1.50 为中发型，ICPI≤0.50 为缓发型。NDV 强毒株的 ICPI 最大接近 2.0，而 NDV 最弱毒株的 ICPI 为 0。

（2）一般 IVPI ≥1.8 为速发型，IVPI≤1.8 为中发型或缓发型。IVPI 值越大，则致病性越强。

（3）一般 MDT≤60h 为 NDV 速发型；MDT 在 60～90h 为中发型，MDT≥90h 为缓发型。

常见的 NDV 部分代表毒株的致病性指数见表 4.6。

表 4.6　新城疫病毒部分代表毒株的致病性指数

毒株	致病性	ICPI	IVPI	MDT
Ulster 2C	无症状肠型	0.0	0.0	>150
Queensland V4	无症状肠型	0.0	0.0	>150
Hitchner B1	缓发型	0.2	0.0	120
La Sota	缓发型	0.4	0.0	103
H	中发型	1.2	0.0	48
Mukteswar	中发型	1.4	0.0	46
Roakin	中发型	1.45	0.0	68
Beaudette C	中发型	1.6	1.45	62
Texas GB	速发型	1.75	2.7	55
Herts 33/56	速发型	2.0	2.7	48

需要指出的是，ICPI、IVPI 和 MDT 3 个指标有时不一定一致，而一种指标往往难以确定 NDV 致病性的强弱，此时应结合 3 种指标综合判定，特别应注重 ICPI 的大小。《欧洲药典》则明确规定：当 ICPI≥0.7 时，判定 NDV 为强毒。其中，ICPI 是 OIE 评价 NDV 体外致病性的首选标准。

3. 遗传学分类

在核酸等分子水平上依据 NDV 核心基因的核酸序列、酶切图谱、糖基化位点和 RNA 指纹图谱等可将 NDV 划分成不同的种类，目的是探讨病毒的分子遗传演化和变异的趋势。

伴随着越来越多的 NDV 序列被毒株基因库（GenBank）收录，分子生物信息学的发展使人们对 NDV 的认识越来越深入。近年来，通过对 NDV 基因组的长度分析以及对 *F*、*L* 基因序列分析，可把 NDV 分为 Class Ⅰ和 Class Ⅱ两类。Class Ⅰ基因组长度为 15 198 nt，大部分源自野生水禽和家禽（鸭居多），以弱毒株为主。Class Ⅰ一般又分为 9 个基因型。Class Ⅱ基因组长度为 15 192nt 或 15 186nt，又可进一步分为 18 个不同的基因型（genotype），包含过去报道过的 10 个基因型（Ⅰ～Ⅸ和Ⅺ）以及 8 个新的 NDV 基因型（Ⅹ、Ⅻ～ⅩⅧ），如图 4.12 所示。其中，基因Ⅰ型和Ⅱ型，多来源于家禽和野生水禽，多数是弱毒株，有部分美洲鸟类毒株为强毒株。剩余的基因型Ⅲ～ⅩⅧ，大部分毒株为 NDV 强毒株。比较发现，早期分离的 NDV 毒株基因Ⅰ～Ⅳ型基因组长度为 15 186nt，新出现的基因型Ⅴ～ⅩⅧ的长度为 15 192nt。

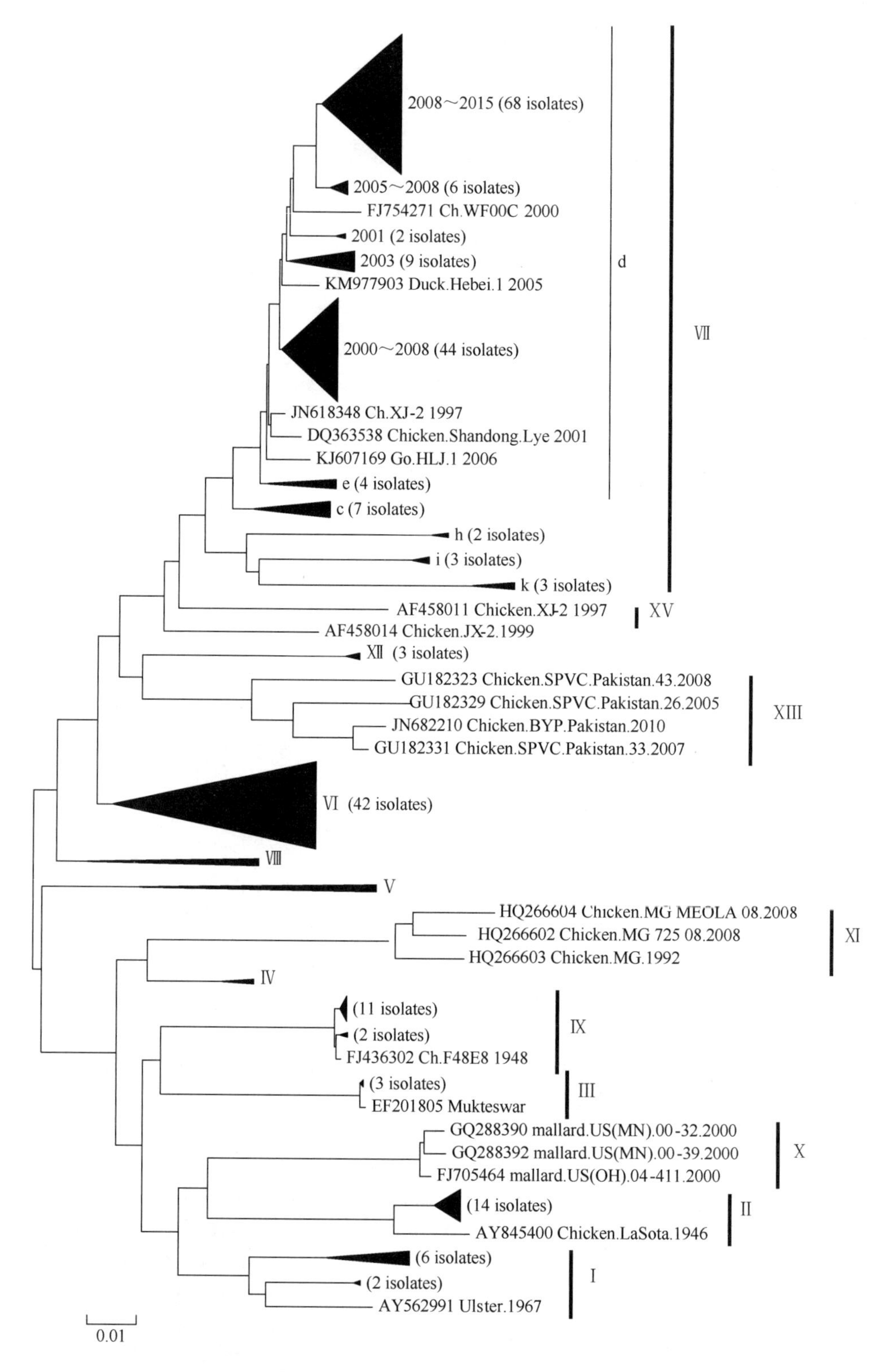

图 4.12　不同年代和地区新城疫流行株 *F* 基因系统发育树

毒株基因库（GenBank）号列在毒株名称的前面。◀：表示该分支拥有 2 个以上的 NDV 毒株。()：括号内表示毒株的数量

秦卓明等（2006）研究表明，利用 *F*、*HN* 等基因中的不同长度片段所绘制的系统发育树十分相似，甚至利用较短的核苷酸序列所绘制的进化树与其全长基因所构建的进化树是一致的（发生重组的毒株例外）。尽管目前对 NDV 的分子分类有所争论，但不容置疑的是，基因分型对快速了解 NDV 的演化趋势、预测病毒的免疫原性变化等具有重要的意义。

（八）实验室宿主系统

1. 敏感宿主

NDV 可在不同宿主体内增殖，但以鸡为高度敏感，鹅次之，而鸭则具有一定的抵抗性。此外，所有 NDV 均可在鸡胚中繁殖。鸡和鸡胚容易获得，且价格低廉，因此，鸡和鸡胚常用于 NDV 的增殖。鸡的品种对其易感性影响不大。通过自然途径（鼻、口和眼）感染时，呼吸道症状似乎更明显，而肌肉、静脉和脑内途径感染的神经症状似乎更突出。

2. 鸡胚

所有 NDV 均可在 SPF 鸡胚中繁殖并感染，易达到高效价，且保持纯净。除少数毒株外，大多数可引起鸡胚死亡。NDV 易在 10～12d 鸡胚的绒毛尿囊膜、尿囊腔中生长和繁殖，感染的尿囊液能凝集红细胞。

鸡胚接种病毒后的死亡时间，依据病毒的致病性和接种剂量不同而有差别。NDV 强毒株一般在接种后 24～72h 死亡，多数在 36～48h 死亡；而缓发型病毒致死鸡胚，通常需要 90h 以上；速发型、中发型毒株致死鸡胚，则需要 60～96h 或更短；鸡胚中的高病毒滴度通常在死亡前 2～6h 才出现。死亡鸡胚全身出血和充血，头部和脚部出血更明显。卵黄中的母源抗体对 NDV 毒株在鸡胚中的增殖有影响，应避免使用非 SPF 鸡胚。

3. 细胞培养物

NDV 可以在多种传代或继代细胞中增殖，包括兔、猪、牛和猴的肾细胞，鸡组织细胞和 HeLa 细胞。最常用的是鸡胚成纤维细胞、鸡胚肾和乳仓鼠肾细胞。NDV 在大多数细胞系的生长比鸡胚差，其繁殖滴度通常比鸡胚低 1 个 HA（血凝单位），故常用鸡胚增殖 NDV。

4. 病毒蚀斑纯化

NDV 在细胞单层上可形成蚀斑，蚀斑是 NDV 在鸡胚成纤维细胞（chicken embryofibroblasts，CEF）的典型病变，其大小与病毒的致病性密切相关。如大多数或全部细胞受到破坏则为透明型，形成饰斑；如无病变，则仅为细胞对染料的渗透，表现为红色。蚀斑在接种病毒后 2～6d 内形成。一般在接种后 4d 进行观察。速发型和中发型 NDV 在 CEF 中 4d 内能产生细胞病变（cytopathic effect，CPE）和蚀斑。缓发型 NDV 在 CEF 中，如果覆盖层不加 Mg^{2+}和 DEAE（diethyl-aminoethanol）或胰酶，仅能产生 CPE，不产生蚀斑。

同一个蚀斑内的病毒彼此是完全一样的，均来源于亲本，蚀斑纯化类似于克隆技术，是病毒纯化的重要方式。蚀斑连续传 3 代可建立一个克隆系，成为一株纯系的病毒株。事实上，在进行病原分离时，每一个 NDV 分离株并非均一的质体，它是由异质的群体组成的。李德山等（1984）等证明，NDV 强毒株或疫苗株特别是分离株，都是 NDV 混合的群体，其中含有不同形态的蚀斑。不当的传代或生长方式均可导致病毒群体的群体结构及比例发生改变，进而引起NDV的致病性或免疫力的增长或下降。Takehara等（1987）也证明NDV在CEF上生长可形成不同的克隆，不同克隆的生物学特性是不一致的。因此，在进行病毒的分离鉴定和测序时，最好利用蚀斑纯化技术连续传3代，建立NDV的克隆选择，以期纯化病毒。

（九）致病机制

1. 感染机制

NDV的感染机制与禽流感比较类似。一般情况下，NDV可经过消化道或呼吸道，也可经眼结膜、受伤的皮肤、泄殖腔黏膜等侵入机体，病毒在24h内在侵入部位很快繁殖，随后随血液扩散到全身，引起病毒血症。此时，病毒吸附在红细胞上，使红细胞发生凝集、膨胀，继而发生溶血。同时，病毒还使家禽的心脏、血管系统发生严重损伤，导致心肌变性而发生心脏衰竭，进而引起血液循环高度障碍，引起全身性炎性出血、水肿。由于毛细血管出现坏死性炎症和出血，在临床上表现为严重的消化道病变，以腺胃、小肠和盲肠最为典型，表现为腺胃肿胀、出血和溃疡，十二指肠溃疡和黏膜出血，盲肠扁桃体肿大、出血和坏死等，导致严重的下痢；在呼吸道则主要出现卡他性炎症和出血，使气管被渗出液堵塞，造成高度呼吸困难。在NDV感染的后期，病毒最终侵入中枢神经系统并引起非化脓性脑炎，产生神经症状。

2. 分子致病机制

NDV的分子致病机制比较复杂，其调控机制与流感病毒十分相似。大量的研究表明：F、HN两种糖蛋白是NDV致病的分子基础，即HN蛋白通过识别吸附于细胞表面的受体来参与病毒粒子感染，而F蛋白则通过释放融合多肽，穿入细胞膜而发挥致病作用。

1）F蛋白

（1）F蛋白裂解位点氨基酸基序。

NDV强毒株F_0蛋白裂解位点氨基酸基序一般为^{112}R/K-R-Q-K/R-R-F^{117}，在Q两侧各有一对碱性氨基酸，故其裂解位点易于被广泛分布于宿主各种细胞的高尔基体上的碱性成对氨基酸蛋白酶（furin）和PC6识别和裂解。因此，这类毒株能感染宿主包括神经组织在内的各种细胞，同时可引起全身性多器官感染。

NDV弱毒株F_0蛋白的氨基酸基序一般为^{112}G/E-K/R-Q-G/E-R-L^{117}，以中性氨基酸取代了强毒株中的碱性氨基酸，特别是112和115位碱性精氨酸被取代，使F_0不易裂解。这类蛋白酶通常只由呼吸道和消化道细胞分泌，因此弱毒株在临床上表现为局部感染，如呼吸道和肠道感染。此外，117位氨基酸残基与F蛋白活性有关，NDV强毒株为苯丙氨酸（F），而弱毒株为亮氨酸（L）。

Peeters等（1999）运用反向遗传学技术将弱毒株La Sota的F蛋白裂解位点的氨基酸序列RRQRR↓L变为强毒株的GRRQRR↓F，构建了一个标准的强毒株，其ICPI由突变前的0变为突变后的1.28。这说明F蛋白裂解位点氨基酸的基序与NDV致病性直接相关。

但是，Tan等（2008）发现，有3株NDV流行株，其F蛋白裂解位点氨基酸序列与弱毒株完全相同，但生物学致病性（MDT、ICPI和IVPI）测定为强毒。De Leeuw等（2005）报道，带有相同F蛋白裂解位点的NDV毒株之间，其致病性也存在较大差异。例如，NDV

Herts/33 野毒(强毒)株有一个氨基酸序列为 ^{112}RRQRRF^{117} 的裂解位点,其 ICPI 指数为 1.88,而带有相同裂解位点氨基酸序列的 NDV NDFLtag 株的 ICPI 指数为 1.28。这表明,虽然 F 蛋白裂解位点的氨基酸基序与毒株的致病性密切相关,但并不是唯一因素。

(2)点突变对 F 融合蛋白裂解位点致病性的影响。

1967 年,Simmons 在澳大利亚分离到无毒株 V4。随后的血清学检测表明,该国鸡群广泛感染 NDV,但未见发病报道。20 世纪 80 年代至 1998 年,澳大利亚又分离到数株弱致病性 NDV。1998 年,在悉尼市的 Peat's Ridge 发生了以呼吸道症状为主的 NDV 感染,经鉴定为弱毒株(ICPI 为 0.41,F 蛋白裂解位点氨基酸基序为 ^{112}RRQGRL^{117})。两个月后在悉尼的 Dean Park 分离到 NDV 强毒株(ICPI 为 1.60～1.70,F 蛋白裂解位点基序为 ^{112}RRQRRF^{117})。随后,在 1999～2000 年,在澳大利亚悉尼市的多个地域相继发生了 NDV,并分离到多个 NDV 强毒株,该毒株 F 蛋白裂解位点氨基酸序列为 ^{112}RRQRRF^{117},但在遗传学上与 Peat's Ridge 株密切相关。这表明点突变是导致该毒株由无毒演化到强毒的主要原因。

Yu 等(2002)从水禽(鹅)中分离得到无毒性的 NDV 野毒株,其 F 蛋白裂解位点氨基酸序列为 ^{112}ERQERL^{117},属典型的弱毒株基序。该野毒株经鸡胚尿囊液连续传代(a),第 8 代(8a)以前所得病毒均无明显致病性,第 9 代(9a)开始表现出中等致病性。再把第 9 代尿囊液病毒经鸡颅腔传代(b),第 1 代(9a1b)颅腔病毒致病性基本没变,第 5 代(9a5b)后病毒表现出标准的强毒株特征(MDT、ICPI、IVPl 分别为 56h、1.88h、2.67h,能感染鸡的各种组织)。与之相对应,各代病毒的 F_0 蛋白的裂解位点也发生相应的变化(表 4.7)。这表明,F 蛋白的裂解位点对致病性有很重要的影响,但不是唯一的影响因素。

表 4.7　新城疫 *F* 基因裂解位点点突变积累对 NDV 致病性的影响

病毒株	裂解位点核苷酸序列	氨基酸序列	MDT/h	ICPI	IVPI
起始毒株	GAACGGCAGGAGCGTTTG	ERQERL	>120	0	0
5a	GAACGGCAGGAGCGTTTG	ERQERL	104	0	0.10
8a	GAACGGCAGG**G**GCGTTTG	ERQ**G**RL	88	0.04	0.17
9a	**A**AACGGCAG**A**AGCGTTTG	**K**RQ**K**RL	82	1.20	1.60
9a1b	**A**AACGGCAG**A**AGCGTTT**T**	**K**RQ**K**R**F**	76	1.27	1.70
9a5b	**A**AACGGCAG**A**AGCGTTT**T**	**K**RQ**K**R**F**	56	1.88	2.67
Ulster(lento)	GGGAAACAGGGACGCCTT	GKQGRL	>120	0	0
Komarov(meso)	AGGAGACAGGGGCGCTTT	RRQKRF	100	1.40	0
Herts(velo)	AGGAGACAGAGACGCTTT	RRQRRF	57	1.80	2.70

注:加粗字母和下划线表示发生突变的碱基或氨基酸。

(3)基因型和致病性的相关性。

Miller 等(2009)在过去的 50 年中,对世界各地 NDV 毒株(包含 861 株强毒株和 331 株弱毒株)的 F 蛋白多肽裂解位点、致病性和基因型进行了比较分析。研究发现,在同一个基因型中,其蛋白裂解位点很少发生变化,或者说是一致的;基因型和致病性具有一定的相关性。在新城疫 I 群中,大多数为弱毒株,主要来源于鸭和水禽等;新城疫 II 群则比较复杂,除基因 I 和 II 型中的毒株外大多数为弱毒株,其余基因型毒株均为强毒株。

2)HN 蛋白

根据 HN 多肽的氨基酸长度,可将 HN 蛋白分为 HN616、HN577、HN571 和 HN570

等几种。研究表明，HN 蛋白表达产物的形式与 NDV 致病性相关。HN616 NDV 都是无致病性株；HN577 NDV 既有强毒株，又有弱毒株；而 HN571 NDV 毒株大部分为强毒株。

Panda 等（2004）运用反向遗传学技术，将重组的 NDV 强毒株 rBeaudette C *HN* 基因与重组的 NDV 弱毒株 rLa Sota *HN* 基因进行互换。带有强毒株 *HN* 基因的病毒嵌合体表现出与该强毒株非常类似的组织嗜性；相反，带有弱毒株 *HN* 基因的病毒嵌合体表现出与该弱毒株相似的组织嗜性。ICPI 和 MDT 试验的结果证实了 NDV 的致病性与 HN 蛋白的氨基酸序列有密切联系。

此外，*HN* 基因或 *P* 基因及大脑屏障均可能影响 NDV 的致病性强弱。此外，Peeples 等（1992）曾报道，M 蛋白可通过抑制宿主细胞蛋白的合成，协同 F 蛋白和 HN 蛋白的致病作用。

三、流行病学

1. 感染宿主

1）禽类

NDV 对大多数驯养和野生的禽类具有感染性。多种禽类能自然或人工感染 NDV，包括鸡、鹅、企鹅、鸭、鹦鹉、鸽、鸵鸟、野鸡、孔雀、秃鹫、鸥鸪等发病的报道，能自然或人工感染的鸟类超过 250 种。其中，以鸡最敏感，野鸡次之，鸭则具有一定的抵抗力。

最引人关注的是鹅的 NDV 感染，在 1997 年以前，水禽尤其是鹅感染 NDV 发病的报道较少。即使人工感染 NDV，水禽的发病率仍较低。但自 1997 年以来，在江苏、山东、浙江、四川等地陆续分离出具有高发病率和死亡率的鹅 NDV，造成了严重的经济损失（王永坤等，1998）。研究表明，家鹅比家鸭易感，番鸭又比其他品种的鸭易感。

野生水禽是 NDV 的储存库，这与 NDV 在肠道繁殖有关。野生水禽在欧洲新城疫的暴发中扮演了重要角色。北美的鸬鹚是美国和加拿大第二次新城疫大流行的重要传染源。大量的研究证实，NDV 在野禽和家禽之间可以相互传播，在水禽和陆禽之间也可以相互传播。

2）人和哺乳动物

人和啮齿类动物可以自然感染 NDV，有猪感染 NDV 的报道，但哺乳动物对 NDV 有较强的抵抗力。人感染 NDV，主要是在接触大量 NDV 或处理病禽时发生，可引起头疼或类流感症状或发展为结膜炎，通常症状较轻。

2. 传染源

患新城疫的病鸡（禽）、免疫带毒鸡和感染鸟类等是该病的传染源。病鸡在出现症状前 24h，其分泌物和粪便中就含有大量病毒。病愈鸡在症状消失后 1 周即停止排毒，个别鸡的排毒期超过 1 个月。病鸡（禽）经呼吸道和消化道可向外排出大量病毒，污染周围环境而成为传染源。NDV 可以存在于气溶胶中，将禽类放在含有这种气溶胶的环境中就会被感染。

在自然感染时，NDV 通常在呼吸道和消化道等器官增殖，感染鸡排出含有 NDV 的大小雾滴、尘埃及其他颗粒，包括粪便等。病毒通过被病毒污染的空气颗粒、雾滴、垫料、饲料、饮水、水槽和用具传播给健康鸡。

家禽养殖场管理人员和设备也是 NDV 最大的潜在传播者，特别是来往于各农场的免疫接种人员。人的眼结膜可以被 NDV 感染，并可能作为一种传播方式。现代化的交通使人在世界各国来去自由，因此，人可能就成了病原的机械传播者。

3. 传播途径

NDV 主要通过水平横向传播。在自然条件下，NDV 主要经呼吸道、眼结膜或消化道等途径感染，创伤和交配也可引起传染。空气传播是 NDV 传播的重要途径。

在动物实验中，NDV 可经口腔感染，在口腔以下的消化道中也能检测到病毒。如果 3 周龄的雏鸡经滴口途径感染高达 10^4EID_{50} 剂量的 NDV，在其粪便中能检测到高达 $10^4EID_{50}/g$ 的病毒。肌肉接种、滴鼻点眼等均可以使家禽感染。

NDV 很难进行垂直传播。利用 NDV 强毒株进行感染产蛋鸡试验，往往因感染禽产蛋停止而无法进行。Capua 等（1993）在进行调查时意外发现，尽管拥有较高的抗体水平，但仍然从鸡胚、产蛋鸡的泄殖腔拭子及其后代中分离到 NDV 强毒株。Chen 等（2002）在实验中发现，利用小剂量NDV强毒株感染SPF鸡胚，能够从少量存活的雏鸡中分离出NDV。值得关注的是，当产蛋种鸡群发生 NDV 感染时，种蛋表面很容易污染病毒，极有可能在孵化室形成横向传播，其后代发生新城疫的概率较高，且雏鸡质量差，成活率低。因此，当种鸡感染新城疫时，其种蛋应禁止上孵。

4. 流行特点

该病一年四季均可发生，但以春、秋和冬季发病最多。鸡舍通风不良，氨味过大，感染 LPAIV、传染性囊病，各种应激等均是暴发该病的重要诱因。当一个鸡群发病死亡率较高，又能排除 HPAI 时，应首先考虑是否是新城疫。

鹅感染NDV发病于20世纪90年代后期，发病率为40%～100%，死亡率为30%～100%。分子流行性病学显示，感染鹅的 NDV 基因型主要是基因Ⅶ型。

鸭感染 NDV 发病的报道较少。鸽的新城疫发病率和死亡率差异较大，与鸽的日龄、饲养环境、密度、是否免疫等密切相关。自然感染的鸽群，死亡率为 20%～95%不等，幼鸽可以达到 100%。鸽的抵抗力与日龄相关，日龄越大，抵抗力越强。分子流行病学显示，感染鸽的新城疫病毒基因型主要是基因Ⅵ型。

其他禽类感染发病的比例相对较低，但已有鸵鸟、鹌鹑、山鸡、孔雀等发病的报道。

四、临床症状

1. 潜伏期

鸡新城疫的潜伏期长短与病毒致病性和侵入鸡体内的病毒量及个体的抵抗力有关，人工感染潜伏期一般为 2～5d，而自然感染时常为 3～5d，致病性弱的可延至 20d。

2. 临床表现

NDV 所引起的疾病类型和严重程度有较大差异，不同毒株的致病性不一。

1）美国《禽病学》临床分型

Beard 等（1984）根据感染鸡所表现的临床症状，将新城疫分为 5 个致病型。

（1）嗜内脏速发型（Doyle 型）。感染鸡均表现急性、致死性感染，高致病型，常见消化道出血性病变，又称“嗜内脏速发型新城疫”。

（2）嗜神经速发型（Beach 型）。感染鸡均表现急性、致死性感染，高死亡率，其特征表现为呼吸道和神经症状，又称“嗜神经速发型新城疫”。

（3）中等速发型（Beaudette 型）。有呼吸道症状，偶有神经症状，仅对幼禽致死。

（4）温和型或呼吸型（Hitchner 型）。症状温和或呈亚临床呼吸道感染，一般用作活疫苗。

（5）无症状肠型。亚临床症状，主要为缓发型肠道病毒感染，某些商品活疫苗属于此类。

上述病型界限有时很难区分，并非绝然分开，即使感染 SPF 鸡也有差别。此外，当外界环境恶化时，即便是温和株也会出现明显的临床症状。

2）中国常见分类方法

（1）最急性型。该型多见于新城疫的暴发初期，突然发病，鸡群常无特征性症状而突然死亡，死亡率较高，雏鸡和中雏最为多见。鸡发生嗜内脏速发型新城疫时，一般表现为精神沉郁、呼吸困难，最后衰竭死亡。早期未死亡的鸡常拉绿色粪便，死前肌肉震颤、斜颈、腿和翅膀麻痹以及角弓反张，未免疫鸡群死亡率可达 100%。

（2）急性型。病鸡一般体温升高，为 43～44℃。病鸡精神沉郁，食欲减退或消失，渴欲增加。病鸡不喜走动，独栖一隅，羽毛松乱无光泽，垂头缩颈，翅膀下垂，冠和肉髯发紫，眼半闭或全闭，似昏睡状态。产蛋母鸡出现产蛋量下降或停止，而且软壳蛋增多，蛋壳颜色变浅（褐色蛋）。随着病程延长，病鸡出现咳嗽，呼吸困难，吸气时常伸展头颈作开口呼吸，时常发出“咯咯”的叫声；嗉囊满胀，内充满大量酸臭液体及气体，将病鸡倒提起，酸臭液体即从口中流出；口腔和鼻腔分泌物增多，病鸡为了排出其中的黏液，时时摇头和频频吞咽。病鸡常出现下痢，排出黄白色或黄绿色的稀粪，有时混有少量血液。有的病鸡出现神经症状，如两腿麻痹，站立不稳，共济失调或做圆圈运动，头颈向后仰翻，或向下扭转，有时置于背部上；最后体温下降，不久在昏迷中死亡。一般情况下，雏鸡病程短，临床发病比较严重。产蛋鸡产蛋量下降或完全停止，蛋壳褪色或变成白色，软壳蛋、畸形蛋增多，种蛋受精率和孵化率明显下降。鸡群发病率和死亡率均较高，最高可接近 100%。

（3）慢性型（亚急性）。慢性型初期症状与急性相似，其后症状逐渐减轻，同时出现神经症状（彩图 4.13）。病鸡翅膀和腿麻痹，站立不稳，头颈向后或向一侧扭曲。有的病鸡貌似正常，但受到惊动时，突然伏地旋转，动作失调，反复发作，最终瘫痪或半瘫痪。有的病鸡因吃食受到影响渐渐消瘦，终归死亡。该型多发生于流行后期的成年鸡，病死率较低。

3）非典型新城疫

在免疫失败的鸡群中发生新城疫，往往表现为非典型症状，发病率较低（10%～30%），死亡率不高（低于 10%）。育成鸡主要表现为呼吸道和神经症状，当呼吸道症状减轻时，病情已趋向恢复，少数鸡具有神经症状；产蛋鸡则表现为产蛋量下降，轻微的呼吸道症状，病死率较低。

2001 年以后，在免疫抗体较高的种鸡群中也出现了 NDV 感染发病。这种鸡群通常处于产蛋高峰，临床上突然出现轻微的呼吸道症状，产蛋率一般下降 10%～60%，种蛋受精率和孵化率也随之下降，但死亡率较低，每周死亡率不超过 1%，很少见有消化道明显出血的病例。此外，产蛋鸡产蛋量下降或停产，软皮蛋、褪色蛋、沙壳蛋、畸形蛋增多。抗体跟踪检测发现，鸡群未发病前新城疫的平均抗体水平为 8.5log2，而发病 2 周左右新城疫抗体可飙升至 12log2～15log2。

4）其他禽类感染

火鸡、鹅、鸽、鸵鸟、珍珠鸡、雉鸡、鹌鹑和鸭等均可感染新城疫，但其临床症状相对较轻。对鸵鸟和其他平胸类鸟，鸡的新城疫强毒株感染的雏鸵鸟可能会表现出精神沉郁和神经症状，但成年鸟通常不易被感染。

鹅新城疫的潜伏期一般为3～5d，病程为2～5d。不同日龄的鹅均具有感染性，发病最小的为3日龄，最大的300日龄，日龄越小，发病率和死亡率越高。病鹅初期拉灰白色稀粪，病情加重后粪便呈水样，带暗红色、黄色、绿色或墨绿色。病鹅精神委顿，眼有分泌物，常蹲地，少食或拒食，饮水增加，体重减轻，行动无力，浮在水面。后期部分病鹅出现扭颈、转圈等神经症状。有的病鹅有呼吸道症状。

5）不同临床分型结果的相关性

上述不同的新城疫临床分型方法，有区别也有联系，各有侧重。从美国《禽病学》的分型方法来看，重点强调了病毒的作用，而忽视了受感染鸡的体况和免疫状况。例如，对高致病型毒株或速发型毒株感染，敏感鸡（SPF鸡或低免鸡群）则会出现典型的新城疫（最急性型、急性型、Doyle 型）症状。但当同样的病毒剂量感染不同免疫力的鸡群时，则可能出现不同的临床症状。若循环抗体未能阻止病毒在高抗体鸡群体内的扩散，一些病毒侵入神经系统或中枢神经系统，可引起病鸡出现慢性型或Beach 型的新城疫神经症状。而若循环抗体阻止了病毒在体内的扩散，病毒未能侵入神经系统，但由于呼吸道黏膜的局部免疫力不足，病鸡则可能出现慢性型或Beach 型的呼吸道症状。此外，即便是中等致病性的NDV毒株在遇到冷应激、氨气浓度高、营养不良、其他病毒混合感染或细菌感染时，也会产生较高的死亡率。

五、病理变化

1. 剖检病变

新城疫发病禽的大体病变和受侵害的器官与毒株、宿主本身等因素有关。家禽的病理变化主要表现为全身败血症，以呼吸道、消化道病变最为严重。

1）典型新城疫病变

消化道：病死鸡鸡冠和肉髯紫黑色；口腔内充满黏液，嗉囊内充满硬结饲料或气体和液体；腺胃乳头出血（彩图4.14），腺胃与肌胃交界处及腺胃与食道交界处呈带状出血，肌胃角质膜下出血，有时还见有溃疡灶；小肠前段出血明显，尤其是十二指肠，还可见整个肠道黏膜充血，出血严重时，十二指肠出现溃疡灶（彩图4.15）；泄殖腔黏膜充血、出血、坏死、糜烂，带有粪污；盲肠扁桃体肿大、出血。

呼吸系统：鼻腔和喉充满污浊的黏液和黏膜充血，气管黏膜充血、出血和大量黏液，气管环出血明显（彩图4.16），支气管和肺无肉眼可见病变；有时可见到肺淤血和水肿。

母禽生殖系统：输卵管充血、水肿，伴有无色黏性分泌物；卵泡充血、变性（彩图4.17）；卵泡很容易破裂，形成卵黄性腹膜炎。

其他：病死鹅皮肤淤血，部分病例皮下有胶样浸润。病鹅脾脏肿大、淤血，有大小不等灰白色坏死灶；肠道黏膜出血、坏死、溃疡。部分病例的腺胃及肌胃黏膜充血、出血；心肌变性，有心包积液。出现神经症状的病例，出现脑充血、出血和水肿。

2）非典型新城疫病变

非典型新城疫病变主要来自有免疫背景的鸡群，往往看不到新城疫的典型病变。必须多剖检一些病死鸡，才能发现新城疫特征性的病变。常见病变是喉、气管黏膜有不同程度的充血、出血，气管内黏液增多，气囊混浊并有干酪物；输卵管出血、水肿，甚至有白色黏液；心冠脂肪有针尖大出血点，腺胃乳头肿胀、出血，十二指肠黏膜出血、溃疡，盲肠扁桃体出血和泄殖腔黏膜出血等。

2. 组织学病变

1）呼吸系统

NDV 感染时，对上呼吸道黏膜有严重影响，且可导致呼吸紊乱，病变可延伸至整个气管，感染 2d 内纤毛脱落。如利用 NDV 以气雾法感染鸡，在感染后 4～5d，组织学镜检发现气管黏膜充血、水肿，有大量的淋巴细胞和巨噬细胞浸润。鸡还可能出现气囊炎、细胞浸润等。

2）神经系统

中枢神经系统为非化脓性脑炎病变。脑血管呈局灶性充血，小静脉中有血栓形成，血管周围淋巴细胞浸润和胶质细胞聚集，形成血管套。感染 NDV 的病鸡，神经胶质有病灶，神经元变性和血管周围淋巴细胞浸润以及内皮细胞肥大。该病变遍布于神经索、延脑、中脑和小脑。病变一般发生于小脑，很少出现大脑病变。

3）内脏器官

肝脏呈空泡样变性，中央静脉扩张，肝血窦扩张、淤血，肝细胞严重脂肪变性。胆囊和心脏可见小的局灶性坏死区，时有出血。整个脾脏有坏死病变。脾脏和胸腺的皮质区和生发中心淋巴细胞被破坏及局部空泡变性。可见肠道黏膜淋巴组织出血和坏死性病变。

4）生殖系统

NDV 对子宫或输卵管蛋壳形成部位的功能性损伤最严重。母禽卵泡闭锁，炎性细胞浸润。

六、诊断

根据临床症状和剖检变化可进行初步诊断，但很难与禽流感病例相区分。确诊必须通过实验室诊断技术。已有国家标准《新城疫诊断技术》（GB/T 16550—2008）。

（一）NDV 的分离和鉴定

1. 病原分离

1）样品采样

在被 NDV 感染鸡中，病毒繁殖的两个主要部位是呼吸道和肠道，故采集的样本可选择气管或咽喉拭子和泄殖腔拭子等。另外，肺、脾和脑内的病毒含量也较高。发病后期可取脑。一般情况下，制成的组织样品中应含青霉素（2000U/mL）、链霉素（2mg/mL），而粪便和泄殖腔样品中的抗生素应至少提高 5 倍。处理后，应进行无菌检测。

2）病毒分离

一般采用 SPF 鸡胚接种进行 NDV 的分离。利用 1mL 注射器吸取 0.2mL 处理液通过尿囊腔途径接种 9～11 日龄鸡胚，接种后 37℃孵育 4～7d，24h 后每 8h 观察鸡胚死亡情况。将 24h 以后死亡和濒死的鸡胚以及孵化结束时存活的鸡胚置 4℃冰箱 4～24h 后，无菌采取尿囊液，检测其 HA 特性。如 HA 呈阳性，则需要利用 NDV 单因子阳性血清进行 HI 交叉抑制；如 HA 呈阴性，可取鸡胚的尿囊液盲传 2～3 代鸡胚，如果 HA 仍为阴性，则认为

NDV 分离阴性。

NDV 的致病性不一，对鸡胚的致病性也不一致。NDV 强毒和中等致病性毒株常使鸡胚在 36～96h 内死亡，鸡胚全身充血，头和翅等处出血。

2. 病毒鉴定

1）HI 交叉抑制

当尿囊液 HA 呈阳性后，利用新城疫、禽流感（H5、H9 等）和减蛋综合征等的单因子阳性血清与分离物分别进行 HI 交叉抑制。如果 NDV 抗血清能抑制被分离物的 HA 活性，而其他血清不能抑制，则证明所分离的病毒为 NDV。

2）核酸和单抗技术

NDV 的病原学诸多技术已十分成熟，如 RT-PCR 技术、核酸测序技术、免疫荧光技术、LAMP 可视化技术、单克隆抗体技术和核酸探针技术等均可用于 NDV 的病原诊断。

3. NDV 致病性鉴定

通常应用 MDT、ICPI 和 IVPI 3 种指标评价 NDV 的致病性。鉴于生产中普遍应用 NDV 弱毒疫苗，因此，分离出 NDV，并不证明此次疫情就是新城疫。

（二）分子病原学诊断

1. RT-PCR

RT-PCR 可以在短时间内进行 NDV 的快速诊断、强弱毒株的鉴定和基因型的鉴定等，大大提高了诊断效率。具体可参考《新城疫诊断技术》（GB/T 16550—2008）。

2. rRT-PCR

Wise 等（2009）建立了一步法 rRT-PCR，一次就可将 NDV 强毒株和弱毒株鉴别开来，或者将不同致病型的毒株区分开来。该方法于 2002～2003 年美国暴发强毒新城疫期间建立，并得以广泛应用，最终代替了在疫情防控时以分离病原作为最基本的诊断方法。rRT-PCR 已被美国 48 家实验室授权应用，可在 48h 内诊断 NDV。

（三）血清学诊断

血清学方法如 HI、VN、AGP、ELISA 等均可以用于 NDV 的感染定性监测。HI 抗体检测是判定 NDV 感染的主要技术手段，其抗体滴度可以直接反映禽群是否发生感染。对未免疫鸡群，只要针对 NDV 的抗体滴度超过 4log2，就可以判为感染。对免疫鸡群，如果抗体在发病后 10～14d 攀升 4 个滴度以上，也可判为感染。

七、防控技术

由于不同国家经济发展水平不同，对新城疫的防控方式多种多样。世界上大多数国家普遍采用免疫和扑杀相结合的手段防控新城疫。中国采取疫苗免疫策略。

（一）生物安全

NDV 的散播主要是气源性和接触性传播。因此，在生物安全方面应重点加强空气和环境的定时、定期卫生消毒；鸡舍要防鸟、防鼠等；要保持与水禽的生物安全隔离；应对病鸡施行严格的隔离和淘汰，无害化处理患病鸡，以彻底防止 NDV 在养鸡场内传播。特别要改变生产模式，关注鸡舍的通风和温、湿度管理，为家禽提供舒适的生长环境。尽管生物安全措施成本高、费时、费力，但只要这些措施得到贯彻和落实，鸡群中传染 NDV 的可能性就会大大降低。

（二）疫苗免疫

疫苗免疫是中国防控新城疫的根本措施，对新城疫的防控起到了关键性作用。NDV 疫苗接种家禽后，可诱导家禽产生体液免疫和细胞免疫及局部免疫。

1. 免疫机制

1）体液免疫

体液免疫抗体具体包括 VN 和 HI 抗体等，能特异性地中和 NDV，有效地阻止 NDV 对家禽的感染。

在新城疫免疫反应中，体液免疫起着十分重要的作用。鸡在初次感染 NDV 后，通常于 6～10d 即可测出 HI 和 VN 抗体，二者的高峰反应一般在第 3～4 周出现，可在体内维持 4 个月或更长。HI 抗体同 VN 抗体一样，可保护鸡、鸡胚和培养细胞免受 NDV 强毒株的感染，二者的抗体滴度具有正相关性。通常利用 HI 抗体滴度（替代 VN 抗体）作为评价疫苗免疫接种后抗体水平的标志。接种 NDV 活疫苗和灭活疫苗均能产生体液抗体。

2）细胞免疫

细胞免疫和局部免疫主要包括相应的 T 细胞、黏膜抗体等，在新城疫的免疫和感染中具有重要作用，但细胞免疫不能完全抵抗鸡 NDV 的入侵，它与体液免疫协同发挥作用。感染 NDV 的最初免疫反应是受细胞调控的，并可于免疫活疫苗 2～3d 后检出。这大概可以解释，为什么家禽在免疫后可测出抗体之前就具有一定的早期保护性。Agrawal 等（1991）用白细胞游走抑制试验来评价接种 NDV 疫苗后的细胞免疫反应，发现接种后确实存在细胞免疫反应，且独立发生，与体液抗体的水平高低不存在平行关系。

3）局部免疫

NDV 感染的主要门户是消化道和呼吸道，因此，在局部建立起有效的黏膜免疫对 NDV 的控制意义重大。黏膜免疫参与的主要成分是分泌型 IgA（SIgA）和一类能下调全身性免疫应答的效应性 T 细胞，以及黏膜定向细胞运输系统。SIgA 对机体呼吸道、消化道等局部黏膜免疫具有相当重要的作用，是机体蛋白膜免疫的一道“屏障”。

SIgA 细胞的产生与抗原直接刺激黏膜有关。在新城疫的预防接种中，经滴鼻、点眼、饮水和喷雾途径免疫弱毒活疫苗均可产生 SIgA 而建立相应的黏膜免疫力。活疫苗经过饮水、滴鼻和喷雾等接种途径，能够刺激黏膜免疫，诱导局部合成和分泌 IgA 抗体。灭活疫苗接种后不出现 IgA 和 IgM，仅有高水平的循环抗体 IgG，故灭活疫苗不能产生黏膜免疫。

2. 免疫程序

要想产生良好的免疫效果，科学的免疫程序十分重要。

1）普通疫区

蛋鸡和种鸡：7～9 日龄首次免疫，采用弱毒 NDV 活疫苗，最好是滴鼻点眼（有条件时，可进行气雾免疫）；21～28 日龄二次弱毒活疫苗免疫；以后每 1～2 月，进行活疫苗免疫1次。灭活疫苗接种周龄分别在4～5周龄、10～12周龄和20～22周龄。

商品肉鸡：7～9日龄首次免疫，采用弱毒NDV活疫苗，最好是滴鼻点眼（有条件时，可进行气雾免疫）；21～28日龄二次弱毒活疫苗免疫。

2）疫病高发区

首先，坚持灭活疫苗和弱毒疫苗的联合免疫，提高鸡群体液抗体水平，产蛋种鸡抗体保持在10log2以上，特别是开产前的种鸡和蛋鸡，最好利用基因Ⅶ型NDV灭活疫苗单独免疫；其次，做好抗体检测，一旦抗体低于保护阈值，立即进行免疫接种；最后，加强环境和营养管理，提高机体健康水平，同时减少各种应激反应发生。建议如下免疫程序：

蛋鸡和种鸡：NDV弱毒活疫苗的免疫程序同上，但还要增加两次灭活疫苗免疫，即7～9日龄和40周龄，且疫苗毒株必须使用NDV的流行株，即基因Ⅶ型灭活疫苗。

商品肉鸡：NDV弱毒活疫苗的免疫程序同上，建议同时接种NDV基因Ⅶ型灭活疫苗。

3. 影响疫苗免疫接种效果的因素

1）母源抗体

母源抗体的高低直接影响疫苗的免疫效果。若家禽母源抗体过高，则可中和疫苗毒，导致免疫效果差。若母源抗体过低，需要及时免疫，否则，很容易导致雏鸡的早期感染。

母源抗体的下降有一定规律，半衰期为4.5d，如家禽母源抗体3d时HI效价为7log2（1∶128），7.5d时则降为6log2（1∶64），12d时降为5log2（1∶32），16.5d时降为4log2（1∶16）。

疫苗免疫一般要求在5log2（1∶32）以下时进行免疫接种效果最佳。但若处在新城疫严重污染地区，则需在6log2（1∶64）时进行疫苗接种。因此，应在1d时，对鸡群的母源抗体进行测定，一般按0.5%的比例进行抽样，然后计算首次免疫的时间，根据母源抗体的消长规律确定疫苗免疫程序。首次免疫日龄=4.5×（1日龄HI对数值-4）+5。

2）接种途径

疫苗的接种途径与免疫效果的好坏有直接关系。当鸡作个体接种时，以皮下或肌肉注射的效果为最好；滴眼次之，滴鼻又次之。当鸡作群体接种时，气雾的免疫效果最好，饮水次之。喷粉和饲喂（V4弱毒株可混于饲料中）应用较少。

3）疫苗种类和免疫次数

实际生产中常同时使用活疫苗与灭活疫苗，既可较快产生抗体，又可维持较长时间的高水平抗体。无论是弱毒疫苗还是灭活疫苗，二次免疫后均能出现强烈的免疫应答反应，抗体水平有较显著提高。对已接种过活疫苗的鸡，再接种灭活疫苗，可显著提高抗体水平。

研究表明，单独利用活疫苗给鸡群免疫，疫苗免疫抗体滴度一般为4log2～6log2；而采用灭活疫苗接种，疫苗免疫抗体滴度一般为8log2～10log2；甚至超过11log2。

4）免疫抑制病

具有免疫抑制作用的病原如传染性囊病病毒、马立克氏病毒、淋巴白血病病毒、网状内皮增生症病毒、呼肠孤病毒、传染性贫血病毒和低致病性禽流感H9亚型病毒等，可不同程度地降低新城疫疫苗的免疫效果。

5）霉菌毒素

发霉的饲料中含有黄曲霉毒素或棕曲霉毒素时，只需要很小的量就能对鸡的免疫系统产生抑制作用，从而使新城疫疫苗免疫鸡的 HI 效价达不到所要求的水平。

6）日龄

雏鸡免疫器官发育不健全，40 日龄前主要靠法氏囊的 B 细胞产生的体液免疫，40 日龄后 T 细胞才参与免疫应答，70 日龄后鸡的免疫器官才发育成熟，故雏鸡所表现的免疫应答不如成鸡。

4. 免疫效果的评价

免疫效果的评价主要包括两个方面。一是体液免疫抗体，包括中和抗体、血凝抑制抗体等，属家禽机体血清中的抗体，其中，HI 抗体滴度与 VN 滴度呈正相关。一般情况下，通常监测 HI 抗体，并以此作为评价疫苗免疫效果的基本方法。二是黏膜抗体（SIgA），其与局部免疫密切相关。国内目前缺乏监测 SIgA 的诊断试剂盒。

1）监测方法

新城疫抗体的监测主要采用 HI 微量法，监测样品为新鲜的鸡血清。

可以利用卵黄替代血清。实验证明，母鸡血清中的 HI 效价与当时所产种蛋的卵黄 HI 效价以及用此种鸡蛋孵出的雏鸡的血清 HI 效价正相关，三者的 HI 抗体滴度大致相近。一般来说，血清中的抗体最高，卵黄抗体比鸡血清抗体低 1～2 个滴度，新生雏鸡的血清抗体与卵黄抗体接近。

2）样品数量

监测的鸡血清样本数应根据鸡群的大小而定，且具有统计学意义：1000 只以下鸡群，监测的鸡数为 10～20 只；1000～5000 只鸡群，监测的鸡数为 30～50 只；5000～10 000 只鸡群，监测的鸡数为 50～100 只。

3）抗体滴度

（1）与鸡群保护的关系。

研究表明，免疫鸡群的 HI 抗体滴度高低与对鸡群的攻毒保护率呈正相关。李慧姣等（2004）的研究表明，当鸡群的 HI 抗体滴度低于 3log2 时，攻毒保护率为 3.5%；当鸡群的 HI 抗体滴度等于 3log2 时，攻毒保护率为 16.1%；当鸡群的 HI 抗体滴度等于 4log2 时，攻毒保护率为 86.7%；当鸡群的 HI 抗体滴度等于 5log2 时，攻毒保护率为 97.2%；当鸡群的 HI 抗体滴度不小于 6log2 时，攻毒保护率为 100%。需要强调的是：上述攻毒实验的对象是育成鸡，判定免疫保护的指标是临床发病和死亡。对产蛋的鸡群而言，则可能不大适用。

综合多年的临床和实验室抗体检测经验发现：当免疫鸡群的抗体滴度为 6log2～9log2 时，攻毒正常产蛋的鸡群尽管不发生死亡，但可导致一定程度的产蛋量下降；如果鸡群是处于产蛋高峰的母鸡，产蛋量下降的幅度可能会更严重，甚至绝产。当免疫鸡群的抗体滴度不小于 10log2 时，正常产蛋的鸡群受到外界强毒的攻击影响较小，甚至不受影响。笔者曾多次遇到开产前或处于产蛋高峰的免疫鸡群的抗体为 6log2～9log2，受到外界 NDV 强毒株感染时，鸡群产蛋量急剧下降或产蛋量不上升，持续 3～4 周，发病鸡群的抗体滴度急剧飙升，愈后鸡的抗体滴度攀升到 12log2～15log2。

（2）抗体滴度不代表对鸡的保护性。

HI 抗体仅是家禽免疫的一部分，黏膜抗体和局部的细胞免疫也发挥着重要作用，故单纯的抗体滴度不能成为评价鸡群免疫效果的标准。以 NDV 野毒株感染发病的鸡群，尽管发病后鸡群的抗体滴度较高，对育成鸡或产蛋鸡甚至超过 13log2，但这种由野毒株产生的抗体是病态的、不正常的，往往均匀度较差，且中和能力较低，很容易在短期内骤降，维持期短，不足以抵御外界野毒株的攻击。

（3）关注 NDV 的抗原性变异。

新城疫在中国流行多年，与经典的疫苗株（常用疫苗株 La Sota，属基因Ⅱ型）相比，目前的 NDV 流行株（大部分为基因Ⅶ型）在分子遗传距离方面已经有了较大的差异。

秦卓明等（2006）选取国内 2001～2004 年分离的 13 株新城疫基因Ⅶ型流行毒株，以 La Sota 等疫苗和经典强毒株 F48E9 为参照进行中和实验。结果表明：La Sota 对经典强毒株 F48E9 中和相关指数（*R*）最高（*R* 值为 0.77），而对目前的基因Ⅶ型流行毒株中和能力普遍较低，大多数低于 0.5。仅有 15%的 NDV 流行毒株与疫苗株 La Sota 的 *R* 值在 0.5 以上，而 85%的 NDV 强毒株与 La Sota 和 F48E9 的 *R* 值已降至 0.15～0.5。

5. 常用疫苗

1）活疫苗

新城疫活疫苗依据其致病性可分为 3 类：中发型、缓发型和无致病性疫苗（表 4.8）。

表 4.8　常见新城疫病毒活疫苗及其特性

毒株	致病型	ICPI	适合日龄	优、缺点	免疫途径
La Sota	缓发型	0.4	各种日龄	免疫原性好，效价高，有副反应	滴鼻、点眼、饮水、喷雾
克隆 30	缓发型	0.36	首次免疫	免疫原性好，效价高，无副反应	滴鼻、点眼、饮水、喷雾
VG/GA	缓发型	0.38	首次免疫	免疫原性好，致病性温和，副反应轻	滴鼻、点眼、饮水、喷雾
Hitchner B1	缓发型	0.2	首次免疫	免疫原性差，母源抗体干扰，致病性弱	滴鼻、点眼、饮水、喷雾
V4	无致病性疫苗	0.0	首次免疫	免疫原性好，耐热性好	滴鼻、饮水、喷雾和拌料
Mukteswar（Ⅰ系）	中发型	1.4	二次免疫	免疫原性好，致病性强，副反应大	注射
Roakin	中发型	1.45	二次免疫	免疫原性好，致病性强，副反应大	注射、刺羽

（1）中发型（中等致病性）活疫苗。中发型活疫苗包括人工致弱的中等致病性毒株（如 Mukteswar 株和 H 株）和田间分离的自然中等致病性分离株（Roakin 株）。

① Mukteswar 株（Ⅰ系，基因Ⅲ型）：印度系，中国过去常用，该毒株致病性较强，且免疫原性好，维持时间长（3 个月），长于其他活疫苗（1 个月），可肌肉注射或刺种，适用于有基础免疫的鸡群和成年禽接种，常用于加强免疫。缺点是：应激反应较大，对雏鸡可致死，影响蛋鸡产蛋（有可能发病），存在致病性返强和散毒的危险性。中国目前已经废除Ⅰ系苗。但哈兽研从Ⅰ系毒中采用蚀斑纯化技术筛选出Ⅰ系克隆株（克隆 83），其致病性降低，而免疫原性不发生改变，安全性提高。该疫苗对雏鸡致病性低，经滴鼻免疫后，最高 HI 效价为 7log2～8log2，免疫期达 3 个月。

② H 株（Hertfordshire）是历史上首个被致弱的 NDV 强毒株，其祖先为 Herts'33（首次分离于 1933 年），通过不断致弱而来，F 基因型为Ⅳ型。

③ Roakin 株（基因Ⅱ型，1949）源自美国，由强毒株致弱而成。

（2）缓发型（低致病性）活疫苗。缓发型活疫苗主要包括 B1（或 HB1 或Ⅱ系）、F（Ⅲ系）、La Sota（Ⅳ系）、VH 株、VG/GA 株及部分克隆毒株（克隆 30、N79 等），以上毒株均属基因Ⅱ型。

① B1、F 和 La Sota 等。La Sota 疫苗是使用最广泛的 NDV 疫苗，致病性比 B1 或 HB1、F 高，免疫原性好，维持时间较长。鉴定和比较：F 系的致死鸡胚平均死亡时间（means death time，MDT）为 91.5h，B1 系的 MDT 为 98.4h，La Sota 系的 MDT 为 90h；F 系的 ICPI 为 0.03，B1 系的 ICPI 为 0，La Sota 系的 ICPI 为 0.063。

该类型疫苗的共同特点是致病性相对较弱，安全性好。致病性方面：克隆毒株（克隆 30、N79 等）≤F≤B1≤La Sota。免疫原性：克隆毒株（克隆 30、N79 等）≈ La Sota≥B1≥F。抗体维持期：La Sota≥克隆毒株（克隆 30、N79 等）≥B1≥F。克隆毒株（克隆 30、N79 等）疫苗和 La Sota 在中国应用广泛。接种方法常用滴鼻、点眼和饮水等。上述疫苗属于对黏膜亲嗜性较强的疫苗，可刺激呼吸道产生黏膜免疫。

② 国外疫苗毒株。VH 株（源于以色列）疫苗是自然弱毒株制成的低致病性苗，致病性温和而稳定，主要用于雏鸡首次免疫。VG/GA 株疫苗是梅里亚推出的 NDV 活疫苗，适合在消化道、呼吸道进行繁殖，能够在呼吸道黏膜产生较高的黏膜保护抗体。

③ 无致病性（嗜肠道）活疫苗。无致病性（嗜肠道）活疫苗主要包括 V4 株等，源自澳大利亚，是一种具有耐热性的 NDV 自然弱毒株，安全性好，在 22～30℃环境下保存 60d，其活性和效价不变；在 56℃环境下保存 6h 病毒活性不受影响。V4 株疫苗可以通过饮水、滴鼻、肌肉注射等方式免疫，对消化道黏膜有特殊的亲嗜性，为嗜肠道性毒株，也可以产生呼吸道黏膜的免疫反应，在国内外广泛应用。

2）灭活疫苗

（1）传统新城疫灭活疫苗。中国经典的新城疫油乳剂灭活疫苗大多以 La Sota 为毒种，国外新城疫油乳剂灭活疫苗多以 Ulster 2C 或 B1 株为毒种，二者的免疫效果相当，均可产生比较高的抗体滴度，一般鸡群免疫后，免疫鸡群的抗体滴度可高达 9log2，免疫期超过 6 个月。优点是产生以体液免疫为主的免疫反应，免疫持续时间长，抗体水平高，安全性高，至少有 3 个月的免疫保护期。但缺点是成本较高，操作麻烦（需要注射），抗体产生慢。

（2）基因Ⅶd 型 NDV 重组疫苗。扬州大学刘秀梵（2010）从 100 多株 NDV 流行株中筛选出遗传稳定、生物特性优良的基因Ⅶd 型流行株（A-Ⅶ株）为母本，利用反向遗传技术研制的基因Ⅶd 型灭活疫苗对中国 NDV 流行株具有较好的保护作用，特别是对蛋鸡、种鸡的产蛋性能和生产性能具有较好的保护效果，同时，对水禽新城疫也具有较好的保护效果。

（三）发生新城疫的对策

鸡群发生可疑新城疫时，应立即报告当地兽医部门。一旦确诊，应立即按照国家应急预案进行处理，由所在地县级以上兽医行政管理部门在 2h 以内，划定疫点、疫区和受威胁区，并报请本级人民政府批准，对疫区实行封锁。

1. 发病鸡群

（1）对发病疫点家禽全部扑杀，对其尸体、排泄物等全部进行无害化处理。对疫区进行封锁和消毒，严禁病鸡及其产品销售和流通。

（2）受威胁疫区鸡群应根据鸡群不同的日龄采取相应的紧急接种措施，建立有效的免疫隔离带。实践证明：紧急接种能够减少死亡和缩短病程，减少排毒和散毒。

（3）对疫区进行封锁。封锁的时间按照新城疫的潜伏期，一般需要 3 周。

2. 隔离带鸡群

（1）进行紧急接种，最好是弱毒疫苗和灭活疫苗联合使用。同时做好实验室抗体检测。

（2）应加强饲养管理，提高鸡群的营养和健康水平，特别是补充多种维生素，包括维生素C、维生素A等，增强家禽对疾病的抵抗力。

（3）加强场区的消毒和管理。有条件的地方可推荐使用湿帘，在循环水中加入一定的消毒剂，对进入鸡舍的空气进行过滤。同时对场区的物品、工具等进行严格消毒。

（4）封锁场区，禁止人员流动，禁止不同栋舍饲养人员的相互流动，特别对外来的人员和物品进行严格控制。

（秦卓明）

第四节 传染性支气管炎

传染性支气管炎（infectious bronchitis，IB）是由传染性支气管炎病毒引起的鸡的一种急性、高度接触性呼吸道传染性疾病。典型临床症状为病鸡咳嗽，喷嚏，呼吸困难，气管啰音；产蛋鸡产蛋量下降，蛋品质降低；病鸡肾脏肿大，苍白，有大量尿酸盐沉积呈“花斑肾”等。感染鸡还可因严重的呼吸道症状、肾脏病变而死亡。该病具有高度传染性，对不同日龄的鸡造成不同程度的影响，雏鸡阶段发生该病，还会对母鸡生殖系统造成永久性损伤，严重影响后期产蛋，是危害中国乃至世界养禽业的重要传染病之一。

IBV 呈世界性分布。OIE 已将传染性支气管炎列为法定报告的动物疫病，中国农业部将其列为二类动物疫病。中国对该病的防控主要以疫苗免疫为主。目前，“H”系疫苗仍是国内防控 IBV 的主要疫苗，但疫苗的大量使用使得 IBV 出现了不同程度的免疫逃避、基因突变、病毒重组和免疫耐受等，进而导致该病在临床上不断出现新的变化。

一、流行历史暨分布

1. 历史

传染性支气管炎最早于 1930 年在美国北达科他州发现。1931 年，Schalk 和 Hawn 首次报道了该病的临床症状和初步研究。最早曾认为该病仅感染雏鸡，但以后的研究发现，该病在育成鸡和蛋鸡群中也很普遍。1936 年，Beach 和 Schalm 首次确定了该病病原为病毒。1937 年，Beaudette 和 Hudson 将 IBV 首次在鸡胚中传代，并得到第一个 IBV 分离株（Beaudette 株），同时证明连续传代可以改变 IBV 对雏鸡的致病性。1941 年，美国麻省大学（马萨诸塞大学）分离到 Massachusetts 株（Mass 株）。1955 年荷兰分离到 H 株。持续的研究证实：Beaudette 株、Mass 株和 H 株均属同一血清型，且都以引起呼吸系统病变为特征，后被称为呼吸型毒株，为“H”疫苗的研发奠定了基础。1956 年，Jungherr 等报道了 Conn 株与 Mass 株，其虽能引起相似的症状，但不能形成交叉保护。此后，不同危害形式的 IBV 陆续被发现。

2. 危害

IBV 对所有日龄的鸡都感染，鸡日龄越小，对 IBV 越易感；日龄越大，对 IBV 的抵抗力越强。IBV 常引起育成鸡呼吸道症状，可使商品肉仔鸡日增重和饲料报酬降低。IBV 感染还可诱发肉鸡发生细菌性气囊炎、心包炎和肝周炎，伴有低致病性禽流感 H9 亚型病毒感染时，可能会产生支气管栓塞，导致肉鸡死亡率增高，可超过 30%，死亡的高峰一般在出栏前的两周，存活的鸡生长发育不良。IBV 可在输卵管复制，对未成熟母鸡造成永久性伤害。有些 IBV 毒株可导致肾脏病变，易感禽的死亡率在 25%左右。产蛋鸡和种鸡表现为产蛋量和蛋品质降低。

IBV 对人不感染，无公共卫生意义。

3. 世界 IBV 流行现状

IBV 仅感染鸡，具有高度传染性，在世界范围内流行。迄今已发现 30 余种 IBV 血清型，不同血清型之间交叉保护效果较差，且新的变异株仍不断出现。

1960年前发生的传染性支气管炎均为呼吸型（嗜呼吸道和生殖道）。1962年，Winterfield和Hitchnerdebng分离并报道了致肾病变型IBV，得到了Gray株和Hotle株。1963年，Cumming在澳大利亚分离到T株，其可导致鸡出现严重的肾炎-肾病综合征。1985年，EI-Houadfi在摩洛哥分离得到了嗜肠型IBV，其除引起呼吸道症状外，还可引起明显的肠道损伤。1991年，英国（Cook ct al，1996）发现了引起鸡的肌肉损伤和蛋鸡产蛋率下降的4/91（或称793/B）IBV变异株。

IBV的流行具有明显的地域性，不同国家和地区流行的IBV血清型可能不一样。已有从除鸡以外的宿主体内分离到IBV的报道，但IBV仅对鸡有明显的致病性。

4. 中国IBV流行现状

中国20世纪50年代就有传染性支气管炎的报道，但直到20世纪70年代末或80年代初才在临床上分离到病原。1978年，从浙江杭州暴发的一次疫情的病鸡中分离到一株IBV；此后，广东、北京、广西、新疆等地也陆续分离到IBV毒株。李康然等（1988）在广西分离到一株肾病变型IBV，90年代以后在全国各地均有报道，且各地报道的病毒血清型存在一定的差异。杜元钊等（1995）在山东胶东地区从产蛋鸡中分离到一株与肾型及呼吸型IBV皆不同的嗜输卵管和卵巢型的IBV变异株，其可引起产蛋鸡的产蛋率下降。1996年，赵继勋等（2002）在北京商品肉鸡中首先发现类4/91的病例，其除了出现严重的呼吸道症状之外，剖检可见尿酸盐沉积明显，肾脏肿大等。1997年，王玉东首次报道了引起腺胃型病变的IBV变异株（QX-IBV），随后QX型IBV在中国流行开来，成为国内IBV主要流行株。迄今为止，亚洲、欧洲和非洲均出现了大量QX型IBV感染的报道。Zhao等（2016）对GenBank中1022株IBV中国分离株（1994～2014）的S_1基因进行了系统进化分析，结果发现在这20年间，疫苗相关基因型分离率从50.4%下降至4.4%，而QX型毒株分离率则由11.7%上升至70%，成为中国目前IBV主要的流行毒株。

二、病原学

1. 种属分类

按照国际病毒分类委员会第9次报告的分类，IBV属于套氏病毒目冠状病毒科冠状病毒亚科γ冠状病毒属，是冠状病毒科的代表毒株。

2. 形态和化学组成

1）形态学

IBV呈球形或多边形，有囊膜，直径为80～120nm。在鸡胚尿囊液制备的负染标本中，可见囊膜上有许多棒状纤突，呈放射状排列，长约20nm，末端呈球形，纤突之间有较宽的间隙。IBV病毒粒子主要包括囊膜和核衣壳两部分。囊膜，最外层的膜为脂质双层，主要在宿主细胞内的粗面内质网上。囊膜上有两种蛋白，即纤突（S）和膜蛋白（M）。病毒表面S蛋白由S_1和S_2蛋白组成。S_1蛋白构成纤突蛋白的大部分头部，S_2与S_1连接，将S_1锚定于膜上，通过细胞间的融合来传播病毒。病毒粒子的核衣壳呈螺旋形，由正链基因组RNA和磷酸化核衣壳蛋白（N）组成。通过投影技术可以观察到自发崩解病毒颗粒所释放出的核衣壳蛋白，直径为1～2nm，呈索状，或为10～15nm的卷曲结构。

2）化学组成

IBV 粒子主要包含 4 种结构蛋白：纤突蛋白（S）、膜蛋白（M）、小膜蛋白（E）及内部的核衣壳蛋白（N）。S 蛋白在翻译后裂解为两种糖蛋白，即 S_1 和 S_2。其中，S_1 蛋白主要诱导病毒中和抗体和血凝抑制抗体的产生，具有免疫保护作用，并与 IBV 的组织亲和性和致病性密切相关。不同 IBV 毒株 S 蛋白的氨基酸变异大多数发生在 S_1 上，因此，S_1 蛋白基因的变异是 IBV 不断进化的原因。

IBV 含有一条单股正链的 RNA 分子，N 蛋白环绕 RNA 基因组形成 RNP。IBV 基因组 RNA 大约由 26 700 个核苷酸（nt）构成，基因组直接具有感染性，可利用此特性构建感染性克隆，通过反向遗传系统来研究该病毒。

3. 基因组结构

IBV 基因组具有冠状病毒基因组的一般结构特点。1987 年，Boursnell 等首次测定了 IBV Beaudette 株的全基因组序列，共包含 27 608nt，是目前所知的最大的 RNA 病毒基因组。

IBV 基因组 5′端有“帽子”结构，3′端有聚腺苷酸化（poly A）尾，其中至少含有 10 个明显的 ORF。IBV 在细胞质内复制，通过不连续的转录机制，产生 6 条亚基因组 mRNA，其中亚基因组 1 编码的蛋白裂解为至少 15 种非结构蛋白（nsp2～nsp16），亚基因组 2、4 和 6 分别编码病毒蛋白 S、M 和 N，而亚基因组编码 3 种和 2 种蛋白（3a、3b、E），亚基因组编码 2 种蛋白（5a 和 5b），除 E 外，亚基因组 3 和 5 编码的是辅助蛋白。辅助蛋白和非结构蛋白不参与病毒粒子的构成，但有着不同的功能，可帮助完成病毒的正常繁殖。IBV 的基因组结构示意图如图 4.18 所示。

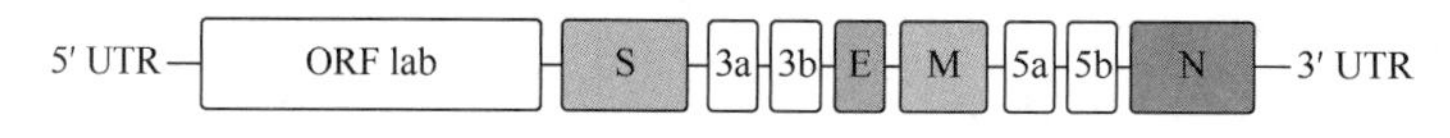

图 4.18　IBV 的基因组结构示意图

4. 病毒的增殖

一般而言，病毒感染细胞并增殖需经历吸附、穿入与脱壳、生物合成、组装与释放等步骤（图 4.19）。IBV 对宿主细胞的吸附作用主要与 S 糖蛋白有关。当环境 pH 接近中性时，IBV 的 S 蛋白可介导病毒和靶细胞膜上的特异性受体结合，并吸附到细胞的表面，病毒粒子通过细胞内吞的方式进入细胞质中，通过膜融合作用释放病毒基因组。

在细胞质内，病毒基因组 RNA 与细胞的核糖体结合，随后 5′端翻译出病毒特异性的 RNA 依赖的 RNA 聚合酶，将病毒基因组转录成全长互补链。IBV 的转录方式是套式病毒目所特有的不连续转录机制。病毒特异性 RNA 聚合酶以不同基因间隔区的互补序列转录成正链 RNA 和一套约 6 个亚基因组 mRNA。这些 mRNA 的 5′端加帽，3′端加 polyA 尾，即所谓 3′同末端成套结构。这些 mRNA 的 5′端都具有同样的一段先导 RNA 序列，即转录调控序列，约 72 个核苷酸。IBV 可通过转录调控序列在粗面内质网核糖体上合成结构蛋白和非结构蛋白。

冠状病毒和其他有囊膜的病毒一样，其装配和出芽的过程是在细胞内的内质网-高尔基体中间室完成的。在病毒的组装和释放过程中，结构蛋白发挥主导作用，M 蛋白转运到高尔基体中被糖基化，S 蛋白可在粗面内质网与高尔基体间聚集，S 蛋白在翻译后被宿主细胞的蛋白酶切割为 S_1 和 S_2 两个亚单位。N 蛋白产生于细胞质的多核糖体上，经磷酸化后与新合成的基因组 RNA 相互形成螺旋状的核衣壳。结构蛋白合成后，将在宿主细胞内质网处装配生成新的冠状病毒颗粒，并通过高尔基体分泌到细胞外，完成病毒的出芽释放。

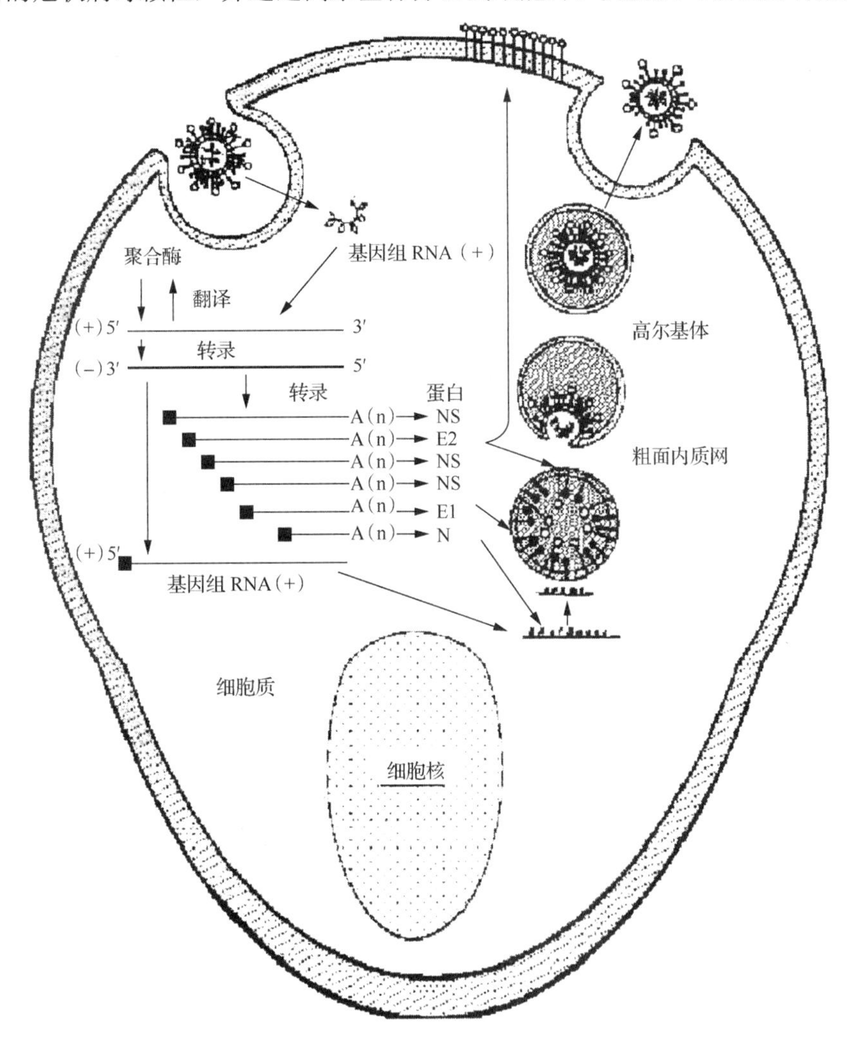

图 4.19　IBV 增殖周期示意图

5. 生物学特性

1）血凝性

IBV 不含血凝素糖蛋白，未经处理的 IBV 不能凝集红细胞，但是部分经鸡胚培养的 IBV 毒株利用 1%胰蛋白酶在 37℃处理 3h 后，则能凝集鸡红细胞。IBV 经 I 型磷脂酶 C（PLC1）处理后也可获得红细胞凝集活性。此外，魏氏梭菌培养液、神经氨酸酶处理也能使 IBV 表现出不同程度的红细胞凝集特性。但也有一些 IBV 毒株即使处理也不具有血凝活性。

2）对 NDV 的干扰作用

IBV 能够干扰 NDV 在雏鸡、鸡胚和鸡胚肾细胞上的增殖。Raggi 在 1963 年首次提出二者的弱毒疫苗可产生相互干扰。Bengelsdorff 等则在 1972 年报道，这两种弱毒疫苗间不存在相互干扰，并建议应用联合疫苗预防新城疫与传染性支气管炎。1975 年 Raggi 和 Thornton 等证实，IBV 对 NDV 在鸡胚内增殖的干扰现象是特异的，IBV 和 NDV 的弱毒疫苗之间存在干扰，且 IBV 干扰 NDV 的增殖，先接种的往往干扰后接种的。

6. 对理化因素的抵抗力

1）温度稳定性

IBV 对外界的抵抗能力不强，大部分 IBV 毒株可被 56℃ 15min 或 45℃ 90min 灭活，而适应鸡胚的毒株在 45℃可存活 3h。在鸡胚尿囊液中加入 20%的马血清或 1mol/L 的 $MgCl_2$ 可提高病毒的稳定性。病毒在 50%的甘油盐水中能良好保存。IBV 应尽量避免在−20℃保存，这样很容易导致 IBV 失活，但可在−60～−30℃存活数年；经冻干后保存，存放期可长达 30 年。

2）pH 稳定性

IBV 毒株对强酸、强碱的耐受能力不同，一些毒株在一定时间内可以耐受 pH 2.0 或 pH 12.0。IBV 耐酸不耐碱，IBV 在 pH 6.0～6.5 细胞培养液中比在 pH 7.0～8.0 培养液中更稳定。

3）化学因素

IBV 对乙醚敏感，但 20%的乙醚只能降低病毒的滴度，并不能使其灭活，有些毒株在 4℃ 20%乙醚中可存活 18h。0.2%脱氧胆酸盐溶液在室温作用 10min 即能完全灭活鸡胚尿囊液中的 IBV，50%氯仿室温作用 10min 也可破坏 IBV 的感染性。此外，IBV 对常见消毒剂敏感，在室温条件下 1%煤酚、1/10 000 高锰酸钾、70%乙醇和 1%福尔马林等均可在数分钟内将其灭活。

7. 毒株分类

IBV 属于冠状病毒，重组是其重要特征，替换、插入和缺失也是 IBV 发生变异的主要方式，因而产生了众多不同基因型和血清型的 IBV 毒株。IBV 毒株的分类方法较多，一般以其 S 蛋白为基础，进行血清型和基因型等分类。

1）血清型

（1）中和试验和血凝交叉抑制试验。VN、HI、ELISA 和 AGP 等大量研究数据表明，IBV 存在 30 多种血清型，且不同血清型之间不能产生较好的交叉保护。传统意义上的血清分型是通过 VN 和 HI 确定的。

IBV 主要的血清型包括 M 株、Conn 株、4/91 株等，目前有 30 余株。其中，M41（Massachusetts）株源于美国马萨诸塞州，是最早发现的 IBV 代表毒株。中国广泛应用的 IBV 活疫苗主要是 H120、H52 和 D41 等（均属 M 血清型）；Conn 株（Connecticut）1951 年分离于美国康涅狄格州，与 M 血清型交叉保护性差；4/91 株（793/B）1991 年首次分离于英国，目前在多国流行。

（2）单克隆抗体。单克隆抗体分析表明，大部分 IBV 抗原表位位于 S_1 蛋白的 1/4 区和 3/4 区，已建立了针对多个血清型毒株的单克隆抗体。该技术可作为鉴别 IBV 不同毒株抗原性差异的重要手段。

2）组织嗜性

根据 IBV 对家禽机体组织嗜性的不同，可将 IBV 分为呼吸型、肾型、肌肉型及肠型等。呼吸型 IBV 是世界上最早发现并报道的，代表毒株为 M41 株；肾型 IBV 最早于 1962 年发现并报道，代表毒株为 T 株、Gray 株及 Hotle 株等；肌肉型 IBV 则是 1991 分离于英国的 4/91 株，可引起病鸡肌肉损伤；1986 年，在摩洛哥分离到肠型的 IBV；自 1996 年以来，中国报道了肉仔鸡腺胃型 IBV 感染，代表株为 QX-IBV，主要剖检病变为腺胃肿大。

根据组织嗜性对 IBV 进行分类，有利于对传染性支气管炎的病变进行观察和统计，但组织嗜性与其血清型或基因型之间没有相关性，对 IBV 的免疫保护研究意义不大。

3）基因型

根据 IBV 的核酸序列，可对中国近年来 IBV 流行株进行基因分型（图 4.20）。迄今，根据 IBV 的 S_1 基因序列可划分出许多类群，主要包括 M41-like、4/91-like、YN-like 及近年来持续流行的 QX-like 和逐年增多的 TW-like 毒株。

研究表明，随着 S_1 基因序列的差异增大，毒株之间的交叉保护性减弱。这是因为，S_1 蛋白是决定 IBV 血清型的主要因素，且 S_1 蛋白是诱导产生抗体的主要抗原，在 IBV 的免疫保护中起着决定性的作用。对 S_1 蛋白的推导氨基酸进行比较后发现：VN 确定的不同 IBV 血清型的差异为 20%～25%，个别高达 40%或更高。同源性越高，属于同一血清型的可能性越大。因此，对 S_1 基因的分型也是当前对 IBV 毒株进行分类的主要依据。但也有例外，如 Conn 46 株与 Mass 株血清型不同，但其 S_1 基因氨基酸的同源性为 95.4%。

根据 Valastro 等（2016）的分类方法，对中国近年来的 IBV 流行株进行分类，主要包括 GI-19（QX-like）、GI-22（YN-like）、GI-7（TW-like）、GI-13（4/91-like）及疫苗株 GI-1（M_{41}-like）等。尽管还没有文献表明，依据 S_1 的基因序列进行基因分型能与其血清型产生必然联系，但基因分型对快速了解 IBV 的遗传变异、预测病毒的抗原性变化等具有重要的现实意义。

8. 实验室宿主系统

1）鸡胚

一般采用 9～11 日龄鸡胚的尿囊腔进行接种，大多数的 IBV 分离株经此途径接种后生长良好。一般野毒株需要数次传代（3 代或以上）才能在尿囊液中达到较高滴度。IBV 接种鸡胚后 144h，打开鸡胚气室端取出鸡胚，可观察到明显的特征性病变：生长阻滞（矮小），胚胎缩成球状，爪卷曲畸形并压在头上，呈现“蜷缩胚”或“侏儒胚”（彩图 4.21）。随着传代次数的增加，胚胎死亡率会增加，“侏儒胚”病变更加明显。感染鸡胚常见的内脏病变为肾脏中有尿酸盐沉积，但这种病变不具有诊断意义。原因是腺病毒也可产生类似的病变。

2）气管环组织培养

气管环组织培养（trachea organ culture，TOC）可用于 IBV 分离培养。将 18～20 日龄的鸡胚气管环单个培养在培养管中，接种 IBV 后 3～4h，利用低倍显微镜就可以观察到气管纤毛停滞。现已证明该法是进行 IBV 分离、毒价测定与血清分型的有效方法。TOC 方法的优点是首次传代便可使未适应鸡胚的野毒株直接在气管环上生长并产生病变，如上皮组织脱落、纤毛运动停止等。

3）细胞培养物

IBV 可在 10～18 日龄的鸡胚肾（chick embryo kidney，CEK）细胞、肺细胞、肝细胞培养物及鸡肾（chicken kidney，CK）细胞内生长，其中以 CEK 和 CK 为最佳。在 CEK 和 CK 生长，可出现常见的细胞病变，主要表现为：诱导细胞形成合胞体，合胞体变圆，从细胞板底部脱离，呈大球状，内含折光物。2007 年有研究发现，通过改变培养条件，M41 株、H52 株、H120 株和 Gray 株均可在 HeLa 细胞中生长，为冠状病毒跨宿主感染提供了一定的佐证。

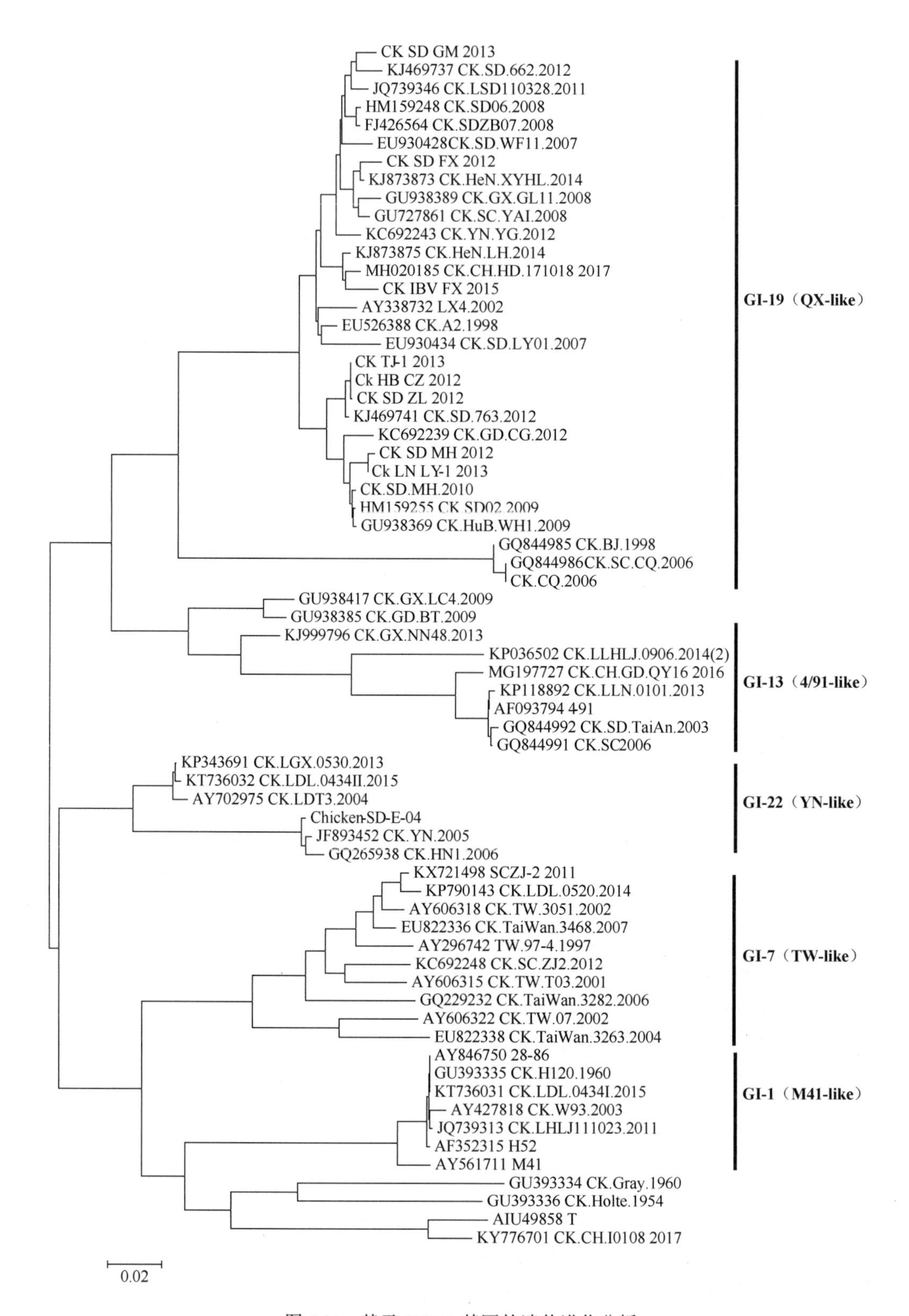

图 4.20　基于 IBV S_1 基因的遗传进化分析

9. 致病性

1）IBV 组织嗜性

在自然条件下，各个生长发育阶段的鸡对 IBV 均具有不同程度的易感性，一般情况下日龄越小的鸡易感性越高。IBV 具有上皮细胞嗜性，主要通过口、眼、鼻等呼吸道途径入侵宿主，固定于呼吸道上皮细胞内繁殖，然后向其他组织分布。该病毒可在多种类型的上皮细胞中复制并产生病变，包括呼吸道上皮（鼻甲骨、哈德氏腺、气管、肺和气囊的上皮细胞）、肾脏上皮和输卵管上皮。IBV 也可在多种消化道细胞（食道、腺胃、十二指肠、法氏囊、盲肠扁桃体、直肠和泄殖腔等）中增殖，但临床病变不明显。

IBV 的致病性随毒株的不同而有很大差异。鸡胚连续传代后 IBV 对鸡的致病性会逐渐下降，按照此方法可以制备 IBV 疫苗。Zhao 等（2015）在研究中国近年来分离的 QX 型 IBV 时发现，将 IBV 强毒株 YN 株在鸡胚内连续传代，传代至 118 代 IBV YN 株的致病性明显减弱，感染鸡不表现传染性支气管炎病症，并对亲本毒株及流行毒株具有较好的免疫保护效果。

2）系统危害

（1）呼吸系统。IBV 侵害鸡呼吸道后，破坏气管纤毛和黏膜，继发细菌感染。一则使气管或肺分泌物增多，堵塞气管；二是引起气囊炎。这两种情况均可致鸡呼吸困难而发病或致死。

（2）代谢系统。IBV 肾型毒株对呼吸道损伤轻微，主要导致肾脏病变，具体是肾小管上皮细胞颗粒变性、空泡化及肾小管上皮脱落，间质组织有大量异嗜性细胞浸润。损伤导致饮水增加、水分和电解质运输下降，最终造成急性肾衰竭，严重者可死亡。

（3）生殖系统。IBV 毒株导致的生殖系统损伤，主要引起两方面的病变：一是导致输卵管发育不全、局部闭锁；二是输卵管内腺体机能减退。这两种病变主要发生于输卵管膨大部与峡部之间，可导致产蛋率下降 10%～50%，蛋品质降低，有时还会造成细菌的继发感染。

10. 分子致病机理

IBV 的分子致病机制比较复杂。研究表明与 IBV 致病性相关的基因主要为 *S* 基因和 1*ab* 基因。Casais 等（2003）利用反向遗传技术将 IBV M41-CK 株的 *S* 基因取代 IBV Beaudette 株的 *S* 基因，构建出重组病毒 BeauR-M41（S），结果发现该重组毒株具有与 M41-CK 相同的组织嗜性，而与 Beaudette 株的组织嗜性不同，证明 *S* 基因是决定 IBV 组织嗜性的主要基因。Hodgson 等（2004）发现，将强毒株 M41 的 *S* 基因替换弱毒株 Beaudette 的 *S* 基因，重组毒株的致病性没有增强，但免疫保护试验显示重组毒株可以很好地保护 M41 株免受侵害。

此外，Ammayappan 等（2009）在比对传代致弱的 IBV Ark 株与原毒株基因序列时发现，经过 101 次传代后发生共 21 个氨基酸的突变，主要出现在 1*a* 和 *S* 基因。同年，Phillips 等（2012）在研究 Ark、GA98 和 M41 致弱株时发现，致弱株与原毒株在 nsp3 中差异最大，说明 nsp3 可能与致病性相关。Liu 等（2009）将国内 QX 基因型毒株进行致弱后发现，完全致弱的 110 代毒株失去了免疫原性和原本的肾嗜性，序列比对结果表明，位于 3′-UTR 出现 109bp 的缺失，这些碱基的缺失很可能是毒株致弱的原因。Huo 等（2016）也报道了关于 QX 基因型致弱株的基因差异，发现从 60 次传代开始，SDZB0808 株开始出现 1*ab* 基因中 30 个碱基的缺失，而且随传代次数增加，病毒缺失 30 个碱基的比例逐渐上升，到 110 代中 100%缺失。

三、流行病学

1. 自然宿主

IBV 一般只能引起鸡发病，但鸡不是 IBV 唯一宿主。近年来，已从除鸡以外的宿主体内分离到 IBV，如从中国孔雀体内分离到 IBV H120 疫苗株，在水鸭体内分离到肾病变型 IBV 毒株等，但这些禽类没有感染发病，可作为 IBV 的携带者和储存宿主。

所有年龄的鸡均易感 IBV，但主要侵害 1～4 周龄的雏鸡，并引起死亡。随日龄增大，鸡对 IBV 的抵抗力增强。雏鸡最易感，感染后病情最严重，引起的雏鸡死亡率一般为 20%～30%，死亡率的高低取决于 IBV 毒株的致病性和鸡群抵抗力及是否发生继发感染。

2. 传播源

病鸡和流行间歇期的带毒鸡及其排泄物都是病毒的主要传染源。IBV 能够通过鼻分泌物和粪便定期排毒，也能在体内长时间、间歇性地排毒。病鸡康复后带毒时间可长达数周。

3. 传播途径

IBV 以水平传播为主，一般不垂直传播。IBV 主要通过病鸡呼出的飞沫经呼吸道传播。

4. 流行特点

该病的发生没有明显的季节性，一年四季均可发生，但以冬季较为严重，检出病例多集中在 11 月至次年 5 月，主要出现在育雏期的 3～5 周龄和蛋鸡产蛋期的 25～30 周龄。寒冷、拥挤、通风不良及维生素、矿物质、微量元素的缺乏都可促进该病的发生。

四、临床症状

1. 潜伏期

IBV 是一种高度传播性病毒，潜伏期较短，一旦发病即可在鸡群中迅速传播。与感染鸡只同处一栋鸡舍的易感鸡通常在 24～48h 内即可出现症状。人工感染病例的潜伏期取决于接种剂量，气管内接种为 18h 左右，点眼一般为 36h。

2. 临床症状

传染性支气管炎的临床症状复杂，通常分为呼吸型、生殖型、肾型和肠型等多种。

1）呼吸型和生殖型

雏鸡感染 IBV 的特征性症状是呼吸道症状，主要包括喘气、打喷嚏、气管啰音和流鼻涕，并迅速波及全群，偶见流泪、鼻窦肿胀。病鸡精神沉郁，耗料减少，体重下降，主要影响生产性能。6 周龄以上的鸡呼吸症状较轻，安静时能听到气管啰音等。

3 周龄以内雏鸡感染 IBV 很容易导致输卵管永久性损伤，输卵管发育不良，短而闭塞，不能产蛋，以致形成“假母鸡”。到产蛋时，蛋黄排不出，掉进腹腔，形成卵黄性腹膜炎或输卵管囊肿，使产蛋期的产蛋率和蛋的质量均下降。

较大日龄的鸡感染 IBV 后，输卵管病变相对较轻。产蛋鸡感染相对少见，一旦感染，除可能出现呼吸道症状外，产蛋量和蛋品质下降，出现软壳蛋、畸形蛋和粗壳蛋。蛋内容物品质低劣，蛋清呈水样，卵黄与浓蛋白易于分离。

2）肾型

肾型多发于20～40日龄的雏鸡，病程一般为10～20d。病鸡主要表现为精神沉郁，羽毛松乱，闭目嗜睡，减食、饮水量增加，失水、干脚，排白色、绿色和水样稀粪，呼吸道症状轻微。该类型发病率较高，随感染日龄、毒株致病性和饲养管理条件的不同，死亡率有所不同，一般在30%以内，是各种传染性支气管炎类型中死亡率最高的。

3）肠型

摩洛哥分离株 Moroccan-G/83 感染引发嗜肠型传染性支气管炎病型，病鸡主要表现为腹泻，稀便中含大量黏液；消瘦，脱水死亡，死亡率在20%～30%。

4）肌肉型

该型为欧洲毒株4/91株感染后引发的病型，病鸡缩头，呆立，食量降低，伴有呼吸道症状。

5）腺胃型

腺胃型主要发生于20～90日龄的鸡，临床主要表现为精神沉郁，眼睛肿胀流泪，腹泻，随后出现明显的呼吸道症状。约2周后，呼吸道症状减轻或消失，病鸡日益消瘦，鸡冠苍白，羽毛松乱，闭目嗜睡，食欲减少，排白色、绿色和水样稀粪，随后衰竭而死。该病的发病率较高，可达100%，死亡率为15%～20%。

五、病理变化

1. 剖检变化

呼吸型：主要病变在气管。气管和支气管内有浆液性、卡他性或干酪样渗出物；气管黏膜增厚、红肿；气囊内有泡沫样，伴有黄白色干酪样的混浊物；支气管周围可见局灶性肺炎。

肾型：主要表现为肾脏苍白肿大，伴随肾小管和输尿管因尿酸盐沉积而扩张，形成“花斑肾”。严重者还可以看到肝脏、腺胃、心脏也有尿酸盐沉积（彩图4.22～彩图4.24）。

生殖型：产蛋鸡感染后对生殖系统造成损伤，可出现卵黄性腹膜炎或输卵管水样囊肿（彩图4.25），偶见卵泡充血等。在雏鸡阶段感染IBV，性成熟时输卵管长度变短，卵巢严重退化，导致部分鸡不产蛋，产蛋量达不到应有高峰。

肠型：可见整个肠道变粗，肠壁变薄，呈透明状；剖开后肠腔黏膜出血，脱落。

肌肉型：病死鸡主要表现为胸肌和腿肌呈点状、片状出血，还可表现肾脏病变。

腺胃型：主要病变为腺胃肿大，腺胃黏膜出血、溃烂，腺胃乳头糜烂或消失。

2. 组织学病变

呼吸系统病变：气管黏膜上皮细胞脱落，严重处固有层裸露，炎性细胞浸润；支气管出血，管腔内有黏液，肺房内有大量红细胞及少量炎性细胞浸润。

肾脏病变：肾小管上皮细胞坏死，正常结构消失，炎性细胞浸润，水肿等。

卵巢病变：卵巢间质淤血、出血、大量淋巴细胞浸润，卵巢生殖上皮细胞脱落，卵泡颗粒细胞空泡变性。其中卵巢的病理变化主要集中在发病后3～15d，后期病变较轻。

输卵管病变：病理变化可在鸡感染后3～99d观察到，黏膜上皮部分或完全脱落（固有层裸露），固有层淤血、结构疏松，黏膜下层淤血、水肿、淋巴细胞浸润。有些还会发生输卵管囊肿，输卵管充水部位管腔极度扩张、黏膜皱褶消失和黏膜层变薄。

六、诊断

根据流行病学、临床症状和剖检病变可做出初步诊断。确诊必须通过实验室综合诊断。

1. 病原学鉴定

1）病毒分离和培养

IBV 感染的主要靶器官是气管，因此气管是 IBV 采样的首选部位。一般在感染的第 1 周内取样最好。通常取气管拭子或者剖检取气管组织。对感染持续超过 1 周的病例，病毒会扩散到非呼吸器官，因此肾脏也是 IBV 分离采样的部位。

病毒分离通常在鸡胚、气管环和细胞上进行。样品应置于含抗生素的等渗磷酸盐缓冲液（pH 7.0～7.4）中，制成 10%～30%（质量浓度）的悬液，抗生素浓度视环境条件而定。处理好的样品置于 4℃过夜，3000～5000r/min 离心 3～5min，吸取上清液，接种 10～12 日龄 SPF 鸡胚 0.2mL/枚，置 37℃培养箱孵育 36～48h 后收获接种鸡胚尿囊液进行盲传。如未能引起典型的“侏儒胚”病变或死亡，则至少盲传 3 代，如仍不出现鸡胚典型病变才可判为阴性。在气管环上传代时，会观察到气管纤毛运动停滞，但这不足以进行 IBV 的确诊，还需要感染 SPF 鸡后收集血清，通过血清学方法来进行确认。

2）病毒鉴定

IBV 的鉴定可通过多种方法进行，如利用电子显微镜直接观察病原；进行病原核酸鉴定；利用 VN、HI 和 ELISA 等鉴定，还可以通过免疫组化鉴定等。目前，分子病原学诊断比较常用。

2. 血清学鉴定

通过发病前后鸡群抗体水平的变化（一般需要 2 周以上），进行横向和纵向比较，进而判定鸡群是否发生感染。鉴于 IBV 血清型较多，不同型之间的抗原性有差异，因此，选择合适的血清学方法十分重要。常用的方法如下。

1）病毒中和试验

VN 是对 IBV 毒株进行血清分型最重要的方法，其鉴定结果具有很强的实际意义，且可以在不同的宿主系统包括鸡胚、细胞、气管环上进行。VN 具有高度的敏感性和特异性，但操作复杂，费时且费用较高，方法相对复杂，一般需要在专业的检测实验室进行。

评估方法与标准：利用 Reed-Muench 法计算半数保护量（PD_{50}），能使 50%鸡胚保护的最高血清稀释度即为该血清中和效价。

病变结果判定：观察鸡胚是否有胚体小、蜷缩胚、鸡胚发育受阻等 IBV 特征性病变，24h 以后死亡鸡胚一般计为病变，最终判定还应根据鸡胚是否具有特征性病变来判断。

2）血凝抑制试验

IBV 本身并不能使红细胞凝集，但经过 I 型磷脂酶 C 处理后的 IBV 能够凝集鸡红细胞，且这种凝集作用可被特异性的血清所抑制。利用这一特性，Alexander 等（1977）建立了 IBV 的 HI 方法。该法能够区分不同血清型 IBV 诱导产生的抗体，具有成本低、简单快速等优点，但也有其局限性，即制备的 IBV 抗原长时间保存存在一定的难度，不同的毒株在处理后会产生不同的凝集价，而且不是所有的毒株都可成功制备 HI 抗原，这都给 HI 方法的标准化带来不便。

3）酶联免疫吸附试验

间接 ELISA 是最常用的 IBV 抗体检测方法，有多种商品化抗体检测试剂盒可供选择，可广泛应用于鸡群 IBV 感染、免疫状况的检测评估。ELISA 方法既可以用来测抗原，也可以用来测抗体，与其他方法相比，它灵敏性高、操作方便、所需时间短。但商品化 ELISA 试剂盒检测的是群特异性抗体，不能区分血清型，也不能区分 IBV 野毒株感染或疫苗免疫产生的抗体。

4）间接免疫荧光试验

间接免疫荧光试验（indirect immunoinfluscent assay，IFA）是利用多克隆或单克隆抗体在荧光显微镜下检测 IBV 特异性和抗原组织定位的一种方法。该法特异性高，但敏感性低。

3. 核酸鉴定技术

1）反转录聚合酶链式反应

RT-PCR 的检测方法主要有两种策略：一种是一步法 RT-PCR，即从气管或拭子样品中直接抽提 RNA，反转录时尽量加大 RNA 的添加量，将反转录产物用于后续的 PCR；另一种是将从口腔、气管拭子或泄殖腔拭子分离出的样品，接种鸡胚收取尿囊液，提取尿囊液中的病毒 RNA，反转录成 cDNA 进行后续试验。

根据 IBV 基因组中保守序列设计通用引物，一般选取 *N* 基因保守序列设计引物，采用 PCR 的方法特异性地扩增目的基因，可快速检测 IBV 是否存在。利用 RT-PCR 的方法不仅可以检测 IBV 的感染，还可以进行基因分型。S_1 序列分析与 VN 的血清分型结果有较好的一致性。

RT-PCR 的方法用时短，操作简便，敏感性高。但是由于生产中 IBV 活疫苗使用广泛，仅仅靠 PCR 阳性结果并不能确诊 IBV 感染，还应将 PCR 产物测序结果与疫苗株序列进行比对。

2）基因测序

S_1 基因测序是目前最有效的 IBV 鉴别技术，也是实验室对 IBV 进行基因分型和流行病学调查的主要手段。核酸分析结果与 VN 结果虽然没有确切的相关性，但不同血清型毒株 S_1 亚基氨基酸序列差异较大，通过扩增 S_1 基因并进行基因测序，可对未知毒株进行基因分型。

3）核酸探针技术

将核酸探针进行标记，结合 PCR 技术，利用其与 PCR 扩增片段杂交的方法对 IBV 进行检测。该法敏感性高、特异性强。

七、防控技术

疫苗接种是防控 IBV 的重点。对传染性支气管炎的防控，主要应采取包括加强饲养管理、提供均衡营养和实施严格的环境控制及进行合理的疫苗免疫在内的综合防控措施。

传染性支气管炎的发生通常与环境温度较低和通风不良密切相关，良好的环境管理是降低 IBV 发生概率的重要条件。鸡舍要做好通风换气，防止鸡只过度拥挤，注意保暖，特别要注意防止冷应激反应。

1. 疫苗免疫

免疫接种是预防传染性支气管炎的主要技术措施，但由于该病致病基因型复杂、血清型多样及不同血清型之间交叉保护效果差等，如果使用的疫苗株与流行毒株之间交叉保护性差，免疫鸡群仍然会发生 IBV 感染。因此，必须持续进行 IBV 的流行病学调查工作，分析和了解 IBV 不同流行株的进化、分布特点，选用与流行毒株一致的疫苗，才能达到更好的免疫保护效果。

活疫苗和灭活疫苗都可以用于 IBV 的免疫接种。活疫苗一般用于雏鸡（肉鸡）的免疫及种鸡和蛋鸡的局部黏膜保护，灭活疫苗用于强化免疫。疫苗免疫不能阻止感染的发生。

1）弱毒活疫苗

（1）Mass 型（呼吸型）疫苗。使用最多的 IBV 活疫苗是 Massachusetts（Mass）血清型的疫苗，包括 H120 和 H52，这些疫苗株仅对 M 型相关毒株（呼吸型）具有较好的免疫保护效果，而对其他血清型毒株的保护性不确定。H120 和 H52 均来源于鸡胚传代致弱毒株。其中，H120 致病性较弱，用于雏鸡的首次免疫；H52 致病性较强，多用于雏鸡的二次免疫和成年鸡免疫。类似的疫苗还有 D41、2886、MA5 和 H94 等。

（2）肾型疫苗。肾型 IBV 疫苗包括 Conn（Connecticut）株、Gray 株、Arkansas 株（Ark）、DE072 和 T 株等。在美国，Conn、Ark 等应用较广，DE072 局部使用。中国疫苗包括 LDT-3、W93 等。

（3）793/B 型疫苗。4/91（793/B 和 CR88）血清型疫苗是欧洲 20 世纪 90 年代 IBV 的变异毒株，对 793/B 和 CR88 型的 IBV 预防效果较好，对中国的 QX-IBV 也有一定的保护作用。

（4）QX 型疫苗。QXL87-IBV 弱毒活疫苗是中国自行研发的 IBV 弱毒活疫苗，已经获得国家新兽药证书（2018），对中国广泛流行的 IBV 流行株具有较好的保护作用。

（5）其他。鉴于 IBV 血清型较多，不同的血清型之间缺乏交叉保护，因此需要特定血清型的疫苗。以美国为例，Mass、Conn 和 Ark 3 种血清型疫苗使用最广。欧洲和亚洲的国家除了 H52 株和 H120 株外，还会使用 4/91（793/B 和 CR88）血清型疫苗。值得关注的是，连续免疫 2 次以上的呼吸型疫苗，也可对其他型的 IBV 产生良好的保护。

（6）与 NDV 的联合疫苗。IBV 活疫苗和 NDV 活疫苗可联合使用，但应注意二者的免疫干扰。一般情况下，当 IBV 组分过量时，会干扰 NDV 的免疫应答。常用的二联苗有 La Sota-H120、La Sota-H52、克隆 30-28/86、克隆 30-MA5、La Sota-QXL87 和克隆 30-H120 等。

2）灭活疫苗

IBV 灭活疫苗主要用于种鸡和蛋鸡的加强免疫，常用的制苗用 IBV 毒株为 M41，需要为每只鸡注射，其免疫保护效果在很大程度上与前期活疫苗的免疫相关。灭活疫苗可以诱导血清抗体对内脏、肾脏和生殖道产生保护作用。但灭活疫苗对呼吸道的保护效果不如活疫苗，且使用剂量大，需要配合佐剂，制备过程比较复杂，成本高，通常需要两次以上的加强免疫才能有效诱导中和抗体的形成。

3）新型疫苗

IBV 基因工程疫苗具有预防针对性强、特异性好的优点，是防控传染性支气管炎的新途径。由于传统疫苗的局限性，利用基因工程技术研发新型 IBV 疫苗已经成为新趋势。根据基因工程疫苗的成分和研制方法的不同，新型疫苗可分为基因工程亚单位疫苗、重组活载体疫苗和核酸疫苗等，有关上述的研究正处在不断完善之中。反向遗传技术给 IBV 疫苗的研制带来了新希望，更加精确和稳定的 IBV 多价疫苗或通用疫苗即将被开发，这无疑给 IBV 的防控带来了福音。

4）推荐免疫程序

（1）一般地区。对 5～7 日龄鸡，利用 H120 滴鼻点眼首次免疫；对 25～30 日龄鸡，利用 H52 饮水二次免疫；对蛋鸡或种鸡，还应于开产前免疫一次灭活疫苗。

（2）疫病高发地区。对 1 日龄鸡，利用 H120 滴鼻点眼首次免疫；对 7～10 日龄鸡二次免疫，同前；对 25～30 日龄鸡，利用 H52 饮水三次免疫；开产前加强免疫灭活疫苗 1 次。对种鸡，建议开产后每 60～90d 加强免疫一次。

注意 IBV 单个疫苗免疫与 NDV 活疫苗免疫尽量间隔 10d 以上。也可以使用多种新支二联活疫苗或新支二联多价传支活疫苗（La Sota、H120、H52、28/86、Conn 等之间的联合）。此外，各地也可依据当地 IBV 流行状况（主要流行株），选用合适的 IBV 疫苗。

2. 治疗

传染性支气管炎没有特异性治疗方法，可利用合适的抗生素对症治疗，主要是降低继发感染，防止气囊炎发生和继发的细菌性疾病。

1）呼吸型

以呼吸道症状为主的 IBV，早期要控制大肠杆菌、支原体等继发感染，发病期保守对症治疗。大部分抗病毒药物对 IBV 有作用。采用红霉素或北里霉素按 100～200mg/kg 饮水治疗。

2）肾型

以肾型病变为主的 IBV，应采用中药保守治疗，即通肾利肾疗法。同时降低饲料中的蛋白含量，停止使用对肾脏损害较大的抗生素。中药应用五皮散、五苓散等保肾通淋的方剂治疗效果较好；如果出现机体脱水的情况，可添加 2%～4%葡萄糖；对肾脏肿大比较严重的情况，建议利用“肾美舒”。“肾美舒”是一种复合制剂，含有钠、钾等电解多维及中药制剂，可保肝、护肾、通肾，促进肾脏对尿酸盐的排泄，中和体内毒素，降低血尿酸水平，保护肝脏和脑功能，减轻心、肝、肾负担，并参与机体的电解质代谢，维持体内 pH 和渗透压平衡，能在 6～12h 内，使家禽肾源性脱水症状大幅改善，饮水量降低。

（张国中）

第五节　传染性喉气管炎

传染性喉气管炎（infectious laryngotracheitis，ILT）是由传染性喉气管炎病毒（infectious laryngotracheitis virus，ILTV）引起的鸡的一种急性、高度接触性呼吸道传染病。它主要侵害鸡喉头和气管的上皮细胞，同时也对鼻窦、气囊和肺等组织产生影响；典型症状为呼吸困难，气喘，咳出带血分泌物，喉部和气管黏膜肿胀、出血，并形成糜烂，具有较高的致死性。

ILTV 只有一个血清型，主要感染成年鸡，其他禽类很少发病。鸡感染 ILTV 后，通常会出现周期性排毒，为该病防控带来了一定的难度，给世界范围内的养鸡业造成了巨大经济损失。其被 OIE 列为 B 类疾病。中国农业部 2008 年修订的《一、二、三类动物疫病病种名录》将其列为二类动物疫病。该病对人和哺乳动物不感染，没有公共卫生意义。

一、流行历史暨分布

1. 同义名

1925 年，美国 May 和 Tittsler 首次对鸡传染性喉气管炎进行报道，命名为“气管-喉头炎”。1930 年，Beaudette 首次证明引起 ILT 的病原是一种可滤过性的病毒。1931 年，美国兽医协会禽病特别委员会将其定名为传染性喉气管炎，病原为 ILTV。1963 年，Cruickshank 在电子显微镜下观察负染标本证明该病病原的形态结构同单纯疱疹病毒一致，才明确 ILTV 属于疱疹病毒。

Roizman 于 1982 年采用禽疱疹病毒Ⅰ型（gallid alphaherpes virus Ⅰ）的病毒学命名法，将 ILTV 归属于疱疹病毒科α-疱疹病毒亚科，此后被国际病毒分类委员会所承认。

2. 流行历史

1925 年，该病首次发生于美国洛岛。随后，该病在美国、加拿大、澳大利亚、德国、新西兰、荷兰、英国、瑞典等国家均有流行和发病。传染性喉气管炎每 3～5 年流行一次，难以根除，目前已遍布世界各地。

1959 年，中国贵阳市某鸡场发生该病，这是中国首次报道发生鸡传染性喉气管炎。20 世纪 80 年代末该病曾经在许多省份流行，并逐步成为地方流行性疾病。2009 年，鸡传染性喉气管炎在广东大面积暴发，蛋鸡死亡率高达 30%；同年江苏部分地区也有该病发生的相关报道。2010 年 11 月，安徽、浙江和江苏等省份大范围暴发该病。2017 年，该病在山东省部分地区的地方品种肉鸡中广泛流行，造成了比较严重的经济损失。

二、病原学

1. 种属分类和生物学特点

1）种属分类

鸡 ILTV 属于疱疹病毒科α-疱疹病毒亚科传染性喉气管炎病毒属禽疱疹病毒Ⅰ型。

2）疱疹病毒的生物学特点

疱疹病毒成员具有三大基本特征：①基因组编码大量与核酸代谢、DNA 合成及蛋白质加工有关的酶，但不同疱疹病毒编码的酶可能有所不同。②病毒 DNA 的合成和衣壳的组装在核内发生，而病毒粒子的最终加工则在细胞质中。③感染性子代病毒的产生常伴随着被感染细胞的破坏，但在大多数情况下不致死宿主，并可在天然宿主体内形成潜伏感染。尽管 ILTV 与其他疱疹病毒的基本结构相同，但仍具有一定的差异。

2. 形态学

电子显微镜观察显示，成熟完整的 ILTV 病毒粒子为正 20 面体立体对称，核衣壳直径为 85～105nm，其上有 162 个长形中空壳粒，有囊膜。衣壳外有皮质，皮质外有一层典型的磷脂双层膜，膜上有许多短的纤突。完整的病毒粒子直径为 195～350nm。根据颗粒大小可将病毒颗粒分为小囊膜（直径约 150nm）颗粒及大囊膜（直径约 180nm）颗粒。

3. 化学组成和基因组结构

ILTV 病毒粒子核心为线性双链 DNA，浮密度为 1.704g/mL，其 DNA 的分子质量大约为 100×10^6Da，G+C 含量为 48.2%，是疱疹病毒科中 G+C 含量最低的病毒。基因组含有 2 个异构体，是 147～155kb 的双链线性分子，由一个长独特区（UL）和一个短独特区（US）构成，分别为 120kb 和 17kb。在短独特区两端含有一个末端重复序列（TR）和内部反向重复序列（IR），TR 和 IR 的大小均为 15kb。短独特区及其两端的两个末端重复序列可以沿横坐标轴旋转 180°，因此，可以使病毒的基因组结构呈现两种不同的异构体。依据疱疹病毒 TR 的存在及其位置，将疱疹病毒基因组分为 6 个类型，分别为 A、B、C、D、E 和 F。ILTV 属于 D 类型。整个基因组包含 79 个编码蛋白的 ORF，ILTV 不同毒株的基因序列存在差异。

4. 病毒的增殖

ILTV 在家禽呼吸道上皮细胞中复制。ILTV 进入细胞后，其复制类似于其他α-疱疹病毒，以滚环模式进行，主要包括病毒的吸附、穿入、衣壳脱落、蛋白合成、DNA 复制、衣壳装配、囊膜的组装和病毒释放等步骤。病毒的吸附是囊膜蛋白和细胞膜受体相互识别的过程，然后病毒和细胞膜进行融合，病毒 DNA 从核衣壳中释放出来沿着核孔进入核质中，通过信号转导机制，迅速切断宿主细胞的大分子合成，在核质中完成病毒 DNA 的转录、复制和核衣壳的组装。包裹 DNA 的核衣壳在通过内层核膜时获得囊膜，经过“囊膜化—去囊膜化—再囊膜化”过程在内质网中移行，在细胞质空泡中聚集。通过胞吐作用或细胞崩解释放出细胞，整个转录和翻译过程均受到复杂的调控。

5. 对理化因子的抵抗性

ILTV 是有囊膜的病毒，对热、乙醚、氯仿和能分解脂肪的溶剂敏感。ILTV 不同毒株对热有不同的抵抗力，在较低温度下，ILTV 能保持长时间的感染力。在 13～23℃条件下，存在于鸡气管分泌物和尸体中的病毒能存活数天到数月。当在-60～-20℃条件下，ILTV 能存活数月到数年，存活时间较长。

ILTV 在 55℃经 10～15min 或 38℃经 48h 即被破坏，而 3%的来苏儿、5%苯酚和 1%氢氧化钠可在 1min 内使病毒迅速灭活。甲醛、过氧乙酸等也具有较好的灭活效果。在鸡场，用熏蒸消毒设备制造的 5%的过氧化氢喷雾可以完全抑制 ILTV 的活性。

6. 毒株分类

1）抗原性

VN、交叉保护试验和 IFA 等大量的研究数据表明，ILTV 不同毒株和分离株之间抗原性几乎一致。因此普遍认为，ILTV 只有一种血清型，不同毒株之间能够产生一定的交叉保护。

2）致病性分类

不同的 ILTV 毒株其致病性不同，其强、弱毒株在全球范围内广泛存在。强毒株有中国的王岗株（WG 株）、英国的 Throne882 株和美国的 632 株等。弱毒株有中国广东的 K217 株、澳大利亚的 SA2 株等，这两株弱毒株已经作为疫苗株在临床使用。由于毒株间存在致病性差异，在实际应用中面临的问题是如何区分野毒株与疫苗株。通常采用对鸡胚的致死率作为评价致病性的指标，因为鸡胚死亡率和病毒的致病性密切相关。

3）分子生物学分类

利用病毒 DNA 限制性内切酶分析、DNA 杂交分析、多聚酶链式反应-DNA 限制性内切酶片段长度多态性分析（cleaved amplification polymorphism sequence-tagged sites，PCR-RFLP）、PCR-RFLP 结合基因组测序等对 ILTV 不同毒株进行分类。常用 PCR-RFLP 对不同地区的 ILTV 不同毒株进行区分，可以区分野毒株和疫苗株。

Oldoni 等（2008）利用多基因 PCR-RFLP 方法对 1988～2005 年从商品鸡中分离到的 ILTV 分离株进行分群，初步分成 9 个基因群：Ⅰ群和Ⅱ群包括 USDA 参考株和 TCO 疫苗株；Ⅳ群分离株与 CEO 疫苗株相同；而Ⅴ群分离株有一个 PCR-RFLP 模式不同于 CEO 疫苗株，但为 CEO 相关分离株；Ⅵ、Ⅶ、Ⅷ和Ⅸ群是野毒株，其基因型不同于 CEO 和 TCO 疫苗株。将 2006～2007 年从美国收集的 46 株 ILTV 野毒株经过多重 PCR-RFLP 基因型分析后发现，多数分离株与疫苗株相似，由此推断：在美国大多数 ILTV 野毒分离株可能来自于疫苗株致病性返强。

在欧洲，收集 8 个不同国家 35 年间的 104 个 ILTV 野毒株，利用 PCR-RFLP 法来分析其 *TK* 基因，初步把上述毒株分为 3 个基因群。其中，有 98 个野毒株与疫苗株的 RFLP 模式一致。

7. 实验室宿主系统

ILTV 具有高度的宿主特异性，一般只能在鸡胚及其细胞培养物中进行良好增殖。最佳的途径是取 10 日龄 SPF 鸡胚进行绒毛尿囊膜（chick chorioallantoic membrane，CAM）接种。

1）鸡胚

ILTV 常用的接种方式是鸡胚 CAM 途径接种，将病毒稀释后通过该途径接种 9～12 日龄的鸡胚，可引起 CAM 的增生和坏死，CAM 上出现散在的、边缘突起、中心低陷的灰白色痘斑。一般接种后 2d 就可见痘斑，2～12d 死亡，视致病性强弱和接种量的多少而异。偶尔鸡胚最初代接种病毒不致死，盲传几代后才引起鸡胚死亡。强毒株引起的坏死灶直径为 4～5mm，弱毒株引起的坏死灶要小得多。

2）细胞

ILTV 可在鸡胚的肾、肺、肝及鸡肾培养物中增殖。其中，鸡胚肾和鸡胚肝是较好且较常使用的培养系统，而鸡胚肾和鸡胚肝的细胞培养物及鸡胚 CAM 的敏感性较差，病毒不能在 CEF 中增殖。以高感染量病毒接种细胞培养物，最早可在 4～6h 观察到细胞病变。接种后 12h 可检测到核内包涵体，30～36h 时包涵体的密度最高。ILTV 还可在禽的白细胞培养物上增殖。例如，病毒能够在鸡血液棕黄色的白细胞中增殖，并可在脾脏和骨髓的巨噬细胞培养物中生长。

1994 年，Schnitzlein 等确定了 ILTV 可以在鸡肝癌细胞系上复制和传代。鸡肝癌细胞系是从经过二乙基亚硝胺诱导的鸡肝组织中分离得到的，具有微小管 ATP 酶活性，可表达葡萄糖-6-磷酸酶。该方法不适用于病毒的初次分离。

8. 分子致病机理

1）致病机制

鸡对 ILTV 高度敏感，ILTV 对鸡的致病性与毒株致病性、鸡日龄、感染剂量、途径等条件有关。

一般情况下，ILTV 可经过呼吸道和眼侵入机体，如眼结膜、眶下窦、喉头和气管等。多种接种感染途径可以诱发典型的喉气管炎症状，如滴鼻、点眼、喉头气管内滴注或气管内注射等途径都可以成功诱发人工感染，但不管以哪种途径感染，喉头和气管都是病毒最重要的嗜性器官。当病毒通过不同途径进入鸡体内时，首先与局部喉头气管黏膜上皮细胞表面的受体结合并相互作用，病毒在气管、喉头、结膜、呼吸道黏膜、肺脏等的上皮细胞中增殖和复制。ILTV 对上述组织具有溶细胞作用，尤其是气管，能引起上皮组织细胞的严重损伤和出血。临床可见气管充血、出血，黏膜表层黏液带血，后期可在病鸡喉头及气管出现干酪样渗出物，并可见假膜性炎症，甚至形成栓塞。

成年鸡感染 ILTV 后第 4 天即可在气管或其气管分泌物中分离到病毒，感染后第 10 天，在气管组织或其分泌物中仍然存在低水平的病毒，随后，该毒进入潜伏状态。三叉神经节是疱疹病毒共同的潜伏感染位点。不管是 ILTV 强毒株、弱毒株还是减毒的疫苗株，在病毒感染后，并不能完全清除，其潜伏于三叉神经节处，并且终生存在。一旦家禽机体的免疫力降低，潜伏的病毒就可能重新激活，导致疾病的再次发生，造成反复感染。

2）分子致病机理

ILTV 基因组有 79 个 ORF，能编码多种蛋白，如构成病毒粒子的结构蛋白、与致病性相关的致病性蛋白、病毒增殖复制过程中重要的酶和调控因子以及与病毒吸附相关的囊膜糖蛋白等。

（1）gB 蛋白。gB 蛋白是疱疹病毒的主要保护性蛋白，也是病毒感染宿主所必需的结构蛋白，同时，可诱导产生免疫应答（体液免疫和细胞免疫）。gB 蛋白不仅与病毒吸附、侵入受体细胞有关，还能影响病毒的释放和在宿主细胞之间的扩散。

（2）gI/gE 蛋白。对α-疱疹病毒的研究表明，*gI* 基因和 *gE* 基因表达的蛋白一般聚集在一起，形成二聚体后，协同发挥作用。在病毒侵入细胞的过程中，该二聚体能与 gD 和 gB 蛋白相互作用，共同促进已结合在受体上的病毒囊膜与细胞膜融合，帮助病毒进入细胞。

（3）gG 蛋白。gG 蛋白是一种重要的趋化因子结合蛋白，能够抑制白细胞的趋化性。而且 gG 蛋白主要引起体液免疫应答，是 ILTV 的一个重要的致病因子。

（4）TK 蛋白。所有疱疹病毒都包含胸腺嘧啶激酶（thymidine kinase，TK）基因。*TK* 基因编码胸腺嘧啶激酶，在核酸代谢中起主要作用，是决定病毒致病性的关键因素，是构建基因缺失疫苗的主要靶标，而且该基因缺失后并不影响病毒的正常繁殖，部分 ILTV 的强毒株和弱毒株可根据 *TK* 基因序列的不同和限制性酶切图谱的不同来区分。已经证明疱疹病毒能够潜伏在三叉神经节处，其原因可能是病毒在神经系统中复制时，胸腺嘧啶激酶起了重要作用。

（5）ICP4 蛋白。*ICP*4 基因是疱疹病毒的主要调控蛋白，是一个立即早期蛋白，能够调控从早期基因表达到晚期基因表达的转变，还能通过与其他立即早期蛋白的结合，调控自身和其他立即早期基因的表达。ICP4 蛋白不仅具有转录激活作用，还具有转录抑制作用。

三、流行病学

1. 感染宿主

ILTV 的宿主范围较窄，鸡是其主要的自然宿主，但是也能从火鸡、野鸡、鹌鹑和孔雀等其他禽类中分离到该病毒。其中，以鸡最为敏感，各种品种和不同日龄的鸡均易感。其他禽类，如鸭、鹅、鸽、乌鸦和麻雀等不会感染该病毒。

ILTV 对鸡胚和火鸡胚易感，但不能在珍珠鸡鸡胚、鸽胚和鸭胚上生长繁殖。研究表明，幼龄的火鸡对 ILTV 易感，而其他年龄的火鸡对 ILTV 不易感。

2. 传染源

病鸡和康复后的带毒鸡是主要的传染源，感染鸡可通过分泌物、排泄物向外界排毒，被 ILTV 污染的垫料、饲料和设备可成为传播媒介。潜伏感染鸡体内的病毒可以活化，并不定期向气管和体外排毒，在应激状态（如混群、开始产蛋或调换鸡舍时）下排出的病毒量将大大增加，并通过间接和直接接触传播病毒。

3. 传播途径

ILTV 主要以呼吸道、消化道、眼结膜等横向水平传播为主，不能进行垂直传播。

4. 流行和分布特点

ILT 一年四季均可发生，多流行于秋、冬和春季，夏季发病较少。不同品种、性别和日龄的鸡均可感染该病，但发病和死亡程度有差异，这与毒株的致病性和饲养环境、密度有直接关系。成年鸡感染该病时多出现特征性病变。

四、临床症状

1. 潜伏期

鸡感染 ILTV 后临床潜伏期长短，与病毒致病性和侵入鸡体内的病毒量及个体的抵抗力有关。自然感染后，一般在 6～12d 出现临床症状。人工感染潜伏期较短，一般为 2～4d。

2. 临床病症

临床症状可分为喉气管型和眼结膜型。喉气管型主要发生在成年鸡，传播迅速，病鸡主要表现为精神沉郁，食欲不振，流出泡沫状鼻液，随后表现为特征性的呼吸道症状，伸颈甩头，呼吸困难，呈喘息状呼吸，咳出血样渗出物（彩图 4.26），蛋鸡产蛋量骤减，病鸡常因窒息而死亡。眼结膜型主要发生于 30～40 日龄鸡，病鸡表现为体温升高，食欲减退，精神沉郁，眶下窦肿胀，流涕，闭眼，出现结膜炎和干酪样渗出物（彩图 4.27），眼睛轻度充血，严重者失明。病程因个体的不同而有长有短，多数鸡可以在 10～14d 恢复。

ILT 严重流行时，发病率较高（90%～100%），死亡率为 5%～70%不等。蛋鸡产蛋率下降 15%～60%；对小母鸡，一般死亡率为 1.3%～16%，给养殖业造成严重的经济损失。对商品肉鸡，死亡率一般为 0.7%～50%。未免疫鸡群，其日死亡率在临床症状出现后逐日倍增。

五、病理变化

1. 剖检病变

喉气管型：典型病理变化在喉头和气管的前半部。发病初期，喉头和气管黏膜肿胀、充血、出血，甚至坏死，并可见带血黏性分泌物和条状血凝块。中后期死亡的鸡只喉头和气管黏膜附有黄白色纤维素性伪膜（彩图 4.28），并形成气管塞，患鸡多窒息死亡。严重时，炎症可扩散到支气管、肺、气囊或眶下窦。内脏器官无特征性病变。

眼结膜型：表现为浆液性结膜炎或纤维素性结膜炎，在结膜囊内沉积纤维素性干酪样物质。商品肉鸡发生 ILTV 感染时，可能发生大肠杆菌混合感染，很少并发其他病毒病。

2. 病理组织学变化

ILT 的特征性病理变化为气管上皮细胞水肿，纤毛消失，黏膜及黏膜下层细胞浸润，小血管出血。随着疾病的发展，细胞浸润和黏膜变性在气管和喉部表现十分严重。在病毒感染 12h 后，可在喉头和气管的黏膜上皮细胞核内发现典型的嗜酸性核内包涵体，48～96h 内包涵体数量最多。

六、诊断

传染性喉气管炎发生后，根据主要的临床症状和剖检病理变化即可进行初步诊断。但确诊必须依靠实验室诊断。

（一）病原学诊断

1. 样品的采集

病毒繁殖的主要部位是家禽呼吸道上皮细胞，因此，采集的样本应包括气管、咽喉、结膜等。最好在感染的早期采样，感染后超过 6d 很难检测到 ILTV。

样品应置于含抗生素的等渗磷酸盐缓冲液（pH 7.0～7.4）中，制成 10%～30%（质量浓度）的悬液，抗生素浓度视环境条件而定，应进行样品的无菌处理。

2. 病毒的培养

一般将样品接种鸡胚进行 ILTV 的分离。将处理过的样品经 CAM 途径接种 9～12 日龄的鸡胚每胚 0.1～0.2mL，37℃孵育 7d，每日照胚 2 次，弃去 24h 以内死亡的鸡胚；对 24～168h 内死亡的鸡胚，观察鸡胚 CAM 是否有特征性痘斑的形成；观察 7d 仍未死亡的鸡胚绒毛尿囊膜上有无痘斑形成，如无痘斑形成需盲传 3 代，仍无病变时，判为 ILTV 阴性。对形成痘斑的鸡胚，取出鸡胚 CAM 和尿囊液，无菌研磨后，利用 VN、包涵体检查或 PCR 进行鉴定。

此外，也可将病料接种于鸡胚肝或鸡胚肾细胞上进行病毒分离。取两瓶以上细胞，倾去培养液，接种病料后吸附 1～2h，再换上新的培养液，培养 7d，每天检查是否出现一种由合胞体细胞形成的细胞病变。

3. 分子病原诊断

近年来，随着分子生物学诊断技术的发展，PCR 成为检测 ILTV 的重要技术。该技术可以直接从感染组织中扩增病毒基因而不需要分离病毒，具有快速、准确的优点。此外，还可以利用限制性内切酶分析、DNA 探针杂交和基因组序列等对病原进行进一步的分析。

4. 其他抗原检测方法

通常选用纯化的 ILTV 全病毒粒子或重组保守结构蛋白（如 gI、gJ、gC 等）制备特异性强、亲和力高的多克隆抗体或单克隆抗体，建立 IFA、免疫过氧化物酶试验等抗原检测技术，VN、AGP、ELISA 也是常用的 ILTV 抗原检测技术。

（二）血清学诊断

传染性喉气管炎血清学诊断在生产中意义不大，是对病原学诊断的重要补充。

1. 琼脂凝胶免疫扩散试验

一般利用 ILTV 感染的鸡胚 CAM 或敏感细胞培养物经纯化制备 AGP 抗原，该方法能够检出血清样品中是否存在 ILTV 抗体，特异性好，且快速、方便，但敏感性较低。

2. 酶联免疫吸附试验

ELISA 自 1982 年被用于 ILTV 抗体监测，因其具有敏感快速、操作简便等优点，已被应用于常规检测和大批量检测，成为实验室检测 ILTV 抗体的首选方法。

七、防控技术

传染性喉气管炎是世界上第一个通过疫苗接种得到有效防治的鸡病毒性传染病。虽然疫苗接种并不能完全阻止 ILTV 强毒株攻击，但它可以有效阻止疾病的发生，缩短强毒株感染后的排毒时间，减少病毒的扩散并降低病毒的排毒量，将损失降到最低程度。

（一）疫苗免疫

1. 免疫机理

ILTV 的免疫主要与细胞免疫有关，体液免疫不是其主要的保护机制。切除法氏囊或用环磷酰胺处理的鸡，不能产生体液免疫，但在 ILTV 疫苗免疫之后，仍能产生完全的免疫力。鸡自然感染 ILTV 后，免疫力可至少保持一年，甚至终生具有免疫保护力。易感鸡接种疫苗后，免疫期一般在 6～18 月。母源抗体可以通过卵传给子代，但保护效果不佳。无该病流行的地区最好不进行免疫接种，否则易造成终身带毒，形成污染。

2. 疫苗及其种类

疫苗通常分为 3 类：①活疫苗。②灭活疫苗。③基因工程疫苗。灭活疫苗很少使用。

1）活疫苗

传染性喉气管炎的防控主要依赖接种弱毒活疫苗，包括鸡胚来源疫苗（CEO）和组织来源疫苗（TCO）。TCO 和 CEO 疫苗对 10 周龄大小的鸡产生的免疫效力没有明显的不同。一般而言，CEO 疫苗致病性相对较强，TCO 疫苗相对较弱。

免疫接种对预防 ILTV 感染是有效的，但是，活疫苗的使用会使机体长期带毒，成为潜在的病毒携带者而将病毒传播给非免疫群体。因此，一般仅限于在 ILTV 疫区使用。

2）基因工程疫苗

（1）载体疫苗。王云峰等（2001）利用 FPV 为载体，成功表达 ILTV 中国王岗株 *gB* 基因，动物实验表明该重组病毒无论对商品鸡还是 SPF 鸡的免疫保护率均为 100%，该疫苗已于 2005 年获得国家新兽药注册证书。智海东等（2004）成功将 ILTV 中国王岗株 *gB* 基因和 NDV *F* 基因在 FPV 中共表达，获得重组病毒（rFPV-gB-F）。杨明凡等（2009）将鸡白细胞介素 2（*ChIL*-2）基因与 ILTV 河南长葛株 *gD* 基因在 FPV 中共表达，成功获得共表达 ILTV *gD* 基因的重组病毒。

（2）重组疫苗。在美国，有两个批准的商业重组 ILTV 疫苗：①由 CEVA 生产（Biomune 公司）的用 FPV 作为载体插入 ILTV 的 *gB* 和 *UL*32 基因的疫苗。②由 Intervet 公司生产，是将 ILTV 的 *gI* 和 *gD* 基因克隆到火鸡疱疹病毒基因中的疫苗。上述疫苗适合于胚胎接种或 1 日龄雏鸡接种。

（3）活载体疫苗的优点。活载体疫苗与传统疫苗相比具有显著的优势：①具有弱毒活疫苗的优点，并且克服了活疫苗易引起潜伏感染和致病性易返强等缺点。②构建联合免疫疫苗，通过一次免疫可以预防 2 种以上疾病，既省时省力，又可以实现更好的免疫保护，应用前景广阔。

3. 免疫途径和时间

1）活疫苗接种途径

ILTV 的活疫苗免疫途径包括泄殖腔涂抹、点眼和饮水。Robertson 等（1981）对 ILTV 3 种免疫途径进行了比较，结果发现：泄殖腔涂抹接种，ILTV 仅在鸡法氏囊内增殖，而其他部位检测不到病毒；点眼途径接种，ILTV 在鼻腔内增殖；饮水免疫一般不繁殖。因此，点眼和泄殖腔接种免疫效果最好。气雾免疫也可获得较好的免疫效果，但对雏鸡可造成呼吸道疾病，应慎重使用。

在该病流行地区，点眼接种弱毒疫苗是控制 ILTV 的重要技术措施。应该关注的是，该疫苗具有一定的致病性，疫苗接种后，往往会有 5%～10%的鸡发生结膜炎，但一般在 1 周内恢复。点眼接种适用于不同日龄的鸡。泄殖腔接种，免疫效果较好，但费时费力，且容易对法氏囊造成损伤，影响以后体液抗体的产生。不建议饮水免疫。

2）免疫程序

一般在 4～12 周龄（育成鸡）免疫接种效果最佳。首次免疫在 4～5 周龄，二次免疫在 12～14 周龄。一般不能对 4 周龄以下的雏鸡和 18 周龄以上的鸡进行接种，以免造成伤害。

对商品肉鸡，不建议疫苗接种，除非附近暴发该病或本鸡场曾暴发该病且缺乏有效措施。

4. 注意事项

ILTV 是一种中等致病性的疫苗，不同品种、日龄和机体状况，均影响其免疫效果，使用不当，容易导致鸡群发病。曾有报道，对 78 日龄伊莎褐色种鸡按照疫苗使用说明书进行饮水免疫，在正常按程序操作的情况下，9491 只种鸡，死亡 380 只。另一农场 12 400 只 137 日龄京白鸡，饮水免疫，结果造成 2300 只鸡死亡，死亡率 18.5%；而没有免疫的 3200 只鸡则相安无事。

在进行 ILTV 疫苗免疫前后 1 周内一般不能进行其他疫苗的免疫接种，如 NDV 活疫苗或 IBV 等呼吸道系统疫苗的免疫接种，防止疫苗之间产生干扰。

ILTV 疫苗除了可引起免疫保护外，还可长期在神经系统三叉神经等潜伏感染，并在一定条件下对外排毒，且常常具有一定的排毒期。因此，经常免疫疫苗的鸡场不得擅自停用疫苗，否则外界中散播的野毒株有可能因返强而引起发病。

（二）防治对策

1. 预防策略

ILT 主要发生于秋冬季节，与饲养密度大、通风不良、卫生条件差和与感染鸡接触有关。应注重以生物安全管理为核心的管理措施，最大限度降低疫病发生的风险。

2. 发病对策

一旦发生该病，无特效药治疗。疫病发生后要迅速隔离，必要时紧急接种。

群体治疗：应用平喘药物可缓解症状，每只鸡盐酸麻黄素 10mg/d 或氨茶碱 50mg/d，饮水或拌料投服，连用 4～5d；0.2%氯化铵饮水，连用 2～3d。可采用地塞米松、卡那霉素和泰乐菌素等饮水，防止继发细菌感染。

个体治疗：中药喉症丸或六神丸，每天 2～3 粒/只，连用 3d。

（张国中）

第六节　禽　　痘

禽痘是由禽痘病毒（fowl pox virus，FPV）引起的一种缓慢传播的、接触性传染病，是家禽（鸡和火鸡）、观赏鸟和野生鸟类常见的一种病。其临床特征是在无毛或少毛的皮肤上有痘疹（皮肤型），或于口腔、咽喉部黏膜形成纤维素性、坏死性假膜（白喉型）。

禽痘对不同日龄、性别和品种的鸟类均可感染，在商品禽（主要是鸡和火鸡）中经济意义重大，可造成蛋鸡产蛋量下降、生长缓慢和死亡，甚至受精率降低。禽痘传播较慢，危害时间较长，易发生继发感染。FPV 对鸭和鹅等水禽、人和哺乳动物不感染，没有公共卫生意义。

一、流行历史暨分布

1. 同义名

禽痘也称接触传播性上皮肿瘤（contagious epithelioma）、禽白喉（avian diphtheria）等。

2. 历史

禽痘发现的历史较长，几乎与禽类同步，传说在史前就存在该病。“禽痘”一词起初包括所有鸟类痘病毒感染，但现在主要指鸡群或火鸡发病。1904 年，Borrell 等利用鸡痘疱疹病灶进行检查时发现有不少细微的小体，当时认为是病原体。1930 年，Woodruff 等首次证实包涵体中的病毒颗粒（Borrell 小体）是鸡痘病毒。随后，1931 年，Ledingham 等证实 FPV 免疫能产生抗病毒抗体，或感染后康复鸡的血清能凝集 FPV。

3. 危害和流行

FPV 广泛分布在世界各地的家禽、宠物鸟和野禽中，已经从 250 多种鸟中分离到病毒，呈全球性分布。禽痘在夏季蚊子多时高发。鸡痘一直是家禽业的重要传染病之一。

鸡痘在中国何时发生不得而知。有研究推测，该病最早发生于 2000 年前的中国和印度。历史上，中国鸡痘多以区域性散发为主，常在同一地区反复发生，而且以皮肤型鸡痘居多。疫苗接种是控制该病的基本方法，但近年来在中国许多地方的养鸡场暴发了鸡痘感染，发病对象主要是蛋鸡和商品肉鸡。朱代银（2016）研究证实，近年来商品肉鸡鸡痘发病率较高，范围大（约 10%），造成商品肉鸡生长速度下降，饲料转化率降低，从而造成严重的经济损失。

二、病原学

FPV 是动物病毒中体积最大、种类较多的病毒。鸡痘是禽痘病毒属的典型代表种，另有鸽痘病毒、火鸡痘病毒、金丝雀痘病毒和鹌鹑痘病毒等。

1. 形态学

所有的禽痘病毒属成员形态相似，成熟的病毒粒子（原生体）呈砖形或卵形。在所有动物病毒中，痘病毒体积最大，大小为（300～450）nm×280nm×200nm，结构最复杂。病毒粒子外膜由随机排列的小管或球状的蛋白组成，中心是高电子密度的核心，核心呈两面凹盘状，两个侧体位于凹盘中，核心和侧体外面包围有外膜。

2. 结构和功能

FPV 粒子主要由蛋白质、DNA 和脂类组成。病毒粒子的质量为 2.04×10^{-14}g，其中蛋白质 7.51×10^{-15}g，DNA 4.03×10^{-16}g，脂类 5.54×10^{-15}g。在感染的黏膜上皮和 CAM 外胚层中，处于不同成熟阶段的病毒存在于细胞质内的包涵体中。每个包涵体的平均质量约为 6.1×10^{-8}g，其中 50%是可抽提的脂类，含蛋白质 7.69×10^{-11}g，DNA 的平均质量是 6.64×10^{-12}g。

Mockett（1987）在鸡痘病毒中检测到 30 余种多肽，大多数具有免疫原性。Prideaux 等（1987）从提纯的鸡痘病毒中鉴定出 57 种结构多肽。但大量的研究证实，疫苗株和野毒株及野毒株之间在抗原性上有所不同，存在一定的差异。

鸡痘病毒和鸽痘病毒具有吸附红细胞的特性，细胞培养物中的病毒粒子也可以利用红细胞吸附试验检测。常以马的红细胞进行血凝和血凝抑制试验。

3. 理化特性

FPV 病毒粒子含有大量的脂类，对氯仿敏感。但该病毒能抵抗乙醚，这已成为痘病毒的分类标准之一。也有研究发现，个别禽痘病毒毒株对乙醚和氯仿都敏感。FPV 可耐 1%石炭酸和 1∶1000 福尔马林超过 9d。2%的氢氧化钾或氢氧化钠对 FPV 有明显的灭活作用，在 50℃ 30min 或 60℃ 8min 条件下可灭活病毒。FPV 能抵抗干燥环境，可以在痂皮中存活数月至数年。在鸡粪和泥土中，FPV 的活力通常可保持几周，阳光照射数周仍可保持活力。冷冻干燥和 50%甘油盐水，可使禽痘病毒长期保持活力。

4. 基因组及其特点

1）基因组结构

FPV 基因组为双股线状 DNA，长为 300kb，其结构组成与其他痘病毒科成员类似。除了金丝雀痘病毒以外，FPV 基因组通常比其他痘病毒基因组大。例如，美国致病株 FPUVS 基因组长 288 000bp。对欧洲 FPV 疫苗毒株（FP9）的全基因组测序表明，该毒株基因组长 288 539bp，包含 260 个基因，基因编码的蛋白大小为 60～1949 个氨基酸。核酸序列同源性比较显示：不同 FPV 基因组之间既有差异，又有许多相似之处。

研究证实，FPV 基因组包含 1 个中央编码区和 2 个长约 9.5kb 的反向末端重复序列（ITR），共具有 260 个推导的基因（欧洲致弱株含有 244 个 ORF，其他毒株的基因组因 ITR 长度的不同而变化），编码约 260 种蛋白，其中，仅对 101 个 ORF 的功能进行了确认。除了编码病毒的结构蛋白外，还编码涉及表达调控、转录和 mRNA 合成、核苷酸代谢、DNA 复制和修复、蛋白质修饰等有关的蛋白。此外，FPV 感染的典型特征就是组织细胞增生。FPV 能编码一个类似于表皮生长因子（EGF）的蛋白，能影响病毒的致病性、刺激细胞增殖和感染部位组织增生。

2）基因组特点

（1）基本特征。

禽痘病毒有两个主要特征：①DNA 复制在细胞质中进行。②基因组由 150～300kb 的线性 DNA 构成，编码 130～160 个 ORF，病毒粒子中含有 mRNA 合成酶，在基因组两端具有发夹结构。

（2）免疫调节基因。

FPV 的一些基因与免疫调节有关。例如，FPV 基因组能编码真核细胞转化生长因子（TGF-β），抑制体液和细胞免疫。β神经生长因子（β-NGF）可抑制病毒感染皮肤和抗病毒免疫反应。

在 FPV 基因组中，有 3 个基因编码蛋白类似于 G 蛋白共轭受体，在细胞信号通路中与趋化因子结合，影响病毒的复制和致病性。FPV 有一个 ORF 编码 IL-18 结合蛋白，能抑制 IL-18 依赖的 IFN-γ的产生，在病毒感染中具有抗炎症反应的功能。FPV 编码的 5 种丝氨酸蛋白酶抑制剂（serpins）类似物与病毒感染宿主范围有关，包括抗炎症活性和/或特定细胞中调节细胞凋亡。

（3）非必需基因。

禽痘病毒中有诸多病毒复制的非必需基因，插入外源基因不影响病毒的复制。其中，*TK* 基因等是病毒复制的非必需基因，具有高度保守性，故可以作为构建重组病毒的同源臂，且禽痘疫苗致病性较弱，对动物比较安全，是极其理想的活载体疫苗。

3）自然重组

值得关注的是，在鸡痘免疫失败（免疫后发病）的病鸡中，发现大部分 FPV 分离株基因组中含有网状内皮增生症病毒（REV）的前病毒基因。这表明，REV 已经整合到 FPV 分离株的基因组中，证实自然界病毒存在“自然重组”现象，这也是疫苗免疫失败的重要原因。

5. 病毒复制

禽痘病毒的特点是在细胞质内合成 DNA 并包装成感染性病毒粒子。在双链 DNA 病毒的复制中，只有禽痘病毒的复制过程是在宿主细胞质中进行的。在鸡真皮上皮、毛囊上皮或在 CAM 外胚层细胞及胚胎皮肤细胞中，FPV 的复制是相同的，只是由于宿主细胞和毒株的不同，其复制的时间和产生的病毒量略有不同。

当病毒黏附于靶细胞膜后，在酶的作用下，从细胞膜进入细胞质。鸡痘病毒在上皮细胞的吞饮过程（脱外膜）为 1h，在 CAM 为 2h。FPV 在上皮细胞的生物合成包括两个阶段：①感染 36～72h 以细胞增生为主的宿主反应阶段。②感染 72～96h 以组装为主的病毒合成阶段。

FPV 的 DNA 复制始于感染上皮细胞 12h 后，在 22～24h 后出现感染病毒，在 36～48h 上皮细胞增生，72h 终止，此时细胞数量增加 2.5 倍。在前 60h 内，DNA 复制较少，60～72h 复制速率增加，72～96h 宿主细胞 DNA 合成速度骤降，病毒 DNA 复制速度上升，此时 FPV 的滴度达到高峰。

超微结构观察发现，FPV 感染皮肤上皮细胞或 CAM 外胚层细胞后，分别在 72～96h 出现包涵体。病毒颗粒分布在包涵体边缘。此外，FPV 感染后 24～72h，可在细胞核内同时检测出痘病毒 RNA 和 DNA，说明鸡痘病毒只限于在感染细胞的细胞质内装配，但并非所有过程都只发生在细胞质内，细胞核也参与了复制活动。

6. 毒株分类

所有的痘病毒都具有一种共同的核蛋白沉淀原。尽管不同的痘病毒之间抗原性和免疫原性不同，但彼此之间具有不同程度的交叉保护。

利用补体结合试验、被动血凝试验、AGP、免疫过氧化物酶试验、ELISA、VN、IFA等免疫学方法以及交叉保护等试验可以鉴别不同病毒株。免疫印迹、RFLP可用于毒株间具有较小差异的基因鉴别。FPV单克隆抗体可用于区分不同毒株。

7. 实验室宿主系统

1）禽类

实验室常用的宿主是鸡、鸽、鸡胚成纤维细胞和鸡胚皮肤细胞等。FPV可自然或人工感染多种禽类，主要感染鸡，也可感染火鸡、野鸡、鸽，但很少感染鸭和鹅。FPV存在一定的宿主特异性，从加拿大雁分离的痘病毒可以在家鹅中传播，但不能在鸡或家鸭中传播。鸽痘病毒感染鸡和火鸡能产生轻微损伤，但对鸽有较强的致病性。鸭对火鸡痘病毒易感，而对FPV不易感，这说明FPV和火鸡痘病毒之间也存在差异。

2）鸡胚

最常用鸡胚进行鸡痘病毒的增殖，一般采用9～12d的SPF鸡胚通过CAM途径接种FPV，接种的鸡胚通常在37℃放置5～7d，结果可发现在CAM接种部位形成致密的、增生的、局灶性或弥漫性痘斑。一般情况下，鸡痘易在鸡胚CAM生长迅速，并在3d内形成痘斑。因此，常用鸡胚做病毒滴度测定，计算出病毒对鸡胚的半数感染量（EID_{50}）。鸭、火鸡及其他禽类胚胎也可用于病毒分离，但有些野生鸟类病毒分离株不能在鸡胚CAM上生长。

3）细胞

FPV可以在鸡源细胞增殖，如CEF、鸡胚皮肤、鸡胚肾细胞和鸡肝癌细胞系。通常认为FPV不能感染哺乳动物细胞。FPV感染细胞后产生的CPE是先使细胞变圆，随后细胞裂解死亡。滴定病毒含量可通过观察CPE来确定组织细胞半数感染量。不同FPV的蚀斑形成能力存在差异。病毒感染细胞后3～4d能形成明显的蚀斑，但有些病毒不能适应细胞生长，不能产生蚀斑。

三、流行病学

1. 感染宿主

鸡痘在家禽中以鸡易感性最高，不同日龄、性别和品种都可以感染，但以鸡冠大品种的鸡易感性更高，常造成流行。发病时以雏鸡和生长鸡较为严重，雏鸡往往大批死亡。其次是火鸡，火鸡对鸡痘病毒和鸽痘病毒也有较高的敏感性。鸽、鹌鹑及各种野鸟（如麻雀等）对FPV易感，也常感染发病，一般不发生交叉感染。鸭、鹅等水禽对鸡痘病毒易感性较低。

FPV能感染多种禽类，曾有232种鸟类自然感染禽痘的报道。金丝雀、灯心草雀、八哥、鸽、鹦鹉、鹌鹑、麻雀、火鸡、乌鸦、孔雀、企鹅、白臀蜜鸟、秃鹰等均可感染。在自然情况下，每一种FPV仅对同种宿主有易感性，但通过人工感染也可能传给异种宿主。

2. 传播源

病禽是主要传染源，痘痂是散布病毒的主要形式之一。FPV耐干燥，在外界存活的时间较长，其致病性可保存数月乃至数年。因此，人、物品和车辆等是病原的重要载体。蚊

（库蚊、伊蚊等）及体表寄生虫也可传播该病，特别是蚊在传播该病中起重要的媒介作用。蚊虫吸吮病灶处的血液之后即带毒，带毒的时间为10～30d。

3. 传播途径

FPV传播途径以通过皮肤或黏膜的伤口感染等水平接触传播为主，常见于头部、冠和肉垂，外伤后引起或经过拔毛后从毛囊侵入。病毒也可以从病禽的唾液、鼻液和眼泪排出，经伤口感染。不发生垂直传播。研究表明，病毒不能经过健康的皮肤和黏膜侵入，也不能经口感染。

4. 生态分布

FPV广泛分布于自然界鸟类中。鸡痘在商品家禽中呈世界性分布，但由于疫苗的免疫接种，发病率大大降低。痘病一年四季都能发生，秋、冬两季最易流行，一般在秋季和冬初发生皮肤型痘较多，在冬季则以黏膜型（白喉型）痘为多。

四、临床症状

鸡、火鸡和鸽的潜伏期为4～10d，金丝雀约为4d。禽痘感染症状的严重程度取决于宿主易感性、病毒致病性、病灶分布情况和其他并发因素。病毒侵入破损的皮肤或黏膜后，在这些部位的上皮细胞内繁殖，引起细胞增殖，形成特征性痘痂。这些痘痂病灶可在某些细菌侵入、繁殖后，使痘疱变成脓疱，最后结痂。根据病禽的症状和病变，可以将其分为皮肤型、黏膜型、混合型和嗜内脏型4种病型。

1. 皮肤型

鸡：发生皮肤型痘的典型病变是上皮增生，主要发生在鸡体的无毛或少毛部位，特别是在鸡冠、肉髯、眼睑和喙角，也可出现于泄殖腔周围等，开始是一种灰白色的小结节，渐次成为带红色的小丘疹，很快增大（如绿豆大痘疹），呈黄色或灰黄色，凹凸不平，呈干硬结节，有时相互融合，形成干燥、粗糙、呈棕色的大的疣状结节，突出皮肤表面，有时扩大到眼皮，影响采食。2周或更长时间以后，病变部位开始发炎、出血，接下来1～2周形成痘痂。最后上皮层老化脱皮。如果在痘痂形成过程中将其去掉，会有浆液脓性分泌物流出，其下是出血性粒状表面。当痘痂自然掉落后，会出现平滑的疤痕，病情较轻者不会出现明显的疤痕。皮肤型痘一般比较轻微，无全身症状，但在严重病禽中，尤其在幼雏中可见精神萎靡、食欲消失、体重减轻等症状，甚至引起死亡，产蛋禽则产蛋量减少或完全停产，生产性能严重降低。

火鸡：感染痘病毒后，首先在肉垂和头部其他区域出现微小的淡黄色疹。在脓肿阶段，这些疹柔软且易去除，去除后发生红肿并有黏性浆液性分泌物。嘴角、眼睑和口腔黏膜易受到影响。病灶不断扩大，并形成干痂或黄红色或褐色疣样痂块。幼火鸡发病后头、腿、脚几乎发生完全病变，甚至会蔓延到长有羽毛的部位。种火鸡感染痘病毒后输卵管、卵巢等生殖器官会出现病变。产蛋火鸡表现为产蛋量减少和受精率降低。病程一般2～3周，重症者6～8周。

鸽：痘的痘疹一般发生在腿、爪和眼睑部或靠近喙角基部，个别的发生口疮。

金丝雀：常见金丝雀头和颈部的痘状小结节、眼睑增厚以及鼻窦和气管渗出液，常见腿、爪和眼睑部或靠近喙角基部痘疹，易出现呼吸道症状，其全身症状较重，可导致死亡。

2. 黏膜型

黏膜型痘多发于幼禽，在口腔和咽喉部的黏膜上发生痘疹（彩图 4.29），最初呈黄色圆形斑点，之后扩散成黄白色干酪样的假膜，故又称白喉。假膜不易脱落，强行撕脱则露出易出血的溃疡面。随着病情的发展，假膜可延伸到喉部，引起吞咽及呼吸困难，严重时嘴无法闭合，病鸡往往张口呼吸，发出“嘎嘎”的声音，严重者窒息死亡。口腔黏膜的病变有的可蔓延到气管、食道和肠。该型多发生于小鸡和中鸡，死亡率高，严重时可达到 50%。有些严重的鸡痘，眼、鼻和眶下窦也常受侵害，即所谓的眼鼻型鸡痘。首先是眼结膜发炎，眼和鼻流出水样分泌物，之后是脓性分泌物。病程稍长，在眶下窦有炎性蓄积物，可使眼睑肿胀，结膜充满脓性或纤维蛋白性渗出物，甚至引起角膜炎而失明。

3. 混合型

混合型痘即皮肤和黏膜均被侵害，病情较为严重，病死率也较高。

4. 内脏型

内脏型痘是近几年新出现的病型，较少见，以内脏点状出血（痘斑）、肌肉苍白为特征。严重者出现全身性败血症状，很容易死亡。

此外，外伤、饲养管理不当、营养缺乏、维生素缺乏、拥挤、通风不良、阴湿、体表寄生虫等因素会使病情加重。如有传染性鼻炎、慢性呼吸道病等并发感染，可加重病情，导致较高的死亡率。

五、病理变化

1. 剖检病变

禽痘的临床病变比较典型，无须剖检即可观察到。需要关注的是，黏膜型鸡痘和混合型鸡痘及新发现的内脏型鸡痘，病变可发生在气管、食道和肠及内脏器官。具体表现为肠黏膜有小出血点，肝脏、脾脏和肾脏肿大，心肌变性等。

2. 组织病变

痘病毒感染最重要的特征是上皮细胞体积增大、上皮组织增生及炎症变化。禽痘病毒感染最重要的组织学变化是黏膜和皮肤的感染，上皮细胞肥大增生，细胞变大，并有炎症变化和特征性的嗜伊红 A 型细胞质包涵体。包涵体可占据几乎整个细胞质，并伴有细胞坏死。光学显微镜下可见典型的嗜酸性 A 型细胞质包涵体（Bollinger 氏体）。

六、诊断

禽痘的临床发病具有特征性，一般不会与其他禽病相混，可以直接进行诊断。

（一）病原学诊断

1. 组织学技术观察病原和包涵体

组织病理学可为诊断痘病毒感染提供可靠的证据。制备病变组织的涂片，做瑞氏或吉曼尼兹氏染色。组织切片或白喉型病变组织切片按常规方法处理，进行固定和脱水，苏木素-伊红染色，电子显微镜检测细胞质包涵体。典型的皮肤型病变和上呼吸道和口腔黏膜的白喉型病变需要通过组织病理学或病毒分离来确诊。组织病理学方法已广泛用于痘病毒感染的诊断。

2. 病毒的分离和鉴定

1）鸡胚 CAM 接种

感染样品（皮肤型或白喉型病变）在无菌的培养基或 Hank’s 液中研磨，低速离心，加入适量的抗生素（青霉素和链霉素至少各 2000IU）处理，37℃放置 1h。处理后的悬液离心（10 000*g* 离心 20min），取上清液接种。抗生素处理后的样品最好是先接种血琼脂平板和麦康凯琼脂平板，以排除其他细菌污染。琼脂平板放置 24h，检查是否有细菌生长。无菌的样品即可通过 CAM 接种 9～12d 的鸡胚，接种 5～7d 后检测 CAM 是否有痘斑病变。

2）细胞培养

原代鸡胚细胞或鸡胚肾细胞或禽源传代细胞可用于病毒分离。QT35 和鸡肝癌等细胞系可用于某些病毒分离株的生长。有时病毒在细胞上需要适应一段时间后才能产生细胞病变。

3）动物接种试验

对新分离的病毒，最好用原发病禽的同种禽类进行动物回归试验。进行致病性试验时，通过鸡冠划痕、大腿毛囊及刺翼接种的方式将感染组织悬液接种鸡，观察其是否发病。一般情况下，5～7d 应出现皮肤型病变。

（二）血清学诊断

抗体是判定禽群是否感染 FPV 的一种方法，可以通过 ELISA、免疫沉淀、VN 及交叉保护试验检测抗 FPV 免疫反应。但与病原学诊断相比，血清学诊断对确诊该病意义不大。

（三）分子生物学方法

利用分子生物学方法可以对一些与病毒致病性和保护性有关的功能基因进行鉴定和评价。分子生物学方法可以快速检测病原体，并与疫苗株进行区分。

1. DNA 的限制性片段内切酶分析

RFLP 可用于 FPV 基因组的分析比较。可以通过 1～2 个 DNA 酶切片段进行病毒区分，但大部分 FPV 基因组酶切片段电泳迁移率是相似的。利用 DNA 的限制性内切酶片段电泳文库可以将 FPV 与痘病毒属其他成员进行比较分析。基于此，可以对鸡痘病毒、鹌鹑痘病毒、金丝雀痘病毒和八哥痘病毒的基因组文库差异进行分析。

2. DNA 分子探针

选取 FPV 基因组片段或寡核苷酸作为探针检测样品中的 FPV 分子。提取的 DNA 固定到载体（如硝酸纤维素膜）上，然后与克隆的基因片段或放射性同位素标记的寡核苷酸（^{32}P dCTP 标记）杂交，还可与非放射性同位素标记物（如地高辛）杂交。该方法敏感、特异，可用于混合感染检测。

3. 聚合酶链式反应

通过特异引物可以从 FPV 核酸序列中扩增出不同大小的 DNA 片段，并可将疫苗毒株和 FPV 野毒株区分开。该方法可以检测含毒量极低的样品。混合感染的样品通过特异引物进行一次 PCR 就能将不同病毒区分开。扩增的 DNA 片段可用于毒株区分和评价系统进化关系。

七、防控技术

疫苗接种和灭蚊是控制鸡痘的重要措施。一旦发病，无特效药可以治疗。禽舍搞好灭蚊工作是饲养管理的“重中之重”。蚊子是该病的主要传播媒介，应对所有可以滋生蚊虫的水源进行检查，清除污水；禽舍要钉好纱窗、纱门，防止蚊子进入，并用灭蚊药杀死禽舍内和环境中的蚊子。FPV 主要存在于病变和脱落的痂皮中，而且 FPV 对环境的抵抗力很强，能在环境中存活数月，因此应特别注意舍内和环境的隔离和消毒。

（一）疫苗免疫

1. 免疫机理

FPV 疫苗是较早用于预防鸡痘的疫苗之一，已经使用了 70 多年。FPV 免疫主要依赖于细胞免疫，体液免疫较弱。因此，成功的疫苗接种只需要 1 次。当然，为强化免疫效果，往往还需要加强免疫。自然感染康复的鸡可获得终身免疫。

2. 疫苗种类

1）鸡胚化弱毒疫苗

该疫苗是将鸡痘病毒连续通过鸡胚致弱而育成的弱毒株。标记为“鸡胚源”的鸡痘和鸽痘疫苗是从感染的 CAM 中获得的。标记为“组织源”的 FPV 疫苗是从感染的鸡胚成纤维细胞培养物中获得的。疫苗病毒量至少是 $10^5EID_{50}/mL$，才能产生有效的保护力。

鸡胚源疫苗致病性较强，如使用不当，可造成鸡群严重疾病。4 周龄鸡和产蛋前 1～2 月龄的母鸡常通过刺翼接种鸡痘疫苗。产蛋期禁止免疫接种。细胞源 FPV 弱毒苗适用于 1 日龄雏鸡的免疫接种，可以与马立克氏病疫苗联合使用。

2）鸽痘疫苗

鸽痘疫苗是从自然感染的鸽体内分离获得的病毒。该病毒对鸡和火鸡致病性弱。该疫苗可以通过刺翼接种。该疫苗适合于不同日龄的鸡，通常在 4 周龄和开产前 1 个月接种。

3）鹌鹑化弱毒疫苗

该疫苗对鸡和火鸡致病性弱，在中国普遍使用鸡痘鹌鹑化弱毒疫苗。该疫苗的接种方法是：将疫苗 100 倍稀释后，在翅膀内侧无血管三角区内皮下刺种，1 月龄以上鸡刺种 2 针；20 日龄鸡刺种 1 针。200 倍稀释后，6 日龄以上鸡刺种 1 针。

3. 疫苗免疫

1）免疫程序

首次疫苗免疫多在 10～20 日龄，二次免疫在开产前进行。雏鸡免疫期为 2 月，成年鸡免疫期为 5 月。为有效预防鸡痘发生，应根据各地情况在蚊虫滋生季节到来之前，做好免疫接种。另外，鸡痘疫苗只有皮肤刺种才能有效，肌肉注射效果不好，饮水则无效。

2）免疫效果检查

一般情况下，免疫后10～14d产生免疫力。疫苗接种后7～10d可以对疫苗免疫效果进行评价，检查接种部位是否发生肿胀和结痂，结痂率应达到90%，这是评价免疫成功与否的指标。如不结痂，则必须重新接种。规模大的养殖场，抽查比例应不低于10%。

3）卵内免疫

研究表明，FPV疫苗可以接种18日龄鸡胚。表达其他病毒抗原的重组FPV疫苗卵内接种免疫效果不错。卵内接种可减少疫苗费用和应激反应。

4）免疫注意事项

成功的疫苗免疫依赖于疫苗的效价、纯度及正确的操作。疫苗接种可能会产生轻微的不良反应。鸡群感染其他疾病或鸡群健康状况不好时应禁止接种鸡痘疫苗。一个鸡舍内的所有鸡须在同一天内全部免疫。易感禽类需要与已免疫鸡群隔离开。

4. FPV作为多价疫苗的潜力

FPV在病毒学、免疫学、疫苗及载体方面的发展中占有重要地位。该病毒具有独特性，包括基因组庞大、独特的病毒酶类和转录系统、胞质中多个复制位点等。FPV基因组中有许多复制非必需区，多种病原的基因可以插入其基因组中，产生多价疫苗。

1）商品化FPV疫苗

商品化的疫苗有新城疫-鸡痘重组疫苗、表达ILT病毒基因的重组FPV疫苗和表达H5血凝素基因的FPV疫苗。其缺点是FPV的抗体对重组FPV疫苗的免疫效力有干扰。

2）FPV作为载体表达哺乳动物病原基因

FPV的宿主范围仅限禽类，但它们可以在非禽源细胞系上产生顿挫感染，能够把被表达基因正确合成、加工并呈递到细胞表面。目前，已在重组FPV和重组金丝雀痘病毒中表达狂犬病病毒糖蛋白，进而预防人类和动物的疾病。

（二）发病对策

家禽发生鸡痘时，应立即隔离病鸡，轻者治疗，重者淘汰。尸体深埋或焚烧。对禽舍和用具进行严格消毒。对其他未发病鸡进行紧急接种。完全康复后的病鸡2个月后方可混群。

1. 对症治疗

皮肤痘痂，可用镊子小心剥离，创面涂以碘甘油。口腔假膜，先用镊子除去，再用0.1%高锰酸钾冲洗，涂上碘甘油或撒上冰硼散。

为防控并发症的发生，可投服抗生素（如阿莫西林、环丙沙星、恩诺沙星等），连续用1周。同时，配合饮水中加维生素C、维生素A、鱼肝油等，能防控应激反应的发生，增强鸡群免疫力。

2. 紧急接种

对尚未感染的健康鸡进行紧急接种，使这些鸡在感染鸡痘之前产生充分的免疫力。在发病轻微的情况下，对患病鸡紧急接种弱毒活疫苗可以缩短病程，促进康复。

（胡　峰）

第七节　禽偏肺病毒感染

禽偏肺病毒（aMPV）可感染鸡、火鸡以及麻雀、鸭、鹅、燕子、海鸥等野生鸟类，主要引起火鸡和鸡的上呼吸道系统疾病（又称禽偏肺病毒病）。aMPV 对火鸡的危害程度高于鸡。该病是除禽流感以外，对火鸡影响最大的呼吸道疾病。aMPV 不仅危害火鸡，还可以引起种鸡的产蛋量下降和肿头综合征（swollen head syndrome，SHS），特别是危害开产前的肉种鸡，并引起免疫抑制。自然情况下，aMPV 通常与大肠杆菌混合感染，在世界各地流行。

一、流行历史暨分布

1. 同义名

禽偏肺病毒感染也称为火鸡鼻气管炎（turkey rhinotracheitis，TRT）、火鸡禽肺炎病毒感染（avian pneumovirus infection of turkeys，APV）、SHS 和禽鼻气管炎（avian rhinotracheitis，ART）。

aMPV 可引起 TRT、SHS 或 ART，与其他微生物病原体并发或继发感染可进一步加重病情。火鸡感染 aMPV 可造成严重的经济损失。以美国为例，1997～2002 年，仅明尼苏达州的火鸡每年感染 aMPV 造成的经济损失就高达 1500 万美元。在一些国家，aMPV 感染肉鸡和肉种鸡引起 SHS，造成产蛋量下降，同时给养禽业造成重大影响。

2. 公共卫生意义

aMPV 与人偏肺病毒（human metapneuno virus，hMPV）均属于副黏病毒科偏肺病毒属，具有一定的亲缘关系。核苷酸及其氨基酸进化表明，大约在 200 年以前 hMPV 和 aMPV 有一个共同的祖先。火鸡人工感染 hMPV 后，通过临床观察、病理分析以及病毒检测证实 4 种基因型的 hMPV 均能造成火鸡短暂的呼吸道疾病。aMPV 可人工感染 BALB/c 小鼠。Kayali 等 2011 年收集了 95 名火鸡从业人员和 82 名非火鸡从业人员的血清，结果发现，绝大多数受检者 hMPV 和 aMPV 均为阳性，这意味着该病具有潜在的公共卫生意义。

3. 历史和流行

南非 1980 年首次报道火鸡感染 aMPV，并确认是一种新病毒。随后，在英国、法国等欧洲国家以及中东地区发现该病。1994 年，Juhasz 和 Easton 发现 aMPV 可分为 A 亚型和 B 亚型。1997 年，美国首次报道火鸡中 C 亚型 aMPV 感染，在鸡群中表现为轻微的临床症状，与非洲和欧洲的 A、B 亚型 aMPV 存在差异。2007 年，在韩国野鸡中也发现了类似于 C 亚型的 aMPV，但与美国株有差异。20 世纪 80 年代，在法国发病火鸡中分离到一株核酸序列不同于常规株的第 4 种亚型 aMPV，命名为 D 亚型。

禽偏肺病毒感染呈世界性分布，1998 年传入中国，已在火鸡和肉种鸡中广泛流行，给养禽业造成了巨大的经济损失。沈瑞忠等（1999）首次分离到 aMPV，随后薛聪等（2014）分离到 B 亚型 aMPV。郭龙宗等（2009）报道，中国种鸡群中普遍存在 aMPV 感染，有的种鸡群阳性感染率高达 100%。Sun 等（2014）从中国南方有严重呼吸道症状和产蛋量下降的番鸭群中分离出 C 亚型 aMPV。由此可见，该病在中国具有普遍性和多样性。

二、病原学

1. 分类

aMPV 属于副黏病毒科肺病毒亚科。该亚科包含两个属，肺病毒属包含哺乳动物呼吸道合胞体病毒和鼠肺病毒，偏肺病毒属包含 aMPV 和 hMPV。依据核苷酸及其推导的氨基酸基序，aMPV 可分为 A、B、C 和 D 4 个亚型。

2. 形态学

电子显微镜负染观察显示，aMPV 具有副黏病毒的形态学特征，呈多形性，一般为粗面球形，常见直径为 80～200nm，偶尔可见直径 500nm 或更大的圆形病毒颗粒。在组织培养物中会看到边缘细丝直径 80～100nm，长 1000nm 的穗状结构。病毒表面纤突长 13～14nm，螺旋状的核衣壳直径为 14nm，每圈螺距为 7nm。

3. 化学组成

病毒基因组为非节段的单股负链 RNA，大小约 14kb。火鸡病毒分离株蔗糖密度梯度离心浮密度是 1.21g/mL，相对分子质量约为 5.0×10^8。病毒粒子含有 8 种结构多肽，其中 2 种是糖基化蛋白，3 种是非结构蛋白。这些多肽分别是核蛋白（N）、磷蛋白（P）、基质蛋白（M）、融合蛋白（F）、第二基质蛋白（M2）、小的疏水蛋白（SH）、表面糖蛋白（G）和大的病毒 RNA 依赖的 RNA 聚合酶（L）。基因组两端是 3′端先导序列和 5′端尾巴。不同毒株间 F 蛋白高度保守，而 G 蛋白差异较大，表明其在病毒进化中的作用。

4. 病毒复制

aMPV 的复制机制与 NDV 等副黏病毒科相似，复制和转录均起始于 3′端前导序列。反向遗传系统研究表明，aMPV 最小的复制单位与呼吸道合胞病毒相同，即核糖核酸复合体，包含病毒的核衣壳蛋白、磷蛋白、M2 蛋白和病毒聚合酶。病毒首先通过黏附糖蛋白 G 和 SH 吸附到细胞的表面，随后与细胞膜发生融合，并将核衣壳释放到细胞内。以核衣壳为模板合成正义反基因组，随后又以反基因组作为模板合成新的负义基因组 RNA。通过出芽形成病毒包膜，核衣壳与 M 蛋白被运送到细胞膜，病毒蛋白 F、G、SH 经内质网-高尔基体分泌途径也被运送到细胞膜，通过出芽形式释放病毒粒子，其生命周期与新城疫病毒类似。

5. 理化特性

对欧洲火鸡早期 aMPV 分离株的研究表明，该病毒对脂溶剂敏感，pH 3.0～9.0 条件下稳定存在，56℃ 30min 可灭活。病毒在 4℃超过 12 周、20℃超过 4 周、37℃超过 2d、50℃超过 6h 可失去活力。季铵盐类、乙醇、碘伏、苯酚衍生物、次氯酸盐（漂白剂）等一些消毒剂可以有效降低病毒活力。aMPV 在室温干燥条件下 7d 仍能保持活力。火鸡垫料中分离的 C 亚型 aMPV 在−12～8℃条件下存活 60d，8℃条件下保存 90d 仍能检测到病毒 RNA。2011 年，在意大利火鸡中分离到已停用 6 个月的 aMPV 疫苗株，这表明病毒在环境中至少存活半年。

6. 毒株分类

世界各地的 aMPV 毒株较多，且不同时间和地域的毒株存在一定的差异。早期利用交叉中和试验、ELISA、多态性分析表明，aMPV 在欧洲不同分离株之间差异较小，而利用单克隆抗体则发现欧洲不同毒株之间存在较大的抗原性差异。通过对 G 蛋白核酸序列分析可以确认，aMPV 欧洲株可分为 A、B 两个亚型。利用单因子血清和单克隆抗体进行中和试验，结果证实欧洲株 A、B 亚型与美国株 C 亚型之间缺乏血清学交叉。

对 aMPV C 亚型的 N、P、M、F、M2 蛋白基因进行序列分析，其核酸序列相似性为 89%～94%。美洲 C 亚型与欧洲 A、B 亚型的核酸序列相似性分别是 41%和 77%。通过对 *G* 基因序列分析发现，1985 年在法国分离的 2 株 aMPV（D 亚型）与 A、B、C 亚型分离株之间存在差异。系统进化分析结果表明，A、B、D 这 3 个亚型之间关系较近，而 C 亚型则与 hMPV 关系较近。

7. 实验室宿主系统

aMPV 在 SPF 鸡胚上很难复制，缺乏合适的实验室宿主增殖系统，且滴度低。

适应鸡胚或气管组织培养物的 aMPV 能在火鸡和鸡胚成纤维细胞以及 Vero、BS-C-1、MA104 哺乳动物细胞上生长，并产生典型的合胞体细胞病变和相对较高的病毒滴度。病毒还可在鹌鹑肿瘤细胞系 QT-35 上增殖。A 和 B 亚型 aMPV 可以在 TOC 上分离和培养，而 C 亚型病毒只能从细胞培养物或鸡胚中分离到。

8. 致病机制

在外界条件下，aMPV 对火鸡或鸡的感染率和发病率较高。但是，单独的 aMPV 在实验室条件下对火鸡或鸡攻毒发病较难。在人工感染实验中，感染禽仅出现鼻气管炎症状，感染的鸡仅表现出轻微的呼吸道疾病，眼睛中出现泡沫，轻压鼻孔后会出现可辨别的鼻黏液。利用 aMPV 火鸡 A、B、C 亚型分离株接种 2～3 周龄肉鸡，临床症状表现为咳嗽和打喷嚏，并持续 8d 以上。采集肉鸡的呼吸道和肠道样品进行 PCR 检测，接种后 11d 才检测到呈阳性。从患 SHS 的鸡体内分离的 aMPV 毒株感染雏火鸡可产生鼻气管炎症状。

研究发现，aMPV 和呼吸道细菌［如大肠杆菌、禽波氏杆菌、鸡毒支原体、鼻气管鸟杆菌及低致病性（弱毒）的 NDV 等］同时感染火鸡和鸡，能明显加重病情。

三、流行病学

1. 感染宿主

不同日龄的火鸡和鸡是 aMPV 的自然宿主，野生鸟类也可作为 aMPV 的自然宿主。在表现呼吸道症状和产蛋量下降的美洲家鸭中曾发生类似 C 亚型的 aMPV 感染。在巴西野鸟和鸽中也能检测到鸡群中分离的 A、B 亚型 aMPV，鸽和麻雀可能是病毒携带者。

Gough 等（1988）通过人工感染试验证实火鸡、鸡及野鸡均对 A 亚型 aMPV 感染，并引起临床症状。利用 aMPV 评价病毒在小鼠、大鼠和水禽之间的传播，结果发现，感染小鼠 14d、大鼠 6d 可检测到 aMPV 和抗体，但无临床病变，水禽不表现临床症状，但感染后 21d 利用 PCR 可以检测到病毒 RNA。

2. 传播途径

aMPV 以水平传播方式为主。污染的水源、感染或康复禽、野鸟、饲养人员、饲养设备及饲料车等均可造成疾病的传播，接触传播是该病最重要的传播方式。Cook 等（2002）证实感染的火鸡幼雏通过直接接触，9d 后可将病毒传播给易感幼雏。攻毒试验证实在同一房间将感染组和未感染组隔离开，则病毒不能进行组间传播，这说明直接接触在病毒传播过程中发挥重要作用。家禽特别是火鸡的饲养密度对病毒传播产生重要影响。迁徙的鸟类，特别是野生飞禽，可能是 aMPV 的传播者。

目前还没有证据证明 aMPV 能垂直传播。从巴西繁殖能力下降的公鸡群的睾丸中检测到 aMPV，但 aMPV 具体发挥什么作用还需进一步研究。接种发病禽的黏液、鼻冲洗液或其他呼吸道的样品后均能造成感染。

四、临床症状

该病的潜伏期尚不明确。火鸡发病严重，感染发病率可达 100%，死亡率为 0.4%～50%。幼雏火鸡感染后典型的临床症状是用爪抓面部、呼吸啰音、打喷嚏、流鼻涕、出现泡性结膜炎、眶下窦肿胀、颌下水肿。特别是日龄稍大的幼禽常会出现咳嗽和头颤动症状。产蛋火鸡产蛋率下降达 70%，并且出现蛋壳质量下降和腹膜炎。

鸡群感染 aMPV 临床症状不明显，常与 SHS 有关，其典型症状是眼眶和眶下窦肿胀、斜颈和角弓反张，常伴有大肠杆菌等呼吸道病原体继发感染。肉种鸡和商品蛋鸡感染 aMPV 时，普遍会出现呼吸道症状，死亡率在 2%以内，对产蛋率影响程度不一。

此外，研究表明，aMPV 接种途径不同，症状不一，静脉注射对临床症状和产蛋率产生严重的影响，而点眼滴鼻对产蛋率无影响。单独感染时通常可在 10～14d 内康复。

五、病理变化

1. 剖检病变

火鸡人工感染欧洲 aMPV 分离株，96h 后气管纤毛完全脱落。感染产蛋火鸡，1～9d 后鼻甲流出水样或黏液样分泌物，气管伴有大量的黏液，出现卵巢腹膜炎，输卵管中有皱褶的蛋壳膜，卵畸形、卵巢和输卵管功能衰退，严重时输卵管脱出。自然条件下 aMPV 感染火鸡常会因混合感染加重病情，病理变化多样，如心包炎、肺炎和肝周炎。

鸡感染 aMPV 最明显的病变就是肉鸡或肉种鸡中发生 SHS，表现为头、颈和肉垂皮下组织出现大量的黄色胶胨样或化脓性水肿，眶下窦呈不同程度的肿胀。

2. 组织学病变

呼吸道上皮细胞是 aMPV 的靶细胞。火鸡感染 aMPV 后 1～2d 鼻甲骨的检测结果显示，粒细胞活性增加、局部纤毛脱落、黏膜下层充血和轻度的单核细胞浸润；感染后 3～6d 对上皮层的损伤最严重，在黏膜下层出现大量的单核细胞炎性浸润，甚至还会出现暂时性的病理组织损伤。与火鸡相比，鸡感染 aMPV 后造成的组织病变轻微，具有一过性的影响，但对呼吸道的损伤比较明显。

六、诊断

单纯的 aMPV 感染症状轻微，大多数为混合感染。因此，对 aMPV 的确诊必须依赖实验室手段，且 aMPV 纯化培养条件苛刻，常常分离出继发感染的病原，应注意鉴别。

1. 病原的分离和鉴定

1）样品采集

鉴于 aMPV 在鼻窦和鼻甲中仅存在 6～7d，所以应尽早采样，这对病毒分离至关重要。在多数情况下，感染 aMPV 火鸡或鸡的眼鼻分泌物、鼻后孔棉拭子、鼻窦、鼻甲组织、气管、肺和内脏等均可分离到病毒。但患病严重的禽体内很难分离到 aMPV，因为受到继发感染的干扰。从发病鸡身上分离 aMPV 较火鸡困难。

鉴于 aMPV 稳定性差，用于病毒分离的样品应在低温条件下立即送往实验室。如果不能及时进行病毒分离，需要在-70～-50℃条件下冷冻或放在干冰上。

2）病毒分离

常用的方法有气管环培养、鸡胚培养和细胞培养。通常采用多种病毒分离方法进行 aMPV 病毒分离，以提高分离的成功率。一般将疑有 aMPV 感染的组织悬液接种火鸡或鸡胚的卵黄囊，4～5 代后可致胚胎死亡。接种火鸡或鸡的气管组织培养物也可分离病毒，aMPV 感染可导致纤毛运动停滞。此外，多种细胞系可用于 aMPV 的分离和培养。但 aMPV 在大多数培养基或细胞上繁殖滴度较低。

3）病毒鉴定

在电子显微镜负染下，aMPV 具有副黏病毒的形态和大小。通过理化特性和单克隆抗体可对病毒进行鉴定。目前已陆续建立了一系列免疫过氧化物酶染色、IFA、RT-PCR、rRT-PCR、RT-LAMP、核酸杂交等分子生物学方法对 aMPV 进行病毒鉴定。

需要关注的是，单从病毒形态不能区分不同病毒株或亚型。通过 G 蛋白基因序列和单克隆抗体能区分 A、B 亚型 aMPV。

2. 血清学

由于对 aMPV 的分离鉴定十分困难，血清学诊断成为鉴定 aMPV 的重要技术手段，特别是对未免疫的火鸡或鸡群。常用的方法有 ELISA、VN、IFA 和 AGP 等。其中，ELISA 最为常用。

1）酶联免疫吸附试验

ELISA 是最常用的血清学检测方法。目前，市场上有诸多商业性针对 aMPV 抗体的 ELISA 试剂盒，但在敏感性和特异性方面存在较大的差异。这可能与包被的抗原纯度、抗原种类等有关，应关注不同亚型 aMPV 的区别。例如，利用 A 亚型和 B 亚型 aMPV 抗原建立的 ELISA 试剂盒对 aMPV 美国科罗拉多株抗体（C 亚型）不敏感。因此，应尽量使用同亚型的抗原进行包被，否则可能得不到理想的结果。

2）病毒中和试验

在细胞培养物或 TOC 上利用标准病毒进行 VN 检测 aMPV 抗体，与 ELISA 结果具有较好的相关性，但不能区分 A、B 亚型。然而，VN 费时、费力，不适合大量的血清学调查。感染或免疫后鸡的血清学反应相比火鸡要弱，所以常对急性发病期和康复期的血清进行检测。

七、防控技术

禽偏肺病毒病缺乏特效药治疗。接种疫苗和保持环境卫生是防控该病最有效的措施。

禽偏肺病毒病是一种条件性疾病，通常与通风不良、温度忽高忽低、饲养密度大、氨气浓度大、不同日龄混养、应激及管理因素等密切相关。良好的生物安全综合防控措施对防止 aMPV 引入和传播至关重要。

1. 疫苗免疫

1）免疫机理

细胞免疫：已有研究证实细胞介导的免疫反应在呼吸道抗 aMPV 感染中发挥主要作用。

体液免疫：研究发现，火鸡感染 aMPV 后第 7 天，通过 ELISA 和 VN 可以检测到抗体，一直可持续到第 89 天。其中，感染后 10～14d，气管冲洗液和眼泪中检测到的中和抗体水平最高，这与检测到的病毒含量消长规律一致，随后中和抗体滴度开始下降。

母源抗体：母鸡可以将 aMPV 循环抗体通过卵黄传递给雏鸡。雏鸡体内的抗体与父母代抗体水平有直接联系。但有证据表明，1 日龄雏火鸡体内高水平的母源抗体不能阻止 aMPV 的感染。同样的，被动获得的 aMPV 抗体，不论是循环抗体还是气管局部产生的黏膜抗体均不能有效抵抗 aMPV 的攻击。上述结果证实了疫苗免疫在 aMPV 防控方面的局限性。

2）疫苗研制

aMPV 难于培养，且缺少合适的动物模型，故 aMPV 的疫苗研发比较困难。尽管如此，一些报道已将 aMPV 在细胞上成功弱化，并研发出多种活疫苗和灭活疫苗。研究表明，尽管 A、B、C 亚型之间缺乏血清学交叉，但研制的 A、B 亚型 aMPV 活疫苗之间能产生交叉保护，并能防止 C 亚型 aMPV 科罗拉多毒株的攻击。此外，单独使用 aMPV 灭活疫苗，对 aMPV 的感染仅有部分保护作用，通过联合和加强免疫可获得有效和持久的保护。

3）疫苗预防

接种疫苗是控制 aMPV 的重要技术手段。目前，市场上已有针对 aMPV 的弱毒疫苗和灭活疫苗，并在临床应用中获得了良好的效果。

活疫苗一般通过喷雾或饮水接种，上述两种接种途径与点眼接种能产生类似的免疫效果。弱毒疫苗能够激发系统性免疫，也可激发呼吸道内的局部免疫。火鸡尤其是鸡，接种活疫苗后抗体反应弱，但可通过呼吸道细胞介导的免疫反应产生较好的保护。为使成年家禽获得完全保护，在接种活疫苗之后可加强免疫油佐剂灭活疫苗。根据实际情况，特别是雄性火鸡，通常活疫苗至少免疫 2 次。种禽通常在 16～20 周时再次接种灭活疫苗。

2. 对症治疗

一旦发病，可利用抗生素控制继发感染。该病常与大肠杆菌混合感染，因此选用对大肠杆菌敏感的药物辅助治疗发病禽群，可在一定程度上控制细菌的继发感染和改善发病的症状。

（黄　兵　胡　峰）

第五章　细菌和真菌等引发的家禽呼吸系统疾病

第一节　细菌和真菌类病原概述

一、常见的细菌和真菌等呼吸系统病原

自然界存在着各种微生物，家禽等动物与自然环境密切接触，因此，正常家禽的体表及与外界相通的口腔、呼吸道、消化道、泌尿生殖道等都存在着不同种类和数量的微生物，包括细菌、支原体、衣原体和真菌等。在家禽免疫功能正常时，寄居在家禽体内的微生物对家禽无害，被称为正常菌丛（共栖体），还协同参与了家禽机体大量的生理活动，在家禽的新陈代谢和肠内容物的降解、消化等方面发挥着不可或缺的作用。除了偶尔、暂时的侵入者，家禽的内脏器官和系统大多数是无菌的。

存在于家禽呼吸道系统的微生物菌群较少，这要归功于家禽呼吸道黏膜及其纤毛的自净功能。但是，当呼吸道黏膜系统受损或发生腹腔感染时，就会有病原菌趁机侵入家禽的呼吸系统，破坏呼吸道纤毛和黏膜组织等，进而导致疾病的发生。这类病原微生物包括大肠杆菌、禽多杀性巴氏杆菌、支原体、衣原体、结核杆菌、波氏杆菌和真菌等。上述病原菌通过自身、产生毒性产物等直接或间接危害家禽，引起家禽呼吸道或全身的感染。其所致病症包括鼻炎、鼻窦炎、支气管炎、肺炎和气囊炎等，是家禽最常见的疾病类型，数量仅次于病毒性疾病。

病原菌的致病性与细菌自身的生物学特性、侵袭力、侵入宿主的数量、部位和靶器官以及宿主的健康状况等密切相关。大多数细菌感染源于定殖，即细菌在皮肤或黏膜表面的增殖。正常情况下，机体防御系统可消灭定殖的细菌而不影响宿主；细菌的定殖可产生炎症，导致宿主产生免疫或其他反应。当细菌引起宿主细胞破坏和机体组织功能受损时，就会产生感染性疾病。病原菌所引起的症状可从无症状、轻度呼吸道症状、重度呼吸道症状、呼吸衰竭、全身感染导致败血症直至造成家禽的死亡。本章以细菌病为重点，简述常见病原菌的诊断和防控等共性问题。

所有原核生物均被定义为细菌。从这个角度讲，支原体和衣原体均属于细菌，但二者缺乏典型的细菌结构、成分和代谢特征。真菌是一类腐生的、无光合作用的或寄生的真核生物。

在实际生产中，呼吸道细菌、真菌等病原菌引起的家禽多种呼吸道病与病毒病在数量上不相上下，只不过由于抗生素和化学药物等的广泛应用，上述疾病得到有效控制，发病数量大大降低。但在 19 世纪以前，细菌性疾病曾一度让欧洲陷于数百年的“黑暗”时期。鼠疫、霍乱等细菌病一度使欧洲文明滞后数百年。抗生素的发现，揭开了人类抵御动物各种疾病的序幕，也同时激发了人们对微生物奥秘的探索，为近代生命科学的飞速发展奠定了基础。

伴随着抗生素的普遍应用，家禽的健康日益得到有效的保证，目前的细菌病已成为一种在不利环境下的条件性疾病。尽管如此，一旦家禽处于应激状态，那些共栖体的微生物菌群和潜在的病原菌就会伺机造成危害。另外，当家禽处于幼龄或者免疫受到抑制或伤害时，病原菌就会突破家禽的免疫防线，导致家禽患病。

（一）大肠杆菌

禽致病性大肠杆菌（Avian pathogenic *Escherichia coli*，APEC）临床病变多样，包括败血症、气囊炎、腹膜炎、蜂窝织炎及脐炎/卵黄囊炎等。大肠杆菌在哺乳动物中主要引起肠道疾病，而在禽类中，常常会引起典型的继发性局部或全身性感染。

一般情况下，大肠杆菌大多数定殖在不同动物的胃肠道，是动物肠道中的正常菌，在家禽体内肠道菌群中不足0.1%，在粪便中大量存在。大肠杆菌抗原结构复杂，目前至少有196种菌体（O）抗原、60种鞭毛（H）抗原和80种荚膜（K）抗原及17种菌毛（F）抗原，血清型较多（详见本章第二节）。

（二）沙门氏菌

沙门氏菌在自然界广泛存在，可导致禽类多种多样的急性和慢性疾病。沙门氏菌属（属于肠杆菌科），包括2500多个不同的血清型，仅有约10%来自家禽。这些菌株具有宿主特异性，有的专对人，有的专对动物，也有的对人和动物都致病。家禽沙门氏菌感染分为3种类型。

1. 鸡白痢沙门氏菌和鸡伤寒沙门氏菌

鸡白痢沙门氏菌和鸡伤寒沙门氏菌主要感染禽类，具有典型的宿主特异性。鸡白痢是由鸡白痢沙门氏菌引起的传染病，主要危害雏鸡和雏火鸡，导致急性全身性感染；对成年鸡则成局部感染或慢性感染，经种蛋传播是该病最常见的传播方式。禽伤寒是由鸡伤寒沙门氏菌引起的败血性疾病，呈急性或慢性，主要侵害成年鸡、火鸡和鸭等；种鸡群如有感染，则像鸡白痢一样，从出壳开始，至1～6月均可造成严重的损失。与鸡白痢不同的是，其引起的死亡可持续到产蛋日龄。

这两种疾病均可垂直和水平传播，危害巨大，是家禽疫病防控的重点（详见本章第三节）。

2. 副伤寒沙门氏菌

副伤寒沙门氏菌是具有运动性的沙门氏菌，而鸡白痢沙门氏菌和鸡伤寒沙门氏菌则不能运动。副伤寒沙门氏菌的自然宿主是多种不同的温血和冷血动物，在野生和家养动物中广泛存在；主要引起人类食品源性疾病，可感染家禽，但家禽很少发病，可形成家禽产品的食源性污染，引起人发生严重的胃肠道疾病。在高度重视食品安全的今天，对该病的控制显得十分重要。

3. 亚利桑那沙门氏菌

禽亚利桑那沙门氏菌病是由肠炎沙门氏菌禽亚利桑那亚种引起的，该病主要危害雏火鸡，引起败血性疾病。该菌与副伤寒沙门氏菌类似，具有运动性，但生化特性不同，其临床危害与其他副伤寒沙门氏菌难以区分，中国发生较少。

鉴于副伤寒沙门氏菌和肠炎沙门氏菌对家禽危害较轻，本书不再论述。

（三）巴氏杆菌及其呼吸道细菌感染

家禽的多种呼吸系统疾病主要是由革兰氏阴性、化能有机营养、兼性厌氧和发酵型的巴氏杆菌科细菌引起的，包括巴氏杆菌属、胸膜放线杆菌属、嗜血杆菌属以及与这些属在表型和基因型上相关的其他微生物群。这些疾病之间具有非常相似的临床症状。伴随着生物技术的不断完善和发展，新的生物分类方法取代了传统细菌分类方法，如鸡巴氏杆菌被命名为鸡禽杆菌，鸡副嗜血杆菌被命名为副鸡禽杆菌等。现在巴氏杆菌科包括 10 个属，大约 60 个已命名的种和大量未命名的分类单元。

在传统上，禽巴氏杆菌病通常涵盖 5 种疾病：由多杀性巴氏杆菌引起的禽霍乱、由鼻气管鸟杆菌引起的鼻气管炎、由鸭疫里默氏杆菌引起的鸭浆膜炎，由波氏杆菌引起的波氏菌病和由副鸡禽杆菌引起的鸡传染性鼻炎。这些病原中，前 4 种被归于一类，主要是因为其基因型和表现型关系十分密切，且临床症状相似。鸡传染性鼻炎具有与前 4 种疾病不同的临床致病特征。事实上，这些细菌之间仅在分离和鉴定方面有相似之处，而在生化特性方面等差别较大（表 5.1）。

表 5.1　巴氏杆菌科成员的重要细菌生化特性

检测项目	禽巴氏杆菌	鸡禽杆菌	沃尔安禽杆菌	副鸡禽杆菌	禽禽杆菌	兰氏巴氏杆菌	鼻气管鸟杆菌	鸭疫里默氏杆菌
硝酸盐还原	+	+	+	+	+	+	V	+
脲酶	−	−	−	−	−	−	V	V
精氨酸水解酶	−	−	−	−	−	−	V	(+)
过氧化氢酶	+	+	+	−	+	+	−	+
鸟氨酸脱羧酶	+	−	V	−	−	−	−	−
吲哚	+	−	−	−	−	−	−	−
D（+）木糖	+	V	V	V	V	V	−	−
D（−）甘露醇	+	−	+	+	−	−	V	−
D（−）山梨醇	V	−	V	+	−	+	−	−
D（+）半乳糖	+	+	+	−	+	V	+	−
麦芽糖	−	+	V	+	−	−	+	−
海藻糖	V	+	+	−	+	−	−	−
糊精	−	+	+	−	−	−	V	−
α-PNG 酶	−	−	−	−	−	−	+	+
α-半乳糖苷	V	+	+	V	+	+	+	+

注：+表示阳性；−表示阴性；V 表示反应结果是可变的。

1. 禽霍乱

禽霍乱（fowl cholera）由禽多杀性巴氏杆菌引起，鸡、鸭、鹅和野鸟均可发病，可表现为急性败血症，发病率和死亡率均较高（详见本章第四节）。

2. 鸭疫里默氏杆菌

鸭疫里默氏杆菌（*Riemerella anatipestifer*，RA）病，又名传染性浆膜炎，是一种接触性传染病，呈急性或慢性败血症病变，可造成心包炎、肝周炎等内脏器官病变，还可造成气囊炎等呼吸道症状，主要侵害雏鸭、雏鹅、雏火鸡等多种禽类。对处于2～8周龄的商品肉鸭危害最大，临床上病变为纤维素性心包炎、气囊炎、肝周炎、脑膜炎、结膜炎、关节炎等，愈后鸭行动迟缓、腿软无力，共济失调，有呼吸道症状，消瘦、生长缓慢，成为僵鸭。对蛋鸭可导致干酪样输卵管炎，发病率为5%～90%，死亡率为10%～75%或更高。该病是严重危害中国养鸭业的一种主要疾病。

该病与大肠杆菌病的防控类似，药物治疗的效果不佳。做好育雏期间的饲养管理、环境卫生和疫苗接种等是控制该病的关键。对已发病的禽场应进行彻底、严格的清洗和消毒。

接种疫苗是防治该病较为理想的手段，包括单价和多价灭活疫苗和弱毒疫苗等。

药物是防控该病的重要措施之一。RA本身极易产生耐药性，当鸭群发生鸭疫里默氏杆菌病时，临床应交替使用抗生素。用药前一定要做药敏试验，根据药敏结果及时选择合适的药物进行治疗。RA一般对新霉素、盐酸林可霉素、青霉素、诺氟沙星等药物敏感。RA对多黏菌素B和卡那霉素表现高度耐受性。限于篇幅，该病不再单独介绍。

3. 鼻气管鸟杆菌

鼻气管鸟杆菌病是由鼻气管鸟杆菌（*Ornithobacterium rhino tracheale*，ORT）引起禽类的一种急性、接触性传染病，特征性病变是流鼻液，出现呼吸道症状、肿头肿脸、纤维素性肺炎和气囊炎等。该病主要感染肉鸡和火鸡，可导致禽群死亡率增加、产蛋率下降、孵化率降低、生长缓慢和产品质量下降等，通常造成巨大的经济损失。

ORT感染最早可追溯到1981年，德国学者从表现呼吸道症状的5周龄的火鸡中分离出ORT。1994年，Vandmme等建议将ORT划分为噬纤维-黄杆菌-拟杆菌门rRNA V亚科。该菌G+C含量为37%～39%，在分类上与鸭疫里默氏杆菌相似。对ORT菌株的基因序列比较表明，99%菌株的16S rRNA序列同源性较高。

ORT对商品肉鸡、肉种鸡、种火鸡等感染十分普遍。陈小玲等（2000）首次在中国从发生呼吸道疾病的鸡群中分离到病原，加上该病在欧洲、北美洲、亚洲和非洲等地发生的报道，表明该病菌已在世界范围内广泛分布，已成为肉鸡和火鸡的呼吸道传染性病原之一。

该病发生无明显季节性变化。季节交替时多发，产蛋高峰多发，主要表现为死亡率略微升高，采食量下降，轻微呼吸道症状，产蛋下降等。火鸡感染时症状较鸡严重。经气囊、气管内、静脉接种等感染的商品肉鸡，则表现气囊炎、肺炎和一定的死亡率。此外，肉用鸡对该病的敏感性高于蛋鸡。在肉种鸡中，由ORT引起的临床疾病通常见于早期生长阶段，呼吸道症状较轻。调查发现，肉种鸡、肉鸡和火鸡的阳性率分别达到79%、26%和55%。急性感染常见于火鸡和肉鸡。

ORT不是一种原发性病原菌，各种应激和不利的环境因素对该病有促发或加重的作用，多见其与大肠杆菌、CAIV、ILTV、IBV、NDV、鸡毒支原体和副鸡禽杆菌等并发或继发感染，从而加重感染，其中以大肠杆菌并发感染最为常见。鉴于中国该病发生较少，在此简单论述。

4. 波氏杆菌

禽波氏杆菌病又被称为火鸡鼻炎，主要危害火鸡，对鸡群危害较小。其主要特征：打喷嚏，眼和鼻腔流清亮分泌物，眼结膜和鼻窦内有灰白色干酪样或脓性分泌物，气管萎缩

（气管软骨环大面积软化、变形）、生长迟缓，并常与大肠杆菌等引起的传染病混合感染。1990 年，朱瑞良等在山东鸡群中首先发现禽波氏杆菌（与国外明显不同）感染并发病，可造成种鸡场孵化率降低（10%～40%）、死胚率高（最高达 58.97%）和弱雏率升高。此后，该病在鸡群中零星发生。

禽波氏杆菌病是火鸡重要的疫病之一，呈世界性分布，所有饲养火鸡的地区均有该病发生。鉴于中国该病发生较少，在此不再论述。

（四）传染性鼻炎及相关细菌感染

鸡传染性鼻炎（infectious coryza，IC）由副鸡禽杆菌引起，该菌是家禽上呼吸道中主要的细菌。该菌在临床上的危害特征是引起鼻腔和鼻窦发炎，打喷嚏，流鼻液，颜面肿胀，结膜炎，排绿色或白色粪便等。该菌原来属于禽巴氏杆菌，目前划归禽杆菌属，该属菌具有两个重要特征：一是有外膜并含有致病因子脂多糖；二是在有氧环境中生长，并在氧含量高的组织中引起感染。禽杆菌属还包含其他一些种：禽禽杆菌（原名禽巴氏杆菌）、心内膜禽杆菌、鸡禽杆菌（原名鸡巴氏杆菌）和沃尔安禽杆菌（原名沃尔安巴氏杆菌）。本书仅讨论副鸡禽杆菌（详见本章第五节）。

（五）禽结核分枝杆菌

禽结核病（avian tuberculosis，TB）是由禽结核分枝杆菌（*Mycobacterium avium*，MA）引起的一种慢性接触性传染病。其特点是慢性经过，渐进性消瘦、贫血，生长不良、产蛋量下降或产蛋停止，肝脏、脾脏和肠道等出现典型的结节，脏器肿胀甚至发生恶病质或肝脾破裂，最终死亡。

禽结核分枝杆菌呈世界性分布，以温带地区最为常见，主要感染野鸟，特别是动物园中的鸟类。由于这些外来鸟大多是濒危鸟类，数量较少，且往往要饲养较长的时间，而环境中的禽结核分枝杆菌抵抗力较强，大多数消毒剂和药物控制效果不佳。该病自发现以来，一直与人类形影相随。尽管规模化鸡场已基本根除了该病，但危险因素始终伴随家禽的左右。

在美国，禽结核分枝杆菌感染常见于艾滋病患者（获得性免疫缺陷综合征，AIDS），并在患者体内分离到血清 I 型禽结核分枝杆菌。鉴于鸡（鸡蛋、蛋制品、肉等）和人类的关系较其他动物更为密切，其对人类健康存在威胁。

该病一旦发生，对患病禽应立即淘汰，通常无治疗价值。把全部病禽淘汰、焚烧或掩埋处理是最经济、最有效的措施。鉴于该病在临床少见，本书不再详述。

（六）支原体

支原体种属众多，广泛分布于自然界。由于支原体有限的生物合成能力，它们必须依赖寄主而生活。迄今，大多数支原体的寄主是各种动物、人和植物。呼吸道、泌尿道、结膜表面、消化道等是支原体的寄生部位。对人和动物来说，大多数支原体是条件性致病菌。

迄今已发现的支原体有 120 余种，禽源支原体有 28 种。禽支原体广泛存在于家禽的呼吸道、泄殖腔、消化道和输卵管的黏膜和关节囊中。真正对禽类产生危害的仅有少数几种，本书将分别在本章第六节（鸡毒支原体）、第七节（滑液囊支原体）详细描述。

（七）衣原体

禽衣原体病（avian chlamydiosis，AC）是由鹦鹉热嗜衣原体（*Chlamydophila psittaci*，CP）引起的一种可导致不同症状和病理变化的接触性人禽类（包括家禽、珍禽、笼养鸟等）共患病。该病主要以呼吸道和消化道病变为特征，在鹦鹉中表现为急性败血症；在火鸡中表现为气囊炎、心包炎、肝周炎和鼻腺炎；在鸭中表现为结膜炎；在鸽中表现为眼结膜炎、鼻炎和腹泻；在鸡中表现为气囊炎等。在家禽衣原体病中，以火鸡、鹦鹉和鸭等感染最为普遍。

鹦鹉热嗜衣原体属于原核生物界薄壁菌门衣原体目衣原体科嗜衣原体属鹦鹉热衣原体种。

衣原体是一类专性细胞内寄生、个体微小的微生物，具有宿主特异性，依靠宿主细胞以 ATP 和 NAD^+的形式提供能量，可在宿主细胞的空泡中生长繁殖，兼有细菌和病毒的基本生物学特性。其外膜与 G^-菌相同，DNA 基因组表达蛋白小于 10^9Da，是已知较小的原核细胞。衣原体具有核糖体，能够合成自身的蛋白，因此对抑制蛋白合成的药物敏感，如四环素、大环内酯类等。

禽衣原体病是一种自然疫源地疫病，多呈散发性、地方流行性或局部暴发性。该病的宿主十分广泛，多种鸟类、哺乳动物均可感染。其中，鹦鹉和鸽是鹦鹉热嗜衣原体的主要宿主。鸡对鹦鹉热嗜衣原体具有相当强的抵抗力，自然感染时呈现一过性，很难从鸡中分离到衣原体。

患病家禽表现为精神萎靡、厌食、眼和鼻流黏性分泌物、呼吸困难、腹泻、死前消瘦和严重脱水。对家禽可造成重大的经济损失，其最大的危害是可以直接传染给人类。气溶胶是该病重要的传播方式，人们在饲养或加工患衣原体病的火鸡或鸭及其产品后，很容易通过吸入而感染。人一旦吸入病禽的分泌物而感染，就会引起肺炎和毒血症，甚至导致死亡，给公共卫生带来严重危害。

对禽衣原体病，预防用药十分关键。通过药敏试验，筛选对衣原体敏感性高的药物，如恩诺沙星、金霉素、青霉素、四环素、强力霉素、多西环素和喹诺酮类抗生素。

一旦发病，应立即隔离，宰杀全部病禽和可疑病禽，并对其尸体及代谢物进行无害化处理。对珍禽应在确保个人防护的基础上进行治疗，严格隔离和消毒。

鉴于该病在临床少见，本书不再详述。

（八）真菌

在自然界中，真菌种类繁多，数目超过 10 万种，但仅有 100 余种对动物有致病性。与其他动物相比，禽类对霉菌毒素的抵抗力较强。禽类感染霉菌毒素的病变特征是在组织器官尤其是肺脏和气囊发生广泛性的炎症和小结节。该病在世界各地广泛存在，对禽类的致病性最强。曲霉菌病是禽类迄今为止最常见的呼吸道真菌病（见本章第八节）。念珠球菌病则是家禽消化道最主要的真菌感染。

二、细菌和真菌诊断技术

根据细菌和真菌等所引起的临床症状、病理剖检和流行病学特点等可做出初步诊断，但是要想采取更精准的治疗方案，则需要进行实验室确诊，主要包括细菌的形态学检查、微生物的分离和培养及鉴定、微生物的 DNA 或 RNA 检测以及宿主的免疫反应检测等。

（一）病原菌的分离和培养

1. 标本采集和注意事项

1）采样时机

细菌采样应在发病之初、使用抗菌药物之前进行，否则很难分离出细菌。在采集的局部病变处，不得使用消毒剂，必要时宜以无菌生理盐水或 PBS 冲洗，拭干后再采样。

应根据感染病原的特点在不同的时机采样。有的病原适合在发病初期采样，有的适合在发病高峰采样，有的适合在发病过程中采样，总之，应尽可能在病原繁殖的高峰期采样。

2）采集部位

采取病料的种类主要取决于疫病的性质。一般来说，全身性感染应采取血液及内脏，局部感染则要采取患病部位，一些特殊病例则要求特殊处理。根据不同病原菌在呼吸道各器官内的位置分布、繁殖和排出的部位，采集相应部分的标本。尽可能采集病变明显部位的材料。例如，大肠杆菌感染要取病变的肝脏、脾脏等，鸡白痢沙门氏菌感染要取肝脏，副鸡禽杆菌感染要取鼻液，鸡毒支原体感染要选取相应的黏液，结核病要取结节，霉菌感染则要取霉菌结节等。

3）采集方法

采取样品时应注意无菌操作，避免非目标细菌污染。在操作过程中，既要避免各种外界微生物污染，又要杜绝分离菌造成周围环境污染和危害人的安全。所有器械及物品均应事先灭菌，金属器具包装后高压灭菌 30min，玻璃器皿可高压灭菌也可干热灭菌，橡胶塞等则要高压灭菌。

无菌组织、器官采样时，应将器官表面用热刀片烧灼一下，然后利用灭菌的棉拭子或接种环插入脏器采集病料。从环境中采集样品时，应特别注意目标细菌的分离。

4）冷链运输

病料必须新鲜，采集后要尽快送检，防止腐败。多数病料需冷藏或冷冻送样。

5）记录翔实

详细记录检验目的、标本种类及临床诊断，以供检验时参考。

2. 病原菌纯培养

纯培养是进行微生物学诊断的重要技术手段。能否获得纯培养，在很大程度上取决于病原的分离技术。尽管病原分离的方法有多种，但其核心是在一定的条件（培养基）下，只让一种微生物生长繁殖。本书以细菌为例介绍纯培养。

1）细菌培养特性

细菌培养常用的方法是固体培养基接种，其最大优点是细菌的一个细胞在固体表面生长繁殖成一个菌落，不同种类的细菌所形成的菌落具有不同的特征。用肉眼或放大镜即可辨认，根据其菌落的特征，如菌落的大小、颜色、形态、边缘形状、表面特征、隆起度、黏稠度和透明度等可以大致判断细菌的种类。这些是病原菌形态学鉴定的重要特征。

2）影响细菌生长的因素

（1）培养基。虽然大多数微生物可在人工培养基上生长繁殖，但每种微生物对营养的要求存在较大差异。有些微生物对营养要求低，可在普通营养琼脂上生长，而有些微生物对营养的要求高，则必须提供丰富的营养，如血清、血液等才能生长。此外，少数微生物不但要求较高的营养，而且还必须提供一些特殊营养物质才能生长。例如，支原体、嗜血杆菌等病原应接种至专用的营养丰富的液体或固体培养基，大肠杆菌和沙门氏菌等应接种至选择性或鉴别培养基。

① 麦康凯琼脂：对非肠道细菌有抑制作用，可以区分发酵乳糖的细菌（粉红色菌落）和不发酵乳糖的菌落（无色菌落），如沙门氏菌菌落光滑而无色，大肠杆菌则形成红色菌落。不加 NaCl 可以限制变形杆菌的扩散。

② 亮绿琼脂（BGA）：对大肠杆菌和大多数变形杆菌有抑制作用，可用于区分肠道菌。沙门氏菌生长形成低而隆起的淡红色半透明菌落，直径为 1～3mm，与柠檬杆菌相似。绿脓杆菌呈小的红色菌落，变形杆菌形成针尖大的菌落，而发酵乳糖的细菌菌落呈绿色。鸡白痢沙门氏菌在一般情况下比其他沙门氏菌小。

③ 亮绿磺胺吡啶琼脂：对变形杆菌和大肠杆菌有抑制作用。亮绿琼脂可以用来增菌，加入磺胺吡啶是为了稳定氮类物质存在时的选择性，鸡白痢沙门氏菌在此培养基上可产生小菌落。

④ 脱氧胆酸盐-柠檬酸琼脂：对非肠道细菌有抑制作用。鸡白痢沙门氏菌可长成较小、稀疏的红色菌落；鸡伤寒沙门氏菌由于产生硫化氢，在生长的菌落中间有一黑点突起。

（2）生长条件。微生物在长期进化过程中，其生命代谢活动发生了很多变化，以适应周围环境。不同微生物的生活环境不同，所要求的生长条件各异，只有符合其营养需求，微生物才能生长。

① 温度：病原微生物长期寄生在动物体内，因而其生长的最适温度为 37℃；而某些寄生在动物体表的病原微生物（如某些真菌）的最适温度则与动物皮温一致，为 20～28℃，腐生菌的生长温度为 15～25℃。不同微生物具有各自不同的最佳生长温度。

② pH：适宜的酸碱度是保证微生物正常生长的主要因素。一般的病原微生物要求在 pH 6.8～7.2 生长繁殖，而霉菌则要求培养基 pH 为 3～6。在培养过程中，微生物产酸或产碱，使培养基的酸碱度发生改变，为消除这一副作用，通常要求在培养基中加入缓冲液。酸碱度主要通过两方面来影响微生物的代谢作用：其一，改变蛋白质的等电点，从而使酶活性受阻；其二，改变膜电荷，进而改变整个微生物个体的电荷性质，改变膜的通透性，使微生物生长受阻。

③ 渗透压：细胞在高渗环境中会脱水，发生质壁分离，在低渗环境中则导致细胞质压出，只有在等渗溶液中，才能维持正常形态及正常代谢活动，这是由细胞膜的半渗透性决定的。而渗透压是由溶液中各种离子共同形成的，无机盐离子起着主要作用。

④ 对气体的需要：有的需氧，有的厌氧，有的需要二氧化碳，要选择合适的条件。

（二）形态学和生化鉴定

1. 形态学镜检

在实际生产中，可以利用病变组织直接涂片镜检，也可以经纯培养后镜检。应依据病原菌的不同特点选用合适的染色方法进行染色镜检。观察病原菌的染色特性，如形态、大小、着色，是否有荚膜、芽孢、鞭毛等。

在形态与染色性上具有特征的病原菌，镜检有助于做出鉴别诊断。例如，肺结节中检测抗酸性结核杆菌，肝脏小坏死点检测鸡白痢或伤寒沙门氏菌，鼻液中检测副鸡禽杆菌等。

这些菌具有各自的特征，有助于快速诊断。

常用的染色方法包括革兰氏染色法、氢氧化钾（KOH）染色法（针对霉菌）、瑞氏染色法、姬姆萨染色法和萋-纳氏抗酸细菌染色法等。通过染色检测可进一步缩小病原菌的范围。

1）革兰氏染色法

革兰氏染色法是最常用、最经典的鉴别染色法，此法可将细菌分为两类：不被乙醇脱色保留紫色者为革兰氏阳性（G^+）菌，被乙醇脱色复染成红色者为革兰氏阴性（G^-）菌。

G^+菌与G^-菌的染色反应差异可受多种因素（菌龄、染色和脱色时间、pH 等）的影响。染色时，应严格按规程操作，才能得到正确的结果。衰老或死亡的G^+菌往往可染成G^-菌。

革兰氏染色的意义在于：①鉴别细菌。②选择用药，G^+菌与G^-菌对化学治疗剂和抗生素的敏感性有差异。其中，大部分G^+菌对青霉素、红霉素、头孢菌素、龙胆紫等敏感，而G^-菌对上述药不敏感，但对链霉素、氯霉素、庆大霉素等敏感。③与致病性有关，有些G^+菌能产生外毒素，而G^-菌则主要具有内毒素，二者的致病作用存在明显差异。

2）氢氧化钾染色法

（1）3% KOH。在玻片上滴 2 滴 3%的 KOH 溶液，与待检菌落混匀，观察其黏稠性。G^-菌在 50～60s 内能明显地变为黏液样或胶胨样，而G^+菌则不然。本方法适合于G^-菌的快速鉴定。

（2）15%～20% KOH。15%～20% KOH 或 NaOH 适合于真菌染色，加盖玻片镜检，可以观察到真菌的菌丝。

3）瑞氏（Wright）染色法

碱性染料美蓝和酸性染料黄色伊红合称伊红美蓝染料，即瑞氏（美蓝-伊红 Y）染料。

首先，将待检细菌涂片。其次，将瑞氏染色液加于细菌涂片上，作用 1～2min。再次，加等量蒸馏水或 pH 6.4 的磷酸盐缓冲液于片上，混合作用 2～3min，至出现金属光泽为止。最后，利用蒸馏水冲洗 30～60s，待干后检查。结果细菌染成蓝色，组织细胞质染成红色，细胞核染成蓝色或紫色。借此可观察菌落的形态。

4）姬姆萨（Giemsa）染色法

姬姆萨染色法适用于螺旋体、支原体、立克次氏体、某些病毒或包涵体等的染色。细菌细胞、血液中的细胞及组织细胞等用此法染色均可获得良好的结果。

首先，将待检细菌涂片。其次，用甲醇涂片固定细菌涂片 1～3min。再次，用姬姆萨氏原液 1 份加蒸馏水 20 份制成混合液染色 30～60min。最后，用蒸馏水充分冲洗约半分钟，等自然干燥或吸干后，检查。结果判定：姬姆萨染液可将细胞核染成紫红色或蓝紫色，将细胞质染成粉红色，在光学显微镜下呈现出清晰的细胞及染色体图像。

5）萋-纳（Ziehl-Neelsen）氏抗酸细菌染色法

分枝杆菌的细胞壁内含有大量的脂质，包围在肽聚糖的外面，所以分枝杆菌一般不易着色，要通过加热和延长染色时间来促使其着色。但分枝杆菌中的分枝菌酸与染料结合后，很难被酸性脱色剂脱色，故名抗酸染色法。根据该法，可以将细菌分为抗酸和非抗酸两类。但抗酸细菌种类较少，大部分细菌为非抗酸细菌。故一般在怀疑有抗酸细菌（如结核杆菌）存在时，采用该方法染色。抗酸细菌（如结核杆菌）经该法染色后着红色，非抗酸细菌及组织呈蓝色。

6）特殊染色法

细菌的某些结构，如细胞壁、核质、荚膜、芽孢、鞭毛等，利用普通的染色方法或鉴别染色法不易着色，需利用各种特殊染色方法。这些仅在必要时使用，不再详述。其中，负染法可以显示细胞的荚膜，较为常用。该法可用墨汁或酸性染料（如苯胺黑）与细菌混合推片，干后再用美蓝或复红做简单染色。酸性染料带负电荷，不能使菌体着色，只能将背景染成黑色，菌体则染成蓝色或红色，而荚膜不着色，包围在菌体周围形成一层透明的空圈。

2. 细菌纯培养形态鉴定

不同病原菌在培养基中各自的形态不同，也是病原鉴定的一种手段。原则上所有含有病原体的病料都应该进行细菌分离培养，以便获得纯培养后做进一步鉴定。不同的细菌在各自适应的培养基上各有其特点，如大肠杆菌在麦康凯培养基上形成红色菌落，沙门氏菌菌落则呈白色，支原体菌落呈煎蛋样，副鸡嗜血杆菌则只能在含有血清的培养基上生长且形成针尖大小的菌落等。菌落的形态和生长特点成为每种菌的特点。

3. 生理生化特性鉴定

许多病原菌在纯培养及染色特征上非常相似，难以区分，因此应进一步通过生化试验做鉴别诊断。不同病原菌具有不同的酶，故其代谢产物不尽相同，可通过生化反应将各种细菌区分开。细菌生化试验的种类和方法较多，但归纳起来主要有以下几类。

1）单酶试验

不同细菌会产生各自的酶，有些酶是细菌生长代谢所必需的，有些酶用于与其他细菌的竞争或有助于感染。单酶试验主要包括过氧化氢酶、氧化酶、凝固酶试验等。

（1）过氧化氢酶试验。过氧化氢酶能将 H_2O_2 降解成 H_2O 和 O_2，当向溶液中加入 H_2O_2 溶液时，酶阳性的细菌迅速产生气泡。该试验主要用于鉴别很多 G^+菌，如葡萄球菌属呈过氧化氢酶阳性，而链球菌属和肠球菌属呈过氧化氢酶阴性。

（2）氧化酶试验。细胞色素氧化酶是参与电子传递和硝酸盐代谢的一类酶，一般能从人工合成的底物（如苯二胺衍生物）中获得电子，产生黑色的氧化产物。该试验有助于鉴别 G^-菌。

（3）凝固酶试验。当把细菌培养物加入血浆中时，凝固酶能使血浆发生凝固。

2）细菌代谢途径和产物的检测

不同细菌所具有的酶不同，对营养物质的分解能力也不一致，因而其代谢产物不同，可通过这些差别鉴别细菌。通过生化试验的方法检测细菌对各种基质的代谢作用及其代谢产物，从而鉴别细菌的反应，统称为细菌的生化反应。常用检测细菌代谢途径的手段包括对不同碳水化合物（包括糖类、蛋白质等）的氧化、发酵能力，降解蛋白质的能力和对特殊底物的应用能力的检测。

营养物质中的多糖，先经细菌分泌的胞外酶作用，分解为单糖（葡萄糖），进一步分解为丙酮酸，然后才能被吸收利用。丙酮酸的进一步分解，在需氧菌和厌氧菌中有所不同。需氧菌将丙酮酸通过三羧酸循环彻底分解为 CO_2 和 H_2O，并产生种种中间代谢产物。厌氧菌发酵丙酮酸，则产生多种酸类（如甲酸、乙酸、丙酸、丁酸等）、醛类（如乙醛）、醇类（如乙醇、异丙醇等）和酮类（如丙酮）。不同厌氧菌对丙酮酸发酵的途径不同，产物也有差别。

（1）糖类代谢试验。糖类代谢试验包括糖发酵试验、VP 试验和甲基红试验等。

① 糖发酵试验：不同细菌分解糖类的能力和代谢产物不同，借此可以鉴别细菌。例如，大肠杆菌能发酵乳糖和葡萄糖，而伤寒杆菌只能发酵葡萄糖。大肠杆菌有甲酸脱氢酶，能将发酵糖所生成的甲酸进一步分解为 CO_2 和 H_2，故产酸产气。

② VP 试验：大肠杆菌和产气杆菌均能发酵葡萄糖，产酸产气，不易区别，但产气杆菌能使丙酮酸脱羧，生成中性的乙酰甲基甲醇；该醇在碱性溶液中被空气中的氧气所氧化，生成二乙酰；二乙酰与培养基中含有胍基的化合物发生反应，生成红色化合物。

③ 甲基红试验：在 VP 试验中，产气杆菌分解葡萄糖所产生的 2 分子酸性的丙酮酸转化为 1 分子中性的乙酰甲基甲醇。故生成的酸类较少，培养液最终 pH 较高，在 pH 5.4 以上，以甲基红作指示剂呈橘黄色，为甲基红试验阴性。大肠杆菌分解葡萄糖时，丙酮酸不转变为乙酰甲基甲醇，故培养液酸性较强，在 pH 4.5 或以下。甲基红指示剂呈红色，称为甲基红试验阳性。

（2）蛋白质、氨基酸及含氮化合物代谢试验。

蛋白质是大分子物质，不能直接进入细菌细胞。一般由细菌分泌胞外酶，将复杂的蛋白质分解为短肽（或氨基酸），再吸收入菌体，然后由胞内酶将肽类分解为氨基酸。明胶液化、酪蛋白酶胨化等都是蛋白质分解的结果。能分解氨基酸的细菌很多，分解能力各不相同。一般来说，氨基酸的分解有脱氨和脱羧两种方式，脱氨是靠细菌脱氨酶的作用完成的。氨基酸经氧化、还原、水解等方式脱去氨基，生成氨和各种酸类。脱羧则是由细菌的脱羧酶把氨基酸的羧基脱去，生成胺类（如组胺）和二氧化碳。组胺有扩张毛细血管、增加血管通透性的作用，可能和细菌感染后局部充血水肿有关。

蛋白质、氨基酸及含氮化合物代谢试验包括尿素酶试验、吲哚试验、硫化氢试验等。

① 尿素酶试验：尿素酶将尿素（NH_2CONH_2）分解为氨气和二氧化碳，氨气的产生可以通过酸碱指示剂的变色反应检测出来，如变形杆菌有尿素酶，能分解培养基中的尿素产生氨，使培养基变为碱性，然后利用酚红指示剂测出。该试验主要用于鉴别肠杆菌科的细菌，特别是与沙门氏菌相区别。

② 吲哚（indole）试验：有些细菌（如大肠杆菌、变形杆菌、霍乱弧菌等）能分解培养基中的色氨酸生成吲哚。如在细菌培养液中加入对二甲基氨基苯甲醛，则其与吲哚结合生成玫瑰吲哚，呈红色，判为吲哚试验阳性；否则为阴性。

③ 硫化氢试验：有些细菌（如变形杆菌、乙型副伤寒杆菌等）能分解含硫氨基酸（如胱氨酸、甲硫氨酸等），生成硫化氢。如遇乙酸铅或硫酸亚铁，则生成黑色的硫化铅或硫化亚铁。

（3）有机酸盐及铵盐利用试验。

① 枸橼酸盐利用试验：某些细菌能以铵盐为唯一氮源，并且利用枸橼酸盐作为唯一碳源，可在枸橼酸盐培养基上生长，分解枸橼酸盐，使培养基变碱性。将某被检查部位取得的被检菌接种于枸橼酸盐培养基，于 35℃培养 1～4d，每日观察结果。培养基中的溴麝香草酚蓝指示剂由淡绿色变为深蓝色，为阳性；不能利用枸橼酸盐作为碳源的细菌，在此培养基上不能生长，培养基则不变色，为阴性。该试验可用于肠杆菌科中菌属间的鉴定。在肠杆菌科中，埃希菌属、志贺菌属、爱德华菌属和耶尔森菌属该试验均为阴性，沙门菌属、克雷伯菌属通常为阳性。

② 丙二酸盐利用试验：与枸橼酸盐利用试验相类似，用于测定细菌能否利用丙二酸盐与碳源。在丙二酸盐培养基上生长者使培养基变成碱性而呈蓝色。

3）自动化检测系统

国外已有多种微量、快速、半自动或全自动细菌生化反应检测试剂盒和检测仪，中国也在研制中。将未知菌生化反应结果与资料库中已知细菌的生化反应结果相比较，从而得出相匹配的结果。比较流行的 Vitck 细菌检测系统里，有 30 个反应孔含有微升级的各种生化制剂，反应板就能进行微生物的鉴定。从细菌标本培养物中延伸出的一个注射装置，能够自动将培养物分配到各个反应孔中，检测仪立刻测出每个反应孔的颜色变化，得出细菌的生化反应特点，通过计算机和生物信息学分析、储存和比较，做出最后的结果判断。

（三）血清学检测

在感染性疾病的诊断中，免疫学检测方法具备抗原、抗体特异性结合的优越性。当感染的病原微生物很难或不可能培养时，检测特异性抗体就可以评价病原微生物的感染情况。

1. 利用已知抗体检测未知的微生物抗原

细菌的菌体、鞭毛等抗原组分均可以产生相对应的抗体。利用含有已知组分的特异血清与分离培养出的未知纯种细菌进行血清学试验，可以确定病原菌的种或型。

1）凝集试验

凝集试验主要用于细菌性疾病的诊断。一些微生物（如沙门菌属、志贺菌属）病原等吸附在红细胞、乳胶、硅藻土、炭粒上，与相应的抗体结合，在有适当的电解质存在下，一般在数分钟内可引起细菌的凝集现象。玻片凝集试验可在载玻片上进行。

在禽病诊断中，凝集反应主要用于鸡沙门氏菌病、支原体病、衣原体病、传染性鼻炎等疾病的检测和血清分型。该方法简单、快速、灵敏性高，适合于基层推广；但特异性不高，容易出现假阳性。

2）Quellung 反应

一些细菌如肺炎链球菌、B 型流感嗜血杆菌等具备荚膜。当其与含特异性抗体的血清共存时，可以见到荚膜明显肿胀，借此可以进行快速诊断。

3）其他抗体试验

此外，利用特异性抗体检测细菌抗原的快速、敏感和便捷的方法已出现，如免疫荧光试验、协同凝集试验、对流免疫电泳、放射免疫试验和酶联免疫吸附试验等。这些方法可直接从病禽标本中快速地检测出病原菌特异抗原，特异性和敏感性均很高。

2. 检测病原菌的特异性抗体

家禽受病原菌感染后，其免疫系统受激发产生免疫应答而产生抗体。抗体的量常随感染过程而增多，表现为效价的升高，可作为某些传染病的辅助诊断。该试验主要适用于抗原性较强的病原菌和病程较长的传染病诊断。

家禽血清中出现某种抗体，除患过与该抗体相应的细菌性疾病外，也可因受过该菌的隐性感染或近期预防接种而形成。因此，必须有抗体效价升高或随病程递增才有诊断意义。多数血清学诊断需取病鸡急性期及恢复期双份血清标本（发病后 7～10d），当后者的抗体效价比前者高 4 倍或 4 倍以上时方有诊断价值。对细菌性疾病来讲，抗体检测的意义不如病毒性疾病大。

常用的血清型定量检测方法包括直接凝集试验、酶联免疫吸附试验、抗体荧光试验和间接凝集试验及乳胶凝集试验等。

（四）检测微生物中的 DNA 或 RNA

检测微生物中的 DNA 或 RNA 的方法较多，主要包括：病原体 DNA“G+C”含量的测定、PCR 检测技术、核酸杂交检测技术、质粒图谱分析技术、寡核苷酸指纹图谱和限制性片段长度多态性检测技术等。

检测病禽组织中的病原菌 DNA 或 RNA 的方法具有很高的特异性，且可在短时间甚至几分钟内做出诊断，与经典方法相比，效率大大提高（如法国 LDA22 实验室利用基质辅助解析电离源鉴定细菌仅需要几分钟，而经典细菌学方法则需要 3d 以上）。其基本策略是采用相对较短的、病原菌特异的 DNA 或 RNA 核酸序列（靶序列）与探针杂交（注意对细菌，常用编码 16S rRNA 的 DNA 序列作为靶序列）。

1. 病原体 DNA“G+C”含量的测定

不同的细菌，其 DNA 组成不同，根据测得的待测病原菌 DNA 分子中 G+C 相对含量进行分类。例如，志贺菌属 G+C 含量为 50%～52%（摩尔分数），沙门菌属 G+C 含量是 50%～53%（摩尔分数），霍乱弧菌 G+C 含量为 48%～50%（摩尔分数）等。一般认为 DNA 的 G+C（摩尔分数）含量在 10%及 16S rRNA 的序列同源性不小于 95%的种可归为一个属。种和属是一个物种所必须具备的属性。

2. PCR 检测技术

PCR 技术已在病毒学诊断部分有所论述。该技术已经成为细菌病原诊断和鉴别诊断的重要手段，如 PCR， RT-PCR、rRT-PCR 等。常规细菌分离得到的是活细菌，而核酸技术无论对死的还是活的细菌都适用，且可以大大提高效率。常规的病原分离鉴定需要 1 周，而核酸诊断技术可在 4h 内完成，甚至 2h 内完成，可不受抗生素的影响。

对 PCR 技术，有以下三点需要注意。一是目的基因的选择。目的基因一定是该病原体中基因序列相对保守的部分，以便检测出不同血清型的病原。二是目的基因要尽可能长，以确保特异性，排除假阳性（PCR 敏感性极高，故其非特异性可能较强）。三是对检测的病原体 RNA 成分，应先进行反转录再进行 PCR，即 RT-PCR。

3. 核酸杂交检测技术

核酸杂交检测技术是应用酶、荧光素、放射性核素等一系列可检测的分子标记 DNA 单链作为探针，与目标病原发生反应（二者是互补的），在一定条件下会形成稳定的杂交双链。通过放射自显影、显色反应或免疫手段检测经过标记的核酸片段，进而达到检测目的。

其优点在于：①灵敏度高，ELISA 仅能检测到 0.1～1ng（$1ng=10^{-9}g$）的抗体，而核酸探针能检测到 10pg（$1pg=10^{-12}g$）的病原核酸。②特异性强，核酸探针不仅能对病原体、种属间的亲缘关系做出分类和鉴定，区分病原体的型与亚型，还可以对特定基因进行检测。③方便使用，尽管核酸探针制备复杂、烦琐，但一旦制备完成，使用起来很方便，适合于在养殖场等基层单位推广。④批量化生产。

4. 质粒图谱分析技术

质粒图谱（plasmid profile）分析技术是利用琼脂糖凝胶电泳和限制性核苷酸内切酶相结合，由于不同的细菌具有特定的质粒 DNA 特征，依据其电泳图谱可以确定。共价闭合环状的质粒 DNA 分子在琼脂糖凝胶电泳时，其相对迁移率与相对分子质量的对数值呈负相关。一种细菌含有几种质粒，往往就含有几种相对应的电泳条带。

大多数细菌往往含有一定大小和数目不等的质粒，在一定的时间和空间里，这种质粒特征保持相对稳定。质粒图谱分析技术的特异性与噬菌体分型相当，优于血清学或生化特征分型。

5. 限制性片段长度多态性检测技术

不同病原菌具有不同的 DNA 限制性内切酶，因此，对同一种 DNA 分子就可以切出大小和数目不同的 DNA 片段，这些酶切片段的数量和大小就称为限制性片段长度多态性（restriction fragment length polymorphism，RFLP）。根据病原基因组（包括质粒）或者特定基因的酶切图谱，就可以针对病原的分子病原学、流行病学、遗传变异和分型等进行研究。

（五）动物接种实验

动物接种实验在临床细菌学检验中主要用于分离和鉴定病原菌、测定细菌致病性和判定细菌的致病性等。常用的实验动物有鸡、小鼠、豚鼠和家兔等。为保证试验结果正确，必须按试验要求，选择一定的体重和日龄、具有高度易感性的健康动物。接种途径有皮内、皮下、腹腔、肌肉、静脉和脑内等。接种后应仔细观察动物的食欲、精神状态和局部变化，有时还要测定体重、体温及血液学指标。若被接种死亡，应立即解剖，检查器官有无病变或进一步作分离培养，证实由何种病原菌所引起。接种含有杂菌的标本至易感动物体内，病菌可在体内生长繁殖，非致病的杂菌则被吞噬消灭，故可达到分离病原菌的目的。也可用健康的动物进行动物回归试验。

（六）药敏试验

药敏试验用于测定标本中致病菌对药物的敏感程度，对临床治疗中选择用药，及时有效地控制感染具有重要意义。细菌敏感度的测定方法很多，有纸碟法、小杯法、凹孔法和试管法等。常用的是纸片扩散法和试管稀释法。

1. 纸片扩散法

传统的药敏定性试验是 Kirby Bauer 纸片扩散法。其原理如下：将含有定量抗菌药物的纸片贴在已接种待检菌的琼脂平板上，纸片中所含的药物吸取琼脂中的水分溶解后会不断地向纸片周围区域扩散，形成递减的抗生素浓度梯度，在纸片周围抑菌浓度范围内待检菌的生长被抑制，从而产生透明的抑菌圈。抑菌圈的大小反映待检菌对测定药物的敏感程度，并与该药对待检菌的最低抑菌浓度（MIC）呈负相关，即抑菌圈越大，最低抑菌浓度越小。

最低抑菌浓度是测量和判定药物抗菌活性大小的一个指标，是指在体外培养细菌 18～24h 后，能抑制培养基内病原菌生长的最低药物浓度。

方法：取经 6h 孵育的试验菌肉汤培养物均匀涂布于琼脂平板表面，然后以无菌镊子夹取沾有不同抗菌药物的圆形小滤纸片贴于平板表面，各片间隔一定距离。37℃孵育 16～20h 后取出观察结果，根据抑菌圈有无、大小判定该菌对某抗菌药物的耐药或敏感程度。

2. 试管稀释法

试管稀释法是先将抗菌药物作一系列倍比稀释，然后各管加入经适当稀释的待检菌液。摇匀后经 37℃孵育 16～20h 后取出，读取结果。以抗菌药物最高稀释度仍能抑制细菌生长者，该管含药浓度即为待检菌的敏感度。

根据美国临床实验室标准化委员会推荐的分界点值标准，判断耐药（resistant，R）、敏感（susceptible，S）或中介（intermediate，I）。S 表示待检菌株所引起的感染可以用该抗菌药物的常用剂量治疗有效。R 代表该菌不能被抗菌药物的常用剂量在组织液内或血液中所达到的浓度所抑制，临床治疗效果不佳。I 代表最低抑菌浓度接近药物的血液或组织液浓度，疗效低于敏感菌，但高于耐药菌。对那些抗生素治疗无效或者治疗过程中又复发的疾病病原，必须做药敏定量试验。

3. 抑制细菌或杀死细菌的药物

当宿主的免疫系统攻击、消灭病原微生物时，抑菌药物可以阻止细菌的生长、复制，从而控制炎症的扩散。假如在家禽的免疫系统清除病原微生物之前，药物已经消耗完，则残留的活细菌就会导致第二次的复发感染，造成临床感染加重。

事实上，每种抗生素或药物对于细菌的抑制或杀菌是比较复杂的。因为可能一种抗生素对某一种微生物有抑制作用，而对另外一种微生物就有致死作用。例如，氯霉素对 G^-菌有抑制作用，对肺炎链球菌具有杀死作用。

（秦卓明　徐怀英）

第二节 大肠杆菌病

大肠杆菌病是由 APEC 引起的局部或全身性感染的疾病，可通过呼吸道、消化道、生殖道等多种途径传播，大部分 APEC 是肠外感染。依据 APEC 对家禽体内器官侵害的程度，可引起多种类型临床病变，包括败血症、气囊炎、腹膜炎、肿头综合征、全眼球炎、关节炎、输卵管炎、肉芽肿、蜂窝织炎（炎症过程）及脐炎/卵黄囊炎等。大肠杆菌在哺乳动物中主要引起肠道疾病，而在禽类中，当宿主受到 APEC 感染且其抵抗力不足时，常会引起典型的继发性局部或全身性感染。

大肠杆菌病是禽类分布广泛的感染性细菌病，居细菌性疾病之首；极易与多种病毒病并发或继发感染，可导致家禽死淘增加、生长缓慢、生产性能降低、饲料报酬率降低、胴体废弃率升高，以及造成该病预防、治疗过程中耗费疫苗及药物费用等经济损失。

一、流行历史暨分布

1. 历史

1894 年，Ligniers 首次报道了鸡的大肠杆菌病，从死亡鸡的心、肝和脾脏中分离出大肠杆菌，进行了动物回归试验，分离株仅对鸽有致病性，而对豚鼠和兔子无致病性。1894～1922 年，世界养禽发达国家和地区陆续发现了松鸡、鸽、天鹅和火鸡等禽类的大肠杆菌病。1907 年，首次发现了大肠杆菌败血症，证实了大肠杆菌在应激的条件下可以离开肠道而成为高致病菌并导致母鸡的败血症。1919 年，为纪念首次从小儿粪便中发现大肠杆菌的 Theobald Escherich（1885），正式将该菌命名为大肠杆菌（Ewing，1986）。1938～1965 年，由 APEC 引起的多种类型的大肠杆菌病症相继被发现，如肉芽肿、气囊炎、关节炎、脐带炎、输卵管炎和腹膜炎等。

2. 流行和危害

自 1894 年首次发现大肠杆菌病以来，该病与养禽业“形影相随”。调查发现，大肠杆菌是造成在 1992～2001 年希腊肉鸡呼吸道疾病的最主要“元凶”。在 1997～2000 年，比利时肉鸡、蛋鸡和种鸡禽大肠杆菌病的发病率分别是 17.7%、38.6%和 26.9%，且发现了许多耐药性菌株。即便是养禽业高度发达的美国，也多次受到禽大肠杆菌的攻击。Christiansen 等（1996）报道，在加利福尼亚 26 个火鸡养殖场中，有 6 个场受到侵袭，损失严重，大肠杆菌病是仅次于肠炎的重要疾病。

禽大肠杆菌病在中国普遍流行，混合或继发感染严重，危害对象主要是商品肉鸡和肉鸭。近年来，由禽大肠杆菌与 NDV、IBV、H9 亚型禽流感等病毒混合感染而导致商品肉鸡出现气囊炎、支气管栓塞、肝周炎、心包炎等病症，死淘率高达 30%，造成了严重的经济损失。不仅如此，种鸡、蛋鸡、鸭、鹅、鸽、鹌鹑等也深受大肠杆菌之害。据不完全统计，中国每年因大肠杆菌病死亡的鸡在 4000 万只以上，经济损失数十亿元。

3. 公共卫生意义

一般情况下，自禽类分离的大肠杆菌仅对禽类有致病作用，而对人及其他动物则表现出较低的致病性。但已从鸡和火鸡中分离到大肠杆菌 O_{157}：H_7，部分野生水禽也携带 O_{157}，而这些菌对人类具有明显的致病性。此外，禽类和其他动物的 APEC 具有共同的血清型、致病因子和耐药性，是编码耐药因子和致病因子或质粒的重要来源。

二、病原学

1. 种属分类

大肠杆菌在分类上属于变形菌门γ-变形菌纲肠杆菌目肠杆菌科埃希氏菌属。大肠杆菌是埃希氏菌属的代表种，也是最重要的病原菌。

2. 形态特征

大肠杆菌为革兰氏阴性杆菌，大小为（2～3）μm×（0.4～0.7）μm，散在或成对分布，无芽孢，大多数菌株菌体周边有细而长、呈波浪状、能运动的鞭毛，长度一般为 15～20μm。有的菌株可形成荚膜。有致病性的菌株多数具有大量比鞭毛更细、更短且直的丝状物，即菌毛。普通菌毛长 0.3～1.0μm，直径 3～7nm。性菌毛比普通菌毛粗而长，中空呈管状，数量少，一个细菌仅具 1～4 根。性菌毛是细菌传递游离基因的器官。

3. 菌落特征

大肠杆菌为需氧或兼性厌氧菌，可以在普通营养培养基上生长，在 37.8℃营养适宜的条件下，18min 繁殖一代。大肠杆菌在肉汤培养基中呈均匀混浊生长，在普通营养琼脂培养基上生长良好，24h 后形成直径 1～2mm 的圆形、有光泽、不透明、微隆起、无色光滑的菌落，有的细菌带有黏稠性。大肠杆菌在麦康凯琼脂培养基上的菌落呈亮粉红色，周围有沉淀线环绕，而沙门氏菌的菌落为白色，据此可鉴别这两种细菌。

4. 生化特性

大肠杆菌能分解葡萄糖、麦芽糖、甘露醇、木糖、甘油、鼠李糖、阿拉伯糖和山梨醇（O_{157}：H_7 例外），产酸产气，大部分菌株能发酵乳糖，少数发酵迟缓或不发酵；不能分解糊精、淀粉或肌醇，均不产生硫化氢，不液化明胶，不分解尿素；对侧金盏花醇、蔗糖、棉子糖、水杨苷和卫矛醇的发酵具有不确定性。

一般情况下，凡是能发酵乳糖、产酸产气、且吲哚和甲基红试验均为阴性、VP 试验和枸橼酸盐利用试验均为阳性的菌，则可判断为典型的大肠杆菌。

5. 对理化因素的抵抗力和药敏性

1）对理化因素的抵抗力

大肠杆菌无特殊的抵抗力，对物理和化学因素较敏感，是典型的革兰氏阴性菌。其对热有较强的抵抗力，热灭活的效果取决于温度和时间，55℃加热 60min 一般不能杀死所有菌体；60℃加热 30min 或 70℃加热 2min 即可灭活大部分菌株；在 37℃保温 1～2d 或 4℃下 6～22 周可以使活菌数目减少 90%。其可耐受冷冻并可在低温条件下长期存活，细菌培养物加 10%甘油可在−80℃下保存多年；冻干后置−20℃条件可保存 10 年以上。pH 低于 4.5 或高于 9.0 的偏酸或碱性的环境不能杀死细菌，但能抑制其增殖，盐浓度为 8.5%也可抑制细菌的生长。

2）药敏性

大肠杆菌对大部分消毒剂敏感，具有良好的消毒效果。随着抗生素药物在养殖业中日益广泛地使用，以及耐药性质粒在肠杆菌之间的转移，禽大肠杆菌对多种抗生素药物的敏感性逐渐降低，耐药性菌株越来越多，耐药谱越来越广。金文杰（2006）对 346 株禽致病性大肠杆菌进行药敏试验，发现能耐 8 种以上药物的菌株有 309 株（占 89.3%），部分菌株甚至对 16 种常用抗生素产生了耐药性。链霉素、环丙沙星等多种药物的耐药菌株的耐药率已超过 50%。索慧娜（2016）等通过药敏试验证实，链霉素、庆大霉素及磺胺类药物等传统药物对大部分 APEC 已基本失去抗菌作用，而对氨苄西林等 11 种β-内酰胺类药物的耐药性比例超过了 50%，对氧氟沙星等 5 种喹诺酮类药物的耐药性比例超过了 60%；对四环素、多西环素、氯霉素和氟苯尼考产生耐药性的比例分别为 85.32%、82.57%、77.06%和 72.48%。

6. 菌株分类

1）抗原性分类

根据 Ewing 分型方案，可以将大肠杆菌分为各种不同的血清型。目前已确认的有 196 种菌体（O）抗原、60 种鞭毛（H）抗原、80 种荚膜（K）抗原和 17 种菌毛（F）抗原。当然，这些种类的数目不是一成不变的，而是处于一个动态的变化中。O 抗原主要用于区分血清群，H 抗原主要用于区分血清型，大多数血清学分类方法只考虑 O 和 H 抗原，如大肠杆菌 O_{157}∶H_7。菌毛抗原（F 抗原）在确有必要时才采用。

（1）O 抗原：O 抗原是光滑型（S 型）细菌溶解后释放出的内毒素，其化学组成是多糖-磷脂复合物，并含有耐煮沸的蛋白质。它是一种耐热菌体抗原，121℃加热 2h 不破坏其抗原性。每个菌株只含有一种 O 抗原，其种类以阿拉伯数字表示，可用单因子抗 O 血清做凝集试验鉴定。当 S 型菌体丢失 O 抗原时，即变成 R 型菌，这种菌无法做分型鉴定。

（2）H 抗原：由蛋白质组成，与致病性无关，通常不用于分型。其加热至 100℃可被破坏。每一种有运动力的菌株仅含有一种 H 抗原，无鞭毛菌株或丢失鞭毛的变异株则不含 H 抗原。

（3）K 抗原：K 抗原是菌体表面的一种热不稳定抗原，是含有 2%还原糖的聚合酸，多存在于被膜或荚膜中。该抗原与细菌的致病性有关，存在于细菌表面，能干扰 O 凝集试验；100℃加热 1h 可被破坏。具有 K 抗原的菌株不会被其相应的抗 O 血清凝聚，称为 K 不凝集性。根据 K 抗原的热稳定性，可将其分为 L、A、B 3 种。在 80 种 K 抗原中，除 K_{88} 和 K_{99} 是两种蛋白质 K 抗原外，其余均属多糖 K 抗原。K 抗原包括酸性多糖 K 抗原和蛋白质 K 抗原，对蛋白质 K 抗原的鉴定在研究鸡源大肠杆菌的致病性及其免疫防控方面有重要的意义。

（4）F 抗原：F 抗原是菌体表面的纤毛，与菌对细胞的黏附作用有关，且具有较好的免疫原性。根据 F 抗原对细胞的凝集作用是否能被甘露糖抑制，将其分为甘露糖敏感型和甘露糖耐受型。致病性大肠杆菌对鸡红细胞具有明显的凝集作用，由 P 型菌毛引起的凝集作用不能被 *D*-甘露糖抑制，由 I 型菌毛引起的凝集作用则可被 *D*-甘露糖抑制。鸡源大肠杆菌的血凝谱较窄，仅对豚鼠、鸡的红细胞表现为完全凝集，对鸭、犬的红细胞为部分凝集，且凝集速度慢。

2）分子生物学分类

根据细菌对抗生素耐药性及黏附因子、细胞黏附性、致病性基因、质粒、毒素和酶切图谱等的不同，对其相关基因进行包括 PCR、DNA 探针等一系列的核酸鉴定。

（1）质粒。质粒是存在于某些细菌中的双股环状 DNA 分子，也称染色体外基因。禽大肠杆菌的质粒编码诸多重要生物学性状，能在同种、同属甚至不同细菌间转移，容易自然丢失或经人工处理丢失。一般情况下，质粒对宿主菌的生长和代谢不是必需的，但是它们使宿主菌具有某些非染色体决定的遗传特性，质粒的表达产物参与细菌的许多生理活动。大肠杆菌的致病性与耐药性具有一定的相关性，即与抗性质粒（R 质粒）有关。这些质粒大小不等，质粒拷贝数也不同。大肠杆菌的多重耐药性主要由结合性 R 质粒决定。耐药谱越广，R 质粒的检出率就越高。

质粒指纹图谱是指利用琼脂糖凝胶电泳检测细菌的质粒特征和采用限制性核酸内切酶对质粒进行同源分析。该方法与噬菌体分型相当，优于血清分型、抗菌谱和生化分型等细菌表型分型，具有简单、稳定、特异性好等特点。其理论依据是大多数细菌往往含有数种大小和数目不等的质粒，在一定的时间和空间内，这种质粒保持相对稳定。共价闭合环状的质粒 DNA 分子在琼脂糖凝胶电泳中，其相对迁移率与相对分子质量的对数值呈负相关。

（2）多重 PCR。利用多重 PCR 检测大肠杆菌中多个编码不同致病因子的基因可以区分 APEC 和普通大肠杆菌。也可以通过设计不同的引物将 APEC 分为不同的基因群。

致病因子在 APEC 的致病过程中发挥着重要作用，可应用于 APEC 的诊断及分子流行病学调查，对中国 APEC 的长期监测和研究具有重要的意义。APEC 常见的耐药性基因包括耐氨基糖苷类药物相关基因（*aadA*1、*strA*、*strB*、*aacA*），耐β-内酰胺类药物相关基因（*oxa*-1、*oxa*-5、*oxa*-31），耐磺胺类药物相关基因（*sul*Ⅱ）等。Christa 等通过比较分析 APEC、致肠道病大肠杆菌（intestinal pathogenic *E.coli*，EPEC）、肠出血性大肠杆菌（enterohemorrhagic *E.coli*，EHEC）、肠毒性大肠杆菌（enterotoxigenic *E.coli*，ETEC）、尿道致病性大肠杆菌（urethral pathogenic *E.coli*，UPEC）及非致病性大肠杆菌的致病性基因，证实 APEC 至少含有致病性基因 *astA*、*iss*、*irp*2、*papC*、*iucD*、*tsh*、*vat*、*cva/cvi* 中的 4 个，而禽非致病性大肠杆菌的毒力基因则不超过 3 个。随着研究的进一步深入与对新基因的探求，将有越来越多的致病因子进入我们的视线，已证实的有 18 个致病基因，如 *aatA*、*fimC*、*papC*、*mat*、*ibeA*、*ibeB*、*ompA*、*neuC*、*yijp*、*iss*、*iroN*、*iucD*、*irp*2、*chuA*、*fruA*、*tsh*、*vat*、*cva/cvi* 等。

（3）多位点酶电泳。多位点酶电泳可以将大肠杆菌分为 4 个不同的克隆群，可鉴定出特异的基因型。已有研究证实，不同地区鸡和火鸡的不同类型大肠杆菌是由少数特定的几种克隆群引起的。

3）致病因子

（1）定居因子。定居因子（colonization factor，CF）又称黏附素（adhesin），是具有黏附作用的细菌表面结构蛋白的统称。一般根据定居因子所在位置和特性分为菌毛和非菌毛黏附素。黏附素通过相应的特异性受体将细菌定殖于宿主细胞表面。常见的定居因子有Ⅰ型菌毛、P 型菌毛和其他黏附素。目前认为，APEC 在禽呼吸道定居主要依靠Ⅰ型菌毛对组织上皮细胞的黏附，使细菌易于定殖、移行，从而获得侵袭的通道。

（2）摄铁系统。铁是细菌代谢过程中必需的营养因子，从宿主获取铁能力的大小决定着细菌的致病性。大肠杆菌摄取铁的机制有两种，即产生铁结合性复合物和溶血素。APEC 较少产生溶血素，多产生铁结合性复合物，包括气杆菌素（aerobactin）、肠杆菌素（enterobactin）及耶尔森菌强致病性岛（high pathogenecity island，HPI）等。HPI 最早发现于耶尔森菌属，与致病性密切相关。研究表明，大多数 O78 和 O2 菌株都有 *irp*2 和 *fyuA* 基因，是 HPI 的两个关键基因。

（3）抗血清存活因子。抗血清存活因子包括外膜蛋白（OMPs）、荚膜多糖（K 抗原）和血清抗性蛋白（Iss）等多种。其中，OMPs 是 G^-菌细胞壁特有的结构，在细菌的物质运输、形态维持和相关物质合成等方面起着重要作用，也是细菌的一种致病因子。OMPs 有较强的免疫原性，可加快巨噬细胞对抗原的摄取，刺激机体的体液免疫和细胞免疫，并可抵抗同源和异源菌的攻击。Iss 在大肠杆菌病中发挥着重要作用，Iss 先赋予细菌获得铁的能力和抗血清的细菌作用，使得 APEC 能够在宿主体内迅速繁殖。K 抗原是大肠杆菌引起肠道外感染的重要致病因素。APEC 之所以能够抵抗宿主免疫防御系统与 K1 抗原有关。研究发现，在抵抗血清杀菌作用方面，有 K1 抗原的 APEC 菌株比表达其他 K 抗原的菌株能力更强，荚膜的缺失可降低细菌在感染中潜在的增殖能力。

（4）毒素。依据毒素产生的来源、性质和作用的不同，将其分为外毒素和内毒素两类（表 5.2）。

表 5.2　细菌内、外毒素的区别

项目	外毒素	内毒素
产毒菌	革兰氏阳性菌和革兰氏阴性菌	革兰氏阴性菌
存在部位	分泌到菌体外	细胞壁组分，菌体裂解
成分	蛋白质	蛋白质-类脂-多糖
对热（100℃）的稳定性	不稳定	稳定
甲醛脱毒	脱毒	不能脱毒
被相应抗体中和	完全中和	部分中和
生物学活性	每个毒素均不相同	所有内毒素均相同

常见的外毒素主要为肠毒素、Vero 细胞毒素、空泡形成毒素等，其可以刺激黏膜，使其正常生理功能发生紊乱。研究表明，从患大肠杆菌性败血症的鸡和火鸡中分离的大肠杆菌可产生不耐热肠毒素（LT）和 Vero 细胞毒素（VT）。5.7%（24/420）的火鸡分离株和 7.5%（6/80）的鸡分离株产生的 LT，对 Vero 细胞和 Y-1 细胞都有细胞毒作用。

7. 血清型

O 抗原是大肠杆菌血清分型的基础，不同地区致病性大肠杆菌的优势血清型存在差异，同一地区不同鸡场的优势血清型也不尽相同，甚至同一鸡群内也存在多个血清型。

血清学调查表明，中国过去以 O1、O2、O36、O78 等大肠杆菌血清型为主，目前已发生较大变化。流行病学调查表明，O78、O1、O2、O65、O109、O14 和 O88 是目前家禽的优势血清型。到 2018 年底，已鉴定 70 多个对家禽有致病性的 O 抗原血清型，分别是 O1～4、O6～9、O11～18、O20～24、O26～27、O29、O30、O32、O33、O35～37、O40、O43、O45、O48、O50、O52～53、O55～57、O60、O62、O64～66、O68、O70～71、O73～79、O81、O84～93、O95～96、O100～101、O103～104、O106～107、O109、O111、O113～

121、O123～125、O127～129、O131～133、O137～139、O141、O145～148、O157、O159 和 O161 等。

国外学者于 2015 年对比了从发病鸡和腹泻患者分离的大肠杆菌血清型。结果发现，O78、O1、O2、O18 主要来自禽类，占 62%以上，但并未从人分离到上述 4 个血清型的细菌，从人和鸡均分离到 O119、O26 大肠杆菌。这暗示着 APEC 可能通过食源性途径传染给人。

8. 致病机理

大肠杆菌是大多数动物肠道内的常见菌，其在下段肠道的存在通常是有益的，即便是致病性大肠杆菌对禽类的生长也有益。大肠杆菌有一批菌毛和非菌毛黏附因子，使其能吸附在肠道上皮细胞受体上并定殖在黏膜中。一旦大肠杆菌进入血液，常会失去黏附因子，进而产生危害。

1）致病因子

APEC 致病的机制比较复杂，许多致病因子共同在致病过程中发挥作用。研究表明，包括内毒素、外毒素、摄铁系统、溶血素、抗血清存活因子和定居因子等在内的致病因子协同发挥致病作用。下面以内毒素为例，简单介绍内毒素对家禽的危害。

国内外诸多研究发现内毒素对哺乳动物均有较强的致病性，较低剂量即能引发显著的发热反应、施瓦兹曼反应、内毒素血症、代谢紊乱及多种组织器官病理损伤等，对牛、猪、犬和猫的致死量分别为 0.025mg/kg、5.0mg/kg、4.0mg/kg 和 15.0mg/kg。而鸡对其有抵抗力，需要高剂量（5mg/kg）才能引起肉仔鸡发热反应，致死剂量大于 50.0mg/kg。研究发现，内毒素注射 1h 后能引起鸡血糖浓度迅速升高，3h 后血糖恢复至正常水平。此外，注射内毒素的鸡会出现如精神萎靡、食欲减退、嗜睡、体重减轻、腹泻、肝脏肿胀和法氏囊质量减轻等症状。同时，血管渗透性增加，液体和血清蛋白渗进组织，并使浆膜水肿。

2）致病过程

APEC 通过黏膜或呼吸道入侵宿主，凭借自身的黏附因子（如Ⅰ型菌毛）与上皮细胞中互补的受体以一种高度特异的“钥—锁”结合，这种结合不易被家禽机体所清除，随血液侵入机体组织。如果 APEC 没有使其自身存活的能力，它就很快被鸡体的吞噬细胞如异嗜细胞、血小板及巨噬细胞等消灭。

APEC 如欲在宿主体内生存和繁殖就必须获取铁，虽有不同的获铁途径，但最常见的是细菌产生铁载体（如肠菌素、产气菌素等），以便从宿主铁载体中掠夺铁，而宿主又通过细胞外液（转铁蛋白、乳铁蛋白、卵转铁蛋白）或细胞内铁载体（铁蛋白）螯合铁以应对入侵细菌并产生防御反应。APEC 在繁殖过程中形成的内毒素可以增强大肠杆菌对组织的侵袭力。最终 APEC 在血液中大量繁殖并释放各种毒素，造成不同器官组织的各种炎症，严重时各种毒素被吸收后造成全身性病症甚至死亡（图 5.1）。

致病菌进入呼吸道深部时可引起气囊炎，紧接着导致肝周炎、心包炎甚至败血症。抗血清存活因子是 APEC 的一个重要的致病因素，其使大肠杆菌拥有抵抗血清杀菌作用的功能，以便细菌在血液循环中传播并引起全身感染。

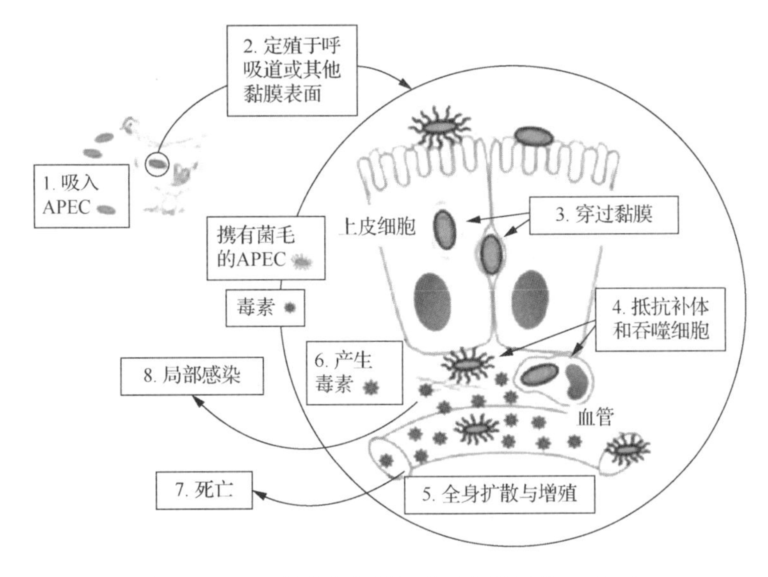

图 5.1 APEC 的致病机理模式（马兴树等，2013）

1．禽摄入污染环境的 APEC。2．APEC 通过菌毛或非菌毛黏附素定殖于呼吸道或其他黏膜表面。
3．当禽类体弱时，如感染病毒、应激或母源抗体消失的雏禽，APEC 更易穿过黏膜进入血液循环。
4．这些内化的细菌可抵抗补体和吞噬细胞的杀伤作用。5．在血液循环系统中扩散、增殖。
6．APEC 产生的内毒素促进组织损伤。7．菌体裂解后释放的内毒素可触发细胞因子应答引起死亡。
8．APEC 与胞外基质相互作用引起气囊炎、心包炎、肝周炎及其他感染

强致病性 APEC 一般不产生严重病变，因为病鸡在发展为严重病变之前就会死亡，通常容易发现的症状是浆膜水肿及脾脏明显肿大和充血，而毒性不太强的毒株则可产生广泛的干酪样病变。如果大肠杆菌通过皮肤直接侵入，则可造成蜂窝织炎。

9. 耐药机制

大多数耐药基因是由质粒介导的，而大肠杆菌是临床上由质粒介导耐药性的主要细菌之一。质粒介导的耐药特性可以与染色体相互交换，并通过结合耐药性质粒（R 质粒）中的耐药性传递因子编码性菌毛，促使耐药性质粒通过接合方式在同一种属细菌间或不同菌属间进行传递。质粒上的基因物质转移到染色体上会产生简单的重组菌，转座子可以大大加快这个过程，许多耐药性基因均有转座子协助。此外，抗生素使用形成的选择性压力有利于耐药质粒的传播和耐药菌株的存活，这在 G^-菌尤其是大肠杆菌中更为突出。

1）获得破坏或改变抗生素的能力

大肠杆菌能够产生灭活抗生素的酶，如钝化酶和同工酶等。钝化酶如大肠杆菌所产生的β-内酰胺酶，可以打开青霉素和头孢菌素类药物结构中的β-内酰胺环，使其完全失活；乙酰转移酶等可使氨基糖苷类和氯霉素药物分子结构发生改变，并使之失去活性。酯酶能水解大环内酯类的内酯环。同工酶则主要是取代菌细胞内已经被抗菌药物拮抗的酶，使阻断的代谢过程恢复，如对磺胺的耐药性就是由于合成二氢蝶酸合成酶以代替原有的被磺胺类药拮抗的二氢叶酸合成酶。

2）改变细胞膜对药物的通透性

大肠杆菌的外膜在耐药过程中起着重要的作用，其对抗菌药物的通透性下降，可造成药物敏感性降低。四环素类、亲水的喹诺酮类药物主要通过大肠杆菌外膜的孔蛋白 OmpF

进入菌体，而膜通透性的改变可使进入细胞的药物量减少，达不到抑菌浓度，进而产生耐药性。

3）形成生物被膜

大肠杆菌为适应自然环境而分泌出多糖基质、纤维蛋白、脂蛋白等物质将自身包绕其中，可对抗菌药物产生耐药性。生物被膜可减少抗菌药物的渗透；吸附抗菌药物的钝化酶，促进抗菌药物水解；减弱机体对细菌的免疫力，产生免疫逃避。

4）主动外排系统

在大肠杆菌的基因中存在外输系统的调节基因，当细菌体内的药物达到一定浓度时，外排泵系统相关 mRNA 的表达量增加，表达的蛋白质主动外排，将药物从菌体排出，使药量不足以发挥杀菌或抑菌作用，如四环素泵出系统。

此外，APEC 的耐药基因和致病性基因间有密切的内在联系，耐药基因与融合黏附素位于同一结合质粒上，可在不同菌群间传播，促进新型耐药致病菌的出现。

三、流行病学

1. 感染宿主

家禽对大肠杆菌易感，多种禽类包括鸡、鸭、鹅、火鸡、野鸡、孔雀等均可自然感染。不同日龄的鸡、鸭、鹅等均可发病，幼雏和中雏发生较多，但以 1 月龄内家禽最易感。人和其他动物（猪、牛、羊、兔、水貂等）可以自然感染大肠杆菌，主要引起腹泻和毒血症等；幼龄动物易感，死亡率较高。

2. 传染源

发病禽、愈后禽等是重要的传染源。常见的 APEC 来源包括被细菌污染的饮水和饲料、啮齿动物粪便和野禽等。幼虫、步甲虫和成年家蝇等都是大肠杆菌的机械传播媒介。

3. 传播途径

大肠杆菌既可水平传播，又可垂直传播，但以水平传播为主。

呼吸道和消化道是最主要的水平传播途径。吸入污染有此菌的灰尘是气囊发生感染的重要来源，禽舍内的灰尘或氨气浓度超标导致家禽的上呼吸道纤毛失去运动性，从而导致吸入的大肠杆菌入侵下呼吸道和气囊，并随血流引起全身性感染。

患有大肠杆菌性输卵管炎的母鸡，或给母鸡人工输入受污染的精液，均可造成在蛋形成的过程中细菌进入蛋内，导致经卵垂直传播。发病种鸡产出种蛋后，蛋壳表面很容易沾污大肠杆菌，并通过蛋壳上的气孔进入蛋内，常于孵化后期引起死胚或出壳后几天内即出现雏鸡感染。

4. 生态分布

大肠杆菌在自然环境中无处不在，饲料、饮水、体表、孵化场等比比皆是，正常鸡体内仅有 10%～15%的大肠杆菌是潜在的致病血清型，均属于条件性致病菌。大肠杆菌病的发生与饲养管理水平和生物安全措施密切相关。在条件简陋、卫生差的养殖场，大肠杆菌病常成为“驻场病”。

大肠杆菌病一年四季均可发生，但以冬末、春初寒冷季节多发。一般情况下，其发病率为11%～68%，死亡率为3.8%～72.9%。雏禽呈急性败血症经过，死亡率较高；成年鸡、鸭则以慢性感染为主，死淘率增加、生产性能降低，并导致种蛋在孵化过程中死胚和毛蛋增多、出雏率降低和弱雏增多。大肠杆菌病通常为继发性疾病，当禽群中存在NDV、IBV、H9亚型AIV、IBDV或支原体等病原感染时，常继发大肠杆菌感染。此外，通风不良、饲养密度过大、应激、卫生条件差、饲料营养不全等因素都可促使该病的发生（表5.3）。

表5.3　增加禽类对大肠杆菌易感性的常见因素

病毒类原因	细菌类原因	寄生虫类原因	环境因素	生理和营养因素
禽流感病毒 新城疫和禽偏肺病毒 马立克氏病毒 腺病毒和呼肠孤病毒 传染性贫血病毒 传染性囊病毒 传染性支气管炎病毒 传染性喉气管炎病毒	禽波氏杆菌 多杀性巴氏杆菌 空肠弯曲菌 产气荚膜杆菌 支原体（鸡毒支原体、滑液囊支原体、火鸡支原体） 鹦鹉热衣原体	蛔虫（幼虫） 布氏艾美耳球虫 柔嫩艾美耳球虫 隐孢子虫 火鸡组织滴虫	氨气 干燥、灰尘 限饲/限水 通风不良 密度过大 垫料差 温度过高、过低 外伤等	年幼 各种应激 快速生长 营养不全 霉菌毒素 赫曲霉毒素 维生素E过多 维生素A过多或过少

四、临床症状

1. 潜伏期

潜伏期根据大肠杆菌所引起的疾病种类不同而不同。在实验室条件下，接种高剂量的APEC后，潜伏期很短，一般在1～3d。一般情况下，在原发性病原（如IBV、NDV、MG、H9N2亚型AIV等）感染后5～7d发生大肠杆菌病。

2. 临床表现

大肠杆菌病临床表现千差万别，与感染禽类的品种、年龄、抵抗力、菌株和感染途径及是否有并发感染息息有关。下面以鸡为例，简述其临床症状。

当发生局部感染时，一般症状轻微，仅表现局部症状，如局部感染所导致的卵黄性腹膜炎、关节炎、肿头综合征、蜂窝织炎等各种病症。

当鸡群发生全身性败血症时，症状通常比局部感染严重，一般外观表现为嗜睡、精神不佳、食欲废绝、呆立一角等，后期生长发育不良。作为败血症的后遗症，禽类的骨骼损伤会导致跛行和生长缓慢。受其影响，患病家禽通常十分瘦小，且常常被发现于屋角、墙边，或伏于食盆或饮水器的底部，备受冷落。当其一侧腿的关节或骨骼受到感染时，会出现跛行。对感染严重的处于败血症末期的禽类，常处于濒死状态，整个鸡群精神较差，不饮不食，食欲废绝。

单因素或多因素混合感染的临床症状中常伴有大肠杆菌感染的症状出现。

3. 发病率和死亡率

大肠杆菌感染导致的发病率和死亡率有较大差异。对大肠杆菌轻度感染的养鸡场，病鸡临床症状通常比较轻微，一般会在夜间出现零星的死亡；这种现象在蛋鸡群、种鸡群等患有大肠杆菌输卵管炎、腹膜炎等时比较普遍。对严重的感染，意味着全天有着较高的死亡率，该情况主要是出现了全身性败血症感染。死亡通常可作为衡量一个鸡群暴发大肠杆菌严重与否的主要指标。

五、病理变化

家禽感染大肠杆菌的病理变化多种多样，一般以病变发生的部位和病程变化来对其进行描述，即大肠杆菌的局部感染和全身性感染。

（一）局部性大肠杆菌病

1. 输卵管炎/卵黄性腹膜炎

输卵管炎/卵黄性腹膜炎是蛋鸡和种鸡产蛋下降和散发性死亡最常见的原因。输卵管被感染，延伸至腹膜，造成蛋鸡、种鸡和种火鸡、母鸭和母鹅产蛋量下降及零星死亡，且种蛋孵化出雏率、健雏率均较低。当母鸡患有卵巢炎、输卵管炎或人工授精时，细菌容易进入受精卵。一般情况下，正常母鸡产的蛋中有 0.5%～6%含有大肠杆菌，而人工感染发病鸡所产的蛋大肠杆菌携带率为 26%。在输卵管中，有干酪样渗出物形成的坚硬团块可阻塞并扩张输卵管，切开输卵管中的团块经常可见中心有一个旧的发育卵，四周围绕着多层渗出物，腹膜表面有广泛的炎症和渗出物。卵黄性腹膜炎则是卵黄落入体腔内所产生的轻度弥漫性炎症。

2. 脐带炎（卵黄囊感染）

脐带炎（卵黄囊感染）多属于大肠杆菌的垂直传播。侵入种蛋内的大肠杆菌在孵化过程中进行增殖，致使孵化率降低，胚胎在孵化后期死亡，死胚增多。孵出的雏鸡体弱，腹部膨胀，排出白色、黄绿色或泥土样的稀便，肛门可能黏结，在肚脐附近的组织经常潮湿和发炎，出生后 2～3d 死亡率较高，一般 6d 后死亡率降低，但死亡率通常超过 25%，被感染的雏鸡通常在 3 周后死亡数逐渐减少，但经过治疗康复的鸡往往生长不良。卵黄囊感染也可因肠道或血液中的细菌移位引起。

脐带炎和卵黄囊炎常混淆在一起（因脐带和卵黄囊距离较近）。一般情况下，未愈合或愈合不好的雏鸡容易发生感染，导致雏鸡体弱，卵黄吸收不良，死胚和死亡雏鸡的卵黄膜变薄，呈黄泥水样或混有干酪样物、脐部肿胀发炎，部分鸡有心包炎和肝周炎。

3. 肿头综合征

肿头综合征（SHS）通常是指鸡头部皮下组织及眼眶发生急性或亚急性蜂窝织炎。肿头是由上呼吸道病毒性感染（如禽肺病毒、IBV）继发大肠杆菌等细菌感染而导致的皮下炎性渗出物积聚而引起的。氨气的存在会加重该病的发生。细菌的入侵门户是结膜或有炎症的窦黏膜或鼻腔黏膜，也可通过咽鼓管引起感染。在发病早期可以看到典型的眶周炎症。增生的淋巴组织是大肠杆菌穿透黏膜表面的部位。划破结膜黏膜，滴入大肠杆菌纯培养物，或者于黏膜下或皮下组织接种大肠杆菌可以引发 SHS。但鼻内接种禽肺病毒和大肠杆菌则不能引发该病。1 日龄雏鸡结膜接种禽肺病毒和大肠杆菌混合物不发生该病，但能引起临床症状，尤其是当雏鸡同时感染这两种病原时会更为严重。

4. 气囊炎

气囊炎主要发生于 5～12 周龄雏鸡，6～9 周龄为发病高峰。临床表现为轻重不一的啰音、呼吸困难等呼吸道症状，一般死亡率为 20%～30%。病理变化主要表现为气囊混浊增厚，呈现气囊炎（彩图 5.2），心脏和肝脏则出现典型的心包炎和肝周炎（彩图 5.3）。

5. 蜂窝织炎

大肠杆菌蜂窝织炎主要是肉鸡的疾病，环境和品种因素在该病的发生中起重要作用，生长速度快、体重较大的肉鸡品种易出现皮肤抓伤，常诱发大肠杆菌蜂窝织炎。该病通常发生在病鸡的腹部之上或大腿和中线之间的皮下组织。

6. 肠炎

家禽原发性的大肠杆菌肠炎较为少见。该菌正常只寄生在鸡的下部肠道，但饲养和管理失调、卫生条件不良、各种应激因素使鸡的抵抗力降低，大肠杆菌就会在上部肠道寄生，从而引起肠炎。剖检发现在肠道的上 1/3～1/2 肠黏膜充血、增厚，严重者血管破裂出血，形成出血性肠炎。

（二）全身性大肠杆菌病

1. 急性败血病

急性败血病是病鸡常见的发病类型，危害极大。其主要发生于商品肉仔鸡，发病高峰为 3～6 周龄雏鸡，冬季和夏季发病率较高，死淘率通常在 5%～20%，严重的可达 50%。病鸡不表现任何症状而突然死亡或逐渐衰竭死亡，部分鸡离群呆立或挤堆，羽毛逆立，食欲减退或废绝，拉黄、绿、白色稀粪，肛门周围羽毛污染，发病死亡率较高。

大肠杆菌败血病可以是急性的、亚急性的（常伴有多发性浆膜炎）和慢性的（伴有肉芽肿炎症）。大肠杆菌存在于血液中，菌株的致病性和宿主自身的抵抗力决定了该病的持续时间和发病严重程度。该病最常见病变是心包炎，是大肠杆菌败血病的特征症状，通常与心肌炎有关，心包由于炎症和渗出物而出现混浊和浮肿。最初在心包中的渗出物是液态的，但它迅速变为干酪样，颜色由黄到白，然后心包黏在心外膜上。伴随着时间的变化，发炎、黏附的心包被纤维化，导致心包内外均充满纤维素性渗出物，严重者心包膜与心外膜粘连，心脏功能衰竭。镜检时，心外膜内有大量异染性细胞浸润，邻近心外膜的心肌间有大量淋巴细胞和浆细胞集聚，心肌纤维变性。其他常见病变是纤维素样肝周炎、肝脏肿大、脾脏充血。剖检后的组织颜色通常由绿色变为灰绿色。

依据大肠杆菌进入血液循环的方式及感染宿主，可将败血病分为以下 5 种。

1）呼吸道型败血病

这是商品肉鸡、商品肉鸭和火鸡最常见的大肠杆菌败血病。大肠杆菌往往是继发的，原发性病原（如 H9N2 亚型 AIV、IBV、NDV、禽肺病毒、支原体、粉尘和氨是最常见的病原诱因）损害呼吸道黏膜，使大肠杆菌很容易通过黏膜进入血液循环。大肠杆菌通过血液循环或呼吸道进入气囊，可引起气囊炎，继而逐步发展成纤维性心包炎、肝周炎、腹膜炎等，出现全身败血症，逐渐衰竭死亡。一般情况下，大肠杆菌可通过污染的空气或饮水、饲料等经受损的呼吸道黏膜直接进入气囊，气囊感染菌后几小时内，就可引起菌毒血症，3d 后出现心包炎、肝周炎。气囊炎的严重程度与细菌的致病性、数量及原发的病原等密切相关。

气囊接种致病性大肠杆菌或其培养物滤过液很容易引发无并发症的大肠杆菌感染的病变。接种后 1.5h 内发生气囊炎，6h 内发生菌血症和心包炎。接种后 48h 存活的病鸡出现明显的病变。死亡主要发生在接种后前 5d。如果耐过最初的感染，病鸡通常可迅速康复，但仍有一部分病鸡出现持续性厌食、消瘦，最终死亡。

2）肠道型败血病

该病常见于火鸡。其典型病变是急性败血症。最具特征性的病变是肝脏充血变绿，脾脏肿大、充血和肌肉充血。凝血纤维素蛋白存在于肝血窦中，肝脏有大量灰白色坏死灶，随着病情的发展，存活鸡发生肉芽肿性肝炎，最终出现和呼吸道型败血病相似的病变。

3）新生雏鸡败血病

雏鸡孵化后 24～48h 内感染，2～3 周时死亡率最高，为 10%～25%，通常有 5%的雏鸡因发育不良而淘汰。未感染鸡群发育正常，且疾病不易传播，最初的病变包括肺充血、浆膜水肿和脾脏肿大。后期则出现典型的急性病变，包括心包炎、胸膜炎和气囊炎等。

4）产蛋鸡败血病

产蛋鸡败血病多发于开产前的青年鸡，死亡率不高，剖检时可见心包炎、肝周炎及腹膜炎等。通常发病鸡突然死亡，死亡前可以观察到精神沉郁等变化，很容易并发卵黄性腹膜炎，几乎每天都有死亡，死亡率一周内一般在 10%以内。阿莫西林对该病常常有不错的治疗效果。

5）鸭大肠杆菌败血病

该病的特征性病变是心包炎、肝周炎和气囊炎等，浆膜面上往往有湿润的颗粒状和大小不一的凝乳状渗出物。死亡鸭肝脏肿胀、色暗，脾脏肿大、色深，很容易和鸭疫里默氏杆菌引起的病变相混淆。

2. 败血病后遗症

大肠杆菌败血病常以死亡为转归，但也有一些鸡可以康复或留有后遗症。如果大肠杆菌未被完全控制住，它可以在机体保护力较弱的部位，如大脑、眼部、滑膜组织（关节、腱鞘、胸骨）及骨等组织局部存在，并产生相应的病症。

1）脑炎

该病通常是在败血病的基础上，由大肠杆菌突破血脑屏障侵入脑组织所引起的，发病率为 0.6%～1%，死亡率为 0.2%。病鸡昏睡、拉稀、瘫痪、共济失调、喙尖触地、头颈震颤、腿部震颤，出现扭颈等症状，部分鸡拉白色稀粪，难以治愈。

2）关节炎

该病以幼、中雏感染居多，一般呈慢性发病，病鸡消瘦、关节肿胀、跛行、生长和发育缓慢。大肠杆菌存在于骨及滑膜组织中，是大肠杆菌败血病最常见的后遗症。

3）全眼球炎

病鸡精神沉郁、厌食，一般单侧眼睛发炎。初期红眼、流泪，随后眼睑肿胀突起，眼前房有脓性或干酪样分泌物。眼睛由于萎缩而收缩，整个眼充满异嗜性纤维蛋白渗出物，眼球逐渐凹陷、混浊，最后角膜穿孔、失明，直至衰竭死亡。该病是一种不常见的发病形式，发病率为 1%～2%。

4）肉芽肿

该病以肝脏、腺胃、肌胃、小肠、盲肠和肠系膜多发，在这些器官可发现粟粒大的肉芽肿结节。肠系膜除散发肉芽肿结节外，还常因淋巴细胞与粒性细胞增生、浸润而呈油脂状，结节的切面呈黄白色，略呈现放射状、环状波纹或多层性。

六、诊断

根据临床和剖检病理变化可做出初步诊断。但确诊往往需要进行实验室诊断。

（一）细菌的分离和鉴定

1. 分离培养

1）病料采集

应根据大肠杆菌侵害的靶器官选择采样部位。对死亡的鸡胚和有脐带炎的病鸡，可采集卵黄囊。对有纤维素附着的心脏、肝脏和脾脏等，被感染关节的液体或脓液、发炎的输卵管、有腹膜炎的腹腔、气囊内或眼内的干酪样物等，均可以进行无菌采样。

2）细菌分离

利用铂金耳无菌操作取病料，尽量规避其他细菌的干扰。将病料接种于普通营养琼脂培养基或麦康凯琼脂培养基上，37℃内培养 24h，获得单个菌落，供进一步试验。

2. 形态学

大肠杆菌在普通营养琼脂培养基上形成无色菌落；在麦康凯琼脂培养基上呈粉红色菌落，这是实验室分离和鉴定大肠杆菌最常用的方法。该菌为革兰氏阴性杆菌。

3. 致病性实验和致病性分类

利用 18～24h 肉汤培养物 0.1mL/只（10^{10}CFU/mL）气管内注射 1 日龄的雏鸡，如果接种的病菌可在 7d 内致死 50%～100%的鸡，或扑杀后发生严重的病变，且能从死亡鸡分离到病原菌，证明是高致病性菌株；如果接种鸡不死亡，产生严重病变者不超过 50%的菌株，为中度致病性菌株；接种鸡不死亡，仅在气囊上偶尔产生病变的菌株，为低致病性菌株或无致病性菌株。

（二）血清学诊断

对大肠杆菌病而言，血清学诊断意义不大，常用于菌株鉴定。一般情况下，可利用禽抗 O 型大肠杆菌单因子血清对分离菌株的 24h 培养物做玻片凝集试验以确定属于哪个血清型。也可以利用 K 型、H 型抗血清确定大肠杆菌的 K 型和 H 型。

（三）分子生物学鉴定方法

1）PCR 扩增和核酸探针

将 PCR 扩增的鸡大肠杆菌 I 型菌毛蛋白结构基因(*pilA*)，利用地高辛标记成核酸探针，与分属于 28 个血清型的 50 个鸡大肠杆菌分离株进行斑点杂交，阳性率达 84%，利用甘露糖敏感血凝试验检测，阳性率为 72%，表明核酸杂交法比甘露糖敏感血凝试验更敏感。利用地高辛标记的大肠杆菌核酸探针检测方便、迅速、特异和敏感，且无放射性。

2）PCR 扩增菌毛基因

根据 GenBank 中公布的人源大肠杆菌 I 型菌毛 *pilA* 基因序列，设计一对 PCR 引物扩增鸡源致病性大肠杆菌 I 型菌毛 *pilA* 基因，结果证实其比甘露糖敏感血凝试验更敏感。

3）致病性相关基因检测

建立诊断禽大肠杆菌黏附相关基因、侵袭及毒素相关基因、抗血清存活相关基因及铁转运相关基因的单重或多重 PCR，可以实现 APEC 致病性基因的简便、快速检测及流行病学调查。在多数 APEC 中鉴定出 6 个与致病性菌株相关的致病性基因：铁相关基因（*sitA*、*iroN*、*iutA*）、毒素/细菌素相关基因（*hlyF*）、保护素（*Iss*）和 *etsA*。在共生性大肠杆菌中很少发现这 6 种致病性基因，因此开发了多重 PCR 以区分共生性和致病性大肠杆菌。孟庆美（2014）设计了 18 个致病性基因引物，分为 4 组进行多重 PCR，结果表明，除 *papC*（2%）、*vat*（3%）、*ibeA*（5%）及 *neuC*（4%）外，其余 14 个致病性基因均有较高的分布率，分别为 *aatA*（44%）、*tsh*（47%）、*fimC*（85%）、*mat*（83%）、*ibeB*（100%）、*yijp*（98%）、*ompA*（85%）、*cva/cvi*（68%）、*iss*（79%）、*iroN*（70%）、*fyuA*（22%）、*iucD*（72%）、*irp2*（26%）和 *chuA*（47%）。

七、防控技术

大肠杆菌病具有病原复杂、血清型多、耐药性强和极易复发等特点，疫苗的防控作用有限，很难研制出涵盖所有家禽大肠杆菌发病类型的疫苗。因此，对该病的防控重点是加强饲养管理、消除发病诱因和强化卫生消毒管理。

1. 生物安全防控措施

1）加强饲养管理

大肠杆菌病是一种条件性致病菌。因此，该病的防控重点首先是要改善环境，特别是加强粪便、饮水等的消毒管理，合理控制禽舍的温湿度和通风，密度合理，避免温度忽高忽低，最大限度减少粉尘和各种应激因素等。

2）种蛋、种源和育雏控制

经种蛋传播是大肠杆菌病的特点之一，应注意种蛋消毒。同时对种源加强控制，避免外来传入。育雏期是大肠杆菌病的高发阶段，应加强孵化、育雏等的严格管理。

3）做好日常消毒工作

消毒是控制大肠杆菌污染的重要手段。消毒、卫生和清洁贯穿于饲养的每一个环节。禽舍和用具应经常清洗和喷雾消毒。

4）合理的药物预防

药物是预防和控制大肠杆菌的重要手段，在转群、疫苗免疫等前 2～3d 进行预防用药，可有效控制大肠杆菌病的发生。鉴于大肠杆菌极易产生耐药性，应选用敏感药物，交替用药。

2. 疫苗免疫

1）免疫机理

疫苗防控是控制大肠杆菌的重要措施之一。鸡大肠杆菌的保护性抗原主要是菌体抗原和菌毛抗原，二者刺激家禽机体产生抗体的作用不同，抗 O 血清可以抑制大肠杆菌在体内的生长，菌毛抗血清可抑制大肠杆菌在鸡气管上皮细胞上的定殖。

2）疫苗种类

家禽大肠杆菌灭活苗早在 1970 年就有人研究，并在生产中取得了显著的经济效益和社会效益。但是，现有禽大肠杆菌商品疫苗中一般含有 O78 等最多 4 个血清型毒株，而临床致病的血清型可达 70 多种，不同血清型之间保护性差，而各个地方流行株血清型不尽相同，很难研制出一种高效且能广泛应用的疫苗。在临床上，最常用的是大肠杆菌多价灭活苗。利用本场分离的大肠杆菌研制的自家灭活疫苗一般应用效果最好。根据佐剂不同，将灭活疫苗主要分为铝胶佐剂、油佐剂和蜂胶佐剂等。

育成鸡和种鸡多用油佐剂灭活苗，特别是大肠杆菌高发地区。开产前免疫可有效降低种鸡和商品蛋鸡产蛋期内的大肠杆菌病发病率，且可提高种蛋的孵化率和健雏率，给后代雏鸡提供母源抗体的被动保护。发病严重鸡场可考虑用自家疫苗接种。

商品肉鸡和雏鸡所用疫苗多为蜂胶佐剂灭活疫苗，采用 O78、O2、O5 及 O111 等血清型菌株制备，对常见血清型有较好的保护效果，具有吸收效果好、快，且可以提高雏鸡免疫力的优点，缺点是免疫保护期短。

3）免疫程序

免疫程序适用于疫病高发地区，一般需要两次免疫，第一次为 4 周龄，第二次为 18 周龄。

3. *药物治疗*

大肠杆菌容易对药物产生抗药性，最好进行药敏试验，选用敏感药物进行治疗。

1）单纯药物预防和治疗

常用的药物有卡那霉素、氯霉素、庆大霉素、磺胺类药物和诺氟沙星等。如果大肠杆菌属于继发感染，则应在控制原发病的基础上进行治疗。药物对预防雏禽细菌病的感染具有重要意义。一般可在雏禽出壳后开食时，投服开口药。早期投药可控制雏鸡孵化室感染或经种鸡胚传播的细菌病原。如果临床上已经出现了气囊炎、肝周炎、卵黄性腹膜炎等较为严重的病变时，使用抗生素治疗往往达不到应有的效果。大肠杆菌极易对药物产生耐药性，因此在感染早期，最好能将新分离的大肠杆菌进行药敏试验，选用敏感药物。一般在治疗时可选用下列药物。

（1）氟苯尼考：10%氟苯尼考，每千克饲料加入 0.5～1g，混饲连用 3～5d。

（2）环丙沙星：每 1000 千克水加入 100g，饮水连用 3～5d。

（3）先锋霉素 V、头孢呋肟或头孢噻肟钠：家禽每 1000 千克水加入 50g，自由饮用或 2 次/d，连用 3～5d。拌料加倍，连用 3～4d。

（4）庆大霉素：肌肉注射，每千克体重 1 万～2 万 IU，每日 2 次，连用 3d。

（5）硫酸卡那霉素：肌肉注射，每千克体重 1500IU，每日 2 次，连用 3d。

2）联合用药

针对 APEC 产生的耐药性，添加耐药酶抑制剂往往会收到较好的效果。例如，舒巴坦钠（WPB）可与大肠杆菌产生的β-内酰胺酶结合，阻止了该酶对头孢类抗生素（β-内酰胺类抗菌药）的水解作用，对β-内酰胺类药物也具有显著的增效作用。同时它也是外排泵抑制剂，对细菌固有的或抗菌药物诱导的外排泵均有很强的抑制作用，可以逆转耐药菌株，使细菌对药物重新变得敏感，如氨苄西林/舒巴坦（或阿莫西林/克拉维酸）联合使用。

3）辅助用药

内毒素只有菌体死亡溶解后才能被释放，如果临床上单纯大量使用抗生素治疗病鸡，会使细菌死亡并释放更多的内毒素，不但不能使症状得到缓解，反而会出现内毒素性休克，而使死亡增加。因此，控制禽大肠杆菌病，不但要抑杀细菌，更要清除内毒素。应注意保肝护肾，加强肝脏和肾脏代谢。应使用益生素、益生元、酶、消化道酸化剂、维生素等，结合抗生素，联合预防和治疗大肠杆菌病。

（徐怀英）

第三节　沙门氏菌病

禽沙门氏菌病（avian salmonellosis）是由多种沙门氏菌引起的禽类的急性或慢性疾病的总称。依据沙门氏菌菌株的不同可分为鸡白痢沙门氏菌、禽伤寒沙门氏菌和禽副伤寒沙门氏菌 3 类。鸡白痢沙门氏菌可引起雏鸡和雏火鸡的疾病（称为鸡白痢），很容易导致肺部感染，引起呼吸困难，是一种急性全身性感染。禽伤寒沙门氏菌主要危害成年禽类，是成年鸡的一种急性或慢性败血病（称为禽伤寒）。本节仅介绍鸡白痢沙门氏菌和禽伤寒沙门氏菌。

鸡白痢沙门氏菌和禽伤寒沙门氏菌分布较广，世界上大多数地区有该病。很多国家常常把上述两种病一起净化。中国已将沙门氏菌病列为《国家中长期动物疫病防治规划（2012—2020 年）》优先防控的疫病。在 2012 年启动的《全国蛋鸡遗传改良计划（2012—2020 年）》和《全国肉鸡遗传改良计划（2014—2025 年）》中，鸡白痢沙门氏菌和禽伤寒沙门氏菌的种群净化被列入重要日程。

一、流行历史暨分布

1. 同义名

鸡白痢沙门氏菌，又称雏鸡致死性败血症、杆菌性白痢。在 1929 年以前，鸡白痢一直被称为杆菌性白痢。此后，为纪念兽医细菌学家 Daniel E. Salmon，美国农业部将该病命名为沙门氏菌。禽伤寒沙门氏菌曾命名为禽伤寒杆菌、血液杆菌及鸡伤寒沙门氏菌。

2. 历史

沙门氏菌病（鸡白痢和伤寒）早在细菌学纪元开启之前就已在临床上发生，但真正被认识和确诊还要归功于现代微生物学的发展。禽伤寒最早发生于美国（1888 年），比鸡白痢（1899 年发生）还早十多年，该病对雏鸡致死率较高，危害极大，对美国养禽业是一个沉重的打击。1900～1910 年，鸡白痢被证实可以垂直传播，使对该病的防控“雪上加霜”，成为 20 世纪初制约美国养禽业发展的严重疫病之一。1913 年，Jones 等发明了试管、平板凝集等方法检测鸡白痢感染。1932 年，Mitchell 等人研制出全血凝集试验。上述方法为沙门氏菌的防控提供了技术手段。

3. 流行危害和分布

鸡白痢沙门氏菌呈世界性分布。但经过养禽发达国家多年持续不断的净化，鸡白痢已经降低到比较低的水平。美国对鸡白痢的防控起步较早。早在 1935 年，美国为确保家禽健康，就开始实施全国家禽改良计划（national poultry improvement plan，NPIP），其中鸡白痢的净化成为焦点。1954 年，禽伤寒沙门氏菌的净化也被列入 NPIP。该计划的实施大大降低了鸡白痢的发生。从 1987 年开始，美国就基本根除了鸡白痢。截止到 1995 年，美国已有 42 个州为鸡白痢-伤寒净化合格州，2001～2002 年仅在散养鸡群中分离到 1 株鸡白痢沙门氏菌，对白痢菌的分离率接近于 0。

英国和一些欧洲国家也开始了鸡白痢-伤寒净化计划。尽管如此，由于多种野生动物带菌，沙门氏菌很难根除。例如，1996～2004 年，英国饲养的家禽和鸟类发现该病；2005～

2007年意大利、2005～2008年德国和2006～2008年丹麦均发现该病；俄罗斯在2005～2008年共暴发该病63起。鉴于鸟类也是禽白痢等的病原携带宿主，NPIP（2001年）又增加了鸵鸟、美洲鸵鸟、澳洲鸵鸟和食火鸟等禽种。

在20世纪50～60年代，中国兽医工作者采用全血玻璃板凝集试验对部分地区鸡群进行了鸡白痢检疫普查，结果发现阳性率较高。20世纪80年代前后，中国部分种鸡场通过连续不断的检疫和淘汰阳性鸡，并综合其他防控技术，陆续建立了一批无白痢或白痢阳性率较低的种鸡群，为该病的净化奠定了良好的基础。但是，由于缺乏举国性的疫病净化措施和持之以恒的执行力，目前，中国部分地区鸡白痢的发生仍呈现较高的地方流行性特征。牛玉娟等（2016）对山东省13个种鸡场16 312只鸡进行了鸡白痢沙门氏菌感染调查，鸡白痢的平均感染率为8.39%，最高者达38.3%。鉴于鸡白痢对家禽业的高度危害，预防和控制该病仍然是中国养禽业面临的一项艰巨任务。

4. 公共卫生意义

鸡白痢沙门氏菌、禽伤寒沙门氏菌及禽副伤寒沙门氏菌均属于肠杆菌科肠道沙门氏菌亚种，在病原学、临床症状和病理变化等方面有很多相似之处；但分属于不同的血清型，在基因组结构、菌毛组成等方面有差异，且危害的对象和致病性各异。鸡白痢沙门氏菌和禽伤寒沙门氏菌主要危害禽类，对人类几乎不感染。但是，禽副伤寒沙门氏菌既可感染禽类（不致病），又可感染人类，并可污染禽蛋或家禽胴体，造成家禽及其产品食源性污染，进而引起人类严重的胃肠道疾病，因此，禽沙门氏菌病在公共卫生方面意义重大。

二、病原学

1. 种属分类

鸡白痢沙门氏菌（*Salmonella pullorum*）属肠杆菌科沙门菌属，宿主高度专一，和鸡伤寒沙门氏菌一样无鞭毛，是沙门菌属中少数几个不能运动的成员之一。《伯杰氏手册》已统一使用鸡白痢-伤寒沙门氏菌（*S.Gallinarum and S.pullorum*）来命名鸡白痢和禽伤寒的病原，其DNA的G+C含量是50%～53%。

鸡白痢沙门氏菌和鸡伤寒沙门氏菌均具有高度宿主适应性，被列为肠杆菌科肠道沙门氏菌肠道亚种鸡伤寒-白痢，二者在生化特性和流行病学等方面各异。

2. 形态

鸡白痢-伤寒沙门氏菌对普通碱性苯胺染料易于着色，革兰氏染色阴性。显微镜下，菌落两端稍钝圆，细长杆菌，大小为（0.3～0.5）μm×（1.0～2.5）μm，多单个存在，偶见多个连在一起。鸡白痢沙门氏菌和鸡伤寒沙门氏菌无运动性、无鞭毛。而其他沙门氏菌大多数能够运动，带有鞭毛。该菌不形成芽孢。

3. 生长特性

鸡白痢沙门氏菌和鸡伤寒沙门氏菌对营养的要求低，需氧或兼性厌氧，最适温度为37℃。二者在肉汤或肉浸液琼脂培养基（pH 7.0～7.2）上的菌落小、离散、平滑、蓝灰色或灰白色，有光泽和均一完整。在肝浸液琼脂上生长旺盛，呈明显的半透明状，菌落较小（直径小于1mm），但分散的菌落较大（直径可能有3mm），随着培养时间的增加，菌落增大，表面可呈现纹状；明胶穿刺，沿穿刺线生长，呈灰白色丝状，且不液化明胶；在肉汤中表现混浊，有絮状沉淀。鸡白痢沙门氏菌的生长速度比鸡伤寒沙门氏菌慢一些（不能氧化利用多种氨基酸）。两种菌在鉴别培养基上具有独特性，如在伊红美蓝琼脂培养基上形成淡蓝色菌落，无金属光泽；在麦康凯琼脂培养基上形成无色菌落；在亚硫酸铋琼脂（BS）培养基上形成黑色菌落，菌落周围有棕色或黑色的圈，对光观察有金属光泽；在木糖赖氨酸脱氧胆盐琼脂（XLD）培养基上的典型菌落为粉红色菌落。

4. 生化特性

鸡白痢沙门氏菌和鸡伤寒沙门氏菌均可分解阿拉伯糖、葡萄糖、半乳糖、甘露醇、甘露糖、鼠李糖和木糖，产酸，产气或不产气；不可分解的物质包括乳糖、蔗糖和水杨苷等。二者能还原硝酸盐，利用柠檬酸盐作为唯一碳源，不产生吲哚，常在三糖铁琼脂上产生 H_2S；通常赖氨酸和鸟氨酸脱羧酶反应阳性，脲酶阴性。二者不能使苯丙氨酸和色氨酸氧化脱氨。两种细菌生化特征的重要区别是鸡白痢沙门氏菌培养物可迅速使鸟氨酸脱羧，而鸡伤寒沙门氏菌则不然。生化反应在沙门氏菌菌株鉴定时有重要意义（表 5.4）。

表 5.4　沙门氏菌的生化特性鉴定

培养基	鸡白痢沙门氏菌	鸡伤寒沙门氏菌	其他沙门氏菌（副伤寒菌）	辛绍亚利桑那菌
葡萄糖	A（G）①	A	AG	AG
乳糖	–	–	–	AG 或 AGL②
蔗糖	–	–	–	–
甘露醇	A（G）	A	AG	AG
麦芽糖	(–)③	A	AG④	AG
卫矛醇	–	–	–	–
丙二酸盐	–	–	–	+⑤
明胶		–	–	+L
半固体（运动性）	–	–	–	+（运动）

注：A 表示产酸；G 表示产气；“–”表示阴性；“+”表示阳性；（）表示可变化；L 表示反应慢（一般 7～10d）。

① 多数鸡白痢沙门氏菌培养物产气，然而厌气菌株和另一些仅在长期培养时产生少量气。

② 多数辛绍亚利桑那菌培养物延长培养时发酵乳糖。

③ 多数鸡白痢沙门氏菌培养物不发酵麦芽糖。

④ 鼠伤寒沙门氏菌和哥本哈根变种偶尔不产酸，易同鸡白痢沙门氏菌相混（它有运动性）。

⑤ 24h 内变蓝。

5. 对理化因素的抵抗力

鸡白痢沙门氏菌和鸡伤寒沙门氏菌对热和化学药物的抵抗力较其他沙门氏菌弱，但在适当的环境下可生存数年。

在污染的鸡舍土壤内其致病性至少可保持 14 个月，夏季土壤内为 20～35d，冬季土壤内为 128～184d；在鸡舍内污染的木头上，可存活 10～35d 不等。肝脏中的细菌在–20℃条件下可存活 148d 以上；病鸡粪便中的鸡伤寒沙门氏菌可存活 10.9d，而在露天情况下至少活 2d。

这两种菌对热的抵抗力弱，经 60℃10min 便可杀死；但污染的鸡蛋须煮沸 5min 才能将其杀死。许多消毒剂均对它们有效，1∶1000 的苯酚、1∶20 000 的升汞或 1%的高锰酸钾均可在 3min 将其杀死，2%的福尔马林 1min 便可将其杀死。

6. 抗原结构

沙门氏菌有 O（细胞壁）抗原，无 H（鞭毛）抗原。O 抗原为热稳定性抗原并抗乙醇，其特异性由脂多糖决定。研究表明，鸡白痢沙门氏菌和鸡伤寒沙门氏菌均含有 O 抗原 1、9（重要抗原）和 12（次要抗原）。Younie（1941）首先发现鸡白痢在抗原上有变异，稍后 Edwards 等（1946）报告其抗原组合为 9、12_1、12_2、12_3；不同菌株的 12_2 与 12_3 抗原量不同。在标准菌株中含有大量的 12_3，只含有少量的 12_2，而变异菌株中两种抗原的含量刚好相反。

新分离的野外菌株，其抗原不稳定，经过多次连续传代后才趋向稳定。此外，鸡白痢沙门氏菌有 O 抗原 12 的变异，而鸡伤寒沙门氏菌则没有。由于禽类在感染后 3～10d 能产生相应抗原型的凝聚抗体，临床上可用凝集试验检测隐性感染和带菌者，鸡白痢沙门氏菌与鸡伤寒沙门氏菌二者的抗体有较高的交叉反应。目前使用的鸡白痢检测全血凝集抗原均为标准型菌株和变异菌株构成的多价抗原。鸡白痢沙门氏菌尚未见抗原变异。

7. 致病因子

沙门氏菌致病性相关基因主要分布在致病性岛、脂多糖和菌毛等。尽管这两种菌都产生内毒素，但这些毒素仅对啮齿动物有害，而鸡对此有抵抗力。

致病性岛是负责编码细菌致病性基因簇的染色体片段，其编码的基因产物多为分泌蛋白或表面蛋白，已经有 12 个致病性岛在各种不同血清型的沙门氏菌上被发现。目前研究比较透彻的 5 个致病性岛分别是 SPI-1、SPI-2、SPI-3、SPI-4 和 SPI-5。调节基因可调节不同致病性岛编码的致病性基因，如果删除这些基因，细菌的毒力将会大大降低。

脂多糖可以引发沙门氏菌败血症，导致动物发热，黏膜出血，白细胞先减少后增多，血小板减少，肝糖消耗，最终休克死亡。脂多糖由类脂 A、核心寡糖和 O 抗原多糖组成。在革兰氏阴性菌中，编码类脂 A 和核心寡糖的基因相对保守，O 抗原则会发生较大的变异。类脂 A 和核心寡糖部分可激活 T 细胞，是非特异性的；而 O 抗原则可以激活 B 细胞分泌抗体，是特异性的，因此，脂多糖可以作为抗原来制作疫苗。

菌毛是细菌表面的纤细结构，与细菌黏附上皮细胞及在小肠黏膜的定殖有关。

8. 致病机制

鸡白痢沙门氏菌可引发鸡的全身感染，对雏鸡致死率高，而对 7d 以上的鸡致死率逐渐降低。需要强调的是，鸡白痢沙门氏菌感染一般会发展为持续带菌状态，这会导致母鸡生殖道感染，从而诱发垂直传播。鸡白痢沙门氏菌和禽伤寒沙门氏菌的感染与家禽机体免疫系统的作用一般分为 3 个阶段。

1）侵袭阶段

鸡白痢沙门氏菌和禽伤寒沙门氏菌由胃肠道侵入家禽体内时，因为这两种菌鞭毛缺失，不能运动，通常不能被 TLR5 信号（TLR 为“天然免疫受体”）识别，且 TLR5 在应答启动方面起着关键作用。因此，这两种沙门氏菌感染后不会引发强烈的肠道炎症反应，而鼠伤寒沙门氏菌病（鞭毛运动）可引起强烈的肠道炎症。

2）全身性感染阶段

沙门氏菌首先侵入消化道，穿过肠黏膜，停留在肠黏膜淋巴结中，在那里繁殖。沙门氏菌侵入肠上皮细胞可导致一系列病理变化，并影响肠液和电解质的调节以及发生与异嗜性细胞浸润有关的炎症，最终导致细胞死亡，因此引起和加剧腹泻。巨噬细胞（可能还包括树突状细胞）可穿过基底膜进入固有层清除沙门氏菌，并转移到肝脏和脾脏（细菌复制的场所）。

3）免疫应答清除阶段

沙门氏菌的存活依赖沙门氏菌致病性岛 2 的Ⅲ型分泌系统。该系统利用吞噬细胞抑制溶酶体溶解，同时调节 MHC 和细胞因子的表达来抑制抗菌活性。沙门氏菌与巨噬细胞的相互作用是整个感染过程或免疫清除过程的枢纽。凡是不能控制沙门氏菌繁殖的个体通常都会死亡。如果天然免疫系统不能够控制细菌复制，那么最初由 Th1 型细胞因子介导的细胞和体液免疫将会清除这些细菌。带菌母鸡的持续感染可能会导致生殖系统和蛋的同时感染，并且伴随着 $CD_{4+}T$ 细胞数量下降，其影响会从母鸡性成熟开始，是种鸡发生垂直传播的重要原因。

此外，沙门氏菌在肠道定居、侵入上皮组织以及刺激肠液外渗等致病性，还与沙门氏菌所携带的致病性质粒相关。在能引起全身感染的非伤寒沙门氏菌菌株中，普遍存在一段大小为 50～90kb 的基因，与沙门氏菌的致病性密切相关。

三、流行病学

1. 感染宿主

鸡和火鸡是这两种细菌的自然宿主。鸡白痢主要发生于鸡和火鸡，其他禽类如鹅、鸽、珍珠鸡、鹌鹑、雉鸡、麻雀、鹦鹉等仅偶尔感染。各种日龄鸡都能感染鸡白痢，但以 2～3 周内雏鸡的发病率和死亡率最高。鸭对这两种菌具有抵抗力。

不同品种的鸡易感性有差异，白莱航鸡等轻型鸡的感染率比重型鸡高，褐色鸡比白羽鸡敏感，且这一易感性可能与遗传有关。禽伤寒通常发生于 3 周龄以上青年鸡和成年鸡。

2. 传染源

病鸡、隐性感染鸡以及被病原污染的物品和环境均是传染源。雏鸡感染后，体内可以长期带菌，成鸡感染后也能长期带菌。感染母鸡是主要传染源。

3. 传播途径

鸡白痢和禽伤寒沙门氏菌的传播途径主要包括水平传播和垂直传播两种方式。

垂直传播是主要途径，带菌鸡产出的受精卵约有 30%被菌污染，在传播中起主要作用。若以此为种蛋，便可代代相传，也可以污染孵化器，通过蛋壳等传给雏鸡，进而将鸡白痢和禽伤寒扩散。

消化道感染是十分重要的感染途径。病鸡的粪便是传播鸡白痢和禽伤寒的重要媒介物，也是鸡白痢和禽伤寒传播的直接菌源。病鸡排出的粪便中含有大量的病菌，雏鸡因接触污染该菌的饲料、垫料和饮水及用具而被感染。通过交配、断喙和性别鉴别等方面也能传播鸡白痢和禽伤寒。雏鸡较成鸡易感。此外，野鸟、动物和苍蝇等也可成为机械传播者。

4. 流行特点

鸡白痢和禽伤寒一年四季均可发生。饲养管理条件差、雏鸡拥挤、环境卫生不良、温度过高或过低、通风不良、营养缺乏及有其他疫病均可成为诱发鸡白痢和禽伤寒或增加死亡的原因。

鸡白痢的发病率和死亡率差异很大，受家禽年龄、品种、饲料营养、禽群管理等因素的影响，2～3 周龄的雏鸡发病后容易死亡，严重暴发时死亡率可达 100%，育成和成年鸡大部分为带菌者。

禽伤寒通常被认为是成年鸡的一种疾病，但也有雏鸡发病后死亡较多的报道（死亡率 26%）。

四、临床症状

鸡白痢和禽伤寒沙门氏菌可引起不同年龄阶段鸡和火鸡发病，二者的临床症状和病理变化非常相似。鸡白痢常见于雏鸡，而禽伤寒更多见于育成鸡、成年鸡和火鸡。

雏鸡与雏火鸡所表现的临床症状是一致的，但成鸡的症状则有所不同。发病率与死亡率有很大差别，死亡率为 0～100%不等，受日龄、品种、营养和管理等诸多因素影响。

1. 雏鸡

垂直感染的雏鸡多在出壳后即表现明显症状，7～10d 后，发病雏鸡逐渐增多，死亡率最高发生在 2～3 周龄，第 4 周龄时死亡减少。最急性的发病雏鸡，无症状迅速死亡；稍缓者精神萎靡，绒毛松乱，两翼下垂，缩头颈，闭眼昏睡，不愿走动，拥挤在一起。雏鸡病初食欲减少，而后停食，多数出现软嗉症状；同时腹泻，排稀薄如糨糊状粪便，肛门周围绒毛被粪便污染，有的因粪便干而封住肛门，影响排便。由于肛门周围炎症引起疼痛，雏鸡常发生尖锐的叫声。病程逐步发展，累及呼吸道和肺脏，表现为呼吸困难和气喘，最后因呼吸困难及心衰而死亡。

雏鸡气溶胶感染时，也可产生典型的呼吸道症状。有的发病雏鸡会出现失明、跗关节肿胀的症状。雏火鸡与雏鸡的症状类似。病程多为 4～7d，较长的为 20d 以上。3 周龄以上发病的雏鸡很少出现大批死亡，死亡率为 0～100%不等。耐过的鸡生长发育迟缓，成年后成为慢性患者或带菌者。

2. 育成禽和成年禽

感染禽无临床症状或仅表现轻微的临床症状，如饲料消耗量下降、腹泻、精神沉郁，产蛋率、受精率和孵化率下降等。火鸡对禽伤寒易感，多呈散发，潜伏期 4～5d，急性经过者突然停食，排黄绿色稀粪，体温上升 1～3℃。病鸡可迅速死亡，常经过 5～10d 死亡，病死率为 10%～50%或更高。当细菌侵染到肺部时，出现呼吸困难等症状。

五、病理变化

1. 剖检病变

最急性者发病后很快死亡，病变不明显。在急性病例中，典型病例可见肝脏、脾脏和肾脏肿大和充血，肝脏有大量白色坏死点或小病灶（彩图 5.4），脾脏肿大并有斑驳的白色，卵黄囊内容物可能结块，心包增厚，心包内含有黄色浆液性或纤维素性渗出物，在心外膜和心肌中可能有白色或淡黄色结节（彩图 5.5），支气管有黏液。在肺部、肌胃、胰腺、肌肉以及偶然在盲肠壁可见类似的小结节。在盲肠肠腔中可能有干酪样物。关节肿胀的病鸡，关节内含黄色的黏稠液体。在所有剖检病变中，肝脏是眼观病变最显著的器官，其次是肺脏、心脏、肌胃和盲肠。小日龄的发病雏鸡，可看到肺炎症状。

育成鸡的典型病变：肝脏肿大（为正常肝的 2～3 倍），暗红色或深紫色，有的为土黄色；表面可见散在或弥漫的小红点，或黄白色的粟粒大小不一的坏死灶，质脆易破常见肝内出血变化，表现为腹腔内积有大量的血水，肝表面有较大的血凝块。

成年母鸡病变不典型，受侵染的卵泡内常有干酪样物质，外面包有增厚的膜。这些变性的卵泡可紧附于卵巢上，也可从卵巢体上脱落。输卵管内有干酪样渗出物，由于卵巢和输卵管功能失调，可发生腹腔排卵或输卵管阻塞，从而引发弥散性的腹膜炎和腹腔浆膜粘连，也可引起心包炎。有时可出现纤维素性腹膜炎和肝周炎。成年公鸡的病变，常局限于睾丸及输精管，睾丸极度萎缩，有小脓肿，输精管管腔增大，充满稠密的渗出物；有时在肺脏和气囊上可见干酪样肉芽肿。

2. 组织学病变

最急性鸡白痢和鸡伤寒病例仅见于各种器官，如肝脏、脾脏和肾脏严重出血。急性、亚急性病例，肝脏中肝细胞有多灶性坏死，肝实质中有纤维蛋白积聚和异嗜性白细胞浸润。肝门静脉周围有异嗜性白细胞浸润，并伴有淋巴细胞和浆细胞。慢性病例，心脏上有大结节时，肝脏被动充血，伴有间质纤维化。肝脏病变是鸡白痢和伤寒的典型特征性病变。

雏鸡主要病变：肝脏内皮细胞灶性增生，心肌灶性坏死，支气管出现炎性渗出物，肠炎，肝、肺、肾的间质性炎。浆膜炎特别是心肌、胸腹膜及肠道等浆膜出现炎症，也是鸡白痢和鸡伤寒的特有变化。炎性变化包括淋巴细胞、淋巴细胞样细胞、浆细胞和异嗜性细胞等浸润，纤维细胞和纤维母细胞及组织细胞增生。心包炎很少见。10d 内的病雏看不到病变。

成年鸡病变：肝有充血、出血、灶性变性和坏死。病灶常是广泛的，但不是特异性的。

六、诊断

根据流行病学、临床症状和病理变化可做出初步诊断，但确诊依赖于实验室诊断。

（一）细菌学鉴定

1. 细菌的分离

以无菌方式自病鸡、死鸡的心、肝、脾、肺、卵巢和睾丸等部位采集病料，也可从孵化器（室）的废弃物、饲料、垫料、饮水、粪便、空气和屠宰鸡的胴体中分离细菌。需将被检材料接种于四磺酸盐煌绿肉汤中，37℃培养 24h 后，再在煌绿琼脂（也可在麦康凯或 SS 琼脂）平皿上划线，37℃培养 24h，选取可疑菌落进行检查。

急性感染时，以发病鸡肝脏、心脏、脾脏等有病变的器官为最佳；慢性感染时，需要从有病变的器官采集。雏鸡发病可采集未吸收的卵黄囊。

2. 细菌鉴定

1）鉴别诊断

对分离到的细菌，可依据沙门氏菌的菌落特点、生物学特性和理化特性等进行鉴别诊断。当分离菌证实为沙门氏菌时，可进一步进行生化反应来确定不同的种属。

2）血清学反应

在玻片上放 1～2 滴生理盐水，挑选可疑菌落在盐水中均匀涂抹，取沙门氏菌多价血清

1 滴加于其上，将二者相混，轻轻摇动并观察有无凝集作用，若在 1min 内发生凝集作用，则此菌属沙门氏菌。再用沙门氏菌的分组血清做凝集试验，鸡白痢沙门氏菌属血清 D 组。若菌落同 D 组血清发生凝集作用，则此菌为鸡白痢沙门氏菌。

3）分子病原学诊断

（1）PCR 诊断技术。耿士忠等（2007）建立了快速检测鸡白痢沙门氏菌的 PCR 方法，检测灵敏度达 100 pg DNA，与常规检测方法符合率为 94.3%。薛俊龙等（2011）用鸡白痢沙门氏菌 *fliC* 基因序列建立特异性 PCR 诊断方法，此 PCR 体系能检出 50pg 以上的细菌 DNA。杨帆等（2015）采用煮沸法提取 DNA 作为模板，分别针对沙门氏菌属、鸡白痢沙门氏菌和肠炎沙门氏菌的特异性基因（*invA*、*fliC*、*sdf I*）设计引物，建立了可同时检测病死鸡样品中的鸡白痢沙门氏菌和肠炎沙门氏菌的多重 PCR 方法，与传统细菌培养法的结果进行比较，优化过的多重 PCR 可同时对沙门氏菌种、属进行鉴定，灵敏度为 4.6×10^2CFU/mL，共检测出沙门氏菌 34 株，其中鸡白痢沙门氏菌 21 株、肠炎沙门氏菌 5 株，与传统细菌培养法检测结果的符合率分别为 91.2%、90.5%和 80.0%。

（2）LAMP 方法。沙门氏菌 LAMP 快速检测方法主要是在反应前体系中加入优化配置的钙黄绿素-$MnCl_2$ 溶液作为指示剂，反应后可根据颜色变化用肉眼判定结果，避免了反应后开盖判定带来的假阳性干扰。该方法快速、便捷，可在 2h 内完成检测。

（二）血清学鉴定

成年鸡和育成鸡常为隐性感染，只能通过血清学方法来确定感染。常用血清学诊断方法有多种，如鸡白痢全血玻片凝集试验（whole-blood slide agglutination test for pullorum disease，SPA）、快速血清凝集试验（rapid-method serum agglutination test，RS）、全血凝集试验（whole-blood agglutination test，WA）和微量凝集试验（microagglutination test，MA）等。

1. 全血玻片凝集试验

利用鸡白痢沙门氏菌标准菌和变异株进行 SPA。这些抗原既可检出鸡白痢沙门氏菌，又可检出鸡伤寒沙门氏菌。SPA 具有简便、快速、准确的优点，是净化白痢最常用的现场诊断方法。

1）方法步骤

（1）取一块干净的白瓷板，划出 3cm×3cm 的方格，可根据板的大小划出 *n* 个方格。

（2）在每个方格中心滴 2 滴（约 0.02mL）结晶紫染色的抗原。

（3）采集新鲜鸡血液，一般采用三棱针在鸡静脉处采血，把血液滴在抗原旁边。

（4）利用一支细玻璃棒将抗原和血液混匀。

（5）轻轻摇动，2min 内观察结果。如抗原在 2min 内形成凝集块则为阳性，不形成凝集块则为阴性。

注意：每次都要设阴、阳性血清对照。只有对照成立，才可以判定。鸡群在检疫 2 周之前，应停止服用药物，特别是呋喃类药物和磺胺类药物，以防其对检测结果产生影响。对存在可疑反应的鸡，如果以前为阳性，应判为阳性；以前是阴性的，应在 3～4 周之后重新检测。新近感染的鸡，一般在感染后 3～4 周呈阳性。

2）反应条件

SPA 最好在 20℃以上室温进行。当气温低时，反应时间延长。也可以在装有 2 个 40W 灯泡的箱子中进行。应及时观察反应，并随时做好记录。

3）存在问题

SPA 只能检查 16 周龄以上性成熟的鸡，对未达性成熟的鸡的检出率较低，特别是 4 周龄以下的鸡，即使发生感染的病鸡也不出现阳性反应；另外，易出现假阳性或假阴性反应。操作时应注意，一定要设置标准血清阳性和阴性对照。原因在于多种细菌具有与鸡白痢沙门氏菌相同或相近的抗原，如副伤寒沙门氏菌、大肠杆菌、微球菌、链球菌等。

4）替代试验

利用卵黄液代替血清做 SPA，二者的结果基本一致。单笼饲养的种鸡可采用此法检疫。

2. 其他凝集试验

1）试管凝集试验

血清倍量递减稀释，加入等量抗原 37℃放置 18～24h，若菌体紧密凝集成块状沉淀于管底，上清液清亮透明，则为阳性反应，1∶32 以上比例稀释呈阳性反应时才具有诊断意义。

2）快速血清凝集试验

快速血清凝集试验的操作方式与 SPA 基本相同，只不过样品是血清，而不是全血。进行 SPA 的血清最好不要冷冻保存，可 4℃冷藏保存。否则，可能会出现假阳性。

3）微量凝集试验

该试验在微量反应板上进行。首先将 20μL 血清加到 180μL 生理盐水中，这样血清即稀释成 1∶20 的浓度。取 100μL，利用生理盐水对血清进行倍比稀释，每孔再加等量标化过的染色液 100μL。将反应板封好，置 37℃放置 18～24h。阳性反应会出现絮状沉淀，上清液清亮，而阴性反应则成纽扣状沉淀。滴度为 1∶40 通常被认为阳性。

陈福勇等（1989）对 SPA、试管凝集试验、血清 AGP 和卵黄 AGP 作了比较观察，结果认为 4 种方法的敏感度基本一致。

3. 琼脂扩散试验

采集鸡血清利用琼脂扩散抗原做试验，若血清孔与抗原孔之间出现沉淀线，则判为阳性。琼脂扩散试验（AGP）准确可靠，对雏鸡与成年鸡都有较高的检出率，缺点是不如 SPA 反应快。

4. 酶联免疫吸附试验

利用沙门氏菌的脂多糖或全菌抗原，建立 ELISA 检测鸡白痢沙门氏菌和禽伤寒沙门氏菌抗体，可用于大规模血清样本或卵黄样本的筛检，也可用于鉴别疫苗毒和野毒感染。

曹春梅等（2006）用胶体金标记鸡伤寒沙门氏菌脂多糖抗原，建立了一种抗原夹心法快速检测鸡白痢、鸡伤寒沙门氏菌抗体的斑点免疫金渗滤法。与 SPA 相比，其具有灵敏度高，可快速检测到抗体，阳性样品滴度高和准确性强等优点。

徐耀辉等（2006）以辣根过氧化物酶标记的沙门氏菌 O_9 单克隆抗体 3-47-0 与包被的鸡白痢沙门氏菌脂多糖抗原，建立了一种抗体阻断 ELISA 以检测鸡白痢和鸡伤寒沙门氏菌感染的方法。该方法具有很强的区分能力。在人工感染试验中，从第 2 周开始，该方法能从全部鸡只中检测到特异性抗体，比 SPA 提早 1 周，特异性和敏感性更高。

七、防控技术

（一）沙门氏菌的净化

鸡沙门氏菌的防控核心在于种群的净化，药物和疫苗防控的效果不佳。该菌具有严格的宿主特异性，不像禽流感病毒那样宿主广泛，哺乳动物几乎不感染，其自然宿主是鸡，垂直传播是其主要方式。在规模化养鸡生产条件下，如果种鸡感染沙门氏菌，那么带菌种鸡所产种蛋的带菌率为 20%～30%，将导致严重的经济损失。因此，对种鸡群的净化十分关键。

1. 美国沙门氏菌净化的成功经验

1）美国国家家禽改良计划

20 世纪初，鸡白痢是制约美国养禽业的最重要疾病，对雏鸡的致死率高达 100%。因该病流行甚广，养禽者本身难以控制鸡白痢，需要政府部门干预。最初，美国的个别州在其辖区内开展鸡白痢检测和防疫，后来一些企业也陆续进行种群净化，一些州建立了无鸡白痢的种鸡场。1935 年，美国制定了全国家禽改良计划（national poultry improvement plan，NPIP），建立养禽者—州—邦三者疫病监测和防控协作机制，由美国农业部动植物卫生检疫署统一监督实施。

NPIP 中详细描述了建立和维持美国法定的无鸡白痢/禽伤寒清洁禽群和孵化场的具体标准。这些标准根据农场和孵化场管理措施制定，以防止禽群与感染群的直接或间接接触，且每年要对全部禽群（或有代表性的部分群）进行检疫。这些 NPIP 中的规定是由养禽者、州和联邦政府兽医官员共同制定的，且为适应养禽业和相关技术，不断修订和完善。每个州和养禽者可自行决定是否加入 NPIP。参与 NPIP 的企业必须在设施、人员和行为上符合 NPIP 的规定，接受有关疾病检测，并支付检测费。如其产品符合要求，则获得 NPIP 组织颁发的检疫证书和标签，并使用 NPIP 标记，其产品可在美国各州之间自由流通。参与 NPIP 的企业在国际贸易上也受欢迎。鉴于 NPIP 门槛较高，政府并不鼓励小型养殖企业参加 NPIP。该组织自 1935 年开始以来，对美国家禽业的发展起到了推动作用。长期以来，美国一直是世界上最大的家禽出口国，也是世界上禽病负担较轻的国家之一，禽病防控成本仅占家禽总成本的 1%。从 1987 年开始，美国根除了鸡白痢沙门氏菌。

2）鸡白痢和禽伤寒沙门氏菌净化的技术要求

要建立无感染禽群，须每隔 2～4 周对感染禽做一次检疫，直到连续 2 次都是阴性为止，最后几次的间隔不少于 21d。在大多数情况下，可通过短期的间隔检疫从禽群中消除感染。经 2 次或 3 次的重复检疫，一般可检出全部感染禽，但有时禽群中还会有持续感染。

区域净化方案的要点如下：①鸡白痢和禽伤寒必须是法定需报告的疾病。②当暴发疾病时必须实行隔离检疫，发病鸡群必须在监督情况下才能上市。③所有鸡白痢和禽伤寒的报告须经指定的州或联邦官员审查。④进口法规要求所运输的禽和种蛋必须来自无鸡白痢和禽伤寒的地区。⑤法规要求，公开展出的禽类必须来自无鸡白痢和禽伤寒的禽群。⑥要求所有的种禽和孵化场都必须参与消灭鸡白痢和禽伤寒的控制。

3）对中国的可借鉴意义

（1）NPIP 将宏观调控和市场机制有机地结合起来。NPIP 的运行机制归纳起来，就是通过给予那些参与疫病监测工作和做好疫病防控工作的养禽企业和实验室更多的市场，调动这些企业的防疫积极性和实验室检测的积极性。防疫的主要责任落实到最能够承担防疫任务的企业身上，而不是政府身上。养禽企业为了获得更高的经济效益，不得不搞好疫病防治工作并提供样品，实验室为了获取检测费用不得不确保检测质量和提交准确的检测数据，而政府兽医行政管理部门利用较少的人力和物力，充分发挥了政府应该发挥的协调、引导、监督和维护公平的作用。

（2）NPIP 抓住了动物疫病监测和预防的要领，从源头上不断净化和消除疫病。所有参与 NPIP 的企业在种禽净化方面都必须达到 NPIP 严格规定的标准，从源头上净化和清除疫病，使其在以后的饲养过程中，疫病防控压力大为减少。

（3）NPIP 很细致。NPIP 对各个环节规定得非常详细，具有很强的针对性和可操作性，以防某个细节的失误导致全局的失败。

2. 中国对沙门氏菌的净化

中国尽管已把鸡白痢沙门氏菌和禽伤寒沙门氏菌的种群净化列入重要日程，并且已经开展了鸡白痢沙门氏菌和禽伤寒沙门氏菌的净化，但净化“任重而道远”。

1）种鸡群的管理和净化

（1）种鸡群应饲养在隔离的环境中。必须严格执行消毒和检疫制度。

（2）种雏和种蛋必须来自无白痢病鸡群。必须确保从无白痢病的鸡场购进 1 日龄雏鸡和种蛋，新进的雏鸡应隔离检疫。种蛋、孵化器和出雏器在二次使用之前，要用福尔马林熏蒸消毒，运雏箱应一次性使用，如多次使用，则每次用后都要经福尔马林消毒。

（3）饲料、饮水和一切用具确保洁净，动物性蛋白应确保无沙门氏菌污染。尽可能使用灭菌饲料或颗粒饲料。水源应达到人用水的要求。

（4）鸡舍建筑应尽可能密闭，杜绝啮齿类动物和野禽、鸟进入鸡舍。饲养区禁养其他动物。

（5）实行全进全出管理。

（6）控制人员进出，人员进出应经过严格消毒，更不允许外人进入鸡舍和鸡场。

（7）定期的检疫和淘汰制度。自 2 月龄时对鸡群进行检疫，每月一次，淘汰阳性鸡，直至不再出现阳性鸡为止。

2）检疫要求

王红宁等（2016）制定了鸡白痢沙门氏菌净化实施方案，检测方法按照鸡白痢、鸡伤寒沙门氏菌全血平板凝集试验操作规程进行。各品种鸡群检测时间如下：

原种祖代鸡：母鸡 100～130d 进行第一次普检，普检不达标的，30d 后重检，280～310d 进行第二次普检。连续两次检出率低于 0.1%，以后每隔 3 个月抽检一次，每次抽检比例不低于 20%，抽检不达标需再次普检。公鸡每月普检一次。淘汰所有抗体阳性鸡。

父母代鸡：母鸡 100～130d 进行第一次普检，普检不达标 30d 后重检，280～310d 进行第二次普检。连续两次检出率低于 0.3%，以后每 3 个月抽检 1 次，每次抽检比例不低于 10%，抽检不达标需再次普检。公鸡每月普检一次。淘汰所有抗体阳性鸡。

商品蛋鸡：100～130d 抽检，比例不低于 5%，以此评估父母代种鸡场鸡白痢净化的效果。

（二）沙门氏菌的预防和治疗

1. 疫苗的免疫预防

有关鸡白痢和禽伤寒免疫的研究比较少。雏鸡 4d 经口感染直到 20～40d 才检测出凝集抗体，感染后 100d，抗体才达到高峰。细胞介导的免疫反应在细菌感染过程中起决定作用。此外，体液抗体量低并不排除带菌的可能性。

早期的研究表明，活疫苗的免疫效果和保护力优于灭活疫苗。1956 年首批减毒活疫苗 9R 和 9S 被用于控制禽伤寒，尽管 9S 比 9R 更具保护性，但 9R 不会产生针对脂多糖的循环抗体，因此不会对血清凝集试验造成干扰。9R 疫苗已被广泛使用，但对刚出壳的雏鸡和青年鸡仍有致病性，且致病性可持续数周。9R 的优点是可保护鸡群免于肠炎沙门氏菌感染；同样，罗曼动物保健有限公司生产的肠炎沙门氏菌疫苗（Sm24）也可保护鸡群免于鸡伤寒沙门氏菌感染。

程璺等（2015）利用同源重组技术构建出鸡伤寒沙门氏菌 1009*AspiCAcrp* 双基因缺失株。生物学特性研究结果显示，1009 株 *spiC* 和 *crp* 基因的缺失能够得到稳定的遗传，缺失株的部分生化特性发生了变化，生长速度减慢，与野生株相比致病性减弱，其对雏鸡的 LD_{50} 升高了 107 倍，免疫后 21d，结果显示免疫组在攻毒后没有出现临床症状，免疫保护率为 100%。

2. 药物治疗

多种磺胺、呋喃西林、氯霉素、四环素和氨基糖苷类抗生素可以有效减少鸡白痢和禽伤寒等引起的死亡。但单纯靠药物不能消灭该病，也不能靠药物的治疗和预防来代替消灭疫病的防制措施。药物只能起短期的作用，暂时减少发病率和死亡率。需要注意的是，药物治疗可以减少雏鸡的死亡，但愈后鸡仍然带菌。另外，长期的预防用药很容易导致细菌产生耐药性，导致治疗无效，且用药加大了成本。常用的药物包括：

（1）磺胺甲基嘧啶和磺胺二甲基嘧啶：将两者混在饲料中投喂，用量为 0.2%～0.4%，连用 3d，再减半量用 1 周。

（2）呋喃唑酮：混饲用量为 0.02%～0.04%，连用 1 周，再减半用量，连用 1～2 周。

3. 微生态制剂

近年来，国内外利用一些微生态制剂预防沙门氏菌病，如利用健康鸡盲肠内的细菌群、乳酸杆菌、链球菌、酵母菌和酶等，获得了较好的效果。马雪云等（2006）利用分离自健康 SPF 鸡盲肠的乳酸杆菌和肠球菌制备复合菌制剂，给 1 日龄健康罗曼商品雏鸡服用，结果复合菌制剂人工感染鸡白痢沙门氏菌的保护率为 83.3%。薛俊龙等（2011）试验表明，雏鸡 1～5d 口服微生态制剂或 1～3d 使用抗生素，4～8d 口服微生态制剂，可有效保护雏鸡免遭鸡白痢沙门氏菌强毒株的攻击，总保护率在 80%以上。

（亓丽红）

第四节　禽巴氏杆菌病

禽巴氏杆菌病（avian pasteuretlosis）是由多杀性巴氏杆菌（*Pasteurella multocida*，PM）引起鸡、鸭、鹅、火鸡和野鸟等禽类的一种接触性传染病。急性病例主要表现为突然发病、高热下痢、败血症、呼吸困难；发病率和死亡率均很高，通常20%～30%或更高。慢性病例则主要表现为鸡冠和肉髯水肿、流鼻涕、呼吸困难、关节炎、病程较长。慢性病例通常来自急性病例，二者均给养殖业造成了巨大的直接和间接经济损失。此外，该病还可导致饲料的转化率降低和家禽淘汰率升高等。疫苗接种和抗生素应用是预防和控制禽巴氏杆菌病的重要措施。在《中华人民共和国动物防疫法》中，中国将该病定为二类动物传染病。

一、流行历史暨分布

1. 同义名

法国学者 Chabert（1782）和 Mailet（1836）依据其典型的下痢症状，将其命名为“禽霍乱（fowl cholera，FC）”。1886 年，Huppe 称其为“出血性败血症”。

2. 历史

禽霍乱最早发生于 18 世纪（也可能在 1782 年以前）。1851 年，Benjamin 对该病进行了详细描述。在同一时期，Renault、Ruynal 和 Delafond 通过人工接种试验证明该病可以传播给不同的禽类。1879 年，Toussant 成功分离出该菌，并证明它是禽霍乱的唯一病原。1880 年，Pasteur 分离到该微生物，在鸡肉汤中获得了纯培养，进行了多种动物试验，并对其病理特性进行了系统描述。具有重要历史意义的是，Pasteur 首次对其进行了细菌致病性的致弱试验，首次研制出禽霍乱的弱毒菌苗，开创了利用疫苗免疫预防禽霍乱的先河。1887 年，巴斯德氏菌被正式确定为此菌的属名，并以此纪念为该菌研究做出的重大贡献的巴斯德，简称“巴氏杆菌”。

3. 公共卫生

多杀性巴氏杆菌是常见的人畜共患病原菌，在不同动物种群中传播，曾被列为美国农业部重点研究的 4 种动物疫病病原之一。鉴于该病很容易传染给其他动物（包括人），其公共卫生意义重大。

4. 流行历史和分布

禽霍乱呈世界性分布。18 世纪中后叶，欧洲发生了多起家禽巴氏杆菌感染，发病率和死亡率均很高，一度造成较大的危害。1867 年，美国首次禽霍乱在爱荷华州发生，造成鸡、火鸡和鹅的死亡。Pasteur 研制的疫苗和抗生素的推广使用，较好地控制了该病的流行。但由于多种动物携带病原，彻底净化和根除该病原比较困难。在以散养家禽为主的国家里，该病广泛存在。

中国的禽霍乱最早发生于 1948 年，迄今已有 70 多年的历史，该病多呈散发流行，主要发生在春秋两季。由于禽巴氏杆菌感染宿主众多，鸡、鸭、鹅等多种动物可感染和携带，该病一直是中国农村重要的散养家禽疾病，危害仅次于新城疫，曾被列为家禽的第二大流行病。禽霍乱在高温、潮湿和多雨的季节多发，中国南方地区较为流行。

二、病原学

1. 种属分类

1）分类

多杀性巴氏杆菌属于巴氏杆菌科（Pasteurellaceae）巴氏杆菌属（*Pasteurella*），是巴氏杆菌属的代表种。根据细菌对海藻糖和山梨醇发酵模式的不同，将多杀性巴氏杆菌种分为3个亚种：多杀性巴氏杆菌多杀亚种（*Pasteurella multocida* subsp. *multicida*）、多杀性巴氏杆菌败血亚种（*Pasteurella multocida* subsp. *septica*）和多杀性巴氏杆菌杀鸡亚种（*Pasteurella multocida* subsp. *gallicida*）。巴氏杆菌多杀亚种是最常见的病原，而巴氏杆菌败血亚种和杀鸡亚种也可造成类似禽霍乱的病变。

2）基因组

Hunt 等（1998）首次绘制了澳大利亚 A∶1 血清型巴氏杆菌的遗传图谱，发现该菌的基因组大小为2.35Mb，呈环状，无染色体外元件，揭示了该菌的遗传学结构。

2. 形态和染色特征

多杀性巴氏杆菌为革兰氏阴性短杆菌，是一种两端钝圆、中央微突的球状或短杆状菌，无鞭毛，无芽孢，近似椭圆形，大小为（0.2～0.4）μm×（0.6～2.5）μm，单个或成双排列。大部分致病性强的菌株可用负染法观察到荚膜，部分血清型菌株有菌毛，多与菌株的黏附功能有关。新分离的强毒株有荚膜。

病料组织或体液涂片用瑞氏、姬姆萨氏法或美蓝染色镜检可见菌体多呈卵圆形，两端着色深，中央部分着色较浅，很像并列的两个球菌，故又称两极杆菌。用印度墨汁等染料染色时可看到清晰的荚膜。新分离的菌株可清晰地观察到荚膜，经过长期传代培养，荚膜将逐渐丧失。

3. 营养与菌落特征

1）生长营养要求

PM 为需氧或兼性厌氧菌，对营养有较高要求。泛酸和尼克酰胺是该菌生长所必需的物质。在培养基中添加不同动物的血清对菌的生长影响不同。鸡、鸭等禽类血清可促进该菌生长，含5%禽血清的葡萄糖淀粉琼脂是多杀性巴氏杆菌初次分离和传代最好的培养基，但马、牛、羊的血液或血清对该菌的生长有抑制作用。该菌最适生长温度为 37℃，pH 为7.2～7.8，在普通肉汤中培养16～24h效果最佳，几天后肉汤混浊，形成黏性沉淀和菌膜，个别菌株可以形成絮状沉淀。

2）菌落特征

PM 在普通营养琼脂上生长贫瘠，37℃培养18h，可见细小、半透明、光滑、湿润、边缘整齐的露滴状菌落，直径约1 mm；在鲜血琼脂、血清琼脂上培养24h，可形成灰白、湿润而黏稠的水滴样小菌落，无溶血现象；在麦康凯培养基上不生长。在半固体培养基明胶中进行穿刺接种，能够看到该菌并没有向周围生长，而是上粗下细地顺着有穿刺线的地方生长。

根据菌落形态不同，将其分为光滑型（S）、黏液型（M）和粗糙型（R）。研究发现，强致病性菌株一般形成光滑型，经连续传代分化而变异形成粗糙型菌落，其中光滑型菌落对鸽的致病性比粗糙型菌落致病性强300万～400万倍。

菌落的虹光检测是研究该菌较有价值的手段之一。多杀性巴氏杆菌在加血清和血红蛋白培养基上37℃培养18～24h，45°折射光线下检查菌落呈明显的虹光反应，菌落的虹光与荚膜有关。Heddleston（1964）曾研究210株禽霍乱病例分离株的菌落形态，鉴定出3个型。①虹光型：常与急性禽霍乱的暴发相关，属于强致病性菌株。②蓝光型：属于弱致病性菌株，一般分离自禽霍乱流行性禽群。③中间型：其虹光特征介于前两者之间。

4. 生化特性

PM可分解葡萄糖、蔗糖、果糖、甘露糖和半乳糖，产酸不产气；不能利用乳糖、鼠李糖和肌醇；靛基质试验、过氧化氢酶试验、氧化酶试验及硝酸盐还原试验为阳性；尿素酶试验、VP试验和甲基红试验均为阴性；可还原美蓝。不液化明胶，可产生硫化氢。

多杀性巴氏杆菌的生理学特征可用于细菌鉴定。多杀性巴氏杆菌不产气，但能产生氧化酶、过氧化氢酶、过氧化物酶和特征性的气味。

5. 对外界抵抗力

多杀性巴氏杆菌对外界抵抗力不强，极易被消毒剂、阳光、干燥和热灭活。福尔马林、3%苯酚、0.5%～1%氢氧化钠、10%的石灰乳、0.05% β-丙酰内酯、2%戊二醛溶液、0.1%苯扎溴铵溶液等均可以灭活该菌。56℃ 15min、60℃ 10min可杀死该菌。

该菌在有机质存在的情况下存活时间较长，在死亡动物的血液或带菌动物的粪便中能存活10d；在17.6℃的常温下存于密封试管中的肉汤培养物经2年后仍有致病性。土壤中湿度为50%、温度为20℃的条件下，该菌在pH 5.0的环境中能存活5～6d，pH 7.0时能存活15～100d，pH 8.0时能存活24～85d。该菌在3℃和pH 7.15、湿度为50%的土壤中能存活113d而不失去致病性。

在冻干状态或密封在有甘油的试管中，在4℃或-20℃的温度下，该菌最长可保存26年。一般情况下，该菌可以在4～10℃冰箱内保存，每2周需要传代一次。

与大多数革兰氏阴性菌不同的是，多杀巴氏杆菌对青霉素较敏感。研究发现，该菌对磺胺类、喹诺酮药物，以及第一代氨基糖苷类如四环素、链霉素等抗菌药物敏感。

6. 抗原结构和分型

1）亚群分类

多杀性巴氏杆菌有3个亚种，即多杀亚种、败血亚种和杀鸡亚种。这些亚种可根据生化特性鉴别，均能从发生禽霍乱的病鸡中分离到。但是，在鸡和火鸡中，分离最多的是多杀亚种，最少的是败血亚种；水禽中以杀鸡亚种为主。16sRNA序列和管家基因序列分析表明，多杀亚种和败血亚种属于相同的发育系，杀鸡亚种属于单独的发育系。

2）血清分型

多杀性巴氏杆菌的抗原结构比较复杂，分型方法多种多样。常规的血清学分型主要以荚膜抗原（K抗原）和菌体抗原（O抗原）来划分血清型，分别为荚膜血清型和菌体血清型。血清型不同，其致病性也存在差异，这是由荚膜和脂多糖成分不同而造成的。多杀性巴氏杆菌不同血清型之间交叉保护较差，因此对该菌进行血清分型对该病的防控具有重要意义。

Carter 等（1955）采用间接血凝试验（结合荚膜抗原差异）将多杀性巴氏杆菌分为 A、B、C、D、E 及 F 型。现已发现 A 型多杀性巴氏杆菌多感染鸡、鸭等禽类，中国流行的禽源多杀性巴氏杆菌大多属于 A 型，F 型仅见于火鸡；B 型多杀性巴氏杆菌多感染家畜如牛、马、羊等，引起出血性败血症；D 型多杀性巴氏杆菌多感染猪，引起猪的萎缩性鼻炎；F 型多杀性巴氏杆菌可感染火鸡和家兔，后者发生鼻瘘。

1972 年，Heddleston 等建立了耐热抗原琼脂扩散沉淀试验，利用该方法可将多杀性巴氏杆菌分为 16 个血清型。

目前世界公认的菌体血清学分类方法是：将 Heddleston 菌体分型法和 Carter 荚膜分型法结合起来，即荚膜型（A/B/C/D/E/F）：热浸抗原型（1～16）。郑明等（1982）曾对中国的 111 株由家禽分离的多杀性巴氏杆菌进行分型，显示 110 株均为 A∶1 型，仅有一株为 A∶3 型。程安春等（1997）曾对四川省不同地区分离到的 256 株鸭源多杀性巴氏杆菌进行分型，结果显示 99.22%为 A 群，其中 95.7%为 A∶1 型，1.95%为 A∶3 型，1.56%为 A∶9 型。

3）核酸分型

随着分子生物学技术的发展，多杀性巴氏杆菌的限制性内切酶分析（REA）和限制性片段长度多态性分析（RFLP）方法已广泛应用于禽霍乱暴发时菌株的多样性和传播途径的研究。其中，以限制性内切酶 HpaⅡ和 HhaⅠ应用最多。最近几年，很多学者依据细菌遗传学特征建立了多种基因分型的方法，如 16SrRNA 基因测序法、多杀性巴氏杆菌菌株特异性 PCR 和荚膜分型 PCR、基因芯片技术、核糖体分型和基因组重复序列 PCR 等。Hopkins 等（1998）利用随机引物 PCR（AP-PCR）成功地鉴别出禽霍乱暴发时的流行菌株和疫苗株。

7. 致病因子致病机理

1）致病因子

（1）荚膜。荚膜是 PM 重要的致病因子，是一种重要的保护性抗原，其抗原性是细菌分型和鉴定的重要依据。荚膜存在于细胞壁的外周，不仅具有抗吞噬、抗胞内杀菌、抗血清杀菌等作用，还具有抗溶菌酶、抗补体、抗干燥、抗吞噬和黏附等作用。此外，荚膜还可在菌体营养缺乏时作为营养物质而被吸收。研究表明，多杀性巴氏杆菌的强毒株都有荚膜，而弱毒株一般无荚膜，荚膜缺失的突变株，其致病性明显下降。

（2）脂多糖。脂多糖是革兰氏阴性菌致病物质内毒素的物质基础，在革兰氏阴性菌崩裂时释出，是很强的发热原。目前普遍认为脂多糖在多杀性巴氏杆菌的致病过程中起着重要作用，且在对嗜中性粒细胞的黏附中起辅助作用。Pirosky（1938）利用三氯乙酸抽提法，从禽源多杀性巴氏杆菌中获得了内毒素。通过注射少量内毒素，可诱导鸡出现急性禽霍乱的临床症状。

（3）菌毛。菌毛在细菌的表面黏附素中起重要作用，其 A、B 和 D 型均能分离到Ⅳ型菌毛。Ⅳ型菌毛能使细菌牢固地附着于动物呼吸道、消化道和泌尿生殖道的黏膜上皮细胞上，具有很强的黏附能力，是公认的致病因子。根据其前体蛋白 N 端信号肽长度可将Ⅳ型菌毛分为两种：其一为典型Ⅳ型菌毛，其 N 端较短，存在 6～7 个氨基酸的信号肽；其二为类Ⅳ型菌毛，它的信号肽较长。将多杀性巴氏杆菌的Ⅳ型菌毛蛋白的成熟蛋白与其他细菌进行对比，发现有高度的同源性；通过基因工程手段克隆禽巴氏杆菌的Ⅳ型菌毛的 *ptfa* 基因时，发现它的信号肽比经典的Ⅳ型菌毛的要长，其中序列“KGFTLIELMTV”高度保守，与其他菌如流感嗜血杆菌的类似序列等同源性较高。

（4）铁调外膜蛋白。铁对细菌生长和复制来说是必需的。然而，宿主体内存在铁结合糖蛋白如铁传递蛋白和乳铁传递蛋白，所以体内铁在很大程度上无法被细菌利用，体内自由铁离子的浓度大约为 10^{-18}，这不能满足细菌的生长，细菌必须从外界获取铁元素。在富铁培养基和缺铁培养基上的生长情况及在宿主体内的生长情况都表明，多杀性巴氏杆菌中的许多外膜蛋白具有调节铁含量的能力，这些蛋白被称为铁调外膜蛋白（iron-regulated outer member protein，IROMP）。多杀性巴氏杆菌在体内会表达铁调外膜蛋白，且能诱导产生交叉保护免疫力。

（5）外膜蛋白。外膜蛋白（outer membrance proteins，OMPs）是外膜中镶嵌的各种蛋白质的总称，在发病机理、杀菌性能和免疫原性等方面发挥着重要作用。OMPs 具有良好的免疫原性，可以刺激机体产生保护性抗体。OMPs 是多杀性巴氏杆菌主要的免疫原，包括主要蛋白和微量蛋白，二者在细胞中的拷贝数差别很大。这些蛋白位于致病菌和宿主细胞的接触面上，其功能受到各种选择压力的影响，同时在细菌与环境或者宿主之间的相互作用、摄取营养及不同分子出、入胞等方面有着重要的作用。OMPs 能够从不同程度上展示不同菌株间的变化，并用来评价菌株间的差异，从而确定其流行病学意义。利用 OMPs 制备的疫苗可对小鼠、鸡和兔显示较好的保护作用，而单独诱导脂多糖的免疫反应只能起到部分的保护作用。由此可见，OMPs 在交叉保护免疫中具有重要作用。

2）致病机理

禽多杀性巴氏杆菌的致病性是由诸多致病因子如脂多糖、铁调外膜蛋白、荚膜和外膜蛋白等共同作用的结果，其对宿主的致病是一个复杂的过程，主要是通过易感动物的咽部和上呼吸道黏膜侵入宿主，也可通过眼结膜、皮肤伤口等感染。一般是先黏附到宿主细胞，进而侵袭宿主的组织细胞。致病菌只有逃避宿主的免疫监控，获得自身存活所必需的营养后，才能在体内定居和繁殖。一旦细菌突破家禽机体的屏障系统，经淋巴系统进入血液，就会发生内源性感染而导致败血症，发病禽因败血症而产生各种危害。细菌内毒素（脂多糖）也是产生败血症的原因。

三、流行病学

1. 感染宿主

PM 宿主较多，不同的家禽和野禽均易感染，家禽中以鸡、火鸡、鸭、鹅和鹌鹑最容易感染。现已从 50 种野生鸟中分离到多杀性巴氏杆菌。实验动物如小鼠、兔、豚鼠等均可感染该菌。

家鹅和家鸭对禽巴氏杆菌高度易感。日本长岛曾发生鸭禽霍乱，68 个商品鸭场有 32 个发生该病，死亡率高达 50%，损失惨重。美国罗德岛鹅群发生鹅霍乱，4200 只鹅中 80% 死亡。

雏鸡对巴氏杆菌有一定的抵抗力，感染较少； 3～4 月龄的鸡和成年鸡较易感染，常引起产蛋量下降和局部持续性感染。实验条件下，根据所用多杀性巴氏杆菌菌株的不同，感染鸡可在 24～48h 内死亡 90%～100%；但接触感染，2 周内只死亡 10%～20%。

2. 传染源

患病禽和健康带菌禽（包括家畜和家禽、野鸟等）是最主要和最危险的传染源。其中，健康家禽带菌比例可高达 60%，多杀性巴氏杆菌主要存在于禽的鼻腔和呼吸道，多为终身带菌。

3. 传播途径

禽巴氏杆菌病主要通过消化道和呼吸道等水平传播。病禽的分泌物、排泄物常常污染环境、饲料、笼具和饮水等，易感的禽群通过消化道、呼吸道、皮肤黏膜及其伤口等直接或间接接触病原而感染。在场内、外流动的动物（如鼠、猫和狗）以及人也能机械性地携带病菌。某些昆虫（如苍蝇、蚊子、蜱、螨）也能传播该病。该病不垂直传播。

4. 流行特点

禽霍乱一年四季均可发生和流行，但在高温、多雨的夏、秋两季以及气候多变的季节最容易发生。家禽饲养管理不当、环境较差、阴暗、潮湿和拥挤，天气突然变化，营养不良，缺乏维生素、矿物质和蛋白质以及长途运输等应激因素，很容易导致家禽发病。

不同品种、日龄的家禽，其流行特点各异。幼龄鸡发病率低，成年鸡、特别是产蛋鸡常呈地方流行性。鸭则以 1 月龄以下的雏鸭发病率和死亡率较高。鸡、鸭之间互相感染的情况比较多见。就菌株致病性而言，急性病例感染后多呈败血性经过，流行快，死亡率为 30%～40%；慢性病例一般不表现临床症状，病程较慢，死亡率不高，往往呈散发性。

四、临床症状

1. 鸡

鸡的禽霍乱潜伏期为 2～9d，在临床上根据其危害程度可分为最急性型、急性型和慢性型。

（1）最急性型：多见于散养鸡，常发生在疫病流行初期，以产蛋鸡和肥壮鸡多见，病禽常常不表现任何症状，仅见倒地拍翅抽搐，经过几分钟或数小时突然死亡，鸡冠呈蓝紫色。

（2）急性型：是最常见的病型，病鸡离群，体温高达 43℃，羽毛松乱，精神沉郁，闭目呆立不动，弓背、缩头或将头藏在翅膀下，口鼻流出淡黄色带泡沫的分泌物，排出黄色、灰黄色甚至绿色粪便，有时伴有血液。鸡冠和肉髯发绀成紫色，肉髯常发生水肿、发热和疼痛，呼吸急促和加快并时常摇头，又称“摇头瘟”。病鸡临死前常有发绀现象。病鸡腹泻时最初呈白色水样粪便，稍后即为略带绿色并含有黏液的稀粪。患病蛋鸡停止产蛋，1～3d 后衰竭、昏迷、痉挛而死。

（3）慢性型：多发生在禽霍乱后期，通常是由急性型转变而来，多呈慢性呼吸道病或慢性肠炎。病鸡精神不振，鼻孔流出黏液分泌物而影响呼吸，鸡体消瘦并伴有腹泻，鸡冠和肉髯苍白。部分鸡患关节炎，关节肿大、疼痛和跛行。这类慢性型禽霍乱，其病程至少有 1 个月，但死亡率不高。幼鸡感染该病时，其生长发育停滞；而成年蛋鸡感染时，停止产蛋。

2. 鸭和鹅

在鸭感染的禽霍乱中，多呈现急性型，其症状与鸡的类似，且病鸭全身衰弱，停止鸣叫，不愿走路或下水，怕水、打寒颤；眼常半闭，食少或不食；鼻口中流出黏液，打喷嚏；呼吸困难，张口摇头；排出铜绿色或灰白色稀粪，粪便较稀并伴有腥臭味，食欲废绝，饮欲增加。除患关节炎外，鸭掌部肿胀变硬，切开见有脓性和干酪样坏死；雏鸭食欲和体温正常，瘦弱、发育迟缓，主要表现为一侧或两侧的跗、腕以及肩关节发生肿胀、发热，脚麻痹，起立和行动困难。

病鸭群用抗生素或磺胺类药物治疗时，死亡率显著下降，但停药后又复发，如此反复。成年鹅的临床症状与鸭相似；雏鹅发病和死亡较成年鹅严重，常以急性型为主，1～3d 即死亡。

3. 火鸡

火鸡发病时，除有全身症状外，还伴有呼吸道症状，如张口呼吸，有啰音，从口鼻流出大量黏液，病火鸡频频摇头，吞咽、伸颈，排出稀粪，1～3d 死亡。

五、病理变化

1. 剖检病变

1）鸡

（1）最急性型：可见病死鸡冠、肉髯呈紫红色，常常无明显的剖检变化，心外膜有小出血点，肝脏表面有数个针尖大小的灰黄色或灰白色的坏死点。

（2）急性型：以败血症为特征性病变。在病死鸡心冠脂肪、冠状沟和心外膜上有很多出血点（彩图 5.6），心包内积有淡黄色液体，并混有纤维素。肝脏表现为肿大、质脆，呈棕红色或棕黄色或紫红色，表面有很多小米粒大小的灰白色或灰黄色的坏死点，有时可见点状出血（彩图 5.7）。脾脏肿大，有坏死点。其他病变包括鼻腔内有黏液，皮下组织和腹腔中的脂肪、肠系膜、浆膜、黏膜有大小不等的出血点，胸腔、腹腔、气囊和肠浆膜上常见纤维素性或干酪样灰白色的渗出物。肺脏表现为肺炎，有充血和变性。肠黏膜充血，有出血性病灶，尤其是十二指肠最为严重，黏膜红肿，呈暗红色，有弥漫性出血，肠内容物含有血液；有时肠黏液上覆盖一层黄色纤维素。产蛋鸡可表现卵巢充血和出血。

（3）慢性型：因感染器官不同而异，病变多局限于某些器官。当以呼吸道症状为主时，可见鼻腔、气管和支气管呈卡他性炎症，分泌物增多，肺脏质地变硬；当病变局限于头部时，可见肉髯水肿和坏死；当病变局限于关节时，主要见于腿部和翅膀等部位的关节肿大、变形，有炎性渗出物和干酪样坏死。慢性感染的蛋鸡能看到卵黄破裂，卵巢出血，卵黄样物质覆盖在腹腔器官表面。

2）鸭

鸭的病变与鸡相似。心包内有黄色透明积液，心包膜、心冠脂肪有小出血点。肺脏呈多发性肺炎和出血，鼻腔黏膜充血和出血。肝脏有针尖状坏死点。雏鸭为多发性关节炎时，关节面粗糙，内有黄色干酪样物或肉芽组织，关节囊增厚，内含红色浆液或灰黄色混浊黏稠液体。

3）火鸡

火鸡症状比较典型，肺炎病症比较严重，可见肺脏发生单侧或双侧纤维素性肺炎。

2. 病理组织学

急性禽霍乱，可见肝脏肿胀，常见多个局灶性坏死和异嗜性细胞浸润区。肝细胞发生颗粒变性、脂肪变性及坏死，窦状隙扩张充血，肝小叶内有大小不等的坏死灶。但弱致病性的多杀性巴氏杆菌感染禽镜下观察肝脏无明显炎性反应。肺脏和其他一些脏器常见异嗜性细胞浸润。肺脏表现为肺泡壁毛细血管充血，肺泡上皮肿胀、脱落，肺泡壁和肺泡腔内有大量异嗜性细胞浸润。

火鸡感染禽霍乱后肺脏的病理病变比鸡严重。慢性病例的组织病变比较复杂，不具有诊断意义。

野鸭霍乱的特征性病变是急性脾炎（特征病变），表现为脾脏表面可见大量坏死点。光学显微镜下坏死灶处结构模糊，呈红染的颗粒状或变性坏死的淋巴细胞崩解消失，出现淡红色条索状物质及炎性细胞浸润，病变率达100%。

六、诊断

根据发病特点、剖检病理变化等可做出初步诊断，但确诊必须依赖于实验室检测。

（一）病原学诊断

1. 直接涂片

利用病料（发病或死亡禽的组织器官或心血渗出物）或细菌分离物制备涂片，分别进行革兰氏染色或美蓝等染色，镜检观察是否具有巴氏杆菌的特点。例如，该菌革兰氏染色为阴性；美蓝染色呈两极浓染；姬姆萨或瑞氏染色，可见到两极着色的卵圆形杆菌；用印度墨汁负染色法可染出荚膜。

2. 细菌分离和鉴定

1）病料采集

最急性或急性病例，可采集死亡动物肝脏、脾脏、心血；慢性病例一般是从局部病灶中分离，对不新鲜或被污染的样品，建议从骨髓中采取病料。

2）细菌培养

初次分离该菌，常采用血液琼脂培养基、葡萄糖淀粉琼脂培养基、胰酶大豆琼脂培养基。在这些培养基中加入5%的灭活动物（如鸡、鸭、猪、兔等）血清，可提高分离率。该菌在胰蛋白和胰酶大豆肉汤中生长良好。病料接种后，于37℃培养1～5d。

3）鉴定

禽巴氏杆菌的鉴定除按常规法涂片、染色、镜检和鉴定外，还可进行细菌生长和生化特性鉴定和动物回归试验。

（1）细菌生长和生化特性鉴定。对分离菌进行培养性状观察、菌落荧光性检查、细菌运动性检查、生化鉴定和药敏试验（纸片法）。试验中同时用标准菌株做对照。

在葡萄糖淀粉琼脂培养基上培养24h后，形成1～3mm的圆形、光滑、透明、闪光、黏稠的菌落。在血液琼脂培养基上形成的菌落与葡萄糖淀粉琼脂培养基上相似，但呈灰色不透明。在葡萄糖淀粉琼脂培养基上，用折射光源观察培养24h的菌落，可知其有无荚膜，呈虹彩光的菌落是有荚膜的菌落，无虹彩光者是没有荚膜的菌落。该菌在琼脂培养基上有独特的气味。

（2）动物回归试验。取病料在灭菌乳钵中加生理盐水1∶10制成乳剂。如做纯培养的致病性鉴定，利用4%血清肉汤24h培养物或血平板上菌落制成生理盐水菌液，皮下或腹腔接种小白鼠2～4只，每只0.2mL。禽巴氏杆菌强毒株在10h左右可致死，一般在24～72h死亡，死亡小鼠呼吸道及消化道黏膜有小出血点，脾脏常不肿大，肝脏常充血、肿大，有坏死灶；取心血及肝脏涂片、染色、镜检，见大量两极浓染的细菌，即可确诊。

（二）血清学诊断

琼脂扩散沉淀试验、荚膜抗原致敏绵羊红细胞间接血凝试验、玻片凝集试验、SPA凝集试验和单克隆抗体法以及单克隆抗体捕获ELISA法（Mac-ELISA）等可以用于慢性禽霍乱的诊断，对急性感染没有意义。血清学试验主要用于抗原鉴定，一般不用于疾病诊断。

（三）分子生物学诊断

随着分子生物学的发展以及多杀性巴氏杆菌基因组序列的公布，可从基因水平上对该菌进行鉴定。分子生物学诊断方法主要有PCR、DNA-DNA杂交、LAMP、限制性内切酶分析、核糖体分型、随机扩增DNA片段多态性、16S rRNA测序法等。其中，PCR技术是最常用的手段。

PCR技术在禽病病原检测上得到了广泛应用，并成功地解决了兽医临床应用传统的病原分离及血清学诊断所面临的一些诸如复杂费时、敏感性低和特异性差等难题。谢芝勋等（1999）根据基因库中禽多杀性巴氏杆菌的基因序列（U51470），设计了一对扩增长度为488bp的引物，并用这对引物对11个不同血清型的禽巴氏杆菌标准株、9株地方分离株和5株哺乳动物巴氏杆菌菌株及其他6种禽病病原进行了PCR扩增，结果均得到了与实验设计相一致的PCR扩增产物，但对5个血清型的哺乳动物巴氏杆菌和其他6种禽病病原的扩增结果为阴性，具有较好的特异性，可以直接从临床病料及环境样品中取样检测，而不需要对病原进行传统的分离培养、传代增殖等处理。应用PCR技术鉴定禽巴氏杆菌病原，只需数小时，与复杂烦琐的传统方法相比（至少1周），PCR技术极大地提高了对该病的诊断速度。

七、防控技术

禽霍乱是家禽的一种常见急性传染病，在家禽历史上曾造成严重的危害。伴随着抗生素、磺胺等药物的应用，特别是家禽饲养环境和条件的改善，以及生物安全措施的不断提高，该病得到了较好的控制。但目前，仅有少数国家（如日本）宣布消灭禽霍乱。原因在于：多种动物携带病原，且带菌动物广泛存在；易产生耐药性，导致药效不佳；治疗成本高、损失大，效益低。

对禽霍乱的防控重点是预防为主，要改善饲养管理，隔离饲养，避免与野鸟、野禽、鸭、猪等其他动物接触，加强环境的卫生消毒和管理，尽量减少与外界病原菌接触。

（一）疫苗免疫

禽霍乱巴氏杆菌以体液免疫为主，其荚膜黏多糖是主要的保护性抗原。常用疫苗可分为弱毒活菌疫苗和灭活疫苗。

1. 弱毒活菌疫苗

巴斯德等首次通过人工培养基多次传代致弱获得一株无毒菌株，其可刺激鸡产生免疫力，对禽霍乱具有较好的保护作用。禽霍乱弱毒疫苗是用筛选的自然弱毒株和人工培养致弱株研制成的。禽多杀性巴氏杆菌的血清型对活菌苗影响并不大，因为任何一种活菌苗免疫鸡后都能产生交叉保护性抗体，可以有效避免其他血清型禽多杀性巴氏杆菌的攻击。目前应用的活菌疫苗有（鹅源）731 禽霍乱弱毒菌苗、（兔源）833 禽霍乱弱毒菌苗和（鸡源）G190E40 禽霍乱弱毒菌苗。弱毒疫苗的优点是免疫原性好，3～5d 即可产生坚强免疫力，成本低，免疫谱广，免疫保护率为 60%～90%；缺点是存在致病性返强风险，该疫苗可使家禽致死。

1）731 禽霍乱弱毒菌苗

该菌苗是一株鹅源禽霍乱弱毒菌苗，对鸡的安全剂量为皮下注射 50 亿活菌。免疫时用 5000 万活菌作皮下注射，稀释液用生理盐水，免疫期为 3 个月。该菌苗也可作气雾免疫，气雾免疫时用蒸馏水稀释。鸭、鹅也可应用该菌苗，但用量需增加。

2）833 禽霍乱弱毒菌苗

该菌苗是一株兔源禽霍乱强毒菌苗，对鸡的安全剂量为皮下注射 50 亿活菌。免疫时用 100 万活菌作皮下注射，稀释液用生理盐水，鸡在注射菌苗 24h 后攻强毒，50%鸡可获得保护；48h 后攻强毒，75%鸡可获得保护。该菌苗的免疫产生期短、安全和免疫原性好，是一株较为理想的弱毒菌苗。虽然其免疫期较短，只有 3 个月，但鉴于其免疫产生快和安全性好，值得推广应用，特别是对禽霍乱暴发的鸡场更适用。鸭也可应用本菌苗。

3）G190E40 禽霍乱弱毒菌苗

该菌苗对鸡肌肉注射的安全剂量为 20 亿活菌，免疫时用 2000 万活菌作肌肉注射，稀释液用 20%氢氧化铝胶盐水。

2. 灭活菌苗

Heddleston（1972）等在研究多杀性巴氏杆菌的免疫性时发现，利用普通培养基制备的灭活菌苗，不能对异型菌产生保护，而用感染火鸡的脏器制备的自家灭活菌苗免疫时，则可对异型菌产生交叉保护，因此提出体外生长的巴氏杆菌与体内生长的巴氏杆菌可能抗原谱不同。为了提高灭活菌苗的效果，普遍采用不同血清型的菌株制成多价灭活菌苗。

1）油乳剂灭活菌苗

国内生产的油乳剂灭活菌苗是选用血清型 5∶A 的菌株，加 0.3%福尔马林灭活后使用，一般用 10 号（或 7 号）白油和吐温 85 与司盘 85（或吐温 80 与司盘 80）作乳化剂制备的。菌苗效果的好坏与含菌数有密切关系，免疫期为 5 个月以上。

2）蜂胶菌苗

蜂胶疫苗由沈志强等（1989）利用蜂胶作为佐剂研制而成，是目前预防禽霍乱较为理想的疫苗。该疫苗每毫升含菌数不低于 100 亿个，免疫后 5d 可产生保护性，免疫持续期可达 6 个月，保护率平均为 95%，对鸡、鸭、鹅等不同品种禽类具有相同的效果，且注射局部无肿胀、无疼痛、无坏死，不影响产蛋且安全性高。

3）氢氧化铝菌苗

氢氧化铝菌苗对产蛋量的影响较小，对正在产蛋的蛋种鸡和种火鸡免疫较为合适。

（二）疫情处置

1. 疫情处理和消毒

一旦发生禽霍乱，应立即封锁养殖区。疫情严重时要按照《中华人民共和国动物防疫法》，扑杀患病家禽及同群家禽，并对其进行深埋或焚烧处理，对其粪便要进行堆积无害化处理，禽舍、场地及用具都要彻底消毒，尽快扑灭疫情。利用10%的新鲜石灰乳稀释后对养殖场进行全面消毒。

2. 应对措施

对未染病的健康家禽或贵重珍禽，可考虑疫苗的紧急接种或者紧急注射禽霍乱抗血清。对已发病的鸡群，可利用抗生素等药物对症治疗或者辅助治疗，如在其饲料或饮用水中适当添加多种维生素，以提高其对疾病的抵抗力。

（三）药物防控

药物防控是控制禽霍乱的重要措施，最好通过药敏试验选择用药。采用药物治疗时，应注意交叉用药。壮观霉素、青霉素、链霉素、喹诺酮类药物和磺胺嘧啶、磺胺二甲嘧啶都可以作为候选药物。治疗中，还应注意剂量足、疗程合理，最好连续使用两个疗程，并做好环境消毒和改善营养。

1. 抗生素

肌肉注射：青霉素、链霉素，5万～10万IU/羽，每天注射1～2次，连用3d。

群体给药：可采用强力霉素、环丙沙星、阿莫西林、头孢噻呋等药物混饲或饮水进行预防或治疗。其中，强力霉素混饲浓度为0.025%～0.04%，混水浓度为0.05%～0.1%，连用3d。头孢噻呋混水浓度为0.005%，连用3d。注意不同药物使用的休药期。

2. 磺胺类药物

磺胺喹恶啉混饲浓度为0.1%，连喂2～3d，间隔3d后再用0.05%浓度混饲2d，停3d，再喂2d。磺胺嘧啶或磺胺二甲基嘧啶混饲浓度为0.3%～0.4%，连用3d；混水浓度为0.1%～0.2%，连用3d。磺胺类药物若同增效剂混用（按5∶1混合），则磺胺用量可降低为0.025%，可提高药效。

3. 喹诺酮药物

利用环丙沙星或氧氟沙星按0.008%～0.01%饮水，连用3～5d。

（亓丽红　徐怀英）

第五节　鸡传染性鼻炎

鸡传染性鼻炎（infectious coryza，IC）是由副鸡禽杆菌（*Avibacterium paragallinarum*）引起的一种鸡急性或亚急性上呼吸道传染病。该菌在临床上的危害特征是鼻腔和鼻窦发炎，眶下窦肿胀，打喷嚏，流鼻液，颜面肿胀，出现结膜炎，排绿色或白色粪便等。该病主要发生于鸡，在育成鸡群和蛋鸡群中发生，发生后传播迅速，可引起育成鸡生长发育停滞和淘汰率增加，蛋鸡产蛋率急速下降（10%～40%）。对商品肉鸡的危害相对较轻，主要产生气囊炎病变，混合感染时，死淘率较高。该病药物治疗有效，易复发。副鸡禽杆菌对人不感染，无公共卫生意义。

一、流行历史暨分布

1. 同义名

鸡疫（鸡的流感），接触性或传染性卡他、伤风和单一性鼻炎，鸡副嗜血杆菌和传染性鼻炎。

2. 历史

1920 年，Beach 首先报道了鸡传染性鼻炎的临床病例。1932 年，De Blieck 初次分离到该病的病原体。1955 年，将其划为禽巴氏杆菌。1962 年，Page 等研究人员发现，当时所有鸡传染性鼻炎分离株的生长需要 V 因子（辅酶 I DNA），而不需要 X 因子（氯高铁血红素），因此在后来很长一段时期内称之为副鸡嗜血杆菌（*Haemophilus paragallinarum*，Hpg）。2005 年，依据新的分类方法，该菌被划归到禽杆菌属。

火鸡对该病原不敏感，故不会发病。火鸡鼻炎的病原是禽波氏杆菌，二者不可混淆。

3. 流行和分布

鸡传染性鼻炎呈世界性分布，受饲养管理水平、混合感染和应激因素等影响，该病在发展中国家的鸡群所造成的危害比发达国家健康的鸡群要大得多。在非洲摩洛哥，曾有 10 个蛋鸡场暴发该病，导致产蛋量下降 17%～41%，死亡率为 1%～10%。泰国的禽病调查表明，对小于 2 月龄和大于 6 月龄的鸡，传染性鼻炎是最常见的死亡原因。但在养禽发达国家，如美国，鸡传染性鼻炎的发生是个案，或者说几乎不发生。

中国属于发展中国家，传染性鼻炎的危害十分严重，至少有近 20 个省、市或自治区发生该病，其发病率为 20%～50%，死亡率为 5%～20%。1986 年，冯文达在北京首次分离到中国第一株副鸡禽杆菌菌株，经鉴定为血清 A 型。2003 年，张培君从传染性鼻炎疫苗免疫失败的鸡群中分离到 Page B 型菌株。

二、病原学

1. 种属分类和基因组

1）种属分类

副鸡禽杆菌为巴氏杆菌科禽杆菌属。在 2005 年以前，该病病原被称为鸡副嗜血杆菌。

2005 年，Blackall 根据 16S rRNA 碱基序列的同源性和生化特性方面的相似性，将副鸡嗜血杆菌、鸡巴氏杆菌和另外两个禽源菌（禽巴氏杆菌和沃尔安禽杆菌）划归为巴氏杆菌科下的一个新的禽杆菌属。该属的成员包括副鸡禽杆菌（原名鸡副嗜血杆菌）、鸡禽杆菌（原名鸡巴氏杆菌）、禽禽杆菌（原名禽巴氏杆菌）和沃尔安禽杆菌。该属细菌的宿主主要是禽类，其他宿主中很少分离到。上述菌在生物学特性、菌落形态和理化特性上比较相似，但仅有副鸡禽杆菌和鸡禽杆菌具有致病性，以副鸡禽杆菌居多。迄今为止，未发现禽禽杆菌和沃尔安禽杆菌具有致病性。

2）基因组结构

Requena 等（2013）首次测出副鸡禽杆菌 221 株基因组总长度为 2 465 440～2 685 568nt，基因组草图预计含有 1204 个基因，包含 103 种致病因子。

2. 形态特征

副鸡禽杆菌是细小的革兰氏阴性杆菌，两极着色，无鞭毛，不形成芽孢，24h 培养物镜检可见菌体长 1～3μm，宽 0.4～0.8μm，短杆菌或球杆菌，以单个、成双或短链形式存在。强致病性的副鸡禽杆菌可带有荚膜。该菌在 48～60h 内发生退化，出现不规则的形态，当重新移植到新鲜培养基培养后可恢复杆状形态。初次分离菌株时往往具有荚膜，但传代后易丧失。

3. 营养与菌落特征

1）营养需求

副鸡禽杆菌为兼性厌氧菌，对营养的需求较高，大部分分离株体外生长时需要还原性 NAD（NADH）（1.56～25.00μg/mL 培养基）或氧化型 NAD（20～100μg/mL 培养基），氯化钠（NaCl）对该菌是必需的，浓度为 1.0%～1.5%。有的分离株还需要适量添加 1% 鸡血清。

常用的液体培养基是脑心浸出物或鸡肉浸液与胰蛋白胨等。常用的固体培养基为血液琼脂培养基或巧克力琼脂培养基。因该菌生长需要 V 因子，有些细菌如葡萄球菌在生长过程中可排出 V 因子，因此，副鸡禽杆菌在葡萄球菌菌落附近可长出一种卫星菌落。该菌可在葡萄球菌周围旺盛地生长发育，离葡萄球菌越远，菌落越小，呈现“卫星”现象。近些年在墨西哥、南非和中国多次分离到不依赖 V 因子的副鸡禽杆菌。为了进一步提高培养细菌的浓度，针对细菌的营养需求，需要增添更为复杂的营养物质，以满足细菌生长的需要。该菌生长的最佳温度是 37～38℃，适宜温度是 34～42℃。培养基的 pH 为 6.9～7.6。大部分副鸡禽杆菌的生长环境需要含有 5%～10%的 CO_2。

副鸡禽杆菌还可在 5～7d 的鸡胚卵黄囊中繁殖。鸡胚一般于接种后 24～72h 死亡，在卵黄、尿囊腔和羊水等组织中均有细菌存在，其中在卵黄中含量最高，故可接种鸡胚卵黄囊作为保存培养基。

2）菌落形态

副鸡禽杆菌在固体培养基上生长 16～24h 后，可形成针尖大小（直径 0.3mm 左右）、圆形、灰白色半透明、凸起的菌落，致病性菌株菌落在 45° 斜射光下会产生蓝灰色的荧光，但在培养基上体外传代时，荧光会逐渐减弱或消失，并且菌落会逐渐变大。

4. 生化特性

副鸡禽杆菌与禽杆菌属其他菌的生化特性极为相似，能还原硝酸盐，有氧化酶和碱性磷酸酶活性，过氧化物酶反应阴性，不液化明胶或水解尿素，能发酵葡萄糖、蔗糖，产酸不产气等，但副鸡禽杆菌不能发酵半乳糖和海藻糖，没有过氧化物酶。据此，可将其与其他禽杆菌区别开来。

5. 对理化因子的抵抗力和药敏性

副鸡禽杆菌对外界环境因素的抵抗力很弱，是一种脆弱的细菌，在体外很快失活。其对热与常见消毒剂、抗菌药物很敏感。其在宿主体外很快死亡，在培养基上 4℃条件下能存活 1 周，在 45℃存活不超过 6min，不同保存介质对该菌的保存时间有明显的影响，卵黄囊中保存的时间要长于培养基中保存的时间。将单个副鸡禽杆菌经卵黄囊途径接种 6～7 日龄 SPF 鸡胚，24～48h 死亡的鸡胚含有大量细菌，可将其冷冻或冻干保存。该菌在-40℃冷冻保存可超过 1 年；在-70～-20℃冷冻或冻干保存，保存期可超过 10 年。

大多数消毒剂对该菌有效。感染性胚液在 0.25%的福尔马林中放在 6℃处理，24h 可灭活。在体外试验时，副鸡禽杆菌对链霉素、氯霉素、氨苄西林、红霉素、庆大霉素、卡那霉素、恩诺沙星和氧氟沙星等多种抗生素、合成抗菌剂及磺胺药物敏感。

6. 菌株分类

1）血清分型

副鸡禽杆菌的两个血清分型方案（Page 和 Kume）都是基于血凝抑制试验建立的。以 Page 建立的方法应用最广，是目前最常用的血清分型方案。

Page（1962）将副鸡禽杆菌分为 A、B 和 C 3 个血清型，在中国均有报道，早期分离的大部分是 A、C 型，2003 年后国内陆续有 B 型的报道。

Kume 等（1983）根据 HI 将副鸡禽杆菌分为Ⅰ（Ⅰ-1、Ⅰ-2、Ⅰ-3）、Ⅱ（Ⅱ-1、Ⅱ-2、Ⅱ-3）和Ⅲ（Ⅲ-1）3 个血清群，共 7 个血清型，认为同一个血清群内的各血清型之间有交叉保护，而血清群之间则无交叉保护。后来，Blackall 等（2005）将 Kume 分型方法的Ⅰ、Ⅱ、Ⅲ血清群改为 A、C 和 B 血清群，使之与 Page 的 A、B、C 血清型对应，并进一步划分为 A1、A2、A3、A4、B1、C1、C2、C3 和 C4 9 个血清型。各血清型之间具有独特的免疫反应，相互间不产生交叉免疫保护，而各亚群内部可产生交叉反应。也就是说，包含 A 血清型的灭活疫苗提供针对 A 血清型的保护，A1～A4 的各亚型之间部分保护，而对 B 和 C 血清型不保护。

2）核酸分型

利用 DNA 限制性酶切分析、多聚酶链式反应的 DNA 指纹技术（ERIC-PCR）、核糖体分型、种特异性 PCR 等均可对不同的副鸡禽杆菌菌株进行区分，这些方法更加便捷、快速。

7. 致病机制

1）致病因子

菌毛是公认的副鸡禽杆菌致病因素，它在体内黏附于气管黏膜上皮细胞。编码菌毛蛋白的 *FlfA* 基因与致病性相关，*FlfA* 基因缺失突变株比野生型菌株致病性弱，证实菌毛是该菌的致病因子。

荚膜也是细菌常见的致病因子，具有保护细菌免受抗体杀菌作用的功能。利用 targe tron 基因敲除系统构建 *hct* A 基因失活的突变株，发现了一些新的特性：无荚膜的突变株比野生型菌株有更强的血凝活性，且其吸附 DF-1 细胞的能力增加，但该突变株的致病性并未增强。带有荚膜的细菌在体内增殖期间所释放的毒素可产生临床危害，且主要与鼻炎症状有关。

从副鸡禽杆菌粗提的多糖可引起心包积液，菌体的脂多糖可引起家禽产生中毒症状，二者均导致产蛋鸡产蛋率下降。

2）致病机理

副鸡禽杆菌的致病性与多种因素有关，特别是与各种致病因子有关。其中，副鸡禽杆菌的菌毛、荚膜及其部分致病性基因等在副鸡禽杆菌致病的过程中协同发挥作用。

副鸡禽杆菌首先在鼻腔黏膜增殖，对鼻腔黏膜上皮细胞造成伤害，可产生浆液性鼻炎，严重时可产生鼻漏。细菌相关的各种致病因子协同发生作用，可造成鸡的面部肿胀、鼻窦发炎，并对气管、支气管和气囊等造成不同程度的危害；进一步产生败血症，出现气管炎、气囊炎、肝炎和心内膜炎等，造成全身性危害。

三、流行病学

1. 自然宿主

副鸡禽杆菌主要感染鸡、珍珠鸡、鹅、鹌鹑等，而对火鸡、麻雀、鸽、乌鸦、小白鼠、豚鼠及家兔没有致病性。该菌可感染各种日龄的鸡，2 周以内的雏鸡对其有抵抗力，随着鸡只日龄的增加，易感性增强。鸡传染性鼻炎自然条件下以育成鸡和成年鸡多发，尤以产蛋鸡发生较多。

利用 4～8 周龄的鸡攻毒，90%以上的可出现典型的鼻炎症状；利用 13 周龄以上的鸡，也可以 100%发病。但 2 周龄以内的鸡不发病。

2. 传染源

病鸡和健康带菌鸡是该病的主要传染来源。在鸡发病第 1 天，鼻汁内含菌量为 1000 万～1 亿，第 2 天为 100 万～1 亿，第 3 天为 100 万～1000 万。用药物治疗后其排毒期会大大缩短，利用增效磺胺类药物拌料治疗 7d 后，就已经无法查到细菌的排出，但与鸡毒支原体或其他病原菌混合感染后病程和排毒期都会延长，甚至在感染后两个月仍会有细菌排出。

3. 传播途径

鸡传染性鼻炎以呼吸道和消化道等横向传播为主，不垂直传播。传播方式以携带有细菌的飞沫、尘埃经呼吸道传播为主，也可通过污染的饲料或饮水经消化道传播。

4. 流行特点

鸡传染性鼻炎病原在外界不容易长时间存活，故该病不易远距离传播，仅会在局部地区流行，具有潜伏期短、传播快和病程较长等特点。该病一年四季均可发生，但以秋、冬季节多发。

该病发病率高，死亡率低，但如继发病原感染，可使病程延长，死亡率增加。除气候和饲养管理等因素外，其他如鸡群饲养密度过大、通风不良、氨气浓度偏高、维生素 A 缺乏、应激反应等也可加重该病的感染。养鸡场一旦发生鸡传染性鼻炎，往往会污染全场，致使全场适龄鸡群相继发病。

鸡传染性鼻炎在中国的流行比较复杂。1998～2002 年，对中国 10 多个省、市的鸡传染性鼻炎的流行病学调查表明，中国 IC 以 A 血清型为主，C 血清型相对较少。2003 年以后，在部分免疫失败的地区分离出 B 血清型。多种血清型并存是传染性鼻炎在中国流行的特点。

四、临床症状

1. 潜伏期

易感鸡与发病或带菌鸡直接接触该菌后 1～3d 内即可发病，接种该菌培养物或分泌物后 1～2d 内发病，传播迅速，短时间内可波及全群。副鸡禽杆菌在培养基上连续传代会迅速失去致病性，因此，用传代的培养物诱发鼻炎的病程一般为 6～14d。

2. 临床症状

鸡传染性鼻炎的特征是流鼻涕、打喷嚏和面部肿胀。该病在几天内可席卷全群。单纯感染的持续时间通常为 14～21d。病鸡明显的变化是颜面肿胀，肉髯水肿（彩图 5.8）。最初看到病鸡自鼻孔流出水样汁液，继而转为浆性黏性分泌物。鸡只有时甩头、打喷嚏，眼结膜发炎、眼睑肿胀、流泪。由于炎性分泌物的增加和蓄积，病鸡眶下窦肿胀（彩图 5.9），颜面肿胀、淤血呈紫色。饲料和水的消耗通常减少，育成鸡表现为生长不良，淘汰率增加。开产鸡群产蛋量下降 10%～40%，一般 1～2 周内恢复正常，老龄鸡发病产蛋率下降幅度较小。若无继发感染，很少引起死亡，病鸡在受到 MG、FPV、IBV、ILTV 及大肠杆菌继发感染后，病程延长，死亡增多。

五、病理变化

1. 剖检病变

特征性病变：鼻腔和窦黏膜呈急性卡他性炎症，黏膜表面有大量黏液，充血、潮红，鼻窦内积有黏液性的渗出物凝块或干酪性坏死物，严重时喉头和气管黏膜发红，引起气囊炎和支气管肺炎；眼结膜充血、肿胀，面部及肉髯的皮下组织水肿。

其他病变：肺脏充血、肿胀，切面流出多量泡沫样的液体。产蛋母鸡可见卵黄性腹膜炎，输卵管内有黄色干酪样分泌物，卵泡变软或血肿，卵巢萎缩，其他内脏器官没有明显变化。中国有关肉鸡传染性鼻炎的报道较少。肉鸡感染发病时，气囊炎是其主要发病特征，占 69.8%。

2. 病理组织学

呼吸道组织病理学变化主要为上呼吸道感染变化。鼻腔、眶下窦和气管中的黏膜和腺上皮细胞脱落、裂解和增生，黏膜固有层充血和水肿，并伴有伪嗜酸性白细胞、肥大细胞浸润。上呼吸道病变最早可在 20h 左右出现，7～10d 最严重，然后在 14～21d 修复。下呼吸道受侵害的鸡，可以观察到急性卡他性支气管肺炎，第二和第三级支气管的管腔内充满异嗜性白细胞和细胞碎片；细支气管上皮细胞肿胀和增生。

六、诊断

根据该病的特征性症状、病变及流行病学特点（面部浮肿、流鼻涕、发病急、传播快、死亡率不高等）即可做出初步诊断。如需确诊，则必须依赖实验室诊断。

1. 细菌病原学诊断

1）直接抹片检查

取鼻窦内分泌物抹片并作革兰氏染色，以确定是否有革兰氏阴性菌、两极浓染的小杆菌，若有可以诊断为传染性鼻炎。

2）细菌的分离和鉴定

在发病的急性期（发病 1 周内），以无菌操作方法用接种环采取眼、鼻腔或眶下窦分泌物，在血液琼脂平板上和金黄色葡萄球菌交叉接种，在 5%～10% 的 CO_2 环境中培养 16～18h，可见灰白色呈露滴状针尖大小菌落，在葡萄球菌菌落周围有明显的“卫星现象”。取培养物，进行革兰氏染色及镜检，若可见革兰氏阴性、两极浓染的短杆菌，则可以诊断为传染性鼻炎。

3）分子病原学诊断

（1）聚合酶链式反应。可以用棉拭子蘸取从活鸡鼻窦中挤出的黏液直接做 PCR 检测，也可用培养的菌落（纯培养菌或混合培养菌）或液体培养物。相比常规病原学检测和血清学检测方法，PCR 检测方法具有快速、灵敏、特异等优点。陈小玲等（1995）建立了副鸡禽杆菌 PCR 检测方法，在国际上被广泛采用，被认为是鸡传染性鼻炎诊断的“金标准”。目前，已报道建立的 PCR 方法主要针对副鸡禽杆菌的 *aroA* 基因、16S rDNA 基因和血凝素 *HA* 基因。张欢等（2009）建立的 PCR 方法可检出细菌最低含量为 1.7×10^4CFU/mL。

（2）其他分子手段。利用多重 PCR 和 RFLP 分析方法可以进行基因分型，通过对 11 个经典菌株和 27 个分离菌株的分析，初步认为该方法有可能替代血清学分型方法。

2. 血清学方法

1）血清平板凝集试验

A、B 和 C 3 个血清型菌株有共同抗原，因此用一种血清型制备的凝集抗原可用于 3 种血清型抗体的检测。SPA 是最常规的血清分型方法，主要用于抗体检测（感染后 7～14d）。在反应用玻璃板上，各加入 1 滴（0.5mL）血清和菌液，用搅拌棒充分混合后，将玻璃板置前、后、左、右倾斜观察，在 3min 内出现明显的颗粒为阳性，反应温度以 20～25℃为宜。

2）血凝抑制试验

目前可使用的特异性抗原有 A、B 和 C 3 个血清型，由于 HI 的灵敏性较 SPA 或 AGP 高，当因时间过长，SPA 方法无法查到抗体时，采用 HI 仍可检测到感染鸡体内的抗体，可用于传染性鼻炎感染的追踪调查。HI 抗体滴度与保护力密切相关，对免疫鸡抗体滴度的检测可以评价疫苗免疫效果及鸡群安全状况。用分离菌制备血凝抗原，然后分别与 A、B 和 C 型阳性血清及阴性对照血清进行 HI，可用于菌株的血清分型。

对不同的抗原、红细胞及血清采取相应的处理，将提高试验的敏感性。早期的研究表明，HI 待检血清事先用红细胞处理，可以消除非特异性凝集素。检测血清 A 型菌株 HI 抗体的试验，可直接使用全菌体细胞和新鲜鸡红细胞。许多因素如基础培养基中鸡血清的浓度及培养时间等，都会影响 HA 抗原的质量，用胰酶和透明质酸酶处理菌株细胞可增强 HA 活性，用戊二醛固定红细胞可提高试验的敏感性。通过用硫氰酸钾（KSCN）处理或超声波裂解 C 型菌体细胞，用戊二醛固定红细胞，建立了针对血清 C 型 HA 抗原抗体的检测方法。

3）酶联免疫吸附试验

间接 ELISA 及阻断 ELISA 是检测鸡副嗜血杆菌特异性抗体的方法。幸桂香等（1990）和陈小玲等（1994）先后进行的试验表明，间接 ELISA 方法的敏感性和特异性大大优于 SPA 及 HI，批次间的差异率在 10%以内，4℃可保存 10 个月以上。张培君等（1996）运用阻断 ELISA 测定人工感染鸡的血清，表现出明显的型特异性。Sun 等（2007）制备了 A、C 型特异性单克隆抗体，运用 Dot-ELISA 方法检查血清抗体和 A、C 型特异性抗原，抗原的最小检出量为 2.91×10^5CFU/mL。检测血清抗体的 Dot-ELISA 对人工感染及临床病鸡的检出率为 80%，若采用抗原预点膜则整个检测可在 90min 内完成，比较简便和迅速。

4）琼脂扩散试验

AGP 用于检测感染或接种疫苗 2 周后的血清抗体，此抗体可持续 11 周。

七、防控技术

鸡传染性鼻炎治疗效果不佳，容易复发。疫苗预防和加强生物性安全措施是控制此病的重要手段。感染鸡或康复带菌鸡是该病的主要传染源，提倡全进全出的饲养模式。

1. 疫苗免疫

疫苗免疫接种是世界各地预防鸡传染性鼻炎的重要手段，目前的疫苗均为灭活疫苗。

1）疫苗种类

日本北里在 20 世纪 60 年代最早研制出 A 型菌株的油苗，对野外鸡群感染的保护率在 80%以上。中国在 1988 年研制成功 A 型单价疫苗，其对鸡传染性鼻炎的控制起到了重要作用。张培君等（1996）研制的鸡传染性鼻炎和新城疫二联油乳剂灭活疫苗和朱士盛等（1996）研制的鸡传染性鼻炎多价灭活疫苗，均取得了较好的预防效果。张培君等（2002）在国内首次分离和鉴定了 B 型菌株，并制备了三价油乳剂灭活疫苗，A、B 和 C 血清型菌株含量每种 240 亿/mL，对 A、B、C 型强致病性菌株攻击的保护率分别可达 100%、94.4%和 93.3%。

国内普遍使用的鸡传染性鼻炎灭活疫苗多为二价苗（A 型+C 型）、三价苗（A 型+B 型+C 型）以及其与新城疫、鸡毒支原体联合制备的二联或三联疫苗。

2）免疫程序

疫苗免疫是预防该病的重要措施。程序：首次免疫在 30～42d，二次免疫在 120d（开产前），可保护整个产蛋期。如饲养周期在 60 周以上，可以考虑在产蛋高峰后（50～55 周龄）进行第三次免疫。

2. 发病对策和药物治疗

1）发病后措施

一旦发病，应采取有效的隔离和消毒措施，及时用抗菌药物进行治疗。患病鸡舍是个严重的污染场所，必须进行严格、彻底的清洗和消毒。①清：即彻底清除鸡舍内粪便和其他污物。②冲：清扫后的鸡舍用高压自来水彻底冲洗。③烧：冲洗后晾干的鸡舍用火焰消毒器喷烧鸡舍地面、底网、隔网、墙壁及残留杂物。④喷：火焰消毒后再用 2%氢氧化钠溶液或 0.3%过氧乙酸，或 2%次氯酸钠喷洒消毒。⑤熏蒸：完成上述 4 项工作后，对鸡舍进行福尔马林和高锰酸钾熏蒸消毒，鸡舍密闭 24～48h，然后闲置 2 周。鸡舍进鸡前再熏蒸一次。经检验合格后才可进入新鸡群。

2）药物治疗

磺胺类药物是治疗该病的首选药物，一般用复方新诺明或磺胺增效剂与其他磺胺类药物合用，或用 2～3 种磺胺类药物组成的联磺制剂。其他药物如链霉素、强力霉素、壮观霉素、利高霉素、恩诺沙星、氟苯尼考等对该病有效，但药物不能完全根除副鸡禽杆菌，只能减少机体内病原数量，停药后易复发。个体治疗比群体治疗效果好。

（1）群体治疗。

磺胺二甲嘧啶片按 0.2%混饲，或按 0.1%～0.2%饮水，均连用 3～5d。

0.2%～0.4%红霉素饮水或饲料中添加 0.1%～0.2%氯霉素和土霉素，连用 3～5d。

新诺明 0.1%+甲氧苄胺嘧啶+小苏打（碳酸氢钠）0.1%～0.2%共同拌料，连用 3～5d。

（2）个体治疗。

症状严重的鸡可每只鸡肌肉注射链霉素 0.2mg，每日 2 次，连用 3d。在注射给药的同时，可在饲料中添加北里霉素等进行辅助治疗。

卡那霉素按 5000IU/羽进行注射，每日 2 次，连用 3d。

青霉素、链霉素联合肌肉注射 5 万～10 万 IU/羽，每日 2 次，连用 3d。

（3）辅助治疗。

饲料中添加 2 倍剂量维生素 A，连用 15d。鸡舍和用具用 0.3%过氧乙酸带鸡喷雾消毒，每天早晚各 1 次，连续 1 周，对康复有一定效果。

（徐怀英）

第六节　鸡毒支原体感染

鸡毒支原体（*Mycoplasma gallisepticum*，MG）是慢性呼吸道病（chronic respiratory disease，CRD）的重要病因，其发病特征性症状是呼吸啰音、流鼻涕和张口呼吸，呼吸道炎症表现为气管炎和气囊炎等。MG 感染发病病程长，发展慢，成年鸡多为隐性感染。

鸡毒支原体感染自 20 世纪 30 年代在美国发生以来，已呈世界性分布。对 46 个国家的调查表明，有 44 个国家存在该病。鸡毒支原体感染也是中国养禽业较为常见的疾病，至少 70%以上的家禽发生感染。鸡毒支原体仅感染禽类，对人类不感染，无公共卫生意义。

一、流行历史暨分布

1. 同义名

慢性呼吸道病、传染性窦炎和火鸡流行性肺肠炎。

1905 年，Dodd 最早在火鸡中发现鸡毒支原体感染。1938 年，Dickinson 和 Hinshaw 将该病称为传染性窦炎。1943 年，Delaplane 和 Stuart 等利用鸡胚从患呼吸道疾病的鸡中分离培养出支原体，结合其临床发病特点，称之为慢性呼吸道病。1952 年，Markham 和 Wong 等成功地从鸡和火鸡体内分离出支原体。1956 年，初步将它命名为支原体。1960 年，Edward 等正式将该微生物定名为鸡毒支原体。

2. 危害

鸡毒支原体是致病性最强、引起经济损失最大的家禽支原体病原，也是 OIE 关注的唯一一种支原体病。鸡毒支原体感染后，雏鸡可产生呼吸道症状，生长不良；成年鸡则会产生呼吸道症状并引起产蛋量下降；商品肉鸡感染则发生气囊炎，使肉鸡胴体品质下降、废弃率增加。尽管鸡毒支原体感染的死亡率不高，但感染率较高，很容易造成继发或并发感染，致使病情加重。该病药物治疗效果不佳，且发病持续期长（1 月左右），再加上生产性能降低和产品合格率下降，给世界养禽业造成了极其严重的经济损失，成为禽病防控的难点。

3. 流行和分布

支原体感染是一个世界性难题，只要有家禽，就会有鸡毒支原体的感染。鉴于鸡毒支原体对家禽生产的高度危害性，1952 年，美国农业部成立了鸡毒支原体研究委员会。随后，日本、法国、英国等先后成立相关组织开展对该病的研究。国际支原体学会专门设立禽支原体研究会。

美国对支原体的控制得益于其自 1930 年开始的国家家禽改良计划种源净化行动，1970 年之后，美国家禽鸡毒支原体感染的发病率已降至 0，成效显著。统计数据表明：鸡毒支原体净化后的鸡群，每只母鸡在其一个产蛋期内比普通母鸡可以多产蛋 8～20 个，经济效益显著提高。但是，美国的野禽至今仍有鸡毒支原体感染零星发生。1994 年，美国从患有眶窦肿大和结膜炎的家雀中分离到鸡毒支原体。2000～2005 年，该病又传播至美国西部的家雀种群。

中国对鸡毒支原体的研究起步较晚，1976 年，哈兽研从患病鸡群中分离到鸡毒支原体。毕丁仁（1985）从北京、南京两市的鸡体内分离到 61 株支原体，其中包括鸡毒支原体、鸡支原体、滑液支原体、家禽支原体和雏鸡支原体等，这是国内首次系统地对禽源支原体进行研究的报道。中国大型鸡场的污染程度不一，轻者 20%，重者为 70%以上。对商品肉鸡的调查表明，鸡毒支原体阳性率在 60%以上。除新疆以外，大多数省、市、自治区存在支原体的感染。

二、病原学

（一）分类和生物学特点

1. 分类

鸡毒支原体属于软皮体纲支原体目支原体属（属Ⅰ）的成员。

鸡毒支原体 R 株的基因组大小为 996 422bp，G+C 含量为 31%，有 742 个 ORF，占基因组的 91%。469 个 ORF 编码的蛋白质功能已明确。基因组中包括 2 个复制的 rRNA 编码基因及 33 个 tRNA 编码基因。支原体基因组分子质量较小，为 4.4×10^8～12×10^8Da，仅比痘病毒大 1～2 倍，是立克次氏体的 1/2，大肠杆菌的 1/5，携带的信息量不多，且核酸中 G+C 的含量大都在 30%以下。

鸡毒支原体是目前已知较小的、非寄生的、能自我复制的原核微生物，含双链 DNA 基因组，表达蛋白小于 10^9Da（接近于非寄生体所需的最小 DNA 编码能力），缺乏细胞壁，仅由细胞膜包裹，寄生在人和动物体内。支原体直径为 250～500nm，介于病毒和细菌之间，可以通过 450nm 的细菌滤器。支原体和其他微生物的区别见表 5.5。

表 5.5　支原体和其他微生物的区别

生长特性	支原体	细菌	衣原体	立克次氏体	病毒
在无细胞培养基上生长	+	+①	–	–②	–
无细胞壁或细胞壁肽聚糖	+	–	–	–	+
代谢能量的产生	+	+	–	+	–
繁殖依赖宿主细胞核酸	–	–	–	–	+
体内酶系合成蛋白质	+	–	+	+	–
需要胆固醇	+	–	–	–	–
既有 DNA，又有 RNA	+	+	+	+	–
抗体抑制生长	+	–	+	+	+
抗生素抑制生长	+	+	+	+	–
可通过 450nm 滤膜	+	–	+	+	–

① 极少数例外，如梅毒螺旋体、麻风杆菌。
② 罗李氏体属和巴通氏体属例外。

2. 生物学特点

支原体的大小和形态多种多样。在相差或暗视野显微镜下，鸡毒支原体的常见形态有球状、丝状，还有杆状、环状、螺旋状等不规则形态，大小通常为 0.25～0.5μm。其形态多样的原因在于其无细胞壁，形体柔软，具有可塑性。电子显微镜下，鸡毒支原体、肺炎支原体等致病性支原体顶端有尖端结构。

利用姬姆萨染色 15min 效果良好，显微镜下呈淡紫色球形；革兰氏染色呈弱阴性。利用 Hoechest 荧光色素进行 DNA 染色，可以用来检测细胞培养中的支原体污染。支原体菌落利用 Dienes 染色呈蓝色，不容易褪色，而大部分细菌一般不宜着色，可以用来鉴别支原体。

（二）组成和结构特点

支原体由核酸、核糖体和细胞膜组成（既有 DNA，又有 RNA），即由 3 种细胞器（DNA、核糖体和细胞膜）组成。DNA 提供合成蛋白质的遗传信息。在核糖体上可装配蛋白质。支原体缺乏细胞壁，不能合成像胞壁酸和二氨基庚二酸那样的细胞壁前体，仅有 3 层结构的单一细胞膜，因而对青霉素类抗生素不敏感。

1. 细胞膜

支原体最外层为细胞膜，具有由蛋白质和脂质组成的 3 层结构，内外为蛋白质，中间为脂质（胆固醇占 36%）。因此，凡是作用于胆固醇的药物，如二性霉素 B、皂素、毛地黄苷等都能引起支原体膜的破坏而引起支原体死亡。

细胞膜是支原体赖以生存的重要结构，包含 200 多个特征性多肽。该肽主要与支原体的表面抗原变异、黏附宿主细胞、支原体的运动能力以及营养转运有关，其功能主要是营养物质的吸收、代谢物的排泄、物质转运、生物合成、分泌及呼吸等，是支原体重要的表面抗原。支原体有两个基因家族（*pMGA* 和 *PvpA* 家族）编码主要的表面蛋白，这些表面蛋白与鸡毒支原体的致病性、抗原性和免疫逃逸特性相关。

2. 黏附蛋白

黏附蛋白是支原体尖端结构的结构蛋白，它暴露于细胞表面，能与宿主上皮细胞的受体位点结合，使支原体可以定殖和感染细胞，是重要的致病因子和抗原。分子质量为 60 000～75 000Da 的支原体蛋白或脂蛋白是主要免疫黏附素或血凝素，这些抗原在鸡毒支原体的发病机制和抗感染免疫应答中起重要作用。

3. 荚膜

支原体的荚膜在体内形成，在外界易消失，可抵抗宿主的吞噬作用，是致病性支原体的致病因子。不同支原体，其荚膜厚度不同，如鸡毒支原体为 20nm，而猪肺炎支原体则为 40nm 等。

4. 胞内结构

在电子显微镜下观察，可以见到支原体网状的细胞质基质内存在多种大小不等的、性质不一样的超微结构，主要是核糖体、核质、胞质颗粒、质粒和转座子等。

（三）营养、生长和生化特性

1. 营养需求

支原体生物合成和代谢能力有限，营养物质主要由外界摄取。

支原体的营养要求一般比细菌高。除无胆甾原体外，在基本营养物质中，还需要加入 10%～20%的人或动物血清。血清主要用于提供胆固醇和其他长链脂肪酸，脂类是细胞膜合成所必需的，胆固醇有助于调节细胞膜的流动性。支原体没有细胞壁，依靠细胞膜中的脂质维持渗透压。此外，支原体还缺乏合成嘌呤和嘧啶的代谢途径，需要从外界摄取嘌呤和嘧啶，因此需要一种相对复杂的培养基以满足其特殊的营养需求，而在普通培养基上生长不良。

大部分支原体在 pH 7.8～8.0 环境中生长，低于 pH 7.0 则死亡，中性时生长较差。通常在含 5%～10% CO_2 和相对湿度 80%～90%的大气环境中生长良好。一般支原体在 22～41℃均能生长，但以 36～37℃最适宜。支原体繁殖较慢，平均生长期为 1～3h，长者达 6h。

液体培养支原体时，可用鸡肉浸出汁，另加 15%的猪、鸡或马血清，0.5%的水解乳蛋白和酵母浸出液，1%的葡萄糖，0.05‰的酚红，加青霉素（1000～2000IU/mL）和 0.01%的乙酸铊以抑制其他细菌和真菌的污染，调 pH 为 7.6，用细菌滤器过滤除菌。支原体在此培养液中 37℃培养 5～7d，因分解葡萄糖产酸而使培养液变黄。初次分离支原体时，有时生长不明显，培养 3～5d 后连续盲传 2～3 代，可提高阳性分离率。因支原体能还原氯化-2,3,5-三苯四唑而使培养液变红，有的培养液中不加葡萄糖和酚红，而用 0.025‰的氯化-2,3,5-三苯四唑作为生长指示剂。

2. 菌落形态

在液体培养基中加入 1%的琼脂即成固体培养基，可用于支原体的单个菌落分离。支原体生长缓慢，在比较湿润的环境中于 37℃培养 2～3d 形成菌落，菌落直径为 0.2～0.3mm，光滑、圆整，呈露滴状，中心比较致密，深入培养基中，不易从培养基表面剥离。在相差显微镜或暗视野显微镜下观察液体培养的支原体，有的菌落中央有脐，呈乳头状（煎蛋样或荷包蛋样），菌落直径多为 0.2～0.3mm，而且由于邻近的菌落容易融合，常沿划线处形成嵴状。

支原体在固体培养基和液体培养基中生长达到高峰后，如继续培养，会很快死亡。支原体等在液体培养基中做滑行运动。菌落能吸附鸡红细胞，借此可与非病原性菌株相区别。

支原体可以在鸡胚绒毛尿囊膜上生长。支原体在细胞中一般不产生病变，但严重影响病毒的繁殖。支原体是细胞培养污染的一种重要因素，一旦细胞被污染，很难被清除。

3. 支原体增殖

支原体在液体培养基中具有与细菌相似的生长规律，也分为迟滞期、对数期、稳定期和衰退期。迟滞期的支原体数量不增加，仅个体增大，染色性增强；对数期的支原体形态、大小较典型，呈杆状或双极形态；稳定期和衰退期变化较大，且出现较多的空泡。

支原体繁殖方式多种多样，以二分裂为主，还有分节、断裂、出芽或分枝等多种繁殖方式，因其缺乏细胞壁，分裂时后代的大小可能不均一。胞质分裂和基因组复制同步时呈等二分裂繁殖。快速生长时，常常是胞质分裂落后于基因组的复制，故可以出现多核的丝状体。支原体繁殖时，先在极端产生泡状突起，由此小泡等分为二，这与支原体在呼吸道黏膜上的定居和致病性有关。

4. 生化特性

支原体能发酵葡萄糖和麦芽糖，产酸不产气。一般能利用葡萄糖的支原体不能利用精氨酸，能利用精氨酸的支原体不能利用葡萄糖。支原体不发酵乳糖、卫茅醇、柳醇和水杨苷；很少发酵蔗糖，对半乳糖、果糖、蕈糖及甘露醇的发酵效果不定；不水解精氨酸，磷酸酶活性为阴性，可还原2,3,5-三苯四唑（变红）和四唑氮蓝（变蓝）；对毛地黄皂苷敏感。支原体可使加入琼脂培养基中的马红细胞全部溶血，并能凝集火鸡和鸡的红细胞。部分禽类支原体的生化指标见表5.6。

表5.6 部分禽类支原体生化指标

种名	分解葡萄糖	分解精氨酸	分解尿素	四唑氮蓝还原	膜斑形成	磷酸酶活性
鸡毒支原体	+	-	-	+	-	±
鸡支原体	-	+	-	+	+	±
滑液支原体	+	-	-	+	+	-
火鸡支原体	-	+	-	-	+	+
鸭支原体	+	-	-	-	+	+

注："+"表示阳性；"-"表示阴性；"±"表示不确定。

（四）对理化因素的抵抗力和药敏性

支原体对渗透压敏感，因其无细胞壁，环境中渗透压的改变很容易导致细胞破裂。支原体不耐干燥，从干燥的样品中不易分离出支原体。支原体对外界环境的抵抗力不强，离开禽体即失去活力。支原体对紫外线敏感，受阳光直射便迅速丧失活力。

支原体对贵金属盐类、苯酚、来苏儿和一些表面活性剂比细菌敏感，但对乙酸铊、结晶紫和亚碲酸盐的抵抗力比细菌大。一般认为，多数常用的化学消毒剂（如来苏儿等）对支原体有效。苯酚、甲醛、β-丙内酯和硫柳汞可将其灭活。

支原体对热的抵抗性与细菌相似，对干热敏感。50℃ 20min即可将其灭活，在沸水中立刻死亡。支原体在鸡粪中20℃存活1～3d；棉拭子中20℃时存活3d，37℃时存活1d；蛋黄中20℃时可存活6周。在低温条件下可长期存活，经真空冻干的支原体培养物，储存于4℃冰箱中能存活7年以上。肉汤培养物在-30℃能存活2～4年，-60℃至少能存活10年。

支原体对影响细胞壁合成的抗生素（如青霉素）不敏感，但对红霉素、四环素、卡那霉素、链霉素、氯霉素、泰乐菌素等药物敏感。可将青霉素和低浓度的乙酸铊添加到支原体培养基中作为细菌和真菌污染的抑制剂。

（五）致病性和致病机制

1. 致病性

鸡毒支原体的致病性与基因型、表型特征、增殖方法、传代次数、接种途径和剂量等有关。一般情况下，鸡毒支原体野外分离株的致病性较实验室培养的强；利用鸡胚卵黄囊传代的支原体通常比用肉汤培养的致病性强。将实验室保存菌株通过鸡传代可以使致病性返强，而经过培养基传代则可以使鸡毒支原体致病性减弱。鸡毒支原体的致病性还受到培养基中传代次数的影响，在经过培养传代以后会很快失去致病性。有致病性的鸡毒支原体经过卵黄囊接种在鸡胚，可能导致鸡胚矮小、水肿、出血和死亡。NDV或IBV与MG同时感染鸡或鸡胚，均能增加鸡毒支原体的繁殖滴度和致病作用。

2. 致病因子

鸡毒支原体的致病因子包括细胞的运动因子、黏附因子、侵袭细胞的因子以及使支原体具有免疫逃避和为了适应宿主而改变细胞表面的因子。Papazisi 等（2003）对鸡毒支原体 R_{low} 株的全基因组进行了测序，鉴定出具有细胞黏附作用和生物分子结合能力的潜在致病因子。

3. 致病机理

支原体的致病机理与细菌不同，如图 5.10 所示。

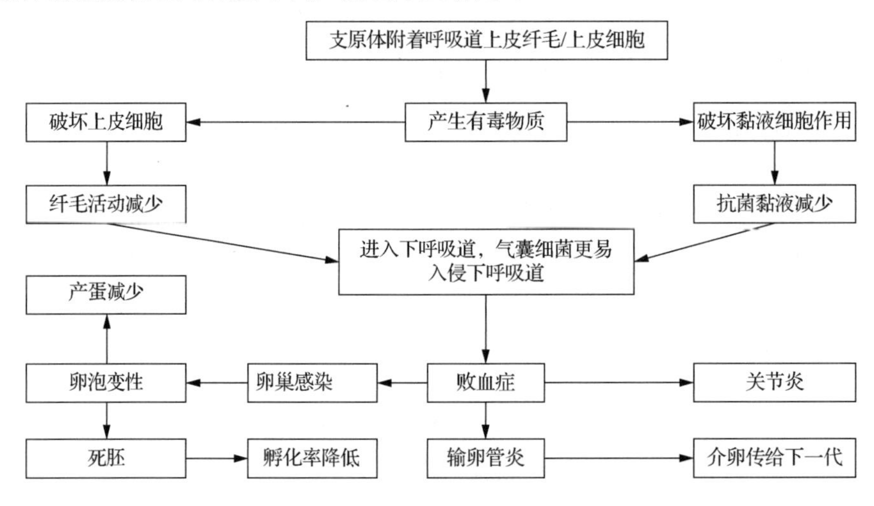

图 5.10　支原体的致病机理

1）黏附机制

在大多数情况下，鸡毒支原体不侵入组织和血液，只能黏附在呼吸道或泌尿生殖道的上皮细胞。支原体黏附于宿主细胞是成功定殖、感染和致病的先决条件。支原体从细胞吸收营养，从细胞膜获得脂质和胆固醇，进而引起细胞膜的损伤。这种黏附具有特异性，只能吸附在宿主细胞表面的受体上。电子显微镜下观察发现：鸡毒支原体通过端器（液泡或顶体结构）靠近宿主细胞，端器在支原体的滑行运动中发挥作用，也是一种致病成分。宿主细胞上受体的主要成分是唾液酸，如利用神经氨酸酶处理即失去受体功能。支原体可黏附的细胞很广，除上皮细胞外，还可黏附于红细胞、巨噬细胞和精子表面等。支原体在黏附后，可进一步通过不同的机制引起细胞损伤。

2）释放有毒物质

鸡毒支原体的致病作用可能与其产生的神经氨酸苷酶、过氧化氢、溶血素、溶菌酶或外毒素有关。鸡毒支原体以其小泡状体结合宿主细胞的叶酸受体后吸附于上皮细胞并侵入固有层，上述物质使上皮细胞纤毛脱落，停止活动，上皮细胞逐渐退化死亡，组织出现炎症反应，抗原性发生变化甚至出现自身免疫反应。不同的支原体对细胞组织的趋向性不同，一般是趋向呼吸道，也有的趋向于脑组织或跗关节，所以引起的症状也不尽相同。

3）淋巴细胞和因子

B 细胞、T 细胞的抑制或刺激作用及细胞因子的诱导作用也在发病过程中发挥作用。鸡毒支原体感染的主要特点是在感染部位进行淋巴细胞增殖应答，且支原体感染细胞能够产生趋化因子吸引异嗜白细胞和淋巴细胞的迁移。用鸡红细胞培养鸡毒支原体能够使红细胞表面形态改变，若细胞变小，细胞穿孔，说明鸡毒支原体可能侵入细胞。

4）感染过程

鸡毒支原体感染鸡的呼吸道后，主要破坏其气管和支气管的纤毛，使之部分或全部脱落，导致排斥异物和自体气管黏膜分泌物质的功能部分或全部丧失，使进入呼吸道的异物及气管黏膜产生的分泌物无法向上排出而沉降到细支气管末端及肺泡中，逐渐使部分肺小叶发生病变。多数发病的肺小叶融合到一起，造成部分区域肺组织肉变、硬变和坏死，使肺脏功能失调，出现呼吸困难。鸡毒支原体还可引起气囊和胸膜的炎症。

（六）菌株分类

1. 血清型

鸡毒支原体是第一个通过血清学分型法区分开来的支原体。Dierks 等（1967）利用 SPA 成功将禽类支原体分为 A～S 共 19 个血清型。以后，通过逐步完善，并结合微量补体结合试验、琼脂扩散凝集试验、代谢和生长抑制试验等检测，又将其合并成 8～10 个血清型。常见的 A、S、H 血清型，分别代表鸡毒支原体、滑液囊支原体和火鸡支原体。

鸡毒支原体只有 1 个血清型，不同菌株间有一定差别。例如，Kleven 等（1988）用同源和异源抗体的 HI 检测鸡毒支原体 MG 菌株，发现同源的 HI 效价通常高于异源的 HI 效价。

2. 分子生物学

利用 16S rRNA 基因的 DNA 序列，16S rRNA PCR、变性梯度凝胶电泳法及 tRNA PCR 法等技术，支原体的分子分类方法不断完善。

（1）鸡毒支原体菌群内：鸡毒支原体各菌株之间存在一定的地域性和时空性差异。从美国分离的 MG 菌株之间和疫苗株（6/85、ts-11 和 F）同源性较高，但与实验室以前保留的菌株同源性较低。以色列、澳大利亚各自的鸡毒支原体分离株之间同源性较高，但不同国别之间同源性不一。

（2）支原体不同菌群之间：支原体种内基因组的同源性大于 70%，而种间基因组的同源性一般为 10%～40%。柔膜体纲分类委员会认为，G+C 含量是鉴别支原体种所必需的指标，而种间的 DNA 杂交研究相对较少。

事实上，对支原体种的确定主要应以支原体的形态、培养、营养、生化反应、血清学反应和遗传特征为主，其中，以血清学相似度最为重要。

三、流行病学

1. 感染宿主

鸡毒支原体的自然宿主为鹑鸡类，在生产中主要感染鸡和火鸡。目前，已从雉鸡、鹧鸪、孔雀、白喉鹑、日本鹌鹑、鸭、鹅、黄颈亚马逊鹦鹉、野生火鸡、野生鸟类等 30 多种禽类和鸡舍内的小鼠等哺乳动物体内检测到鸡毒支原体。

2. 传染源

病鸡、痊愈鸡、正常带菌鸡及其分泌物、排泄物等均是主要的传染源。不同日龄的鸡群饲养在一起也是该病广泛存在的重要原因。

3. 传播途径

1）水平传播

呼吸道和消化道等途径是支原体传播的重要方式。感染禽呼出带有支原体的气体，经呼吸道传染给同舍的鸡或禽，上呼吸道和结膜是气溶胶和飞沫中的病菌进入家禽机体的通道。支原体也可以通过被污染的饲料、饮水和用具经消化道传播。

鸡毒支原体在鸡群中的传播通常分为 4 个阶段：①潜伏期（12～21d）：指感染鸡能够检测到抗体前的这段时间（最早的凝集素 IgM 抗体可在感染后 2～4d 查出，而 HI 抗体可在 9～12d 查出，IgG 抗体可在 14d 以后查出）。②轻微感染期：此时鸡群中有 5%～10%的鸡感染。③抗体产生期：通常在感染后 7～32d，90%～95%的鸡群产生抗体。④感染最后阶段：此时鸡群抗体全部呈阳性。

2）垂直传播

垂直传播是鸡毒支原体传播的主要方式。人工感染鸡毒支原体后的 2～60d，鸡毒支原体分离率为 71%～90%；60～113d 为 25%～32%。而用母鸡感染后 21～42d 所产的鸡蛋孵化 18d 后再做支原体分离，其分离率为 38.3%，比直接用鲜蛋的分离率低。

4. 流行特点

该病一年四季均可发生，以冬、春寒冷季节最为严重。鸡和火鸡均易发生鸡毒支原体感染，日龄越小，发病越严重。其中以 5～16 周龄的幼火鸡和 1～2 月龄雏鸡最易感染，病情也最重，且死亡率高，可达 30%。纯种鸡比土鸡易感，非疫区的鸡比疫区的鸡易感。

寒冷和潮湿、卫生条件差、通风不良、密度过大等均易导致鸡群发生慢性呼吸道疾病。在感染鸡群中，当气温在 31～32℃时，气囊炎的发生率为 9%，而当温度降低到 7～10℃时，气囊炎的发生率上升为 45%。在相同温度条件下，湿度越大，发病率越高。

四、临床症状

自然感染鸡潜伏期长，通常 10d 到 2～3 周不等；人工感染时，雏鸡 2～5d，成鸡 7～21d，即可见到明显的呼吸道症状；实验感染的火鸡一般在 6～10d 可以发生鼻窦炎。

不同宿主感染鸡毒支原体后的症状与其日龄、季节等条件密切相关，症状不一。

1. 鸡

鸡毒支原体感染鸡通常呈慢性经过，逐渐出现症状，多与其他病原微生物并发感染。

（1）雏鸡：该病以雏鸡发病率最高，症状最典型。一般先是打喷嚏、甩鼻，接着气喘并伴有呼吸啰音，随着病情发展，可出现流泪、眼帘一侧或两侧肿胀（彩图 5.11），按压有轻微的波动感，有时黏稠的分泌物可以使上下眼睑黏合，分泌物变成干酪样物后压迫眼球，上下眼帘胶合凸出呈球状，短期内不能消退，并使鸡失明。商品肉鸡多在 4～6 周龄暴发本病，并发感染（低致病性禽流感病毒和大肠杆菌等）较多，症状比成年鸡群严重。一般而言，单纯鸡毒支原体感染引起的病症较轻，死亡较少，但混合感染时病症加重，可造成 10%～30%甚至更高的死亡率。

（2）成年鸡：成年鸡感染后病症往往比雏鸡轻，可出现长期的呼吸道症状，临床症状为拉绿色、黄色和白色稀便，产蛋率下降，蛋壳质量下降。随着病情的发展，每日的死淘率增高。有时候，病鸡白天的症状不典型，仅见有鸡甩头，夜晚关灯后往往听见呼吸啰音。

2. 火鸡

火鸡比鸡更易感染该病，临床症状更严重，最突出的表现是流眼泪和鼻炎。

该病最典型的症状见于 8～15 周龄肉用火鸡，最初 2～7d 表现为轻度的呼吸道症状，此后便有 80%～90%的火鸡出现严重的呼吸道症状。感染群中有 1%～70%的火鸡出现鼻窦肿胀、流鼻涕。病禽一侧或两侧的眶下窦发炎、肿胀，严重时眼睛睁不开；常有鼻涕阻塞鼻孔，有时鼻孔被黏性混合物堵满，病禽频频甩头，有时用翅膀擦拭鼻涕。如果出现气囊炎或气管炎，就会有气管啰音和呼吸困难的症状。在出现典型的眶下窦肿胀之前，病禽常伴随流鼻液和眼分泌物中有泡沫的症状。严重者鼻窦肿胀，眼睑不能睁开。

随着病程的发展，病火鸡逐渐消瘦，产蛋火鸡出现产蛋率下降，偶尔出现火鸡运动失调，这是由于鸡毒支原体侵入脑内所致。病禽易发生大肠杆菌等继发感染，导致发病率和死亡率升高。

五、病理变化

1. 剖检病变

单一支原体感染时，症状较轻，可引起轻度鼻炎和眶下窦炎。

特征性病变：鼻腔、气管、支气管中含有大量黏稠的分泌物和出现严重的气囊炎。气管黏膜增厚、变红，外观呈念珠状。炎症加剧时可波及下呼吸道、肺和气囊，呈现纤维素性肺炎（彩图 5.12）。支气管有显著的卡他性炎症，胸气囊灰色混浊、肥厚，气囊内含有稍混浊的黏稠渗出物或干酪样物，有时腹气囊也遇到类似的病变。随病程的延长，气囊增厚，囊腔内有干酪样渗出物，似炒鸡蛋样，与气囊粘连，有时也能见到肺实质病变（彩图 5.13）。

混合感染时，气囊病变十分严重。严重病例常伴有心包膜炎、肝包膜炎。横断上颌部，可见鼻腔、眶下窦内蓄积大量黏液或干酪样物。结膜发炎的病例可见结膜红肿、眼球萎缩或破坏，结膜中能挤出灰黄色干酪样物。

病火鸡最常发生窦炎，眶下窦还会出现黏性或干酪样渗出物。病鸡和病火鸡均有输卵管炎，从而导致产蛋率下降。在家雀和其他鸣禽中，其特征性症状是结膜炎，并伴有眼眶周围肿胀和发炎。

2. 病理组织学

鸡毒支原体感染的组织黏膜由于单核细胞浸润和黏液腺的增生而显著增厚。气管黏膜下常见局部淋巴组织细胞增生，上皮组织细胞肥厚增生，纤毛几乎完全被破坏，上皮细胞肿胀，支原体黏附在绒毛上。淋巴细胞中单核细胞聚集，黏液腺增生，气管黏液腺狭小而长，并伸展进入整个变厚的黏膜中。肺脏组织有大量的单核细胞和异嗜性细胞浸润。滑液囊表面细胞增生，滑液囊和邻近组织单核细胞浸润，淋巴滤泡形成。关节液中可见大量的异嗜细胞。

六、诊断

根据临床症状和病理变化（发病慢、病程长和死亡率低）等可初步判定支原体感染，但确诊必须依赖于实验室诊断。鸡毒支原体的诊断“金标准”源于病原体的分离和鉴定。

（一）病原的分离和鉴定

1. 鸡毒支原体的分离

1）样品采集

样品可取自活禽、刚死的鸡、死胚或已经破壳的死胚。对活禽，可以从咽部、食道、气管、泄殖腔和生殖突采样；对死禽，可以从鼻腔、眶下窦、气管或气囊采样。也可以直接从鼻后裂或公鸡的精液、母鸡的输卵管取样进行分离。从发病的鸡中一般能够分离到鸡毒支原体。但在野外感染中，很可能是多种支原体同时感染，常常给真正的致病性支原体的分离带来困难。

在感染的急性期（感染后 4～8 周），上呼吸道病原体的数量及鸡群的感染率较高，采集 10～20 只活禽的气管棉拭子就足以分离出该病原体。但在感染的后期，往往需要 30～100 个棉拭子才能培养成功。而所有这一切都必须建立在早期未使用抗生素的前提下。

2）培养基

鸡毒支原体可用无细胞培养基，也可接种鸡胚或组织培养物进行分离。因为支原体种类较多，不同支原体营养要求不同。培养基的配制方法如下：

基础液：NaCl 2.5g、$Na_2HPO_4 \cdot 12H_2O$ 0.8g、KCl 0.2g、$MgSO_4 \cdot 7H_2O$ 0.1g、KH_2PO_4 0.05g、葡萄糖 5.0g、乳蛋白水解物 2.5g、酵母提取物 2.5g，用去离子水补足 500mL，在 121℃条件下高压蒸汽灭菌 15min。

辅助液：各辅助液成分需分别进行无菌处理，最终浓度为：酚红 0.002%（质量浓度）、猪血清 12%（体积分数）、盐酸半胱氨酸 0.01%（质量浓度）、青霉素（2000IU/mL）、醋酸铊 0.01%（质量浓度），混合均匀后，用 20%的 NaOH 调整 pH 至 7.8。其中血清提供固醇和脂肪，葡萄糖提供能量，酚红便于观察 pH 变化，青霉素和醋酸砣可控制细菌和霉菌的污染。

3）分离和鉴定

一般来说，一份病料应分别接种葡萄糖培养基、精氨酸培养基和尿素培养基（液体培养基和固体培养基）进行分离，有助于提高分离率。眶下窦、鼻腔、气管等材料接种液体培养基后应盲传一次，以免细菌快速生长而掩盖支原体的分离。

（1）液体培养基。在液体培养基出现黄色后要将培养物立即移植到新鲜培养基中继续培养。培养物如果在 5d 左右不见颜色变化则需要再移植，有时需要移植 3～4 次才能出现颜色变化。如果颜色由红变黄，可能是发酵葡萄糖的支原体生长；如果由红变紫，则可能是水解精氨酸的支原体生长。鸡毒支原体发酵葡萄糖，如果经过 3～4 次移植还不出现颜色变化，可以认为无支原体生长。

（2）固体培养基。在固体培养时，是将加有组织小块的液体培养物或盲传的、或已经变色的液体培养物滴 1～2 滴于平板表面，晃动平皿使之铺满表面，放在 5% CO_2 的潮湿环境中培养，一周后在放大镜下观察有无菌落生长。最初的 1～2 代菌落经常不出现典型的“煎蛋”状形态，往往要经过几次移植后才有典型的菌落生长。

由渗出物直接获得支原体是非常困难的，必须在非常湿润的环境中将接种后的琼脂平板 37℃培养 3～5d。特征性的菌落表现为细小、光滑、圆形和透明的质团，具有一个致密的、突起的中心点。菌落直径大多为 0.2～0.3mm，且由于邻近的菌落容易融合，常沿划线的边际出现。

鉴于许多支原体出现了变异，通过其菌落的特征不一定能够判定它的种类。如在固体培养基上发现可疑菌落，可做红细胞吸附试验，鸡毒支原体和滑液囊支原体的菌落表面均可以吸附红细胞，非病原支原体不吸附红细胞。

（3）鸡胚。将疑似病例的渗出液或悬液做无菌处理后，接种7日龄SPF鸡胚的卵黄囊，弃去24h死亡的鸡胚，接种鸡胚通常在5～8d内死亡，但是在鸡胚出现典型的特征性病变之前，卵黄囊通常需要进行多次的连续传代。将接种后特异性死亡的鸡胚和接种后5d存活的鸡胚置4℃过夜，再以无菌操作取其卵黄囊在固体培养基上培养。

2. 鉴定

1）形态学鉴定

（1）姬姆萨染色。对鸡毒支原体培养物抹片按照姬姆萨染色法染色；也可将液体培养物离心，取沉淀物用少许蒸馏水稀释后涂片，自然干燥，用甲醇固定3～5min，倾去甲醇晾干，放入姬姆萨染色缸中染15～30min，水洗，吸干，油镜检查可发现一定数量淡紫色的球状微生物。

（2）Dienes染色。支原体菌落经Dienes染色后呈蓝色，不容易褪色，而大部分细菌（嗜血杆菌例外）一般不易着色，由此可以鉴别支原体。检查时，将染色液直接滴在琼脂培养基的表面，2min后，倾去染色液，其他细菌菌落呈红蓝色或无色，琼脂背景为蓝紫色或暗蓝色。支原体菌落呈鲜蓝色，中心呈深蓝色，30min后不褪色。

2）鸡红细胞凝集试验和血凝抑制试验鉴定

将红细胞配制成0.25%的悬液备用。试验时取悬液15～20mL，加入含有菌落的平板上，室温作用15～20min，弃悬液用生理盐水冲洗2～3次，利用低倍镜检测菌落表面是否吸满红细胞。

诊断鸡毒支原体时可先测其血凝价，然后用已知效价的抗体对其做凝集试验，如果两者相符或相差1～2个滴度，即可判定该病原体为鸡毒支原体。

3）血清学技术鉴定

国际上采用生长抑制试验、代谢抑制试验和荧光抗体试验3种血清学方法对支原体进行种的鉴定。一般情况下，常采用一种或几种方法对支原体培养物进行鉴定。特异性的高免血清必不可少，通常利用兔或禽类制备特异性高免血清。

（1）生长抑制试验。类似于抗生素敏感试验，但滤纸片浸入的不是抗生素而是抗血清，稀释的支原体培养物应接种于琼脂培养基，而后铺设抗血清纸滤片，经过培养，支原体被同种抗体抑制，即在相应的滤纸片周围无支原体生长。

（2）代谢抑制试验。依据支原体的生化代谢情况，结合培养基中是否添加葡萄糖或精氨酸、四唑氮蓝，将含有特异性抗体的血清用含有基质和pH指示剂的培养基在微孔中稀释，然后加入培养基并混合培养，阻止支原体生长的最高血清稀释度为试验血清的效价。

（3）荧光抗体试验。纯化的抗特异性支原体抗体经荧光素标记后可用于鸡毒支原体的鉴定。

（二）血清学诊断

血清学诊断是支原体确诊的重要实验室手段。较为常用的血清学反应是平板凝集试验、试管凝集试验、血凝抑制试验和酶联免疫吸附试验 4 种。

一般情况下，鸡在感染鸡毒支原体后，其血清中一周内（感染后 2～4d）便可以检测到 IgM 抗体（SPA 或试管凝集试验），而 IgG 出现稍晚一些，一般需要 20d 才能检测到（HI 或 ELISA）。

1. 平板凝集试验

SPA 是目前应用最广泛的检测方法，具有结果清楚、易观察、操作简单、快速敏感、重复性好等优点。SPA 的抗原一般是着色的。在 20℃以上的室温中，将被检血清（最好是新鲜的）0.025～0.03mL 滴于白色瓷盘或下面垫有白色背景的玻璃板上，滴加等量的抗原，以牙签快速地搅拌、转动，使二者充分混合，2min 以内如果出现明显的凝集颗粒，则判为阳性，否则为阴性。

经过冷冻或在冰箱中长期保存的血清或者被污染的血清等在 SPA 中通常会出现非特异性反应。如果将血清灭活并用磷酸缓冲溶液 1∶（2～4）稀释，则可以减少假阳性。

SPA 检测的抗体出现早，持续的时间也长，感染鸡通常 280d 还能检测到，这与持续感染有关。经种鸡传播的母源抗体，也可以通过 SPA 检测到。试验表明，人工接种鸡毒支原体弱毒活疫苗的母鸡，其后代 3 日龄的雏鸡中 80%可以检测到母源抗体。母源抗体的维持时间一般是 20d 左右。经卵传播的雏鸡自身产生抗体一般要在 2 个月以后。

利用 SPA 检测时，鸡毒支原体抗原与滑液囊支原体阳性血清之间会出现 5%～25%的交叉反应，而用滑液囊支原体抗原检测鸡毒支原体阳性血清，则不出现交叉反应。

2. 试管凝集试验

该试验原理同 SPA，在 20 世纪 60～70 年代应用较多，但伴随着检测微量化，目前应用较少。

3. 血凝抑制试验

HI 是比较可靠的检测支原体感染的方法，具有很高的特异性，常常用于判定其他方法判定结果的准确性。反应使用的抗原的制备方法是将幼龄的支原体培养物，经离心沉淀后，预先稀释成一定浓度，测定其对红细胞的凝集价（HA）。每次检测之前，都要事先测定 HA，实验中一般使用 4 个 HA 凝集单位的抗原浓度。反应的操作方法与新城疫 HI 相同。阳性反应时红细胞凝集被抑制，红细胞呈圆盘状沉于管底；阴性反应时，红细胞被凝集呈锯齿状沉于管底。鸡毒支原体和滑液囊支原体在此试验中没有交叉。一般血凝抑制效价在 1∶80 以上判为阳性。

4. 酶联免疫吸附试验

在鸡毒支原体诊断方面，以商品化 ELISA 血清诊断试剂盒最为常用，同时发展了斑点酶联免疫吸附试验（Dot-ELISA）和以单克隆技术为基础的抗原捕捉酶联免疫吸附试验（AC-ELISA）等免疫酶技术。

1）ELISA 血清诊断试剂盒

该方法检测待检鸡的血清，敏感性高，特异性强，比 HI 和试管凝集试验高 110 倍，可以进行自动化、大通量测定，极大提高了监测效率。

2）Dot-ELISA 检测抗原和抗体

Dot-ELISA 以纤维素膜代替免疫酶固相载体法中常用的聚苯乙烯微量反应板，弥补了抗原或抗体对载体包被不牢的缺点，具有敏感性高、特异性强，不需特殊仪器等优点。Cummins 等（1990）用亲和素-生物素强化免疫斑点试验，检测和鉴定鸡毒支原体和滑液囊支原体抗体，提高了 Dot-ELISA 试验的敏感性，特别适合混合感染情况下检测各种支原体的特异抗体。宁官保等（2015）研制了一种用于快速检测鸡毒支原体的胶体金免疫层析试纸条，采用直径 20nm 的胶体金颗粒标记纯化的鸡毒支原体多克隆抗体，硝酸纤维素膜检测线和质检线分别喷加纯化的鸡毒支原体多克隆抗体和兔抗鸡 IgG 抗体，制作胶体金试纸条，具有高度的灵敏性、特异性。试纸条检测与鸡毒支原体培养检测符合率为 96.84%，具有较高的准确性。

3）AC-ELISA 检测抗原

以单克隆抗体为基础的 ELISA 技术，具有高度特异、敏感和标准化的特点。Czifra 等（1995）用单克隆抗体结合酶联免疫吸附试验检测鸡毒支原体的一种连续表达表面抗原的特异性抗体，其检出率为 83%，而 HI 为 62.7%，说明其可用于诊断鸡毒支原体感染。

（三）分子病原学技术

随着分子生物学技术的发展，鸡毒支原体的诊断方法已建立了核酸探针、限制性核酸内切酶分析法（REA）和 PCR 等试验技术，可用于鸡毒支原体感染的早期诊断。其敏感性和特异性较血清学方法高，并且可用于鸡毒支原体和滑液囊支原体的鉴别诊断。

1. 核酸探针法

20 世纪 80 年代后期，国内外开展了鸡毒支原体和滑液囊支原体种特异性核酸探针的研究，制备出鸡毒支原体的种 DNA 探针。DNA 探针由 1000～10 000 个碱基组成，代表 0.1%～1%的支原体基因组。Levisohn 等（1989）获得一个 60kb 片段，并用 ^{32}P 标记的探针检测人工感染鸡毒支原体的鸡，一周后在气管中检测出鸡毒支原体。该方法比血清学方法更可靠，比分离培养要快得多，可用于鸡毒支原体的早期分离鉴定。张伟等（1993）构建了 S6 株 DNA 文库并制备了种特异性生物素标记的 DNA 探针。任家琰等（2000）建立了 PCR 和探针杂交检测方法，用 DIG 配基和 dUTP 结合物标记 PCR 扩增产物制备的核酸探针，这种探针的最小检出量为 10pg DNA，是目前敏感度最高的非放射性标记方法，该法点样后 24h 内可得到杂交试验结果，使用时无放射性污染，为商品化试剂盒开辟了途径。

2. 限制性核酸内切酶分析法

限制性核酸内切酶可以根据所识别位点的特异性，将基因组 DNA 切割成大小一定的片段。琼脂糖凝胶电泳可以依照 DNA 片段大小不同，将它们区分开。因此，可将内切酶的特异性和凝胶电泳的功能这两方面结合起来应用于鸡毒支原体的鉴定。

Kleven（1998）用 REA（以 *Eco*Rl 和 *Bam*HI 分别进行 DNA 消化）比较来源于不同的禽类、不同养禽场的 18 个鸡毒支原体菌株的基因组，其酶切电泳限制性图谱表明，各菌株之间存在显著的差异性。在 REA 的基础上，产生了 Southern 杂交法，这种方法鉴定菌株的变异比 REA 更容易。Kleven（1998）采用限制性 DNA 内切酶和 DNA-DNA 杂交技术，将 F 株与鸡毒支原体的标准株 S6 和 A5969 区别开。

3. 聚合酶链式反应

PCR 是 20 世纪 80 年代中后期建立的一种特异性 DNA 序列扩增技术，具有很高的敏感性，可用于鸡毒支原体的鉴定和检测。Kempf 等（1993）建立了检测鸡毒支原体的 PCR 方法，其较核酸探针更敏感，需要时间更短。Fan 等（1995）应用针对 16S rRNA 基因组的一套引物的 PCR 法，检查和区分所有的支原体。宋勤叶等（1999）利用 PCR 方法检测鸡卵黄膜中鸡毒支原体，从收集种蛋到出现结果，只需要 35～40h，还可以省去烦琐的培养和传代，且能把鸡毒支原体和滑液囊支原体区分开。谢志勤等（2000）应用多重 PCR 反应能同时检出最低 100pg 的鸡毒支原体和滑液囊支原体，提高了鉴别诊断的速度。PCR 具有简便、快速和敏感性、特异性强等优点。

4. 基于 PCR 的随机引物或 DNA 随机扩增多态性

把 PCR 和 RFLP 结合起来，可以用于区别鸡毒支原体和鸡其他支原体。利用以 PCR 为基础的随机引物 PCR 法（AP-PCR）或随机扩增多态性 DNA 技术鉴定鸡毒支原体是很有效的方法。可利用这两种方法进行流行病学研究及鉴别疫苗株和野毒株。

七、防控技术

鸡毒支原体的感染发病与环境因素密切相关，加强环境管理和净化是控制支原体的关键。

（一）环境控制和种源净化

1. 环境控制是降低鸡毒支原体的重要措施

鸡毒支原体发病与环境因素密切相关。首先，应加强饲养管理，降低饲养密度，注意通风，保持舍内空气新鲜，防止过热过冷、湿度过高，定期清粪，防止氨气、硫化氢等有毒有害气体的刺激等。其次，应坚持全进全出制，最大限度地避免多日龄鸡群混养。再次，定期带鸡消毒，加强消毒措施。最后，要合理分配口粮，定期添加维生素来加强鸡机体自身的免疫力。

2. 种源净化是防控鸡毒支原体的关键

种源净化是解决该病的关键，国外已有成功的经验。培育无支原体感染鸡群的方法如下。

1）种蛋消毒

对种蛋进行福尔马林熏蒸消毒；利用有抑制作用的抗生素处理种蛋。将孵化前的种蛋加温至 37℃，立即放入 5℃左右对鸡毒支原体有抑制作用的抗生素（如 100～1000mg/L 的链霉素或红霉素、四环素等）溶液中浸泡 15～20min，使药液浸入种蛋中。然后，正常孵化。

2）变温处理

利用 45℃经 14h 处理种蛋，可消灭蛋中的支原体，然后转入正常的孵化，可以达到满意的效果，且对孵化率没有明显的影响。

3）小批管理，加强隔离和消毒

在上述处理的基础上，对种蛋小批量孵化，每批 100～200 个，减少孵出的雏鸡相互之间的感染机会；分群饲养，尽量缩小鸡群的规模，定时进行血清学检测，隔离饲养，一旦出现阳性，淘汰该小群鸡。同时做好孵化箱、孵化器、用具、鸡舍等的消毒和隔离，做好野鸟和小鼠等动物的隔离，防止外来感染。做好对鸡群的带鸡消毒。

4）疫苗洁净

选择 SPF 接种弱毒活疫苗，这是一个非常重要的措施。

3. 种鸡群鸡毒支原体净化标准

对需要净化的鸡群，不允许利用鸡毒支原体疫苗免疫，否则，会干扰净化结果的检测。

在开产前，对全群不少于 10%的鸡群进行 SPA，应全部阴性；在此后不超过 90d 的间隔中，对至少 150 只产蛋鸡进行检测，抗体应为阴性；对其后代雏鸡进行检测，应全部阴性。淘汰所有阳性鸡和可疑鸡。以此为基础建立后备鸡群，经过反复检测均为阴性的鸡群可以确定为无鸡毒支原体感染的鸡群。对净化后的鸡群应严格生物安全管理。

（二）疫苗预防

1. 免疫机理

大部分支原体菌株具有免疫原性，但其免疫原性远不如病毒。研究发现，体液免疫仅仅是支原体免疫的一部分，细胞介导的免疫和局部抗体也可能参与抵御鸡毒支原体的入侵。鸡毒支原体在体内感染 2～4d 后可首先产生 IgM 凝集抗体，此后产生红细胞凝集抑制抗体（9～12d），与 IgG 抗体活性有关，可持续 150d。上述抗体具有一定的保护作用，但比较局限。强抗体应答并不一定有相应的保护力，这是鸡毒支原体疫苗的特点。

2. 疫苗

疫苗接种是中国减少和预防支原体感染的有效方法。支原体的疫苗主要有两种：活疫苗和灭活疫苗，前者主要用于商品鸡和蛋鸡，后者主要用于种鸡的免疫。

1）活疫苗

利用致病性相对较弱的 3 株鸡毒支原体菌株（F 株、ts-11 株和 6/85 株）已开发出商品化活疫苗。使用活疫苗就是“有控制的感染”，目的是利用低致病性、具有免疫原性的鸡毒支原体，在不会引起明显病变的日龄进行疫苗免疫接种。该疫苗免疫可抑制鸡毒支原体野毒株的攻击，还可以预防由鸡毒支原体引起的呼吸系统疾病、气囊炎和产蛋量下降，并减少垂直传播。

（1）F 株。F 株是经典的支原体活疫苗株，其致病性极弱，最常用。给 1d、3d 和 20d 的雏鸡滴眼接种，不会引起可见的症状和气囊炎病变，不影响增重。与新城疫弱毒疫苗 La Sota 或Ⅱ系疫苗同时接种，不产生任何副反应，免疫保护力在 85%以上，免疫力可持续 7 个月以上。

F 株可以通过点眼、滴鼻和气雾等方式免疫。F 株一般在 8～14 周龄进行疫苗免疫，如果在 8 周龄前面临被野毒株感染的危险，可以在 2 周龄甚至更早进行疫苗免疫。研究表明，免疫鸡的产蛋率高于未免疫鸡，且发现连续使用疫苗的鸡场，其野毒株多为 F 株所取代，具有净化外界病原的作用。但试验还发现，F 株对火鸡有致病性，不适合于火鸡免疫。F 株能经蛋垂直传播，也能水平传播。F 株免疫能降低攻毒株在上呼吸道中的数量。

（2）6/85 株。鸡毒支原体 6/85 株（冻干苗）同样源自美国，对鸡和火鸡致病性均很弱，禽与禽之间几乎不传播，并能抵抗鸡毒支原体强毒株的攻击。鸡毒支原体 6/85 株经气雾免疫几乎查不到抗体，该疫苗主要用于防止商品蛋鸡产蛋量下降所造成的损失，6 周龄以上的鸡仅需免疫一次。最佳的免疫途径是气雾免疫。6/85 株对鸡或火鸡均可作为疫苗。

（3）ts-11 株。鸡毒支原体 ts-11 株源自澳大利亚 80 083 株，经化学诱变和温度敏感性筛选（在 33℃下生长）后获得。鸡毒支原体 ts-11 疫苗株对鸡和火鸡致病性均很小，禽与禽之间几乎不传播，免疫应答缓慢，能产生低水平的循环抗体，并能抵抗鸡毒支原体强毒株和野毒株的攻击，具有保护作用。对免疫鸡群，ts-11 株始终存在于上呼吸道中，并能产生长期的免疫力。

ts-11 疫苗株对蛋种鸡、母鸡的产蛋量、蛋和蛋壳的质量参数及蛋的大小均无影响。肉种鸡免疫后，其胚胎、后代雏鸡均对鸡毒支原体野毒株有抵抗力。该疫苗是冰冻悬浮液（-40℃），适合于 9 周龄的后备母鸡通过点眼免疫。该菌株不能在火鸡体内繁殖，故不适合火鸡免疫。

（4）不同弱毒疫苗的使用比较。3 种疫苗均比较安全，但 6/85 和 ts-11 疫苗株的安全性更优于 F 株。比较发现，F 株疫苗要比 6/85 和 ts-11 疫苗株取代攻毒株的能力强，并且能在多日龄混群商品产蛋区取代鸡毒支原体野毒株，且可在鸡群之间循环，使鸡毒支原体不能被完全清除。相反，ts-11 株可以在以前流行过 F 株的地方免疫其后备母鸡群，在免疫的鸡群中 ts-11 株取代 F 株，且可被清除。6/85 疫苗株对鸡总体比较安全，但从有临床症状的火鸡中曾分离出疫苗株，说明有安全隐患。

F 株对火鸡致病性太强，而 ts-11 株很少或不能在火鸡体内定殖。利用 6/85 疫苗对火鸡进行免疫后，对气雾攻毒引起的气囊炎保护力较差。

2）灭活疫苗

鸡毒支原体灭活疫苗是将支原体的浓缩悬液通过灭活和油乳剂化制备而成的，制备疫苗的鸡毒支原体抗原效价应不低于 10^8～10^9CFU/mL。

对鸡毒支原体灭活疫苗的研究始于 20 世纪 60 年代后期。美国 Warren 等（1968）研究表明，鸡毒支原体甲醛灭活苗对 1～4 日龄雏鸡进行免疫接种，免疫保护程度中等。Hayatsu 等（1975）对雏鸡于出生后 3d、14d 和 25d 进行 3 次免疫接种，在同鸡舍感染试验中保护率高达 100%。Yoder 等（1985）研究表明，以鸡毒支原体油乳剂灭活苗（采用β-丙内酯灭活）对 15～30 日龄雏鸡免疫接种，可有效抵抗鸡毒支原体强毒株的攻击，但对 10 日龄以内的雏鸡，免疫效果差。对 20 周龄开产母鸡免疫 0.5mL，可防止支原体感染而发生的产蛋量下降。Glisson 等（1985）分别于 19 周龄和 23 周龄对鸡做 1 次和 2 次疫苗接种，4 周龄后利用鸡毒支原体攻毒，结果证实，两次免疫接种在控制鸡毒支原体垂直传播方面效果明显，不仅降低和清除了体内的病原体，还提高了种鸡的生产性能。

3. 免疫程序

活疫苗：5～10 日龄鸡首次免疫，60～80 日龄鸡第二次免疫。

灭活疫苗：15～20 日龄鸡首次免疫，60～80 日龄鸡第二次免疫，开产前第三次免疫。

对种鸡群应联合使用弱毒疫苗和灭活疫苗，先用弱毒疫苗，再用灭活疫苗；开产前免疫灭活疫苗。

免疫监控：活疫苗免疫 1 个月后，抗体阳性率应在 80%以上；灭活疫苗免疫 1 个月后，抗体阳性率应在 70%以上。如果抗体阳性率在 40%以下，需要重新免疫。

（三）药物防控

支原体存在于细胞内，加上它本身缺乏细胞壁，与宿主细胞膜具有特殊的亲和关系，有时候细胞膜通过胞饮作用将其包裹起来，因此，对支原体有特效的药物相对较少。

1. 抗菌药物的预防和治疗

鸡毒支原体对大环内酯类抗生素（红霉素、替米考星、泰乐菌素、阿奇霉素等）、四环素、喹诺酮类和其他一些药物敏感，但对那些抑制细胞壁合成的药物（如青霉素等）不敏感。鸡毒支原体对常用的抗生素可产生耐药性和交叉耐药性。

1）大环内酯类

一般认为，泰乐菌素针对性较强，能有效杀灭支原体，是一种理想的药物。大群感染选用泰乐菌素 100g 兑水 200L，混饮 3～5d 后换用罗红霉素 100g 兑水 1000L，连用 3～5d，疗效显著。

泰万菌素是动物专用第三代大环内酯类药物，可到达支气管腔杀灭支原体，其抗菌效价是泰乐菌素的 5～10 倍，是替米考星的 2～5 倍，效果较好。

2）双萜烯类

支原净（泰妙菌素）对鸡的预防量是 0.0125%，治疗量是 0.025%，连用 3d，对预防鸡的气囊炎和滑膜炎有效；严重者，可连续用 2 个疗程；比泰乐菌素便宜，效果较好。

3）四环素等其他抗生素

在发病初期，可以使用一些对支原体有抑制作用的抗生素进行治疗。鸡毒支原体对强力霉素敏感，其次是对链霉素、土霉素、金霉素、林可霉素、螺旋霉素、壮观霉素等比较敏感。支原体在体外对红霉素比较敏感，但在体内作用不明显或无作用。

对单一感染的成年鸡，可以用链霉素 200mg/d，1 次注射；对 5～6 周龄的鸡，每只 60～100mg/d，1 次注射；均连用 3～4d。

4）喹诺酮类

研究发现，第三代喹诺酮类抗生素——恩诺沙星不仅可临床治愈鸡毒支原体感染，而且可以使血清抗体转为阴性。在治疗该病时可用恩诺沙星或双氟沙星、达诺沙星、氧氟沙星、环丙沙星、加替沙星 0.008%～0.01%饮水，连用 4～5d，效果良好。但是，大多数药物治疗不可能根除该病，只能是起到抑制细菌繁殖的作用，一旦停药还会复发。

2. 辅助治疗

在发病初期和临床症状轻微时使用药物治疗往往效果显著，一旦病程进入中后期，实质性器官病变比较严重时，则疗效往往不佳。此外，在应用药物治疗该病的同时，应加强饲养管理，在保温的基础上加强通风和带鸡消毒，如环境不改善，治疗效果往往不佳。

（王友令）

第七节　滑液囊支原体感染

滑液囊支原体（*Mycoplasma synoviae*，MS）感染是鸡支原体感染的一种，主要存在两方面的危害。一是可引起全身感染并导致传染性的滑膜炎（也是最重要的危害），引起家禽关节渗出性的滑膜炎、腱鞘炎等。二是可引起鸡慢性呼吸道感染，但危害远比鸡毒支原体小，仅引起亚临床症状，不易观察到临床症状，但如果和NDV或IBV或H9N2亚型AIV等混合或合并感染，则可以引起气囊炎病症。滑液囊支原体感染常见于不同日龄的鸡群和10～20周龄的火鸡。

一、流行历史暨分布

1. 历史

20世纪50～60年代，滑液囊支原体最早发生于美国4～12周龄的肉鸡。1954年，Olson首次报道了传染性滑膜炎，并于1964正式将其命名为滑液囊支原体。后来，加拿大（1955年）、英国（1959年）、挪威（1961年）、德国（1961年）、法国（1962年）等国相继报道。美国自20世纪60年代起，加强了对支原体的防控和净化。经过十多年的净化，美国滑液囊支原体感染的病例大幅度降低，目前已较少见到。

2. 流行和分布

滑液囊支原体感染呈世界性分布，经常发生于10～20周龄的火鸡或饲养不同日龄组的商品蛋鸡场。中国滑液囊支原体分布比较普遍，但有关单纯滑液囊支原体感染的报道相对较少。李跃庭（1982）和池若鹏等（1985）分别对广东地区的滑液囊支原体血清学进行了调查。宁宜宝等（1997）对中国部分地区进行滑液囊支原体血清学调查，平均阳性率为20.7%，十分普遍。陈建红等（2001）对广东珠江地区的185份鹅群血清样品进行调查，结果鸡毒支原体阳性率29.7%，滑液囊支原体阳性率19.5%，二者的混合感染率为14.6%。丁美娟等（2015）采用ELISA检测江苏部分地区鸡群的滑液囊支原体抗体，结果显示，这些地区鸡群MS感染的血清阳性率最高为82.4%，最低为38.9%。

二、病原学

1. 基本特征

滑液囊支原体与鸡毒支原体在病原学方面基本相同，均属于软皮体纲支原体目支原体属（属Ⅰ）的成员，具有支原体的一切属性。

滑液囊支原体直径约为0.2μm，呈多形态球状体，比鸡毒支原体稍小。滑液囊支原体对营养的要求更为苛刻，生长需要NAD和血清，最适生长温度为37℃。一般情况下，NAD比较昂贵，且不能与培养基中的其他成分一起高压灭菌，需要单独过滤。宁宜宝等发现可以用烟酰胺代替昂贵的NAD来生产滑液囊支原体的诊断抗原。为确保滑液囊支原体生长良好，通常在琼脂培养基中加入猪血清，并将琼脂平板置于密封、干燥的容器中。

滑液囊支原体生长较鸡毒支原体慢，在固体培养基培养到3～7d可见生长。使用间接光源，在30倍的解剖显微镜下观察，菌落呈“荷包蛋”样，培养时间过长，可在周围形成膜斑，菌落直径约300nm，与鸡毒支原体类似。

滑液囊支原体能发酵葡萄糖及麦芽糖，产酸不产气，不发酵乳糖、卫矛醇、水杨苷或覃糖。滑液囊支原体呈磷酸酶阴性，膜斑实验阳性。大多数滑液囊支原体分离株可凝集鸡或火鸡的红细胞。滑液囊支原体还原四唑盐的能力很有限。滑液囊支原体在理化特性和药敏性方面与鸡毒支原体相同。

Olson等（1963）通过对众多滑液囊支原体流行菌株的分离、鉴定和抗原性比较，首先提出滑液囊支原体这一概念，又证明它不同于其他支原体，而是一个独立的种。

2. 抗原结构

滑液囊支原体与鸡毒支原体尽管有共同的抗原决定簇，但二者之间存在差异。Dieks等（1967）利用SPA，结合微量补体结合试验等，将典型的致病支原体分为鸡毒支原体、滑液囊支原体和火鸡支原体。

SPA中，滑液囊支原体与鸡毒支原体有一定的交叉反应，在WVU-1853株中，45 000～56 000Da的表面蛋白为主要免疫原性蛋白，由单基因 *vlhA* 编码。该基因编码产物根据分子质量大小和表达量的不同，分为两个群：MSPA和MSPB，它们均与红细胞吸附有关。

滑液囊支原体只有一个血清型，经DNA-DNA杂交技术证实，滑液囊支原体不同株间几乎没有差异。滑液囊支原体株可采用DNA核酸内切酶技术加以鉴别。

3. 致病性

滑液囊支原体病的致病机理与鸡毒支原体一致，但二者的组织嗜性和趋向性不同。滑液囊支原体具有呼吸道、关节和生殖道趋向，尤其是关节趋向。研究还发现，从气囊炎分离的滑液囊支原体菌株较易引起气囊炎，而从滑膜分离的滑液囊支原体株较易引起滑膜炎。IBV与滑液囊支原体共同感染时，气囊炎的严重程度与IBV的致病性有关。环境温度低促进气囊病变。IBD可引起鸡的免疫抑制，与滑液囊支原体双重感染会导致更严重的气囊病变。

利用滑液囊支原体WVU-1853株培养物接种鸡的脚垫，结果在2周左右出现明显的脚垫和关节肿大、鸡冠缩小等病症，但肌肉接种和点眼接种则无病变。

三、流行病学

1. 感染宿主

鸡和火鸡是滑液囊支原体的自然宿主，火鸡的易感性比鸡高。鸭、鹅、珍珠鸡、鸽、日本鹌鹑、雉和红腿鹧鸪也可发生自然感染。人工接种时，雉和鹅、鸭和虎皮鹦鹉对此支原体敏感。在西班牙，从庭院麻雀体内分离到滑液囊支原体；麻雀也可被人工感染，但具有相当的抵抗力。家兔、大鼠、豚鼠、小鼠、猪和羔羊对人工接种不易感。

不同日龄的鸡和火鸡均可感染，日龄越低，易感性越强。急性感染通常见于4～16周龄的鸡和10～24周龄的火鸡。慢性感染可见于任何日龄鸡和火鸡。在滑液囊支原体感染火鸡群中，1日龄和较大的火鸡可发生气囊炎。火鸡通过气囊接种可引起气囊炎。经卵黄囊接种18日龄的鸡胚可使雏鸡发生滑膜炎和气囊炎。在该病的急性期可从病变组织中分离到滑液囊支原体，早期表现为亚临床型上呼吸道感染。

2. 传染源

病禽和隐性感染禽是主要的传染源。滑液囊支原体也可由污染的环境引起，但需经过一定的潜伏期才能表现出感染症状。一旦患病，禽类可终生感染并成为带菌者。感染滑液囊支原体的种禽所产种蛋及由其孵出的雏禽，均可带毒而成为传染源。

3. 传播途径

滑液囊支原体的传播与鸡毒支原体相似，可发生水平传播和垂直传播，传播速度比鸡毒支原体快。自然感染和人工感染的鸡均可发生垂直传播。滑液囊支原体还可经呼吸道传播，感染率可达 100%，但很少发生关节病变。

实验室感染肉种鸡，在接种后 6～31d，滑液囊支原体可见于 1 日龄后代雏鸡的气管中、未受精蛋和孵化过程中的死亡胚胎中。当商品蛋鸡发生感染时，经蛋传播率似乎在感染后的前 4～6 周最高，随后传播可能停止，但感染禽群会随时排菌。

4. 流行特点

滑液囊支原体感染一年四季均可发生，但冬、春季节易发。各种日龄鸡只均易感，雏鸡易感性比成年鸡要高，抵抗力随日龄的增长而加强，外来引进品种或品系发病率高于本地品种。近年来，中国有关滑液囊支原体的报道越来越多。青脚麻鸡、黄羽肉鸡和杂交土鸡群以及商品蛋鸡中均发生了以腿脚瘫痪、关节肿大、脚趾变形等为主要特征的病变，多数发生在 20～80 日龄鸡，在鸡群中呈渐进式出现，其发病率一般在 10%～30%，尽管病鸡在一定时间内不会死亡，但随着病程的延长，病鸡生长迟缓、日渐消瘦，最后衰竭死亡，严重的死淘率高达 30%。

四、临床症状

滑液囊支原体最早见于 6 日龄的雏禽，多与垂直传播有关。接触感染滑液囊支原体的潜伏期通常是 11～21d。利用病鸡的关节渗出物或鸡胚卵黄囊培养物接种 3～6 周龄敏感鸡，其潜伏期如下：脚垫感染为 2～10d，静脉接种为 7～10d，腹腔接种为 7～14d，窦内接种为 14～20d。气管内接种 4d 即可引起气管和窦的感染。不同宿主感染后临床的病症有所差异。

1. 鸡

滑液囊支原体感染鸡的临床症状主要有两种形式。

（1）关节病变。在感染滑液囊支原体的鸡群中能够观察到的最初症状是鸡冠苍白、跛行和生长迟缓。随着病情的发展，出现羽毛粗乱，鸡冠萎缩，关节周围肿胀，常有胸部的水疱。跗关节和爪垫是主要感染部位，但有些鸡的大部分关节会被感染（彩图 5.14）。严重时，关节热、肿、痛，甚至站立不起（彩图 5.15），吃不上料，有时被其他的鸡挤压而死亡。病鸡表现不安、脱水和消瘦。虽然鸡已严重感染发病，但若置于食物及饮水的附近，它们仍可饮食。病鸡常见含有大量尿酸或尿酸盐的偏绿的排泄物，滑膜炎可能在病鸡群的整个生命周期中始终存在。鸡群的患病率一般为 5%～10%，有时为半数以上，病死率不超过 10%。

（2）呼吸道病变。成年鸡群感染多以气管啰音、流鼻涕、食欲减少和体重减轻为特征性症状。肉仔鸡病情一般较成年鸡群明显。滑液囊支原体感染在肉鸡多表现为气囊炎，冬季多发。滑液囊支原体感染种鸡的后代，气囊病变导致淘汰率增加、增重减缓和饲料报酬率降低。

此外，有可能上述两种情况同时出现。实验室条件下，蛋鸡经气溶胶途径感染滑液囊支原体，感染后 1 周产蛋量有所下降，至 2 周时产蛋量降低 18%，4 周后，产蛋量恢复正常。10 周龄的商品蛋鸡攻毒后未引起产蛋量下降。自然感染的成年母鸡，虽然在商品生产中发现过产蛋量有减少的情况，但通常来说，产蛋量和蛋的质量均不受影响或影响甚微。

鸡群滑液囊支原体感染的发病率为 2%～75%，通常为 5%～15%；病死率通常低于 1%，最多不过 10%。呼吸道感染一般无症状，但可能有 90%～100%的鸡被感染。

2. 火鸡

滑液囊支原体感染火鸡引发的症状与鸡基本相同。跛行是最明显的症状，跛火鸡的一个或多个关节常见发热和肿胀，偶见胸骨滑液囊的增大。严重感染的火鸡体重减轻，但对感染不严重的火鸡，影响不大。人工感染的火鸡，最早可见的症状是生长停滞。呼吸道症状在火鸡不常见，但从窦炎发病率很低的火鸡群中获得的窦渗出物中分离到了滑液囊支原体。Rhoades（1977，1981）描述了在火鸡窦炎产生过程中滑液囊支原体和火鸡支原体的协同作用。对火鸡爪垫接种滑液囊支原体，可导致产蛋完全停止。火鸡群的感染发病率通常很低，一般在 1%～20%。

五、病理变化

1. 剖检病变

1）鸡

病鸡主要表现为滑膜炎，在病情较轻时，在肿胀的关节部位可见到大量黏稠的渗出液（彩图 5.16）。严重时，可见到灰白色的渗出物，这些渗出物存在于腱鞘和滑液囊膜。在人工感染的关节或脚垫部位，肿胀更为明显，切开肿肤部位常见流出大量液体，有的则是干酪样渗出物。通常看不到呼吸系统病变。在有呼吸道发病的病鸡中，有时可见轻微的气囊炎。

2）火鸡

关节肿胀不如鸡那么明显，但切开跗关节时常可见纤维素性及脓性分泌物。

2. 病理变化

病鸡趾关节和跗关节可见异嗜性白细胞和纤维素浸润。滑液囊膜因绒毛形成、滑膜下层淋巴细胞和巨噬细胞浸润而增生。在此期间，软骨表面变色、变薄或变成凹陷。

气囊的轻度病变包括水肿、毛细血管扩张和异嗜性白细胞及坏死碎屑在表面积聚，更严重的病变包括上皮细胞增生、单核细胞弥散性浸润和干酪样坏死。

六、诊断

根据病禽关节肿胀和跛行及呼吸道症状等，可初步诊断为滑液囊支原体感染，但确诊必须依赖实验室诊断。

（一）病原分离与鉴定

滑液囊支原体诊断的标准方法是病原体的分离和鉴定。除了病料采集与鸡毒支原体有差异外，其他如病原鉴定等均与鸡毒支原体相同。

1. 病料采集

病料主要是从疑似病例发病鸡的爪垫、关节渗出液、口咽和鼻腔及泄殖腔棉拭子中分离。

一般来说，从急性病禽分离滑液囊支原体并不难，但在慢性感染阶段，病变组织中含有活的滑液囊支原体较少，特别是与其他支原体或病原混合感染时滑液囊支原体的分离鉴定工作费时费力，难度大。

2. 分离和培养鉴定

初代分离时，因样品中可能存在组织抗原、毒素和抗体，可采用小量培养的方法进行转移培养，也可用肉汤接种物提高分离率。用棉拭子从关节、气管、鼻内裂、滑膜及气囊病变部分取样并接种肉汤可提高分离率。从肉汤分离比琼脂平板更为敏感。当肉汤培养物培养至酚红指示剂的颜色从红色变为橘红色或黄色时（通常需要 3～7d），应将培养物进行传代。滑液囊支原体对低 pH 较敏感，当培养基酚红指示剂的颜色变黄后（pH<6.8）再培养几小时，就可能死亡。接种平板 3～5d 后，显微镜放大约 30 倍可观察到平板上的支原体菌落。

3. 分子核酸鉴定

利用 DNA 探针可直接检测组织或培养物中的滑液囊支原体，这是一种简单、快捷的检测方法。PCR 法是检测组织或培养物中滑液囊支原体 DNA 的另一种简单、快捷及灵敏的方法，而且 PCR 试剂盒已商品化销售。PCR 技术检测的灵敏性可与病原分离的灵敏性相媲美。

（二）血清学诊断

1. 血清平板凝集试验

已有市售商品化的 SPA 抗原。通常将 0.02mL 的血清与等量的抗原在玻璃板上混合，将玻璃板轻微转动，观察凝集反应。抗原每次都应用已知的阳性和阴性血清进行测定。感染鸡需要 2～4 周才能产生抗体。

2. 血凝抑制试验

该方法特异、准确，主要检测血清中的 IgG 抗体，一般在感染后 7d 出现，不适合用于早期诊断。

3. 酶联免疫吸附试验

ELISA 是一种常用的诊断方法，ELISA 试剂盒已商品化生产。

（三）分子生物学诊断

1. 聚合酶链式反应

根据鸡滑液囊支原体 16S rRNA 设计引物，丁美娟等（2015）对 1 株滑液囊支原体阳性株，5 株临床分离鉴定的滑液囊支原体，2 株鸡毒支原体，多杀性巴氏杆菌、沙门氏菌、大肠杆菌和金黄色葡萄球菌各 1 株进行 PCR 扩增，结果显示所有滑液囊支原体均出现 1077bp 特异性扩增条带，其余非滑液囊支原体则均未扩增出特异性条带。敏感性测定结果表明，优化的 PCR 反应体系能检出滑液囊支原体的最低 DNA 量为 1pg。建立的 PCR 方法用于快速检测临床样品。对鸡肿胀跗关节腔内容物直接进行 PCR 检测，检出率为 21.1%，显著高于病原分离方法的 9.2%。

2. 环介导等温扩增

根据 GenBank 中滑液囊支原体热休克 ATP 依赖蛋白酶基因的保守序列，邓显文等（2014）设计了一套特异性环介导等温扩增引物，建立了滑液囊支原体的环介导等温扩增（LAMP）可视化检测方法。该方法全部反应可以在 1h 内完成，通过肉眼观察钙黄绿素颜色变化即可直接判定结果。

七、防控技术

滑液囊支原体和鸡毒支原体相同，其防控策略可参考鸡毒支原体部分。

1. 疫苗免疫

疫苗是控制滑液囊支原体感染的重要手段，主要有弱毒菌苗和灭活疫苗。

1）弱毒疫苗

澳大利亚研发出一株温度敏感型滑液囊支原体活疫苗株（MS-H 株），其安全性和有效性在实验室试验和田间试验中均得到证实，其免疫剂量为每羽 4.8×10^5CFU，具有保护作用；除温度敏感型之外，其他因子似乎也与 MS-H 疫苗株的致弱有关。这种疫苗已在澳大利亚广泛应用，但是包括美国在内的许多国家尚未批准使用。

2）灭活疫苗

世界上已有商品化生产的滑液囊支原体油佐剂灭活菌苗问世。丁美娟等（2015）利用鸡滑液囊支原体 HN01 株研制灭活疫苗用于预防滑液囊支原体感染。

2. 药物预防和治疗

药物治疗不能根除体内的滑液囊支原体，滑液囊支原体敏感药物和鸡毒支原体相同，对很多药物敏感，可参考鸡毒支原体部分。

（王友令）

第八节　真　菌　病

真菌或直接侵害家禽的器官和组织，或在饲料中产生毒素导致家禽中毒，真菌病是家禽的重要疾病之一。该病在家禽中一般不属于传染性疾病。曲霉菌是禽类中最常见的致病真菌，其次是感染家禽消化道的主要真菌——念珠菌。本节重点叙述与呼吸系统疾病相关的曲霉菌病。

禽曲霉菌病（aspergillosis）是由曲霉菌属（*Aspergillus*）引起的一类真菌疾病的总称，多发生在包括人在内的哺乳动物和多种禽类（如鸡、火鸡、鸭、鹅等）中，主要侵害呼吸器官，一般是肺部感染，又称为曲霉菌肺炎。霉菌还可以发生次生危害，如产生毒素，引起程度不一的中毒反应或免疫抑制等，因此禽曲霉菌病是真菌中对禽类危害最大的疾病。

禽曲霉菌病常见于鸡、火鸡及水禽等，大多数禽类可感染，偶尔也会发生于野鸟、笼养鸟等，是禽类最常见的真菌感染。曲霉菌病可以是急性的，也可以是慢性的。幼禽最易感染，常呈急性暴发，其病变特征是在肺脏和气囊发生广泛性的炎症和小结节，偶尔可见眼、肝脏、脑等组织感染。慢性感染主要发生在成年种禽，尤其是火鸡，偶尔也见于其他禽类饲养场。

禽曲霉菌病在世界各地广泛存在，是家禽业经常报道的疾病之一，可造成巨大的经济损失。

一、流行历史暨分布

1. 同义名

禽曲霉菌病又称为真菌或霉菌性肺炎、肺真菌病、肺脏曲霉菌病和支气管真菌病等。

2. 历史

曲霉菌是较早在患病动物体内发现的微生物之一。19世纪早期就有野禽（如斑背潜鸭、坚鸟和天鹅等）感染曲霉菌的报道。直到1842年，由Rayer等鉴定了红腹灰雀气囊中的白曲霉（*A. candidus*）后，首次报道了白曲霉病变中的曲霉菌。1860年，对部分曲霉菌有了比较精确的形态描述和分类。烟曲霉（*Aspergillus fumigatus*）是引起禽曲霉菌病最常见的病原，1863年，Fresenius首次在鸨（*Otis tarda*）肺中发现，并将该病命名为曲霉菌病。1900年，已有大量畜禽曲霉菌病报道，但一直未引起高度重视。直到1960年，英国有10万余只火鸡发生曲霉菌病，并引发黄曲霉素中毒，经济损失巨大，禽曲霉菌病才备受关注。

3. 危害

真菌种类繁多，在自然界分布广泛，大多数对人无害，有致病性的仅有100余种，相对较少。真菌病的病原主要是曲霉菌属中的烟曲霉，它也是最常见的致病性较强的病原。其次为黄曲霉（*A. flavus*）。此外，常见的致病真菌还有黑曲霉（*A. niger*）、构巢曲霉（*A. nidulans*）、土曲霉（*A. terreus*）、青霉菌（*Penicillium*）、木霉菌（*Trichoderma spp.*）、头孢霉菌（*Cephalosporium corda*）、毛霉菌（*Mucor*）和白曲霉菌（*A. candidus*）等。

因曲霉菌导致的危害不胜枚举。1985～1994年，美国艾奥瓦州13～18周龄的火鸡群中，平均每年有8.3%的火鸡群发生曲霉菌感染，病死率平均为4.5%，直接经济损失达

33.8 万美元。在美国，每年因曲霉菌病造成的经济损失高达 1100 万美元，间接损失更为严重。自 2000 年以来，据 FAO 估计，全世界谷物每年约 25%遭受霉菌污染，约有 2%的粮食因霉变不能食用。据美国农业部 2000 年统计，因食用霉菌毒素污染的饲料，畜牧业每年要承受 14.4 亿美元的经济损失。

中国玉米被霉菌污染问题不容乐观，每年由玉米发霉所造成的直接和间接损失粗略估计不低于 100 亿元，且该菌对家禽、猪、牛、羊等均可造成经济损失。此外，霉病还可导致严重的免疫抑制和生长不良且存在食品安全隐患。

4. 流行和分布

霉菌广泛分布于世界各地发霉的稻草、堆肥或者腐败有机物质中，家禽反复接触后，很容易引起感染，并产生过敏性肺炎，严重免疫缺陷者可发生条件性感染。

在中国，四川农学院 1959 年在送检的两只病死鸡中，检出一只为肺脏曲霉菌病，首次发现和报道了中国的曲霉菌病。1961 年，广西报道了雏鸡患烟曲霉菌病例。此后，中国农业科学院兰州兽医研究所（1962～1970 年）调查发现，该病在中国各地广泛存在。迄今，中国已有鸡、鸭、鹅等 20 余种禽发生曲霉菌病的报道，尤其是在南方潮湿地区，常在鸡、鸭、鹅群中发生。北方地区以鸡群发生较多，多因饲料和垫料发生霉变所致。真菌病每年都有暴发，已成为中国养禽业的重要疾病。尤其是 2000 年以来，伴随原料价格的不断攀升，粮食副产物被大量使用（麸皮等），使饲料中霉菌毒素含量成倍增长。霉菌毒素问题增多并日趋严重。为此，FAO 早在 1995 年建议：将危害分析与关键控制点系统应用于霉菌毒素管理，通过加强作物生长、成熟、收获和储存等各个环节的控制来最大限度地减少食品和饲料中的霉菌毒素。

二、病原学

（一）种属分类

禽曲霉菌属于真菌界半知菌门半知菌纲丛梗孢目丛梗孢科曲霉菌属。引起禽曲霉菌病的病原主要是烟曲霉，黄曲霉菌较少，可能还涉及其他曲霉菌，包括土曲霉、灰绿曲霉（*A. gLaucus*）、构巢曲霉和黑曲霉等。

（二）生物学形态

1. 形态与结构特点

真菌（Fungus）是一种真核细胞微生物，细胞结构比较完整，有细胞壁、细胞核，不含叶绿体，无根、茎、叶的分化，大多数由分枝或不分枝的丝状体组成，仅有少数是单细胞存在。真菌比细菌大几倍到几十倍。真菌在菌体外有一层坚硬的细胞壁，但没有细菌细胞壁中的肽聚糖。细胞壁分为 3 层：外层是无定形的β-葡聚糖（87nm）；中层是糖蛋白，蛋白质网中间填充葡聚糖（49nm）；内层是几丁质微纤维，夹杂无定形蛋白质（20nm）。不同真菌细胞壁也有差异，菌丝和孢子外的细胞壁结构也不相同。

曲霉菌属于多细胞真菌，大多长出菌丝和孢子。各种多细胞真菌的菌丝和孢子形态不同，是鉴别真菌的重要标志。

1）菌丝

真菌以出芽的方式繁殖，在环境适合的情况下由孢子长出芽管，逐渐延长成丝状，称为菌丝（hypha）。菌丝长出许多分枝，交织成团，称为菌丝体（mycelium）。菌丝按功能可分为 3 种：①营养菌丝深入被寄生的组织或培养基中，吸取和合成营养物质，以供生长。②气生菌丝，营养菌丝向空中生长的菌丝。③繁殖菌丝，部分气生菌丝发育到一定阶段，分化为繁殖菌丝，产生孢子。

2）孢子

孢子（spore）是繁殖器官，一条菌丝上可长出多个孢子。在环境合适时，孢子可发芽伸出芽管，发育成菌丝体。孢子抵抗力不强，加热到 60～70℃时即死亡，可分为有性孢子和无性孢子两类。

3）繁殖方式

霉菌有极强的繁殖能力，且繁殖方式多种多样。虽然霉菌菌丝体上任何一个片段在适宜的条件下都能发育成新个体，但在自然界中，霉菌主要依靠产生形形色色的无性或有性孢子进行繁殖，有点像植物的种子。霉菌的无性孢子直接由生殖菌丝分化形成，包括有节孢子、厚垣孢子、孢囊孢子和分生孢子。霉菌的孢子小、轻、干、多，形态色泽各异、休眠期长和抗逆性强。每个霉菌所产生的孢子数，经常是成千上万的，有时竟达几百亿、上千亿甚至更多，这有助于霉菌在自然界中随处散播和繁殖。

2. 菌落形态与镜检染色

1）菌落形态

烟曲霉菌（*A. fumigatus*）在沙堡氏（Sabouraud）培养基、察氏（Czapek's）溶液培养基或马铃薯葡萄糖琼脂培养基上（25～37℃）均可迅速生长。培养 7d 后，烟曲霉菌的菌落直径为 3～4cm。起初菌落表面呈白色，随着分生孢子逐渐发育成熟，菌落呈蓝绿色，尤其是菌落中心。随着菌落的成熟，分生孢子团变为灰绿色，菌落的边缘仍为白色。不同分离株的菌落表面略有差异，有的表面光滑，有的呈天鹅绒状，有的略似羊毛状，有的可见皱褶。菌落的背面通常是无色的。这是烟曲霉菌的典型特征。

黄曲霉菌（*A. flavus*）与烟曲霉菌相似，在 25℃培养 10d，其菌落直径为 6～7cm。菌落刚开始为白色，菌丝体紧密交织。随着分生孢子的形成，菌落逐渐变为黄色、黄绿色，而菌落边缘仍为白色。成熟的菌落可能变为橄榄绿色，表面有放射状皱褶或扁平。菌核开始为白色菌丝体丛，后呈棕色或棕褐色（菌丝体丛紧密交织）。有些分离菌株形成的菌核比其分生孢子更明显。菌落的颜色和菌核的数量差异较大，菌落有的为无色、有的为浅黄色、有的为棕色。黄曲霉菌的分生孢子顶囊呈放射状，分生孢子链断裂后呈疏松的柱状。

2）染色、镜检与形态

真菌比细菌大，在普通显微镜下放大 100～500 倍即可看清楚。标本湿封片的观察常采用甲基蓝或乳酸酚棉蓝染色液染色，而包埋组织切片中真菌成分的定位常采用过碘酸-锡夫染色或嗜银染色。大多数情况下，菌丝直径为 3～7μm，二边平行，有横隔，呈二分叉分支结构。

烟曲霉菌的分生孢子梗表面光滑，接近顶囊处无色或呈浅绿色，长 300μm，宽 5～8μm，分生孢子梗远端逐渐膨大，形成烧瓶状顶囊。顶囊直径为 20～30μm，上半部有许多小梗（分生孢子细胞）。小梗（长 6～8μm）向上与分生孢子梗的轴平行排列。烟曲霉菌独有的特征是在顶囊上形成分生孢子链柱状团块。分生孢子链可长达 400μm。分生孢子直径为 2～3μm，呈小棘状，球形或近似球形，分生孢子团呈绿色。

黄曲霉菌的分生孢子（长达 100μm，直径 10～65μm）壁厚，粗糙，无色。未成熟时其顶囊稍长，成熟后呈球形或近似球形（直径 10～65μm），整个顶囊表面通常有两层小梗，也可能仅有一层小梗。分生孢子为球形或近似球形，呈小棘状，直径为 3～6μm（一般为 3.5～4.5μm）。

（三）培养特性

1. 营养需求

所有真菌都是异养生物，需要从外界摄取已经形成的有机碳源才能生长。但真菌的营养需求不高，普通培养基均可生长。真菌可通过细胞膜转运可溶性营养物质，为了获得这些营养物质，它可以向其生活的环境分泌降解酶（如纤维素酶、蛋白酶、核酸酶等）。正是这种能力，使真菌可以在有机垃圾（多为含有腐烂有机物的水和土壤）内生长。

2. 培养特性

大多数真菌生长较快，而病原性真菌生长较慢，常需要培养 1～4 周，才出现典型菌落。培养真菌最适宜的酸度是 pH 4.0～6.0，最适宜的温度是 22～28℃，也有的真菌在 37℃生长良好。

实验室常用沙堡氏培养基繁殖真菌。该培养基成分简单，主要含有蛋白胨、葡萄糖和琼脂，是鉴定真菌的标准培养基。该培养基可添加放线酮和氯霉素，前者抑制污染的真菌，后者抑制污染的细菌。有些病原微生物（如白色念珠菌、组织浆胞菌、芽生菌、新型隐球菌等）在加入放线酮的培养基上不生长。

曲霉菌常存在于土壤、谷物、垫料和腐败的植物中，对营养的需求不高，亚胺环己酮可抑制其生长。烟曲霉菌以鸡羽毛角蛋白作为唯一的碳源和氮源，生长良好，并可通过使用结合树脂获得营养并定殖于纤维玻璃上。烟曲霉快速培养的最适温度为 40℃，但在各种环境下均易于存活，对温湿度没有特殊要求。烟曲霉菌耐热又耐寒，湿度在 11%～96%，温度在 9～55℃时可以生长，在 70℃时仍然可以存活。

（四）对理化因素的抵抗性和药敏性

曲霉菌（真菌）对化学药品、干燥、阳光、紫外线和一般消毒剂有很强的抵抗力。在已知的消毒液、硫酸、硫酸铜电镀液及经福尔马林处理过的肌肉组织标本中，仍有曲霉菌存活。酚类消毒剂常用作杀真菌剂，源于香料的桂皮醛能抑制曲霉菌生长。但真菌不耐热，60℃加热 1h，菌丝和孢子均被杀死。

真菌细胞壁由壳多糖（几丁质）组成，与细菌和真核生物完全不同。壳多糖是一种 N-乙酰葡糖胺的聚合体，肽聚糖是细菌细胞壁特征性的成分。因此，真菌不受抑制肽聚糖合成的抗生素（如青霉素等）影响。真核细胞膜上含有麦角固醇，而非哺乳动物细胞上的胆固醇，这对真菌的靶向化学药物治疗是有用的。例如，两性霉素 B 和制霉菌素与真菌细胞膜上的麦角固醇结合，并在结合处形成孔道，破坏细胞膜的功能，导致细胞死亡。咪唑类抗真菌药物（克霉唑、酮康唑、咪康唑等）与羊毛甾醇 14 α-去甲基化酶相互作用，从而阻止羊毛甾醇去甲基化成为麦角固醇。麦角固醇是真菌细胞膜上一个非常重要的部分，破坏其生物合成可导致真菌死亡。

（五）致病机理

1. 致病路径

曲霉菌病主要通过消化道及呼吸道途径感染家禽。在自然界中，曲霉菌能在不同环境条件下生长繁殖，因而在饲料、垫料、器具和空气中广泛存在。当曲霉菌经各种途径进入禽类机体后，很快便适应机体的内环境，以寄生形式在体内大量生长繁殖。曲霉菌孢子很快转变成致病性较强的菌丝形式，且菌丝形态不断发生变化，消耗机体的营养和能量。曲霉菌孢子（直径为2～3μm）小到足以通过上呼吸道的物理屏障（结膜、鼻、气管上皮细胞），深藏于下呼吸道（副支气管和气囊上皮细胞），在那里发芽并产生肉芽肿。然后，通过血液循环传播到其他器官和组织，引起脑、心包膜、骨髓、肾脏和其他组织的病变，当然也能破坏家禽的呼吸系统，诱发肺炎，引起呼吸困难，最终导致感染禽缺氧而死。

2. 霉菌毒素

霉菌毒素是霉菌的次生代谢物，目前已知污染饲料的霉菌毒素有 100 多种，青霉菌属、曲霉菌属和镰刀菌属是 3 个产毒真菌属，可产多种霉菌毒素，其中对家禽危害较大的主要有黄曲霉毒素、烟曲霉毒素、赭曲霉毒素、呕吐毒素和玉米赤霉烯酮等。

1）黄曲霉毒素及危害

黄曲霉毒素是真菌的次生代谢物，具有高毒性和高致癌性，由黄曲霉菌、寄生曲霉菌和软毛青霉菌产生。黄曲霉毒素是由两个不等的二氢呋喃妥因环组成的化合物，均为二呋喃香豆素的衍生物，已发现 B1、B2、Gl、G2、M1、M2 等 18 种结构衍生物，其中 B1 致病性最大。

黄曲霉毒素对所有的家禽品种都有影响，高水平摄入可导致死亡，低水平有害，尤其雏禽对黄曲霉毒素非常敏感。一般来讲，家禽日粮中黄曲霉毒素不能超过 20μg/kg。但饲喂黄曲霉毒素低于 20μg/kg 的日粮时仍可降低家禽对疾病的抵抗力。产蛋鸡能忍受较高水平的黄曲霉毒素，但不能超过 50μg/kg。黄曲霉毒素 B1 主要作用于免疫系统，可降低家禽的抗应激能力，使其容易发生疾病。

黄曲霉毒素能快速降低肝脏和血液中多种维生素及微量矿物质元素的浓度，抑制饲料消化酶活性，使饲料转化率降低。临床表现为食欲不振、产蛋率下降、蛋重减轻、蛋壳不坚硬，内脏器官肝脏、脾脏和肾脏增大，法氏囊和胸腺重减轻，器官的颜色和质地发生变化（如肝脏和肌胃），死亡率上升。黄曲霉毒素可破坏公鸡的性功能，使睾丸萎缩，曲细精管发育不良，妨碍精液产生。此外，黄曲霉毒素 B1 是目前发现的对家禽、多种动物和人最强的化学致癌物质，还能引起基因突变和导致畸形。

2）烟曲霉毒素及危害

烟曲霉毒素（FB）是由镰刀菌属在一定的温度和湿度下产生的水溶性代谢产物，是一类由不同多氢醇和丙三羧酸组成的结构类似的双酯化合物。到目前为止，发现的烟曲霉毒素有 FA1、FA2、FB1、FB2、FB3、FB4、FC1、FC2、FC3、FC4 和 FP1 共 11 种。目前已知在粮食和饲料中的烟曲霉毒素有 6 种，但毒性最强和污染性最严重的主要是烟曲霉毒素 FB1 和 FB2，其中 60%以上是 FB1，其毒性也最强。这些毒素对高温具有很强的耐受性，化学结构非常稳定。

烟曲霉毒素在家禽肝脏、肾脏中残留，对家禽的危害表现为可以导致家禽发生肺脏、肝脏的损伤，呼吸困难、胃肠道功能紊乱、腹泻、血液功能异常，出现免疫系统疾病和免疫抑制。烟曲霉毒素是目前饲料中污染最严重的霉菌毒素。WHO 报道，全球 59%的玉米和玉米制品都受到烟曲霉毒素 FB1 的污染。在巴西和美国，烟曲霉毒素 FB1 的污染量在 2～333mg/kg。

三、流行病学

1. 感染宿主

禽类对曲霉菌的感染无品种和性别差别，各种禽类都易感。幼禽易感性最强。近年来，成年家禽也经常暴发曲霉菌病，其特点是病程较长，病变严重。鸡、鸭、鹅、火鸡、珍珠鸡、七彩山鸡、乌骨鸡、棒鸡、鹌鹑、鸵鸟、蜡嘴鸟、鹤、鸽、鹦鹉、企鹅、丹顶鹤、野生灰鹤等能感染暴发曲霉菌病。曲霉菌病主要见于衰弱的、免疫机能低下的禽类，健康禽类对其具有一定的抵抗力。

与禽类不同，免疫功能正常的哺乳动物天生就对肺曲霉菌病有抵抗力，除非暴露于大量的分生孢子中。啮齿动物常用作侵袭性肺曲霉菌病研究的模型，但必须用可的松或其他免疫抑制剂预处理才能诱发该病。相反，火鸡实验性曲霉菌病不需通过预处理就可发病。

2. 传染源

环境与饲料中的曲霉菌均为传染源。凡是存在曲霉菌孢子的地方，均有可能污染环境，传播疾病。

3. 传播途径

禽曲霉菌病主要经呼吸道、消化道和皮肤伤口等途径感染，是非传播性疾病，静脉接种也会造成肺脏和肝脏曲霉菌病。饲养管理不善、卫生条件不良导致环境中存在的易感禽类在接触发霉的饲料或垫料后，食入或吸入曲霉菌孢子可引起禽曲霉菌病。

曲霉菌孢子对种蛋具有感染和致病性，当保存条件不合适，或在潮湿和水浸的情况下，破坏了鸡蛋石灰壳外面的胶质膜时，曲霉菌的孢子容易透过蛋壳而侵入蛋内，并在其中萌芽繁殖。对着光观察，死胚呈绿色。曲霉菌病不垂直传播。

4. 流行特点

禽曲霉菌病是养禽生产中的常见病，家禽和野禽都易感，其中火鸡对该病最为敏感，其次是鸡，哺乳动物偶有发生。出壳后的幼雏进入被曲霉菌污染的育雏室后，48h 开始发病死亡，4～12d 是发病高峰，至 1 月龄死亡基本停止。如果饲养管理差，病情可一直延续到 2 月龄。

用锯末或者木屑作为垫料时，烟曲霉很容易在这些垫料上生长，而雏鸡的抵抗力差，当吸入了一定量的曲霉菌孢子时，就很容易发生肺炎型症状。眼炎型的病例，则是由于木屑等的锐物引起角膜受损而发炎。该病的发生和传播都和烟曲霉菌的发育环境有关，高温、高湿和饲养密度过大等都可以导致家禽抵抗力降低而发病。

四、临床症状

因真菌及其毒素的共同作用，真菌病的潜伏期为1～15d不等。气囊内接种烟曲霉菌，24h内出现明显的气囊炎。雏禽发病呈急性症状，潜伏期较短，而成年禽发病呈慢性症状，潜伏期较长。禽曲霉菌的发生和临床症状与禽群的品种、日龄、养殖环境等密切相关。

1. 鸡

幼禽对曲霉菌的抵抗力低，容易感染，易多发，尤其是1～4d的雏鸡或雏火鸡，故该病也被称为育雏肺炎。该病的特征性症状为病禽精神不振，食欲减少，生长停滞，羽毛松乱，翅膀下垂，闭目嗜睡，消瘦贫血，冠和肉垂呈紫色。曲霉菌侵害呼吸道，出现呼吸困难，张口呼吸，头颈伸直、喘气，有时摇头、甩鼻、打喷嚏等。曲霉菌侵害眼睛，表现为结膜潮红，眼睑肿胀，一侧眼瞬膜下形成绿色大隆起，挤压可见黄色干酪样物，有的角膜中央溃疡。曲霉菌侵害脑，表现为扭颈，共济失调，全身痉挛，头向后背，转圈，麻痹。有的消化紊乱、下痢等，病死率一般为5%～50%。

成年鸡或火鸡多为慢性症状，发育不良，羽毛松乱，呆立，消瘦，贫血，下痢，呼吸困难，最后死亡。蛋鸡产蛋减少，病程为数天至数月。如果没有混合感染其他疫病，病死率不高。

2. 鸭和鹅

鸭、鹅等水禽对曲霉菌敏感，发病时精神沉郁，少吃或不吃，缩颈呆立，眼半闭，羽毛松乱，翅下垂，不愿下水游动。有的呼吸困难，咳嗽，喘鸣，排黄色、绿色糊状粪便；有的角膜混浊，以致失明；有的跛行，伏地不站，行走困难，喘气，下痢，消瘦而死。慢性症状有阵发性喘气，腹泻，化脓性结肠炎，逐渐消瘦而死。

五、病理变化

1. 剖检病变

（1）特征性病变：肺脏的病变最为常见，肺充血，切面上流出灰红色泡沫液。肺、气囊和胸腹膜上有一种从针头至小米般大小的坏死肉芽肿结节，有时可相互融合成大的团块，最大的直径为3～4mm，结节呈灰白或淡黄色，柔软有弹性，内容物呈干酪样。有时在肺、气囊、气管或腹腔有肉眼可见的成团的霉菌斑，气管、支气管黏膜充血，有淡灰色渗出物。

肺脏霉菌结节：从粟粒到小米粒大、绿豆大，大小不一，结节呈黄白色、淡黄色、灰白色，散在分布于肺，稍柔软，有弹性，切开呈干酪样，少数融合成团块。

气囊病初见气囊壁点状或局限性混浊，以后气囊混浊，增厚，有大小不等的霉菌结节（彩图5.17），或见肥厚隆起的霉菌斑，呈圆形，隆起中心凹下，呈深褐色或烟绿色（与肺结节类似），拨动时可见霉菌孢子粉状飞扬。

（2）其他病变：胸前皮下和胸肌有大小不等的圆形或椭圆形肿块；大脑有粟粒大的霉菌结节，大小脑轻度水肿，表面针尖大出血；肝脏肿大2～3倍，有结节。

2. 病理组织学

在肺组织切片中，可见到多发性的支气管肺炎病灶和肉芽肿，病灶中可见分节清晰的霉菌菌丝、孢子囊及孢子。

以雏火鸡急性肺曲霉菌感染为例，利用烟曲霉菌经气囊接种 24h 后就出现肉芽肿气囊炎和胸膜炎。气囊膜因异嗜细胞、多核巨细胞和其他白细胞的广泛浸润而增厚达 100 倍。在膜间间隙中可见分生孢子，在感染并不严重的区域出现淋巴组织血管周炎。肉芽肿有一个由坏死细胞和异嗜细胞组成的中心，外周可见淋巴细胞和巨噬细胞聚集。经银染法发现，在肉芽肿的中心有大量分生孢子，外围有菌丝深入巨噬细胞层。48h 时，肺部病变由巨噬细胞、淋巴细胞或肉芽肿胸膜炎、肺水肿和出血组成。72h 时，白细胞的大量渗透和坏死出血导致实质性器官的结构受损。有隔菌丝绝大多数局限于坏死区和多核巨细胞的聚集体中。

在气管病变中，气管黏膜坏死，并由巨噬细胞浸润，周边组织纤维样增生明显，气管中被大量真菌菌丝及肉芽肿脓性渗出物所阻塞。

六、诊断

根据临床和病理变化及典型的霉菌结节可做出初步诊断，但确诊要进行霉菌的分离培养。

1. 直接涂片镜检

在病禽的肺脏和气囊上可见到白色的干酪样结节，直接进行涂片检查。由于霉菌病的大多数病原为广泛分布的腐生菌，采样时应用无菌技术小心采集，以避免杂菌的干扰。将少许病变结节浸入载玻片上的 20%的氢氧化钠溶液或 10%的氢氧化钾溶液中，用细针将组织挑碎，盖上盖玻片，用火焰将载玻片略微加热即可镜检。若见曲霉菌的孢子及菌丝，即可以确诊。如果涂片太厚，可将载玻片置湿盒中培养 12～24h，再检查。为使菌丝清晰可见，可向氢氧化钾中加入墨汁染液。这时可见菌丝呈绿色，有横隔，二分枝结构，直径为 2～4μm，菌丝平行排列。

2. 真菌分离

将组织捣碎后划线接种于任意一种真菌培养基如沙堡氏培养基、察氏溶液培养基或马铃薯葡萄糖琼脂培养基等，每天观察所有培养物，看有无曲霉菌生长，且应将部分真菌菌落转种于新鲜培养基。进行光学显微镜检查时，可挑取含有繁殖体的菌落少许，置于带有染色液（如乳酚蓝）的载玻片中，分散后镜检。

3. 血清学诊断

真菌的免疫原性较差，因此，利用血清学技术诊断真菌感染意义不大。

七、防控技术

1. 预防措施

1）避免使用霉变的饲料和垫料

防止禽类接近霉烂变质的草堆。避免使用发霉的饲料、垫草和饲槽，保持禽舍和育雏设施的清洁和干燥，是预防该病发生的主要措施。

所喂饲料必须是新鲜饲料，决不能使用发霉的饲料。在高温、高湿的夏秋季应减少每次购回的饲料量，以 1 周左右用完为宜，保证饲料新鲜。在饲喂时应少量多次，少喂勤添。

2）加强孵化器和育雏室的消毒

孵化器被霉菌感染后，在孵化过程中其内部的曲霉菌可直接穿透蛋壳感染胚胎，导致胚胎死亡或使刚出生的雏鸡感染曲霉菌。若育雏室长期被曲霉菌污染，则其地表土壤中也会含大量霉菌孢子，必须要对育雏室进行彻底换土和清扫，并用5%石炭酸或来苏儿进行消毒。

被烟曲霉菌污染较重的孵化室和育雏室，必须至少进行2次消毒（间隔24h），第一次用5%的来苏儿，第二次用5%的苯酚或氢氧化钠，每次消毒必须将天棚、墙壁彻底喷湿，待干燥后铺上垫草。福尔马林熏蒸效果最好。

3）通风换气

空气中的霉菌大部分是经过呼吸道感染家禽的。而夏季气温高、湿度大，很容易滋生霉菌。因此，应加强禽舍内的通风换气，以有效降低舍内的温度和湿度，排出舍内有害气体如硫化氢、氨等，从而降低鸡舍中的霉菌数量。只有霉菌数量降低，感染概率才会随之降低。

2. 药物治疗

对霉菌病缺乏有效的治疗方法。虽然已经使用某些药物治疗哺乳动物的曲霉菌病，但是，如用它来治疗禽曲霉菌病则成本过高。预防是控制曲霉菌病的首选方案。

尽管采取了各种预防措施，但是，在部分禽舍和每年的特定季节，尤其是冬季的封闭式鸡舍，总会暴发曲霉菌病。用两性霉素B可控制鸡胚感染。

暴发霉菌病时，使鸡饮用1∶2000的硫酸铜水，可防止该病的扩散，但该法不能常用。用制霉菌素和硫酸铜，可降低感染鸡的死亡率。用噻苯哒唑溶液喷洒垫料，能有效减少垫料上的霉菌孢子，从而减轻火鸡的肺部病变。对禽曲霉病必须及时治疗才能取得一定的疗效。

1）化学药物

（1）克霉唑：抑菌浓度为1～4μg/mL，口服量每天3次，每次20μg/kg体重。该药吸收快，能均匀分布于机体各组织，其高峰的血液浓度为7μg/mL，痰中为3～4μg/mL，毒性作用较小。

（2）硫酸铜：以1∶3000的溶液作饮水用，连用3～4d。

（3）碘化钾：饮水加5～10g/L，连续3d（预防）；口服3～8mg/次，3次/d，连用3d（治疗）。

2）抗生素

（1）制霉菌素：以每100只10～15日龄的雏鸡一次50万～80万IU的用药量进行混料，每天早晚各1次，连喂4～5d为一个疗程，病情严重的进行人工投服。给病鸡以充足的饮水，饮水中加入葡萄糖、电解多维、制霉菌素等，其目的是增强机体抵抗力，预防继发感染。另外，维生素C还有解毒和抑制霉菌增殖的作用。病情严重的用滴管饮喂，连续用药3d。

（2）利高菌素：日剂量按30mg/kg加水，饮用2～3d。

（艾　武）

第六章　环境和应激等对家禽呼吸系统疾病的影响

第一节　环 境 因 素

环境是家禽赖以生存的必要条件，家禽生长所需的氧气、温度、湿度、气流、水及微生物等缺一不可。一旦环境和空气等受到有害物质的污染和侵袭，就会给家禽带来不同程度的危害，引起家禽的呼吸系统疾病甚至引发死亡。

影响家禽呼吸系统疾病的环境因素较多，从广义上包括气候因素（温度、湿度、气流和风速等）、物理和化学因素（氧气、二氧化碳、粉尘、噪声、消毒剂和有害化学物质等）、居住条件（房屋、饲养设施、垫料、饮水器等）、营养因素（饲料和饮水）和其他生物因素等。环境因素一般比较复杂，其对家禽的影响通常是多因素互作的结果，或称之为环境的复合。下面重点探讨鸡舍内、外环境中的空气、尘埃和微生物等对家禽呼吸系统疾病的影响。

一、环境中的有害气体、微粒与微生物

（一）空气

1. 分布

空气（又称大气）包围着地球表面，其厚度约 1000km，并随海拔的升高而逐渐变稀。

根据大气层的物理性质，可将大气层分为对流层、平流层、中间层、电离层和逸散层。其中，对流层位于大气的最底层，集中了约 75%的大气质量和 90%以上的水汽质量，其下界与地面相接，上界高度随地球纬度和季节而变化。对流层的高度因纬度而不同，在低纬度地区平均高度为 17～18km，在中纬度地区平均高度为 10～12km，在极地平均高度为 8～9km，且夏季高于冬季。对流层与家禽的关系最为密切，对家禽的影响和作用最大。

在对流层中，气温随高度升高而降低，平均每上升 100m，气温约降低 0.65℃。90%以上的水汽集中在对流层中，故云、雾、雨、雪等众多天气现象均发生在对流层。在近地面，气温高的地方空气呈上升运动，而气温低的地方空气呈下沉运动，从而形成了空气的对流。对流运动和充足的水汽，使对流层的天气现象复杂多变，云、雨、雪和雷电等主要的天气现象可对家禽的生产和行为产生直接或间接的影响。

2. 组成

1）恒定成分

空气是多种气体的混合物，其恒定成分是氮气、氧气及稀有气体。其中，氮气占 78.09%，氧气占 20.95%，氩气占 0.93%，这 3 种成分占大气总量的 99.97%。一般情况下，各组分基本是恒定的，这是大自然各种变化相互补偿的结果。

2）可变组分

空气可变组分的含量随季节、气象要素和人们的生产活动而发生变化，主要包括CO_2、水蒸气、臭氧等。一般情况下，水蒸气的含量为0～4.0%，CO_2的含量为0.02%～0.04%。

CO_2对气温的变化影响甚大。空气中CO_2的一般含量约为0.03%，但由于人类活动（如燃烧等）的影响，CO_2含量激增，产生温室效应。据统计，近100年来全球气温升高0.6℃，如不及时加以控制，预计到21世纪中叶，全球气温将升高1.5～4.5℃，不少动植物将因为环境不适而濒临绝境（亚马孙雨林将消失，两极海洋的冰块将融化）。

臭氧是大气中的一种微量气体，是由大气中的氧分子受太阳辐射分解成氧原子，然后与周围的氧分子结合而形成的，含有3个氧原子。O_3对人和动物的眼睛和呼吸道具有刺激作用，对肺功能也有影响。大气中90%以上的O_3存在于大气层的上部或平流层，离地面有10～50km，它是一把“双刃剑”，既可有效阻挡紫外线，保护地球上的人类与环境；但若其在对流层浓度增加，也会对人和动物的健康、森林等产生有害影响。

3）不定组分

大气中各种不同来源的微细尘埃和自然界产生的某些化合物，称为不定组分。这些成分包括土壤和岩石表层风化及粉碎而形成的地面尘、火山喷发出的火山尘、海浪形成的细小海盐微粒及宇宙尘埃等；工农业生产、交通和人类活动所产生的粉尘和烟尘（无机物）；动植物碎屑（粪、毛、皮屑及植物碎片、花粉、孢子等）及真菌、细菌和病毒晶体（有机微粒）等；来源于自然灾害和人类生活消费、交通和工农业生产排放的废气，如硫化氢、硫氧化物、氮氧化物及恶臭气体等。上述不定组分一旦进入大气，就可造成一定时间和空间内暂时性的大气污染。

（二）空气污染对家禽的危害

正常情况下，空气在自然界各种植物、藻类等的协助下具有自净能力，但空气污染往往是指某些向大气中排放的污染物，在浓度和持续时间上超出了大自然自净所能允许的范围和极限。空气污染通常包括两方面：一是在大气的正常成分中增加新的污染物成分；二是正常大气中原有的某种有害成分比例增加，如CO_2、尘埃粒子等增加。

空气中的污染物质主要来自两方面：①源于自然界，如火山爆发、森林火灾、地震和各种天然矿藏可产生大量的污染物质，如各种重金属微粒、硫化氢、硫氧化物、各种盐类和异常气体等，可造成局部的或短期的大气污染。②人为因素，如源自工农业生产过程和人类生活排放的有毒、有害气体和烟尘，如氟化物、二氧化硫、氮氧化物、一氧化碳、氧化铁微粒、氧化钙微粒、砷、汞、氯化物、各种农药挥发气体等，还有家禽养殖场排放的氨气、硫化氢、甲烷、吲哚、粪臭素等有害气体。

1. 有害气体

1）二氧化硫

（1）化学特性。二氧化硫（SO_2，亚硫酸酐），是最常见的硫氧化物，是硫酸原料气的主要成分。SO_2是无色气体，具有强烈刺激性气味，有腐蚀作用，是大气主要污染物之一。火山爆发时会喷出该气体，在许多工业化生产中也会产生 SO_2，特别是煤和石油燃烧时会生成SO_2。SO_2溶于水会形成亚硫酸（酸雨的主要成分）。

（2）危害特征。家禽吸入高浓度SO_2后，SO_2易被上呼吸道和支气管黏膜的黏液吸收，可引起急性支气管炎，SO_2 浓度较高时可发生肺水肿和呼吸道麻痹。长时间吸入 14.3～28.6mg/m^3 的 SO_2，可引起慢性支气管炎、鼻炎；浓度达 57.2mg/m^3 时能引起结膜炎，并对刺激的敏感性提高。雏鸡在高浓度（857.95mg/m^3）SO_2 环境中，口吐黄水，食欲废绝，甚至死亡。在大气污染中，SO_2 与多种污染物共存，吸入含有多种污染物的大气对人、禽产生的危害比单纯的污染物之和要大得多，特别是同时吸入 SO_2 与颗粒物时，对禽类产生的危害更大。这是因为飘尘气溶胶粒子把 SO_2 带入呼吸道和肺泡内，加重了对家禽肺的危害。如果飘尘为重金属粒子，它可催化 SO_2 使之氧化为硫酸雾，对机体的刺激作用更大。

（3）国家标准。大气中 SO_2 的一次监测浓度不应超过 0.5mg/m^3，日平均浓度应小于 0.15mg/m^3。

2）氮氧化物

（1）化学特性。氮氧化物（NO_x）指的是由氮、氧两种元素组成的化合物。大气中的氮氧化合物主要来源于各种燃料。常见的氮氧化物有一氧化氮（NO）、二氧化氮（NO_2）、一氧化二氮（N_2O）、五氧化二氮（N_2O_5）等，其中除五氧化二氮常态下呈固态外，其他氮氧化物常态下都呈气态。作为空气污染物的氮氧化物（NO_x）常指 NO 和 NO_2。

NO 为无色气体，遇氧变为 NO_2，NO_2 为红褐色气体，有刺激性。N_2O_3 和 N_2O_5 都是酸性氧化物，N_2O_3 的对应酸是亚硝酸（HNO_2），N_2O_3 是亚硝酸的酸酐；N_2O_5 的对应酸是硝酸，N_2O_5 是硝酸的酸酐。大多数氮氧化物难溶于水。

天然排放的 NO_x 主要来自土壤和海洋中有机物的分解，属于自然界的氮循环过程。人为活动排放的 NO_x，大部分来自化石燃料的燃烧过程，如汽车、飞机、内燃机及工业窑炉的燃烧过程；也来自生产、使用硝酸的过程，如氮肥厂、有色及黑色金属冶炼厂等。

据初步估计，全世界每年由于人类活动向大气排放的 NO_x 约 5300 万 t。NO_x 对环境的损害作用极大，它既是形成酸雨的主要物质之一，也是形成大气中光化学烟雾的重要物质和消耗 O_3 的一个重要因子。NO_x 氧化能力强，对人和禽的皮肤、眼睛和呼吸系统均具有较大的伤害。

（2）危害特征。NO 结合血红蛋白的能力比一氧化碳（CO）要强，更容易造成人体缺氧。氮氧化合物易被人和动物吸入深部的呼吸道，当浓度低时可引起慢性中毒，浓度高时，则可发生急性中毒。二氧化氮（NO_2）能破坏肺脏中的蛋白、脂肪和细支气管的纤毛上皮细胞，引起肺水肿。当 NO_2 浓度为 0.12～0.22mg/m^3 时，即可嗅到有异臭；当 NO_2 浓度为 0.5mg/m^3 时，接触 4h 后，肺泡受到影响，一个月后，家禽可发生气管炎，进而引起肺水肿；当 NO_2 浓度为 5mg/m^3 时，吸入 10min 可使呼吸道平滑肌收缩，使呼吸作用的阻力增加；当 NO_2 浓度为 17mg/m^3 时作用 10min，家禽即可发生呼吸困难，支气管痉挛，引起肺气肿；当 NO_2 浓度为 60～150mg/m^3 时，吸入会强烈刺激鼻腔和咽喉，发生咳嗽，喉头和肺部有烧灼感，肺部紧缩，呼吸急迫，进而昏迷，甚至死亡；当 NO_2 浓度为 100～700 mg/m^3 时，短时间吸入，动物剧烈咳嗽，引起急性中毒而死亡。

（3）国家标准。大气中 NO_2 的最高容许浓度为 0.15mg/m^3。

3）氟化物

（1）化学特性。氟是淡黄色、有刺激性臭味的气体，在自然界中非常活跃，常温下与空气中许多成分相互作用，在潮湿的空气中可形成氟化氢（HF）。氟化氢是一种无色、有刺激性和腐蚀性的气体。氟化氢的水溶液称为氢氟酸，是一种弱酸。

氟的卤化物容易与某些高氧化态的阳离子形成稳定的配离子，如六氟合铝酸根离子

（AlF_6^{3-}）。与其卤化物不同，金属锂、碱土金属和镧系元素的氟化物难溶于水，而氟化银可溶于水。金属氟化物还易形成酸式盐，如氢氟酸钾（KHF_2）、萤石（氟化钙或称氟石）等是天然矿物。碱金属的氟化物可由其氢氧化物或碳酸盐与氢氟酸作用而得。在炼钢厂、磷肥厂、电解铝厂、石油化工厂等的生产过程中均可排放氟化物，造成工业性氟污染。其中，排出的大量氟化物，以氟化氢和四氟化硅（SiF_4）为主。

（2）危害特征。四氟化碳是一种无色、有窒息性的气体。氟化物可通过呼吸道直接影响动物健康。氟化物的毒性与其反应活性和结构有关。可溶的氟化物，如最常见的 NaF，研究证实 4g NaF 足以致死一个成年人，足见氟化物的毒性之大。

氟离子会与血液中的钙离子结合，生成不溶的氟化钙，从而进一步造成低血钙症。钙对动物的神经系统至关重要，其浓度的降低可以是致命的。氟化氢在相比之下更加危险，它具有腐蚀性和挥发性，因此可通过动物吸入或皮肤吸收而进入动物包括家禽体内，造成氟中毒。此外，饮用或采食高氟水源、饲料等也可导致家禽的氟中毒。常见的氟中毒通常为慢性的，主要表现为生长迟缓、食欲减退、羽毛粗而无光，龙骨突，站立不稳等；对产蛋鸡则造成产蛋率严重下降等。葡萄糖酸钙是常用的解毒剂。

（3）国家标准。大气中氟的最高容许浓度，一次量是 0.02mg/m^3，日平均为 0.007mg/m^3。饮用水中氟浓度要小于 1.0mg/L。

2. 大气中的微粒

微粒主要是指悬浮在大气中的固态质点或液态小滴等物质，又称气溶胶粒子。除由水汽变成的水滴和冰晶外，主要指大气尘埃和悬浮在空气中的其他杂质，包括来自流星在空气中燃烧后产生的宇宙尘埃，工矿业生产中排放出的燃烧不全的烟尘，固体原料和燃料的粉碎、研磨、装卸和运输过程中散发的粉尘，交通工具排放的燃料尾气或被风扬起的尘土，海洋中浪花溅起在空中蒸发后留下的盐粒子，火山爆发后留在空气中的燃烧产物，由环境空气中的细菌、动物呼出或排出的病原微生物、植物的花粉等所组成的有机灰尘等。大气中的微粒含量因自然地理条件、植被状况、天气、季节等因素而变动很大，一般以无机尘粒为主，占 2/3～3/4。

1）一般微粒分类

大气中经常夹带着各种固态和液态的微粒，一般分为尘、烟和雾 3 类。

（1）尘：粒径大于 1μm 的固态微粒称为尘。粒径大于 10μm 的固态微粒称为降尘，如粒径 10μm 者 4～9h 可降落到地面；粒径大于 1μm、小于 10μm 的固态微粒，能较长时间飘浮在空气中，称为飘尘，如粒径 1μm 者落至地面需 19～98d。

（2）烟：粒径小于 1μm 的固态微粒称为烟，粒径小于 0.1μm 者降落至地面需 5～10 年。

（3）雾：粒径小于 10μm 的液态微粒称为雾。各种飘浮在空气中的微粒，以空气为介质，或混合，或化合，形成复杂的气溶胶，具有胶体特性，对太阳辐射有散射作用，并在空气中呈布朗运动。雾尘为液态气溶胶，即当气温下降时，空气中一部分污染物和水蒸气相遇，冷凝成为极小的雾粒，悬浮于空气中，如工业排放的二氧化硫与水蒸气冷凝而形成硫酸雾。

2）细小颗粒物分类

颗粒物（particulate matter，PM）是评价某一地方空气质量的重要指标，包括 $PM_{2.5}$ 和 PM_{10}。其中，$PM_{2.5}$ 标准在 1997 年由美国人提出，主要是为了监测因工业化而带来的、对人体有害的细小颗粒物。在 1996 年（《环境空气质量标准》GB 3095—1996）旧标准中被忽略）。在 2012 年中国环境空气质量新标准中，$PM_{2.5}$ 指数已成为一个重要的测控空气污染程度的指数。

美国环保局规定，空气动力学当量直径不大于 100μm 的颗粒物称为总悬浮颗粒物（total suspended particulate，TSP）。能进入呼吸道，空气动力学当量直径不大于 10μm 的颗粒物称为可吸入颗粒物（inhalable particulate matter，PM_{10}）。

（1）PM_{10}。PM_{10} 来自污染源的直接排放，如烟囱、车辆、施工及运输扬尘等。其浓度贡献率一般的排序为燃煤烟气污染源尘>运输扬尘>冶炼尘>建材粉尘>交通源尘。PM_{10} 能被人直接吸入呼吸道，但部分可通过痰液等排出体外，另外也会被鼻腔内部的绒毛阻挡，对人体和动物的健康危害相对较小。不过 PM_{10} 对能见度和温度的影响非常明显。

10μm 是颗粒物可以到达咽喉的临界值，故 PM_{10} 被称为可吸入颗粒物。咽喉是 PM_{10} 的终点，咽喉黏膜表面分泌的黏液会黏住它们。PM_{10} 积累于咽喉所在的上呼吸道，积累越多，分泌的黏液也越多。当痰液积累到一定程度时，动物就可以咳嗽或吐痰的方式将可吸入颗粒物痰液排出体外。因此，PM_{10} 与 $PM_{2.5}$ 相比，其危害性可能会小一些。但是，PM_{10} 长期累积也会引起动物的呼吸系统疾病，如气促、咳嗽、哮喘、慢性支气管炎和慢性肺炎等。

（2）$PM_{2.5}$。$PM_{2.5}$ 是指大气中空气动力学当量直径不大于 2.5μm 的颗粒物（可入肺颗粒物）。$PM_{2.5}$ 的主要来源是日常发电、工业生产、汽车尾气排放等过程中经过燃烧而排放的残留物，大多含有重金属等有毒物质。虽然 $PM_{2.5}$ 只是地球大气成分中含量较少的组分，但它对空气质量和能见度等有重要的影响。$PM_{2.5}$ 粒径小，含有大量的有毒、有害物质，且在大气中的停留时间长，可通过动物呼吸到达肺部。这些颗粒物在肺泡上沉积下来，可干扰肺部的气体交换，损伤动物的肺泡和黏膜，引起肺组织的慢性纤维化，导致肺心病，加重哮喘病，引起慢性鼻咽炎、慢性支气管炎等一系列病变。这些颗粒物还可以通过支气管和肺泡进入血液，其中的有害气体、重金属等溶解在血液中，严重的可危及人和动物的生命。$PM_{2.5}$ 可导致严重的肺炎，并引起呼吸道疾病。

研究证实，当空气中 $PM_{2.5}$ 的浓度长期高于 10μg/m^3 时，就会使人类和动物的死亡风险上升；浓度每增加 10μg/m^3，心肺疾病带来的死亡风险上升 6%，肺癌带来的死亡风险上升 8%。此外，$PM_{2.5}$ 极易吸附多环芳烃等有机污染物和重金属，使致癌、致畸、致突变的概率明显升高。

2012 年 2 月，中国发布《环境空气质量标准》（GB 3095—2012）增加了 $PM_{2.5}$ 监测指标。

3）尘埃粒子的危害

（1）可导致环境污染。PM_{10} 与 $PM_{2.5}$ 等空气中的微粒是环境污染的重要原因，包括尘埃、海盐、各种有害的氧化物（如一氧化氮、二氧化硫等）及烟雾在阳光下发生化学反应产生的挥发性有机化合物和硝酸盐等。这些微粒较小，可以长久飘浮在空气中，直到下雨时才能把它们“洗”干净。

大量的研究证实，大气中 TSP、PM_{10} 不仅是严重危害人体健康的主要污染物，也是气态、液态污染物的载体，其成分复杂，具有特殊的理化特性及生物活性。2013 年 10 月，WHO 下属国际癌症研究机构发布报告，首次指出大气污染对人类致癌，并视其为普遍和主要的环境致癌物。长期暴露在颗粒物环境中可引发心血管病、呼吸道疾病及肺癌。

（2）对人和动物健康的危害。研究表明：10μm 以下的微粒可以很容易地突破人的鼻子和喉咙里面的过滤机制而进入人类或动物的呼吸和心血管系统，进而引起哮喘、肺癌和心血管疾病的发生。研究表明，0.1μm 左右的微粒可以渗透入细胞壁，甚至可以侵蚀动物身体的各种器官包括大脑等。加利福尼亚大学洛杉矶分校医学院教授 Andre Nell 的研究表明，每年全球有 50 万人死于空气微粒污染。实验表明，空气中的微粒可引起动物机体炎症、细胞因子和趋化因子增加、白细胞增加、肺部氧化性自由基增加、细胞和组织中毒反应等。空气微粒污染对人类和动物（包括家禽）最显著的影响可能在于引发呼吸道炎症。动物和人体实验表明，吸入空气中的微粒会在呼吸道中引发促炎症效应，增加细胞因子的生成和过敏反应等。此外，人们在吸入微粒后，呼吸道的上皮细胞和巨噬细胞会发生反应，产生活性氧化物质，进而损害机体。

（3）可携带各种病原微生物。尘埃粒子是各种病原微生物的重要载体，是传播各种病原的重要媒介。通常情况下，微生物附着在粒径 5μm 的尘粒上，可随风传播 30km。研究发现，每立方米大气含数百至数万个微生物，种类有上百种，大多为非致病菌。有人测定大气含细菌 1 万个/m^3，其中含杆菌 37 种、球菌 26 种、丝状菌 20 种和芽孢菌 7 种等。粉尘是引起家禽发生慢性呼吸道疾病的源头。如果养鸡场中大肠杆菌超标，一周后很容易在鸡群中观察到败血性大肠杆菌。

4）尘埃粒子的计量

尘埃粒子可用密度法和质量法来计算衡量。密度法是指每立方米空气中的尘粒数，用每立方米所含粒子数（粒/m^3）表示。质量法是指每立方米空气中所有微粒的毫克数，用 mg/m^3 表示。通常利用尘埃粒子计数器测定粒子的数量。

3. 空气中的微生物

空气中的微生物通常以微小颗粒形式存在，是一种生物性颗粒，其种类繁多，变化多样。微生物的浓度和群落组成受大气温度、湿度、光照、风速和人类活动等因素的影响。

一般情况下，大气比较干燥，缺乏营养，再加上紫外线照射等，对空气中的微生物生存极为不利，很容易使其被杀死或被灭活。但是，当大气中存在一定数量的固体微粒和液体微滴时，则为微生物的生存提供了营养和庇护，使其可随气流远距离传播。降雨（雪）可使空气净化，尘埃粒子浓度大幅度降低。但是，降雨（雪）也可能会导致微生物污染更加严重，原因在于水分为存在于有机物质中的微生物提供了营养。

风的作用不可忽视，它可使各种污染物悬浮于空气中，风速增大可使空气中细菌浓度升高，而有时也会因风速增大促进扩散，使得局部地区的细菌浓度有所降低。温、湿度对空气微生物的存活力有一定影响，尤其是对真菌，但大气中的微生物浓度高峰和低谷的出现与温、湿度并无规律性关系。光照与大气微生物浓度呈明显的负相关，太阳辐射能杀灭活体微生物，这也是夏季正午细菌浓度较低的原因。

大气中的微生物不仅具有重要的生态功能，还与空气污染、环境质量和人体及家禽健康密切相关。大气中的微生物遇到适宜的生存条件就可以大量繁殖，造成其在一定的空间范围内数量骤增，使位于该区域免疫低下的人和家禽因接触、呼吸、吸食而感染，进而造成疾病大面积的传播，对人、禽的生命安全构成较大的威胁。

二、禽舍中的有害气体、微粒与微生物

（一）禽舍中的有害气体

一般情况下，在家禽的呼吸、排泄和生产等正常过程中，禽舍中禽群和粪便等有机物会产生许多化学物质，如氨气、硫化氢、一氧化碳、甲烷、酰胺、硫醇、甲胺、乙胺、乙醇、丁醇、丙酮、2-丁酮、丁二酮、粪臭素和吲哚等。这些有害物质成分复杂，数量较大，

如氨气、硫化氢和一氧化碳等能显著降低家禽呼吸道支气管黏膜的特异性和非特异性免疫应答力，破坏黏膜屏障，降低其抗病能力。对自然状态下饲养的禽群，因其群体太小，各种污染物在浩瀚的大自然中常常风化或随风而去。但对规模化养禽场，如果禽舍通风系统不畅，不能有效排除上述有害气体，则会造成家禽的急性或慢性中毒，甚至导致家禽发生呼吸道疫病。

1. 来源

首先，禽舍中的大多数有害气体来自家禽的粪尿及其分解产物、腐败饲料与垫料等。主要原因是禽舍内禽群密度大、温度高和湿度大，粪和尿混合在一起及排泄物中有机物的分解。

其次，家禽呼出的气体，如二氧化碳、甲烷、3-甲基吲哚等，特别是封闭式禽舍，如果通风换气不良，卫生差，这些有害气体成分就会严重超标，甚至危害禽群的健康，继而造成慢性或急性中毒。通常鸡舍的有害气体浓度一般比猪舍和牛舍高若干倍，主要原因是家禽的呼吸系统和新陈代谢比较旺盛等。此外，禽舍内的微生物发酵等也会产生有害气体。

2. 主要有害气体

1）氨气

（1）理化性质。氨气是一种有毒、无色、有强烈刺激性臭味的气体，相对分子质量为17.03，相对密度为0.593（与同体积干洁空气的质量比）。氨气极易溶于水，常温下，1体积的水可溶解700体积的氨气；0℃时，每升水可溶解907g氨气。氨气溶于水形成氨水，具有腐蚀性。

（2）来源。禽舍中的家禽粪尿、腐败饲料与垫料等含氮有机物被微生物分解产生氨气，而氨气浓度的高低通常与禽舍的卫生状况、饲养方式和通风条件等密切相关。当鸡舍内潮湿、通风不良时，舍内氨气的浓度很容易就超标。

（3）对家禽的危害。氨气和其溶于水形成的氨水，均对人和家禽的黏膜和皮肤具有刺激和腐蚀作用。

① 氨气对家禽的一般危害。氨气是禽舍内公认的应激源，可诱导鸡、鸭等发生多种呼吸系统疾病，破坏呼吸道黏膜，降低家禽对疾病感染的抵抗力。不同日龄和不同品种的家禽均对氨气敏感，但雏鸡对氨气更敏感。研究发现，当氨气浓度超过14mg/kg时，可刺激家禽眼结膜引起结膜炎，氨气的浓度越高，病症越严重，甚至可导致死亡。

一般情况下，人正常可嗅到氨的臭味时氨的浓度低于18mg/kg。WHO建议，人能忍受的氨气浓度为27mg/kg 8h和38mg/kg 15min，超出这个范围，就容易造成伤害。

② 不同浓度氨气对肉鸡和蛋鸡生产性能的影响。宋戈等（2008）进行的试验表明，浓度低于13mg/kg的氨气对3周龄内肉鸡的生产性能无显著影响，但52mg/kg的氨气可显著降低饲料转化率；80mg/kg的氨气可显著降低3～6周龄肉鸡的饲料转化率和日均采食量。

对蛋鸡而言，在氨气浓度为38～60mg/kg的环境中生存两个月，蛋鸡产蛋率可降低9%；在氨气浓度为75mg/kg的环境中生存10周，产蛋率则由81%下降到68%。

（4）临床症状和病理。

① 慢性（轻度）中毒。氨气对家禽的慢性毒害作用是使其食欲下降，造成营养缺乏，因而使生产性能下降。氨气慢性中毒时，病禽仅表现呼吸加快，稀便、绿便增加，食欲不

振，慢性消瘦。雏禽表现为生长发育不良，成年蛋禽则产蛋率下降。

② 急性（重度）中毒。大量氨气被吸入则产生氨气中毒，会使中枢神经受到强烈刺激，致使呼吸中断，继而全身痉挛，发生昏迷。由于心脏与血管中枢受到刺激，血压上升，甚者呼吸系统麻痹，严重者死亡。急性中毒时，则可见病禽眼结膜红肿，羞明流泪，流鼻涕和眼结膜炎。病禽喜卧，两翼、背部、后腹部起伏，出现呼吸困难；有的甩头，打呼噜，食欲明显下降。羽毛蓬乱，无光泽，稀绿便增多，常因呼吸困难继而呼吸麻痹，最后痉挛窒息而死。

③ 剖检病变。病鸡消瘦、皮下发绀，尸僵不全，血液稀薄色淡；咽、喉头和气管黏膜、眼结膜水肿、充血，分泌物黏稠；肺部水肿、充血、淤血，有坏死；气囊膜增厚，混浊；肝、肾、脾肿大，质地脆弱；肠道黏膜水肿、充血或出血，有的腹水量增多；皮肤、腿和胸肌苍白、贫血；慢性中毒鸡的胸腹腔中可见到尿酸盐沉积。

（5）致病机理。

① 损害呼吸系统。氨气附着在家禽的呼吸道和眼结膜上，产生碱性刺激，使黏膜发炎、充血，严重可使眼失明。氨气对黏膜有强烈刺激作用，可引起结膜、上呼吸道黏膜充血、水肿。氨气吸附在眼结膜上刺激该处产生痛感，进而产生保护性反射流泪等，并使之发炎；氨气可刺激气管、支气管使之发生水肿、充血，分泌黏液堵塞气管；氨气还可麻痹呼吸道纤毛或损害其黏膜上皮，使病原微生物易于侵入，从而对疾病的抵抗力下降；氨气被吸入肺部很容易通过肺泡进入血液，进入血液后与血红蛋白结合，破坏血液的运氧功能，导致贫血。

② 组织损害。氨气由肺泡进入血液，与血红蛋白结合，破坏其供氧能力，引起组织缺氧，严重时造成碱性化学性灼伤，导致坏死性支气管炎及肺水肿、出血。

③ 器官损害。长时间、高浓度氨气易造成中枢神经麻痹、中毒性肝病和心脏损伤，并可导致机体的柠檬酸循环受抑制，致使糖的无氧酵解加强，血糖和血液乳糖增加，引起酸中毒。

④ 降低生产力和免疫力。氨气对肠道正常菌群有负面影响，阻碍水和营养吸收。长期生活在低浓度的氨气环境中，虽没有明显的病理变化，但可出现采食量降低、消化率下降等慢性中毒现象，严重影响鸡的生产性能和免疫力，使其对传染病的抵抗力显著减弱。

（6）预防措施。

① 正确处理好通风和保温的关系。对家禽的饲养，前期应以保温为主，兼顾通风；后期应以通风为主，兼顾保温。

② 加强禽舍的综合管理。家禽饲养密度要适当，粪便要及时清理，地面平放的垫料要经常翻动，保持干燥。禽舍内的空气相对湿度保持在50%～70%，超过80%则需加强通风，或在地面放些生石灰以吸收潮气。管理好禽群的饮水，避免饮水器溢水或漏水，防止家禽排水样粪便，以降低粪便发酵速度。

③ 环境监测。定时定期监测舍内空气含氨量。发现禽群氨气中毒时，应立即开启全部通风换气设备和门窗，加强排风，调节舍内空气。若禽舍内氨气浓度较高又不能及时通风，可向禽舍内墙壁、棚壁上喷洒稀盐酸，力争在最短的时间内使氨气浓度降至21mg/kg以下。

④ 定期带禽喷雾消毒。根据禽舍氨气浓度不同，每周用0.1%～0.3%的过氧乙酸喷雾1～2次可有效防止肉仔鸡氨气中毒。另外，氨气为弱碱性，与过氧乙酸生成无刺激性、无

毒性的乙酸铵，在预防氨气中毒的同时还具有一定的杀菌作用，一举两得。

（7）应急方案。

① 中毒病禽可按 1∶3000 的硫酸铜溶液饮水，连用数日。严重病例可灌服 1%稀乙酸 5～10mL/只，同时饮用 5%葡萄糖溶液，并在饲料中加入维生素 C（每吨饲料用 100～300g）。

② 增加饲料中多种维生素的添加量，同时在饮水中加入硫酸卡那霉素，剂量为 30～120mg/L 水，连用 3～5d，或按 60～250mg/kg 体重拌料，以防继发其他呼吸系统疾病。

2）硫化氢

（1）理化性质和来源。

硫化氢是一种无色、易挥发的恶臭气体，可燃，当其在空气中的浓度为 4.3%～45.5%时，可发生爆炸。其相对分子质量为 34.08，熔点为-85.6℃，沸点为-60.4℃，燃点为 292℃，相对密度为 1.19（与同体积干洁空气的质量比）。硫化氢有很强的还原性，易溶于水，在 0℃时，1 体积的水可溶解 4.65 体积的硫化氢。在标准状态下，每升硫化氢的质量为 1.526g，每毫克的体积为 0.649 7mL。

鸡舍空气中的硫化氢由含硫有机物分解而来，腐败的蛋或鸡群饲料消化不良，粪中含有大量蛋白质时很容易产生硫化氢。

（2）对家禽的危害。

硫化氢可溶于水，其水溶液为氢硫酸，是一种弱的二元酸，对黏膜有刺激和腐蚀作用。硫化氢毒性很强，高浓度时的毒性不亚于氢氰酸，其与鸡只呼吸道黏膜接触后，与组织中的碱化合生成硫化钠（Na_2S）。组织中碱的失去与硫化钠的生成，均可使黏膜受到损伤。硫化钠进入血液又可水解放出硫化氢，刺激神经系统，导致动物瞳孔收缩、心脏衰弱及急性肺炎和肺水肿。硫化氢还可与血红素中的铁结合，使血红素失去结合氧的能力，导致组织缺氧，进而产生危害。

孟庆平（2009）对不同浓度的硫化氢对肉鸡生产性能的影响进行了评价试验，证实了硫化氢对肉鸡的危害。鸡舍内硫化氢可引起肉鸡角膜炎、结膜炎，刺激呼吸道黏膜，引起气管炎、咽部灼伤和呼吸困难。此外，经常吸入低浓度的硫化氢，会使人体质变弱、抵抗力下降，并引起慢性中毒，其症状为眼球酸痛，有烧灼感，眼睛肿胀、畏光等，并引起气管炎和头痛。

（3）预防和治疗。

重点要做好禽舍内粪便、破损蛋、家禽尸体等相关废弃物的处理。一旦发现家禽硫化氢中毒，应立即打开门窗通风换气，去除危害源。

3）二氧化碳

（1）理化性质和来源。

CO_2 为无色、无臭、无毒、略带酸味的气体。其相对分子质量为 44.01，相对密度为 1.524（与同体积干洁空气的质量比）。在标准状态下，每升 CO_2 的质量为 1.98g，每毫克的体积为 0.509mL。大气中 CO_2 的浓度为 0.03%（0.02%～0.04%），而在禽舍中 CO_2 的浓度多高于此值，其来源主要是家禽呼吸。例如，1000 只鸡每小时可排出 1700L CO_2，而一头体重 600kg、日产乳 30kg 的奶牛，每小时仅呼出 200L CO_2。因此，在冬季封闭式禽舍，即使在通风良好的条件下，舍内 CO_2 浓度也往往比大气高出 50%以上。

（2）对家禽的危害。

CO_2 本身无毒性，但如果空气中 CO_2 含量过高，持续时间过长会造成鸡舍内缺氧。其生物学意义在于：CO_2 浓度过高，表明鸡舍内空气污浊，有害气体较多。通常规定鸡舍内的 CO_2 浓度以不超过 0.15%为宜。当 CO_2 浓度增加时，其他有害气体浓度也会相应增多。因此，CO_2 浓度通常被作为检测空气污染程度的参考指标。

研究表明，雏鸡在 4%的 CO_2 环境中，无明显生理反应；在 5.8%的 CO_2 环境中，表现轻微痛苦；在 6.8%～8.2%的 CO_2 环境中，呼吸次数明显增加；而在 8.6%～11.8%的 CO_2 环境中，则非常痛苦；15.2%的 CO_2 可导致昏迷；17.4%的 CO_2 则可导致窒息而死。

4）一氧化碳

（1）理化性质。CO 是一种无色、无味、无刺激性的气体，在空气中化学性质比较稳定。其相对分子质量为 28.01，相对密度为 0.976（与同体积干洁空气的质量比）。在标准状态下，CO 的质量为 1.25mg/L，体积为 0.8mL/mg，比空气轻。

（2）一氧化碳中毒。一氧化碳中毒通常是指煤气中毒，由家禽吸入 CO 所引起，以血液中形成大量 COHb 而造成的全身组织缺氧为主要特征。当空气中 CO 浓度为 0.1%～0.2%，即使少量吸入也可引起畜禽中毒。在寒冷季节，育雏多发一氧化碳中毒。

（3）来源。

① 烧煤。一氧化碳中毒常发生在冬季或早春。由于气温骤降，当禽舍和育雏室烧煤保温时，煤炭在氧气供应不足的情况下燃烧产生 CO。由于暖炕裂缝、堵塞或烟囱堵塞、倒烟、门窗紧闭无通风口或通风不良等，CO 不能及时排出。当室内 CO 浓度为 0.1%～0.2%时只引起鸡中毒；当 CO 浓度超过 3%时，可使家禽发生急性中毒而窒息死亡。对长期饲养在一定浓度 CO 环境中的家禽，易造成其生长迟缓、免疫功能下降等慢性中毒。

② 城市交通。CO 是城市空气污染的重要组成成分，汽车等燃油机械每天都将大量的 CO 排放到大气中。一般新鲜空气中 CO 浓度为 $0.02mL/m^3$，大城市街道空气中 CO 浓度为 $13mL/m^3$，而交通繁忙地段的空气中，CO 的浓度可达 $40mL/m^3$。

③ 家禽自身。家禽体内的血红素在分解过程中也产生少量的内源性 CO，这种内源性 CO 的产生，使血中 COHb 浓度为 0.5%～3%；当 COHb 浓度达到 12%时，参与血红素分解过程的氧化酶系统即被抑制。

（4）对家禽的危害。家禽与不同浓度 CO 接触后，可发生不同程度的毒性反应。当 COHb 浓度为 1%～3%时，症状轻微；当 COHb 浓度为 6%～8%时，家禽发生轻度的中毒，并可能表现出一定症状；当 COHb 浓度为 20%时，则产生明显的精神运动失调；当 COHb 浓度为 20%～40%时，家禽嗜睡，步态紊乱，脑电图由觉醒期进入慢波睡眠期；当 COHb 浓度为 60%～70%时，家禽死亡。

（5）临床和病理表现。

① 临床症状。轻度中毒的家禽，其体内 COHb 浓度可达 30%。病禽表现为精神沉郁、羽毛松乱、食欲减退、畏光流泪、咳嗽、心动过速和呼吸困难。此时，如通风换气使其呼吸新鲜空气，不经任何治疗即可康复。若环境空气未彻底改善，则转入亚急性或慢性中毒，病禽羽毛蓬松，精神委顿，生长缓慢，容易诱发上呼吸道和其他并发症。

重度中毒的家禽，其体内 COHb 可高达 50%。病禽精神沉郁、呼吸困难，不久即转入呆立或瘫痪、昏睡、运动失调、倒于一侧、头向后仰，死前易发生痉挛和惊厥。若不及时救治，则导致呼吸和心脏麻痹而死亡。

② 剖检病变。喙端和趾尖严重发绀是该病的突出特点。血管和各脏器内的血液呈鲜红色或樱桃红色，肺脏淤血，切面流出大量粉红色泡沫状液体。心血管淤血，血液凝固不良。肝脏轻度肿胀、淤血，个别肝实质或边缘呈灰白色斑块状或条状坏死。脾脏和肾脏淤血、出血。脑软膜充血、出血。气管、支气管中有干酪样的栓子，气囊混浊增厚。心肌有少量出血，肠黏膜出血。对病程长的慢性中毒者，可见其心脏、肝脏、脾脏等器官体积增大，心肌纤维坏死。

（6）致病机理。

CO 的危害性主要取决于空气中 CO 的浓度和接触时间。当鸡群处于 CO 浓度为 160mL/m^3 的环境中 7d，不表现中毒症状；当鸡群处于 CO 浓度为 600mL/m^3 的环境中 30min 时，表现呼吸困难；当鸡群处于 CO 浓度为 2000～3600mL/m^3 的环境中时，1.5～2h 出现死亡。血液中 COHb 的浓度与空气中 CO 的浓度成正相关。中毒症状则取决于血液中 COHb 的浓度，具有明显的剂量-效应关系。中毒鸡只表现为肌肉无力、麻痹，心肌松弛，CO 对雏鸡的危害更大。

CO 随空气进入体内，经肺泡进入血液循环，与血液中的血红蛋白结合后不易解离，使血细胞携氧能力大大降低，造成机体的急性缺氧，从而导致血管和神经细胞机能障碍，使机体各部分脏器的功能失调，出现呼吸、循环和神经系统的病变。中枢神经系统对缺氧最为敏感，缺氧后可发生血管壁细胞变性，渗透压增高，严重者呈现脑水肿，大脑及脊髓有不同程度的充血、出血和血栓形成。

CO 对血红蛋白的亲和力比氧与血红蛋白的亲和力高 200～300 倍，而 COHb 的解离能力却是氧合血红蛋白的 1/3600，一旦吸入即形成 COHb，不仅自身无携氧的功能，而且阻碍氧合血红蛋白的解离，从而使血液的携氧能力发生障碍，造成机体急性缺氧血症。COHb 呈鲜红色，因而病禽的血液、可视黏膜和各内脏器官呈樱桃红色。CO 对二价铁也具有高度的亲和力，当吸入高浓度 CO 时其进入细胞与含二价铁的组织呼吸酶（如还原型细胞色素氧化酶和细胞色素等）结合，直接抑制组织细胞呼吸。同时，CO 还能与机体内血浆铁蛋白、肌红蛋白等含有二价铁的物质结合，使病禽呈现全身无力和呼吸麻痹等症状。此外，中枢神经系统对缺氧最敏感，因此一氧化碳中毒后首先造成神经细胞机能障碍，脑血管先痉挛而后扩张，渗透性增加，严重的脑实质发生变性、软化或坏死。

（7）预防和治疗。

一氧化碳中毒的关键在预防，主要是育雏阶段。应经常检查育雏室及禽舍的取暖设备，防止漏烟、倒烟。禽舍和育雏室应有通风孔，使室内保持通风良好、适宜温度，以防 CO 蓄积。

发现家禽一氧化碳中毒时，应立即打开门窗通风换气，或将病禽移入空气新鲜的禽舍。为防止通风换气所致的应激感染，可添加 100mg/kg 诺氟沙星至饲料中，饮水中可添加水溶性多维素和葡萄糖及利尿保肝药物，并配以适当的抗菌药物，以防继发感染呼吸系统疾病。

5）恶臭物质

（1）理化性质和来源。

恶臭物质是指刺激人的嗅觉，使人产生厌恶感，并对人和动物产生有害作用的一类物质。养殖场的恶臭来自家禽粪便、污水、垫料、饲料、禽尸等的腐败分解产物，家禽的新鲜粪便、消化道排出的气体、皮脂腺和汗腺的分泌物、禽体的外激素，黏附在体表的污物等及呼出的二氧化碳（浓度比大气中高约 100 倍）也会散发出难闻气味。

粪尿的腐败分解是恶臭的重要来源。粪尿废弃物中所含有机物大体分成糖类和含氮化合物，它们在有氧和无氧条件下分解出不同的物质。糖类在有氧条件下分解释放热量，大部分分解为水和二氧化碳；而在无氧条件下，可分解产生甲烷、有机酸和各种醇类，这些物质略带酸臭味，使人产生不愉快的感觉。含氮化合物在酶的作用下分解产生氨基酸，氨基酸在有氧条件下可继续分解，最终产物为硝酸盐类；而在无氧条件下分解产生氨气、硫化氢、甲胺、三甲胺、乙烯醇、二甲基硫醚等恶臭气体，这些恶臭气体具有各自特有的臭味。

研究表明，恶臭成分十分复杂，包括挥发性脂肪酸、酸类、醇类、酚类、醛类、酮类、酯类、胺类、硫醇类及含氮杂环化合物等，氨气和硫化氢是恶臭的无机成分。资料显示，鸡粪的恶臭成分有150种，牛粪的恶臭成分有94种，猪粪的恶臭成分有230种。这些气体如长期滞留禽舍内或养禽场内，往往危害家禽和工作人员，并污染社会环境。

（2）对家禽的危害。

恶臭物质的成分及其性质非常复杂，对人和动物的危害与其浓度和作用时间有关。低浓度恶臭短时间作用一般不会有显著危害；高浓度恶臭物质往往可导致对健康家禽损害的急性症状，但在生产中这种机会较少；值得注意的是，低浓度、长时间的作用，有使家禽产生慢性中毒的危险。

所有的恶臭物质都能影响家禽的生理机能。家禽突然暴露在有恶臭气体的环境中，就会反射性地引起吸气抑制，呼吸次数减少，深度变浅，轻则产生刺激，发生炎症，重则使神经麻痹，窒息死亡。有些恶臭物质随降雨进入土壤或水体，可污染水和饲料，进而对禽体消化系统造成危害，如发生胃肠炎、食欲废绝、腹泻等。

（二）禽舍中的尘埃粒子

1. 来源

禽舍中的尘埃、细菌、病毒、霉菌孢子等微粒含量十分高，尤其是平养鸡舍，可达10^6粒/m^3以上（比一般居民区空气中的气溶胶颗粒高出100万倍）。这些尘埃粒子在空气中形成气溶胶，并以气溶胶的形式在空气中流通，通过呼吸系统侵入家禽的呼吸道。病原微生物极易黏附在受伤的支气管黏膜上，可通过受伤的黏膜进入血液。条件性病原微生物的存在及其与主要病原微生物的协同作用，使病情复杂化。研究发现，鸡舍空气中1g尘埃中含有大肠杆菌20万～250万个，这些微生物通过空气被吸入呼吸道，若侵入黏膜则会引起多种疾病。

禽舍空气中的微粒含量一般为10^3～10^6粒/m^3，而在翻动垫料时，数量可增加数十倍，其中以粒径小于5μm者居多，且有机性尘埃颗粒可占50%甚至更多。在封闭式禽舍内，微粒（TSP、PM_{10}）的数量与家禽的种类、饲养密度、饲料形式、地面类型、家禽活动情况、气温、湿度及通风等因素有关。有人测定，一个40万只存栏鸡的鸡场，每小时可排出29.8kg尘埃。

2. 尘埃粒子和气溶胶

1）尘埃粒子

尘埃粒子又称灰尘，一般是指直径从0.1μm（病毒颗粒的大小）到100μm（细菌或真菌的聚合体）甚至到几毫米的固体颗粒，范围较广。大的颗粒用肉眼可以看见，小的颗粒则肉眼很难看见。

2）气溶胶

气溶胶一般是指空气中直径为0.001～100μm的液体颗粒，只有在放大百万倍以上的电子显微镜下才能看到。

3）病原传播方式

病原微生物既可附在尘埃粒子上，又可散布在气溶胶中。病原微生物通过尘埃粒子对鸡群造成的传染称为尘埃粒子传播，附着在微小水滴上所造成的传染称为气溶胶或飞沫传播。

病原微生物在自然界中以尘埃粒子传播为主，而在鸡舍内则以气溶胶传播为主。家禽打喷嚏、鸣叫和采食时均可喷出小液滴，液滴直径大多在10μm左右，这些液滴迅速蒸发，只留下较小的滴核。它们的直径一般为1～2μm，这些滴核由唾液中的黏液素、蛋白质、盐类和微生物等组成。因其中有营养物质，又不易干燥，微生物可长期生存，滴核质量极微小，可长期飘浮在空气中，被家禽吸入，进入支气管深处和肺泡，危害较大。大多数呼吸道传染病主要是由气溶胶传播的，如新城疫、禽流感等疫病病原。在封闭式鸡舍内，飞沫可散布到各个角落长期飘浮，传染机会较多。粪便干燥后经践踏、吹动也可飞扬起来造成传播，甚至远距离传播。

4）鸡舍中尘埃粒子的动态变化

根据斯托克斯定律，颗粒沉降速度：

$$V_s=2r^2(d_1-d_2)g/9\eta$$

式中，V_s为极限沉降速度；g为重力加速度；r为尘埃颗粒半径；d_1为介质相对于水的密度；d_2为颗粒密度；η为介质的黏度。

在静态的环境中，空气中颗粒的扩散速度取决于其大小、密度和湿度，在鸡舍中也取决于鸡群的活动和通风对空气的影响。例如，在安静的空气中，10μm和100μm颗粒的沉降速度分别是30cm/min和30cm/s。

在鸡舍中，鸡群密度增大会促进空气中悬浮颗粒数量的增加，特别是大于0.5μm的颗粒。在垫料厚的鸡舍中，55%～68%的粉尘来自垫料，而在蛋鸡笼中，80%～90%的粉尘来自饲料。鸡舍的湿度对空气中悬浮颗粒的数量有直接影响，湿度大可有效减少尘埃粒子的数量。

3. 尘埃粒子对家禽呼吸的影响

一般情况下，直径大于10μm的微粒一般被阻留在鼻腔内；直径为5～10μm的微粒60%～80%被上呼吸道阻留；直径在5μm以下的微粒可进入细支气管和肺泡，而直径为2～5μm的微粒可进入肺泡内；直径小于0.4μm的微粒可自由进出肺泡。一般而言，微粒越小，其危害性越大。

如果禽舍内空气湿度较大，微粒可吸收空气中的水汽、部分氨气和硫化氢等。此类混合微粒如沉积在呼吸道黏膜上，可使黏膜受到刺激，引起细胞损伤。

被阻塞在鼻腔内的无机微粒，对鼻腔黏膜有刺激作用；如微粒中携带病原微生物，可使家禽感染。进入气管或支气管内的微粒由于纤毛上皮运动、咳嗽、吞噬细胞的作用而转移，部分溶解于支气管黏膜中，可使家禽发生气管炎或支气管炎。有的微粒进入细支气管末端和肺泡内并滞留下来。侵入肺泡的微粒，部分可随呼吸排出，部分被吞噬溶解，有的停留在肺组织内，引起肺炎等。

4. 家禽呼吸系统对尘埃粒子的排出机制

1）呼吸道清除尘埃机制

在正常的情况下，家禽对空气中的气溶胶粒子具有清除功能。气管、初级支气管和次级支气管起始部的黏膜都有纤毛-黏液结构，空气中粒径较大的微粒可被支气管黏膜、黏液黏附，纤毛规律性地摆动，并不断使黏附的尘埃粒子顺气管上行，由口腔通过喷嚏或吞咽等将尘埃粒子排出，这是禽类动物抵抗感染的第一道防线。随着次级支气管口径变小，下段次级支气管的纤毛-黏膜结构退化，但黏膜上皮有大量异嗜性粒细胞等抗感染物质。只有较小的颗粒，如细菌、霉菌孢子、病毒等能进入呼吸道深处，被巨噬细胞和覆盖在黏膜上的许多杀菌物质吞噬和杀灭，这是呼吸道抗感染的第二道防线。呼吸道系统对气溶胶颗粒的捕获和去除具有独特的机制和明显的分工。

上呼吸道主要捕获较大的颗粒，如大颗粒（直径为3.7～7.0μm）依靠鼻腔和气管捕获，并通过纤毛系统和呼吸道黏膜系统等清除。

下呼吸道和肺捕获较小的颗粒。一般情况下，直径在5μm以下的微粒可以深入呼吸道深处，特别是直径在2.5μm以下的微粒可以深入肺房和肺毛细血管。较小的颗粒（直径小于1.1μm）主要沉积在肺脏和腹腔的气囊中，而直径小于0.3μm的粒子穿过黏膜纤毛，主要进入前、后气囊中，通过气流对前、后气囊产生影响。为提高对尘埃粒子的捕获效率，呼吸道黏膜、纤毛及其下部的淋巴细胞等相互配合，共同阻碍和捕捉尘埃颗粒。

2）免疫细胞对尘埃粒子的作用机制

利用雾化直径为0.18μm的惰性铁颗粒进行试验，证实家禽呼吸道免疫系统对外界的尘埃粒子具有吸附作用。铁离子被发现存在于家禽巨噬细胞的内部，该细胞位于肺房上皮细胞的下部。这一结果首先在鸭中得到证实，后来在鸡、鸽中也证实了这一结果。

研究表明，禽类已经建立了多道防线，以保护薄和脆弱的气体交换组织。很显然，巨噬细胞、肺房和漏斗上皮细胞是阻挡尘埃粒子进入肺的第一道屏障（除非外来的尘埃粒子太小，以至于上呼吸道不能清除而被运送到肺脏深部）。尽管巨噬细胞在黏膜表面数量较少，但这些细胞都是潜在的吞噬细胞，可以更高效地吞噬微生物粒子，从而弥补数量少的不足。

（三）禽舍中的微生物

1. 来源

外界空气由于大气稀释、空气流动和日光照射等影响，其中的病原微生物相对较少。而禽舍中微生物的数量主要取决于禽舍的卫生状况、家禽的饲养密度、人和家禽的活动等。凡是能使空气中微粒增多的因素，都可能使微生物的数量增加，如打扫地面和墙壁、加料、家禽打喷嚏和争斗等。假如舍内有家禽受到感染而携带某种病原微生物，如大肠杆菌、支原体、AIV、NDV、MDV等，其均可通过喷嚏、呼吸等途径散布到空气中，并传染给其他家禽。

2. 对家禽健康的影响

空气中的微生物常附着在固体微粒和液体微滴形成的气溶胶上，随着气流在空气中飘浮。灰尘是微生物的主要附着物，一切使空气中灰尘增多的因素，均有可能使微生物增多。

禽舍空气中的微生物大多数附在灰尘、飞沫等介质上传播疾病。

当家禽打喷嚏时，可产生数以百万计的液体微滴（飞沫），这种飞沫往往含有多种病原菌，且有95%以上的飞沫直径在5μm以下，可长期浮游在空气中，从而引起病原菌的气源性传播。同时，飞沫在空气中能迅速蒸发形成粒径1～2μm的滴核，为微生物提供蛋白质、盐类等营养物质，并延长其在空气中停留的时间。滴核能进入呼吸道下部，病原微生物随空气经呼吸道侵入禽体内，除能引起各种呼吸道疾病外，还能引起全身感染。

对鸡舍空气中的微生物进行检测发现：北京某鸡舍每立方米空气的需氧菌总数达3.37×10^7CFU，大肠杆菌、沙门氏菌、金黄色葡萄球菌和链球菌的最大浓度分别为2.4×10^4 CFU/m^3、7.95×10^4CFU/m^3、2.46×10^4CFU/m^{3}和5.06×10^4CFU/m^3。

（四）降低禽舍中有害气体、尘埃和微生物的措施

1. 合理选择场址和规划场地

养殖场应选在地势高、干燥、通风良好、排水和渗水较好的场地。场区要整体规划，科学合理布局，净、污道分开，确保生物安全，兼顾环境绿化等，要符合国家环保政策。应根据地势高低和全年主风向安排场前区、生产区和隔离区，包括粪便污水处理设施等。特别是要做好家禽尸体的无害化处理。

绿化对场区环境净化十分重要。研究表明，每公顷阔叶林每天可吸收1000kg二氧化碳，放出730kg氧气，绿化可使场区空气中的恶臭物质减少50%，有害气体浓度降低25%，尘埃减少35%～67%，细菌总数减少22%～79%。但要注意防范野鸟进入鸡舍。

2. 采用合理的清粪工艺和设备

选择清粪工艺时，应注意以下方面：一是粪尿及时排出舍外，避免在舍内存留导致腐败分解；二是尽量减少粪污（特别是污水）产生量，实现“清洁生产”、污染物“减量化”；三是清理出的粪污便于进行无害化处理，处理后应可资源化利用（作发酵饲料、有机肥、复合肥和液肥等）；四是有利于减轻清粪工作的劳动强度。

按确定的清粪工艺合理设计和配置良好的清粪设备和排水系统，保障粪尿及时排出舍外，不得在舍内留存；排水系统必须暗管排放至污水处理设备，实现雨污分流，严禁明沟排放和雨污混排；此外，应尽量机械化清粪，减轻清粪工作的劳动强度，提高劳动生产率。

3. 加强卫生管理，执行严格的消毒制度

禽舍在使用前应全面消毒；在禽舍的出入口设消毒池（室），对外来车辆、人员进行严格消毒；严格执行全进全出制；家禽出舍后及进舍前，对禽舍、禽栏、用具要进行全面、彻底的消毒，以彻底消灭环境中的病原微生物。定期向禽舍空气中喷雾消毒，必要时利用福尔马林熏蒸或利用紫外线灯进行禽舍空气消毒，以杀灭空气中的微生物。

4. 改善通风，合理控制舍内的危害气体

氨气和硫化氢都易溶于水，当舍内湿度过大时，氨气和硫化氢被吸附在墙壁和天棚上，并随水分渗透到建筑材料中。当舍内温度上升时，又挥发逸散出来，污染空气。因此，应合理通风，做好禽舍的防潮和保暖，同时降低有害气体的危害。

5. 合理搭配日粮

通过日粮调控减少排泄物中含氮有机物和含硫有机物的含量，减少产生有害气体和恶臭的来源。合理搭配日粮、使用添加剂，可提高饲料消化率和饲料利用率，减少粪污排出量。试验证明，日粮干物质消化率由 85%提高到 90%，粪便干物质排出量可减少 1/3。常见的饲料添加剂有酶制剂、酸制剂、微生物制剂等，可提高饲料消化率特别是蛋白质消化率，保持消化道菌群平衡。例如，在家禽日粮中添加酶制剂，可使每只鸡的氮排出量减少10%～15%；研究还表明，延胡索酸、柠檬酸、乳酸、丙酸及有机物可提高胃蛋白酶的活性、减缓胃的排空，有利于消化吸收，从而提高饲料利用率，减少氨气、硫化氢的产生。此外，降低饲料中粗蛋白含量而添加合成氨基酸，可使氨的排出量减少 20%～50%。

6. 垫料或吸附剂及肉鸡发酵床

垫料可吸收一定量的有害气体，其吸收能力与垫料的种类和数量有关，如作为垫料的麦秸、稻草、干草、树叶等效果较好一些，黄土的效果也不错。吸附剂可吸收一定量的有害气体，如沸石、活性炭、煤渣、生石灰、膨润土、蛭石、硅藻石及矿物等吸附剂，可不同程度地消除空气中的臭气，从而降低舍内有害气体的浓度。

利用微生物发酵原理，利用干撒式发酵专用菌，按一定比例与锯末、稻壳等原料直接组合（比例为 1∶1），形成有机垫料，同时铺进鸡舍。将商品肉鸡饲养在发酵床上，鸡排出的粪便被垫料分解和转化，可达到无污染、无臭味、零排放的目的，该技术已在生产中推广应用。

7. 空气电净化技术

禽舍空气电净化防病防疫技术是一种全新的禽舍空气质量控制技术，主要依靠空间电场净化空气中的有害气体、粉尘、气溶胶及吸附在其上的微生物，从而起到防治动物疾病的作用。其作为环境安全型禽舍的关键性技术，被广泛应用在封闭禽舍的建设中。刘滨疆等（2003）研究证实，禽舍电净化防病系统对鸡舍内氨气、硫化氢、吲哚、3-甲基吲哚的清除效率为 40%～70%；电极线放电产生的臭氧和高能荷电粒子可分解酪酸、吲哚、硫醇、3-甲基吲哚，分解产物一般为二氧化碳、水，分解效率为 30%～40%。同时，其在空气净化、恶臭气体消除及灭菌消毒方面显示出优良的效果。

1）仪器组成

禽舍空气电净化自动防疫系统由控制器、直流高压电源和空间电极系统组成。目前的产品主要有 3DDF 系列 4 种型号，依据禽舍的空间大小确定相应的型号。该系列是高电压、小电流的电工类产品，对人、禽等无直接危害。综合性能指标：静态空气微生物去除率为40.0%～99.9%，粉尘颗粒去除率为 99.4%，有害气体去除率不低于 40.0%，输出电压一般为 32～50kV，输出电流为 0.5～5.0mA。该系统内的工作形式呈自动循环间歇工作状态，日耗电量很少，最大型的日耗电量也不到 0.8kW。该系统的维护极为简单，每月只需清扫 1 次绝缘子上的灰尘即可。

2）净化的基本原理

禽舍空气电净化自动防疫系统是一种用于禽舍整体空间空气静态净化、灭菌消毒及空气微生物致弱疫苗化的微功耗、高电压的空间电场技术系统。其原理与工业用的电除尘器的原理相同，表现在以下几个方面。

（1）通过高压电极线的作用，在禽舍内建立直流空间电场，电极线放电产生的高能带电粒子、臭氧和氮氧化物，可净化和抑制禽舍内的粉尘、飞沫和气雾；对禽舍微生物气溶胶进行脱除、杀灭和病原致弱疫苗化；抑制物体表面微生物，特别是粪便与墙壁表面的微生物；分解和抑制禽舍内恶臭气体。

（2）在鸡舍空间、粪道空间电场建立的瞬间，封闭式禽舍内的氨气、硫化氢、二氧化碳会立刻同空气中的粉尘、飞沫、气雾相结合形成"凝雾"，在空间电场作用下做定向脱除运动，并迅速吸附于地面、舍内结构表面。空气中的氨气、硫化氢、二氧化碳含量会在短时间内有较大幅度的降低。在随后系统的自动循环间歇工作中，环境中的空间电场抑制了地面、禽舍内结构表面与空气形成的气固、气液界面中的氨气、硫化氢、二氧化碳的再蒸发，舍内空气持续保持在低氨气、低硫化氢、低二氧化碳浓度状态，进而确保禽舍空气保持清新状态，降低了呼吸道系统、消化系统等病害的发生，增强了家禽的抗病能力。

（3）附着在粉尘、飞沫、气雾上的大部分空气病原微生物也会在空间电场中的高能带电粒子、臭氧的双重作用下被杀死和灭活，在随后系统的自动循环间歇工作中，环境中的空间电场、高能带电粒子和臭氧等一同抑制了地面、禽体表面、禽舍内结构表面上的病原微生物群落的发展，而外界的粉尘、飞沫、气雾也被自动循环、间歇工作的空间直流电晕电场阻挡在房舍外，断绝了气传疫病的传播途径，为控制气溶胶传播的疾病建立了有效而无形的空间电场防线。

此外，空气微生物被杀死和灭活的过程，也是被疫苗化的过程，杀死的或灭活的、致弱的空气微生物被家禽吸入肺泡中，类似于进行空气病原微生物的免疫接种。

3）应用效果

陈勇等（2015）调查表明，禽舍空气电净化防病防疫技术及粪道等离子除臭灭菌技术的应用，提高了禽舍内空气质量，减少了疫病发生。$PM_{2.5}$平均浓度下降 45.25%，PM_{10}平均浓度下降 50.45%，氨气平均浓度下降 72.04%，二氧化碳平均浓度下降 72.43%。

研究证明，在通风机开启的条件下，利用空间电场技术可再将微生物气溶胶日平均浓度降低 30%以上，对疫病的预防效果可提高 60%以上，疫病发生率降低 50%以上，整体预防疾病的效率高达 90%。

（五）禽舍粪便的无害化处理

养禽场的粪便无害化处理是体现家禽饲养现代化的关键。家禽的规模化和集约化饲养，导致了家禽生产的高度集中，继而产生了诸如氨气、臭味、病毒和细菌污染、噪声、水污染、土壤污染等问题，特别是家禽的粪便问题，给家禽的疫病防控、人类的生活和生存带来了诸多不利因素，同时，引发了人们对环境保护等方面的担忧。

家禽新陈代谢旺盛，其粪便的生产量很大。在肉鸡中，6 周龄时出栏，每只鸡产生的干粪约为 1kg；20 周龄开产前母鸡，可产生 12kg 的废物；在产蛋母鸡和种鸡中，每只鸡每天产生 150～200g 的废物，平均年产 65kg。人类在享受家禽肉蛋"盛宴"的同时，也日益感受到家禽代谢污染物处理的紧迫性。

鉴于中国家禽的数量已突破 300 亿只，对家禽粪便的处理已提上重要议程。鸡的消化道较短，消化率低，通常情况下粪便中有 20%～25%的营养物质未被动物机体消化吸收，粪便中蛋白质成分高。此外，家禽粪尿不分离，这些物质在适当的温度和湿度条件下经微生物分解，可产生大量的氨气、硫化氢等有害气体，且很容易成为各种细菌、病毒等微生物的滋生地和各种危害气体的滋生源，是导致家禽发生呼吸道疾病的重要诱因。

（六）饲养环境控制和通风换气

1. 国家饲养场环境标准

1999 年，中国农业部制定了《畜禽场环境质量标准》（NY/T 388—1999），对畜禽场必要的空气、生态环境质量以及畜禽饮用水的水质标准进行了明确规定。2004 年，中华人民共和国国家质量监督检验检疫总局和中国国家标准化管理委员会颁布了《畜禽场环境质量评价准则》（GB/T 19525.2—2004），其详细规定了新建、改建、扩建畜禽环境质量评价的具体内容。

2. 通风换气在控制禽舍环境中的作用

通风换气是调节禽舍空气环境状况最主要、最经常、最实效和最便捷的手段，是禽舍环境控制的第一要素，除了对雏鸡或寒冷季节外，通风对温度和危害气体等的控制至关重要。特别是近年来规模化、集约化养鸡场发展迅速，且多采用高密度笼养设施，饲养密度剧增，为保证鸡群享受舒适的环境，合理的通风换气显得格外重要。

1）提供氧气等新鲜空气，排出废气

鸡是一种代谢旺盛的动物，呼吸频率较高，公鸡每分钟 18～21 次、母鸡每分钟 20～37 次；换气量也大，每千克体重每小时需氧气约 740mg，而牛仅为 328mg，猪为 392mg；呼出二氧化碳约 710mg，牛为 320mg，猪为 336mg，因而鸡舍内需大量清洁、新鲜的空气。通风换气可将舍内空气中的有害物质排出，同时换入氧气浓度较高的清洁空气，进而使舍内空气中有害气体（如氨气、硫化氢、二氧化碳等）浓度不超标，减少对鸡群的危害。

2）保持环境优良，为鸡群提供舒适的环境

通风换气是控制鸡舍温度和湿度、增加氧气和减少氨气及有害气体的重要途径，是保障鸡舍空气清新的根本，更是鸡群达到理想生产成绩和效益所需要的基本条件。鸡群在舒适的条件下，可以发挥最佳的生产性能，其抗病能力和免疫能力均会得到较大的提升。

通风换气的实质是防止家禽体温过热，并通过排出鸡舍内的热空气把鸡饲养在最佳的温度范围之内，进而提高家禽的饲料转化率。

在夏季高温时，通风换气可在一定范围内调节鸡舍内温、湿度，促进鸡舍空气的对流和蒸发散热，减少热应激所带来的副作用。特别是当外界气温平均值为 27℃以上时，应加大气流量或在通风系统中采用湿帘，确保鸡舍的温度和湿度处于最佳的范围之中。冬季为保温，容易忽视通风换气，而长期通风不良的影响往往超过低温的影响。故在实际生产中，应重点解决冬季鸡舍保温与通风的矛盾。一般情况下，鸡舍内气温普遍高于鸡舍外，通风可以排出鸡舍内的余热，换入外界温度较低的空气。通过控制通风量及通风时间，保持鸡舍内温度适宜。鸡舍内外温差越大，通风效果越明显。通风不良则通常意味着氨气、硫化氢、二氧化碳等不良气体超标，氧气缺乏及尘埃粒子含量过高等，对家禽的健康造成不良影响，而通风换气则在很大程度上解决了上述难题。

3）有利于提高鸡舍的饲养密度，提升经济效益

随着环境控制高科技的引入，养禽技术设施不断更新，为多层重叠式饲养提供了技术

支撑。高密度饲养对环境调控要求较高，通风需求量较大，仅靠常规的通风设施很难满足通风换气、除湿降温、降低尘埃等要求。新型的风机系统和工艺流程（如通风集粪带等）应运而生，新鲜、洁净的空气就会被送到鸡舍中的每一个角落，确保鸡群生活在舒适的环境中，为家禽的高密度、工业化生产等提供了技术支持，提高了单位面积的经济效益。

4）降低尘埃粒子和致病性微生物的数量

众所周知，微生物一般吸附在各种尘埃粒子上，而通风换气可显著降低鸡舍中尘埃粒子的数量，进而可大幅度降低致病性微生物的数量；同时，排出鸡舍内多余的水汽、危害性气体等，防止鸡舍内潮湿和微生物繁殖。

5）防止或减少鸡舍设备的老化

鸡舍鸡群产生的氨气、硫化氢等有害气体，以及高湿度、粪便等均可腐蚀禽舍的设备。通风换气则在一定程度上降低了上述情况对鸡舍设备的危害。同时，为饲养人员创造舒适的工作环境。

3. 合理的通风量

禽舍的通风一般用通风量（m^3/h）和风速（m/s）来衡量。禽舍内除考虑风向、风速的合理控制外，还需要根据防寒防暑的总体和细节要求进行合理设计，要有利于家禽热调节、有害气体和尘埃粒子排出等。在设计禽舍时，一般以夏季通风量为主进行设计，并根据当地的气候条件综合考虑。中国已制定《畜禽舍纵向通风系统设计规程》（GB/T 26623—2011）。另外，不同的家禽品种或品系，其在不同日龄和管理条件下具有各自最佳的推荐设计标准。

（秦卓明　刘存霞）

第二节　热　环　境

热环境是指直接与家禽体热调节有关的外界环境因素的总和，包括温度、湿度、气流和热辐射等，是家禽赖以生存的重要环境因素。家禽在舒适的环境条件下，可保持良好的精神状态和维持较高的生产性能；否则会导致家禽生产性能下降、免疫力和抵抗力降低，甚至会成为家禽呼吸系统疾病的主要诱因。

一、温度

家禽为恒温动物，温度对保障家禽的新陈代谢和生长及生产性能至关重要。从生物学的角度讲，恒温的本质就是要维持家禽体内环境温度的稳定，确保家禽具有较快的生化反应速度、较高的代谢率和较高的生产性能。

（一）环境温度和家禽体温

热环境主要影响家禽机体的热调节机制。家禽在温度不断变化的外界环境中，其体温是恒定的，这得益于家禽自身所具有的热调节机制和对环境因素的动态管理，即确保产热和散热后家禽自身仍可以维持体热动态的平衡。

1. 空气温度

空气温度通常指气温，是表示大气冷热程度的物理指标，其高低可反映空气能量的多少。禽舍内的温度能量主要来自太阳辐射热、外界气温、鸡体热和外部供热等。

2. 体温

体温一般是指动物机体深部的温度，是评价恒温动物热平衡的唯一可靠指标。在生产中，一般采用直肠温度代表家禽机体深部的温度。以鸡为例，一般将温度表的感应部分插入鸡直肠 5cm 深处，如过浅，则温度低，不能代表鸡体内的温度。家禽体温由内部向外部递减，并由皮肤散热。在外界温度适宜的情况下，直肠温度一般比家禽颈动脉温度高 0.1～0.3℃，在严重的热应激条件下，两者的温度相同。正常情况下，家禽所处的外界环境温度一般低于体温，这样体热才能由皮肤散发，故越向身体外部，温度越低，这也是家禽的皮肤温度较体温低的原因。

恒温动物的体温有所差异：小鼠为 36.5℃，牛为 37.5～39.5℃，猪为 38.0～39.5℃，人为 36.0～37.0℃，而鸡的体温为 40.6～41.7℃，明显高于上述其他动物，这也是禽类具有比较高的生产性能的重要原因。但是，刚孵出的雏鸡，体温往往不到 30℃，以后随着身体体温调节机能的完善，2～3 周可达到正常水平。因此，雏鸡舍应保持较高的环境温度。

3. 显热

对固态、液态或气态的物质加热，其物理状态不变，当加热后，物质的温度升高，增加热量的多少能在温度上显示出来，即不改变物质的形态而引起其温度变化的热量称为显热。如对液态的水加热，只要它还保持液态，它的温度就升高。因此，显热只影响温度的变化，不引起物质的形态变化。

4. 潜热

对液态的水加热，当达到沸点时，虽然热量还在不断加入，但水的温度一直停留在沸点，增加的热量仅使水变成水蒸气，即由液态变为气态。这种不改变物质的温度而引起物态变化（又称相变）的热量称为潜热，如家禽的呼吸散热。

全热等于显热与潜热之和。

（二）家禽的温度调节机制

1. 家禽的产热和散热

1）产热

家禽的产热是家禽通过代谢过程将饲料能转换为热能，进而维持家禽的各项功能，如体温、呼吸、心跳、生长和生产等的正常进行，并通过这些活动把其余的热量散发到周围环境。当周围环境温度较低时，家禽就必须依靠产生较多的热量来维持体温，而在周围环境温度较高时，则将其产热控制在最低水平，否则过多的热量难以散发。一般情况下，家禽可通过采食能量来调节产热量，即通过增减摄取营养物质的数量来进行调节。

2）散热

家禽在产热的同时也通过一系列的活动散热。一般情况下，在总热量中约有 80%通过皮肤散热，10%通过呼吸散热，当然，这个比例是根据自然条件和人为条件而变化的，剩余的 10%以其他方式如饮水、运动、产蛋等进行。散热方式有 4 种：辐射、传导、对流和蒸发。其中，前 3 种方式散热可使周围气温升高，称为显热。第 4 种方式主要是通过家禽体表和呼吸道内的水分从液态变为气态时吸热向外渗透，水分在皮肤表面蒸发，也称潜热。

（1）辐射散热。家禽辐射散热通常以不可见的红外线（长波）方式进行，该热量能被周围温度低的物体所吸收，环境温度越低，与家禽体表的温差越大，则辐射散热就越多。反之，如环境温度高于家禽体表温度，则家禽接受外界的辐射热，致使家禽温度升高（高温天气易发生中暑的原因）。外界温度的高低直接影响家禽的辐射散热量。

（2）传导散热。家禽通过与禽舍内的物体接触，将热传递给较冷物体称为传导散热。该散热方式在很大程度上取决于接触物体的温度、传热性和接触物体的面积。平养散养的鸡接触冷地面，传导散热较多；潮湿阴冷的空气传导散热也较多。

（3）对流散热。家禽将热传递给接近皮肤的气体分子，这些被加热的气体分子与外界空气的冷分子相互交换而散发热量，称为对流散热。风可形成强制对流，会使散热量大大增加，禽的体表面积越大，对流散热越多。

（4）蒸发散热。通过家禽体内水汽蒸发而散发的热量称为蒸发热量。每克水蒸发需要吸收 2.43kJ 的热量。蒸发热量主要包括皮肤蒸发和呼吸道蒸发，家禽以后者为主。鸡通过肺、气囊、呼吸道湿润的表面蒸发水分，在呼气时将其排散出去。鸡没有汗腺，只有通过皮肤的渗透，使水分在体表蒸发而散热。因此，通过皮肤散热的途径是比较局限的，应特别关注家禽的呼吸散热。

家禽呼吸系统发达，其呼吸道黏膜湿润、温度高且水汽压大。家禽呼吸时，吸入空气水汽压较低，温度通常低于体温，呼吸道黏膜的水分子很容易通过蒸发而进入吸入的空气。同时，呼吸道的传导、对流散热作用使吸入空气温度升高，饱和的水汽压随之提高，从而容纳更多的水汽，呼出的气体携带了升温获得的显热和水蒸气蒸发获得的潜热，从而使家禽向外散热。呼吸道蒸发的主要部位是上呼吸道，吸入的空气到达咽部时可使相对湿度升至 100%，故在高温下，家禽浅而快地呼吸（称为热性喘息）既可加速呼吸蒸发散热，又可防止呼出二氧化碳过多而发生呼吸性碱中毒，防止快而深的呼吸造成代谢加强而增加产热，对高温下的体热调节和缓解热应激有重要作用。

一般情况下，当外界温度高时，鸡张口喘息，呼吸浅而快，以增加蒸发散热；当外界温度低时，鸡的呼吸次数减少，以减少散发热量。气温高，湿度低，风速大，鸡体表散发热量多。因此，夏季要降低湿度，加强通风，以利鸡体蒸发散热。

图 6.1 显示的是鸡在不同温度条件下不同散热方式所占的比例。

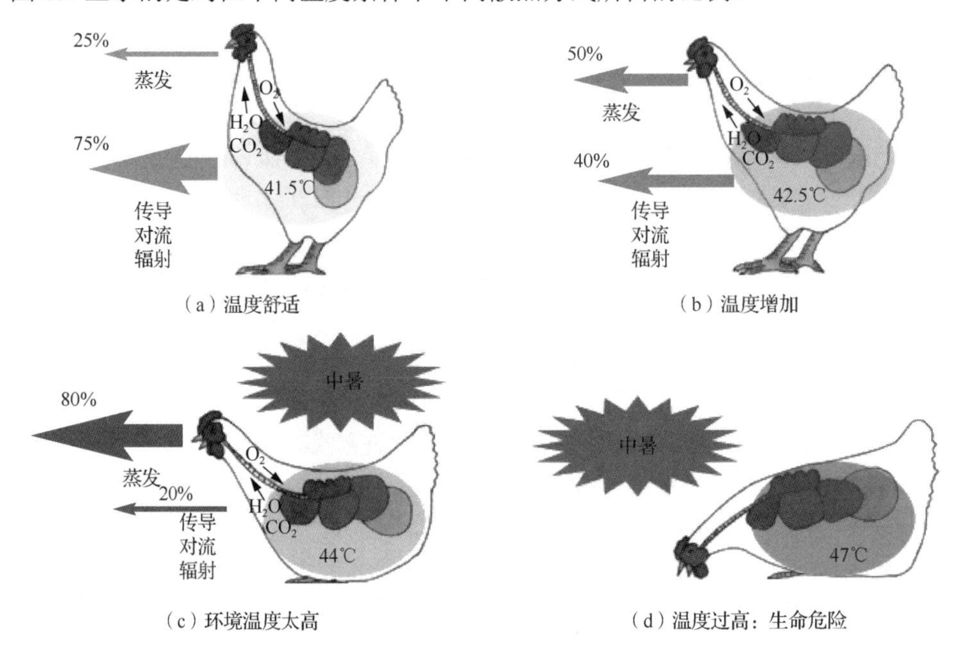

图 6.1　不同环境温度下机体的散热方式及其变化

2. 家禽自身的热调节机制

1）家禽的保温

（1）家禽被毛。家禽通常具有丰富的羽毛，其间隙内充满空气，能形成鸡体周围较稳定的空气层，而空气的热传导能力较差，因此可将机体散发的热固封在其中，起到隔热保暖的功效。家禽还能通过竖立或放平羽毛来改变其隔热程度。

（2）皮肤结构。家禽的皮肤薄，皮下几乎没有脂肪组织，没有汗腺，因此利于散热。

（3）气囊系统。呼吸散热对禽类十分关键，禽类气囊容量为肺的 5～7 倍。气囊系统既增加了呼吸道的通气面积，又不参与气体代谢，但大大增加了蒸发和散热面积。

（4）热喘息和喉颤。高温下家禽浅而快的呼吸称为热喘息，呼出的气体不仅携带了升温获得的显热，还携带了水蒸发而获得的潜热，从而使家禽向外散热。家禽除了热喘息以外，喉头扇动还可增加对流散热。鸡在进行喉颤时，频率可达 400 次/min。热喘息对家禽高温下的体热调节和缓和热应激具有重要作用。

2）家禽的温度调节

鸡体与环境之间不断地进行热交换并保持动态精确平衡。当气温低时，家禽首先减少体热散发，进行物理调节。当气温继续下降，单独依靠物理调节难以维持正常体温时，即增强代谢产热，进行化学调节，家禽机体的产热随气温改变而改变。因此，在一定的环境温度范围内，鸡体仅进行物理调节，其产热量在生理最低水平即可维持热平衡，这个环境温度就是热中性区（等热区）。鸡只在等热区范围内，体温没有大的变化，而且没有特殊产热。等热区的上下界限即为临界温度的上下限。家禽处在这种情况下，对外界环境感到舒适，其生产力、饲料利用率和抗病力均处于最佳水平。

3）外界温度对家禽体热调节的影响

当外界气温高时，家禽站立、张翅或垂翅，皮肤、血管扩张，增加散热；同时采食减少，减少产热，增加了蒸发散热量。在一般气候条件下，鸡的蒸发散热量约占散热总量的17%，当气温从4.4℃上升到37.8℃时，其蒸发散热量增加到60%。

当外界气温低时，家禽缩成一团，扎堆聚集，以减少散热，此时皮肤、血管收缩，散热减少，同时采食增加，产热增加，并通过肌肉颤动产生热量。一般情况下，鸡比较耐寒，在−50℃下还可以维持正常体温1h，如时间太长，则会导致家禽机体机能衰竭而冻死。

3. 家禽热中和区

1）家禽的适宜温度

家禽是恒温动物，通过机体自身调节来维持体温的恒定。不同品系、不同生产性能及不同发育阶段的鸡群，对气温的调节能力不同。一般情况下，在一定的环境温度范围内，家禽可按照自身的需要来调整采食量，以保证获得必要的代谢能。

大量的临床数据证明，因家禽的日龄、品种、发育阶段和生产性能不同，其最适温度有所差异。雏鸡的体温调节机能到20d才逐渐完善，故其早期最适温度较高。美国Beltsville农业研究中心的实验证明，育雏第1天温度为33℃，然后逐步降低，18d后逐渐降到27℃，育雏效果最好。在育成期或产蛋期，舍温18℃以上即可。临床研究证实，从4周龄到出售的商品肉鸡，以18℃生长最快，每单位增重的饲料利用率以24℃为最高。在一般的情况下，各种家禽产蛋期的适宜温度是13～23℃。气温过高或过低，都不是最佳选择。

2）家禽热中性区

家禽热中性区是指家禽在环境温度的某一范围内，可自我调节并恒定体温，且在此温度范围内，家禽的耗氧量最低，该温度范围是新陈代谢的稳定区，也是家禽最佳的温度生长区。热中性区的下端（靠低温端）称为下临界温度，上端（靠高温端）称为上临界温度。图6.2显示的是不同日龄下商品肉鸡热中性区。在此范围内，商品肉鸡的生产性能最高。

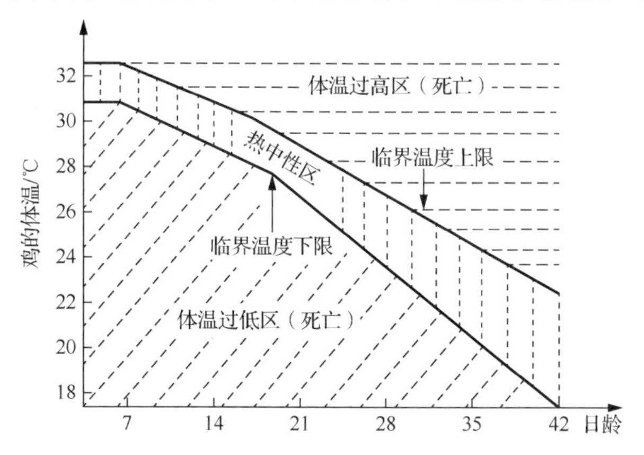

图6.2　不同日龄下商品肉鸡热中性区的有效温度

当环境温度降到下临界温度以下时，家禽耗氧量增加，代谢率升高，体内产热量增加，以维持体温恒定。当温度过低时，家禽往往会因低温而遭受寒害和冻害，甚至死亡。

当环境温度超过上临界温度时，家禽耗氧量迅速上升，体内产热量增加，体温将随之上升，家禽便会中暑，出现张口喘气、饮欲大增、脱水和下痢等，甚至死亡。

上述两种情况都会对家禽产生不利影响。

（三）低温和高温对家禽的危害

1. 低温

低温是可对家禽造成危害的一种应激，不仅会增加家禽的维持营养需要，还导致家禽生产性能降低，包括使肉鸡饲料转化率增加、蛋种鸡产蛋率下降、对疾病的抵抗力降低等。

1）临床表现

低温对雏鸡影响较大。当温度较低时，家禽易患呼吸道疾病。原因在于雏禽个体小，体温调节机能不健全，对外界温度变化的调节能力较差，抵抗疾病能力较弱，很容易引起感冒。7 日龄以内的雏鸡在 26℃以下环境中容易扎堆，最里面的雏鸡常因窒息而死亡。

2）致病机理

（1）生理变化。当外界温度低于家禽的临界温度时，家禽交感神经和肾上腺活动增强，肾上腺素和去甲肾上腺素分泌增加，从而调整血液循环中血流的分布，使家禽免疫力降低。

（2）能量变化。冷应激可引起家禽机体能量的变化，家禽对机体能量物质的动员尤其是对血糖的变化产生影响。能量物质的代谢将会引起胰岛素发生改变，而胰岛素参与血糖以外的乳糖、核糖及精氨酸水平的调节。

（3）代谢水平。低温刺激家禽产生应激反应，导致内分泌加强，促进机体的异化代谢，体内结构物质代谢加强。在急性应激条件下，血液中激素含量迅速升高，促进糖、蛋白质、脂肪、水和盐的代谢。尤其在低温环境下，机体为了维持体温，在机体散热增加的情况下必然引起产热的增加，而这一过程伴随代谢活动的增强。

（4）氧化损伤。冷应激导致细胞内自由基从线粒体排出，对机体细胞是一种严重损伤。氧化应激或氧化损伤的形成主要与线粒体的活动有关。线粒体是机体提供能量的细胞器，也是细胞活性氧自由基的主要来源。冷应激可以导致雏鸡肺部超氧化物歧化酶（SOD）、谷胱甘肽过氧化物酶（GPx）活性减弱及组织中丙二醛（MDA）的含量增加，并造成肺部 DNA 的损伤。

3）危害

（1）直接危害。鸡群生长和生产性能严重受阻，鸡群发育不良，饲料浪费，生产指标降低，严重的可出现冻伤或死亡。

（2）间接危害。当冬季鸡舍温度过低时，为了保持温度往往会减少通风，进而造成冬季鸡舍内氨气等有害气体浓度增加，导致黏膜受损，产生次生危害。此外，当鸡舍内温度突然降低时会造成冷应激，常会引发鸡群呼吸道疾病，也会造成各种病毒病、细菌病。家禽的大多数疾病与低温有关。低温作为一种应激因素，其间接危害远大于直接危害。

2. 高温

在高密度集约化的饲养条件下，鸡的代谢产热随生长而增加，而散热能力却没有提高。一般情况下，当家禽处于适温区（21～26℃）或低于这一范围时，主要通过非蒸发散热形式散热，在高温条件下，非蒸发散热的作用已大大减弱，再加上家禽羽毛和缺乏汗腺的限制，降低体温的唯一方式就是通过呼吸蒸发散热。但是，这种方式只能起部分散热作用，具有局限性。一旦环境温度超过 32℃，家禽就很容易出现中暑等热应激反应。

1）临床危害

（1）生产性能降低。热应激可显著降低家禽的生产性能，其中以采食量减少最为主要。许多试验均表明，高温能显著降低鸡各阶段的采食量。在 21～30℃，每升高 1℃采食量下降 1.5%；在 32～38℃，每升高 1℃采食量下降 4.6%。

研究证实，发生热应激时体内甲状腺激素分泌减少，而甲状腺激素可促进消化道蠕动，缩短食糜过肠时间，因此影响胃肠道的蠕动，使胃内充盈，通过感受器传到丘脑采食中枢，使采食量减少；高温还可通过温度感受器作用于丘脑，抑制采食。另外，温度升高时皮肤表面血管膨胀、充血，导致消化道内血流量不足，影响营养物质的吸收速度，从而抑制采食。热应激时家禽出现热喘，也可使采食量减少。热应激可使肉鸡增重下降 7%～17%，饲料转化率下降 7%～14%。此外，热应激可使肉鸡肉质下降、蛋鸡产蛋率下降、蛋重减轻和蛋品质下降。

（2）鸡群中暑。家禽受到热应激时，主要表现为呼吸加快、张口喘气、饮欲大增和下痢。当舍内温度从 21℃升高到 38℃时，白莱航鸡产蛋率从 79%下降至 41%，蛋重减轻 20%。当环境温度升高到 32℃时，家禽出现热性喘息；当温度升高到 35℃时，呼吸频率增加；当温度升高到 41℃时，直肠温度升高到 44℃，就会发展为严重的呼吸性碱中毒，导致鸡群发病和死亡。

（3）次生性危害。热应激很容易激发细菌、病毒等其他疾病感染和发生。

2）致病机理

（1）新陈代谢。家禽受到热应激时，呼吸加快，使 CO_2 排出量增加、H^+浓度降低、pH 升高、NaHCO 与 HCO 比例失衡，导致呼吸性碱中毒等一系列生理病理变化。研究表明，在炎热期，血清 Ca、K、Na 显著降低，为增加散热，粪尿排泄增多，导致机体 K、Na 及多种微量元素的流失，电解质平衡失调以及失水等。这是因为热应激时鸡代谢活动加强，外周血液循环加快，机体代谢产物排出体外，且鸡为对抗热应激大量饮水，排出稀粪可导致矿物元素大量丢失。此外，因体温升高，体内三大物质的氧化代谢加强，有害的代谢中间产物和终末产物增加，细胞脂质膜被氧化破坏，血管壁间隙扩大，极易导致出血、溶血、组织损伤和自体中毒。

（2）内分泌。鸡受到热应激时，血液中皮质酮浓度升高，是衡量家禽是否出现热应激的一项重要指标。皮质醇和醛固酮分泌增多，前者可增强体液免疫反应，提高鸡的耐受力和适应性；后者可使鸡体加强保钠、排钾、储水，代偿鸡体在调温期所失的水分，维持体液平衡。

（3）免疫机能。热应激可抑制鸡的免疫机能，使鸡对某些病原微生物易感性增加。高温可降低血液中免疫球蛋白的浓度，减少血液中淋巴细胞的数量，使巨噬细胞的吞噬能力下降，而且随着应激时间的延长，高温显著妨碍了家禽免疫器官的发育，降低了胸腺、法氏囊和脾脏的质量。这是因为热应激可促使体内产生的皮质酮整合到淋巴组织（胸腺、法氏囊）细胞质和细胞核中而产生细胞毒性作用，皮质酮和细胞内的特异性受体结合形成激素-受体复合物进入细胞核，从而改变酶活性并影响核酸活性，抑制 NK 细胞的活动，抑制抗体、淋巴细胞激活因子和 T 细胞生长因子的产生。而且，细胞葡萄糖摄入和蛋白质合成被抑制会引起胸腺、法氏囊等器官的萎缩。

（4）生理机能。热应激和热喘息（浅呼吸）导致血液中含氧不足、心率代偿性加快、血压升高，由此可导致脑颅内压升高、脑充血甚至出血、昏厥；心率过速之后带来心脏衰竭，可导致静脉回流障碍，肺脏淤血、水肿，缺氧和酸中毒。热应激对家禽的危害是多方面的，如图 6.3 所示。

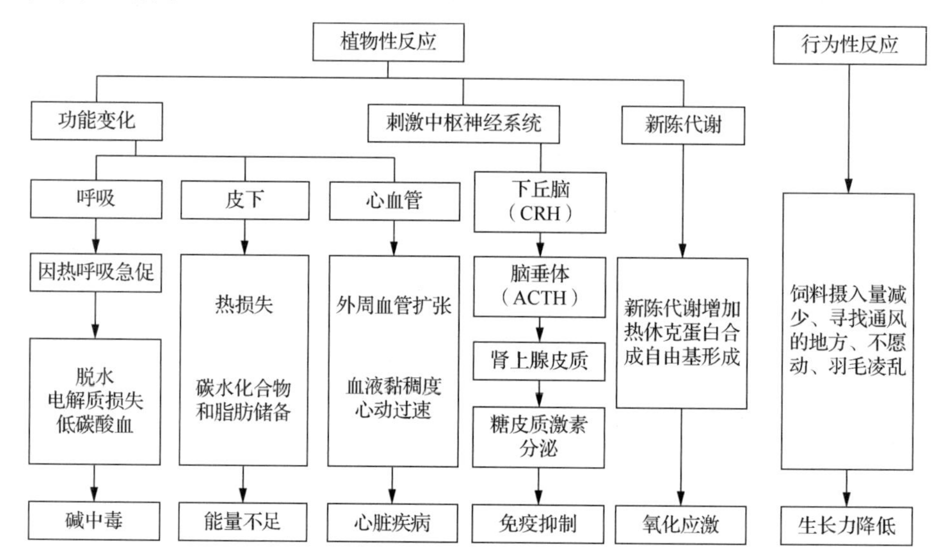

图 6.3　热应激对家禽的危害

二、湿度

1. 概念

空气湿度表示空气中水汽的含量。在家禽养殖中，一般常用相对湿度来表示空气中水汽的饱和程度。相对湿度是指空气中实际的含水量与同温度下饱和水汽含量之比，即

相对湿度（%）=实际的含水量/饱和水汽含量×100%

2. 空气湿度对鸡的影响

空气湿度对家禽的影响是与温度共同起作用的。湿度的变化与温度密切相关。

1）鸡舍湿度水汽的来源

一是外界空气中的水分随空气进入鸡舍，占鸡舍内空气水汽总量的 10%～15%。二是鸡群呼出的水汽，可占舍内空气水汽总量的 75%。三是地面、墙壁、水槽等的水分蒸发，占舍内空气水汽总量的 10%～15%。水汽比干燥空气轻，因而鸡舍顶部含水量较高。

2）鸡舍湿度对鸡群的影响

在适宜的温度下，湿度对鸡体的热调节机能没有什么影响，对生产性能影响不大。只有在高温或低温时，高湿度对鸡体影响较大。

（1）高温高湿和高温低湿。高温高湿对鸡群危害严重。高温度时，鸡群主要靠蒸发散热，如空气中水汽多、湿度大，则阻碍其蒸发散热。

当气温升高后，蒸发散热的比例加大。假如鸡舍内本身水汽较大，则其空气可容纳的鸡体蒸发的水汽量则必然减少，这时，鸡只蒸发散热困难，导致体内积热，继而温度上升，

终致鸡只中暑（热射病）而死。同时，鸡群还会表现为采食量减少，呼吸加快，懒动、抖羽、张翅，生产性能大大下降。此外，在高温高湿环境中，很多微生物特别是鸡舍内的病原微生物易于滋生繁殖，很容易引起鸡群发病。

相反，当高温低湿时，鸡只蒸发顺利，特别是在气流加大时，可减缓高温对鸡的影响。

（2）低温高湿。在这种情况下，鸡体主要通过辐射、传导和对流散热，高湿环境空气中水汽量大，其热容量和导热性较高（导热性大 10 倍，热容量大 2 倍），并能吸收机体的长波辐射，使鸡体失热过多，导致鸡群感到寒冷，既加大了饲料消耗又降低了产蛋率，还会产生冻伤，影响产蛋。空气湿度大可使鸡体抵抗力减弱，很容易诱发呼吸系统疾病。

（3）低温低湿。在这种情况下，鸡只一般能耐受，只是多消耗饲料，尚能保持一定产蛋水平。低湿容易使鸡发生脱水反应，这也是雏鸡羽毛生长不良和发生啄羽的重要原因。

3. 合理控制湿度

禽舍适宜的湿度一般为 60%～65%，也可以在 40%～72%。关键是做好温度的同步控制。

控制鸡舍湿度的方法比较多，比较常用的方法如下：一是做好鸡舍温度的合理控制；二是做好鸡舍内的通风换气；三是在饲养过程中尽量减少用水，掌控好喷雾消毒的次数；四是及时清理鸡舍内的粪便等。

三、气流速度

1. 气流的形成和鸡舍内气流

在大气中或一定的空间范围内，各部分的温度和压力不同，造成空气经常不断地流动，这就形成了气流。一般情况下，气温高的地区气压较低，气温低的地区气压较高，高气压区的空气向低气压区流动，空气的这种水平流动称作风。

通常采用风向和风速两个方面对风进行描述。风向是指风吹来的方向（常用东、南、西、北等 8 个方位来表示），风速是指每秒钟风所流动的距离（常用“米/秒”或“m/s”表示）。中国地处亚洲东部，夏季大陆气温高，海洋气温低，盛行东南风，潮湿多雨（湿度高）；冬季大陆气温低，海洋气温高，盛行西北风或东北风，干燥少雨（湿度低）。开放式鸡舍受此影响较大，而封闭式鸡舍则受此影响相对较小。

对密闭式鸡舍，鸡舍中的气流除由各部位的温差和压力差造成外，门窗的开关、鸡舍建筑的缝隙、机械通风、鸡只的呼吸和散发的热量及人的走动等动力作用也可形成气流，但气流速度主要与机械通风有关。

2. 气流对鸡的影响

气流对鸡的影响是加强鸡体的对流散热。

1）高温与气流速度

在高温季节，当气温低于皮温而高于临界温度上限时（26～35℃），加大气流速度可以缓解高温对鸡造成的影响。试验证实，当鸡舍温度在 26～35℃时，气流速度从 0.1m/s 增大到 0.3m/s，可使鸡的采食量增加 9%，蛋重增加 5%，并减少体重的下降。

研究表明，当鸡舍内的气流速度为 0.1m/s 时，对鸡的降温效果是 0，几乎不降温；当鸡舍内的气流速度为 0.2m/s 时，可使鸡的体温降低 0.5℃；当鸡舍内的气流速度为 0.5m/s 时，可使鸡的体温降低 1.7℃；当鸡舍内的气流速度为 1.27m/s 时，可使鸡的体温降低 3.4℃；

当鸡舍内的气流速度为 2.5m/s 时，可使鸡的体温降低 5.6℃。

但是，当气温高于皮温时，鸡反而从对流中获得热量，鸡体的温度很难降低。但气流对蒸发散热还是有利的。

2）低温与气流速度

当鸡舍温低于临界温度（14℃）时，气流就会通过家禽体表使鸡体失热增多，使鸡采食量增加，但生长减缓，体重下降和产蛋量减少。研究表明，在 2.4℃的鸡舍内，当气流速度由 0.25m/s 增大到 0.5m/s 时，鸡群产蛋率则由 77%下降到 65%，平均蛋重由 65g 下降到 62g，生产每千克蛋所需饲料由 2.5kg 增加到 2.9kg。也就是说，当鸡舍内温度低于体温时，加大气流速度就等于降低鸡舍的温度，相当于增加养禽的成本。当气流速度过大时，很容易导致鸡群呼吸系统疾病的发生。

3）不合理气流产生的危害

气流速度常常反映鸡舍内空气的质量。为了保持鸡舍内空气环境均匀一致和保证通风换气的正常进行，即使在严冬季节，舍内也应保持一定的气流速度。

密闭鸡舍内的气流速度，冬、春、秋季节一般不宜超过 0.3m/s，夏季不宜超过 2.5m/s。肉鸡和蛋鸡有所区别。大量生产实践证实，冬季肉鸡气流速度以 0.25m/s 最佳，蛋鸡以 0.2～0.5m/s 最佳。夏季肉鸡气流速度以 1.0～2.0m/s 最佳，蛋鸡以 1.0～2.5m/s 最佳。

如果舍内气流速度为 0.01～0.05m/s，往往说明鸡舍内通风不良，很容易造成氨气、硫化氢、二氧化碳、粪臭素等超标，尘埃粒子增多，氧气不足，环境污浊，家禽感染疾病的概率倍增。

如果舍内气流速度在 2.5m/s 以上，一方面可带走鸡的热量，造成家禽体温降低，增加饲料消耗；另一方面，强气流易导致家禽呼吸系统疾病的发生。

密闭鸡舍，应严防“贼风”，特别是夜间。贼风主要发生在禽舍保温较好，舍内外温差较大，舍外冷空气靠热压由墙体、门、窗等低处的孔洞或缝隙流入的低温、高速气流，可直接吹袭家禽，除导致冷应激影响生产力外，往往还会引起感冒。防止贼风的办法就是合理设计进气口的位置，堵塞屋顶、天棚、门窗上的一切缝隙，避免贼风的发生。

（秦卓明　陈为京）

第三节　应 激 因 素

一、基本概念

1. 适应

在正常情况下，家禽机体内部的环境通常是稳定的，即内稳定。当环境变化超出其适应的范围时，就会产生应激，而家禽对环境的广泛适应是家禽生存的本能。

早在公元前450年，Hippocrates就曾提出“内稳定”和“应激源”的概念，他认为健康是一种“和谐”状态，而威胁、干扰内稳定的力量被称为应激源，而抵抗应激源的影响并重建内稳定的反作用力被称为适应性反应。达尔文在《物种起源》一书中认为，“适应是动物机体有益变化的总和”。法国生理学家Claude Bernard（1857）丰富和发展了这一思想，提出适应就是生物体通过诸多途径在复杂多变的外界环境中维持内稳定的能力，即动物在行为、生理和形态等一些适应特征随环境的变化而改变。适应的本质是特异性反应，核心是保障动物（包括家禽等）更舒适地生活（刘继军，2016）。

2. 应激

应激最早源于2000多年前人们对应激源这一现象的认识。到20世纪中叶，人们逐渐认识到动物为了生存会依靠其生物补偿机制来保持其内环境在一定范围内稳定，当外界因素影响到其内稳定时，可以看作是应激源，而动物机体为保持其内稳定而发生的生物学行为或生理变化就构成了动物的应激反应。

一般情况下，动物对外界的应激首先要通过中枢神经系统来判定哪些外界因素能威胁到其内稳定。一旦确定外界刺激（应激源）对自身构成威胁，就会产生防御反应来应对或消除威胁。伴随着生物化学手段的发展和对循环系统特别是血液中类固醇激素水平变化的精细检测，研究发现当人和动物受到刺激时普遍存在“垂体—肾上腺轴”反应，并证实应激无所不在。

1936年，加拿大病理生理学家Hans Selye首次提出了“stress”概念，并逐渐被广泛接受。应激是动物机体对外界或内部的各种应激源所产生的非特异性应答反应。这些应激源可以是外部的（如高温和低温、恶劣天气、有害气体等），也可以是内部的（如心理的、自身有害微生物、体内毒素等），大多数会对动物造成伤害。

20世纪30～40年代，加拿大生理学家Hans Selye等采用剧烈运动、毒物、寒冷、高温及创伤等处理动物，发现尽管应激源的性质不同，但其所引起的反应却大致相似。这种由各种有害因素引起、以神经内分泌变化为主要特征、具有一定适应代偿意义，并导致机体多方面紊乱与损害的过程称为一般适应综合征（general adaptation syndrome，GAS），又称为全身适应综合征。

在物理学上，“stress”一般指“压力”和“应力”。中国医学界普遍将“stress”译为“应激”。结合Hans Selye的研究结果，可将应激初步划分为3个期。

1）警觉期

该期是家禽对应激源的早期反应和全身反应的总动员时期。以交感—肾上腺髓质系统兴奋为主，并伴有肾上腺皮质激素增多。警觉反应使家禽机体处于最佳动员状态，有利于增强机体抵抗力或逃避伤害。当家禽受到不同的刺激时，往往开始表现出惊恐反应，临床表现为鸡群注意力高度集中、羽毛竖立、高度敏感和神经质及惊群。惊恐反应大多表现为组织分解代谢占主导，低血糖，胃肠糜烂，肾上腺皮质排出分泌颗粒，血液黏稠等，出现典型的全身适应综合征症状，机体抵抗力下降、血压下降、生产力下降。该期较短。如果应激反应十分强烈，家禽可在 1～24h 死亡；如果家禽经过应激刺激而存活下来，则惊恐反应一般可持续几小时或几天，然后，进入应激反应的第二阶段。

2）抵抗期

此时的家禽表现出以肾上腺皮质激素分泌增多为主的适应反应。许多反应与惊恐反应相反，具体表现为家禽机体新陈代谢趋于正常，同化作用（合成代谢）占优势，机体的各种机能回归正常，血液变稀，血液中各种白细胞含量和肾上腺皮质激素含量也日趋正常，炎症、免疫反应减弱，生产力逐渐恢复。鸡体表现出适应，抵抗能力增强。如果应激源作用强度显著下降或停止作用，则应激反应结束；如果应激源持续存在，而鸡体不能有效克服，则获得的适应又会消失，应激反应则进入第三阶段。

3）衰竭期

该期通常是在应激因素严重或应激持久存在时才会出现，暗示着家禽机体能源的进一步耗竭，鸡群进入危险状态。持续强烈的有害刺激不断耗竭家禽的抵抗力，警觉期的症状可再次出现，且反应程度加剧，肾上腺皮质激素持续升高，而糖皮质激素受体的数量和亲和力下降，抵抗力降低，体况下降，机体内环境失衡，异化作用（分解代谢）重新占据优势。应激反应的负效应陆续出现，如各种营养不良、体重急剧下降、新陈代谢出现不可逆变化等，适应机能被破坏，各系统功能紊乱，重要机能衰竭，严重者导致死亡。

在一般的情况下，应激只引起第一、第二期的变化，只有严重应激反应才进入第三期。因此，应激是家禽等动物的一种特殊的、合理的适应性生理反应，是非特异性的。

3. 应激机理

在应激反应中，大多数家禽内脏器官和组织参与活动。中枢神经系统起整合和主导的作用，交感神经—肾上腺髓质系统和下丘脑—垂体—肾上腺皮质激素则起主要的执行作用。

1）神经系统

中枢神经系统和周围神经系统均参与应激反应。应激源刺激家禽的末梢感受器，传入神经中枢，下丘脑接收神经和体液途径传来的应激刺激，引起下丘脑兴奋，从而调节垂体生理活动，促进肾上腺皮质激素分泌，并通过体液循环到达肾上腺，引起肾上腺分泌的增加，包括糖皮质类固醇、去甲肾上腺素、肾上腺素等。这些激素进入家禽的血液并到达各自的靶器官，作用于细胞核的信使核糖核酸，从而调节家禽体内各种酶和蛋白质的代谢，完成体内复杂的防卫反应。

2）交感神经—肾上腺髓质系统

在应激反应过程中，交感神经—肾上腺髓质系统首先起作用，反应迅速，时间较短。在应激源作用下，交感神经兴奋，因而出现心率加快、心搏增强、血管收缩、血压升高、血流加快、血糖浓度升高、肌肉疲劳减缓等生理变化，这对在应激状态下，确保对心、脑等核心器官的血液和能量供应具有重要意义。去甲肾上腺素主要参与循环系统的调节，发挥着类似交感神经的作用。肾上腺素除参与循环系统的调节外，还主要参与物质代谢调节，加速糖原分解，提高血糖浓度，促进脂肪组织中游离脂肪酸的分解和氧化，起着保障应激时能量供应的重要作用。此外，还有加速血液凝固的作用，对机体损伤和修复具有重要意义。

3）下丘脑—垂体—肾上腺皮质系统

家禽机体对应激源作用主要依靠下丘脑—垂体—肾上腺皮质系统，特别是糖皮质系统。该系统对应激源的反应较慢，持续时间较长。机体受到应激源刺激后，通过神经和体液传至下丘脑的视上核和室旁核，下丘脑分泌促肾上腺皮质激素释放激素作用于垂体。垂体前叶分泌促肾上腺皮质激素，该激素分泌加强，使肾上腺皮质束状带加速糖皮质激素的合成和释放。糖皮质激素对心血管功能、代谢、肌肉功能、行为和免疫系统均有影响。这些影响可以分为“许可”和“监管”两类，前者是指允许激素或其他因子在正常水平完成它们的功能，主要在静态作用下可以观察到，也可以跨越静息和应激状态，对维持内稳定十分关键。后者是糖皮质激素对神经系统的“监管”，体现在两个方面，一是感知和协调采食与睡眠相关的昼夜节律模式；二是通过负反馈影响应激激活的神经活路和代谢过程。

4. 应激的副作用

应激是一把双刃剑，如果适应成功，则家禽在某种程度上提高了对外界应激源的抵抗性。反过来，如果适应失败，则会严重损害家禽的健康，导致家禽在应激状态下各种生产性能下降，如产蛋率、蛋壳质量、受精率、增重等；免疫力降低，严重的还会引发各种应激性疾病，如中暑、高产蛋鸡猝死症等，成为导致各种病毒性疾病和条件性细菌病等继发或暴发的诱因。

应激发生时，家禽往往通过下丘脑引起血中促肾上腺皮质激素浓度迅速升高，糖皮质激素大量分泌，导致家禽产生极其强烈的不良反应，具体表现在以下 5 个方面。

1）抑制家禽的免疫功能

刚开始应激时家禽机体的免疫功能是增强的，但持久过强的应激反而会造成机体免疫功能的紊乱。在应激反应中，下丘脑—垂体—肾上腺皮质激素可以通过多种机制影响免疫功能，包括糖皮质激素的免疫抑制和抗炎作用、抑制白细胞迁移、抑制细胞因子产生、干扰细胞介导的免疫功能及增强抑制性 T 细胞功能。此外，应激还可以导致胸腺退化、淋巴细胞减少、脾脏和淋巴组织萎缩。当肾上腺皮质激素增多时，能导致家禽的淋巴组织萎缩，加速淋巴细胞的破坏，并能分解嗜酸性粒细胞，使淋巴细胞和嗜酸性粒细胞减少，从而导致免疫系统中巨噬细胞吞噬功能下降，体液免疫和细胞免疫能力降低。

在大多数情况下，应激的后果是最终导致家禽免疫力降低，因而对某些传染病和寄生虫等病原微生物易感性增强，清除外来病原的能力降低，很容易感染某些家禽传染性病原。例如，低温导致鸡群对 H9N2 亚型禽流感的敏感性增加，温度骤变可导致鸡群感染支原体的概率增加，运输可导致宠物鸟对鹦鹉衣原体易感性的增加。

2）降低家禽的生长和增重

应激往往会造成家禽糖皮质激素分泌过量，生长激素分泌过少，二者的平衡被打破，使蛋白质合成受阻，糖原异生作用增强，糖原和脂肪分解加速，出现氮碳负平衡，生长和增重受阻，生长停滞、体重下降。原因是应激时交感肾上腺髓质系统兴奋，食欲减退，胃肠缺血，严重时可导致胃黏膜和肠黏膜糜烂、溃疡和出血。

3）降低家禽的生产性能

家禽在受到各种应激时，垂体前叶促卵泡激素、促黄体素分泌减少，会导致卵巢雌激素生产减少，并使输卵管膨大部分泌减少，子宫对钙盐的利用受阻。因此，家禽在受到外界刺激（如热应激、冷应激、惊吓、各种病原感染等）时，不仅产蛋量急剧下降，还会出现软壳蛋、沙壳蛋、小蛋和血斑蛋等。当这些生理变化加剧时，将对家禽造成危害甚至引发家禽死亡。

以热应激为例：短时间和轻度的温度变化（26～32℃）对家禽来说，可以通过轻微的自我调节来适应。但是，当温度长时间在32℃以上时，超出了家禽自我调控的范围，则会使家禽生理功能紊乱。家禽会表现一系列严重的生理与行为应激，包括热喘息，心率加快，循环血液重新分布，体内氧化过程加剧，粪尿排泄增加，血浆中钠、蛋白质和肾上腺皮质激素浓度异常，尤其是皮质酮分泌增加，神经兴奋性增加或抑制等，进而产生各种危害。美国曾因高温而导致560万只肉鸡和10多万只蛋鸡与商品鸡短期内死亡。

4）应激是家禽呼吸系统疾病产生的重要诱因

外界因素的变化是引起呼吸系统疾病的重要原因，如环境温度变化、恶劣天气（雾霾、大雾、雷雨等）、生理因素（雏鸡、开产前、产蛋高峰等）、管理应激（如转群、免疫抓鸡、断喙等刺激性因素）、鸡舍内温度和湿度偏高或偏低、空气氨气浓度过高、含尘量过大、饲养密度过高、通风不良等。

5）对家禽及其产品的影响

应激对家禽的影响是全方面的，贯穿家禽生长、生产和繁殖等整个链条。应激对产蛋鸡的影响是巨大的。例如，产蛋母鸡应激，可造成产蛋率严重降低，蛋壳质量受损、薄壳蛋、沙壳蛋、畸形蛋及小蛋等。应激对家禽肉制品的质量也有影响。在应激情况下，家禽机体的异化作用占主导地位，耗氧量和产热量均比平时高若干倍，可导致肌糖原的快速分解，糖酵解产生大量乳酸，屠宰后肌肉pH急剧下降，加速了禽肉的熟化过程。同时，家禽应激导致肾上腺分泌过盛，物质代谢加快，ATP和肌酸磷酸急剧减少，使肌肉持水力下降，导致肉制品口感降低。这种情况类似于劣质的猪肉，猪肉色泽淡白、质地松软、口感较差，其主要原因就是猪在屠杀前受到了严重的应激（如运输、捆绑、拥挤等）。

二、常见的应激源

现代家禽业通常实行规模化、集约化和商品化生产，以追求高生产效率、高生产性能和高额利润为目标，家禽只是一个“单纯的生产机器”和创造财富的“活的载体”。

在遗传育种方面，过分重视生长性能和生产性能的选择，突出家禽品种的产蛋性能和生产性能，很容易造成生产器官和免疫器官发育不同步，导致家禽对疫病的易感性增加。

在饲养管理方面，实施高密度饲养，全价高能饲料饲喂，人工授精和断喙、断趾等，这些生产方式严重违背了家禽自身在长期的进化过程中所形成的生存本能、生活习性和行为特点等。

在疫病防控方面，大量使用药物和疫苗，也会在一定程度上干扰家禽的正常生活，并对其生产性能造成不同程度的影响。特别是疫苗接种，抓鸡和注射均会给鸡造成较大的应激。

此外，外界环境（如气温的骤变、飓风等自然灾害）、鸡舍内环境（如有害气体、通风不良等）等不利因素也会不时出现，这些均会对家禽的健康和生产性能造成不良的影响。

1. 环境因素

属于外界自然环境变化的因素有寒冷（10℃以下）、酷热（37℃以上）、潮湿、强光、雷电、气压、噪声等，其可引起鸡群的冻伤、中暑等应激反应。

属于养殖内环境的，包括鸡舍的温度过冷或过热、湿度的过干和过湿、通风的过强或过弱、强噪声、强辐射、贼风、低气压等。鸡舍内有害气体如氨气、硫化氢、一氧化碳、二氧化碳等浓度过高。鸡对噪声很敏感，雏鸡突然受到噪声刺激时，通常表现出紧张，常因惊吓而死。

2. 饲料营养

日粮营养成分不均衡、维生素或微量元素等过多或过少、饲料或饮水不足；水和饲料中的重金属离子、农药和其他有毒的化学物质等均可导致不同程度的应激。

3. 饲养管理

鸡一般比较胆小，其听觉比哺乳动物差，但其视觉灵敏，一旦有陌生人进入就可以引起“炸群”；另外，鸡在听到突如其来的噪声时就会惊恐不安，乱飞乱叫。据报道，在1976年唐山大地震中，鸡对地震的敏感性排在第一位。

在家禽的饲养管理方面，日粮变换、人员更换、不适当的生产和管理操作、断喙、断趾、称重、转群、监测样品的采集等均可引起鸡群的应激。其他的原因还包括鸡群密度过大、不同日龄鸡群混养、不同品种的禽混养及外来动物的惊扰、惊吓和粗暴管理等。

4. 疫苗免疫

家禽免疫接种时，不同的免疫接种途径对鸡群的应激不同。滴鼻点眼、疫苗注射等通常需要抓鸡，对鸡的刺激较大。气雾免疫对鸡群的呼吸道黏膜刺激较大。

此外，疫苗的品种、活性、致病性等也会使家禽产生不同程度的应激。因为活疫苗可在家禽体内繁殖，对家禽的潜在危害相对较大。灭活疫苗为死病原，在体内不繁殖，但疫苗的佐剂可引起接种部位的炎症，并使鸡群产生一定程度的应激。

5. 病原微生物

各种微生物包括病毒、细菌和真菌等病原，无所不在，它们随时会对家禽进行侵害和攻击，这些病原微生物也是十分重要的应激来源。

6. 特殊的生长阶段

家禽在不同的生长发育阶段对外界的抵抗力不同，一般在育雏早期、产蛋高峰期、性成熟发育期等抵抗力较弱，对外界环境的各种刺激比较敏感，容易发病。

7. 其他应激

鸡群的运输、交易、贸易等社会经济活动也会使鸡群产生应激。其他如消毒、鸡群淘汰等也会造成禽群不同程度的应激。因此，了解家禽生产中的应激源，有助于兴利除弊，有利于通过加强饲养管理和改善环境及设备，避免和降低应激源所造成的危害和损失，提高家禽自身的抗逆能力，对提高家禽生产力和健康水平具有重要意义。

三、减少和降低应激的措施

1. 环境生态化，设施机械化，操作智能化

家禽养殖场选址布局应科学合理；鸡舍建筑、饲养和环境控制等生产设施设备满足标准化生产需要；全面掌握环境因素对家禽生产性能的影响，设计出适应家禽不同生理阶段的禽舍和生产设施。为了提高劳动效率和饲养密度，目前的禽舍大多数采用多层笼饲养，饮水、饲料、清粪、集蛋、温湿度等均应设施化、自动化和智能化管理，最大限度地降低人的活动范围，为家禽提供更为合理、安静和悠闲的接近自然的生存环境，最大限度地降低各种应激因素，使鸡的生产潜能得到充分发挥。

2. 加强管理，注重生物安全

饲养管理和生物安全是鸡群饲养的核心环节。应采用科学合理的饲养、饲喂、饮水、消毒和清粪模式，确保鸡处于一个清洁、卫生和舒适的环境中，尽量减少频繁转群、多日龄混养、多品种混养和高密度饲养，严格卫生、消毒等程序，保证日粮营养平衡，严格预防用药等，严格执行生物安全措施。

3. 药物合理预防

断喙、断趾、转群、疫苗免疫接种等均可造成一定程度的应激，通过饲喂和饮水或其他途径提前给予家禽抗应激药物是预防和治疗家禽应激的有效方法（可提前1～2d用药）。抗应激药物或添加剂有多种，如参与酶代谢物质（柠檬酸、琥珀酸、苹果酸等）、缓解酸中毒和维持酸碱平衡的物质（$NaHCO_3$、NH_4Cl 等）、抗氧化物质（维生素 C 等）；免疫增强剂（如鸡脾转移因子、干扰素等）、增强抵抗力物质（如微量元素及包括维生素 A、维生素 E、B 族维生素等在内的维生素制剂）以及其他具有降低应激的药物（抗生素等）。

4. 加强环境控制和监测

环境监测是评价鸡舍内空气质量优劣的重要技术指标，包括温度、湿度、氨气浓度、二氧化碳浓度、硫化氢浓度、换气次数、尘埃粒子等，并以此作为鸡舍内环境管理的核心内容。

鸡舍内有害气体如二氧化碳、氨气和硫化氢等能显著降低支气管黏膜的特异性和非特异性免疫应答力，破坏黏膜屏障，降低其抗病能力，易造成气源性病原微生物感染和呼吸道疫病流行，应重点监控。一旦发现问题，应及时处理。

5. 培育抗应激品种

家禽对外界应激的抵御能力大多数与遗传基因相关，这已为大量的分子遗传学证据所证实。研究表明，通过适当的分子标记进行抗应激品种选育，控制和消除应激敏感基因，利用遗传育种的方法淘汰应激敏感品种，是目前培育抗应激品种的主要手段。

（秦卓明　仉　伟）

第七章　药物和营养等因素对家禽呼吸系统疾病的影响

第一节　消 毒 剂 类

家禽饲养中广泛使用的消毒剂主要包括醛类、酚类、酸类、氯化物类和表面活性剂类以及它们的复方制剂等。大多数消毒剂、熏蒸消毒剂、除虫剂及除草剂等可直接或间接抑制或消灭家禽饲养过程中的病原微生物（包括病毒、细菌、寄生虫等）、啮齿动物和有害昆虫（疫病传播的媒介）等，达到杀灭病菌微生物、减少家禽发病的目的，但消毒剂、熏蒸剂、除虫剂及除草剂等的过量、违规使用，均会对家禽造成一定的危害。如食入或吸入熏蒸剂可引起中毒，通过皮肤吸收酚类消毒剂也可产生毒性。此外，带鸡消毒时浓度过大，家禽呼吸系统的黏膜很容易受到伤害，这一切源于家禽呼吸道是家禽与外界接触的第一道屏障系统。

一、病因学

强酸、强碱、福尔马林、重金属离子和苯酚等大多数消毒剂，均对皮肤和黏膜有很大的刺激性；特别是在配制和使用过程中一旦进入口、鼻、眼和呼吸道等常引起急性炎症，对呼吸器官、消化器官、生殖器官等的黏膜可造成损伤。

1. 醛类消毒剂

1）甲醛

甲醛是一类广谱杀菌剂，能与蛋白质的氨基发生烷基化反应，使蛋白质变性，对细菌、真菌、病毒均有很好的杀灭作用。甲醛的主要危害表现为对皮肤黏膜的刺激作用，对眼、鼻、呼吸道等都有极强的刺激性。人对甲醛的嗅觉阈是0.06～0.07mg/m^3。当甲醛在室内达到一定浓度时，人就有不适感。甲醛浓度大于 0.08mg/m^3 可引起眼红、眼痒、咽喉不适或疼痛、声音嘶哑、喷嚏、胸闷、气喘、皮炎等。长期、低浓度接触甲醛会引起人头痛、头晕、乏力、感觉障碍、免疫力降低，并可出现瞌睡、记忆力减退或神经衰弱、精神抑郁；慢性中毒对呼吸系统的危害也是巨大的。

甲醛作为一种比较古老的消毒剂，虽然有不少缺点，如消毒后留有强烈的刺激性气味，对眼睛和鼻黏膜的刺激性使人和鸡难以忍受，但因其具有良好的消毒效果、价格便宜、使用方便等优点，至今仍在养鸡业上广泛应用。国外近年来在克服其刺激性气味和延长消毒时间上做了不少研究，如用有机溶剂稀释甲醛，以减小刺激性气味；甲醛与其他物质制成缓释剂，以保持较长的杀菌作用等。国外的成功经验可作为开发甲醛消毒剂新剂型的参考。

2）福尔马林

福尔马林（37%的甲醛水溶液，即 100%的福尔马林）是一种无色液体、易挥发，有强烈的刺激性，能刺激鼻、咽、喉、气管黏膜，使用不当会导致严重的呼吸道症状。其对消化道黏膜、眼结膜也有刺激作用。因福尔马林具有很强的还原性，当遇到氧化剂时发生反应，可放出大量热量以蒸发醛类，并产生大量气体，可以说是"无孔不入"。故其常与高锰酸钾配合使用，用于熏蒸消毒，这也是鸡舍或动物设施最完善、最常用、最高效、性价比最高的消毒方式，即使是对最难杀灭的芽孢也有杀灭效果。当然，任何物品都有两面性，其危害性也较强，因此操作和熏蒸人员都必须采用最安全的方式进行。

高浓度的福尔马林能使接触的蛋白质沉淀，低浓度的福尔马林吸收后对动物机体组织细胞有毒害作用，能损害血管壁，对中枢神经系统也有一定的损害。福尔马林在体内能被氧化成酸，故还可能引起酸中毒。在很多养鸡场，新孵化或刚运到的雏鸡或雏火鸡，常利用甲醛熏蒸以提高雏鸡成活率，一般以 $15mL/m^3$ 福尔马林熏蒸 25min 效果最好，以 15min 比较安全。接触高浓度的甲醛或因用量过大或时间过长，常常导致雏鸡发生眼炎和呼吸器官炎症，甚至死亡。甲醛气体会溶于黏膜上的黏液并形成福尔马林，从而损害纤毛功能，引起气管上皮变性和脱落，进而产生呼吸道症状，出现呼吸困难，并伴有眼睛流泪等现象。严重时，眼、口和气管内的上皮黏膜发生坏死，口腔内和气管内可见坏死性伪膜。笔者曾遇到一例福尔马林和高锰酸钾联合熏蒸时密封不严，导致邻近的 SPF 鸡舍近百只育成鸡窒息死亡的事件。

3）戊二醛

戊二醛消毒液是一种新型、高效、低毒的中性强化消毒液，可杀灭细菌繁殖体、细菌芽孢、各种病毒等病原微生物。相对于甲醛而言，戊二醛则克服了甲醛的缺点，它杀菌能力更强，是甲醛的 2～10 倍。但是，戊二醛对皮肤和黏膜仍有刺激性，对人和家禽有毒性。戊二醛使用液对眼睛有严重的伤害，应在通风良好处配制、使用，注意个人防护，应戴防护口罩、防护手套和防护眼镜。对家禽的呼吸道黏膜有损伤，应注意使用的浓度。

2. 酚类消毒剂

酚类化合物是一类古老的消毒剂，它们能使微生物蛋白变性沉淀而杀死细菌，包括苯酚、煤酚、甲酚、卤化酚和复合酚等，其中以复合酚应用较为广泛。其可杀灭细菌繁殖体、某些包膜病毒（如 NDV、IBV、各种亚型 AIV、鸭瘟病毒等），但对其他多数病毒的杀灭作用较差，常温下对细菌芽孢无作用。酚类化合物对禽巴氏杆菌、大肠杆菌、沙门氏菌等均有杀灭作用，对寄生虫虫卵也有效。

酚类化合物有一定的刺激性。酚类化合物能与蛋白质结合，使局部的细胞蛋白质沉淀或凝固，使组织坏死，经内服、皮肤、蒸气吸收后，主要抑制中枢神经系统，特别是抑制呼吸与血管运动中枢，导致呼吸困难。另外，酚类化合物还可引起动物包括家禽血管内皮、呼吸道和消化道上皮及实质器官（如肝、肾、肺、脾等）的损伤。

以苯酚为例，它具有刺激性臭味，有剧毒性。苯酚对大白鼠经口 LD_{50} 为 0.5g/kg。口服 0.3g 苯酚即可使人出现严重症状，3g 可致人死亡。苯酚溶液对皮肤、黏膜有刺激性，可引起刺麻感，甚至皮炎；高浓度（超过 5%）有腐蚀性，可腐蚀皮肤，对呼吸道黏膜具有损伤作用。

3. 含氯消毒剂和除草剂

含氯消毒剂是指遇水能产生次氯酸的消毒剂，常用于饮水消毒。其对细菌繁殖体、芽孢、病毒、真菌、藻类和原虫有效。常用的含氯消毒剂分为无机氯消毒剂（液态氯、次氯酸）和有机氯消毒剂（氯胺-T、二氯异氰尿酸钠和三氯异氰尿酸钠）。但该类物质有一定腐蚀性和刺激性气味。氯酸盐及次氯酸等对呼吸道和消化道黏膜有刺激作用，被家禽吸收后，可使血红蛋白变为高铁血红蛋白，影响家禽的运氧功能，还能使红细胞溶解。低浓度的氯（37.5～150mg/kg）有较好的消毒作用，但高浓度（300～1200mg/kg）则可导致肉鸡、蛋鸡生长减慢，产蛋率下降，死亡率升高。

用作除草剂、杀虫剂的氯酸盐类和有机磷杀虫剂等对家禽有不同程度的毒性，应引起高度重视。其中，用作除草剂的氯酸钠和氯酸钾对家禽有中等毒力，对鸡的致死量为5g/kg。

4. 含碘消毒剂

含碘消毒剂主要包括游离碘和碘伏，是使用很广的一类高效广谱消毒剂，细菌、芽孢、衣原体、真菌、病毒对其敏感，可用于养禽场的加工设备和用具、环境、饮水等的消毒。碘蒸气对皮肤、眼有刺激作用，经消化道、呼吸道和皮肤吸收的碘对黏膜有明显的刺激作用，可引起鼻、支气管发炎，严重的还可能引起肺部水肿。浓度较高的碘剂对胃肠道也有刺激作用，吸收后碘与蛋白质发生反应，引起神经和心脏抑制，并可损伤肾脏。有人将一种碘制剂以每日一次、每次10min给雏鸡喷雾消毒，连用3周后解剖，发现所有雏鸡的喉头、气管等均发生卡他性炎症。

5. 氧化物类消毒剂

凡是有强大氧化能力的消毒剂通称为氧化物类消毒剂，主要有过氧乙酸、过氧化氢、臭氧等。这些过氧化物制造简单、价格低廉，并具有广谱、高效、速效的特点，而且这些消毒剂易分解、无残留。氧化物类消毒剂易溶于水，但不耐储存，对物品有腐蚀作用，长时间使用对家禽呼吸道有副作用。

对诊断室、无菌室、孵化室、储蛋室，用5%的过氧乙酸溶液按2.5mL/m^3喷雾，密闭1～2h；也可用加热熏蒸法，先把过氧乙酸稀释成1%～3%的浓度，再按过氧乙酸用量1～3g/m^3加热熏蒸2～3h。喷雾和熏蒸消毒，空气的相对湿度以60%～80%效果最好。臭氧属于有害气体，浓度为0.3mg/mL时，对眼、鼻、喉有刺激性；浓度为3～30mg/mL时，出现头疼及呼吸器官局部麻痹等症状；浓度为15～60mg/mL时，对人体和动物有危害。

6. 强酸和强碱类消毒剂

强酸、强碱类消毒剂，大多对黏膜具有一定的刺激性。以酸为例，盐酸为不同浓度的氯化氢水溶液，透明，无色或黄色，有刺激性气味和强腐蚀性；易溶于水、乙醇、乙醚和油等。浓盐酸为含38%氯化氢的水溶液。盐酸具有极强的挥发性，在打开盛有浓盐酸的容器后能在其上方看到白雾，实际为氯化氢挥发后与空气中的水蒸气结合产生的盐酸小液滴。最常用的是对水的灭菌处理。在自来水中加入稀盐酸，使其pH为2.5～2.8，过夜处理后可杀死水中各种细菌。如果使用不当，则会直接损伤家禽的呼吸道和消化道黏膜。

7. 重金属离子

$KMnO_4$为强氧化剂，杀菌力极强。临床常用（1∶5000）～（1∶2000）的$KMnO_4$溶液冲洗皮肤创伤、溃疡和鹅口疮等。$KMnO_4$溶液的使用浓度要准确，过高的浓度会造成呼吸道和消化道局部黏膜溃烂，进而产生呼吸困难。

二、临床症状

消毒剂引起的家禽中毒，其临床症状与使用的消毒剂的种类有关，这些中毒症状比较类似。

1. 一般症状

家禽中毒后，往往表现为站立不安，躁动，甚至异常兴奋；眼睛流泪、眼结膜发红；呼吸道黏膜发炎，打喷嚏，频频摇头和呼吸困难等；部分鸡腹泻，拉水样粪便。

2. 特征性症状

不同的消毒剂中毒具有不同的特征，如高锰酸钾、碘中毒，可见家禽口腔、舌、咽喉、气管、支气管等变为紫红色并水肿，嗉囊壁严重腐蚀，高锰酸钾的结晶与嗉囊黏膜接触的部位有广泛的出血，碘中毒可能出现甲状腺机能亢进。

福尔马林中毒除见呼吸器官炎症外，还可检查到血管血栓，皮肤、黏膜发生干性坏疽，腹水和水肿。如果刚孵出的白莱航鸡是被甲醛熏蒸过的，则其绒毛、被毛湿润后将变成鲜黄色。

雏鸡苯酚中毒，可见精神沉郁、全身无力、呼吸困难、全身水肿等症状。小鸭苯酚中毒可见心包积水和腹水。

含氯消毒剂（漂白粉）中毒，可引起肺部水肿和肺气肿，可见明显的呼吸困难，鼻液分泌增加，黏膜变为紫色，皮肤静脉怒张。

三、病理变化

发生消毒剂中毒的家禽，其消化道和呼吸道系统（包括口腔、气管、支气管黏膜等）可见明显的炎性肿胀、溃疡和坏死，气管里多有泡沫样液体；血液色暗，凝固不良，肝脏、肾脏脂肪变性，脑及肺脏充血，肺脏可见水肿或气肿，并且由于水肿和气肿交错而呈大理石状。

四、诊断

一般情况下，根据家禽使用消毒剂的历史、使用前后的变化和临床症状，很容易就可判断家禽是否发生中毒，通常与操作不当、人为因素等有关。上述情况通常是孤立和小概率事件。

不同消毒剂有其特定的检测方法，可用中毒鸡的样品在实验室进行检验，根据消毒剂相应的检验方法进行检测分析。例如，苯酚中毒的家禽，剖检时其内脏有明显的苯酚味；福尔马林中毒通常有熏蒸历史。因此，应根据使用消毒剂的历史，结合每种消毒剂的特点，进行有针对性的判定。

五、防控技术

1. 预防策略

（1）严格按照说明书使用消毒剂，这一点十分重要。大多数消毒剂中毒发生于违规操作和非科学性使用。因此，技术人员和兽医专业人员参与并指挥十分重要。

（2）使用福尔马林等烈性、腐蚀性的消毒剂时，最好在空舍时进行。需要带禽消毒时，应掌握好熏蒸时间和熏蒸剂的剂量。

（3）操作时严格遵守各种消毒剂的使用剂量和方法，严格限制时间，注意应用条件。

（4）消毒结束后，要加强通风换气，及时改善禽舍内部的空气质量。

（5）推荐使用消毒效果好、低毒和高效的新型消毒剂。例如，戊二醛癸甲溴铵溶液融合了戊二醛和季铵盐消毒剂的优点。

2. 中毒后的措施

发现鸡群中毒后，应立即转移中毒鸡到空气好的鸡舍中或彻底消除中毒产生的原因；立即改善通风条件。对症治疗，针对使用的消毒剂，采取相对应的解毒措施，缓解症状；同时，在饮水中加入葡萄糖、维生素或牛奶、蛋清、豆汁等，以减轻危害。

（李玉峰　黄　兵）

第二节　中毒性疾病

家禽中毒性疾病可直接或间接影响家禽呼吸道系统。该类疾病主要包括有机磷中毒、棉籽饼中毒、霉菌毒素中毒等。在管理规范的养鸡场很少发生上述疾病。

一、有机磷中毒

在日常生活中，最常碰到的是农药中毒，且主要是有机磷农药中毒。

1. 发病原因和机理

家禽对有机磷类农药特别敏感，比哺乳动物更易中毒。有机磷农药种类很多，其中对硫磷（1605）、内吸磷（1059）、甲拌磷（3911）、氧化乐果、敌敌畏、二甲基磷酸酯（敌百虫）等是中国农作物病虫害防治中规定限制使用或不能使用的农药。其毒性有差别，但均属于剧毒。毒性最强的3911、1605、1059等，家禽少量吸入其挥发的气体，或局部皮肤接触其稀释液，即能引起严重的中毒和死亡。敌百虫的毒性较低，但鸡口服10mg/kg体重会中毒，70mg/kg体重即可致死。

（1）常见病因：在鸡舍内或附近喷洒有机磷农药；使用有机磷农药杀灭鸡的体外寄生虫时浓度过大，或使用方法不当；青绿饲料被有机磷农药污染或饲料中有机磷农药残留量过高等。

（2）致病机理：有机磷农药可抑制家禽体内胆碱酯酶的活性，使乙酰胆碱不能正常分解，导致平滑肌收缩增强和腺体分泌增多以及细胞缺氧，进而对家禽产生致命性危害。

2. 临床和病理

（1）临床症状：轻微的有机磷农药中毒，家禽的呼吸道受刺激，频频甩头，发出类似打喷嚏的声音，若呼吸新鲜空气，即可很快恢复。严重的有机磷农药中毒，主要症状是口角流出大量涎液，频频做吞咽动作、流泪、瞳孔缩小、腹泻，肌肉震颤、站立不稳、呼吸困难、冠髯紫绀、运动失调，最后卧倒、抽搐、昏迷、死亡。最急性中毒的病禽往往不表现任何症状而突然死亡。临床生产中，通常体壮、采食好的家禽易发生中毒。

（2）剖检病变：病禽口腔积有黏液，食道黏膜脱落，心肌、肠浆膜淤血和出血。全身皮下、肌肉多见有出血点。嗉囊、腺胃、肌胃内容物有一种特殊的大蒜臭味，胃肠黏膜充血、出血、肿胀、溃疡，有时脱落。气管内充满大量泡沫样液体，肺脏淤血、水肿，切面有大量泡沫样液体流出。心肌和心冠脂肪有出血点，肾、肝等实质器官肿大、质脆，脂肪变性，呈土黄色。

3. 诊断

根据发病史的调查结果及临床特征性的症状，一般可做出初步诊断。但确诊必须进行有机磷农药的定性鉴定，或进行胆碱酯酶活性测定试验。

有机磷农药中毒的简易检验法：将待检饲料或嗉囊、腺胃、肌胃中的内容物用苯浸提，取抽提液，经过滤、吹干，残留物用适量乙醇溶解后作检液。将检液放入小烧杯中，将预先准备好的昆虫放入20～30个，同时用清水做对照试验，观察昆虫是否死亡。如有有机磷农药存在，昆虫将很快死亡。

4. 防控技术

1）预防

应加强农药管理，以免污染饲料或饮水等；尽量不要在鸡舍周围使用有机磷农药，如必须在周围的果园、菜园或农田等喷洒农药，应注意保护鸡舍内的鸡只不受污染。一般不要用敌百虫作内服驱虫药，但可用其消除体表寄生虫，用时注意浓度不要超过0.5%。

2）治疗

一旦发现可疑中毒病例，应迅速查清原因，纠正错误，并迅速采取解毒措施，紧急治疗。

（1）解磷啶或双复磷：具有特效，成年鸡肌肉注射 0.2～0.5mL/只，鸭、鹅肌肉注射1.2mL/只（40mg/mL），数分钟后症状即有所缓解。

（2）硫酸阿托品：效果较好，但如果剂量过大也会造成中毒死亡。参考剂量为成年鸡肌肉注射0.2～0.5mL/只（0.5mg/mL），或每隔30min口服阿托品片剂1片，连服2～3次，给足饮水。雏鸭和雏鹅使用剂量酌减。

（3）颠茄酊：药理作用与阿托品相似。将其加水10倍稀释，成年鸡灌服0.2～0.6mL。

（4）2%石灰水的上清液：成年鸡灌服 3～6mL。敌百虫中毒不能灌服石灰水，因其遇碱生成敌敌畏，毒性更强。石灰水只能在消化道内起解毒作用，如果中毒时间较长，毒物已经吸收，或者毒物是由呼吸道、皮肤进入体内的，则石灰水很难发挥作用。

此外，口服硫酸铜或高锰酸钾溶液，有助于残留农药在家禽体内的转化；在饲料和饮水中添加5%葡萄糖、复合维生素或维生素C等，也有一定效果。

二、棉籽饼中毒

棉籽饼是棉籽榨油后的副产品，含有 36%～42%的蛋白质，其必需氨基酸的含量在植物中仅次于大豆饼，可以作为全价的畜禽日粮蛋白质来源。然而，棉籽饼中含有多种有毒的棉酚色素，长期过量饲喂可引起家禽中毒。

1. 发病原因

引起家禽棉籽饼中毒的重要原因：一是过量饲喂，家禽饲料中棉籽饼含量在10%以上，且持续饲喂较长时间。二是棉籽饼加工方法不当，造成游离棉酚的含量过高。三是保管不当，造成棉籽饼变质或出现霉菌毒素等。四是日粮中维生素和矿物质缺乏及蛋白质缺乏均可促使中毒发生或使病情加重。

2. 发病机制

棉籽或棉籽油、饼的萃取物中有多种棉酚色素或衍生物，包括棉酚、棉紫素和棉绿素等。棉酚色素有毒。棉酚分为蛋白结合形式和游离形式，结合形式无毒性，游离的棉酚有毒性，其含量因棉籽加工方式不同而异。一般来讲，对棉籽加工后，游离的棉酚含量大大降低。棉酚的毒性较低，饲料中含有少量棉酚并不影响家禽的生长和生产性能。但是，棉酚在体内比较稳定，不易破坏，而且排泄很慢，有蓄积作用。因此，长期连续饲喂棉酚往往会发生中毒。

一般认为，对非反刍动物，棉酚可降低血液携氧能力，加重呼吸循环器官的负担，以致产生被动性肺充血和水肿，并与体内的硫和蛋白质结合，损害血红蛋白中铁的作用而导致溶血。棉酚对胸膜、腹膜和胃肠道有刺激作用，能引起这些组织发炎，增强血管壁的通透性，使受害组织发生浆液性浸润和出血性炎症。

3. 临床症状

中毒的症状是食欲下降和体重减轻。棉酚的急性毒性相对很小，中毒多呈慢性经过。棉酚对非反刍动物的生理作用是累积性的。棉籽饼中棉酚的含量越高，采食时间越长，中毒的可能性就越大，中毒后的症状表现就越严重。一般表现为家禽生长抑制，跛行。中毒禽厌食，呼吸困难，体弱，腿无力，体重下降，排黑色稀粪，常混有黏液、血液和脱落的肠黏膜，贫血，常伴有维生素 A 和钙缺乏症。蛋禽产蛋量下降，种蛋孵化率降低，蛋品质降低，蛋变小，蛋黄变色（茶青色），煮熟的蛋黄硬，有弹性，俗称“橡皮蛋”。严重中毒的病禽抽搐，机能衰竭而死。

4. 病理变化

剖检可见口腔中含有带血丝的黏液，嗉囊及肌胃内充满大量黑褐色内容物，有腐臭气味。胆囊和胰增大，肝脏质脆多色、脂肪变性，伴有出血点；肝、脾和肠黏膜上有蜡质样色素沉积。肺脏淤血，有小点坏死，水肿和肺充血；体腔积液，胃肠出现出血性炎症。许多器官弥漫性充血和水肿，肾脏发生脂肪变性和脾萎缩。心肌松弛、肿胀，心内外膜出血。

5. 诊断

根据吃棉籽饼的病史和胃肠炎、视力障碍、排红褐色尿液等临床症状及相应的病理学变化，可做出初步诊断。但确诊则应进行实验室检验和分析。

取适量饲料，滴加浓硫酸后，呈现红色；取适量饲料，加入乙醇，取其浸出液，滴加氯化锡溶液后呈暗红色。

6. 防控技术

1）预防

（1）脱毒处理。棉籽饼最好经过脱毒处理后再配入饲料内。棉籽饼脱毒的方法有干热法、加铁法以及增加日粮中蛋白质、维生素、矿物质和青绿饲料等。

① 干热法：榨油时最好能经过炒、蒸，使游离的棉酚转变为结合的棉酚。生棉籽皮炒后再喂，棉渣必须加热蒸煮 1h 后再喂。

② 加铁法：铁与棉酚结合成不被家畜吸收的复合物，使棉酚的吸收量大大减少。用 0.1%～0.2%硫酸亚铁溶液浸泡棉籽饼，可使棉酚的破坏率为 80%以上。

③ 增加日粮中蛋白质、维生素、矿物质和青绿饲料：饲料中蛋白质含量越低，中毒率越高。饲料里增加维生素（主要是胡萝卜素）、矿物质（主要是钙和食盐）、青绿饲料对预防棉籽饼中毒都有很好的作用。

（2）限制用量。常规家禽饲料配方中的棉籽饼含量以不超过 3%为宜，肉用禽不得超过 10%。1 月龄以内的雏禽不得饲喂棉籽饼。18 周龄以后及整个产蛋期尽量少喂棉籽饼。对棉籽饼可采取喂 40d，停 10d 的间歇饲喂方法，最好不要长期添加。

2）治疗

首先，应停止饲喂棉籽饼。其次，可用（1∶4000）～（1∶3000）的高锰酸钾溶液或5%的小苏打溶液、过氧化氢洗胃，以破坏毒物、加速其排出。也可内服 0.4%～0.6%硫酸亚铁。还可用藕粉、面糊等与其他药物混合内服，以保护肠黏膜。最后，为了阻止渗出，应增强心脏功能，补充营养和解毒。

（张洪学）

第三节　营养和遗传因素

营养和遗传对呼吸系统疾病的影响是间接的，常见于高营养（高能量和高蛋白等）、维生素缺乏等因素导致的家禽疾病，比较典型的就是肉鸡或肉鸭的腹水综合征。该病以病鸡明显腹水、呼吸困难、右心房肿大扩张、肺淤血水肿、肝脏肿大及全身性出血为特征，是一种在多种致病因子共同作用下出现相对性缺氧导致血液黏稠、血容量增加、组织损失及肺动脉高压，以及腹腔积液和心脏衰竭的非传染性疾病。

腹水综合征最早于 1946 年发生于美国的雏火鸡，随后在中美洲、南美洲等世界各地出现，主要发生于海拔 1000m 以上的高寒地区。从 1986 年起，该病在中国北京、河南、山东、广东等地陆续发生。禽类腹水综合征常以生长快速的禽类品系多发，主要危害肉鸡、肉鸭、火鸡、蛋鸡、雉鸡和观赏禽类。腹水综合征最早发生于 3 日龄，多见于 4～6 周龄肉鸡，雄性比雌性发病多且严重，寒冷的冬季发病率和死亡率均高，高海拔地区比低海拔地区多发，有群发特点。

一、病因学

1. 营养因素

1）颗粒饲料和高能量、高蛋白饲料

颗粒饲料可提高采食量，高能量、高蛋白饲料则提高肉鸡的生长速度，以上饲料均增加机体对氧的需要量，间接促使肉鸡腹水综合征的发生。研究表明，饲喂高能量日粮的肉仔鸡，其腹水综合征的发生率要比饲喂低能量日粮的肉仔鸡高 1～4 倍。有些养殖户为追求饲料转化率而随意加大油脂喂量，鸡体生长迅速，需氧量剧增，因供氧量不足而促发该病。

2）高钠

钠离子摄入过多会导致肉鸡腹水综合征的发病率增加。研究表明，日粮中添加 0.14%的钠离子和饮水中增加 0.24%的钠离子时，发病率为 8%；饮水中增加 0.5%的氯化钠时，发病率达 50%。肉鸡饮水中钠离子含量升高，其血容量增加，血浆渗透压升高，发病率升高。

3）营养缺乏和中毒

营养成分（如硒、维生素 E、维生素 D 或磷）的缺乏，钴过量，抗生素药物用量不当，呋喃唑酮过量等可引发肉鸡腹水综合征。肉鸡患佝偻病时，因肋骨变软和变形而影响肺的功能，导致肺泡缺氧，易发生腹水综合征。黄曲霉毒素中毒可损害心脏、肝脏等的机能导致腹水。

2. 遗传因素

世界肉鸡的育种方向是快大型，培育出的肉鸡、肉鸭等首先以增重为目的（但心脏、肺脏功能可能不能与之同步发展）。肉鸡的肺容积与体重之比较野鸟小 20%～30%，14 日龄肉鸡的肺容积与体重之比减少 32%，肉鸡生长迅速及有限的肺容量是导致肉鸡腹水综合征易发生的主要遗传因素。

当肉鸡快速生长时，代谢率增强，需要更多富含氧的血液来维持，机体反馈性调节使心脏输往肺部的血液增多，以换回更多的氧气。但肺的体积和可容纳的血量并没有增加，这就引起肉鸡肺部动脉压升高，使右心室向肺供血的阻力增大，久之则右心衰竭，使组织与内脏器官血液回流出现障碍，导致静脉淤血。尤以肝脏为甚，淤血导致血液的液体成分渗出而产生腹水。

3. 环境因素

1）高海拔

正常大气中，氧的浓度为20.9%；当海拔为610m时，大气中氧的浓度为19.4%；海拔为999m时，大气中氧的浓度为18.5%；海拔2300m时，大气中氧的浓度为15.7%。高海拔是该病发生的重要诱因。实验表明，海拔高于1500m的地区，容易发生腹水症。在高海拔地区，由于气压低，空气中含氧量少，肉鸡血液中血红蛋白氧合不全，红细胞携氧能力下降，红细胞数增多，血液黏稠度升高。随着血液的大量积聚，血压增加，很容易出现腹水症。

2）寒冷

天气寒冷，肉鸡机体的代谢率增加以提高产热量，造成肉鸡需氧量增加，相对缺氧，心输出量代偿性增多。此外，寒冷导致血液红细胞压积容量、红细胞数和血液黏稠度增加，导致肺动脉高压的形成，造成全身性淤血，渗出水分增加，大量腹水滞留，这是寒冷季节该病发病率高的主要原因。

3）通风不良

冬季为了保温，时常会关闭门窗，进而导致通风不良，使鸡舍空气中二氧化碳、一氧化碳、氨气等有害气体或有毒烟尘的浓度过高。这可引起肺脏病变，妨碍气体交换，使机体处于缺氧状态，从而诱发该病。

4）孵化缺氧

孵化后期孵化箱内缺氧，引起鸡胚肺脏的病理性损伤，从而影响肺部气体交换。有时肉仔鸡育雏期，在出壳后3d就发生腹水综合征，往往就是这方面的原因。

二、临床症状

鸡、鸭均可发生腹水综合征。病初，鸡群或鸭群表现为精神沉郁，羽毛蓬乱，两翼下垂，食欲减退，生长滞缓，体重下降，鸡冠发紫，腹部下垂、膨大，腹部皮肤发亮，呈暗紫色，呼吸困难，步态蹒跚，行动迟缓，喜伏卧。严重的病例在抓鸡时突然死亡。腹腔穿刺，流出数量不等的淡黄色液体。腹水最多为500mL以上，通常在出现腹水后2d病鸡死亡，病轻则4～5d死亡。少数鸡张口呼吸，呼吸困难。个别鸡发生腹泻，排出白色或黄绿色稀粪。鸡一旦发病，持续1周左右死亡，个别成为僵鸡，越养越小。

腹水综合征主要以21～56日龄发病率最高，其中又以28～42日龄商品肉鸡或肉鸭尤甚。发病率一般为10%～30%，最高可达75%；病死率为10%～20%，最高可达40%。该病无明显季节性，但以冬季寒冷季节多发。

三、病理变化

该病特征性病变以腹腔积水为主。10d以内死亡禽腹水量为100～200mL，15d以后死亡禽腹水量在400mL以上，积液清亮、透明，呈淡黄色或带血色，腹内各处有纤维蛋白凝块；心包积液，有时呈胶胨状，心脏增大，心壁变薄，右心室明显扩张、柔软；肝脏充血、肿大，或淤血或萎缩或硬化，实质部有圆形斑点或结节，表面常有灰白色或淡黄色胶胨样薄膜；肺显著淤血、水肿，呈粉红色或紫红色，气囊混浊；肠道严重出血，肠管变细，内容物稀少；肾脏肿大、充血，有尿酸盐沉积；脾脏肿大，色灰暗；胸肌、腿肌淤血；皮下水肿；盲肠扁桃体出血；法氏囊黏膜红肿；喉头、气管内有黏液。

四、发病机理

腹水综合征的发病机理迄今仍不完全清楚。目前认为肉鸡腹水综合征发生的关键环节是肺动脉高压。肉鸡生长快速，代谢快，一些增加基础代谢率的因素引起组织细胞对氧的需求量增大，导致心输出量增加，结果使肺动脉压升高，导致循环和组织相对缺氧，红细胞和血容量增加，血液变稠，血管阻力增大，同时肺小动脉密度减小，引起肺动脉高压，进而发展为右心室肥大、扩张、衰竭，后腔静脉压升高，损伤肝细胞，血浆渗透，产生腹水。随着肺动脉高压的持续发展，肺血流速度加快，血氧含量减少，心脏收缩力减弱，右心室发生充血性衰竭。全身静脉扩张，静脉血液不能有效地被泵入肺脏，导致静脉血液滞留于扩张的静脉管内，进一步促使肝脏血管充血，使血浆从肝脏表面漏出。大量腹水的形成又压迫腹腔气囊，导致呼吸严重障碍。商品肉鸡腹水综合征的发病机理如图 7.1 所示。

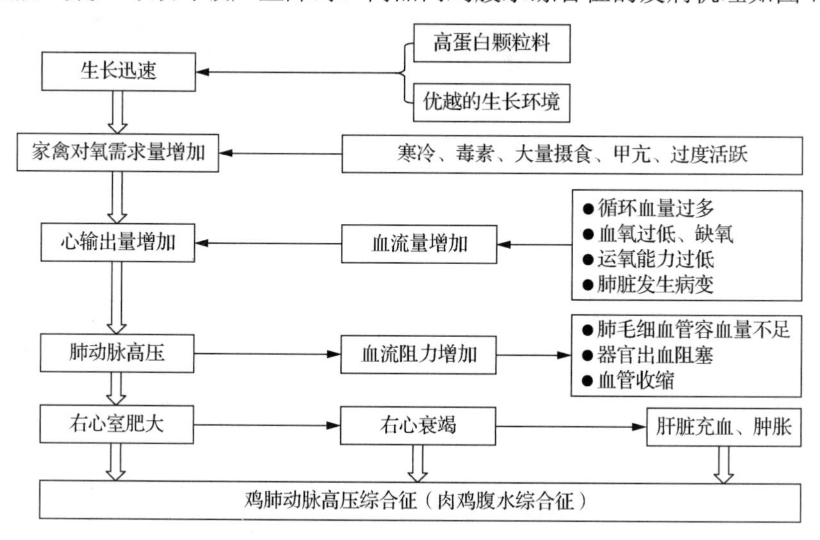

图 7.1　商品肉鸡腹水综合征的发病机理

五、诊断

根据腹部膨大、呼吸困难和发绀等临床症状，结合大量黄色腹水等病理变化即可确诊。

六、防控技术

肉鸡腹水综合征病因复杂，治疗该病的意义不大，一旦发病，应及时淘汰处理。

1. 综合防控措施

1）选育抗病品种

选育对缺氧和腹水综合征都有耐受力的家禽品系是解决问题的关键。要求这种鸡的心脏、肺脏系统较发达且发育较快，利用氧的能力较强。

2）加强饲养管理

（1）通风换气。在确保鸡舍温度适宜的条件下，加强通风换气，尤其是在商品肉鸡饲养后期，应加大通气量。尽可能减少舍内二氧化碳等有害气体及灰尘的含量，满足机体对氧气的需要。

（2）光照管理。科学合理控制光照时间可减少鸡的采食量，降低生长速度，是降低腹水综合征的有效方法。原因如下：一是在间歇光照条件下，鸡黑暗期间产热和氧气需要量均显著降低。二是间歇光照对生长有抑制，而这种抑制非但对肺脏和心脏与肌肉的比例无副作用，且十分有益，使腹水综合征的发生率大为降低。方案如下：肉仔鸡 2 周龄开始晚间采用间歇光照法，即 2～3 周龄光照 1h，黑暗 3h；4～5 周龄光照 1h，黑暗 2h；6 周龄至出栏光照 2h，黑暗 1h。

（3）限饲。采用全价粉料代替颗粒饲料或进行肉鸡早期限饲试验，即从 13d 起对肉仔鸡每天减少饲料量 10%，维持 2 周，然后恢复正常饲养。试验结果表明，限饲对降低腹水综合征的发病率具有显著效果，限饲组的发病率相当于对照组总发病率的 24.5%。

3）合理配制日粮和调整饲喂方式

在 14 日龄前，对肉仔鸡饲喂低蛋白和低能量饲料，可以预防该病的发生。饲料中添加丰富的维生素 C、维生素 E、硒、钙、磷等营养物质，可增加机体的抗病力，对该病具有一定的预防效果。

调整日粮营养水平和饲喂方式。利用低营养水平日粮饲喂的肉仔鸡，其腹水综合征的发病率远远低于采食高营养水平日粮的仔鸡。建议在 3 周龄前饲喂低能量日粮，之后转为高能量日粮。方案如下：1～3 周龄，粗蛋白 20.5%～21.5%，代谢能量 11.91～12.33 MJ/kg；4～6 周龄，粗蛋白 18.5%～19.5%，代谢能量 12.54～12.75 MJ/kg；7 周龄至出栏，粗蛋白 13%，代谢能量 12.75～12.96 MJ/kg。

鉴于颗粒料会增加肉鸡腹水综合征发生的可能性，因此在不影响其他生产性能的前提下，应尽可能地延长粉料饲喂的时间，可 2～3 周龄时给予粉料，4 周龄至出栏饲喂颗粒料。

2. 药物治疗

1）对症治疗

（1）严重病例。

① 当症状非常明显时，用 12 号针头刺入病鸡腹腔先抽出腹水，然后注入青霉素、链霉素各 2 万 IU，经 2～4 次治疗后可使部分病鸡康复；发现病鸡，应首先使其服用大黄碳酸氢钠片（雏鸡 1 片/只），以清除胃肠道内容物，然后喂服维生素 C 和抗生素。

② 给病鸡皮下注射 1～2 次 1g/L 的亚硒酸钠 0.1mL，或服用利尿剂；应用脲酶抑制剂，用量为 125mg/kg 饲料，可降低腹水综合征的死亡率。

（2）一般情况。

① 当发现鸡有腹水症状时，可以先给鸡服用大黄碳酸氢钠片（每片含量：大黄 0.15g、碳酸氢钠 0.15g、薄荷油 0.001mL），以清除胃肠道内容物，并喂服维生素 C。

② 饲喂 0.25mg/kg 的β-肾上腺素受体阻滞剂来增强心脏机能；日粮添加亚麻油作为肉鸡脂源而增加红细胞膜不饱和脂肪酸数量，增加其变形性，降低黏度；饲料中添加 0.015% 的速尿来阻止电解质钠、钾的重吸收和舒展肺血管，以及日粮添加 1%的精氨酸来产生 NO，扩张肺血管，降低肺血管阻力，均有显著降低腹水综合征发病率的效果。

2）控制继发感染

腹水综合征常诱发大肠杆菌病或慢性呼吸道病，可对症选用一些抗菌消炎类药物，如在日常饮水中添加氨苄西林或阿莫西林（浓度为 1g/L）、环丙沙星（浓度为 0.5～1g/L）等，但一定要在技术人员指导下控制好用药量和用药时间，防止药物残留。

（张　伟）

第八章 家禽呼吸系统综合征及其鉴别

第一节 家禽呼吸系统综合征

大多数家禽呼吸系统疾病，通常不是由单一病原引起的，而是一系列复杂因素和病原协同作用的结果。这些致病因子包括病毒、细菌、支原体、衣原体、霉菌和疫苗接种及养殖环境的各种应激因素（包括温度、湿度、通风、氨气和饲养密度等）。因此，家禽呼吸系统综合征（complicated respiratory disease，CRD）又称为多因子呼吸系统病（multicausal respiratory disease，MRD）或复合病因呼吸系统病（respiratory disease of complex etiology，RDCE）。

家禽呼吸系统综合征的一般发病特点是：应激因素在先，支原体等多种病原伺机侵入，继而引起呼吸系统疾病，此后便产生多种多样的临床危害，且病程持续时间较长。在疾病发生的过程中，既有单个病原危害的特征，又有多病原的“协同互作”，病症十分复杂。

家禽呼吸系统综合征对不同日龄的鸡危害程度不一，其中，对雏鸡危害最严重。以商品肉鸡为例，临床以呼吸困难、打喷嚏、呼吸啰音等为主，伴有气囊炎、支气管栓塞、心包炎等病症，死淘率较高，药物控制不理想。该病对成年鸡危害则相对较轻，如对产蛋鸡主要表现为轻度的呼吸道症状和产蛋量下降，临床会出现畸形蛋和软壳蛋等；但如果伴有新城疫和禽流感等感染，疾病严重程度会增加，甚至出现死亡。正是由于呼吸系统综合征的多因子病原和复杂病因，利用传统对付单个病原的方法去解决上述难题往往无效。因此，家禽呼吸系统综合征是近年来在中国集约化生产条件下发生最普遍、最广泛，对商品肉鸡危害最大，造成损失最严重的疾病。

一、病因学

（一）传染性病原微生物

1．产生呼吸系统症状的病原微生物

1）支原体是导致家禽呼吸系统综合征的主因

支原体种类较多，分布广泛，现已知在 190 种以上。调查表明，禽类支原体共有 28 种，其中支原体属 24 种、无胆支原体属 3 种和脲原体 1 种。禽类支原体广泛存在于家禽的呼吸道、泄殖腔、消化道和输卵管的黏膜及关节囊中。不同的宿主，其感染的支原体种类各异。其中，鸡毒支原体多源自鸡、野鸡、红腿鸡、孔雀和鹌鹑等；滑液囊支原体源自鸡、珍珠鸡等；火鸡支原体主要源自火鸡；鸡支原体源自鸡、火鸡、黑头鸥等；鸭支原体源自鸭、鹅、番鸭和动物园中的鸟类；鸽支原体、鸽口支原体和鸽鼻支原体仅从鸽体中分离到。不同宿主，其携带和感染的支原体种类不同（表 8.1）。

根据支原体对家禽的致病性，初步将支原体分为 3 类：第 1 类是具有明显致病性的支原体，主要有 3 种，即鸡毒支原体、滑液囊支原体和火鸡支原体。第 2 类是在某些条件下可产生致病性的支原体，如鸡支原体、鸭支原体、模仿支原体、鹅支原体、鸽支原体和脲支原体等。第 3 类是不具有致病性的支原体（此类最多）。大多数支原体属于非致病性支原体。

表 8.1　禽类支原体的种类和主要特征

名称	模式株	G+C/%	易感动物和致病部位	致病性	分离者和分离时间
鸭支原体	1340^T	–	鸭气囊、鼻窦	鸭窦炎	Roberts，1964
鹅支原体	1219^T	25.0	鹅阴茎	不明	Janet.，1988
鹰支原体	$Bb/T2g^T$	27.0	鹰气管	不明	Poveda，1994
泄殖腔支原体	383^T	26.0	火鸡泄殖腔	不明	Janet M. B.，1984
鸽鼻支原体	694^T	32.0	鸽鼻甲骨	不明	Jordan，1982
鸽支原体	$MMP\text{-}1^T$	–	鸽气管	不明	Shimizu，1978
鸽口支原体	$MMP\text{-}4^T$	–	鸽鼻咽部	不明	Shimizu，1978
家禽支原体	DDT^T	28.0	鸡气管	不明	Jordan，1982
鸡支原体	$PG16^T$	27.0～28.0	家禽上呼吸道	致死鸡胚和致鹅病	Freundt，1985
鸡毒支原体	$PG31^T$	32.0～35.5	鸡呼吸道	致鸡和火鸡病	Edward Kanarek，1960
吐绶鸡支原体	$WR1^T$	27.0	火鸡气囊	不致病	Jordan，1982
嗜糖支原体	486^T	27.5	雏鸡呼吸道、泄殖腔	致死鸡胚，孵化率降低	Margaret Fanarek,1960
模仿支原体	4229^T	31.9	鸭鼻甲骨	致禽呼吸道病和死胚	Bradbury，1983
惰性支原体	$PG30^T$	29.0～29.5	鸡、火鸡呼吸道	致关节病变	Edward Kanarek，1960
衣阿华支原体	695^T	25.0	死于壳中的鸡胚	不明	Jordan，1982
产脂衣原体	$R171^T$	24.5	鸡呼吸道	不明	Janet，1983
火鸡支原体	17529^T	28.0～28.5	火鸡呼吸道和泌尿生殖道	火鸡气囊炎	Yamamoto，1965
雏鸡支原体	CCK^T	29.0	鸡气管	不明	Jordan，1982
滑液支原体	$WVU1853^T$	34.0	雏鸡呼吸道	雏鸡、火鸡关节膜炎	Olson Kerr，1964
鸡口脲支原体	$D6\text{-}1^T$	–	鸡咽喉	不明	Koshimizu，1967
乏黄无胆甾原体	$S\text{-}743^T$	29.5	鹅胚及鸭泄殖腔、眼	对鹅胚、鸡胚和鸭致病	Tully Razin，1970
莱氏无胆甾原体	$PG8^T$	32.9	鸡、鹅眶下窦、气囊	可致死鹅胚	Edward Freundt，1970
马胎无胆甾原体	$C112^T$	–	肉鸡气管、泄殖腔	不明	Kichhoff，1974

以下重点介绍对生产有影响的支原体：

（1）鸡毒支原体。中国家禽饲养环境不容乐观，种鸡群中该病始终没有净化，鸡毒支原体污染严重。鸡毒支原体感染在鸡表现为慢性呼吸系统疾病，在火鸡表现为传染性窦炎，临床上以呼吸道病症为主，60%以上的家禽呼吸系统疾病与此有关。该病病程长、发展慢，继发和并发感染多，临床症状复杂。剖检一般可见鼻道、气管卡他性渗出和严重的气囊炎，发病率高，是造成雏鸡死淘率上升和成鸡呼吸系统疾病的重要原因（详见第五章第六节）。

（2）滑液囊支原体。近年来，中国滑液囊支原体在鸡群的发病率呈上升趋势，值得高度关注。2017 年，MS 在中国蛋鸡中的发病率为 5.19%，仅次于大肠杆菌（11.7%），高于鸡毒支原体（4.92%），同时高于禽沙门氏菌（4.99%）。在 2018 年前 9 个月中，滑液囊支原体在 3 月、4 月、5 月、6 月、7 月、8 月的发病率分别为 35.48%、20%、18%、18%、15%和 9.52%，与大肠杆菌的发病率相当。滑液囊支原体为何突然发威，尚缺乏有力的证据。

滑液囊支原体不仅感染家禽关节的滑液囊和腱鞘，引起渗出性的滑膜炎、腱鞘炎等，还可引起鸡慢性呼吸道感染。滑液囊支原体致病性远比鸡毒支原体弱，不易观察到临床症状，但如果和 NDV 或 IBV、H9N2 亚型 AIV 等混合感染，则可以引起气囊炎（详见第五章第七节）。

（3）火鸡支原体。火鸡支原体是火鸡的一种特异性病原体，可经蛋传播，导致子代火鸡发生气囊炎，对种火鸡可造成孵化率降低、骨骼异常以及生长发育不良。火鸡支原体具有严格的宿主特异性，只感染火鸡，对鸡危害较轻。火鸡支原体感染呈世界性流行，美国作为火鸡饲养大国，火鸡支原体感染最为严重，其自然感染的小火鸡发病率为 20%～60%，每年因火鸡支原体感染造成的经济损失高达 940 万美元。

（4）鸡支原体。鸡支原体通常是作为分离鸡毒支原体或滑液囊支原体的一种污染物，常常混合感染，最初被划为血清型 B。感染鸡和火鸡后不产生临床症状和病理损伤，且感染时间较长。但也有报道说，其能致死鸡胚。已在鸡、火鸡、鹅、天鹅、矮脚鸡、竹鸡、长尾雉、海鸥、鹤、麻雀和多种野鸡中分离出鸡支原体，其可导致雏鸡发生气囊炎，通常伴有 NDV 或 IBV 的协同感染，但单独感染不发病。在研究鹅的支原体病时，曾从鹅胚中分离出鸡支原体，其能引起细胞病变，且能实验性地引起小鹅的气囊炎和腹膜炎。

（5）鸭支原体。鸭支原体病又称鸭传染性窦炎。Roberts（1964）首先从患窦炎的鸭眶上窦中分离出鸭支原体，国内也有相关报道，该病原通常与 A 型流感病毒一起感染。Amin 等（1978）将鸭支原体模式株 1340 培养物接种到 1～2 周龄雏鸭的胸气囊，结果感染鸭出现了气囊炎和轻度生长缓慢，这表明在体弱或应激因素存在时，鸭支原体是致病的。毕丁仁等（1989）也从鸭体内分离出该病原。鸭支原体感染一年四季发生，以秋末冬初和春季多发。5～15 日龄鸭易感性最强。雏鸭的发病率一般为 40%～60%，死亡率为 1%～2%。严重发病的鸭群发病率可高达 100%，死亡率在 10%以上。饲养管理不善、阴雨连绵、气温突变、潮湿及通风不畅等均是鸭支原体感染发生和加重的诱因。

（6）解脲支原体。解脲支原体由于可水解尿素而得名，禽解脲支原体经常寄生于鸡或火鸡的上呼吸道，因此，后来有人将其命名为鸡口解脲支原体。利用三株从白莱航鸡口腔、喉部分离的解脲支原体感染鸡，一般不致病。Stipkovits 等（1986）从火鸡精液中分离出的解脲支原体，其在血清学上尽管与鸡解脲支原体不同，但对鸡和火鸡均具有致病性。

（7）泛黄无胆甾原体。Stipkovits 等（1975）在调查鹅胚孵化率低时，从 13 日龄的死胚中分离到泛黄无胆甾原体，从死胚腹腔渗出液和气囊中也分到这种泛黄无胆甾原体，其能引起 3 日龄雏鹅发生气囊炎，与细小病毒一起感染则症状更加严重。

（8）莱氏无胆甾原体。莱氏无胆甾原体可以感染鸡、鸭和鹅，通常认为是腐生性微生物，很少从鸡中分离出。Stipkovits（1979）从 2～8 日龄雏鹅的气囊炎、腹膜炎和肝外周炎病例中分离到莱氏无胆甾原体。

（9）衣阿华支原体。衣阿华支原体是一种可以引起火鸡和鸡胚死亡的支原体。利用衣阿华支原体人工接种鸡胚或火鸡胚，可导致胚胎发育不良或死亡。在自然情况下，衣阿华支原体感染火鸡无明显的临床症状，主要危害表现在感染火鸡种蛋的孵化率降低，早期的火鸡胚发育迟缓，肝充血、水肿。人工接种火鸡可见到轻度到中度的气囊炎和腿部病变，但尚未见到受感染火鸡有病理变化的报道。

（10）鹅支原体。鹅支原体（*Mycoplasma anseris*）有 3 种血清型，分别来自欧洲，它与鹅的气囊炎、腹膜炎和胚胎死亡有关。此外，鹅的 2 个支原体菌株与鹅的产蛋率下降、生长迟缓及呼吸道症状等有关。

（11）鸽支原体。有 3 种支原体与鸽有关，分别是鸽鼻支原体（*Mycoplasma columbinasale*）、鸽口支原体（*Mycoplasma columborale*）和鸽支原体（*Mycoplasma columbinum*）。已经从正常的鸽和具有呼吸道症状的鸽中分离到该病原。鸽口支原体可以引起鸡的气囊炎。

（12）雏鸡支原体。雏鸡支原体分布广泛，已经从鸡、鹌鹑、雉鸡、火鸡等体内分离到，对鸡和火鸡的胚胎具有致病性，对鸡群的呼吸道危害较轻。雏鸡支原体曾经被划分为禽血清型 C，后被命名为雏鸡支原体。

（13）模仿支原体。模仿支原体（*Mycoplasma imitans*）来自法国的鸭和鹅以及英格兰的野鸟鹧鸪体内。模仿支原体的许多表型特征与鸡毒支原体相同，包括生化反应、红细胞吸附、血凝反应以及具有一个黏附细胞器。DNA 杂交研究显示，模仿支原体与鸡毒支原体 DNA 之间具有 40%～60%的同源性。利用 PCR 扩增支原体的 16S rRNA 基因不能区分模仿支原体与鸡毒支原体。模仿支原体对禽类的危害与鸡毒支原体相似，可引起呼吸道疾病，但症状较轻；很容易与传染性支气管炎病毒等混合感染；在临床上易与鸡毒支原体混淆。

2）病毒性因素

在家禽呼吸系统疾病中，病毒性因素主要包括禽流感病毒（包括不同亚型的 AIV 如 H9N2、H10N8、H4N6、H6 亚型等）、IBV、NDV、ILTV 不同亚型和鸡偏肺病毒等均可产生危害（可参考各个章节）。其中，H9N2 亚型 AIV、IBV 和 NDV 感染在家禽呼吸系统综合征中的比例较高。但是，对高致病性禽流感而言，因为其致病性较强，往往单独发生，发生混合感染的比例较低。

（1）低致病性禽流感病毒。对家养禽类（鸡、火鸡），如感染 LPAIV（如 H9N2、H7N9、H4 亚群、H6 亚群和 H10 亚群等），临床症状表现为呼吸道、消化道和泌尿生殖道的病变。以 H9N2 为例，自 1992 年 H9N2 亚型禽流感在中国广东首次发生以来，到 1998 年已演变为全国性流行，2000 年以后便成为中国的一种地方流行性疾病，几乎每一个鸡场都存在该病原的感染。尽管 H9N2 亚型禽流感灭活疫苗已广泛应用，但不能阻止该病的传播。

H9N2 亚型 AIV 不仅可直接对雏鸡的呼吸道产生危害，还可以导致免疫抑制，造成家禽对各种病原易感性增强。研究证实，H9N2 亚型 AIV 与 IBV 的疫苗毒株、大肠杆菌等混合感染，可导致严重的协同感染，比单独感染的发病率和死亡率要高得多。IBV 弱毒疫苗 H120 能够增强 H9N2 亚型 AIV 的致病性，使排毒时间延长，临床症状加重，死亡率升高，并出现支气管栓塞。这种情况最常发生在商品肉鸡，通常在 25～30d 出现呼吸道症状，发生打喷嚏、气管啰音和严重的呼吸困难。个别鸡可见流泪、头部和眼睑肿胀。剖检可见气管和支气管栓塞，并伴有气囊炎、肝周炎等症状，该病造成的死亡率可高达 30%，多种药物治疗均无效。

（2）新城疫病毒和其他禽副黏病毒。

① NDV：对各种日龄鸡均可感染，雏鸡发病严重（详见“新城疫”）。

② 禽副黏病毒-2 型（PMV-2，又称尤凯帕病毒）：单独感染时，鸡的症状十分轻微，但如果和其他呼吸道病原混合感染就可引起严重呼吸道症状。研究发现，PMV-2 和 IBV、鸡毒支原体等有协同作用。20 世纪 70 年代，美国家禽血清学调查表明，APMV-2 在该国分布广泛，火鸡和雀形目鸟感染率较高。1990～1992 年，西班牙对 18 种水生禽类和 6 种非水生禽类进行调查，结果在水生禽类中，APMV-2 阳性率为 21%，PMV-8 阳性率为 43%；在非水生禽类中，APMV-2 阳性率为 60%，在麻雀中感染率高达 68%。1996 年，广东省

对 11 个鸡场检测 20 个鸡群，发现 APMV-2 HI 抗体阳性率最低为 16.7%，最高为 100%。张国中等（2004）研究发现，有呼吸道症状的鸡群血清阳性率为 60%～100%，且感染后有免疫抑制现象。

③ 禽副黏病毒-3 型（PMV-3）：主要引起火鸡呼吸道疾病，火鸡感染普遍，呼吸道症状轻微，产蛋率严重下降，并发感染时病情严重。

④ 禽副黏病毒-6 型（PMV-6）：主要引起火鸡呼吸道疾病，症状轻微，产蛋率略有下降。

⑤ 禽副黏病毒-7 型（PMV-7）：主要引起火鸡呼吸道疾病，呼吸道症状轻微，死亡率上升，但对产蛋率影响不大。

（3）传染性支气管炎病毒。中国传染性支气管炎病毒（IBV）流行十分广泛，有多种血清型和基因型存在（按 *S*1 基因分类），且由于 IBV 弱毒疫苗的普遍使用，环境中 IBV 流行毒株较多。尤永君等（2015）分析了 2010～2012 年从国内采集的 3132 份临床检测样品，结果显示 2010 年、2011 年、2012 年 IBV 检出率分别为 8.1%、18.1%和 15.5%，在所检测的 13 种禽类病毒病中分列第 3 位、第 2 位和第 1 位，说明近年来中国 IBV 的流行十分严重。一般情况下，单独的 IBV 野毒株存在时，临床症状轻微。传染性支气管炎的严重程度与发病鸡的日龄、是否有大肠杆菌和 H9N2 亚型 AIV 等存在密切相关。一旦出现混合感染，则临床危害加重。

（4）传染性喉气管炎病毒。传染性喉气管炎是家禽呼吸道疾病中呼吸困难最严重的，主要危害产蛋鸡，雏鸡不感染该病毒。

（5）禽痘病毒。皮肤型禽痘病变发生于皮肤和黏膜。皮肤型和黏膜型禽痘既可单独发生，又可以混合发生。其通常于夏、秋两季侵害育成鸡和蛋鸡，与环境中蚊子的数量密切相关。

（6）禽偏肺病毒。禽偏肺病毒又称禽肺病毒和火鸡鼻气管炎病毒，可感染鸡、火鸡及麻雀、鸭、鹅、燕子、海鸥等野生鸟类，引起火鸡鼻气管炎、鸡肿头综合征等呼吸系统疾病。该病毒单纯感染无症状。禽偏肺病毒还可以引起肉种鸡的产蛋量下降和肿头综合征，引起免疫抑制；自然感染常继发细菌感染等，在火鸡和肉种鸡中广泛流行。

3）细菌性因素

细菌性因素是仅次于病毒性因素的重要因素，包括大肠杆菌、副鸡禽杆菌、禽多杀性巴氏杆菌、禽白痢和伤寒沙门氏菌、禽波氏杆菌、禽鼻气管鸟杆菌和假单胞杆菌（绿脓杆菌）等。

（1）大肠杆菌。大肠杆菌是导致家禽呼吸系统疾病的头号细菌，该菌在家禽中广泛存在，极易与多种病毒（NDV、AIV、IBV 等）或支原体并发或继发感染，且耐药性强，很难治愈。

（2）鸡白痢-伤寒沙门氏菌。鸡白痢主要发生在雏鸡或雏火鸡，引起呼吸困难，是一种急性全身性感染。禽伤寒主要危害成年鸡，是一种急性或慢性败血病。这两种疾病均危害较大。

（3）禽多杀性巴氏杆菌。禽多杀性巴氏杆菌对鸡、鸭、鹅和野鸟均可感染，引起禽霍乱。该病菌感染可表现为急性败血症，发病率和死亡率均很高，是一种世界分布的常发疾病；鸡一般散发，火鸡、鸭则呈流行性，对鸭的危害较大。

（4）副鸡禽杆菌。副鸡禽杆菌是家禽呼吸道中主要或专有的细菌，可引起鸡传染性鼻炎。传染性鼻炎可在育成鸡群和蛋鸡群中发生，发生后传播迅速，可造成育成鸡生长发育停滞和淘汰率增加，蛋鸡产蛋率急速下降10%～40%。

（5）绿脓杆菌。绿脓杆菌是最常见的机会致病菌，在自然界中广泛存在。研究表明，在养鸡场和孵化室的环境中，绿脓杆菌的分离率仅次于大肠杆菌。绿脓杆菌是条件性致病菌，在大多数情况下，多与用污染的针头接种有关，因此在临床上必须做好接种时的消毒管理。绿脓杆菌病以精神沉郁、呼吸困难、体温升高（42℃以上）、拉稀、皮下水肿为特征，出现败血症症状；1～7 日龄的雏鸡感染后，发病率和死亡率一般为 2%～10%，严重的可超过 90%。

（6）禽波氏杆菌。禽波氏杆菌可引起火鸡鼻炎，其主要特征为打喷嚏，眼和鼻腔流清亮分泌物，眼结膜和鼻窦内有灰白色干酪样或脓性分泌物，气管萎缩、生长迟缓，并常与大肠杆菌等混合感染。禽波氏杆菌病是火鸡重要的疫病之一。

（7）鼻气管鸟杆菌。鼻气管鸟杆菌病是新发现的由鼻气管鸟杆菌引起的禽类的一种接触性急性呼吸道传染病。禽气管鸟杆菌病临床主要表现为呼吸紊乱、生长迟滞、纤维素性肺炎和气囊炎等。

（8）鸭疫里默氏杆菌。鸭疫里默氏杆菌主要侵害雏鸭、雏鹅、雏火鸡等多种禽类，可造成心包炎、肝周炎等内脏器官病变，还可造成气囊炎等呼吸道症状。鸭疫里默氏杆菌对处于 2～8 周龄的商品肉鸭危害最大。

4）霉菌等其他病原

霉菌等其他病原包括鹦鹉衣原体、霉菌感染及部分寄生虫感染。这类病原相对比较少见，但对家禽呼吸系统疾病有着推波助澜的作用，不容忽视。

（1）霉菌及其毒素。霉菌感染在生产中十分常见。霉菌毒素种类较多，主要存在于发霉的玉米、大豆、花生等谷物中，是霉菌的次生代谢物。目前已知污染饲料的霉菌毒素有100 多种，对家禽危害较大的主要有黄曲霉毒素、烟曲霉毒素、赭曲霉毒素、呕吐毒素和玉米赤霉烯酮等。霉菌毒素中毒的家禽生长和生产性能下降，饲料转化率降低，对疾病的抵抗力降低，易发生各种呼吸道疾病。

（2）衣原体。家禽衣原体病中，以火鸡和鸭的衣原体感染最常见，后来也发生在鸡中。已经从 30 个目超过 460 种禽类中分离到衣原体。衣原体病一般与呼吸道症状有关，并导致一定比例家禽发病和死亡。在近期，中国商品肉鸡不断有衣原体感染导致气囊炎的报道。

2. 免疫抑制性病原

1）可加重家禽呼吸系统疾病的免疫抑制性病原

家禽的免疫抑制性病原体除包括马立克氏病毒（MDV）、传染性囊病病毒（IBDV）、鸡传染性贫血病毒（CIAV）、禽白血病病毒（ALV）、禽网状内皮增生症病毒（REV）、腺病毒（ADV）和呼肠孤病毒（REO）外，嗜呼吸道的病原体如 NDV、AIV 和 ILTV 等本身也可导致免疫抑制。上述免疫抑制性病原在中国广泛存在。发生家禽呼吸系统疾病的禽群，若同时存在某些免疫抑制性病原，则家禽呼吸系统疾病往往变得十分严重，甚至无法控制。

（1）IBDV。感染 IBDV 和大肠杆菌的 SPF 鸡，如果再利用腺病毒攻击，很容易出现呼吸道症状和病理变化。否则，很少出现临床症状。IBDV 对家禽有严重的免疫抑制作用，可导致鸡对大肠杆菌的吞噬调理功能下降。在实际生产中，在对雏鸡进行 IBDV 活疫苗首次免疫时，很容易在免疫后的 3～4d 出现呼吸道症状。这往往是由于 IBDV 致病性太强，对家禽造成免疫损伤，如果鸡群此时又存在鸡毒支原体感染，或伴有 NDV 或 IBV 等野毒株存在，均可导致上述疫病的发生。

（2）MDV。马立克氏肿瘤由 MDV 引起，还可引起严重的免疫抑制，MDV 疫苗免疫失败的鸡群，除了 MDV 本身引起死亡外，往往伴有一定数量的呼吸系统疾病，并伴有较高的死亡率和淘汰率。国外早在 1970 年就对商品肉鸡进行 MDV 疫苗接种，不仅降低了 MDV 对商品肉鸡的危害，还大大缓解了家禽呼吸系统病的发生。

（3）NDV 和各种亚型的禽流感病毒。NDV 和各种亚型的 AIV 除了自身具有较强的致病性外，还具有较强的免疫抑制作用，更何况上述病原菌本身就可引起比较严重的呼吸道症状。以 H9N2 亚型 AIV 为例，在商品肉鸡可表现为严重的呼吸道症状和相当高的死亡率。其直接原因在于，上述病原的免疫抑制作用以及和其他呼吸系统病原的协同致病作用。

（4）REV。禽网状内皮增生症由 REV 引起，可导致严重的免疫抑制。中国约有 50%的鸡群对 REV 呈现血清抗体阳性。在多个发生鸡痘免疫失败的养鸡场，检测发现了 REV 的基因前体存在于分离的鸡痘病毒中。研究证实，REV 的感染常常导致家禽免疫组织受损，进而导致 MD、鸡痘等的免疫失败，导致家禽呼吸系统疾病的发生。

（5）CIAV。鸡传染性贫血是 20 世纪 90 年代传入中国的家禽免疫抑制性疾病，由 CIAV 引起，可垂直传播，目前在中国已有较高的感染率。鸡传染性贫血可干扰疫苗免疫产生抗体，影响 NDV、IBV 等疫苗的免疫效果。

2）致病机制

已有大量数据证实，家禽免疫抑制病原可使家禽致呼吸系统疾病病原体的致病性增强而引发疾病。这些病原体造成免疫抑制的机理如下，感染、破坏乃至杀死淋巴细胞及其前体（CIAV、MDV、AIV），感染和破坏巨噬细胞（ILTV、AIV、ALV 和 REO）；造成肿瘤转化细胞分泌前列腺素等免疫抑制物（MDV、ALV）。免疫抑制性病原尤其是 IBDV 可提高家禽对呼吸系统病原体的易感性。感染 IBDV 的鸡，其 NDV、IBV 等抗体的应答能力和抵抗力均下降。

（二）环境和饲养管理等应激因素

1. 环境因素

家禽的饲养环境十分重要，家禽呼吸系统疾病的发生一般是由于外界环境因素骤变，如外界突然降温、大风、恶劣天气（雾霾、大雾、雷雨等）、鸡舍内的高温和低温变化、湿度过高或过低、鸡舍内氨气浓度过高、尘埃粒子含量过大、鸡群饲养密度过高、通风换气不足等都是诱发或加重呼吸系统综合征的重要原因。环境的影响在第六章已详细叙述，这里仅强调几个重点。

1）鸡舍低温和环境温差变化

温度低和温差大是呼吸系统疾病的重要诱因。利用鸡毒支原体和 IBV 两种病原同时对 2 周龄鸡进行攻击，然后分别饲养在 7～10℃和 31～32℃的环境条件下，结果前者的雏鸡发生呼吸系统疾病和气囊炎病变严重；而后者的雏鸡仅发生轻微呼吸系统疾病或不发病，气囊炎病变也很轻微。此外，在冬、春季节，鸡舍内昼夜温差较大，鸡群容易发生呼吸系统疾病。

2）氨气浓度过高

氨气能破坏家禽呼吸道黏膜屏障，显著降低支气管黏膜的特异性和非特异性免疫应答力，降低家禽抗病能力，易造成气源性病原微生物感染和呼吸系统疫病流行。鸡暴露于20mg/L氨气的环境中6周，就能使呼吸道产生大面积组织学病理变化，导致NDV、IBV、H9N2亚型AIV等嗜呼吸道病毒侵入，使鸡对NDV等病原更敏感，疫苗反应（弱毒活疫苗免疫）更严重，如时间再延长，还可导致鸡呼吸道上皮细胞的正常黏膜纤毛受损，对大肠杆菌的清除能力丧失。

一般情况下，当空气中的氨气浓度为14mg/L时，鸡气管中支原体的含量为正常量的10倍；当空气中氨气的浓度为35～70mg/L时，鸡气管中鸡毒支原体的数量可由10^2CFU/mL（每毫升菌落形成单位）升到10^7CFU/mL，为正常量的1000倍以上。当温度在7～10℃时，试验鸡群的气囊炎发生率为32℃时的5倍，气囊炎的发生率可以上升到45%，其严重性也大大加剧。

3）尘埃粒子

禽舍中的尘埃粒子含量十分高，常含有细菌、病毒、霉菌孢子等，其在空气中形成气溶胶，并以气溶胶的形式在空气中流通和侵入家禽呼吸道内，损害呼吸道黏膜。研究发现，空气中尘埃粒子含量高，可显著加重支原体感染造成的气囊病变；空气尘埃样品中大肠杆菌数达到高峰后1周，由大肠杆菌败血病造成的损失达到高峰。

2. 饲料和营养

饲料质量差（如霉菌毒素含量过高）、营养缺乏，特别是必需氨基酸、维生素（尤其是维生素A）、微量元素等营养缺乏，会导致呼吸道黏膜抵抗力下降，促进呼吸系统疾病的发生。维生素A是保证上皮细胞完整性的维生素，如果缺乏，上皮细胞的完整性就会受到破坏，给病原的入侵提供可乘之机，导致疫病发生的概率增大。维生素E等维生素及部分微量元素的缺乏，也可能导致家禽的免疫系统受损，特别是对黏膜系统造成伤害，导致发生呼吸道疾病。

FAO调查表明，2005年全世界25%的粮食受到霉菌毒素的污染，黄曲霉毒素可以引起免疫抑制，血清蛋白、球蛋白水平降低，网状内皮系统受损，细胞介导的免疫功能下降，黏膜免疫受损。其他霉菌毒素对细胞和体液免疫也有抑制作用，同时也会造成黏膜系统的损害。2008～2012年，中国北方地区在6～8月，商品肉鸡普遍发生腺胃肿大、腺胃炎、气囊炎等，且带有呼吸道症状的疾病。除了分离出的IBV和鸡毒支原体外，霉菌毒素是导致疫病发生的重要原因。

3. 饲养管理等应激反应

管理因素（如更换饲料、转群、免疫、断喙、消毒等）和生理因素（如开产、产蛋高峰、药物等）均可能对鸡群造成较大应激，成为家禽呼吸系统疾病发生的诱因。

（三）免疫接种活疫苗

1. 接种活疫苗后的疫苗反应

NDV、IBV、ILTV等疫苗，其靶器官在呼吸道系统，这些活疫苗在病毒感染复制产生免疫应答的同时，也会引起呼吸道黏膜上皮组织细胞某种程度的损伤，这种由疫苗病毒增殖引起的临床症状及病理变化称为疫苗反应。对于健康鸡而言，这种免疫接种应答所产生的病理变化是有限的，一般不产生反应。IBV、NDV 等疫苗的接种反应于接种后 3～5d 表现出来，致病性稍强的疫苗可持续 3～8d。

1）弱致病性疫苗

一般情况下，对致病性较低的疫苗（如克隆 30、La Sota、H120 等），家禽几乎没有反应。过去，很多人仅注意强毒株或野毒株，而对频繁使用的活疫苗缺乏足够的认识。事实上，即便是弱致病性活疫苗，也会引起呼吸道黏膜上皮组织细胞某种程度的损伤，如家禽机体存在大肠杆菌或支原体的混合感染，也会出现疫苗反应。

2）中等致病性或强致病性疫苗

这类疫苗的致病性相对较强，疫苗接种后可能会引起家禽短期的呼吸道症状等免疫不良反应，如 ILT 疫苗、IBD 疫苗、IBV H52 疫苗、NDV Ⅰ系疫苗和 La Sota 疫苗等。

3）频繁接种

频繁使用活疫苗可加重家禽呼吸系统疾病的病情。特别是 NDV 和 IBV 活疫苗，很多鸡群使用的频率较高，接种的剂量较大，均会对呼吸道上皮细胞产生一定程度的损害。

4）疫苗致病性返强

部分中等致病性活疫苗在自然界可能会出现致病性返强。中国已有接种Ⅰ系活毒疫苗、ILT 疫苗等后鸡群发病变为强毒株的病例。

家禽呼吸道疫苗病毒与野毒株一样，可以与大肠杆菌和支原体产生协同致病作用。例如，接种 NDV 疫苗 5d 后，呼吸道黏膜对气雾接种的大肠杆菌的清除能力降低。IBD 疫苗接种很容易引起呼吸系统疾病的发生。

2. 支原体和大肠杆菌等病原隐性感染

对良好环境下的健康鸡群，疫苗引起的反应往往十分轻微，通常在疫苗接种后 3～5d 内明显，此后便恢复正常情况。当感染有呼吸道病原体（主要是鸡毒支原体等）的鸡群接种呼吸道疫苗时往往会引起严重的免疫接种反应，这是因为隐性感染鸡毒支原体的鸡群其呼吸道黏膜受到损伤，而接种的疫苗病毒乘虚而入，进而产生危害。接种疫苗的鸡群日龄越小，危害越严重。这通常是商品肉鸡群第二次免疫接种发病率高的重要原因。

在孵化场大肠杆菌严重污染的情况下，刚孵出的雏鸡往往携带大量的病原菌，这些鸡群在接种 NDV 或 IBV 活疫苗时，很容易产生严重的呼吸道反应，反过来又促进大肠杆菌病发生。

3. 气雾免疫

气雾免疫适合于对呼吸道有亲嗜性的活疫苗，如 NDV、IBV 等。但该方法可使鸡群产生较强应激，应结合鸡群的日龄以及鸡群潜伏的病原的实际情况来选择气雾粒子的大小。

对 1 月龄内的鸡，一般宜用粗雾滴喷雾；而对 1 月龄以上的鸡，用小雾滴喷雾。如雾滴大小不当，很容易激发呼吸道感染，引起慢性呼吸系统综合征。

二、协同感染的致病机理

常见的鸡呼吸系统综合征病原微生物有鸡毒支原体、大肠杆菌等，以及 NDV、IBV、H9N2 亚型 AIV、禽副黏病毒和禽肺病毒等，甚至包括衣原体、真菌等。上述病原和病因相互作用、相互影响，共同导致家禽呼吸系统疾病的发生。它们的共同存在往往是呼吸系统病发生的重要原因（图 8.1），而单纯一个因素很难造成发病。例如，鸡毒支原体和 IBV 在一个鸡场里同时存在，则会加重支原体感染，导致严重的呼吸道症状。副嗜血杆菌存在时，也可使鸡毒支原体致病性增强，出现严重的呼吸道症状。病毒、支原体和大肠杆菌三者之间相互作用，可以让呼吸系统综合征更严重。仅支原体感染只有轻微的症状，但同时有 NDV 感染或 IBV 感染，则症状明显加重。在实际生产中，四重、五重乃至更多的感染在临床上已不足为奇。

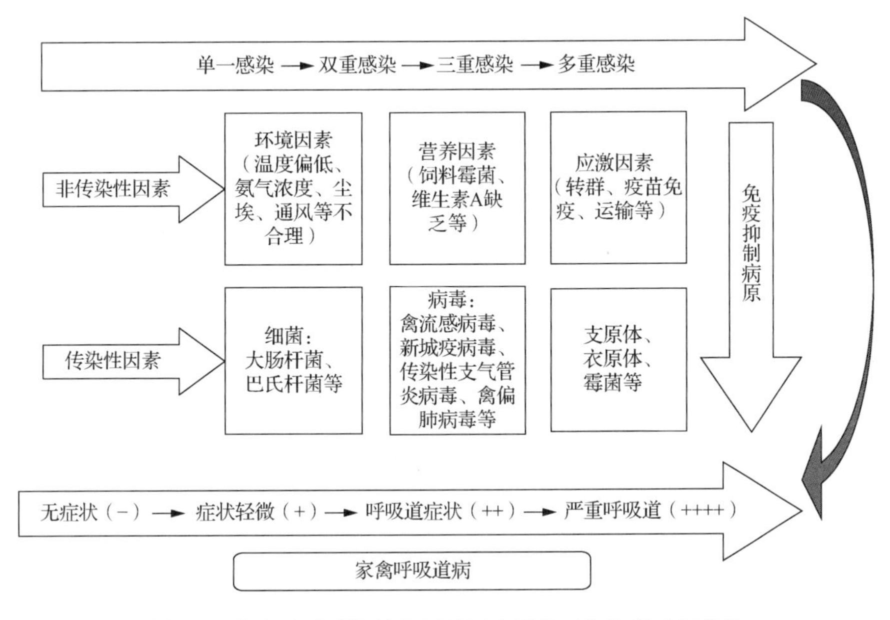

图 8.1　家禽呼吸系统综合征不同病原的互作和病症相关性

1. 支原体的协同感染

在多病因呼吸系统疾病发生中起主要作用的是鸡毒支原体。研究发现，家禽上呼吸道和黏膜组织是鸡毒支原体自然感染的通道。尽管鸡毒支原体能够侵害到家禽机体其他器官（如脑部等），并导致全身一过性感染，但鸡毒支原体主要寄生在呼吸道黏膜或结膜表面，引起多部位的急性和慢性感染。鸡毒支原体黏附在宿主细胞上是该菌成功定殖、感染和致病的先决条件。鸡毒支原体最大的危害是严重地破坏了呼吸道上皮样黏膜细胞，导致广泛的纤毛脱落、表面侵蚀和炎性细胞浸润，后果是环境中比鸡毒支原体个体小的病原，主要是病毒（如 NDV、IBV、H9N2 等野毒），可以直接通过受损的呼吸道黏膜侵入家禽的呼吸道上皮细胞内进行繁殖，直至产生更大的危害。这些伤害远未结束，可以说是刚刚开始：鸡毒支原体破坏了呼吸道黏膜后，体内的大肠杆菌会迅速繁殖，经过气囊、血液逐渐发展到全身，导致大肠杆菌病的暴发。所以，一旦感染鸡毒支原体，就会同时继发大肠杆菌病，进而导致多病原的呼吸道感染。

临床研究表明，NDV 或 IBV 等弱毒活疫苗、支原体和大肠杆菌这 3 种病原的协同作用，比其中任何两种病原所导致的呼吸道症状都更加明显，而以单一任何病原攻击的鸡群要么不表现任何症状，要么症状极其轻微。其他的病原微生物也可与支原体相互作用，产生协同致病，如副鸡禽杆菌、禽腺病毒、AIV、呼肠孤病毒和 ILTV 等。

2. 病毒和细菌感染

一般情况下，病毒性病原是仅次于支原体的第二大类病原，包括 NDV、IBV、ILTV、H9N2 亚型 AIV、禽副黏病毒（PMV2～PMV11）、鸡偏肺病毒等。这些病毒在家禽的呼吸道上皮黏膜细胞中复制，大量的病毒繁殖破坏了黏膜细胞，导致黏膜表面纤毛脱落，结构被破坏。释放出的病毒下行，进一步侵害呼吸道支气管黏膜、肺部和全身，产生毒血症。尽管在大多数情况下，对呼吸道黏膜损害轻微，但依然为细菌的继发和并发感染提供良机，进而导致呼吸道系统的全身性感染。单独的大肠杆菌感染，只产生轻微的呼吸道症状甚至没有症状，一旦混合感染，则临床症状显著加重，死亡增加。

3. 病毒、细菌和支原体协同感染

潜在的病毒和细菌感染对鸡毒支原体影响巨大。即使是致病性比较弱的支原体菌株，也常常因为接种 NDV、IBV 等疫苗而导致呼吸系统疾病暴发。哈兽研在对鸡毒支原体污染的雏鸡群进行新城疫Ⅱ系弱毒疫苗气雾免疫时，曾引起 30%雏鸡死亡。

研究表明，利用 IBV 和鸡毒支原体分别感染 24 只鸡，各组均有 2 只发病；当以同样的剂量将二者混合起来感染时，有 11/24 只鸡发病，临床和病理上均比单独感染严重得多。在混合感染的鸡中，气管中鸡毒支原体分离的时间要比单独感染的早得多，细菌浓度也增加 100～1000 倍。利用电子显微镜观察的结果证实了这一点。另一个试验证实，同时把 NDV La Sota 和支原体接种鸡胚，可以使鸡胚尿囊液的鸡毒支原体浓度提高 11～13 倍。这表明，NDV 和 IBV 与鸡毒支原体混合感染，可以促进鸡毒支原体在体内特别是气管内的增殖速度，使原来数量少而不发病或发病轻微的鸡群病情加重。

在感染的动物体内，大肠杆菌和支原体的协同作用更为明显。单一的支原体感染症状比较轻微，病鸡很少死亡。但如果继发大肠杆菌病，死亡率会攀升，严重的超过 30%，经济损失严重。上述疾病在商品肉鸡群中十分常见，也是商品肉鸡较为难治的混合病感染。此外，绿脓杆菌和副鸡嗜血杆菌也能加重鸡毒支原体的感染。

三、临床症状

家禽呼吸系统综合征的症状和病理变化取决于所感染的病原种类和不同日龄的宿主。

1. 雏鸡和育成鸡

在感染发病严重的雏鸡群中，初期很少见到鼻液，仅发现鼻子周围有食物或污染物，按压鼻孔可看到鼻液。有时，上述物质堵塞鼻孔，妨碍病鸡呼吸，使鸡频频摇头并发出奇特的声音。安静时，可以清楚地听见其气管发出的“嗞嗞”声，部分鸡张口呼吸，有的伸长脖子呼吸；从鼻孔中流出鼻涕，开始为清水样，到后期可从鼻孔中挤压出黏稠的脓样分泌物，严重阻塞一侧或两侧鼻孔。也常见病鸡流眼泪，常一侧眼睑肿胀，有时两侧同时出现肿胀，按压有轻微的波动感，有时黏稠的分泌物可以使上下眼睑黏合，分泌物变成干酪样物后，干酪样物压迫眼球，上下眼帘胶合凸出呈球状，短期内不能消退，并使鸡失明。严重的鸡发病 5～7d 后出现喘气（腹式呼吸）、张口、伸颈、怪叫（如哨声）。貌似健康鸡常突然尖叫，仰卧（腹部朝上）死亡。病重鸡采食量下降、羽毛蓬乱、缩颈闭眼，排黄褐色稀便。愈后鸡生长不良。

商品肉鸡暴发该病多在4～7周龄，症状一般比成年鸡群明显。肉鸡群的高发病率和高死亡率一般是由并发感染（低致病性禽流感病毒和大肠杆菌等）和环境因素（氨气浓度高）引起的，死亡率可高达30%。

2. 产蛋鸡

成年鸡群自然感染的特征性症状是气管啰音、流鼻涕、食欲减少和体重减轻。产蛋鸡群产蛋量下降，但通常会维持在较低的水平。无明显临床症状的鸡群，特别是那些幼龄时感染并部分恢复的鸡群可以用血清学检测诊断，该病在冬季比较严重，且公鸡症状最明显。种鸡群中发生该病可引起生产性能降低、产蛋量下降，体重减少0.2kg，饲料转化率由1.85上升到2.2；种蛋受精率降低，孵化率下降10%左右，死胚和弱雏增多，且弱雏的气囊炎发生率高。商品雏鸡很难饲养，容易感染呼吸道病，并继发大肠杆菌病等疾病。

鸡毒支原体被认为是慢性呼吸系统综合征的原发病原，其他微生物常引起并发症。一般而言，单纯支原体感染引起的死亡率较低，但混合感染可能会出现10%～30%甚至更高的死亡率。

四、病理变化

1. 雏鸡

雏鸡病理变化主要表现为喉、气管或支气管发炎、充血或出血；喉头有黏液或呈干酪样物，气管还出现伪膜或血痰；胸气囊、腹气囊有黄白色泡沫样分泌物，个别鸡心脏表面有黄白色纤维素样分泌物；肺支气管有黄白色纤维素样分泌物，甚至形成支气管栓塞；腺胃乳头糜烂，肌胃萎缩，肌胃壁溃疡。病程稍长的鸡有心包炎、肝周炎、气囊炎等症状；肾脏充血、肿胀，肾小管和输尿管尿酸盐沉积形成花斑肾；肠道淋巴滤泡肿胀、出血等。

2. 产蛋鸡

产蛋鸡病理变化不典型。常见肺水肿并有积液、胰腺出血、十二指肠溃疡、直肠弥漫性或条纹状出血，卵巢变性或卵泡坏死，输卵管炎症、萎缩，子宫水肿，有异物。

五、诊断

如果家禽长期存在呼吸道症状，采取任何一种对付单一呼吸系统疾病的方法均未能完全奏效，即可判定为呼吸系统综合征。但如果要确诊混合感染中有哪种病原，则必须依赖实验室手段。

1. 综合分析

1）分析可疑病因，确定病毒和细菌分离方案

首先要确定和了解导致鸡发病的可疑的病原体，在分析的基础上，利用排除法确定病原的分离和鉴定程序，结合临床症状和病例剖检等逐一排除，重点要放在病毒和细菌等病原方面。一般不做支原体的分离和培养，原因是该病原实在太普遍，且分离培养困难。

2）常见呼吸系统病变与病原及病因的相关性

家禽的临床病变和病原之间具有一定的关联性，具有初步诊断意义，可参考本章第二节的鉴别诊断。

2. 病原学诊断

1）病毒的分离和鉴定

怀疑家禽体内存在病毒性病原时，采取相应的病原分离方法。病毒主要有 NDV、H9N2 亚型 AIV、ILTV 和 IBV 等，可依据临床症状采用排除法。每种病毒的分离方法已在相应的章节介绍。

雏鸡或青年鸡出现呼吸系统病变时，病毒的分离和鉴定要相对复杂一些。NDV、IBV、H9N2 亚型 AIV 这 3 种病毒均可以在病鸡的上下呼吸道、肺等存在，又都可以在 SPF 鸡胚中繁殖，因此应采取特异性的阳性血清进行鉴别诊断。

2）细菌的分离和鉴定

怀疑细菌性疾病时，应进行细菌的分离鉴定。细菌主要包括大肠杆菌、沙门氏菌、巴氏杆菌、副鸡嗜血杆菌等。每种细菌的分离方法已在相应的章节介绍。

3）真菌的分离和鉴定

同“细菌的分离和鉴定”方法。

4）混合感染

对成年鸡，当怀疑 ILTV 或传染性鼻炎时，可以利用常规的实验室手段进行病毒和细菌分离。如分离到 ILTV 则为病毒病，如分离到副鸡禽杆菌则为细菌病。

禽偏肺病毒和鸡鼻气管鸟杆菌常常和大肠杆菌混合感染，可通过病毒和细菌分离来鉴定。

NDV、H9N2 AIV 和 IBV 等的鉴别诊断可根据流行病学、血清学抗体检测和病原分离鉴定来进行。这些病毒感染产蛋鸡死亡均很少，主要引起产蛋量下降，蛋壳质量降低。详细的诊断可参照病原的相应章节。

3. 血清学诊断

1）常用的检测方法

常用的血清学方法包括血凝抑制试验、血清和病毒中和试验、酶联免疫吸附试验和琼脂扩散试验等。

2）注意事项

（1）采样时机。当家禽机体血清中出现某种抗体时，一般与该家禽感染过相应的病原有关。血清抗体检测需要注意 3 点：一是感染早期可能检测不出抗体。二是病鸡血清中的抗体不能区分是现有感染还是过去感染产生的。三是判定感染需要双份血清（急性期和恢复期），多数家禽感染后会有 4 倍以上的抗体滴度升高。二者的间隔最好在 10d 以上，以 2 周为宜。

（2）结果分析。检测的结果要结合鸡群的日龄、免疫程序、免疫的疫苗种类、抗体的均匀度、离散度等综合分析判定，进而确定发病禽群的抗体是疫苗免疫抗体还是野毒感染抗体，从而确定真正的病因。

对商品肉鸡来讲，可在出栏前采集至少 40 份血清，分别检测 H9N2 亚型 AIV、NDV 的 HI 抗体或 IBV 的 ELISA 抗体。尽管商品肉鸡已经历过数次 NDV、IBV 的疫苗免疫，包括弱毒疫苗和灭活疫苗，但由于肉鸡免疫系统不健全、生长速度太快和母源抗体感染等特点，其疫苗免疫后的抗体水平一般不会太高。当鸡群的 H9N2 亚型 AIV、NDV 的 HI 抗体滴度超过 9log2 时，就可以断定鸡群发生了感染。当鸡群 IBV 的 ELISA 抗体滴度显著超过鸡的正常免疫水平（一般在 2000～3000）时，如超过 8000，且离散度较大，就可以判定鸡群发生了 IBV 感染。

对成年鸡，其在生产过程中经历了多次的弱毒疫苗和灭活疫苗反复免疫，抗体水平一般比较高。尽管如此，当其抗体水平显著超出正常的免疫水平时，就可以推测鸡群发生了感染。如当鸡群不同亚型 AIV、NDV 的 HI 抗体滴度超过 13log2（H9N2 亚型 AIV 抗体因为抗原的差异例外），就可以断定鸡群发生了感染。当鸡群 IBV 的 ELISA 抗体滴度显著超过鸡的正常免疫水平（一般为 6000～8000）时，如超过 15 000，且离散度较大，就可以判定鸡群发生了 IBV 感染。

4. 分子病原学诊断

随着分子生物学技术的发展，陆续建立了病原微生物核酸探针、限制性酶切分析、细胞蛋白分析及 PCR 等检验技术，与此同时，其他病原包括病毒、细菌、衣原体等的核酸诊断技术，如 PCR、RT-PCR、荧光定量 PCR、16S rRNA 的 DNA 序列和核酸图谱等日益普及，为上述病原在分子水平的快速诊断奠定了基础。对经典的病原学诊断来说，病原鉴定必须分离到活的病原，而核酸技术不论是对死的病原，还是活的病原均可以检测出病原的核酸，扩大了检测的范围和视野，且大大提高了诊断和检测的效率。相关的诊断方法和技术可参考相关的章节。

5. 综合诊断

在实际的生产中，雏鸡和育成鸡发病比例较高，可采取病原学和血清学诊断相结合的方法确定是哪种病原感染，如图 8.2 所示。

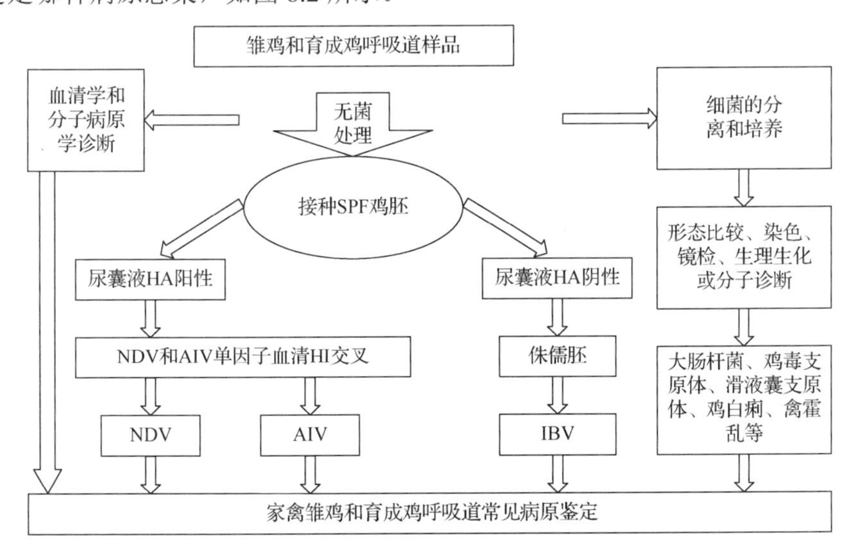

图 8.2 家禽雏鸡和育成鸡呼吸系统综合征不同病原的鉴定

六、防控技术

（一）确定病因，分清主次

针对家禽呼吸系统综合征，首先要确定和了解导致发病养鸡场或养禽场家禽呼吸系统综合征的病原，在分析的基础上，确定哪些是主要的致病因素，哪些是次要的致病因素。例如，了解支原体的感染率，大肠杆菌的污染情况，NDV 强毒感染的情况，是否存在禽流感的感染，NDV 和 IBV 活疫苗的使用情况，IBD 的发生情况，IBDV 疫苗的使用情况和免疫日龄，MDV 强毒感染率，鸡的来源和活疫苗的来源，以及环境指标如氨气、含尘量、温度、湿度、通风和饲养密度等。

如果商品肉鸡血清学检测 NDV 抗体参差不齐，有的高，有的低，高的抗体大于 10log2，则证明鸡群可能有 NDV 混合感染。如果鸡舍氨气浓度过高、氧气浓度不足、二氧化碳浓度高、尘埃粒子数量大等，则与鸡舍的通风系统有关。如果商品肉鸡群 MDV 强毒感染率很高，而呼吸系统疾病又很严重，则 MDV 引起的免疫抑制病可能是呼吸系统综合征的主要原因。

所有的上述结果都要依赖于实验室的诊断和临床症状以及病理变化等综合手段。

（二）有的放矢，因病施治

对主要病因应采取针对性措施，因病施治。如果低致病性禽流感 H9 亚型是鸡群呼吸系统综合征的主要因素，应选择合适的、与流行毒株相匹配的疫苗进行免疫预防，要分析免疫失败的具体原因：毒株问题、免疫原性，还是免疫程序不科学、不合理等。如果大肠杆菌污染是主要问题，应采取针对大肠杆菌的灭菌和消毒的具体措施，可以通过药敏试验选择敏感性药物，进行选择性用药。如果马立克氏病毒引起的免疫抑制是呼吸系统综合征的主要原因，应考虑对发病鸡群进行马立克氏病疫苗的有效接种，同时加强 1～7 日龄雏鸡的生物安全和环境消毒管理。

（三）加强管理，降低应激

1. 加强饲养管理

饲养管理和生物安全措施是养殖场的核心管理环节。饲料、饮水、消毒、光照、喂料时间、检查、消毒等应标准化，应建立家禽饲养管理的规范化操作。通过完善养殖场工艺和流程设计，建立适合于家禽生长的、舒适的生态环境，提高动物的疫病抵抗力和免疫力。确保家禽生活在一个最佳的生态环境体系中，阻断所有有害生物包括病毒、细菌、真菌、寄生虫、昆虫、啮齿动物和野生鸟类等进入禽舍。

2. 做好环境控制

温度、湿度和通风换气是鸡舍环境控制的重要指标，三者之间相互影响、相互制约、相互作用。冬季，外界温度低，为了保温，势必要减少换气次数，如果鸡群的密度过大，难免会出现鸡舍内空气污浊、缺氧、氨气浓度过高、有害气体增多、尘埃量大等，上述因素很容易激发呼吸系统疾病，增加疾病的严重程度。如果换气次数过高，很容易导致温度过低，鸡群的热量流失过多，造成鸡群另一层次的伤害。温度偏低和氨气浓度过高是家禽呼吸系统综合征的直接诱因，必须在温度控制、通风等方面下功夫。

3. 降低应激因素

要关注家禽饲养的每一个细节问题，避免可产生应激的每一种因素，如密度过大、光照过强、疫苗接种过于频繁。以疫苗接种为例，应建立科学的免疫程序，最大限度地降低免疫应激。不宜过于频繁地使用活疫苗，以免产生严重的疫苗反应，最大限度地降低活疫苗免疫对鸡群呼吸道黏膜所造成的损伤。

（四）种群净化

1. 种鸡群支原体净化

支原体传播的方式主要是垂直传播，水平传播能力有限，故对家禽呼吸系统疾病的控制应重点做好对种鸡群鸡毒支原体的净化。美国、英国、荷兰等世界养禽发达国家均对种鸡群进行了支原体净化，取得巨大的成功，值得借鉴。净化方案见第五章第六节。

2. 免疫抑制性疾病控制和净化

免疫抑制病的病原（如 ALV、REV、MDV、CIAV 等）感染可导致疫苗免疫失败，还可以引起鸡群对病原微生物易感性增强，这些病原除 MDV 外，大多数能垂直传播。因此，种鸡群必须做好对上述疫病的预防和净化，这一点十分重要。

（五）免疫预防

根据当地的疾病流行特点制定出科学的、合理的、灵活的免疫预防程序，确保疫苗免疫效果，尤其是在疫苗选择、免疫程序、疫苗保存和运输、免疫途径等方面，必须严格认真执行。同时，进行必要的实验室检测，确保免疫成功。

1. 种鸡群支原体的疫苗接种

在种鸡群不能进行支原体净化时，对种鸡群进行支原体疫苗免疫接种，以确保后代雏鸡具有较高的母源抗体。注射疫苗是减少和预防支原体感染的有效方法。疫苗有两种：弱毒活疫苗和灭活疫苗，前者主要用于商品鸡和蛋鸡，后者用于种鸡。灭活疫苗需要 2 次以上的免疫接种。弱毒活疫苗可以预防家禽的气囊炎，具有局部的黏膜保护作用。灭活疫苗可阻断支原体的介卵传播，减少种鸡群的感染，阻止对外界的排毒。

2. 做好新城疫、传染性支气管炎、传染性喉气管炎、禽痘和 H9N2 亚型禽流感等重要疫病的免疫接种

对烈性、常发性疫病如新城疫、传染性支气管炎、传染性喉气管炎、不同亚型的禽流感（包括高致病性禽流感和低致病性禽流感）、鸡传染性鼻炎、鸡痘、传染性囊病、马立克氏病等重点进行免疫接种，同时辅以定时的实验室抗体检测，根据抗体水平的高低及时调整免疫程序，确保疫苗免疫后具有高水平的抗体保护。

3. 为疫苗接种科学减负

对现有的免疫程序进行科学合理的分析，重点进行免疫程序的减负。要树立以生物安全为主、疫苗接种为辅的理念，坚决克服疫苗免疫“多多益善”“一针定天下”的错误思想，要充分利用免疫学的基本原理，为禽病防控提供理论依据。要尽量避免强毒活疫苗的使用，

如 ILT 强毒疫苗、Ⅰ系新城疫活疫苗或基因Ⅶ型活疫苗，其不仅存在散毒的危险，还容易激发慢性呼吸系统疾病。此外，即便是减毒的弱毒活疫苗，因其在家禽体内繁殖，一般也会对家禽的黏膜、组织等造成一定程度的损伤，尽管大多数情况下在 2～4d 后会自愈，但也会给病原菌的侵入制造可乘之机。因此，应着力降低活疫苗的使用频率。

4. 预防用药

疫苗免疫接种对鸡群往往应激较大，每次进行疫苗免疫前、免疫当天和免疫后一天，最少连续投服既能缓解疫苗反应又能提高免疫效果的药物，如黄芪多糖+双黄连+左旋咪唑的药物，也可以饮用转移因子或小分子肽以提高机体的免疫力等。同时，在日粮中适当添加口服补液盐、维生素 C、维生素 E 等抗应激药物。此外，由于此时鸡的抵抗力下降，容易激发细菌性疾病，可以投服一些不影响免疫效果的抗菌药物，如泰乐菌素等。

此外，在接种病毒性活疫苗时，最好提前 2d 对鸡群使用抗生素预防，这样可有效缓解和消除某些细菌如大肠杆菌、支原体等引起的疫苗接种反应。

鸡脾转移因子是目前比较好的免疫增强剂，也是降低免疫应激的最佳生物活性物质，无残留，并可大幅度提高疫苗的免疫效果，增强机体的免疫力，在生产中取得了良好的应用效果。

（六）综合性治疗

1. 预防为主，治疗为辅

鸡呼吸系统综合征是一种多病因的疾病，影响因素复杂，必须采取综合性措施才能取得良好的效果。早发现、早隔离、早诊断、早治疗是控制各种疾病的重要方法。疾病的发生往往受多种因素的影响和控制，防患于未然，强化预防观念是防控疾病的根本。治疗只是辅助性的手段，属于“亡羊补牢，犹未为晚”。有些预防措施仍需要仔细强调：

一要注重病毒性疫苗的免疫预防接种和接种方式的选择。一定要结合鸡群状况，选择对鸡群最有利的、免疫效果较好、安全性较高和应激最小的疫苗种类和免疫方式。

二要做好免疫前后的各种预备措施。增加饲料维生素含量，最大限度地降低免疫所带来的各种应激，最大限度地发挥疫苗的潜力。

三要定期消毒和预防投药。支原体、大肠杆菌等是养鸡场和鸡群的常在微生物，感染率较高，是常见的潜在致病因子。应通过消毒和用药，把上述环境中各种病原微生物的含量降至最低。

此外，在加强预防的同时，更要注意营养的全面，这将有助于提高鸡群的健康水平。

2. 对症治疗，统筹兼顾

治疗家禽呼吸系统疾病时应进行综合分析，确定主、次要病原，即哪些是原发的，哪些是继发的。治疗时应采取的原则：主、次病兼顾治疗，原发病与继发病兼顾治疗，修复病变与缓解症状兼顾治疗，增强体质与抑杀病原兼顾进行。只有做到标本兼治，才能有效而及时地控制该病。对细菌性疾病，千万不能依靠单一药物进行治疗，要注意轮番应用，谨防耐药菌株的产生。药敏试验是选择用药的最佳途径。

但是，必须强调的是，几乎所有的药物治疗都不可能根除该病，一旦停药还会复发。

一般情况下，药物只适合于雏鸡的预防、治疗和成鸡的紧急治疗。

3. 药物治疗方案

1）单纯支原体感染

（1）敏感药物治疗。大环内酯类抗生素（替米考星、泰乐菌素等）和喹诺酮类药物效果较好，青霉素等不敏感。第三代喹诺酮类抗菌药——恩诺沙星，不仅可临床治愈鸡毒支原体感染，而且可以使血清抗体转阴。常用药物治疗方案如下：

① 磷酸泰乐菌素：饮水，每 1000L 水添加 500g，连续用药 3～5d。

② 磷酸替米考星：饮水，每 1000L 水添加 100～200g，连续用药 5d。

③ 泰妙菌素（支原净）：饮水，每 1000L 水添加 125～250g，连续用药 3d。

④ 阿奇霉素：饮水，每 1000L 水添加 100～150g，连续用药 3～5d。

⑤ 诺氟沙星或环丙沙星：混饲，每吨饲料添加 120g；或饮水，每 100kg 水添加 50～80g。均用药 5～7d。

⑥ 盐酸多西环素：混饲，每吨饲料添加 150g；或饮水，每 100kg 水添加 75g，均用药 5d。

（2）预防用药。在发病初期，可以使用一些对支原体有抑制作用的抗生素进行治疗。鸡毒支原体对强力霉素敏感，其次对链霉素、金霉素、林可霉素、螺旋霉素、壮观霉素等比较敏感。

2）混合感染用药

（1）氨苄（阿莫）西林+大环内酯。以氨基青霉素为代表的β-内酰胺与大环内酯类药物联合应用可覆盖大肠杆菌、支原体等混合感染的病原。

（2）中谱抗产青霉素酶菌的一、二代头孢+大环内酯。氨苄西林/舒巴坦（或阿莫西林/克拉维酸）+大环内酯。

（3）严重感染病例（气囊炎）用药。以 1000 只成年鸡为例，每天推荐用药方案如下：

① 头孢噻肟 10g 或头孢曲松 10g +罗红或阿奇霉素 5～7g+麻黄碱 2g。

② 氧氟沙星 15g+罗红霉素或阿奇霉素 7g+麻黄碱或盐酸氨溴索 2g。

③ 林可霉素 5g+丁胺卡那霉素 250 万 IU+西咪替丁 4g+盐酸氨溴索 2g+扑尔敏 0.3g。

（4）支气管栓塞治疗方案。支气管栓塞没有确切有效的治疗方法，多采取综合防控措施，如改善饲养管理条件，提高鸡舍内的温、湿度，强化通风换气，降低饲养密度，进行科学免疫接种，及时药物预防。

① 饲料中添加腺胃康散（主要成分为山楂、麦芽、六神曲、槟榔），可以调理脾、胃，提高饲料的消化率并能维持和提高采食量，在促进增重的同时增强鸡群抗病力。

② 饮水中添加抗生素。例如，杆特佳（主要成分：左旋氧氟沙星）有助于减轻气囊炎和大肠杆菌病所造成的危害。如果感染肾型 IBV，要选用中药保肝护肾产品。另外，在饮水中添加电解质替代物，如 0.072mol/L 的钠、钾离子，其中至少有 1/3 为柠檬酸盐或碳酸氢盐成分，可以减少肾炎造成的损失。

③ 饮用抗病毒中药提取物，如双黄连口服液、七清败毒颗粒（主要成分为黄芩、虎杖、白头翁等提取物），在缓解呼吸道症状的同时提高家禽机体免疫力，降低传染性支气管炎、新城疫等危害。

④ 使用喷雾的方法辅助治疗，在温水中添加黏痰溶解药物，如溴己新、乙酰半胱氨酸、去氧核糖核酸酶、高渗碳酸氢钠溶液。它们能激活蛋白水解酶，使痰液中的酸性黏多糖和脱氧核糖核酸等黏性成分分解，降低痰液黏滞性，使痰液容易咳出，减少窒息死亡的概率，为药物的治疗赢得时间。

（秦卓明　徐怀英）

第二节　家禽呼吸系统疾病的鉴别诊断

家禽呼吸系统综合征的临床症状和病理比较复杂，混合感染的病原不同，其临床症状和病理差异较大，但总会有单个病原所致疾病产生危害的“影子”。为便于诊断，我们把单一病原感染的主要临床和病理特点汇总如下。

一、基于主要病原的临床和病理鉴别诊断要点

1．病毒性呼吸系统疾病

1）新城疫

（1）发病急，传播快。呼吸道症状明显，呼吸困难、伸颈张口喘，有啰音和怪叫。

（2）病鸡嗉囊内常充满未消化的饲料或酸臭气体和液体。

（3）病鸡腹泻，粪便稀薄，呈黄绿色或黄白色。

（4）腺胃乳头出血，腺胃和鸡胃连接处出血；十二指肠及整个肠道黏膜充血和出血，典型病变为枣核样出血。直肠黏膜和泄殖腔黏膜出血。

（5）喉、气管出血，呼吸道黏膜出血和充血，气管有黏液。

（6）输卵管可见乳白色分泌物或凝块；卵泡充血、出血、萎缩和破裂。

（7）发病后期鸡出现扭脖子、转圈等神经症状。

（8）免疫禽群表现为产蛋量严重下降。蛋壳颜色发浅或呈白色，出现软壳蛋、畸形蛋等。

2）高致病性禽流感

高致病性禽流感病毒涵盖 H5N1、H5N2、H5N6、H5N8 和 H7N9 等。

（1）发病率高，死亡率高，传播速度慢。

（2）病禽极度沉郁，体温高达 43℃。鸡冠出血或发绀、头部和面部水肿。脚鳞出血。

（3）有严重的呼吸道症状如咳嗽、喷嚏、呼吸困难，个别有怪叫。

（4）腹泻，粪便灰绿色或伴有血液。

（5）消化道、呼吸道黏膜广泛充血、出血；从口腔至泄殖腔整个消化道黏膜出血、溃疡或有灰白色斑点、条纹样膜状物（坏死性伪膜），肠系膜出血。腺胃乳头出血。

（6）肝脏质脆、色浅、肿大，多色彩。

（7）胰腺有褐色斑点样出血、变性、坏死。

（8）心肌有灰白色坏死性条纹。心脏脂肪及腹部脂肪出血。

（9）蛋禽输卵管的中部可见乳白色分泌物或凝块；卵泡充血、出血、萎缩和破裂。

（10）发病后期出现头颈扭曲等神经症状。

3）低致病性禽流感

低致病性禽流感病毒种类较多，包括 H9N2、H7N9、H4 亚群、H6 亚群和 H10 亚群等，大多数情况下容易发生混合感染。

（1）发病急，传播快，发病率高，死亡率低。

（2）病初表现体温升高，精神沉郁，采食量减少或急骤下降，排黄绿色稀便。

（3）出现明显的呼吸道症状（啰音、打喷嚏、伸颈张口、鼻窦肿胀等）。

（4）主要病变在呼吸道。典型症状是出现卡他性、浆液性、纤维素性等炎症。气管黏

膜充血、水肿。气管渗出物从浆液性变为干酪样，易发生气囊炎。

（5）产蛋鸡卵泡充血、出血、变形、破裂，输卵管内有白色或淡黄色胶冻样或干酪样物。

（6）继发细菌感染，导致心包炎、肝周炎等，使病情加重。

4）传染性支气管炎

（1）有 30 多种血清型，临床症状复杂，传播快，死亡率低，对生产性能危害严重。

（2）雏鸡高发，具有多种临床危害症状。对产蛋鸡主要影响产蛋量、蛋壳质量和蛋清质量。

（3）呼吸型 IB：雏鸡表现轻微咳嗽、流鼻涕、气管啰音。愈后鸡出现假母鸡：输卵管发育不良，输卵管囊肿。

（4）肾型 IB：呼吸道症状轻微，排白色石灰样粪便。剖检花斑肾，输尿管尿酸盐沉着。

5）传染性喉气管炎

（1）发病急，传播快，死亡快，多是比较健壮的鸡先死。该病主要危害产蛋鸡，对雏鸡不感染。

（2）病鸡出现严重的呼吸道症状，包括伸颈、张嘴、喘气、打喷嚏，不时发出“咯、咯”声，并伴有啰音和喘鸣声，咳嗽、甩头并咳出血痰和带血液的黏性分泌物。

6）禽痘

（1）无毛或少毛处皮肤多发，形成特征性痘痂。

（2）黏膜型又称白喉型，多发于幼禽。在口腔和咽喉部的黏膜上发生痘疹，很容易死亡。

（3）夏、秋季蚊虫季节高发。

7）禽偏肺病毒病

（1）典型的临床症状是爪抓面部、呼吸啰音、打喷嚏、流鼻涕、泡性结膜炎、眶下窦肿胀和颌下水肿。特别是日龄稍大的幼禽常会出现咳嗽和头颤动症状。

（2）肉种鸡易感染发生 SHS，表现为头、颈和肉垂皮下组织出现大量的黄色胶冻样或化脓性水肿。对产蛋火鸡，可使产蛋率下降达 70%，并且出现蛋壳质量下降和腹膜炎。

2. 细菌性呼吸系统疾病

1）大肠杆菌病

（1）急性败血症。病理变化主要是严重的纤维素性气囊炎、心包炎、肝周炎和腹膜炎等。

（2）胚胎性病和脐带炎。感染后禽胚在出壳前后死亡。出壳后 1 周左右死亡者，易发生脐炎/卵黄囊炎，卵黄吸收不良。稍大日龄死亡者，可见急性败血症，出现心包炎等各种炎症。

（3）卵黄性腹膜炎。主要是产蛋鸡感染，可发生输卵管炎、腹膜炎等，多零星死亡。

（4）大肠杆菌败血病后遗症。如果大肠杆菌未被完全控制住，它可以在机体保护力较弱的部位产生相应的病症：脑膜炎、全眼球炎、关节炎、蜂窝织炎和肉芽肿等。

2）多杀性巴氏杆菌病

（1）成年鸡最易感。突然发病，最强壮鸡先死，无症状。

（2）多为急性病例。鸡冠和肉髯呈紫色，精神不振，发热，病鸡呼吸困难，鼻腔和口中流出泡沫的黏液，排黄绿色粪便。最后痉挛，昏迷而死亡。

（3）以败血症为特征性病变。在心冠脂肪、冠状沟和心外膜上有很多出血点，心包内积有淡黄色液体，并混有纤维素。病鸡的腹膜、皮下组织及腹部脂肪也常见小出血点。

（4）肝脏表现为肿大、质脆，呈棕红色、棕黄色或紫红色，表面有很多小米粒大小的灰白色或灰黄色的坏死点，有时可见点状出血。这是禽霍乱的特征性病变。

（5）慢性病例多见于发病后期。病变常常局限在身体的局部发生，如关节炎和鼻炎等。

3）传染性鼻炎

（1）产蛋期发病最严重、最典型。蛋鸡产蛋率急速下降（10%～40%）。

（2）特征症状是鼻腔和鼻窦发炎、打喷嚏、流鼻液、颜面肿胀和结膜炎等。

4）衣原体病

（1）不同禽类病症不一。鹦鹉表现为急性败血症；火鸡表现为气囊炎、心包炎、肝周炎和鼻腺炎；鸭表现为结膜炎；鸽表现为眼结膜炎、鼻炎和腹泻；鸡表现为气囊炎等。

（2）患病禽类嗜睡、高热、眼和鼻异常分泌物及产蛋量下降，死亡率高达 30%。

（3）剖检可见禽类肝脏、脾脏肿大，纤维素性心包炎和气囊炎等。

5）鼻气管鸟杆菌病

该菌为条件性致病菌。患病禽生长迟滞、呼吸道症状、纤维素性化脓性肺炎和气囊炎等。

6）鸡白痢沙门氏菌病

（1）主要特征是患病雏鸡排白色糊状粪便。

（2）肝脏肿大、质脆，一触即破，表面有散在或密布的出血点或灰白色坏死灶。

（3）脾脏肿大；心脏严重变形，可见肿瘤样黄白色白痢结节。

7）鸡伤寒沙门氏菌病

（1）主要发生于 1 月龄以上的青年鸡和育成鸡。

（2）肝、脾显著肿大，肝脏呈古铜色或淡绿色，心脏和肝脏有灰白色、粟粒状坏死点。

8）鸡毒支原体病

（1）病程较长，病鸡呼吸困难，气管啰音，眼睑或鼻窦肿胀，眼结膜发炎，眼角内有泡沫样液体或流出灰白色黏液，鼻腔和鼻窦内有脓性渗出物或干酪样物。

（2）腹腔有泡沫样浆液，气囊壁浑浊增厚，囊腔内有干酪样渗出物等。

9）滑液囊支原体病

家禽关节的滑液囊和腱鞘处有黄白色囊状物，内有白色黏液。

10）禽结核分枝杆菌病

患病鸡长期极度消瘦。在肝、脾、肺和肠管等器官见到不规则的灰白色或黄白色的针尖大到豌豆大的结节。骨骼、卵巢、睾丸、胸腺及腹膜等处也可见到结核结节。

其他细菌性感染还包括禽波氏杆菌、鸭疫里默氏杆菌、假单胞杆菌（绿脓杆菌）等的感染，因发病率不高，不再详述。疾病诊断时应予以鉴别。

3. 真菌性呼吸系统疾病

（1）病/死鸡在肺表面及肺组织中可发现粟粒大至黄豆大的黑色、紫色或灰白色质地坚硬的霉菌结节；气囊混浊，有灰白色或黄色圆形病灶或结节或干酪样团块物。

（2）曲霉菌毒素中毒时，可见到肝脏肿大，呈弥漫性充血、出血，胆囊扩张。

二、基于组织器官病变的病因鉴别诊断

1. 鼻、咽、喉、气管或支气管疾病的鉴别诊断（表 8.2）

表 8.2　常见呼吸系统鼻、咽、喉、气管和支气管疾病的鉴别诊断

呼吸系统病症	感染宿主	主要症状和病变	可能病因
鼻漏或流鼻液或鼻窦肿胀或打喷嚏	鸡、火鸡等	关节炎、滑膜炎、腱鞘炎，呼吸道症状、气囊炎，蛋壳顶端异常，输卵管炎	滑液囊支原体
	大多数禽	呼吸道症状较轻，易发生气囊炎（协同感染），体重减轻，产蛋量下降	弱致病性新城疫
	鸡、火鸡、鸭、鹅等	突然死亡，败血病，出血（心脏、腹部脂肪），卵巢炎，皮肤病变，肝脏和脾脏肿大和坏死，腹膜炎，产蛋量下降	急性禽霍乱
	鸡、雉鸡、鹌鹑等	鼻腔和鼻窦发炎、打喷嚏、流鼻液、颜面肿胀、结膜炎、气囊炎，发病率高，死亡率低，产蛋量下降	传染性鼻炎
	火鸡、鸡等	肿头综合征，气管炎，产蛋率下降达 70%，蛋壳质量不良	禽偏肺病毒
	火鸡、鸡	面部浮肿，产蛋量下降和孵化率降低，肺水肿和实变、胸膜炎、心包炎、肠炎、关节炎、脑膜炎	鼻气管鸟杆菌
	所有禽类	活疫苗免疫后短时间内流鼻涕和结膜炎	疫苗反应
	所有禽类	鼻窦炎、结膜炎、眼睑炎	氨气中毒
	鸭、雉鸡、鹌鹑等	呼吸道症状，腹泻，排绿色稀便颤抖，斜颈，死亡，败血病，纤维蛋白肝周炎、心包炎、气囊炎、脑膜炎，生长受阻	鸭疫里默氏杆菌病
在咽喉、气管或支气管出现白喉膜	所有禽类	白喉形式：上消化道和呼吸道病变，严重呼吸困难；伴有结节性增生，皮肤病变发展成厚痂	黏膜性禽痘
	所有禽类	角化过度（角膜、口、食道），营养性肾病，羽毛蓬乱、角膜角化过度和神经病变，产蛋量下降	维生素缺乏
在咽喉、气管或支气管出现浆液或出血性渗出物	所有禽类	发病突然，发病率高、死亡率高（达 100%），产蛋量下降，严重呼吸道症状（鼻窦炎、面部肿胀），全身出血症、发绀，伴有腹泻、脑炎和胰腺炎	高致病性禽流感
	所有禽类	呼吸道症状轻重不一（鼻窦炎、气管炎、支气管炎、肺炎、气囊炎），伴有结膜炎、肠炎，产蛋量下降，卵巢退化，输卵管退化，死亡率低（小于 5%）	低致病性禽流感
	鸡、猎用鸟、鸽等	严重的呼吸道疾病（面部水肿），神经症状（斜颈、瘫痪），死亡率高达 50%，产蛋量下降	强致病性新城疫
	鸡	结膜炎、气管炎、肺炎、肾炎（小鸡）、输卵管炎（蛋壳和蛋清不正常），产蛋量下降，蛋壳质量下降，蛋清和蛋黄分离，肠炎	传染性支气管炎
	鹌鹑	严重的呼吸道症状，结膜炎，神经症状，气管炎、支气管炎，气囊炎，肺炎，肝炎	鹌鹑支气管炎病毒
	鹦鹉、火鸡和鸭等	食欲减退，嗜睡，羽毛粗乱，咳嗽，绿色粪便，体重减轻，产蛋量下降，结膜炎、气囊炎、心包炎、肠炎、肝炎、脾炎	禽衣原体病（鹦鹉热衣原体）
	鸡、火鸡和猎用鸟	发病慢、病程长，产蛋量下降和蛋质量不良，鼻窦炎、角膜结膜炎、气囊炎、输卵管炎	鸡毒支原体
	火鸡、鸡	发病率高、死亡率低，幼禽症状严重，结膜炎、鼻窦炎，呼吸困难，气管环变形	禽波氏杆菌病
	水禽	粪便发绿的腹泻、发病率高，死亡率高，结膜炎、食道炎，广泛的出血，产蛋率下降（25%～40%），脾脏较小	鸭病毒性肠炎

续表

呼吸系统病症	感染宿主	主要症状和病变	可能病因
在咽喉、气管或支气管出现干酪样物甚至出血	鸡、雉鸡和孔雀等	严重呼吸困难，突然死亡，气管出血和/或有干酪样物质，死亡率（1%～50%），产蛋率下降（5%～15%），结膜炎，鼻窦炎	传染性喉气管炎
	火鸡、鸡等	心包炎，心肌炎，气管炎，肺炎和胸膜肺炎，气囊炎，腹膜炎，绿色粪便	大肠杆菌病
	所有禽类	呼吸困难，结节（气管、支气管、肺、气囊），腹泻，生长受阻，扩展至其他位置的全身性感染：脑子、眼睛、皮肤和肾脏	烟曲霉菌
	鸽	急性鼻炎（打喷嚏、结膜炎、鼻孔堵塞、肉垂通常由白色转黄灰色），慢性鼻炎（与严重继发细菌感染相关的鼻窦炎和严重呼吸困难）	疱疹性鼻炎

2. 肺脏疾病和气囊炎的鉴别诊断（表 8.3）

表 8.3　常见呼吸系统肺脏疾病和气囊炎的病因鉴别诊断

呼吸系统病症	感染宿主	主要症状和病变	可能病因
肺脏出血或气囊炎	所有禽类	发病突然，发病率高、死亡率高（可达 100%），产蛋量下降，严重呼吸道症状（鼻窦炎、面部肿胀），全身出血症、发绀，伴有腹泻、脑炎和胰腺炎	高致病性禽流感
	鸡、鸟、鸽等	严重的呼吸道症状，气管和支气管出血、气囊炎，发病率高，神经症状（斜颈、瘫痪），死亡率高达 50%，产蛋量下降	新城疫
	鸡	结膜炎、气管炎、肺炎、肾炎（小鸡）、输卵管炎（蛋壳和蛋清不正常），产蛋量下降，蛋壳质量下降，蛋清和蛋黄分离，肠炎	传染性支气管炎
	鹌鹑	严重呼吸困难，结膜炎，神经症状，气管炎、支气管炎，气囊炎，肺炎，肝炎	鹌鹑支气管炎
	鹦鹉、火鸡和鸭等	食欲减退，嗜睡，羽毛粗乱，咳嗽，绿色粪便，体重减轻，产蛋量下降，结膜炎，气囊炎，心包炎，肠炎，肝炎，脾炎	禽衣原体（鹦鹉热）
	火鸡（鸡）	发病率高、死亡率低（幼禽），泡性结膜炎，鼻窦炎，呼吸困难，下颌肿胀，生长受阻，气管炎（气管环变形）	禽波氏杆菌病
	水禽	粪便发绿的腹泻、发病率高，死亡率高，结膜炎，食道炎，广泛的出血，产蛋率下降（25%～40%），脾脏较小	鸭病毒性肠炎
肺脏结节	鸡、火鸡等	食欲减退、虚脱，翅膀下垂，腹泻，死亡率高（高达 100%），呼吸困难，失明，关节炎，心脏、砂囊、胰腺、肺部有结节	鸡白痢
	所有禽类	慢性疾病，进行性消瘦，鸡冠苍白，腹泻，跛足，肉芽肿，肝脏、脾脏和肠道病变三联症，骨髓、卵巢、睾丸、心脏、皮肤和肺有结节	禽结核分枝杆菌
	所有禽类	呼吸困难，死亡，结节（气管、支气管、肺、气囊），腹泻，生长受阻，扩展至其他位置的全身性感染：脑、眼睛、皮肤和肾脏	葡萄球菌病
	所有禽类	突然死亡，苍白，鼻窦炎，关节炎（淀粉样蛋白），滑膜炎，骨髓炎，气囊炎，皮炎，脐炎，败血病，绿肝症，肺炎，心内膜炎，鸭掌炎	烟曲霉菌
肺炎或气囊炎	鹦鹉	呼吸道症状：喉炎、气管炎、支气管肺炎，结膜炎、食道炎	鹦鹉疱疹病毒 1 型
	鸡、火鸡和猎用鸟	慢性呼吸道疾病，呼吸衰竭，产蛋量下降和蛋质量不良，鼻窦炎，角膜结膜炎，气囊炎，腱鞘炎，输卵管炎	鸡毒支原体
	所有禽类	败血病，腹泻，失明，跛足，肝炎，脾炎，心包炎，关节炎，气囊炎，盲肠炎，脐炎，腹膜炎，卵巢炎，脑膜炎	副伤寒沙门氏菌
	火鸡、鸡等	心包炎，心肌炎，气管炎，肺炎和胸膜肺炎，气囊炎，腹膜炎，绿色粪便	大肠杆菌病
	火鸡、鸡等	局部脓肿：关节、头部、输卵管。肺炎、气囊炎、中耳和脑膜炎（斜颈）	慢性禽霍乱
	鸡、雉鸡、鹌鹑等	鼻腔和鼻窦发炎、打喷嚏、流鼻液、颜面肿胀、结膜炎、气囊炎，发病率高，死亡率低，产蛋量下降	传染性鼻炎

续表

呼吸系统病症	感染宿主	主要症状和病变	可能病因
肺炎或气囊炎	火鸡、鸡等	面部浮肿，产蛋量下降和孵化率降低，肺水肿和实变、胸膜炎，心包炎，肠炎，关节炎，脑膜炎	鼻气鸟杆菌
	水禽	呼吸道症状，粪便发绿的腹泻，颤抖，斜颈，败血病，纤维蛋白肝周炎，心包炎，气囊炎，脑膜炎，生长受阻	鸭疫里默氏杆菌病
	鸡、火鸡等	关节炎，滑膜炎，腱鞘炎，呼吸道症状，气囊炎，蛋壳顶端异常，输卵管炎	滑液囊支原体
	所有禽类	呼吸道症状轻重不一（鼻窦炎、气管炎、支气管炎、肺炎和气囊炎），伴有结膜炎、肠炎，产蛋量下降，卵巢退化，输卵管退化，死亡率低（小于5%）	低致病性禽流感
	番鸭	呼吸道症状，气囊炎，结膜炎，肠炎，脾肿大，肝周炎和心包炎，跛足，生长受阻，产蛋量下降，死亡率高（达40%）	鸭呼肠孤病毒
	火鸡	鼻窦炎，气囊炎，生长不良，翅关节肿胀，骨骼不正常（骨髓炎、骨营养不良）	火鸡支原体
	所有禽类	气囊炎，呼吸困难和肝周炎	粉尘量过多

（秦卓明）

参考文献

毕丁仁，1985．禽源霉形体的分离和鉴定[J]．中国兽医科技（12）：51-54．

毕丁仁，1989．鸭霉形体的分离与鉴定[J]．中国兽医科技（4）：28-29．

曹春梅，焦新安，欧卫军，等，2006. 斑点免疫金渗滤法检测鸡白痢/鸡伤寒沙门氏菌抗体的应用研究[J]. 中国预防兽医学报（5）：577-580.

曹殿军，郭鑫，梁荣，等，2001. 中国部分地区 NDV 的分子流行病学研究[J]. 中国预防兽医学报（1）：30-33.

陈福勇，张中直，甘孟侯，等，1989．鸡白痢系列净化措施的研究：Ⅱ．四种不同诊断方法测定鸡白痢抗体[J]．中国兽医杂志（9）：7-9．

陈建红，朱英生，张济培，等，2001. 鹅败血支原体及滑液囊支原体感染的血清学调查[J]. 中国兽医杂志（6）：5-8.

陈晓浪，成大荣，朱善元，等，2010. 鸡大肠杆菌毒力因子的流行病学及药物敏感性分析[J]. 扬州大学学报（农业与生命科学版），31（3）：1-6.

陈小玲，陈葵，张培君，等，1994．用间接 ELISA 检测鸡血清中传染性鼻炎抗体[J]．中国兽医科技（1）：21-22．

陈小玲，宋程，2000. 中国鼻气管鸟疫杆菌鉴定初报[J]. 中国兽药杂志（2）：62.

陈小玲，张培君，1995. 副鸡嗜血杆菌种特异性的核酸探针[J]. 中国兽药杂志（4）：12-13.

陈耀星，2013．动物解剖学彩色图谱[M]．北京：中国农业出版社．

陈勇，陈贵滨，陈宏波，2015. 畜禽舍物理技术环境控制与防疫模式[J]. 农业工程，5（S1）：49-52.

程安春，汪铭书，陈孝跃，等，1997. 256 株鸭源多杀性巴氏杆菌血清学鉴定及病原特性研究[J]. 中国兽医科学（7）：13-15.

程曌，殷俊磊，王晓春，等，2015. 鸡伤寒沙门菌双基因缺失株 1009ΔspicΔcrp 的构建及鉴定[J]. 中国兽医科学，45（1）：8-14.

池若鹏，蔡伟光，高彦生，等，1985．广东地区鸡滑液霉形体病血清学调查报告[J]．中国兽医杂志（11）：4-6．

崔治中，2009. 兽医全攻略（鸡病）[M]. 北京：中国农业出版社.

邓显文，谢芝勋，谢志勤，等，2014. 鸡滑液支原体 LAMP 快速可视化检测方法的建立[J]. 中国预防兽医学报，36（1）：46-49.

丁美娟，卢凤英，严鹏，等，2015. 鸡滑液囊支原体不同地区分离株对常用抗菌药物的敏感性试验[J]. 中国兽药杂志（10）：52-55.

杜元钊，范根成，朱万光，等，1995. 产蛋鸡传染性支气管炎病毒变异株的分离鉴定[J]. 中国畜禽传染病（6）：3-6.

冯文达，1986．北京鸡传染性鼻炎病原菌的分离及其鉴定[J]．兽医药品通讯（3）：16-19．

甘孟侯，张中直，陈福勇，等，1989．鸡白痢系列净化措施的研究：I．鸡白痢污染情况的调查[J]．中国兽医杂志（8）：6，7，11．

高军花，2016．鸡温和型禽流感与非典型新城疫混合感染的诊治[J]．科学种养（7）：54．

耿士忠，潘志明，蒋春红，等，2007. 鸡白痢沙门菌等位基因特异性 PCR 检测方法的建立[J]. 中国兽医科学（2）：113-116.

龚祖埙，2006. 病毒的分子生物学及防治策略[M]. 上海：上海科学技术出版社.

郭龙宗，曲立新，2009. 种鸡禽肺病毒感染的血清学调查[J]. 中国畜牧兽医，36（4）：149-150.

何怡宁，李仲林，唐宁，等，2016．桔百颗粒（乐康宁）对雏鸡感染鸡传染性支气管炎的防治效果[J]．南方农业学报，47（9）：1602-1607．

扈荣良，2014. 现代动物病毒学[M]. 北京：中国农业出版社.

黄迪海，刘霞，盛晓丹，等，2014. 兽用鸡脾转移因子的多肽组成研究[J]. 中国兽药杂志，48（2）：23-27.

黄迪海，秦春芝，盛晓丹，等，2015. 禽源大肠杆菌的分离鉴定及耐药性检测[J]. 山东畜牧兽医，36（11）：11-13.

黄劲，邓永荣，戴荣旺，等，2005. 中药制剂对禽流感病毒 H9N2、新城疫病毒、传染性支气管炎病毒和鸡毒支原体的攻毒保护试验[J]. 动物医学进展（12）：83-86.

冀锡霖，宁宜宝，1986．鸡感染鸡毒霉形体和滑液霉形体情况的调查[J]．中国兽医科技（12）：23-25．

姜世金，张志，孙淑红，等，2003. 用斑点杂交法同时检测鸡群中的 CAV MDV 和 REV[J]. 中国兽医杂志（5）：6-8.

姜训，赵革平，马焱，等，1994. 口服转移因子体内动力学的初步观察[J]. 中国生物制品学杂志，7（4）：151-152.

金国银，张亚东，2010. 七彩山鸡结核病的诊治[J]. 特种经济动植物，13（12）：16.

金文杰，郑志明，秦爱建，等，2006. 禽致病性大肠杆菌中耶尔森菌强毒力岛的分子流行病学调查[J]. 中国兽医科学（10）：787-790.

雷连成，韩文瑜，王兴龙，等，2001. 大肠杆菌质粒与喹诺酮耐药性关系的研究[J]. 吉林农业大学学报（2）：89-92.

李德山，李维义，1984．新城疫病毒红旗株的蚀斑形态及其生物学特性的研究[J]．家畜传染病（1）：15-19．

李富桂，张文生，李丙文，等，1999．鸡转移因子最低有效浓度的确定[J]．中国预防兽医学报（3）：47-49．

李厚达，2003. 实验动物学[M]. 北京：中国农业出版社.

李慧姣，蒋桃珍，李启红，等，2004．鸡新城疫灭活疫苗免疫攻毒试验与血清学（HI）试验的平行关系研究[J]．中国兽药杂志（8）：5-8．

李晶，杨昆鹏，王子旭，等，2015. 鸡脾转移因子对鸡肠道细胞因子的影响[J]. 中国民康医学，27（14）：151.

李康然，李健，1988．鸡传染性支气管炎肾变病型的诊断[J]．中国预防兽医学报（5）：10．

李莎莎，2010. 山东省禽源大肠杆菌血清型鉴定及喹诺酮类药物耐药性研究[D]. 泰安：山东农业大学.
李伟，2015．蛋鸡温和型禽流感与大肠杆菌混感的防制[J]．现代农村科技（3）：35.
李文君，徐国锋，唐旭，等，2015．“消疮饮”加减诊疗鸡痘效验[J]．中国畜禽种业，11（11）：152.
李玉文，李惠兰，张鹏，等，2008. 辽宁省禽大肠杆菌血清型分布与大肠杆菌病防治措施研究[J]. 中国家禽，30（4）：22-24.
李跃庭，1982．鸡滑液支原体病例报告[J]．中国兽医科技（5）：54.
刘滨疆，施詹莎，赵玉兰，2003. 封闭式畜禽舍中空气的电净化技术及应用[J]. 中国家禽（17）：8-11.
刘继军，2016. 家畜环境卫生学[M]. 北京：中国农业出版社.
刘金华，甘孟侯，2016. 中国禽病学[M]. 2 版. 北京：中国农业出版社.
刘群，朱子凤，江平康，等，2013．中药复方对家禽病毒性疾病的临床治疗试验研究[C]//四川省威远县人民政府，中国农业历史学会，西南地区中兽医学会．中国《活兽慈舟》学术研讨会论文集．威远：中国《活兽慈舟》学术研讨会：208-213.
刘秀梵，2010. 中国新城疫病毒的分子流行病学及新疫苗研制[J]. 中国家禽，32（21）：1-4.
马兴树，范翠蝶，夏玉龙，2013. 禽致病性大肠杆菌研究进展[J]. 中国畜牧兽医，40（2）：169-174.
马雪云，王红妹，杨玉华，2006. 乳酸杆菌活菌制剂对大肠杆菌和鸡白痢沙门氏菌体外拮抗试验[J]. 山东畜牧兽医（3）：4-5.
毛福超，郁川，韩璐，等，2016. 豫西地区禽源大肠杆菌的分离鉴定与耐药性分析[J]. 河南农业科学，45（1）：127-130.
孟东霞，贺东昌，武果桃，等，2013. 超微粉中药对人工感染鸡毒支原体病鸡的治疗试验[J]. 中国兽医杂志，49（8）：45-47.
孟芳，徐怀英，张伟，等，2016. 近 20 年中国部分地区鸡源 H9N2 亚型禽流感病毒 HA 基因遗传演化及其变异频率[J]. 微生物学报，56（1）：35-43.
孟庆美，王少辉，韩先干，等，2014. 禽致病性大肠杆菌毒力基因多重 PCR 方法的建立和应用[J]. 微生物学报，54（6）：696-702.
孟庆平，2009．不同硫化氢浓度对肉仔鸡生长性能、免疫功能和肉质的影响[D]．杭州：浙江大学.
宁官保，刘国莉，张鼎，等，2015. 鸡毒支原体胶体金免疫层析试纸条的研制和初步应用[J]. 动物医学进展（5）：25-28.
宁宜宝，1992. 鸡毒支原体灭活油佐剂疫苗的研制[J]. 中国兽药杂志，26（1）：5-9.
宁宜宝，冀锡霖，1997．鸡滑液支原体平板凝集抗原中试生产及应用的总结[J]．中国兽药杂志（3）：38-39.
牛建荣，张继瑜，周绪正，等，2015. 菌毒清口服液治疗人工感染鸡传染性鼻炎试验[J]. 中国兽医杂志，51（10）：87-90，52.
牛玉娟，王亮，王鹏飞，等，2016. 山东省部分地区蛋种鸡鸡白痢和滑液囊支原体病的流行病学调查[J]. 中国动物检疫，33（8）：21-26.
秦卓明，2006. 新城疫病毒流行株致病性和抗原性及其与 F 和 HN 基因变异的相关性[D]. 泰安：山东农业大学.
秦卓明，马保臣，何叶峰，等，2006. 新城疫病毒 HN 和 F 基因遗传变异相关性的研究[J]. 微生物学报（2）：227-232.
秦卓明，徐怀英，黄迪海，等，2017. 转移因子的组成和作用机制[J]. 家禽科学（7）：47-52.
秦卓明，徐怀英，欧阳文军，等，2008. 新城疫病毒毒株交叉鸡胚中和指数及其与 F 和 HN 基因变异的相关性[J]. 微生物学报，48（2）：226-233.
任家琰，郭建华，霍乃蕊，2000. 鸡毒支原体 PCR 检测及特异扩增片断的克隆与测序[J]. 畜牧兽医学报（1）：50-56.
沈瑞忠，曲立新，于康震，等，1999. 禽肺病毒的分离鉴定[J]. 中国预防兽医学报（1）：79-80.
沈映君，2010. 中药药理学[M]. 北京：人民卫生出版社.
沈志强，杨永福，1989．禽霍乱蜂胶菌苗的研究：Ⅰ．制苗工艺、安全性与免疫原性试验[J]．中国畜禽传染病（5）：1-3.
史秋梅，高桂生，张艳英，等，2013. 金荞麦提取物体外抗菌活性及制剂对鸡支原体感染疗效[J]. 农业科学与技术：英文版，14（11）：1632-1635.
世界动物卫生组织，2017. 陆生动物诊断试验和疫苗手册（哺乳动物、禽鸟与蜜蜂）[M]. 7 版. 农业部兽医局/中国动物卫生与流行病学中心，译. 北京：中国农业出版社.
宋立，宁宜宝，张秀英，等，2005. 中国不同地区家禽大肠杆菌血清型分布和耐药性比较研究[J]. 中国农业科学（7）：1466-1473.
宋勤叶，张中直，陈德威，等，1999. 应用 PCR 检测鸡蛋卵黄膜中鸡毒支原体的研究[J]. 中国兽医杂志（11）：14-15.
宋弋，王忠，姚中磊，等，2008．氨气对肉鸡生产性能、血氨和尿酸的影响研究[J]．中国家禽，30（13）：10-16.
索慧娜，2016. 河北省蛋鸡不同养殖模式舍内空气细菌检测及大肠杆菌耐药性研究[D]. 邯郸：河北工程大学.
王红宁，2002. 禽呼吸系统疾病[M]. 北京：中国农业出版社.
王红宁，雷昌伟，杨鑫，等，2016. 蛋鸡和种鸡沙门菌的净化研究[J]. 中国家禽，38（21）：1-5.
王金勇，王小龙，向瑞平，等，2001. 日粮中添加 L-NAME 对肉鸡腹水综合征发生的影响及其机理[J]. 中国兽医学报（6）：603-605.
王丽荣，刁有祥，唐熠，等，2013. 鼻气管鸟疫杆菌环介导等温扩增（LAMP）检测方法的建立与应用[J]. 中国兽医学报，33（9）：1364-1368.
王永坤，田慧芳，周继宏，等，1998. 鹅副粘病毒病的研究[J]. 江苏农学院学报（1）：60-63.
王玉东，张子春，王永玲，1997．青岛发生鸡腺胃型传支[J]．中国动物检疫，14（2）：101.
王云峰，智海东，王玫，等，2001. 表达传染性喉气管炎病毒 gB 基因重组鸡痘病毒疫苗的遗传稳定性评价[J]. 中国预防兽医学报（6）：26-29.
王志亮，刘华雷，2012. 新城疫[M]. 北京：中国农业出版社.

王忠，宋弋，汪以真，等，2008. 氨气对肉鸡生产性能、血液常规指标和腹水症发生率的影响[J]. 中国畜牧杂志，44（23）：46-49.

谢芝勋，庞耀珊，谢志勤，等，1999. 应用聚合酶链反应检测禽多杀性巴氏杆菌的研究[J]. 中国预防兽医学报（6）：446-449.

谢志勤，谢芝勋，庞耀珊，等，2000. 应用多重聚合酶链式反应检测鸡毒支原体、鸡滑液囊支原体和禽衣阿华支原体的研究[J]. 畜牧与兽医（5）：4-6.

幸桂香，冯菊艳，刘庆祥，等，1990. 鸡传染性鼻炎 ELISA 方法的研究[J]. 中国畜禽传染病（6）：23-25.

徐怀英，黄迪海，张伟，等，2017. 中国禽源新城疫病毒（NDV）流行株 F 和 HN 基因的遗传演化和变异频率[J]. 微生物学通报，44（12）：2933-2941.

徐耀辉，焦新安，胡青海，等，2006. 酶标单抗阻断 ELISA 检测鸡白痢和鸡伤寒抗体[J]. 中国兽医学报（2）：140-143.

薛聪，唐熠，陈琳，等，2014. 1 株 B 亚型禽偏肺病毒的分离与鉴定[J]. 中国兽医学报，34（1）：39-44.

薛俊龙，王国艳，张伟业，等，2011. 微生态制剂预防鸡白痢沙门氏菌感染的应用技术研究[J]. 中国动物检疫，28（9）：38-41.

杨帆，王红宁，张安云，等，2015. 多重 PCR 检测病死鸡中沙门氏菌方法的研究[J]. 四川大学学报（自然科学版），52（1）：163-169.

杨明凡，崔保安，陈红英，等，2009. 传染性喉气管炎病毒 gD 基因重组禽痘病毒的制备、纯化及初步鉴定[J]. 中国生物制品学杂志，22（4）：351-353.

杨晓林，2014. 四川部分地区鸡沙门氏菌的分离鉴定及其弱毒株的培育[D]. 雅安：四川农业大学.

尤永君，张国中，刘月焕，等，2015. 2010—2013 年中国鸡传染性支气管炎病毒分离株 S1 基因分子特性分析[J]. 中国农业大学学报，20（2）：137-148.

于康震，陈化兰，2015. 禽流感[M]. 北京：中国农业出版社.

张国中，杨爱梅，陈亮，等，2004. 禽副粘病毒 2 型（PMV-2）中国分离株的研究[C]// 中国畜牧兽医学会 2004 学术年会暨第五届全国畜牧兽医青年科技工作者学术研讨会论文集，北京.

张欢，侯佳蕾，张彦红，等，2009. 副鸡嗜血杆菌 PCR 检测方法的建立[J]. 广东畜牧兽医科技，34（1）：28-30.

张培君，龚玉梅，樊玉珍，等，1996. 鸡传染性鼻炎和新城疫二联油佐剂灭活疫苗的研究（Ⅱ）[J]. 中国兽药杂志（4）：8-12.

张培君，苗得园，龚玉梅，等，2002. B 型副鸡嗜血杆菌的分离与鉴定（简报）[J]. 中国兽药杂志，36（1）：75.

张伟，王柳，童光志，等，1993. 鸡败血支原体和滑液支原体 DNA 文库的构建及其探针的制备[J]. 农业生物技术学报（1）：57-61.

张伟，徐怀英，孟芳，等，2015. 1999～2013 年山东 H9N2 亚型禽流感病毒 HA 基因的演化和 HI 抗原性差异分析[J]. 中国科学：生命科学，45（2）：190-199.

张小荣，吴艳涛，2016. 禽传染性支气管炎流行动态与防控对策[J]. 中国家禽，38（16）：1-5.

赵国平，戴慎，陈仁寿，2006. 中药大辞典[M]. 2 版. 上海：上海科学技术出版社.

赵继勋，秦卓明，2002. 一株类 4/91 病毒的初步研究[J]. 中国预防兽医学报（5）：41-44.

赵武，刘伟，陈忠伟，2007. 复方中药防治鸡传染性支气管炎的临床试验[J]. 中国畜牧兽医（10）：121-123.

赵雪梅，林承业，杨环，等，1998. 几种免疫增效剂对鸡新城疫和鸡法氏囊病免疫抗体的作用[J]. 中国畜禽传染病（5）：13-14.

郑明，王书琴，1982. 中国 111 株由家禽分离的多杀性巴氏杆菌的血清型[J]. 中国兽药杂志（1）：51-56.

智海东，王云峰，童光志，等，2004. 传染性喉气管炎病毒 gB 基因和新城疫病毒 F 基因在重组禽痘病毒中共表达[J]. 生物工程学报（6）：963-966.

朱代银，2016. 鸡痘的发生、流行及防治[J]. 中国畜牧兽医文摘，32（8）：147，131.

朱瑞良，张绍学，唐珂心，1991. 鸡波氏杆菌病研究初报[J]. 山东农业大学学报（自然科学版）（4）：91-94.

朱士盛，王新，1996. 鸡传染性鼻炎多价灭活疫苗的研制及免疫试验[J]. 中国动物检疫（3）：5-6.

HENDRIX C M, SIROIS M, 2010. 兽医临床实验室检验手册[M]. 5 版. 夏兆飞，译. 北京：中国农业大学出版社.

SAIF Y M, FADLY A M, GLISSON J R, et al., 2012. 禽病学[M]. 苏敬良，高福，索勋，译. 北京：中国农业出版社.

AGRAWAL P K, REYNOLDS D L, 1991. Evaluation of the cell-mediated immune response of chickens vaccinated with Newcastle disease virus as determined by the under-agarose leukocyte-migration-inhibition technique[J]. Avian diseases, 35(2): 360-364.

ALEXANDER D J, CHETTLE N J. 1977. Procedures for the haemagglutination and the haemagglutination inhibition tests for avian infectious bronchitis virus [J]. Avian pathology: journal of the W.V.P.A, 6(1): 9-17.

AMIN M M, JORDAN F T, 1978. Experimental infection of ducklings with *Mycoplasma gallisepticum* and *Mycoplasma anatis*[J]. Research in veterinary science, 25(1): 86-88.

AMMAYAPPAN A, UPADHYAY C, GELB J J R, et al., 2009. Identification of sequence changes responsible for the attenuation of avian infectious bronchitis virus strain Arkansas DPI[J]. Archives of virology, 154(3): 495-499.

BANKS J, SPEIDEL E S, MOORE E, et al., 2001. Changes in the haemagglutinin and the neuraminidase genes prior to the emergence of highly pathogenic H7N1 avian influenza viruses in Italy[J]. Archives of virology, 146(5): 963-973.

BLACKALL P J, CHRISTENSEN H, BECKENHAM T, et al., 2005. Reclassification of *Pasteurella gallinarum*, [*haemophilus*] *paragallinarum*, *Pasteurella avium* and *Pasteurella volantium* as *Avibacterium gallinarum* gen. nov., comb. nov., *Avibacterium paragallinarum* comb. nov., *Avibacterium avium* comb. nov. and *Avibacterium volantium* comb. nov.[J]. International journal of systematic and evolutionary microbiology, 55(Pt 1): 353-362.

BEARD C W, HANSON R P. 1984. Newcastle disease[M]. Ames, IA: Iowa State University Press: 452-470.

BRUGERE-PICOUX J, VAILLANCOURTZ J, 2015. Manual of poultry diseases[C]. Paris: Association Francaise Pour L'Avancement Des Sciences.

BRUNER D W, EDWARDS P R, 1941. The demonstration of Non-specific components in Salmonella paratyphi A by induced variation[J]. Journal of bacteriology, 42(4):467-478.

CAPUA I, SCACCHIA M, TOSCANI T, et al., 1993. Unexpected isolation of virulent Newcastle disease virus from commercial embryonated fowls' eggs. Zentralblatt fur veterinarmedizin. reihe B[J]. Journal of veterinary medicine. series B, 40(9-10): 609-612.

CARTER G R, SCHRODER J D, 1955.Pleuropneumonia-Like Organisms Associated With Pneumonia In Swine[J]. Canadian journal of comparative medicine & veterinary science, 19(7):219-220.

CASAIS R, DOVE B, CAVANAGH D, et al., 2003. Recombinant avian infectious bronchitis virus expressing a heterologous spike gene demonstrates that the spike protein is a determinant of cell tropism[J]. Journal of virology, 77(16): 9084-9089.

CHEN J P, WANG C H, 2002. Clinical epidemiologic and experimental evidence for the transmission of Newcastle disease virus through eggs[J]. Avian diseases, 46(2): 461-465.

CHRISTIANSEN I, HENGSTENBERG W, 1996. Cloning and sequencing of two genes from Staphylococcus carnosus coding for glucose-specific PTS and their expression in *Escherichia coli* K-12[J]. Molecular & general genetics : MGG, 250(3): 375-379.

COLLIN E A, SHENG Z, LANG Y, et al., 2015. Cocirculation of two distinct genetic and antigenic lineages of proposed influenza D virus in cattle[J]. Journal of virology, 89(2): 1036-1042.

COOK J K, CAVANAGH D, 2002. Detection and differentiation of avian pneumoviruses (metapneumoviruses)[J]. Avian pathology : 31(2): 117-132.

COOK J K, ORBELL S J, WOODS MA, et al., 1996. A survey of the presence of a new infectious bronchitis virus designated 4/91 (793B) [J]. The Veterinary record, 138(8): 178-180.

CUMMINS D R, REYNOLDS D L, RHOADES K R, 1990. An avidin-biotin enhanced dot-immunobinding assay for the detection of *Mycoplasma gallisepticum* and *M. synoviae serum* antibodies in chickens[J]. Avian diseases, 34(1): 36-43.

CZIFRA G, KLEVEN S H, ENGSTROM B, et al., 1995. Detection of specific antibodies directed against a consistently expressed surface antigen of *Mycoplasma gallisepticum* using a monoclonal blocking enzyme-linked immunosorbent assay[J]. Avian diseases, 39(1): 28-31.

DAISY P, MATHEW S, SUVEENA S, et al., 2008. A novel terpenoid from elephantopus scaber-antibacterial activity on *Staphylococcus aureus*: a substantiate computational approach[J]. International journal of biomedical science : IJBS, 4(3): 196-203.

DE LEEUW O S, KOCH G, HARTOG L, et al., 2005. Virulence of Newcastle disease virus is determined by the cleavage site of the fusion protein and by both the stem region and globular head of the haemagglutinin-neuraminidase protein[J]. The Journal of general virology, 86(Pt 6): 1759-1769.

DIERKS R E, NEWMAN J A, POMEROY B S, 1967. Characterization of *Avian mycoplasma*[J]. Annals of the New York academy of sciences, 143(1):170-189.

DOYLE, T M. 1927. A hitherto unrecorded disease of fowls due to a filter-passing virus[J]. J Comp Pathol Therap. 40:144-169.

EWERS C, JANSSEN T, KIESSLING S, et al., 2005. Rapid detection of virulence-associated genes in avian pathogenic *Escherichia coli* by multiplex polymerase chain reaction[J]. Avian diseases, 49(2):269-273.

EWING W H, 1986. Edwards and Ewing's Identification of Entero-bacteriaceae[M]. 4th ed. Elsevier, Amsterdam: 1-536.

FAN H H, KLEVEN S H, JACKWOOD M W, 1995. Application of polymerase chain reaction with arbitrary primers to strain identification of *Mycoplasma gallisepticum*[J]. Avian diseases, 39(4): 729-735.

GLISSON J R, KLEVEN S H, 1985. *Mycoplasma gallisepticum* vaccination: further studies on egg transmission and egg production[J]. Avian diseases, 29(2): 408-415.

GOUGH R E, COLLINS M S, COX W J, et al., 1988. Experimental infection of turkeys, chickens, ducks, geese, guinea fowl, pheasants and pigeons with turkey rhinotracheitis virus[J]. The Veterinary record, 123(2): 58-59.

HAFEZ H M, STING R, 1999. Investigations on different *Ornithobacterium rhinotracheale* "ORT" isolates[J]. Avian diseases, 43(1): 1-7.

HALASZ F, 1912. Contributions to the knowledge of fowlpest[D]. Vet Doctoral Dissertation. Commun Hungar Roy Vet Schl: Patria, Budapest: 1-36.

HAYATSU E, SUGIYAMA H, KUME K, et al., 1975. A field trial, using killed-*Mycoplasma gallisepticum* vaccine to protect against chicken respiratory mycoplasmosis[J]. American journal of veterinary research, 36(2): 217-221.

HEDDLESTON K L, 1972. Avian PasteureJlosis. In M. S. Hofstad, B. W. Calnek, C. F. Helmboldt, W M. Reid, and H. W. Yoder, Jr.

(eds.). Diseases of Poultry, 6th ed. Iowa State University Press: Ames, lA, 219-241.

HEDDLESTON K L, GALLAGHER J E, REBERS P A, 1972. Fowl cholera: gel diffusion precipitin test for serotyping *Pasteruella multocida* from avian species[J]. Avian diseases, 16(4): 925-936.

HEDDLESTON K L, WATKO L P, REBERS P A, 1964. Dissociation of a fowl cholera strain of *Pasteurella multocida*[J]. Avian diseases, 8:649-657.

HODGSON T, CASAIS R, DOVE B, et al., 2004. Recombinant infectious bronchitis coronavirus Beaudette with the spike protein gene of the pathogenic M41 strain remains attenuated but induces protective immunity[J]. Journal of virology, 78(24): 13804-13811.

HOPKINS B A, HUANG T H, OLSON L D, 1998. Differentiating turkey postvaccination isolants of *Pasteurella multocida* using arbitrarily primed polymerase chain reaction[J]. Avian diseases, 42(2): 265-274.

HU S, MA H, WU Y, et al., 2009. A vaccine candidate of attenuated genotype VII Newcastle disease virus generated by reverse genetics[J]. Vaccine, 27(6): 904-910.

HUANG Z, PANDA A, ELANKUMARAN S, et al., 2004. The hemagglutinin-neuraminidase protein of Newcastle disease virus determines tropism and virulence[J]. Journal of virology, 78(8): 4176-4184.

HUNT M L, RUFFOLO C G, RAJAKUMAR K, et al, 1998. Physical and genetic map of the *Pasteurella multocida* A:1 chromosome[J]. Journal of bacteriology, 180(22): 6054-6058.

HUO Y F, HUANG Q H, LU M, et al., 2016. Attenuation mechanism of virulent infectious bronchitis virus strain with QX genotype by continuous passage in chicken embryos[J]. Vaccine, 34(1): 83-89.

JONGES M, WELKERS M R, JEENINGA R E, et al., 2014. Emergence of the virulence-associated PB2 E627K substitution in a fatal human case of highly pathogenic avian influenza virus A(H7N7) infection as determined by Illumina ultra-deep sequencing[J]. Journal of virology, 88(3): 1694-1702.

JUHASZ K, EASTON A J, 1994. Extensive sequence variation in the attachment (G) protein gene of avian pneumovirus: evidence for two distinct subgroups[J]. The journal of general virology, 75 (Pt 11): 2873-2880.

KAYALI G, ORTIZ E J, CHORAZY M L, et al., 2011. Serologic evidence of avian metapneumovirus infection among adults occupationally exposed to Turkeys[J]. Vector borne and zoonotic diseases (Larchmont, N. Y.), 11(11): 1453-1458.

KEMPF I, BLANCHARD A, GESBERT F, et al., 1993. The polymerase chain reaction for *Mycoplasma gallisepticum* detection[J]. Avian pathology : journal of the W. V. P. A, 22(4): 739-750.

KLEVEN S H, 1998. Mycoplasmas in the etiology of multifactorial respiratory disease[J]. Poultry science, 77(8): 1146-1149.

KLEVEN S H, MORROW C J, WHITHEAR K G, 1988. Comparison of Mycoplasma gallisepticum strains by hemagglutination-inhibition and restriction endonuclease analysis[J]. Avian diseases, 32(4): 731-741.

KRANEVELD F C, 1926. A poultry disease in the Dutch East Indies[J]. Ned indish bI diergeneeskd, 38: 448-450.

KUME K, SAWATA A, NAKAI T, et al., 1983. Serological classification of *Haemophilus paragallinarum* with a hemagglutinin system [J]. Journal of clinical microbiology, 17: 958-964.

LEVISOHN S, HYMAN H, PERELMAN D, et al., 1989. The use of a specific DNA probe for detection of *Mycoplasma gallisepticum* in field outbreaks[J]. Avian pathology, 18(3): 535-541.

LI J, JIANG Y, ZHAO S, et al., 2012. Protective efficacy of an H5N1 DNA vaccine against challenge with a lethal H5N1 virus in quail[J]. Avian diseases, 56(S4): 937-939.

LI W, HULSWIT R J G, KENNEY S P, et al., 2018. Broad receptor engagement of an emerging global coronavirus may potentiate its diverse cross-species transmissibility[J]. Proceedings of the National Academy of Sciences of the United States of America, 115(22): E5135-E5143.

LIU S, ZHANG X, GONG L, et al., 2009. Altered pathogenicity, immunogenicity, tissue tropism and 3'-7kb region sequence of an avian infectious bronchitis coronavirus strain after serial passage in embryos[J]. Vaccine, 27(34): 4630-4640.

MCGINNES L W, PANTUA H, LALIBERTE J P, et al., 2010. Assembly and biological and immunological properties of Newcastle disease virus-like particles[J]. Journal of virology, 84(9): 4513-4523.

MILLER P J, AFONSO C L, EL ATTRACHE J, et al., 2013. Effects of Newcastle disease virus vaccine antibodies on the shedding and transmission of challenge viruses[J]. Developmental and comparative immunology, 41(4): 505-513.

MILLER P J, KIM L M, IP H S, et al., 2009. Evolutionary dynamics of Newcastle disease virus[J]. Virology, 391(1): 64-72.

MOCKETT, A P A, SOUTHEE D J, TOMLEY F M, et al., 1987. Fowlpox virus: Its structural proteins and immunogens and the detection of viral-specific antibodies by ELISA[J] . Avian pathology, 16:493-504.

MULLIS K B, 1990. Target amplification for DNA analysis by the polymerase chain reaction[J]. Annales de biologie clinique, 48: 579-582.

OLDONI I, RODRIGUEZ-AVILA A, RIBLET S, et al., 2008. Characterization of infectious laryngotracheitis virus (ILTV) isolates from commercial poultry by polymerase chain reaction and restriction fragment length polymorphism (PCR-RFLP)[J]. Avian diseases,

52(1): 59-63.

OLSON N O, KERR K M, CAMPBELL A, 1963. Control of infectious synovitis.12.Preparation of an agglutination test antigen[J]. Avian diseases, 7: 310-317.

PAGE L A, 1962. Haemophilus infections in chickens. I. Characteristics of 12 *Haemophilus* isolates recovered from diseased chickens [J]. American journal of veterinary research, 23: 85-95.

PANDA A, HUANG Z, ELANKUMARAN S, et al., 2004. Role of fusion protein cleavage site in the virulence of Newcastle disease virus[J]. Microbial pathogenesis, 36(1): 1-10.

PAPAZISI L, GORTON T S, KUTISH G, et al., 2003. The complete genome sequence of the avian pathogen *Mycoplasma gallisepticum* strain R(low) [J]. Microbiology (Reading, England), 149(9): 2307-2316.

PEEPLES M E, WANG C, GUPTA K C, et al., 1992. Nuclear entry and nucleolar localization of the Newcastle disease virus (NDV) matrix protein occur early in infection and do not require other NDV proteins[J]. Journal of virology, 66(5): 3263-3269.

PEETERS B P, DE LEEUW O S, KOCH G, et al., 1999. Rescue of Newcastle disease virus from cloned cDNA: evidence that cleavability of the fusion protein is a major determinant for virulence[J]. Journal of virology, 73(6): 5001-5009.

PHILLIPS J E, JACKWOOD M W, MCKINLEY E T, et al., 2012. Changes in nonstructural protein 3 are associated with attenuation in avian coronavirus infectious bronchitis virus[J]. Virus genes, 44(1): 63-74.

PHUANGSAB A, LORENCE R M, REICHARD K W, et al., 2001. Newcastle disease virus therapy of human tumor xenografts: antitumor effects of local or systemic administration[J]. Cancer letters, 172(1): 27-36.

PIROSKY I, 1938. Sur 1' antigen glucidolipidique des *Pasteurella*[J]. CR Soc Biol, 127:98-100.

PRIDEAUX C T, BOYLE D B, 1987. Fowl pox virus polypeptides: Sequential appearance and virion associated polypeptides [J]. Archives of virology, 185-199.

QIN Z M, TAN L T, XU H Y, et al., 2008. Pathotypical characterization and molecular epidemiology of Newcastle disease virus isolates from different hosts in China from 1996 to 2005[J]. Journal of clinical microbiology, 46(2): 601-611.

RAZIN S, YOGEV D, NAOT Y, 1998. Molecular biology and pathogenicity of *Mycoplasmas*[J]. Microbiology and molecular biology reviews : MMBR, 62(4): 1094-1156.

REQUENA D, CHUMBE A, TORRES M, et al., 2013. Genome sequence and comparative analysis of *Avibacterium paragallinarum*[J]. Bioinformation, 9(10): 528-536.

RHOADES K R, 1977. Turkey sinusitis: synergism between *Mycoplasma synoviae* and *Mycoplasma meleagridis*[J]. Avian diseases, 21(4):670-674.

RHOADES K R, 1981.Turkey airsacculitis: effect of mixed mycoplasmal infections[J]. Avian diseases, 25(1):131-135.

RICHT J A, LAGER K M, CLOUSER D F, et al., 2004. Real-time reverse transcription-polymerase chain reaction assays for the detection and differentiation of North American swine influenza viruses[J]. Journal of veterinary diagnostic investigation : official publication of the American Association of Veterinary Laboratory Diagnosticians, Inc, 16(5): 367-373.

ROBERTS D H, 1964. The isolation of an influenza A virus and a mycoplasma associated with duck sinusitis[J]. Veterinary Record, 76: 470-473.

ROBERTSON G M, EGERTON J R, 1981.Replication of infectious laryngotracheitis virus in chickens following vaccination[J]. Australian veterinary journal, 57(3): 119-123.

ROBINSON H L, HUNT L A, WEBSTER R G, 1993. Protection against a lethal influenza virus challenge by immunization with a haemagglutinin-expressing plasmid DNA[J]. Vaccine, 11(9): 957-960.

SCHAT K A, KASPERS B, KAISER P, 2014. Avian Immunology[M]. 2nd ed. San Diego, USA: Academic Press of Elsevier.

SCHNITZLEIN W M, RADZEVICIUS J, TRIPATHY D N, 1994. Propagation of infectious laryngotracheitis virus in an avian liver cell line[J]. Avian diseases, 38(2): 211-217.

SEAL B S, KING D J, BENNETT J D. 1995. Characterization of Newcastle disease virus isolates by reverse transcription PCR coupled to direct nucleotide sequencing and development of sequence database for pathotype prediction and molecular epidemiological analysis [J]. Journal of clinical microbiology, 33(10): 2624-2630.

SEAL B S, KING D J, BENNETT J D. 1996. Characterization of Newcastle disease virus vaccines by biological properties and sequence analysis of the hemagglutinin-neuraminidase protein gene[J]. Vaccine, 14(8): 761-766.

SEAL B S, KING D J, LOCKE D P, et al. 1998. Phylogenetic relationships among highly virulent Newcastle disease virus isolates obtained from exotic birds and poultry from 1989 to 1996[J]. Journal of clinical microbiology, 36(4): 1141-1145.

SLOMKA M J, DENSHAM A L, COWARD V J, et al., 2010. Real time reverse transcription (RRT)-polymerase chain reaction (PCR) methods for detection of pandemic (H1N1) 2009 influenza virus and European swine influenza A virus infections in pigs[J]. Influenza and other respiratory viruses, 4(5): 277-293.

SPACKMAN E, SENNE D A, BULAGA L L, et al., 2003. Development of real-time RT-PCR for the detection of avian influenza virus[J]. Avian diseases, 47(S3): 1079-1082.

STIPKOVITS L, 1979. The pathogenicity of avian mycoplasmas[J]. Zentralblatt fur Bakteriologie, Parasitenkunde, Infektionskrankheiten und Hygiene. Erste abteilung originale. Reihe A: medizinische mikrobiologie and parasitologie, 245(1-2): 171-183.

STIPKOVITS L, BROWN P A, GLAVITS R, et al., 1986. Significance of ureaplasma infection in infertility of turkeys [J]. Archiv fur experimentelle veterinarmedizin, 40(1): 103-104.

STIPKOVITS L, EL-EBEEDY A A, KISARY J, et al., 1975. Mycoplasma infection of geese: 1. Incidence of mycoplasmas and acholeplasmas in geese[J]. Avian pathology, 4(1): 35-43.

SUN H, MIAO D, ZHANG P, et al., 2007. A comparison of a blocking ELISA and a haemagglutination inhibition assay for the detection of antibodies to *Avibacterium* (*Haemophilus*) *paragallinarum* in sera from artificially infected chickens[J]. Biologicals : journal of the International Association of Biological Standardization, 35(4): 317-320.

SUN S, CHEN F, CAO S, et al., 2014. Isolation and characterization of a subtype C avian metapneumovirus circulating in Muscovy ducks in China[J]. Veterinary research, 45: 74.

TAKEHARA K, SHINOMIYA T, KOBAYASHI H, et al., 1987. Characterization of Newcastle disease viruses isolated from field cases in Japan[J]. Avian diseases, 31: 125-129.

TAN L T, XU H Y, WANG Y L, et al., 2008. Molecular characterization of three new virulent Newcastle disease virus variants isolated in China[J]. Journal of clinical microbiology, 46(2): 750-753.

VALASTRO V, HOLMES E C, BRITTON P, et al., 2016. S1 gene-based phylogeny of infectious bronchitis virus: an attempt to harmonize virus classification[J]. Infection, genetics and evolution : journal of molecular epidemiology and evolutionary genetics in infectious diseases, 39: 349-364.

VANDAMME P, SEGERS P, VANCANNEYT M, et al., 1994. *Ornithobacterium rhinotracheale* gen. nov., sp. nov., isolated from the avian respiratory tract[J]. International journal of systematic bacteriology, 44(1): 24-37.

WARREN J, SENTERFIT L B, SIEIRO F, 1968. Inactivated culture vaccine against *Mycoplasma gallisepticum* infection in chickens[J]. American journal of veterinary research, 29(8): 1659-1664.

WHO, OIE, FAO, 2012. Continued evolution of highly pathogenic avian influenza A (H5N1): updated nomenclature[J]. Influenza and other respiratory viruses, 6(1): 1-5.

WISE A G, SMEDLEY R C, KIUPEL M, et al., 2009. Detection of group C rotavirus in juvenile ferrets (Mustela putorius furo) with diarrhea by reverse transcription polymerase chain reaction: sequencing and analysis of the complete coding region of the VP6 gene[J]. Veterinary pathology, 46(5): 985-991.

XU H, MENG F, HUANG D, et al., 2015 .Genomic and phylogenetic characterization of novel, recombinant H5N2 Avian Influenza Virus strains isolated from vaccinated chickens with clinical symptoms in China[J]. Viruses, 7(3): 887-898.

YODER H W, HOPKINS S R, 1985. Efficacy of experimental inactivated *Mycoplasma gallisepticum* oil-emulsion bacterin in egg-layer chickens [J]. Avian diseases, 29(2): 322-334.

YOUNIE A R, 1941. Fowl infection like pullorum disease[J]. Canadian journal of comparative medicine & veterinary science, 5(6):164-167.

YU S Q, KISHIDA N, ITO H, et al., 2002. Generation of velogenic Newcastle disease viruses from a nonpathogenic waterfowl isolate by passaging in chickens[J]. Virology, 301(2): 206-211.

ZENG X, CHEN P, LIU L, et al., 2016. Protective efficacy of an H5N1 inactivated vaccine against challenge with lethal H5N1, H5N2, H5N6, and H5N8 Influenza Viruses in Chickens[J]. Avian diseases, 60(S1): 253-255.

ZHANG P J, MIAO M, SUN H, et al., 2003. Infectious coryza due to *Haemophilus paragallinarum* serovar B in China[J]. Australian veterinary journal, 81(1-2): 96-97.

ZHAO Y, CHENG J L, LIU X Y, et al., 2015. Safety and efficacy of an attenuated Chinese QX-like infectious bronchitis virus strain as a candidate vaccine[J]. Veterinary microbiology, 180(1-2): 49-58.

ZHAO Y, ZHANG H, ZHAO J, et al., 2016. Evolution of infectious bronchitis virus in China over the past two decades[J]. Journal of general virology, 97(7):1566-1574.

彩　图

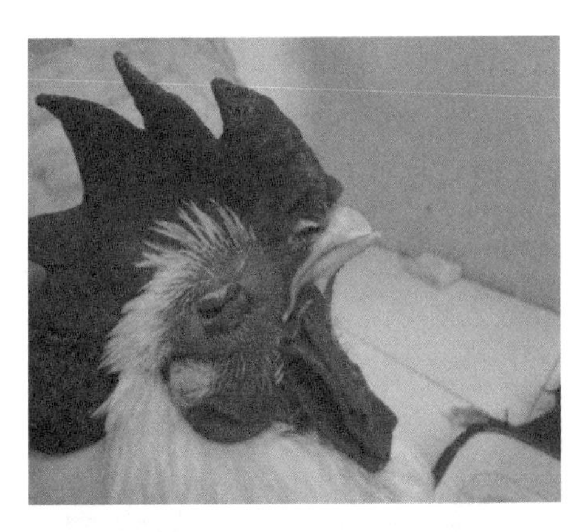

图 4.3　禽流感鸡冠呈黑紫色和脸部肿胀（秦卓明摄）

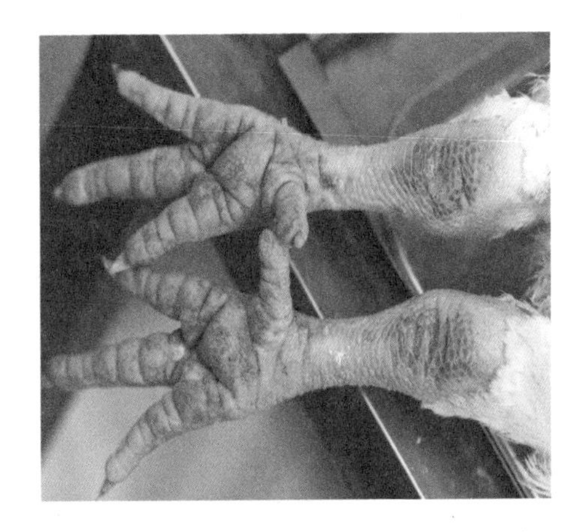

图 4.4　禽流感病鸡脚部鳞片出血（秦卓明摄）

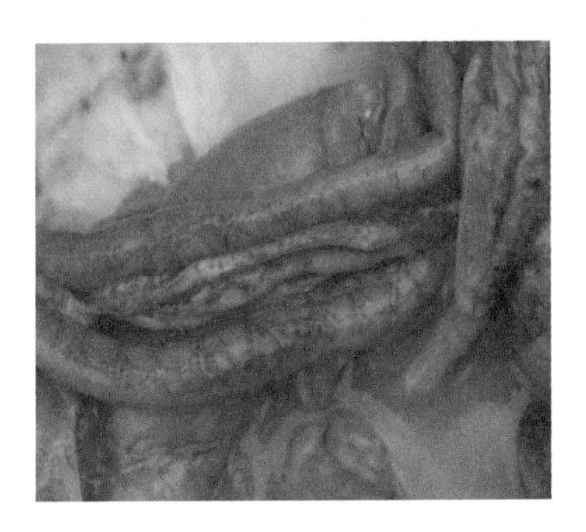

图 4.5　禽流感病鸡十二指肠及胰腺出血（秦卓明摄）

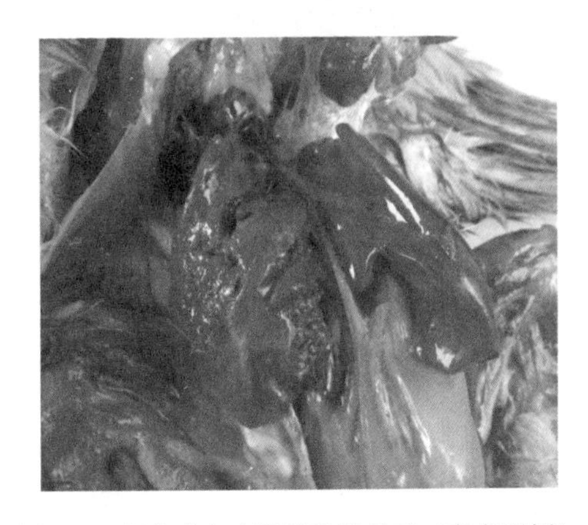

图 4.6　禽流感病鸡肝脏质脆易碎（秦卓明摄）

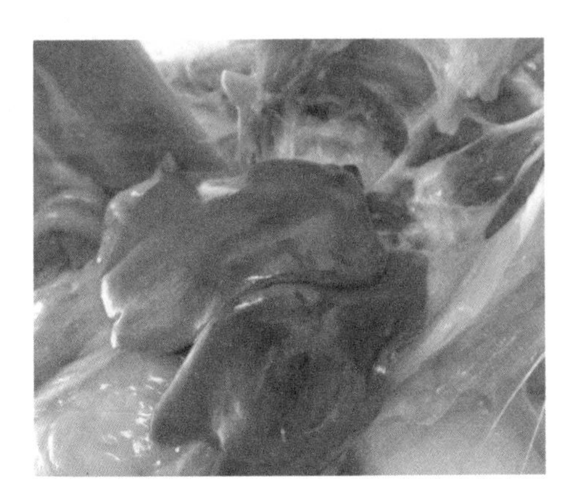

图 4.7　禽流感肝脏黄色条纹（秦卓明摄）

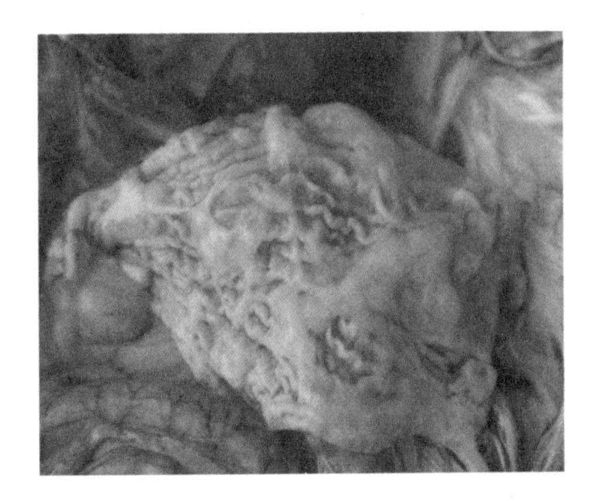

图 4.8　输卵管有卡他性和纤维素性分泌物（秦卓明摄）

图 4.9　禽流感卵泡出血、变性（秦卓明摄）

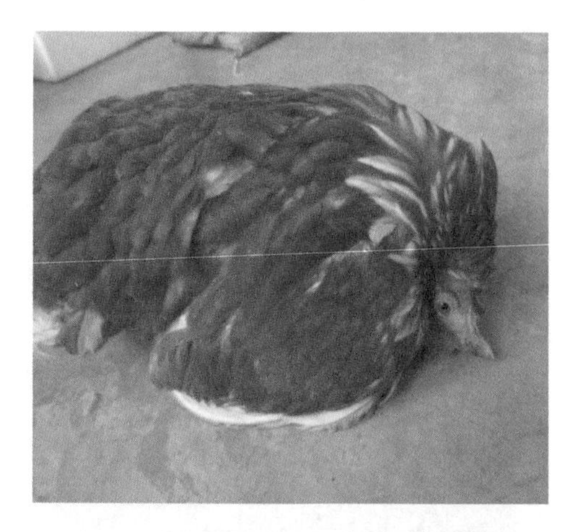

图 4.13　新城疫病鸡出现扭脖神经症状（秦卓明摄）

图 4.14　新城疫病鸡腺胃乳头出血（秦卓明摄）

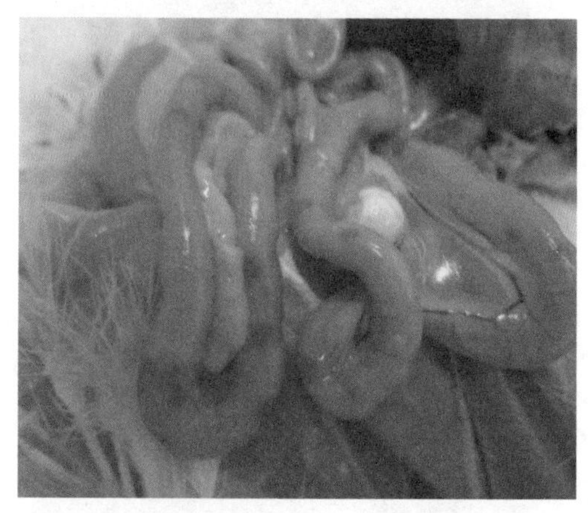

图 4.15　新城疫肠壁多处出血溃疡灶（秦卓明摄）

图 4.16　新城疫气管出血（秦卓明摄）

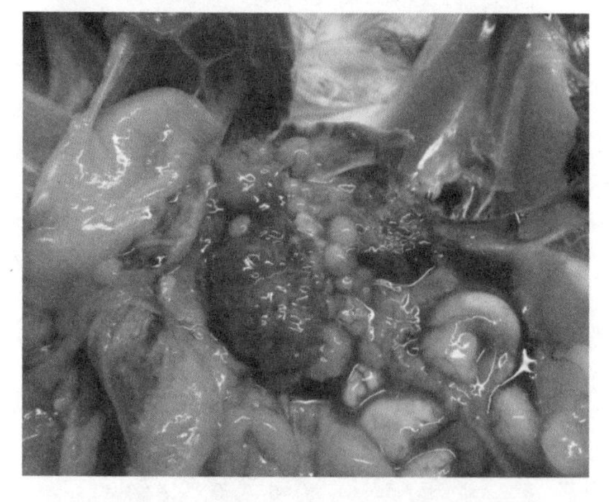

图 4.17　新城疫卵泡变性和液化坏死（秦卓明摄）

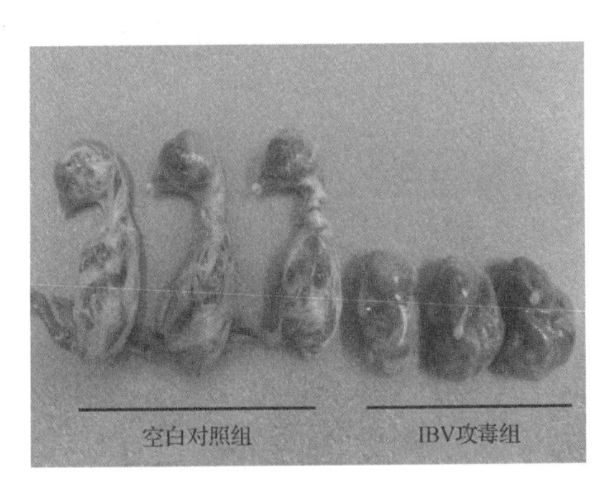

图 4.21　传染性支气管炎（张国中摄）

左侧为正常鸡胚，右侧为 IBV YN 株典型"蜷缩胚"病变

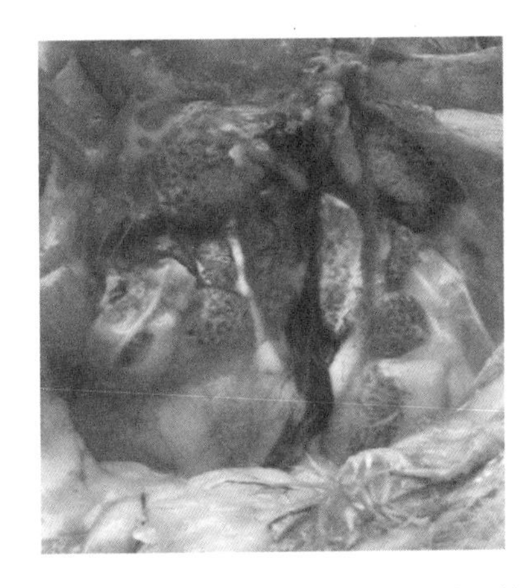

图 4.22　传染性支气管炎病鸡肾脏和输尿管尿酸盐沉积（秦卓明摄）

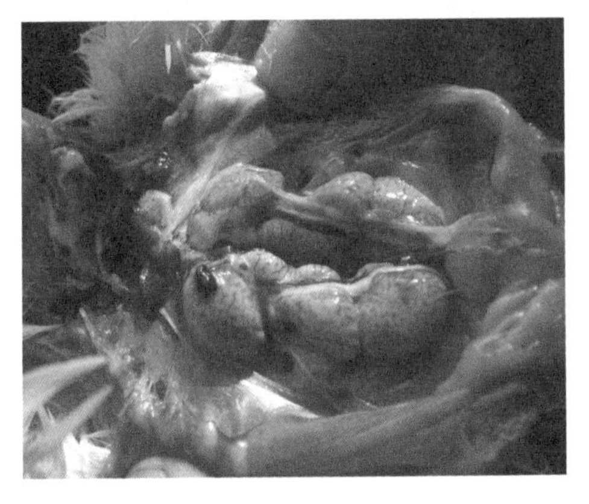

图 4.23　传染性支气管炎病鸡肾脏肿胀（秦卓明摄）

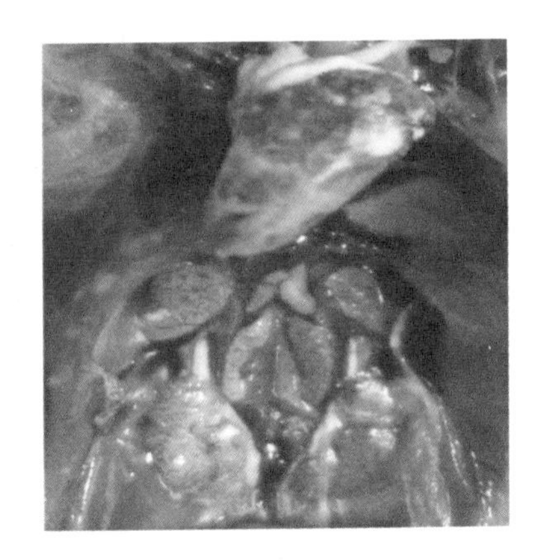

图 4.24　传染性支气管炎病鸡肾脏肿胀、心脏和肾脏大量尿酸盐沉积（张国中摄）

图 4.25　传染性支气管炎病鸡输卵管水样囊肿（秦卓明摄）

图 4.26　传染性喉气管炎病鸡咳血、气管内出血块（秦卓明摄）

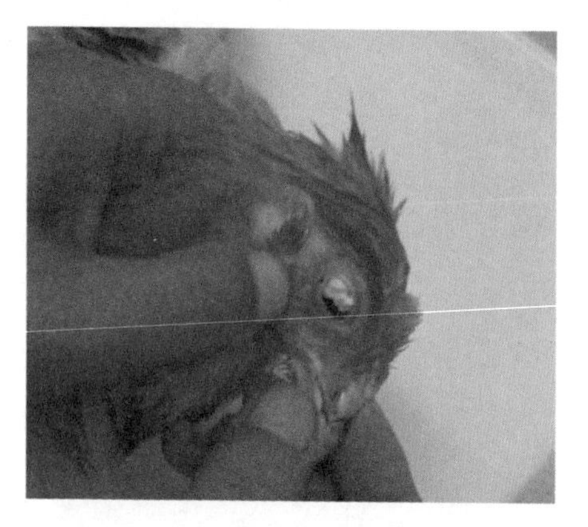

图 4.27　传染性喉气管炎病鸡眼睑干酪样渗出物（秦卓明摄）

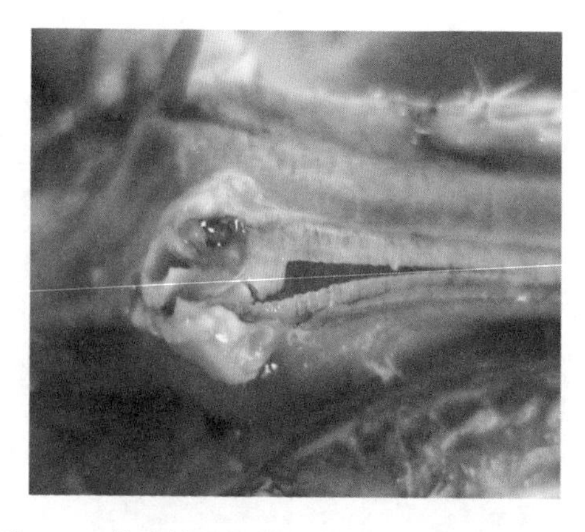

图 4.28　传染性喉气管炎病鸡喉头和气管黏膜附有黄白色纤维素性伪膜（张国中摄）

图 4.29　黏膜型鸡痘病鸡喉头有痘疹（秦卓明摄）

图 5.2　大肠杆菌引起的鸡心包炎和气囊炎（秦卓明摄）

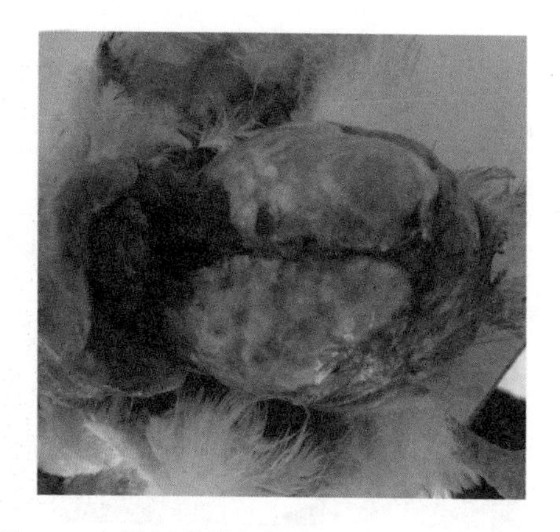

图 5.3　大肠杆菌引起的鸡肝周炎（秦卓明摄）

图 5.4　鸡白痢病鸡肝脏充血并有白色坏死病灶（禽病手册，2015）

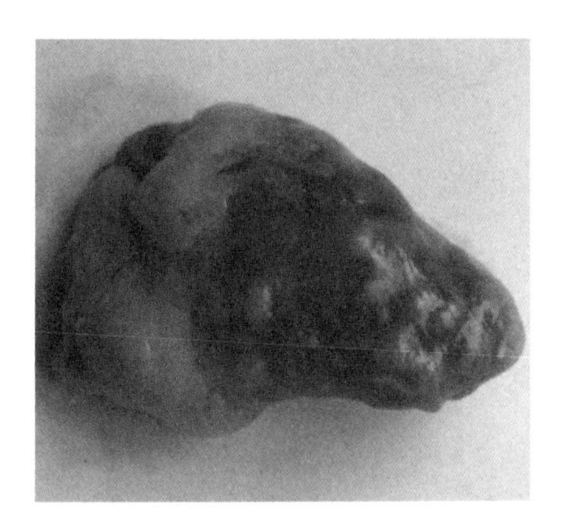

图 5.5　鸡白痢病鸡心肌突出的白色结节（范国雄摄）

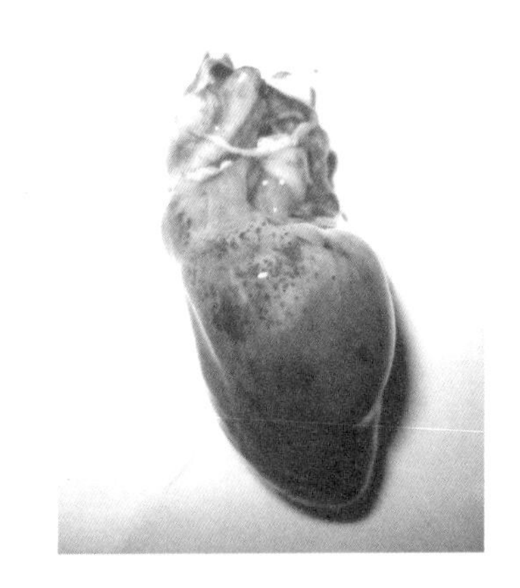

图 5.6　急性禽霍乱病鸡多处心外膜点状出血（秦卓明摄）

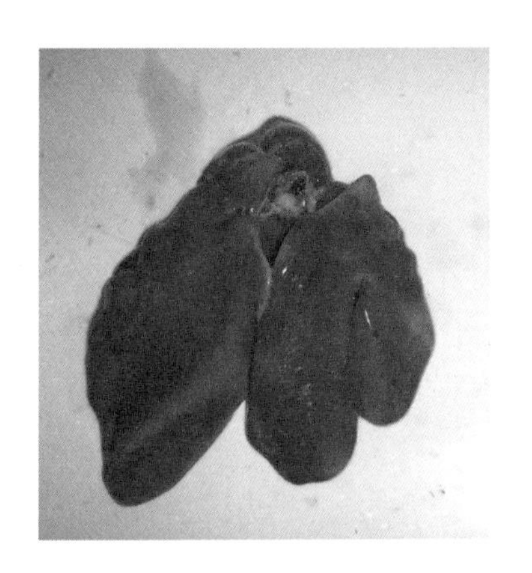

图 5.7　禽霍乱病鸡肝脏有点状出血（秦卓明摄）

图 5.8　传染性鼻炎病鸡面部肿胀，眼睛睁不开（秦卓明摄）

图 5.9　传染性鼻炎病鸡单侧眶下窦肿胀（秦卓明摄）

图 5.11　鸡毒支原体感染病鸡肿头和眼睛流泪（秦卓明摄）

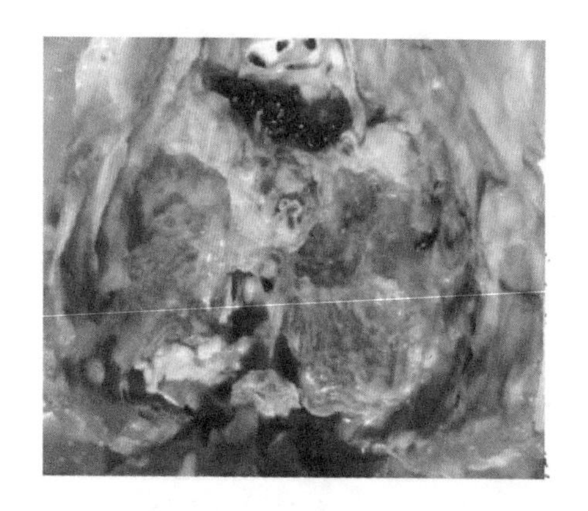

图 5.12 鸡毒支原体感染病鸡纤维素性肺炎（秦卓明摄）

图 5.13 鸡毒支原体感染病鸡气囊炎和肺实质病变（秦卓明摄）

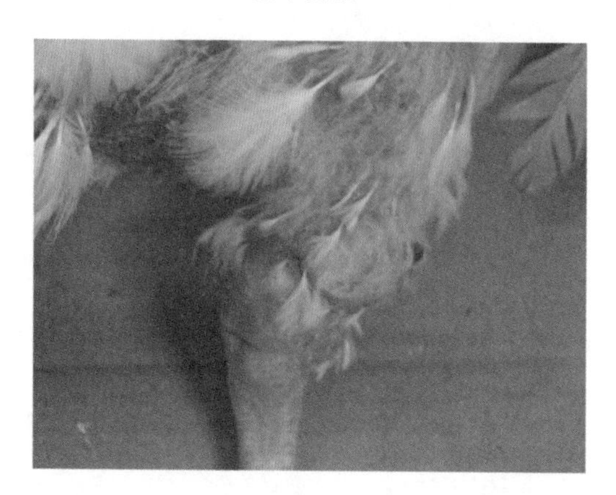

图 5.14 滑液囊支原体感染病鸡关节肿胀（秦卓明摄）

图 5.15 滑液囊支原体感染病鸡瘫在网上（秦卓明摄）

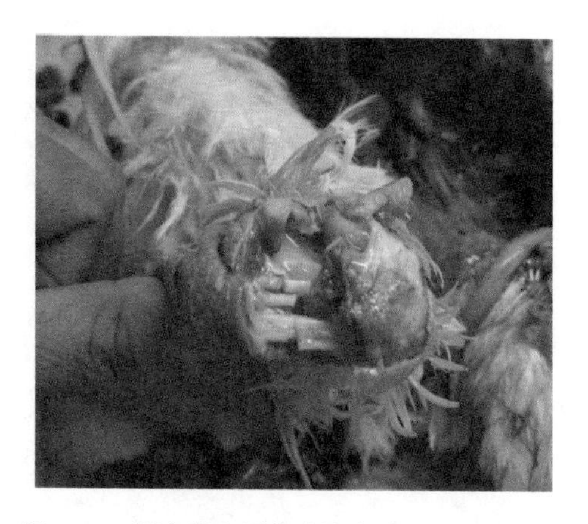

图 5.16 滑液囊支原体感染病鸡关节肌腱发炎（秦卓明摄）

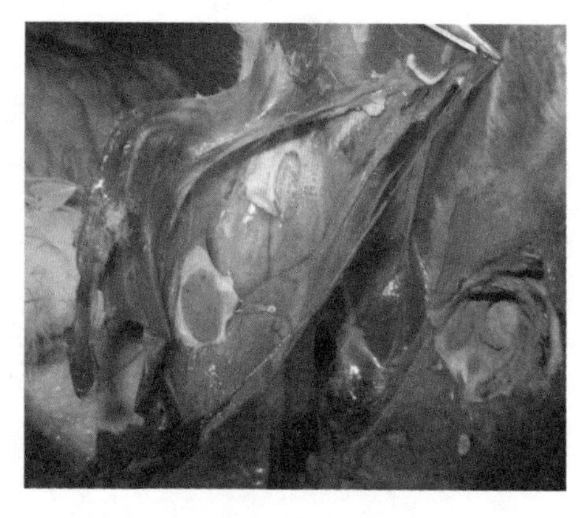

图 5.17 曲霉菌感染鸭曲霉菌结节及气囊炎（秦卓明摄）